# 전자회로의 이해

김평호 · 나승권 · 이동원 · 최성재 공저

남두도서

**남두**(南斗) : 남두육성(南斗六星)

은하의 중심인 사수자리에 있는 국자모양의 여섯 개의 별로서, 인간의 탄생을 결정하는 별로 알려져 있다.

# 머리말

전자회로는 전기공학과 전자공학의 원리와 응용을 공부하는 학생들을 위해서 집필된 것이다. 주제에 대한 기술적인 사전지식이 전혀 필요없다.

이 책은 1장에서 반도체소자의 동작과 특성을 이해할 수 있도록 반도체 물질의 특성을 설명한다. 보다 기초적인 전기전자공학의 지식과 다이오드 특성, 특수목적용 다이오드, 다이오드응용회로와 주파수효과, 차동증폭기, 연산증폭기의 기초내용은 책의 분량관계로 생략하였다. 생략된 부분의 지식이 필요하면 「이해하기 쉬운 전자회로」(상학당) 교재를 참소하기 바란다.

13장은 조정된 전력공급에 대해서 설명하는데 전자공학의 진보의 한 단면에 대한 기술적인 경험을 쌓게 될 것이다. 이런 두 장 사이의 내용들은 전자공학의 기초적인 핵심내용에 대한 주제들로 구성되어 있다.

반도체 기초지식을 이해하는 반도체소자를 설명하고 쌍극성 트랜지스터, 공통 이미터 증폭기, 선형 연산증폭기, 비선형 연산증폭기, 능동 필터, 발진기회로, 다이리스터에 대해서 설명한다. 각 주제는 기본적인 이론과 일반적인 응용분야가 함께 소개된다. 적절한 응용분야와 고장진단 기법도 함께 설명된다.

이런 실제적인 접근방법은 여러분들이 전자회로를 학습하는 데 흥미와 쉽게 이해할 수 있도록 효과적인 도움을 줄 수 있도록 검증을 거친 것들이다. 전자회로를 학습하는 데는 수학이 필수적이지만 이 책에서는 주제에 대한 성공적인 대체로 인해서 아주 간단한 기초이론만을 필요로 하도록 구성하였다. 수학 그 자체에 대한 지식이 필요한 것이 아니고 단순히 전기공학과 전자공학을 이해하는 데에만 수학을 사용하도록 하였다. 토픽에 대한 기술 순서는 전자회로의 최근 교육과정에 따라서 이루어졌다.

이 책은 총 13장으로 구성되는데 각 장은 완전학습 이론에 의해서 단계별로 내용을 이해할 수 있도록 기술하였다. 이 책의 내용은 학생들을 위주로 저술된 것으로 많은 도면과 화보를 수록해서 이해하기 쉽도록 구성하였다. 간단 명료한 해설로 문장을 읽는데 지루하지 않도록 배려했고 다음 단계의 학습을 위해서 다시 한번 반복해서 생각할 수 있도록 배려하였다.

각 장에는 중요한 주제에 대한 연습문제에 대한 단계적인 해를 구할 수 있도록 배려했고 순간적인 순발력을 개발할 수 있는 새로운 문제와 상황을 부여하였으며, 또한 예제문제 역시 흥미있는 것들을 발체해서 학생들이 쉽게 이해할 수 있도록 하였다. 공식과 방정식들은 수치적인 문제를 해석하는 데 필수적인 것들만을 소개하였다.

여러분들의 능력을 개선시키기 위해서 강조되는 중요한 문제에 대해서 상호간의 열띤 토론을 권하고 싶다. 따라서 여러분들의 노력여하에 따라서 이 책의 내용이 흥미롭고 더욱 유익하게 될 것이다.

이 책에는 각 장마다 10여 개 이상의 질문이 포함되어 있는데 이런 질문들이 갖는 공통점은 기술자로서 이해하고 있어야 하는 고장진단에 관한 내용들이다. 여러분들은 질문에 대한 올바른 해답을 구하는 노력을 기울여야 한다. 만약 구한 해답이 옳지 않다면 이전의 내용을 다시 한번 반복해서 학습하도록 해야 한다.

또한 각 장의 전반부는 중요한 토픽과 내용들이 간략한 설명과 함께 도표화되어 있다. 이것을 따라서 흐름을 이해하면 이 책이 설명하고자 하는 개요가 무엇인지를 알게 되고 책의 내용을 더 쉽게 이해할 수 있다.

기초문제는 기사시험을 대비할 수 있도록 배려하였다. 응용문제와 연습문제 역시 학생들에게 많은 주제에 대해서 생각할 수 있는 시간을 갖게 한다. 기초문제와 연습문제의 해답은 각 장의 말미에 표시하였다. 스스로 먼저 해를 구한 후에 해답을 참조하기 바란다.

교재의 분량상 주당 3시간 1년 강의가 적당할 것이나 담당교수님의 재량과 학과목의 관련성으로 보아 적당히 취사 선택한다면 한학기에도 강의가 진행될 수 있을것으로 사료된다.

이 책은 전자공학과, 전기공학과, 반도체공학과, 전자통신과, 제어계측과, 전자계산기과, 물리학과, 전자재료과, 전산과, 소방안전과, 자동차과, 기계과 등 전자의 기초물성과 응용을 공부하는 학생들에게 많은 도움을 줄 수 있으리라 확신한다. 또한 기사시험 준비나 편입을 원하는 학생들에게도 도움을 줄 수 있을 것이다.

방대한 원고의 분량 때문에 간혹 예기치 않은 오류가 발생했을지 우려되나 오류가 발생되었을 시에는 강호제현께서 기탄없는 충언을 해주실 것을 바라마지 않는다. 끝으로 이 책을 출간하느라 애써주신 남두도서 관계자 여러분께도 감사를 드린다.

저자 씀

# 차 례

## 제 1 장 반도체 소자



## 제 2 장 쌍극성 트랜지스터(BJT)

## 제 3 장 공통 이미터 증폭기



## 제 4 장 특수한 트랜지스터 회로

## 제5장 H 파라미터



## 제 6 장 전력증폭기

## 제 7 장 접합형 전계효과 트랜지스터



## 제 8 장 선형 연산증폭기 회로



## 제 9 장 비선형 연산증폭기 회로

## 제 10 장 능동 필터



## 제 11 장 발진기 회로

## 제 12 장 다이리스터



## 제 13 장 조정된 전력공급

## 제1장
# 반도체 소자

물질은 물질의 양단에 전압이 인가될 때 전류와 반응하는 방식에 따라서 절연체, 도체, 반도체로 구분된다. 반도체 물질은 좋은 도체도 아니고 절연체도 아니다. 그렇다면 반도체의 어떤 특성이 전자회로에서 반도체를 유용하게 사용할 수 있도록 하는가? 그 해답은 반도체는 저항을 증가시키면 절연체와 같은 동작을 하게 되고 저항을 감소시키면 도체와 유사한 동작을 얻을 수 있기 때문이다.

이와 같은 반도체 물질의 저항 특성을 가변시킬 수 있는 능력이 전기회로와 전자회로에서의 응용에 유용하도록 해준다. 이 장에서는 반도체 소자의 동작과 특성을 보다 쉽게 이해 할 수 있도록 반도체 물질의 특성을 설명한다.

## 1-1 고체상태의 반도체 소자

게르마늄, 실리콘과 같은 반도체 물질은 <그림 1-1>에 표시된 것과 같이 다이오드, 트랜지스터, 집적회로(IC)와 같은 반도체 소자를 제조하는 데 사용된다. 이런 소자들은 원하는 출력을 얻기 위해서 전압과 전류를 제어하는 전자회로와 전기회로에 사용된다.

예를 들면 다이오드는 교류를 직류로 변환하는 정류기회로에서의 소자제어에 사용되고, 트랜지스터는 가변저항과 유사하게 동작하도록 제조하기 때문에 라디오 신호를 증폭할 수 있다.

집적회로는 발진회로를 발생시키거나 산술적인 동작을 수행하도록 만들어진다. 트랜지스터는 1948년 벨 전화 연구소에 근무하던 윌리엄 쇼클리, 월터 브라튼, 존 바든에 의해서 최초로 소개된 고체상태 소자이다. 이런 명칭은 진공관이 입력과 출력 단자 사이에 진공이 들어 있던 것과 같이 입력과 출력단자 사이에 고체 물질이 포함되기 때문에 붙여지게 되었다.

1948년에 공개된 최초의 점접촉형 트랜지스터는 지극히 불안정했고 발명자들에 의해서 쌍극성 트랜지스터로 개량되기까지는 무려 12년의 시간이 소비되었고 드디어 상업적으로 이용되기 시작했다.

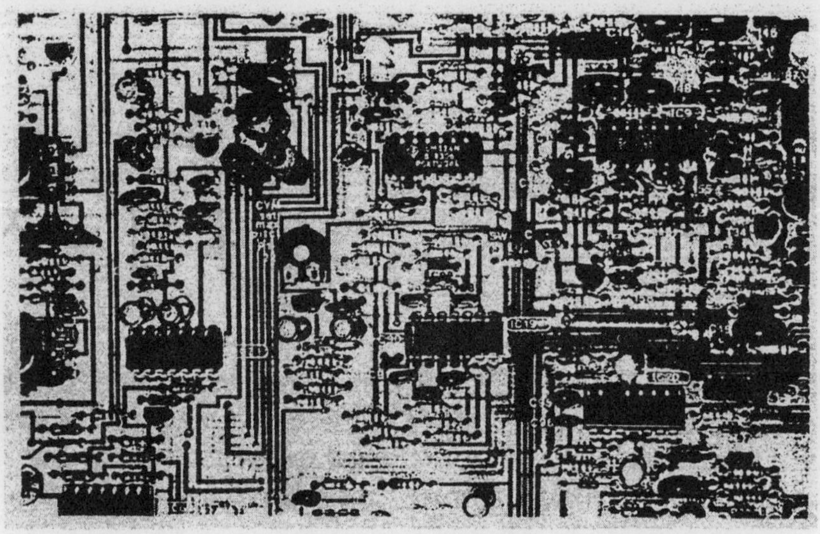

<그림 1-1> 반도체 소자

1960년부터 전자제품 제작회사들은 낮은 소비전력과 낮은 주파수대의 응용분야에 진공관 대신 트랜지스터를 사용하게 되었다. 반도체와 고체 전자소자에 대한 연구와 개발 열풍이 불게 되었고, 그 결과 다양한 반도체 소자들이 출현하게 되었다.

트랜지스터의 또다른 형태로 진공관과 유사한 특성을 갖는 전계효과 트랜지스터인 FET가 개발되었다. 또한 빛을 발생시키고 감지할 수 있는 반도체 물질인 새로운 광전소자도 출현하게 되었다. 그 이후에는 자기장, 온도, 압력을 감지하는 다양한 종류의 센서와 트랜스듀서가 개발되었고 시장에 공급되었다.

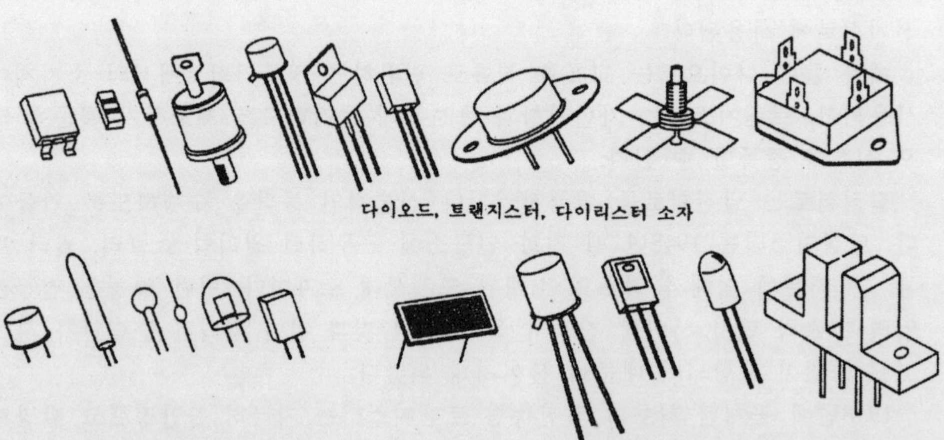


<그림 1-2> 이 산 소 자

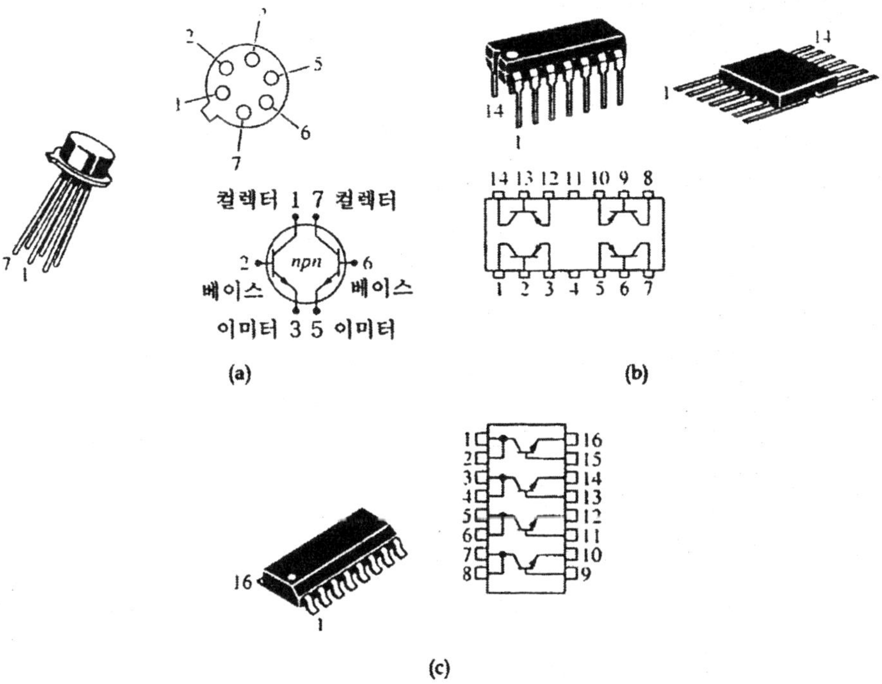


<그림 1-3> 반도체 집적회로 (a) 듀얼 금속 캔 (b) 쿼드 DIP와 쿼드 플래트 팩
(c) SMT(Surface-Mount Technology) 소자

이와 같이 다양한 반도체의 종류와는 별도로 다양한 반도체 다이오드들이 정류기와 전압조정기, 고주파 발진기 응용에 사용하게 되었다. <그림 1-2>에는 다양한 형태의 반도체와 고체 전자소자가 표시되어 있다.

오늘날 전자공학의 모든 분야에서 사용되는 IC는 수백 개에서 수천 개의 트랜지스터가 포함되고 물론 기타의 소자들도 반도체 물질 위에 배선되지만 크기는 커지지 않았다. <그림 1-3>은 다양한 종류의 IC를 표시하고 있다. 개발된 조각의 반도체는 오직 한 부분만으로 사용되도록 이미 생산될 때 결정된다.

예를 들면 일반적인 휴대용 무선전화기에는 400개의 소자가 사용된다. 그러나 지금은 40개 그리고 어떤 것은 3개나 4개의 집적회로로 전화기 회로를 구성하게 된다.

### ▣ 확인문제 1-1 ▣

**1.** 전기공학과 전자공학에서 가장 널리 사용되는 반도체 소자의 이름을 세 가지 설명해 보시오.

**2.** 반도체 소자가 진공관보다 우수한 점을 4가지 설명해 보시오.

**3.** 반도체 소자는 전자와 전자회로에서 (        )와 (       )을 제어할 수 있다.

**4.** 반도체 물질로 만들어지는 소자는 (                    )라고 부른다.

(a) 진공관 (b) 가열된 캐소드 소자

(c) 고체상태 소자 (d) ENIAC 소자

**{해답}** **1.** 다이오드, 트랜지스터, 집적회로 **2.** 저주파용, 저소비전력, 온도를 감지, 빛감지, 압력감지 **3.** 전류, 전압 **4.** (c)

## 1-2 반도체 물질

전자와 전기의 응용분야에 사용되는 반도체 소자를 구성하는 데 가장 널리 사용되는 물질은 실리콘과 게르마늄이다. 게르마늄은 부서지기 쉬운 회색이 섞인 흰색 원소로 일종의 석탄재로부터 1866년에 발견했다.

실리콘은 가장 널리 사용되는 반도체 물질로 뛰어난 온도의 안정성을 가지고 있으며 보통은 모래로부터 추출하는 흰색물질로 1823년 발견되었다. 게르마늄과 실리콘은 거의 100%에 가까운 순도를 갖는다.

<그림 1-4>는 반도체 소자로 사용되기 위해서 도핑된 실리콘의 고체 덩어리와 얇게 잘라진 웨이퍼를 표시하고 있다. 진성 게르마늄은 실리콘의 1/1000에 해당하는 저항을 갖지만 누설전류가 적기 때문에 실리콘이 반도체 소자에 더 많이 사용된다. 반도체의 특성이 전기적으로 변화되는 것은 투입되는 불순물의 농도에 관계를 갖게 된다.

(a)

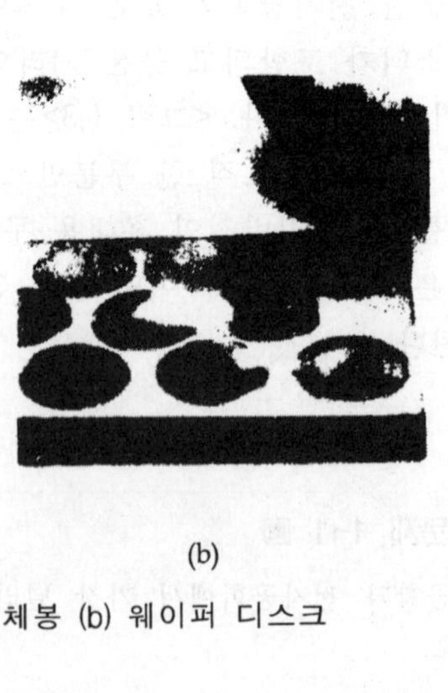

(b)

<그림 1-4> 순수한 실리콘 (a) 고체봉 (b) 웨이퍼 디스크

## ▮반도체 결정과 공유결합

실리콘 원자는 핵 속에 14개의 양성자를 가지고 있고 세 개의 전자궤도를 가지고 있는데 첫번째 궤도에 2개, 두번째 궤도에 8개, 최외곽 궤도인 가전자 궤도에 4개의 전자를 가지고 있다. 게르마늄 원자는 핵 속에 32개의 양성자를 가지고 있고 4개의 전자궤도에서 2, 8, 18, 4개의 전자 분포를 갖는다.

게르마늄과 실리콘 원자가 가지는 공통적인 특징은 무엇인가를 생각해보도록 하자. 그 해답은 모든 반도체 원자는 4개의 가전자를 가지고 있다는 점이다. 원자의 가전자 궤도는 원래 8개까지 전자가 포함될 수 있고 이런 가전자 궤도의 전자들이 원자의 전자가를 결정하게 된다.

예를 들어서 원자가 오직 한 개의 가전자만을 가진다면 양도체로 분류되지만 원자가 8개의 가전자를 가지게 되면 가전자 궤도를 완전하게 채우게 되어 절연체로 분류된다. 물질의 전도도를 결정하는 가전자의 개수가 4개이기 때문에 반도체는 도체와 절연체의 중간에 있게 된다.

두 개 이상의 유사한 반도체 원자들이 고체원소를 구성하기 위해서는 <그림 1-5(a)>에 표시된 것처럼 결정으로 알려진 격자구조로 배열된다. 이런 형태는 4개의 가전자를 가지고 있는 원자가 이웃하는 4개의 원자와 결합함으로써 구성된다.

각 원자는 이웃하는 원자와 한 개의 전자를 공유하고, 두 개의 원자는 중심과 중심 사이에서 두 개 또는 1쌍의 전자를 공유하게 된다. 이런 두 원자의 코어는 두 개의 전자로 채워지지만 서로 등가의 반대되는 힘을 가지고 있고, 이것이 고체 결정 격자구조에서 원자를 결합시키기 위해서 채워지는 작용을 하게 한다. 두 개의 반도체 원자가 함께 결합되는 것을 전자쌍 결합 또는 공유결합이라고 부른다.

많은 원자들이 결합될 때 이와 같은 방식에 의해서 결정격자 구조를 구성하게 된다. 이런 결합의 과정을 설명하기 위해서 <그림 1-5(a)>에 표시된 각 원자는 사각형으로 표시되고 각 가전자 궤도는 원자에 속한 전자를 쉽게 이해할 수 있도록 8각형으로 그려진다. 여러분들이 보다시피 대각선의 중심에 있는 원자는 4개의 가전자를 가지고 있다.

각각 이웃한 4개의 원자로부터 한 개의 전자를 공유하게 된다. <그림 1-5(b)>는 실리콘 결정 구조를 확대해서 표시하고 있다. 이런 구조에서의 모든 원자는 그들의 가전자 궤도가 완전하게 결합되기 때문에 전기적으로 중성이다(원자는 모두 8개의 전자를 갖는다).

이렇게 가전자 궤도가 완전하게 채워지면 순수한 결정구조를 구성하게 되고 쉽게 전자를 받아들이거나 줄 수 없기 때문에 절연체로 동작하게 된다. 순수한 반도체 물질은 진성 반도체라고 부르는데 도체로서의 성능은 아주 좋지 못하다.

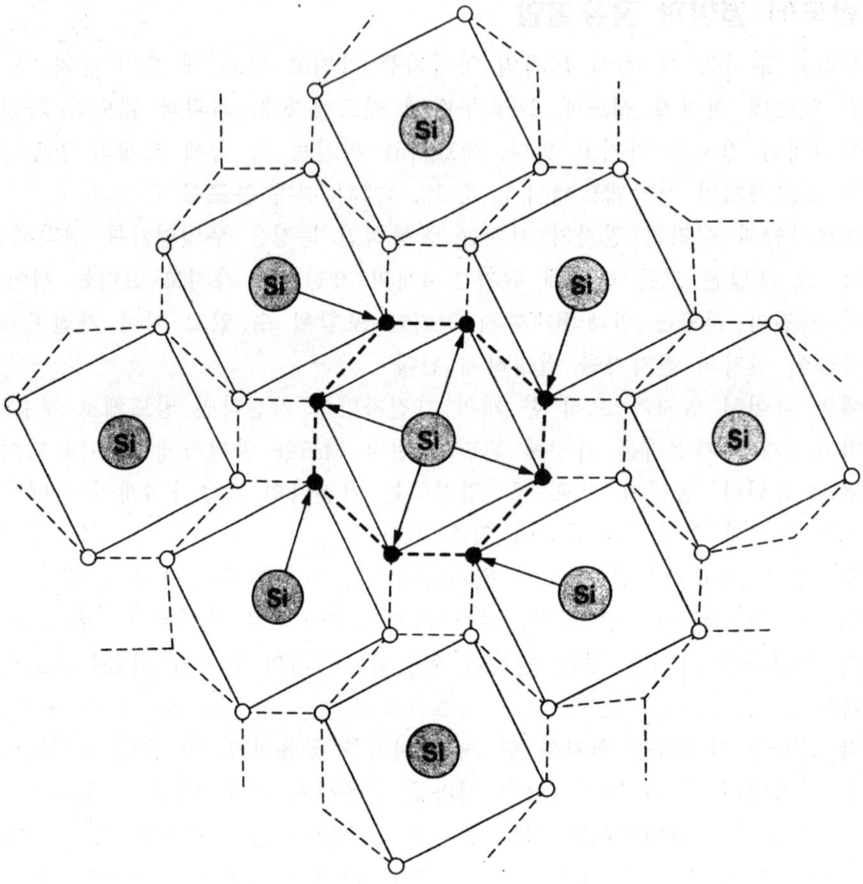


(a)

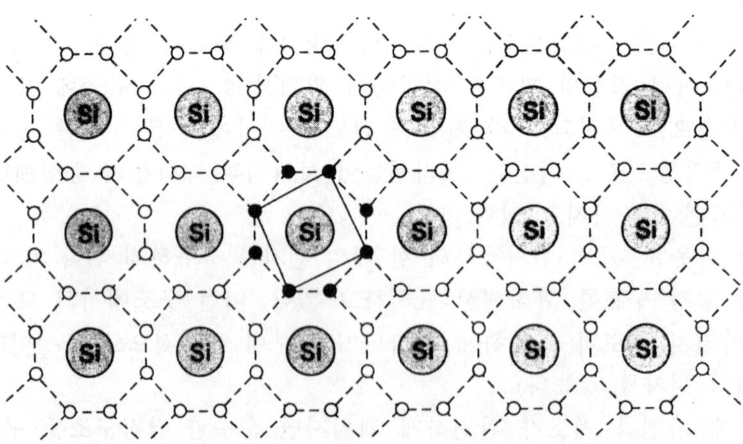


(b)

<그림 1-5> 공유결합 (a) 가전자를 공유하는 실리콘 원자 (b) 실리콘 결정격자 구조

이런 진성 반도체가 구해지면 반도체 소자를 구성하기 위해서는 반드시 도핑이라는 과정을 거쳐야만 된다. 게르마늄은 온도 안정성이 좋지 못하고 탄소결정(다이아몬드)은 너무 가격이 비싸기 때문에 다이오드, 트랜지스터와 같은 반도체를 제조하는 데는 주로 실리콘이 사용된다.

## ▮반도체 양단에 인가되는 전압

만약 실온에서 전압이 진성 반도체 물질의 양단에 인가된다면 전도대의 자유전자는 <그림 1-6>에 표시된 것처럼 작은 크기의 전류를 흐르게 한다. 이런 예는 여러분들이 −로 대전된 자유전자들이 전압원의 +단자로 어떻게 끌려가는가를 이해할 수 있도록 해준다.

반도체 물질에서 모든 자유전자는 전압원의 +단자를 향해서 오른쪽으로 이동한다. 전압원의 −단자에서 발생되는 또다른 전자들은 반도체 물질의 왼쪽으로 주입된다. 이렇게 주입되는 전자들은 반도체 물질에서의 정공과 재결합하게 된다.

이런 예에서 보듯이 반도체 물질에서의 전류는 정공과 전자로 구성된다. 정공은 +로 대전된 입자로, 전자는 −로 대전된 입자로 동작한다. 전자가 전압의 +단자로 이동하기 위해서는 원자들 사이를 통과해야 하는데 이때 정공을 만들게 된다.

이런 정공들은 뒤이어 이동하는 전자와 다시 재결합하게 된다. 뒤이어 이동하는 전자 역시 뒤에 정공을 남기게 되고 이런 현상은 마치 정공들이 전압원의 −단자 방향으로 이동하는 것과 같다.

이런 정공의 흐름은 우리들에게는 새로운 현상이지만 반도체와 도체에서의 전류 흐름의 차이점을 설명하는 열쇠가 된다. 도체에서는 오로지 자유전자의 흐름에 대해서 고찰하지만 반도체에서는 자유전자와 정공의 이동을 동시에 고려해야 한다.

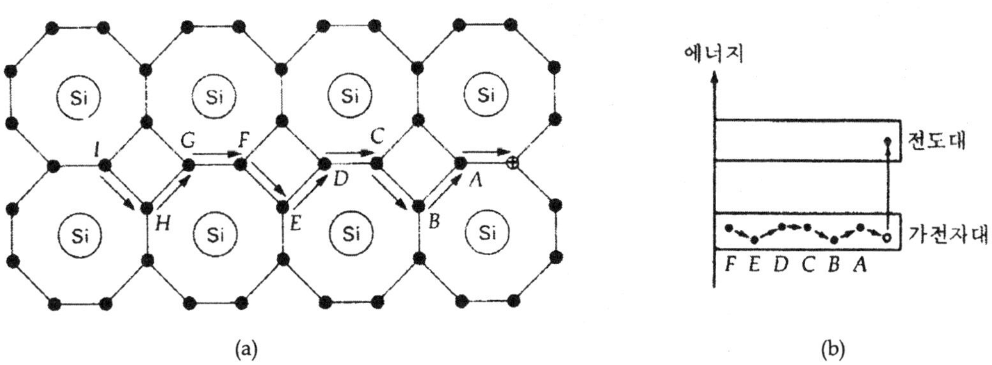


<그림 1-6> 진성 반도체에서의 전자 흐름과 정공 흐름

다시 설명하자면 반도체 양단에 전압이 인가되면 전자는 전압원의 +단자를 향해서 이동하고 정공은 전압원의 −단자를 향해서 이동한다. 전체 전류의 흐름은 전자전류와 정공전류의 합과 같아진다.

**▣ 확인문제 1-2 ▣**

1. 반도체 원자는 공통적으로 무엇을 가지고 있는가?
2. 원소의 전기 전도도는 가전자 궤도의 전자에 의해서 결정된다. 반도체 원자는 (  )개 이내의 가전자를 갖는 도체와 (  )개의 가전자를 갖는 부도체와의 중간이다.
3. 결정격자 구조를 갖는 반도체 원자는 이웃하는 4개의 원자와 전자를 공유하게 되는데 이런 원자 사이의 결합을 (  )이라고 부른다.
4. 반도체 양단에 전압이 인가되면 전자는 전압원의 (  ) 단자를 향해서 이동한다. 반면 정공은 전압원의 (  ) 단자를 향해서 이동한다.

{해답} 1. 정공과 전자 2. 4, 8 3. 공유결합 4. +, −

## 1-3 반도체 물질의 도핑

실온에서 진성 반도체에는 거의 전류가 흐르지 못한다. 따라서 충분히 큰 전류를 흐르게 하기 위해서는 약간의 수정이 필요하다. 진성 반도체에 자유전자와 정공의 숫자를 증가시키기 위해서는 불순물을 첨가하는 도핑 과정이 필요하다. 기본적으로 두 종류의 불순물이 반도체 결정에 첨가된다.

그 중 한 종류는 5개의 가전자를 가지는 5가의 원소이고 나머지 하나는 3개의 가전자를 가지는 3가의 원소이다. 도핑과정을 거치면 더이상 순수한 반도체가 아니기 때문에 외인성 반도체라고 부른다.

### ▮N형 반도체

<그림 1-7(a)>는 5가의 불순물이 첨가된 반도체 물질을 나타내고 있다. <그림 1-7(b)>에 표시된 것과 같은 비소(As), 인(P), 안티몬(Sb), 비스무스(Bi)와 같은 5가의 원소들이 용해된 실리콘에 첨가되고 냉각되면 전도대에 5가의 원자에 의해서 발생되는 여분의 전자를 갖는 결정 구조를 구성하게 된다.

5개의 가전자 중 다섯번째의 전자는 더이상 공유결합을 하지 않고 <그림 1-7(c)>에 표시한 것처럼 적은 에너지에 의해서 전도대로 뛰어오르게 된다.

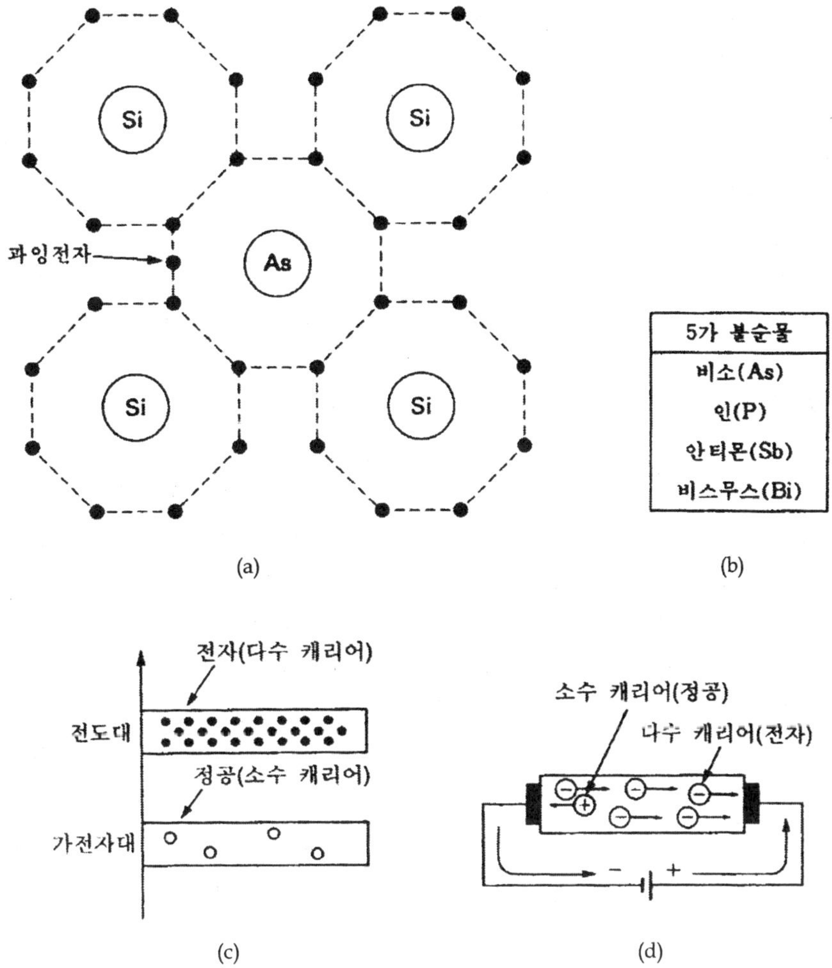


<그림 1-7> N형 반도체 물질을 구성하기 위해서 첨가되는 5가 원소

100만개의 5가 원소가 순수한 반도체에 첨가된다면 100만개의 자유전자가 물질을 통해서 흐를 수 있게 된다. 비록 도핑된 반도체가 100만개의 자유전자를 가지고 있다고 하더라도 반도체 물질은 아직은 전기적으로 중성이다.

그 이유는 각각의 비소 원자는 실리콘 원자와 같은 이유 때문에 전자와 동일한 개수의 양성자를 가지고 있기 때문이다. 따라서 반도체 내의 양식자의 개수와 전자의 개수가 동일하기 때문에 전류는 흐르지 않는다. 여하튼 가전자대의 정공보다는 더 많은 개수의 전자를 가지고 있다. 따라서 물질은 N형 반도체라고 부른다.

N형 반도체 물질은 가전자대 정공보다 더많은 전도대 전자를 갖는다. 따라서 전자들은 다수 캐리어라고 부르고 가전자대 정공은 소수 캐리어라고 부른다.

<그림 1-7(c)>는 전도대 전자가 다수임을 보여준다. 반도체가 실온에서 사용되기 때문에 가전자대에는 열에너지에 의해서 발생된 몇 개의 정공이 존재한다.

<그림 1-7(d)>에 표시한 것처럼 N형 물질 양단에 전압이 인가되면 직류전원의 +단자 쪽으로 전도대의 부가적인 자유전자들이 이동한다. 인가된 전압은 정공을 발생시키기 위해서 공유결합을 파괴하고 흘러나온 여분의 전자들을 갖게 되고 그 결과 전류와 전도도를 증가시킨다.

N형 반도체 물질을 통해서 흐르는 전체 전류는 전자전류와 정공전류의 합으로 되는데 다수 캐리어인 전도대 전자들이 전류의 흐름을 좌우한다.

## P형 반도체 물질

<그림 1-8(a)>는 3가의 불순물 원자들이 첨가된 반도체 물질을 표시하고 있다. 알루미늄(Al), 갈륨(Ga), 붕소(B), 인듐(In)과 같은 3가의 원소들이 용해된 실리콘에 첨가된 후 냉각되면 3가의 불순물 원자들이 가전자대에 정공을 갖는 결정구조를 가지게 된다. 여분의 전자 대신에 이번에는 여분의 정공을 볼 수 있다.

100만개의 3가 원소가 순수한 실리콘에 첨가된다면 반도체 물질을 통해서 100만개의 정공이 흐르게 된다. 비록 도핑된 반도체가 100만개의 정공을 가지고 있다고 하더라도 반도체 물질은 아직은 전기적으로 중성이다.

그 이유는 각각의 알루미늄 원자는 실리콘 원자와 같은 이유 때문에 전자와 동일한 개수의 양성자를 가지고 있기 때문이다. 따라서 반도체 내의 양성자의 개수와 전자의 개수가 동일하기 때문에 전류는 흐르지 않는다. 여하튼 가전자대의 정공이 물질에서의 전자보다 더 많은 개수를 가지고 있기 때문에 P형 반도체라고 부른다.

P형 반도체 물질은 전도대 전자보다 더많은 가전자대 정공을 갖는다. 따라서 정공은 다수 캐리어라고 부르고 전도대의 전자는 소수 캐리어라고 부른다. <그림 1-8(c)>는 가전자대 정공이 다수임을 보여준다.

반도체가 실온에서 사용되기 때문에 전도대에는 열에너지에 의해서 발생된 몇 개의 전자만이 존재한다. <그림 1-8(d)>에 표시한 것처럼 P형 물질 양단에 전압이 인가되면 직류전원의 −단자 쪽으로 가전자대의 부가적인 정공들이 이동한다. 이런 정공의 이동은 매번 전자가 정공과 반대 방향으로 이동한 것처럼 보이는데 그 이유는 전자가 정공 속으로 떨어질 때 뒤쪽에 새로운 정공이 발생되어지기 때문이다.

인가된 전압은 전자를 발생시키기 위해서 공유결합을 파괴하게 되고 그 결과 전류와 전도도를 증가시킨다. P형 반도체 물질을 통해서 흐르는 전체 전류는 전자전류와 정공전류의 합으로 구성되지만 다수 캐리어인 가전자대의 정공들이 전류의 흐름을 좌우한다.

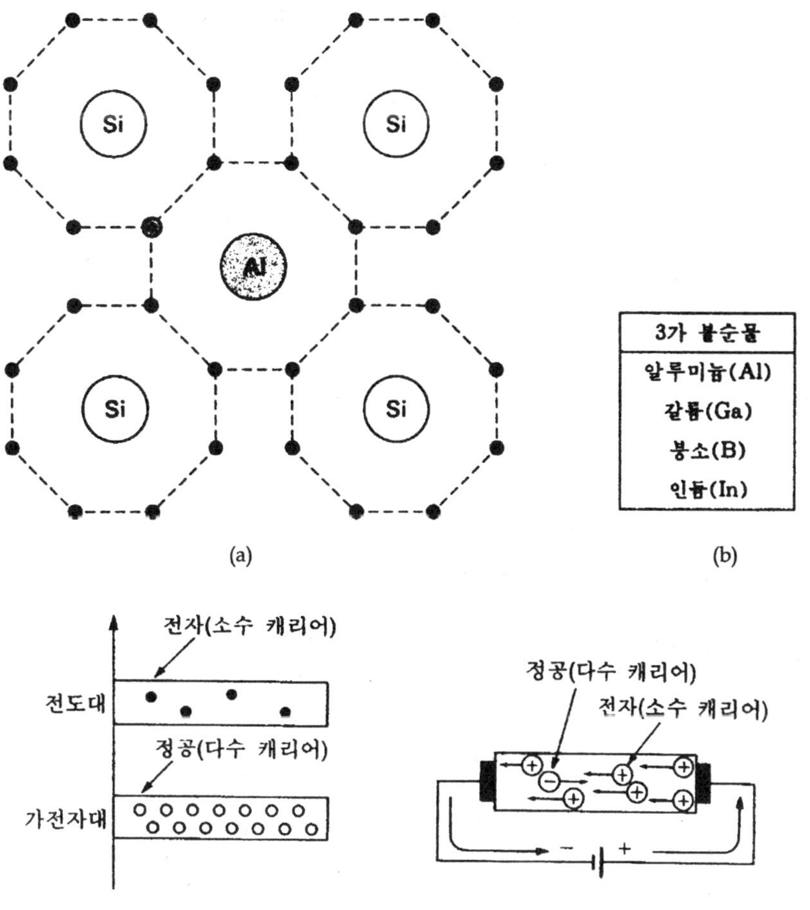


<그림 1-8> P형 반도체 물질을 구성하기 위해서 첨가되는 3가 원소

### ▣ 확인문제 1-3 ▣

**1.** 순수한 반도체 물질에 불순물을 첨가하는 이유는 무엇인가?

**2.** ( )형 반도체 물질을 제조하기 위해서 5가의 원소들이 ( )된 반도체 결정에 첨가된다.

**3.** ( )형 반도체 물질을 제조하기 위해서 3가의 원소들이 ( )된 반도체 결정에 첨가된다.

**4.** N형 반도체에서 다수 캐리어는 ( )이고 P형 반도체에서 다수 캐리어는 ( )이다.

**{해답}** **1.** 전류와 전도도를 증가시키기 위해서 **2.** N형, 용해 **3.** P형, 용해 **4.** 전자, 정공

## 1-4 PN 접합형 다이오드

<그림 1-9(a)>는 개별적인 N형 물질과 P형 물질을 나타내고 있다. N형 물질에는 여분의 전자가 포함된 블록으로 표시되어 있고 P형 물질은 여분의 정공이 포함된 블록으로 표시되어 있다.

에너지 다이어그램은 두 물질 사이의 차이를 표시하는 두 개의 반도체 영역으로 구성된다. 순수한 반도체 물질에 첨가되는 불순물이 서로 다르기 때문에 P형 물질과 N형 물질은 약간 차이가 나는데, 그 이유는 전도대와 가전자대의 에너지 준위가 약간 차이가 나기 때문이다.

<그림 1-9(b)>는 N형 반도체와 P형 반도체를 함께 결합시킨 그림을 나타낸다. 반도체 소자의 제조시 PN 접합을 만들기 위해서 개별적인 두 물질을 연결하는 것이 아니라 단일 조각의 순수한 반도체 물질에 P형 영역과 N형 영역을 갖도록 도핑시키게 된다.

반대로 도핑된 두 개의 물질이 어느 한 점에서 접촉하게 될 때 접합이라고 부른다. 이런 두 물질의 접합은 <그림 1-9(c)>에 표시한 것처럼 N형 영역의 자유전자가 P형 영역의 정공과 결합하는 것이 허용된다.

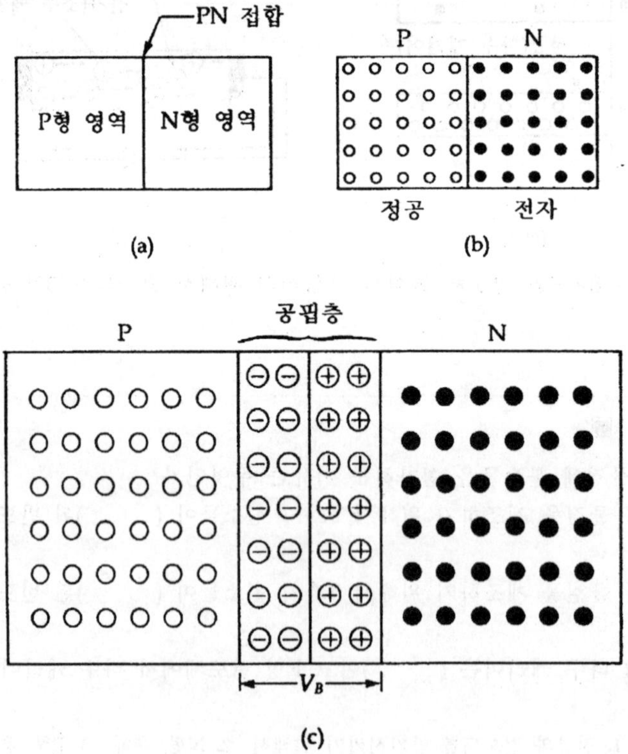


<그림 1-9> 공 핍 층

N형 영역에서 자유전자가 접합을 가로질러서 P형 영역의 정공과 결합하고 P형 물질에서 −이온(원자는 양자보다 하나의 전자를 더 가지게 된다)을 발생시키게 된다. 그리고 N형 물질에는 +이온(원자의 전자가 양성자보다 하나 적다)을 남겨놓게 된다.

접합의 양측 영역은 자유전자와 정공이 공핍되거나 비게 된다. 이와 같이 +이온과 −이온이 포함되는 층을 공핍층이라고 부른다. 접합의 양측에 이온층이 구성되고 점점 감쇠되는 효과를 갖게 되는데 결국은 접합을 걸쳐서 자유전자와 정공의 재결합을 방지하게 된다.

다시 말하자면 접합 근처의 P형 영역에서 −이온은 재결합으로부터 N형 영역에서의 자유전자를 방해하고 밀치게 된다. 이런 작용은 공핍층을 점점 더 크게 만들게 된다. 이런 +전하(+이온)와 −전하(−이온)는 일정한 전위를 축적하게 된다.

이런 전하들은 반대의 극성을 가지게 되고 전위자는 <그림 1-9(c)>에 표시된 것과 같은 전위장벽을 가지게 된다. 실온에서 실리콘 PN 접합의 전위장벽은 약 0.7V이고 게르마늄 PN 접합의 전위장벽은 약 0.3V이다

## ▮PN 접합형 다이오드의 순방향 바이어스

<그림 1-10>은 순방향으로 바이어스된 PN 접합형 다이오드에서 많은 전류가 쉽게 흐르게 되는 이유를 설명하고 있다. <그림 1-10(a)>는 도선이 연결된 PN 접합을 표시하고 있다. 다이오드를 안전하게 사용하기 위해서 PN 접합을 통해서 흐르는 전류의 양을 제한하기 위해서 저항이 사용된다.

PN 접합의 전도대와 가전자대 사이의 관계를 설명하기 위해서 에너지 다이그램이 <그림 1-10(c)>에 표시되어 있다. <그림 1-10(b)>에는 PN 접합 양단에 전압원이 연결된 경우의 동작을 설명하고 있다. 직류전원의 −전위가 N형 영역에 연결되고 +전위는 P형 영역에 연결된다.

에너지 다이어그램을 참조하면 N형 영역에 존재하는 전도대 전자는 −전압원에 의해서 접합 쪽으로 밀치게 된다. 반대쪽에서 역시 P형 영역의 가전자대에 존재하는 정공은 +전압원에 의해서 접합 쪽으로 밀려난다. PN 접합의 전위장벽을 극복할 수 있을 정도로 충분히 큰 외부 전압원이 연결되면 순방향 전도전류가 흐르게 된다.

이런 예에서 10V의 전압원이 연결된다고 가정하면 전압원의 크기는 0.7V인 실리콘의 전위장벽에 비해서 대단히 크다는 사실을 알 수 있다. 순방향으로 바이어스되면 PN 접합은 도체로 동작하고 단자 양단에서 나타나는 전압강하를 발생시키는 원인이 되는 아주 적은 저항을 갖게 된다. 이런 순방향 전압 강하는 PN 접합의 전위장벽과 유사하다.

실리콘의 순방향 전압 $(V_F)=0.7V$
게르마늄의 순방향 전압 $(V_F)=0.3V$

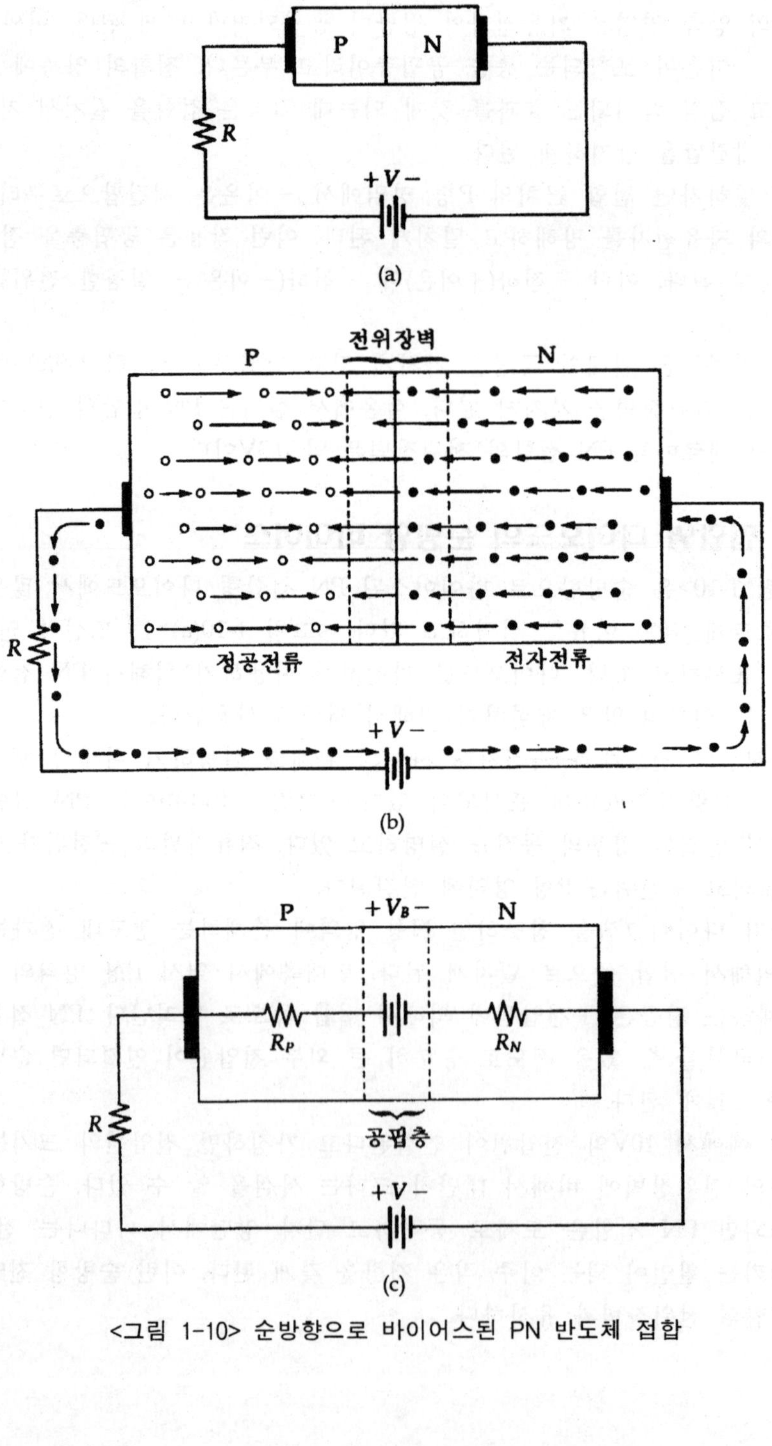


<그림 1-10> 순방향으로 바이어스된 PN 반도체 접합

## PN 접합형 다이오드의 역방향 바이어스

<그림 1-11>은 PN 접합형 다이오드의 역방향 바이어스를 자세히 설명하고 있다. <그림 1-11(b)>에 표시된 것처럼 직류전원의 +단자가 N형 영역에 연결되고 직류 전원의 −단자는 P형 영역에 연결된다.

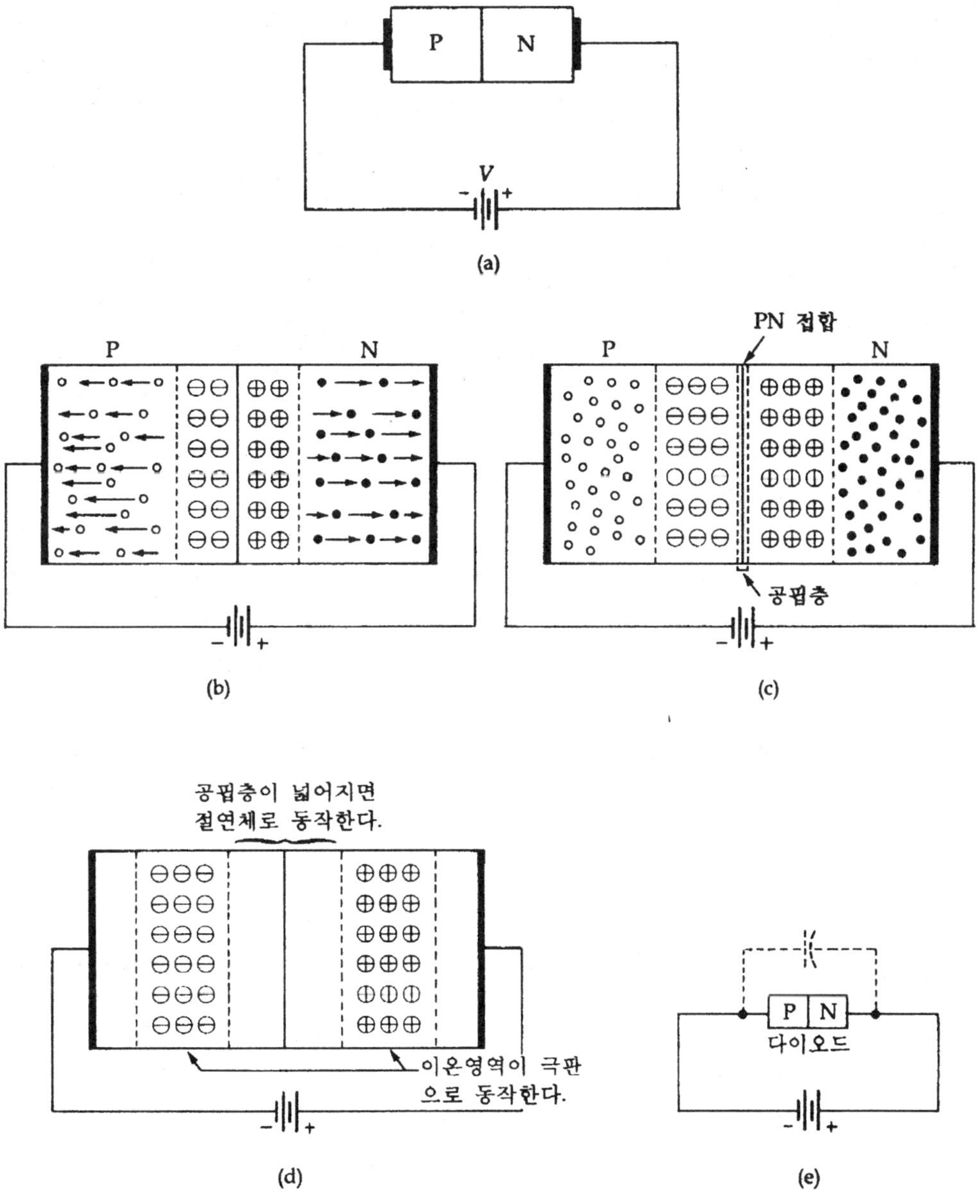


<그림 1-11> 역방향으로 바이어스된 PN 접합형 다이오드

순방향으로 바이어스된 PN 접합은 외부에서 연결되는 바이어스 전압이 N형 영역과 P형 영역에서의 다수 캐리어들이 접합에서 결합되도록 하는 힘을 가지기 때문에 전류를 도통시키게 된다.

그러나 직류전원이 반대 방향으로 연결되면 N형 영역에서의 자유전자는 전압원의 ＋단자를 향해서 이동하기 때문에 접합에 많은 개수의 ＋이온을 남겨놓게 된다. 이것이 공핍층의 폭을 증가시키게 된다. 동시에 전압원의 －단자로부터 발생되는 전자들은 PN 접합의 P형 영역에서 정공과 결합하게 된다.

이런 전자들이 접합 근처의 P형 영역에서 정공들과 결합하면 많은 개수의 －이온을 발생시키게 된다. 이것이 공핍층의 폭을 더욱 증가시키게 된다. 이때 공핍층에서도 전류가 존재하는데 이런 전류를 확산전류라고 부른다.

<그림 1-11(c)>에 표시한 것처럼 PN 접합의 공핍층 폭은 <그림 1-11(b)>에 표시된 그림보다 훨씬 크다는 것을 알 수 있다. <그림 1-11(d)>에 표시된 것처럼 접합 양쪽의 이온은 PN 접합의 내부장벽 전위가 외부 전압원의 크기와 같아질 때까지 생성된다.

역방향으로 바이어스되면 PN 접합 양단에 걸리는 전압강하 $V_R$은 인가된 전압의 크기와 같게 된다. 이때 접합의 저항은 전류가 0으로 될 만큼 크게 증가된다. PN 접합에는 실제로 아주 적은 전류가 흐르게 되는데 이런 전류를 누설전류 혹은 역방향 전류라고 부른다.

이런 전류는 소수 캐리어(N형 영역에서는 정공, P형 영역에서는 전자)가 서로 결합하기 위해서 접합을 향하는 힘 때문에 발생되는 아주 적은 전류이다. PN 접합에서의 누설전류와 역방향 전류가 아주 적기 때문에(실리콘 다이오드에서는 nA) 이런 전류는 0으로 간주된다.

<그림 1-11(a)>에 표시한 것처럼 PN 접합이 역방향으로 바이어스되면($+V \to$ N 영역, $-V \to$P 영역), PN 접합의 저항은 대단히 크게 증가하고 전류는 0으로 된다. 따라서 역방향으로 바이어스되면 PN 접합은 절연체와 같이 동작하고 개방 스위치와 등가가 된다.

## 1-5 PN 접합형 다이오드의 특성곡선

PN 접합형 다이오드는 애노드와 캐소드로 표시되는 2단자를 갖는데 회로 기호는 <그림 1-12(a)>에 표시된 것과 같다. 접합형 다이오드의 동작을 이해하기 위해서는 다이오드의 특성을 상세히 알아야 한다.

PN 접합형 다이오드의 전압, 전류, 온도특성 등과 같은 다양한 값들의 특성을 그래프로 표시하게 되는데 이와 같이 직접 도표를 그려보는 것이 1000번 말하는 것보다 더 효과가 있다.

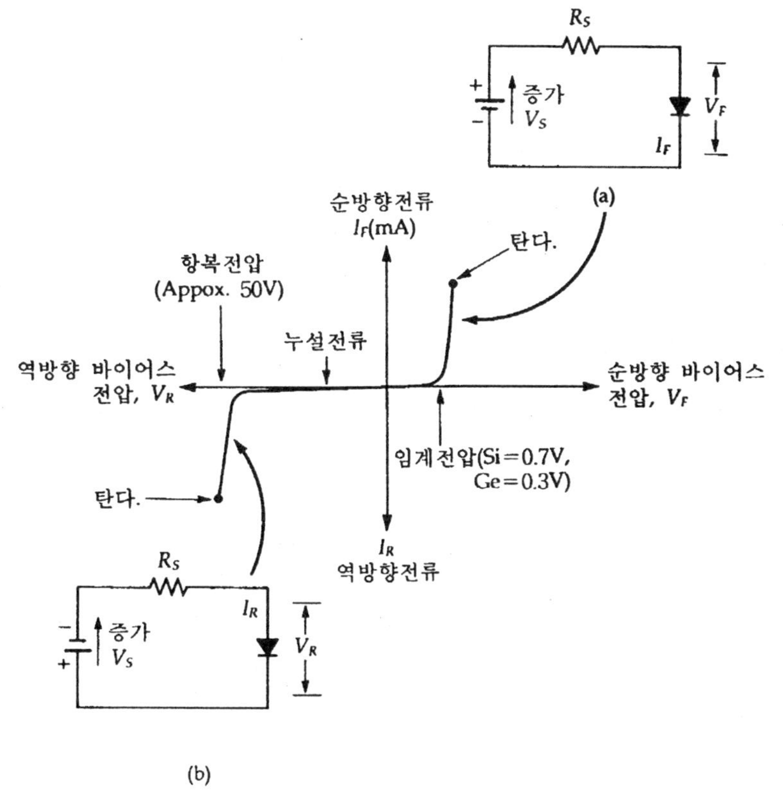


<그림 1-12> 접합형 다이오드의 전압전류 특성곡선

<그림 1-12>에 표시된 그래프는 일반적인 접합형 다이오드가 순방향과 역방향으로 바이어스될 때 어떻게 전류가 흘러가는지를 설명하고 있다. 그래프의 중심은 수직축과 수평축이 교차하는 원점으로 전류와 전압의 크기는 0이다.

수평축은 전압의 축으로 원점의 오른쪽에는 순방향 전압이 표시되고 왼쪽에는 −의 역방향 전압이 표시된다. 전류는 수직축에 표시되는데 원점에서 위쪽으로는 순방향 전류가 표시되고 원점의 아래쪽으로는 역방향 전류가 표시된다.

다이오드 제조업체에서는 다양한 전압과 전류를 측정해서 <그림 1-12>에 표시된 특성 그래프를 제공하게 된다. 이렇게 제공되는 그래프는 전압전류 특성곡선이라고 부르는데 1사분면에 표시되는 순방향 특성과 3사분면에 표시되는 역방향 특성을 이용한다.

## ▮ 온도특성

이미 앞에서 설명한 것처럼 반도체 물질은 저항의 negative 온도계수를 갖는다. 이것은 온도가 증가하면 저항이 감소한다는 의미이다. 일반적인 응용에서의 다이오드의 온도 효과에 대해서 알아보도록 하자.

<그림 1-13>은 다이오드의 순방향 전류와 역방향 전류가 온도변화에 의해서 어떻게 영향을 받는가를 표시하고 있다. 도통되는 다이오드의 양단에서 나타나는 순방향 전압강하는 온도에 반비례한다. 이것은 온도가 높아질 수록 다이오드 양단에 걸리는 전압강하가 감소한다는 것을 의미한다.

순방향 전압강하에서의 이런 변화는 아주 적기 때문에 대부분의 응용에서 큰 영향을 미치지는 않는다. 그렇지만 다이오드의 역방향 전류는 온도 변화에 큰 영향을 받게 된다.

N형 영역과 P형 영역의 소수 캐리어에 의한 다이오드의 누설전류가 영향을 받게 된다. 낮은 온도에서 역방향 누설전류는 거의 0이다. 실온에서 역방향 누설전류는 증가하지만 그 크기가 너무 적기 때문에 회로 응용에서 영향을 미치지는 못한다.

그러나 고온에서는 역방향 누설전류가 증가하기 때문에 이 점부터는 다이오드가 더이상 개방 스위치가 아니다. 이것은 만약 회로가 오동작할 만큼 과도한 열을 발생시키거나 시스템의 냉각팬이 고장을 일으킨다면 역방향으로 바이어스되어 있어도 다이오드는 더이상 off 스위치가 아니라는 것을 의미한다. 일반적인 규칙에 의하면 온도가 10℃ 증가할 때마다 역방향 누설전류는 2배씩 증가하게 된다.

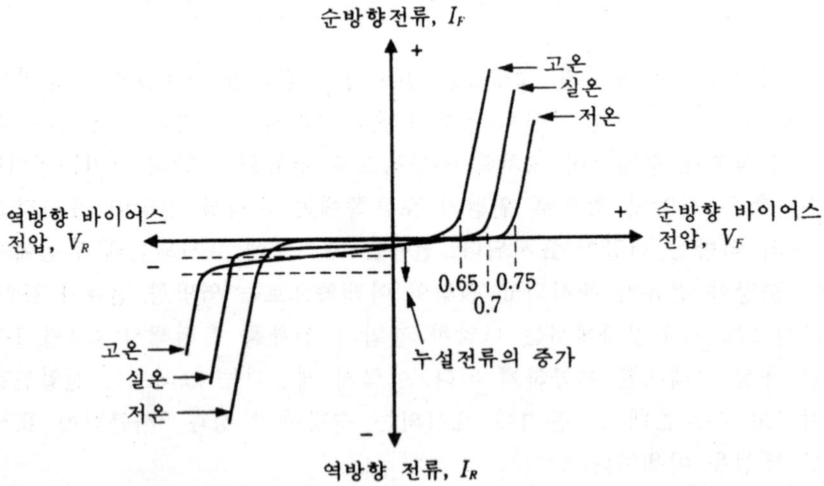


<그림 1-13> PN 접합형 다이오드의 전압전류 특성곡선에서의 온도효과

■ **확인문제 1-4** ■

**1.** PN 접합이 구성될 때 접합의 양쪽 측면에 (　　　) 영역이 생성된다.

**2.** 실리콘 다이오드의 전위장벽은 (　　　　)이다.
(a) 700mV　(b) 7.0V　(c) 0.3V　(d) 어느 것도 아니다.

**3.** PN 접합이 순방향으로 바이어스되면 P단자는 자신의 N단자에 비해서 positive로 된다. (True/False)

**4.** PN 접합이 역방향으로 바이어스되면 (　　　) 스위치로 동작하고 PN 접합이 순방향으로 바이어스되면 (　　　) 스위치로 동작한다.

**{해답}** **1.** 이온 **2.** (a) **3.** True **4.** 개방, 단락

## ▮접합형 다이오드의 응용

다이오드는 자신의 최대 순방향 전류정격과 역방향 전압정격을 넘어서 동작될 때 오동작을 발생시키게 된다. 이런 오동작은 두 가지 형태의 고장을 유발시킨다. 다이오드는 타버려서 영원히 개방 스위치로 동작하게 되거나 반도체 물질이 효과적으로 녹아 내려서 영원한 단락 스위치로 동작하는 것이다.

손상받은 다이오드는 on이나 off로 스위칭될 수 없다. 대신에 영원히 off이거나 on인 스위치로 남아 있게 된다. <그림 1-14>는 저항계를 사용해서 다이오드가 정상으로 동작하는지, 아니면 오동작하는지를 설명하고 있다.

정상적인 다이오드는 on 상태로 바이어스될 때 아주 적은 저항값을 표시하지만 off 상태로 바이어스되면 대단히 큰 저항값을 표시하게 된다. <그림 1-14(a)>는 저항계의 +단자를 애노드에, −단자를 캐소드에 연결하는 순방향 바이어스를 표시하고 있다. 다이오드가 정상적이라면 10Ω 이내의 아주 적은 값을 표시하게 된다.

<그림 1-14(b)>는 저항계의 +단자가 캐소드에, −단자가 애노드에 연결되는 역방향 바이어스를 표시하게 된다. 다이오드가 정상적이라면 저항계는 적어도 100MΩ 이상의 대단히 큰 저항값을 표시하게 된다.

이런 저항값은 일반적으로 저항계 스케일을 넘어서기 때문에 OL이나 OR로 표시된다. 이것은 다이오드가 역방향으로 바이어스되면 저항값이 대단히 크기 때문에 범위를 넘어섰다는 의미인 OR이나 스케일을 넘어섰다는 OL의 의미를 표시하게 된다(<그림 1-14(c)>).

다이오드가 손상을 받아서 애노드와 캐소드 사이가 영구적으로 단락되면 저항계에 의해서 순방향으로 바이어스되든 역방향으로 바이어스되든간에 아주 적은 저항값을 표시하게 된다(<그림 1-14(d)>).

회로에서 단락된 다이오드를 발견하면 고장의 문제가 해결된 것처럼 보이지만

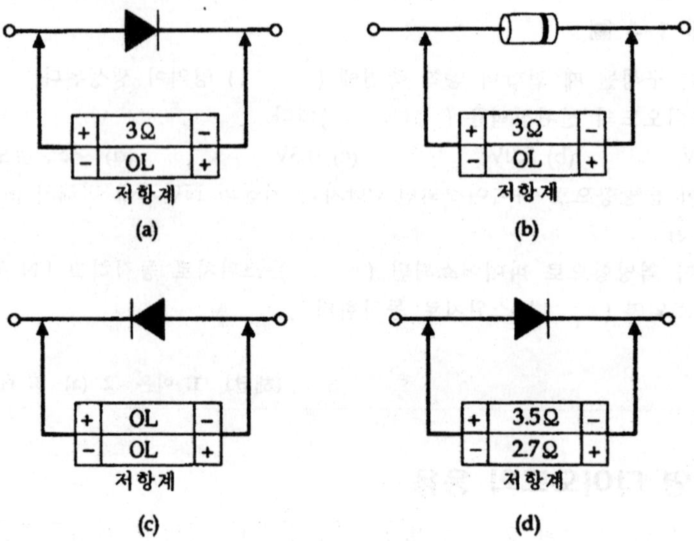


<그림 1-14> 저항계를 사용한 다이오드의 검사

사실은 다이오드의 정격을 초과했기 때문에 이미 인접한 다른 소자들도 영향을 받게 되므로 또다른 부품들이 손상을 받았는지 여부를 검사하는 것이 필요하다.

다이오드가 손상을 받게 되면 영구적으로 개방상태로 되고 순방향 바이어스와 역방향 바이어스에서 저항계로 측정되는 자신의 캐소드와 애노드 사이의 저항은 대단히 크게 표시된다.

다이오드의 파괴는 제조업체에서 제공되는 정격을 초과하는 과도한 전압과 전류에 의해서 발생된다. 다이오드가 오동작을 할 경우는 인접한 다른 소자에 미치는 영향을 고려해야 한다.

그러나 다이오드가 개방된 경우는 다이오드가 파괴되면서 마치 퓨즈처럼 전류를 차단하기 때문에 인접한 소자에 거의 영향을 미치지 않게 된다.

**▣ 확인문제 1-5 ▣**

**1.** 실리콘 다이오드 양단에 걸리는 순방향 전압강하는 얼마인가?
**2.** 실리콘 다이오드의 순방향 바이어스를 위해서 극복되어야 할 전위장벽은 얼마인가?
**3.** 접합형 다이오드 내의 PN 접합은 몇 개인가?
**4.** 일반적으로 실리콘 다이오드가 갖는 최대 역전압의 크기는 얼마인가?
**5.** 다이오드의 온도가 증가하면 순방향 전압강하는 증가하는가? 감소하는가?

**{해답}** **1.** 0.7V **2.** 0.7V **3.** 1개 **4.** 50V **5.** 감소한다

## 기초문제

**1.** 실리콘의 원자번호는 몇 번인가?
(a) 14 (b) 16 (c) 10 (d) 32

**2.** 반도체 물질의 가전자대에는 몇 개의 가전자가 존재하는가?
(a) 2 (b) 4 (c) 6 (d) 8

**3.** 진성 반도체 물질에 3가의 불순물을 첨가하면 (          )이 구성된다.
(a) 외인성물질 (b) N형 물질
(c) P형 물질 (d) 외인성 물질, N형 물질

**4.** N형 물질에서 다수 캐리어는 (          )이다.
(a) 정공 (b) 전자 (c) 중성자 (d) 양성자

**5.** 진성 반도체 물질에 5가의 불순물을 첨가하면 (          )이 구성된다.
(a) 외인싱 물질 (b) N형 물질
(c) P형 물질 (d) 외인성 물질, N형 물질

**6.** P형 물질에서 다수 캐리어는 (          )이다.
(a) 정공 (b) 전자 (c) 중성자 (d) 양성자

**7.** 반도체 물질은 온도가 증가하면 저항이 (          )하게 되는 (          )의 저항 온도 계수를 가진다.
(a) 증가, + (b) 감소, + (c) 증가, − (d) 감소, −

**8.** 정공은 (          )로 간주된다.
(a) − (b) + (c) 중성 (d) +와 중성

**9.** 진성 반도체는 자신의 (          )를 증가시키기 위해서 도핑된다.
(a) 저항 (b) 전도도 (c) 인덕턴스 (d) 리액턴스

**10.** 온도가 증가하면 반도체는 (          )처럼 동작한다.
(a) 도체 (b) 절연체

**11.** −이온은 (                    )이다.
(a) 양성자가 전자보다 더 많다. (b) 전자가 양성자보다 더 많다.
(c) 양성자보다 중성자가 더 많다. (d) 전자보다 중성자가 더 많다.

**12.** +이온은 (                    )이다.
(a) 전자를 많이 잃어버리면 된다. (b) 중성자를 잃어버린다.
(c) 여분의 양성자를 얻는다. (d) 더 많은 전자를 얻게 된다.

**13.** 반도체 물질의 저항은 (          )의 저항보다는 크다.
(a) 유리 (b) 구리 (c) 세라믹 (d) 유리와 세라믹

**14.** 전기전자회로에서 사용되는 반도체 물질의 기본적인 기능은 (                    )이다.
(a) 전류제어 (b) 장비의 값을 증가시킨다.
(c) 전압제어 (d) 전류제어와 장비값 증가

**15.** 실리콘 PN 접합의 $V_F$는 얼마인가?

(a) 인가된 전압 (b) 300mV (c) 0.7V (d) 10V

**16.** 실리콘 다이오드의 장벽전압은 얼마인가?

(a) 0.3V (b) 0.4V (c) 0.7V (d) 2.0V

**17.** 다음 중 순방향으로 바이어스된 다이오드는 어느 것인가?

(a) 애노드=+7V, 캐소드 +10V (b) 애노드=+5V, 캐소드 +3V
(c) 애노드=+0.3V, 캐소드 +5V (d) 애노드=−9.6V, 캐소드 +10V

**18.** 다이오드가 순방향으로 바이어스되면 전류는 ( )되고 역방향으로 바이어스되면 전류는 ( )된다.

(a) 차단, 도통 (b) 도통, 통과 (c) 차단, 저지 (d) 도통, 차단

**19.** 접합형 다이오드의 N형 영역은 ( ) 단자에 연결되고 P형 영역은 ( ) 단자에 연결된다.

(a) 캐소드, 애노드 (b) 애노드, 캐소드

**20.** 역방향으로 바이어스될 때 접합형 다이오드의 누설전류는 일반적으로 ( ) 크기를 가진다.

(a) A (b) mA (c) μA (d) KA

**21.** 다이오드 패키지의 검은 밴드 표시는 항상 ( ) 쪽에 가깝다.

(a) 애노드 (b) 캐소드 (c) P형 물질 (d) 애노드와 캐소드

**22.** 다이오드의 순방향 영역에서 전류가 극적으로 증가하는 점을 ( ) 전압이라고 부른다.

(a) 항복전압 (b) 무릎점 전압 (c) 장벽전압 (d) (b)와 (c) 모두 옳다.

**23.** 다이오드의 역방향 영역에서 전류가 극적으로 증가하는 점을 ( ) 전압이라고 부른다.

(a) 항복전압 (b) 무릎점 전압 (c) 장벽전압 (d) (b)와 (c) 모두 옳다.

**24.** 역방향으로 바이어스될 때 양호한 다이오드가 갖는 저항의 크기는 얼마인가?

(a) 10Ω 미만 (b) 100MΩ 이상
(c) 120Ω과 1, 2kΩ 사이 (d) (b)와 (c)가 모두 옳다.

**25.** 순방향으로 바이어스될 때 양호한 다이오드가 갖는 저항의 크기는 얼마인가?

(a) 10Ω 미만 (b) 100MΩ 이상
(c) 120Ω과 1, 2kΩ 사이 (d) (b)와 (c)가 모두 옳다.

〔해답〕 **1.** (a) **2.** (b) **3.** (a), (c) **4.** (b) **5.** (d) **6.** (a) **7.** (d) **8.** (b) **9.** (b) **10.** (a) **11.** (b) **12.** (c) **13.** (b) **14.** (a) **15.** (c) **16.** (c) **17.** (b) **18.** (d) **19.** (a) **20.** (c) **21.** (b) **22.** (d) **23.** (a) **24.** (b) **25.** (a)

## 응용문제

1. 도체, 반도체, 부도체에 대해서 설명하시오.
2. 공유결합에 대해서 설명하시오.
3. PN 접합의 특성에 대해서 설명하시오.
4. PN 접합형 다이오드의 순방향 바이어스와 역방향 바이어스 특성을 설명하시오.
5. PN 접합형 다이오드의 전압전류 특성곡성을 그리시오.
6. 다이오드의 온도효과를 설명하시오.

## 연습문제

1. <그림 1-15(a)>에 표시된 회로에서 다이오드 전류를 구하시오(단, 실리콘 다이오드를 사용한다).

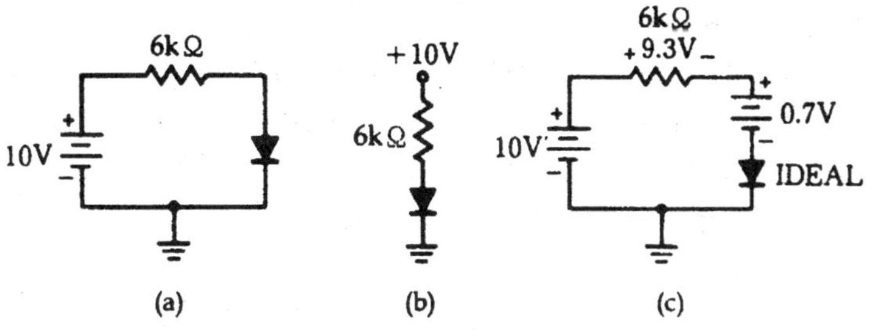


<그림 1-15>

2. <그림 1-16(a)>의 회로에서 1kΩ의 저항을 흐르는 전류의 세기 $I$를 구하시오.

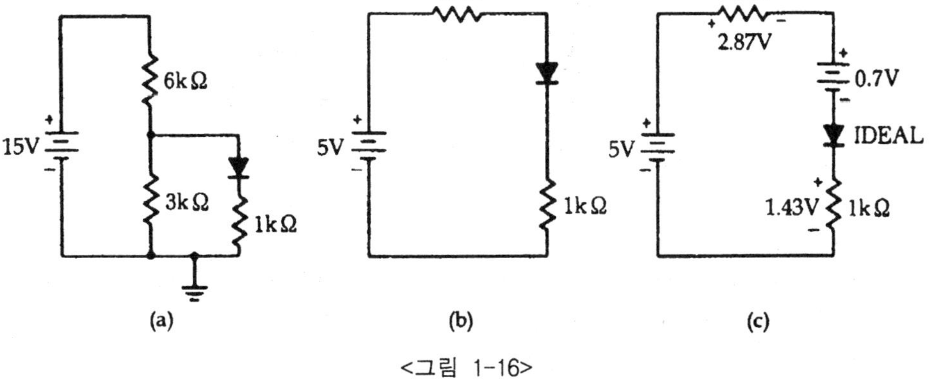


<그림 1-16>

3. 실리콘 다이오드가 상온에서(25℃) 2nA의 포화전류가 흐른다면 75℃와 125℃에서는 얼마의 크기를 갖는 포화전류가 흐르는가 계산하시오(보통 온도가 10℃ 상승할 때마다 2배의 전류가 흐른다).
4. 다이오드를 포함하고 있는 회로에 순방향 바이어스를 가했더니 50mA의 순방향 전류가 흐르고 역방향 바이어스를 가하면 20nA의 역방향 전류가 흐른다. 역방향 전류와 순방향 전류의 비는 얼마인가?
5. <그림 1-17(a)>에서 전원저항이 2kΩ이고 전원이 9V일 때 다이오드에 흐르는 전류를 계산하시오.

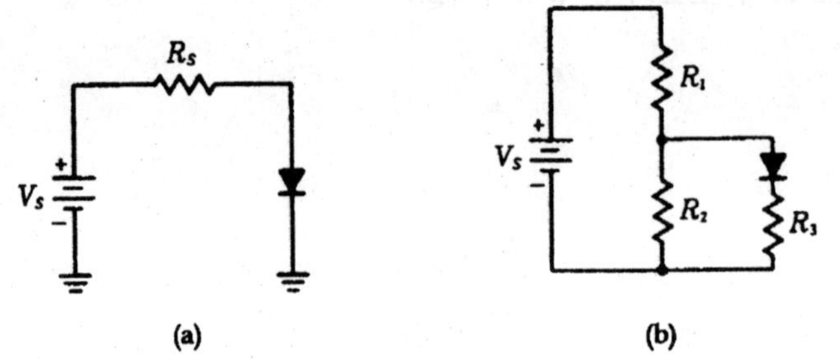


<그림 1-17>

6. <그림 1-17(b)>에서 $V_s$=20V, $R_1$=68kΩ, $R_2$=15kΩ, $R_3$=33kΩ일 때 다이오드 전류를 계산하시오. 전압 분배기는 안정적인가(테브닌의 정리를 이용하시오)?
7. <그림 1-18(a)>에서 다이오드 양단의 전압을 5V라고 가정하면, 다이오드는 개방 스위치인가, 단락 스위치인가?
8. <그림 1-18(a)>에서 다이오드 양단의 전압이 0V로 측정되었고, 전원전압은 접지에 대해서 +5V라고 가정한다면 회로는 무엇이 고장인가?

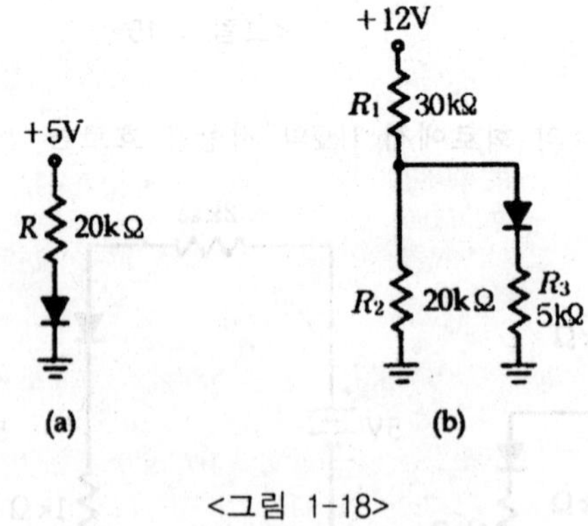


<그림 1-18>

9. <그림 1-18(b)>에서 $R_1$과 $R_2$의 접합면에서 0V가 측정되었다. 이 회로에서 잘못된 부분은 어느 곳인가?

**10.** 도난경보기나 컴퓨터와 같은 시스템은 정전되었을 경우에 건전지를 사용해서 정보를 보존(back up)시킨다. <그림 1-19>에 표시된 회로가 어떻게 동작하는지 설명하시오.

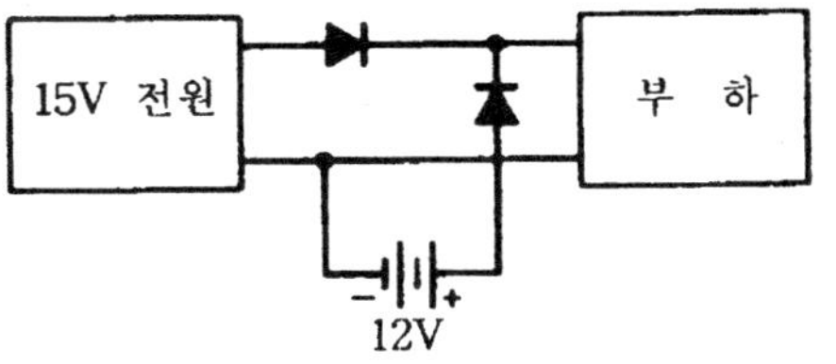


<그림 1-19>

{**해답**} **1.** 다이오드는 순방향으로 바이어스 되어 있으므로 0.7V의 전압강하가 생긴다. 저항의 양단에는 전원전압과 다이오드 전압의 차이만큼 전압이 걸리게 된다. 따라서 10V−0.7, $V$=9.3V의 전압이 사용되므로 다이오드 전류 $I=\dfrac{9.3\text{V}}{6\text{k}\Omega}=1.55\text{mA}$이다.

**2.** 전압분배기의 테브닌 전압은 5V이고 테브닌 저항은 2kΩ(6k ∥ 3k)이다. <그림 1-16(b)>와 같이 테브닌의 등가회로를 그리면, 다이오드는 순방향 bias되어 있고, 0.7V의 전압강하가 발생한다(다이오드의 2차 근사해석 적용). 나머지의 데브닌 전압이 3kΩ의 총저항에 나타난다. 따라서 직렬회로의 전류 $I=\dfrac{5\text{V}-0.7}{3\text{k}\Omega}=1.43\text{mA}$이다.
여러분들이 위의 식을 이해하지 못한다면 <그림 1-16(b)>에서 키르히호프의 전압방정식을 구해보면 $-5\text{V}+2000I+0.7\text{V}+1000I=0$로 표시된 것이다. 여기서 $I$=0.00143A이므로, 전류의 세기는 1.43mA가 틀림이 없음을 확인할 수 있다.

**3.** 25℃에서 포화전류가 2nA이므로 75℃에서는 64nA, 125℃에서는 2.05μA가 흐른다.

**4.** 순방향 전류가 50mA이고 역방향 전류가 20nA이므로 전류비는 $2.5\times10^6$이 된다.

**5.** $I=\dfrac{8.3\text{V}}{2\text{k}\Omega}=4.15\text{mA}$이다.

**6.** 회로를 테브닌화시키면 테브닌 전압은 3.62V이고 테브닌 저항은 12.29kΩ이 구해진다. 따라서 부하전류 $I_L=\dfrac{3.6\text{V}-0.7\text{V}}{12.3\text{k}\Omega+33\text{k}\Omega}=64\mu\text{A}$이다.

**7.** 다이오드 양단에 5V가 걸리면 전체 공급전압이 모두 다이오드 양단에 나타난 경우이므로 다이오드는 개방 상태이다.

**8.** 다이오드 양단에 0V가 나타나면 다이오드는 단락된 상태이다. 또한 접지에 대해서 저항에 5V가 걸리면 20kΩ 저항이 개방상태이다.

**9.** $R_1$과 $R_2$ 사이의 접속부분의 전위가 0V인 경우에는 공급전원이 연결되지 않았거나 아니면 저항 $R_1$이 개방된 경우이거나 $R_2$가 단락된 경우이다.

**10.** 15V 전원이 개방되면 12V 건전지에 의해서 동작된다.

제 2 장

# 쌍극성 트랜지스터(BJT)

1947년 12월 23일 존 바든, 월터 브라튼, 윌리엄 쇼클리가 트랜지스터라고 명명된 증폭 기능을 갖는 반도체 소자를 최초로 소개했다. 그렇지만 트랜지스터는 풀기 어려운 문제점들을 갖는 아주 예측하기 어려운 소자였다.

쇼클리는 자신의 연구를 계속 진행했고 1951년 세계에서 최초로 접합형 트랜지스터를 실행시켰다. 1956년 세 사람은 트랜지스터를 발견한 공로로 노벨 물리학상을 받았다.

트랜지스터는 3단자의 양단에 인가되는 전압의 변화에 의해서 전자의 흐름을 제어하기 위해서 반도체 물질을 사용해서 구성되는 3단자 소자이다. 트랜지스터를 통해서 흐르는 전류의 양을 제어하기 위해서는 스위칭과 증폭이라는 두 가지 중요한 응용 분야를 모두 만족해야 한다.

이미 우리가 앞에서 알아본 다이오드와 유사하게 트랜지스터도 p형 영역과 n형 영역으로 구성되는데 쌍극성 트랜지스터는 2개의 PN 접합을 갖는다. 이 장에서는 쌍극성 트랜지스터로 잘 알려진 BJT에 대해서 알아보도록 하자.

## 2-1 쌍극성 트랜지스터의 구조 및 동작특성

다이오드와 유사하게 트랜지스터도 반도체 물질로 구성된다. 그러나 다이오드와 트랜지스터의 차이점은 다이오드가 두 개의 반대로 도핑된 영역과 한 개의 PN 접합을 갖는 반면 트랜지스터는 교대로 도핑되는 3개의 영역과 두 개의 PN 접합을 갖는다는 점이다.

<그림 2-1(a)>에 표시된 NPN형 트랜지스터는 베이스로 표시되는 얇고, 약하게 도핑된 p형 영역이 컬렉터와 이미터로 알려진 두 개의 n영역 사이에 샌드위치의 형태로 되어 있다.

NPN형 트랜지스터의 회로 기호는 <그림 2-1(c)>에 표시되어 있다. PNP형 트랜지스터는 <그림 2-1(d)>에 표시되어 있다.

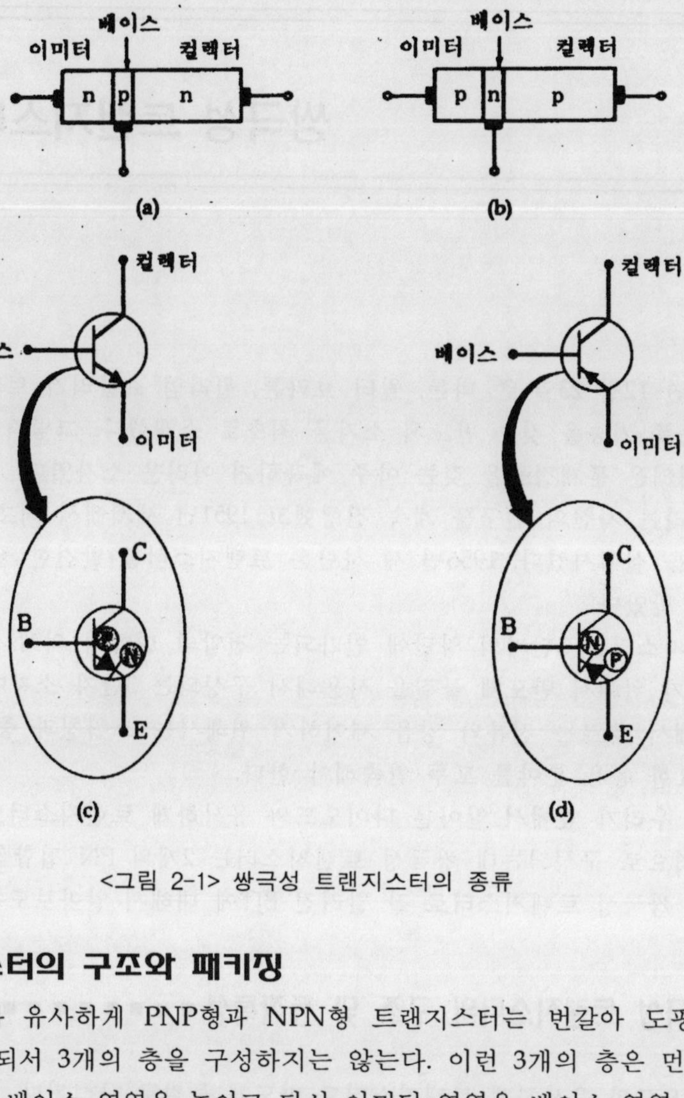


<그림 2-1> 쌍극성 트랜지스터의 종류

## ▮ 트랜지스터의 구조와 패키징

다이오드와 유사하게 PNP형과 NPN형 트랜지스터는 번갈아 도핑된 3개의 영역이 결합되서 3개의 층을 구성하지는 않는다. 이런 3개의 층은 먼저 컬렉터 영역 속으로 베이스 영역을 녹이고 다시 이미터 영역을 베이스 영역 속으로 녹이는 확산기술에 의해서 구성된다.

예를 들면 <그림 2-2(a)>에 표시된 NPN형 트랜지스터는 확산공정에 의해서 p형 베이스 영역이 n형 컬렉터 영역 속으로 녹아들어간다. 이런 p형 영역이 구성되면 NPN형 트랜지스터를 구성하기 위해서 n형 이미터 영역이 P형의 베이스 영역 속으로 확산되거나 녹아들어간다.

<그림 2-2(a)>에 표시된 것처럼 제조과정에서 디스크 혹은 얇은 반도체 웨이퍼상에 이런 트랜지스터 수천 개가 동시에 만들어진다는 사실을 기억하는 것이 필요하다. 검사될 때 약 3인치의 직경을 갖는 이런 디스크는 개별적인 트랜지스터로 분리된다.

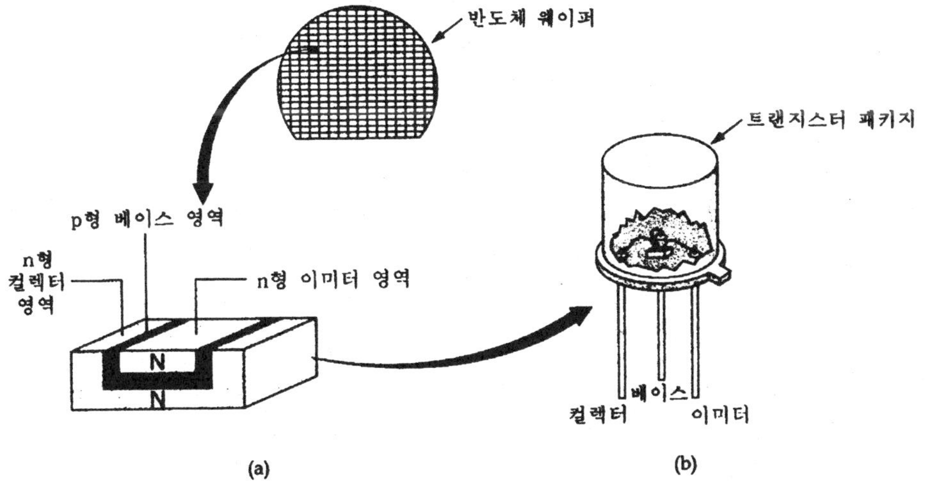


<그림 2-2> 쌍극성 트랜지스터의 구조와 패키징

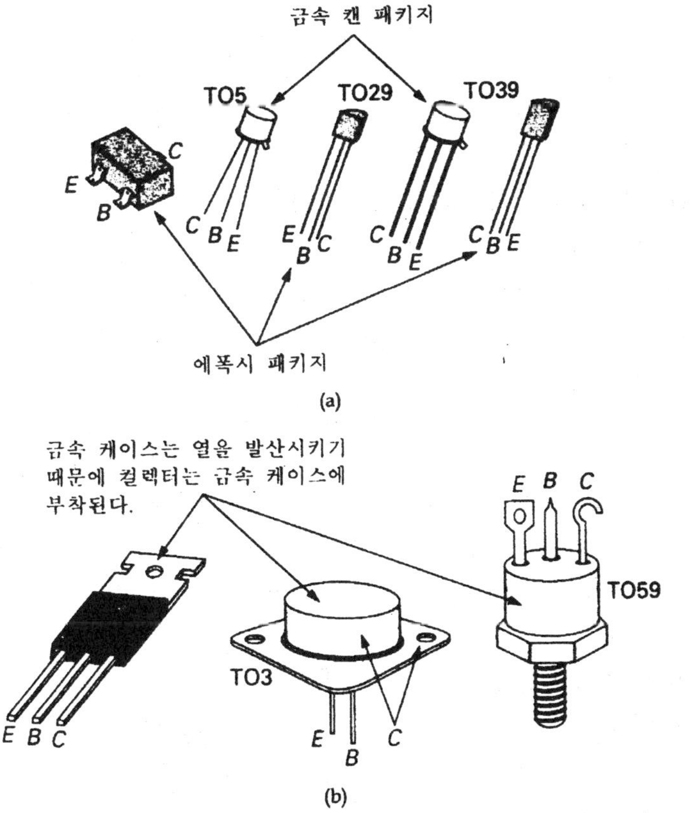


<그림 2-3> 쌍극성 트랜지스터 패키지 형태 (a) 저전력 트랜지스터 (b) 고전력 트랜지스터

각각의 트랜지스터는 <그림 2-2(b)>에 표시된 것처럼 패키지 속에 놓여진다. 패키지는 트랜지스터를 습기와 먼지로부터 보호하고 3개의 반도체 영역과 3단자 사이의 전기적인 연결을 제공하며 트랜지스터에서 발생되는 열을 외부로 발산시키는 방열판 역할을 한다.

<그림 2-3>은 일반적인 저전력 트랜지스터와 고전력 트랜지스터의 패키지중 몇 가지를 표시하고 있다. 대부분의 저전력, 소신호 트랜지스터는 금속, 플라스틱, 에폭시 패키지로 밀봉되어 덮여 있다.

<그림 2-3(a)>에 표시된 저전력 트랜지스터 패키지 중 4개는 패키지의 아래로부터 3개의 다리가 부착되어 있는데 그 이유는 이런 패키지들이 인쇄회로 기판에 삽입되기 쉽고 납땜되기 쉽도록 하기 위해서이다. SMT 저전력 트랜지스터 패키지는 인쇄회로 기판의 표면에 직접 탑재되기 때문에 평평한 금속 다리를 갖는다.

<그림 2-3(b)>에 표시된 고전력 패키지는 부가되는 금속이 트랜지스터로부터 발생되는 열을 전도시키고 방열판의 기능을 갖기 때문에 장비의 금속 프레임이나 샤시에 탑재된다. 이런 고전력 트랜지스터 패키지는 패키지로부터 부착을 위해서 2개나 3개의 단자가 제공된다.

만약 2개의 단자가 제공된다면 금속 케이스가 컬렉터로 사용되고 두 단자가 베이스와 이미터이다. 트랜지스터 패키지의 형태를 표시하기 위해서 표준 인식번호가 사용되는데 인식번호는 TO로 시작하고 이어서 번호가 부가된다.

## ▮ 이미터 다이오드와 컬렉터 다이오드

<그림 2-1(a)>에 표시된 트랜지스터는 두 개의 접합을 갖고 있는데 하나는 이미터 · 베이스 접합이고 다른 하나는 베이스 · 컬렉터 접합이다. 이런 이유 때문에 트랜지스터는 흡사 두 개의 다이오드와 같은데 왼편을 이미터 베이스 다이오드 오른쪽을 컬렉터 베이스 다이오드라고 부른다.

<그림 2-1(c)>는 또 다른 형태인 pnp형 트랜지스터를 표시한 것이다. pnp형 트랜지스터는 npn형 트랜지스터와 정반대로 이미터에서의 다수 캐리어는 정공(hole)이 자유전자(free electron)를 대신한다. 이것은 pnp형 트랜지스터의 동작에서 가해진 전압은 npn형 트랜지스터에서와 전류의 방향이 반대라는 의미이다. 혼란을 피하기 위해서 앞으로는 npn형 트랜지스터만을 설명하기로 한다.

## ▮ 바이어스되지 않은 트랜지스터

접촉면을 통과하는 전자의 확산은 <그림 2-4(a)>에 표시된 것처럼 두 개의 공핍층을 만든다. 각각의 공핍층은 전위장벽으로 작용하는데 실리콘 드랜지스터의 경우 25℃에서 0.7V이다(게르마늄 다이오드는 0.3V).

다이오드와 마찬가지로 트랜지스터도 게르마늄 트랜지스터보다 실리콘 트랜지

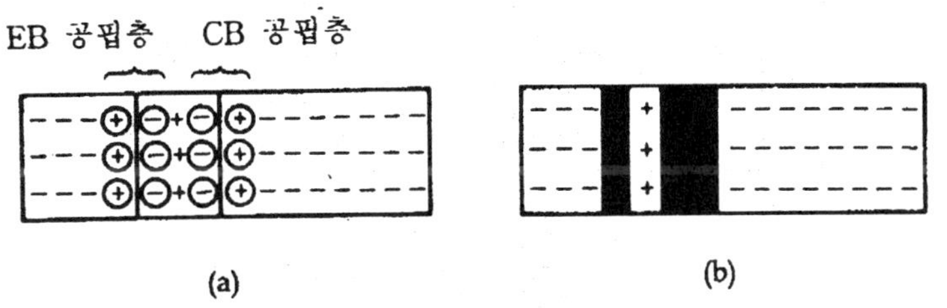


<그림 2-4> 공 핍 층

스터가 많이 사용된다. 실리콘 다이오드는 게르마늄 다이오드보다 낮은 온도 민감성과 높은 전압정격, 큰 전류정격을 갖는다. 다음의 트랜지스터는 별다른 언급이 없는 한 실리콘 다이오드만 설명한다.

3개의 영역은 도핑 정도가 다르기 때문에 공핍층도 두께가 달라진다. 좀더 강하게 도핑된 영역은 이온의 밀도가 접합면 근처에서 크다. 이것은 이미터 영역에서 공핍층의 두께가 얇다는 의미이다(강하게 도핑).

그러나 베이스 쪽의 공핍층은 두껍다는 의미이다(약하게 도핑). CB 공핍층은 베이스쪽은 잘 확산되고 적은 양이 컬렉터 쪽으로 침투한다. <그림 2-4>는 이런 개념을 요약한 것으로 이미터 공핍층은 작고 컬렉터 공핍층은 크다는 것을 표시하고 있다.

중요한 것은 다수 캐리어가 존재하지 않는 것을 의미하는 표시인 공핍층이 얼마나 검게 칠해져 있는가를 살펴보는 일이다.

## ▮ 트랜지스터의 바이어스

<그림 2-5(a)>에서 왼편의 전지는 이미터 다이오드를 순방향으로 바이어스시키고 있고, 오른쪽의 전지는 컬렉터 다이오드를 순방향으로 바이어스시키고 있다. 컬렉터와 이미터에서 흘러나온 자유전자들이 베이스에서 합쳐져서 접지선을 통해서 흐르게 된다.

두 개의 컬렉터 다이오드와 이미터 다이오드는 모두 순방향으로 바이어스되어 있기 때문에 이미터 전류와 컬렉터 전류도 순방향 전류로 크기가 크다. <그림 2-5(b)>는 트랜지스터의 또다른 바이어스법을 표시한 것으로 <그림 2-5(a)>와는 정반대로 두 개의 다이오드가 모두 역방향으로 바이어스되어 있다.

이런 조건에서는 전류의 세기는 매우 작으며 두 종류의 소수 캐리어에 의한 전류가 존재하는데, 그 하나는 열적 생성전류이고 나머지 하나는 표면 누설전류이다.

열적 생성전류는 열에 의해서 생성된 요소이기 때문에 온도의 영향을 받는데 주위의 온도가 10℃ 상승할 때마다 보통 2배에 가까운 전류가 생성된다. 표면누설 성분전류는 전압에 의해서 크기가 증가하지만 역방향 전류는 무시된다.

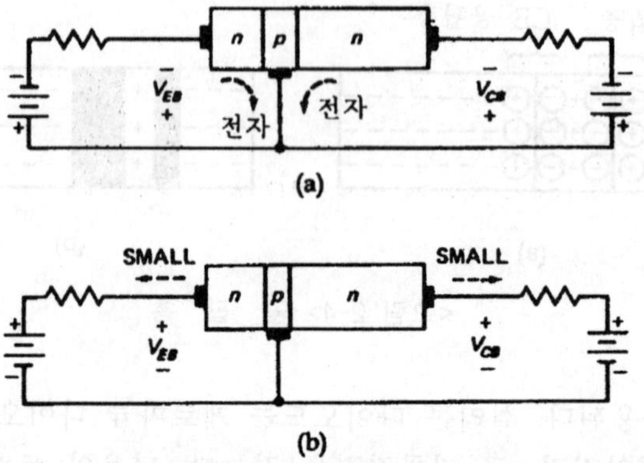


<그림 2-5> (a) 양쪽 모두 순방향으로 바이어스된 경우
(b) 양쪽 모두 역방향으로 바이어스된 경우

<그림 2-5(a)>와 (b) 같은 회로에서는 아무런 일도 발생하지 않는다. 오직 큰 전류를 얻을 수도 있고(양쪽 다 순방향일 경우), 전류를 얻지 못하는 경우도 있다(양쪽 다 역방향인 경우). 그렇지만 이와 같은 바이어스법은 트랜지스터 선형회로에서 거의 사용하지 않는다.

## 2-2 순방향 바이어스와 역방향 바이어스

이미터 다이오드에 순방향 바이어스를 컬렉터 다이오드에 역방향 바이어스를 걸어주면 예기치 못한 일이 발생한다. <그림 2-6(a)>에서 이미터 다이오드가 순방향으로 바이어스되어 있기 때문에 이미터 전류가 클 것이라는 예측을 할 수 있고, 컬렉터 다이오드는 역방향으로 바이어스되어 있기 때문에 적은 컬렉터 전류가 예상된다.

그러나 컬렉터 전류가 이미터 전류와 거의 같은 크기를 갖는 일이 발생한다. <그림 2-6(a)>에서 컬렉터 전류가 커지는 이유를 간단히 설명하고 있다. 순방향 바이어스가 이미터 다이오드에 인가되는 순간에 이미터 영역 속에 있던 전자는 아직 베이스 속으로 들어가고 있지 않다(<그림 2-6(b)>참조).

만약 $V_{BE}$가 실리콘 트랜지스터의 off 전압인 0.7V보다 크다면(전위장벽보다 크면) 많은 이미터 전자가 베이스 영역으로 흘러들어가게 된다(<그림 2-6(c)>참조). 베이스로 들어간 이런 전자들은 두 가지 방향으로 흘러갈 수 있는데, 그 하나는 얇은 베이스를 따라서 외부 베이스 선으로 흐르는 것이고, 또 하나는 컬렉터 접합면을 지나서 컬렉터 영역으로 흘러가는 것이다.

여기서 베이스 전류성분을 재결합 전류(recombination current)라고 부른다. 베이스는 불과 몇 개의 정공으로 가볍게 도핑되어 있기 때문에 그 크기는 매우 작다. 트랜지스터에서 두 번째 중요한 개념은 베이스 영역이 매우 얇다는 것이다.

<그림 2-6(c)>에서 베이스는 컬렉터 공핍층 속으로 확산하는 요인이 되는 주입된 전도대 전자들에 의해서 구성되어 있다. 베이스 층의 내부에서는 자유전자들이 공핍층 전계에 의해서 컬렉터 영역 속으로 밀려들어가게 되고(<그림 2-6(d)> 참조) 컬렉터 전류는 외부 컬렉터 단자를 통해서 흘러가게 된다.

<그림 2-6(b)>에서처럼 −전원단자를 떠난 전자들이 안정된 흐름으로 이미터 영역으로 들어가는 것을 형상화시킬 수 있다. $V_{EB}$는 이런 이미터 영역의 자유전자를 베이스 영역으로 들어가게 하는 순방향 바이어스 전압이다.

베이스는 주입된 전자의 대부분이 컬렉터 영역에 도달될 수 있을 만큼 충분히 약하게, 또 얇은 층으로 도핑되어 있다. 공핍층의 전계는 컬렉터 영역으로 안정된 양의 전하를 주입시키는 작용을 한다.

이런 전자들은 다시 컬렉터 영역을 지나서 컬렉터의 외부단자를 통해서 전압원의 +단자 속으로 흘러들어간다. 대부분의 트랜지스터 가운데 95% 이상의

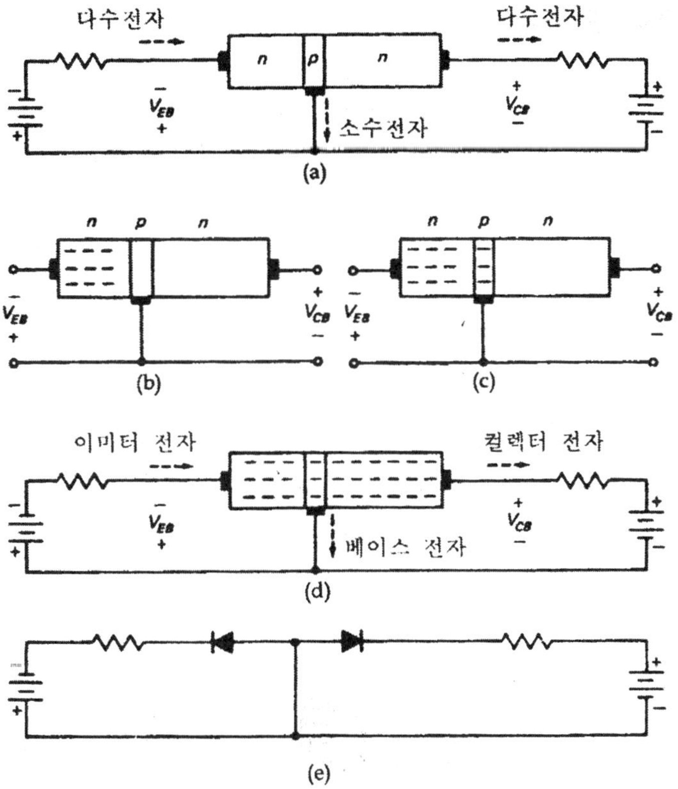


<그림 2-6> (a) 이미터 다이오드는 순방향 바이어스 베이스-컬렉터는 역방향 바이어스
(b) 많은 이미터 전자 (c) 자유전자가 베이스 영역으로 주입된다.
(d) 자유전자가 베이스를 통해서 컬렉터로 흐른다.
(e) 두 개의 분리된 back-to-back 다이오드(TR로 작용을 할 수 없다)

의 이미터 주입전자가 컬렉터로 흘러들어가게 되고, 5% 이내의 전자가 베이스의 정공과 결합해서 베이스의 외부단자를 통해서 흘러나간다.

그러나 트랜지스터를 만들기 위해서 <그림 2-6(e)>에 표시된 것처럼 두 개의 분리된 다이오드를 등을 맞대게 연결할 수는 있지만 트랜지스터로서 작용을 하지는 못한다. 두 개의 다이오드는 두 개의 도핑 영역을 갖게 되서 전체적인 회로는 4개의 도핑 영역을 갖게 된다. 이것이 트랜지스터의 베이스 영역과 같은 역할을 하지 못하는 이유가 된다.

트랜지스터로 동작하기 위해서는 베이스는 약하게 도핑되고 이미터 영역은 강하게 도핑되어야 하며 컬렉터 영역은 이미터와 베이스 영역의 중간 정도의 도핑을 해야 한다. 따라서 자유전자는 베이스를 통해서 컬렉터로 흘러갈 때 짧은 수명을 갖게 되고 베이스 폭이 얇아야만 컬렉터까지 도달할 수 있게 된다.

두 개의 분리된 back-to-back 다이오드는 3개가 아니 4개의 도핑 영역을 갖기 때문에 이미터와 컬렉터 사이에 존재하는 얇은 베이스 영역은 존재할 수 없다.

## 직류전류 증폭률

95% 이상의 주입된 자유전자가 컬렉터 영역에 도달한다는 것은 컬렉터 전류의 크기가 이미터 전류 크기와 거의 같다는 것을 의미한다. 트랜지스터의 직류 α는 이러한 전류의 값들이 얼마나 근사한 값인가를 나타내는 것으로 식 (2-1)로 정의된다.

$$\alpha_{dc} = \frac{I_C}{I_E} \tag{2-1}$$

예를 들면 $I_C$가 4.9mA의 크기로 측정되었고 $I_E$가 5mA라면

$$\alpha_{dc} = \frac{I_C}{I_E} = \frac{4.9\text{mA}}{5\text{mA}} = 0.98$$

이다. 얇고 약하게 도핑된 베이스일수록 $\alpha_{dc}$는 커지게 된다. 이상적으로 말해서 모든 주입전자는 컬렉터에 도달하게 되면 $\alpha_{dc}=1$이 된다. 많은 트랜지스터는 $\alpha_{dc}$가 0.99보다 크며, 적어도 0.95보다 큰 값을 갖게 되므로 $\alpha_{dc}$를 1로 근사화시켜서 사용할 수도 있다.

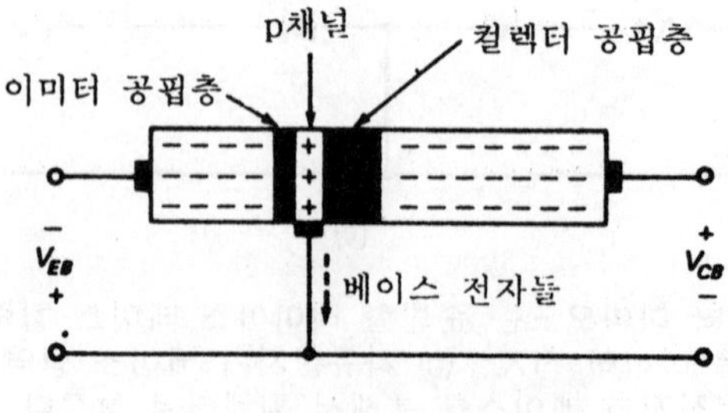


<그림 2-7> 베이스 확산저항

## 베이스 확산저항

두 개의 공핍층이 베이스 영역에 스며들어 있고 <그림 2-7>에 표시된 것처럼 베이스 정공은 P형 반도체의 얇은(thin) 채널에 국한되어 존재한다. 이런 얇은 채널의 저항을 베이스 확산저항(base spreading resistance) $r_b'$라고 부른다.

컬렉터 다이오드에 걸리는 역방향 바이어스 전압 $V_{CB}$를 증가시키면 P채널의 폭이 감소되고 등가인 $r_b'$ 증가한다. 베이스 영역에서의 재결합전류는 반드시 베이스 확산저항 $r_b'$를 통과해서 흐르게 되고, 그때 전압을 발생시킨다($V=I\times R$).

이런 전압의 중요성에 대해서는 차후에 설명한다. 지금은 $r_b'$의 존재와 <그림 2-7>에서처럼 베이스의 도핑뿐만 아니라 채널의 폭에 대해서 의존하는 값이라는 점을 알고 있어야 한다.

극히 드문 경우이지만 $r_b'$는 1000Ω 정도로 높은 저항값을 가질 수도 있지만 대부분 50Ω에서 150Ω 이내의 범위에 있다. $r_b'$의 효과는 고주파 회로에서 중요하게 대누된다. 그러나 저주파 회로에서는 $r_b'$는 거의 영향을 주지 못한다. 이런 이유 때문에 다음 장까지는 $r_b'$는 무시하기로 하자.

## 항복전압

트랜지스터는 2개의 다이오드를 가지고 있는 것과 같아서 너무나 큰 역방향 전압은 어느 다이오드든지 하나를 항복시키는 원인이 된다. 이런 항복전압은 공핍층의 두께(width)와 도핑 정도에 따라서 결정된다.

강하게 도핑된 이미터 다이오드는 5V에서 30V 정도인 낮은 항복전압 $BV_{BE}$를 갖는 반면, 상대적으로 약하게 도핑된 컬렉터 다이오드는 20V~300V 정도인 높은 항복전압 $BV_{CE}$를 갖는다. 정상적인 트랜지스터의 동작에서 컬렉터 다이오드는 역방향으로 바이어스된다. $V_{CB}$가 너무 클 때 컬렉터 다이오드는 항복하게 되고, 지나친 전력소비로 손상을 입는 경우도 있다.

대부분 설계시 그런 이유 때문에 컬럭터 전압 $V_{CB}$는 공장의 데이터 시트에 기록된 $BV_{CE}$의 최대 정격보다 적은 값을 유지시킨다. 유사하게 몇몇 트랜지스터 회로에서 이미터 다이오드는 잠깐동안 역방향으로 바이어스될 수도 있는데 역전압이 이런 경우에도 최대 정격 $BV_{BE}$를 초과해서는 안 된다.

### ▣ 확인문제 2-1 ▣

1. 쌍극성 트랜지스터의 기본적인 형태 두 가지는 무엇인가?
2. 쌍극성 트랜지스터의 3단자 이름은 무엇인가?
3. 쌍극성 트랜지스터의 패키지 형태는 무엇이 있는가?
4. 트랜지스터의 표준 인식번호는 어떤 기호로 시작되는가?

{해답} 1. PNP형, NPN형 2. 이미터, 컬렉터, 베이스 3. 저전력 트랜지스터, 고전력 트랜지스터 4. TO

## 2-3 쌍극성 트랜지스터 회로의 구조와 특성

쌍극성 트랜지스터는 트랜지스터의 세 단자 중 한 단자를 공통으로 사용하고 나머지 두 단자는 입력과 출력단자로 사용하기 때문에 <그림 2-8>에 표시된 것처럼 공통 이미터, 공통 베이스, 공통 컬렉터 회로로 구분된다.

이 장에서는 모든 회로에서 가장 많이 사용되는 형태인 공통 이미터 트랜지스터 회로에 대해서 상세히 알아보도록 하자.

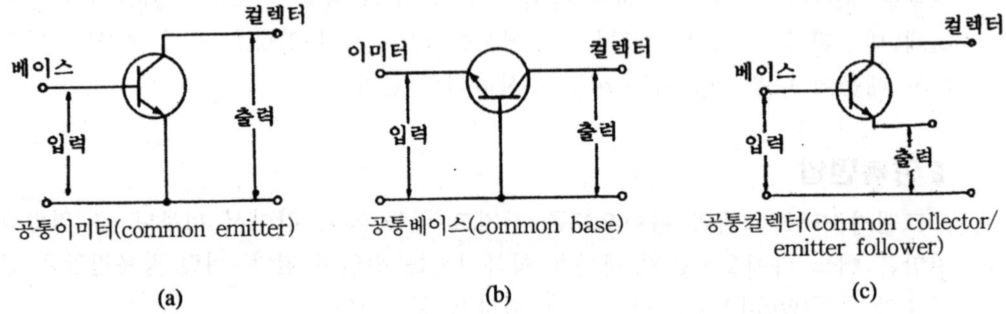


<그림 2-8> (a) 공통이미터 (b) 공통베이스 (c) 공통컬렉터

### ▌공통 이미터 회로

공통 이미터 회로에서는 트랜지스터의 이미터 단자가 입력과 출력에서 공통 단자로 사용된다. 이런 회로 구조에서는 베이스가 입력단자 역할을 하고 컬렉터가 출력단자 역할을 수행한다.

<그림 2-9>에는 기본적인 공통 이미터 회로와 입출력 전압과 전류파형, 특성곡선, 일반적인 특성표가 표시되어 있다. 직류 베이스 바이어스 전압은 트랜지스터의 베이스를 통해서 흐르는 베이스 전류 $I_B$를 결정하게 된다. 이런 $I_B$는 다시 트랜지스터의 컬렉터와 저항 $R_C$를 통해서 흐르는 컬렉터 전류 $I_C$를 결정하게 된다.

아주 적은 베이스 전류 $I_B$에 비해서 트랜지스터의 컬렉터 전류 $I_C$는 대단히 크기 때문에 회로가 전류를 증가시켰다고 말하는데 이것을 회로가 갖는 전류이득 베타($\beta$)라고 부른다.

트랜지스터의 직류 전류이득 $\beta_{dc}$는 공통 이미터 트랜지스터의 직류 전류이득을 나타내는데 자신의 출력전류 $I_C$와 자신의 입력전류 $I_B$의 비(ratio)이다.

$$\beta_{dc} = \frac{I_C}{I_B} \tag{2-2}$$

**예제 2-1** <그림 2-9(b)>에 표시된 것처럼 입력신호가 없을 때 $I_C$=1mA, $I_B$=30$\mu$A라면 트랜지스터의 $\beta_{dc}$는 얼마인가?

**• 풀이 •** $\beta_{dc} = \frac{I_C}{I_B} = \frac{1\text{mA}}{33\mu\text{A}} = 33.3$

이 값은 $I_C$가 $I_B$보다 33.3배만큼 크다는 것을 의미한다. 따라서 입력과 출력 사이의 직류 전류이득은 33.3이다. 시스템 해석에 사용되는 또다른 형태인 h파라미터(하이브리드 파라미터)에서는 트랜지스터의 직류 전류이득으로 $\beta_{dc}$ 대신에 $h_{fe}$를 사용한다.

교류파형이 증폭될 때 트랜지스터는 베이스 전압과 전류를 가변시키는 증폭되어지는 교류 신호전압과 트랜지스터 동작을 위한 직류전압이 함께 인가된다. <그림 2-9(b)>의 위쪽에 표시된 4개의 파형을 잠조하면 교류파형 입력신호가 인가될 때 어떤 일이 발생되는지를 설명할 수 있다.

출력 컬렉터 전류의 변화량 $\Delta I_C$와 입력 베이스 전류의 변화량 $\Delta I_B$의 비를 트랜지스터의 교류 전류이득 혹은 교류 베타($\beta_{ac}$)라고 부른다.

$$\beta_{ac} = \frac{\Delta I_C}{\Delta I_B} \tag{2-3}$$

**예제 2-2** <그림 2-9(b)>에 표시된 예제의 교류 전류이득을 구하시오.

**• 풀이 •** $\beta_{ac} = \frac{\Delta I_C}{\Delta I_B} = \frac{1.5\text{에서 } 0.5\text{mA}}{40\text{에서 } 20\mu\text{A}} = \frac{1\text{mA}}{20\mu\text{A}} = 50$

이것은 출력에서의 교류 컬렉터 전류는 입력에서의 교류 베이스 전류보다 50배 크다는 것을 의미한다. 공통 이미터 트랜지스터 회로의 일반적인 전류이득은 50이다.

공통 이미터 트랜지스터 회로는 전압이득을 발생시키기 때문에 입력 신호전압의 진폭을 증가시키는 데도 사용된다. 이런 동작은 <그림 2-9(a)>에 표시된

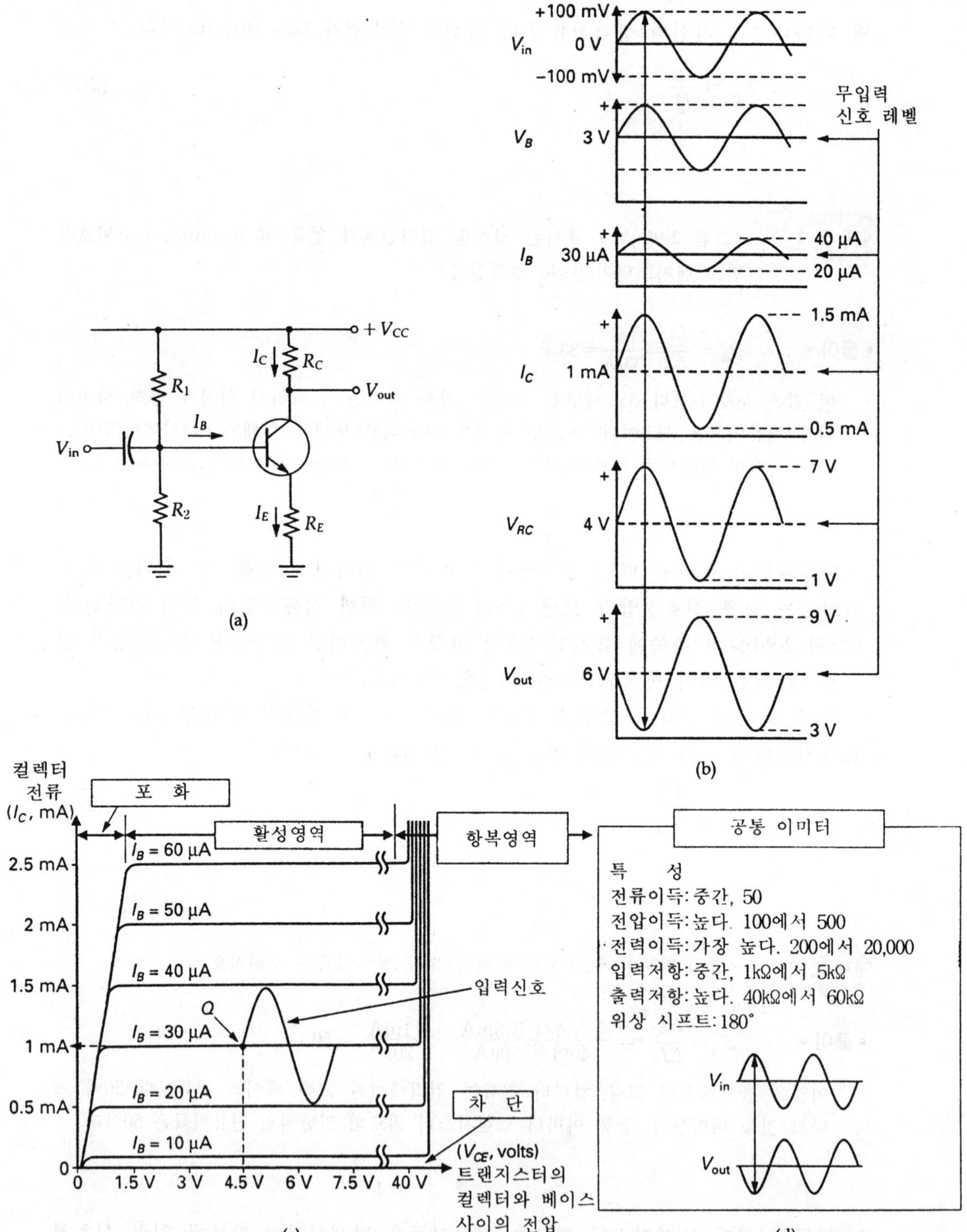


<그림 2-9> 공통 이미터 트랜지스터 회로의 특성

공통 이미터 트랜지스터 회로와 <그림 2-9(b)>에 표시된 관련 파형에서의 변화를 살펴보면 알 수 있다.

전압이득은 $A_V$로 표시되는데 입력전압의 변화량 $\Delta V_{in}$과 출력전압의 변화량 $\Delta V_{out}$의 비에 의해서 구해진다.

$$A_V = \frac{\Delta V_{out}}{\Delta V_{in}} \tag{2-4}$$

**예제 2-3** <그림 2-9(a)>와 (b)에 표시된 회로와 파형의 전압이득을 구하시오.

**• 풀이 •** $A_V = \frac{\Delta V_{out}}{\Delta V_{in}} = \frac{+9\text{V에서 } +3\text{V}}{+100\text{mV에서 } -100\text{mV}} = \frac{6\text{V}}{200\text{mV}} = 30$

이것은 출력교류 신호전압이 교류입력 신호전압보다 30배 크다는 것을 의미한다. 대부분의 공통 이미터 트랜지스터 회로는 100에서 500 사이의 높은 전압이득을 갖는다.

공통 이미터 트랜지스터 회로는 전류이득과 전압이득을 모두 갖는데 다음 공식과 같이 구해진다.

$$A_P = \frac{P_{out}}{P_{in}} = \frac{\Delta V_{out} \times \Delta I_{out}}{\Delta V_{in} \times \Delta I_{in}} \tag{2-5}$$

**예제 2-4** <그림 2-9>에 표시된 회로의 전력이득을 구하시오.

**• 풀이 •**

$$A_P = \frac{P_{out}}{P_{in}} = \frac{\Delta V_{out} \times \Delta I_{out}}{\Delta V_{in} \times \Delta I_{in}}$$

$$= \frac{(9\text{V에서 } 3\text{V}) \times (1.5\text{mA에서 } 0.5\text{mA})}{(+100\text{mV에서} -100\text{mV}) \times (40\mu\text{A에서 } 20\mu\text{A})}$$

$$= \frac{6\text{V} \times 1\text{mA}}{200\text{mV} \times 20\mu\text{A}} = \frac{6\text{mW}}{4\mu\text{W}} = 1500$$

이 예제에서는 공통 이미터 회로의 전력이득이 1500이기 때문에 4μW의 입력 신호전력은 출력에서 6mW로 증가한다.

<그림 2-9>에 표시된 회로의 전력이득은 앞에서 구한 공통 이미터 회로의 전압이득 $A_V$에 공통 이미터 회로의 전류이득 $\beta_{ac}$를 곱해도 구할 수 있다.

$$A_V = \frac{\Delta V_{\text{out}}}{\Delta V_{\text{in}}} \text{이고} \quad \beta_{ac} = \frac{\Delta I_{\text{out}}(\Delta I_C)}{\Delta I_{\text{in}}(\Delta I_B)}$$

$$A_P = V \times I = \frac{\Delta V_{\text{out}}}{\Delta V_{\text{in}}} \times \frac{\Delta I_{\text{out}}(\Delta I_C)}{\Delta I_{\text{in}}(\Delta I_B)}$$

$$A_P = A_V \times \beta_{ac} \tag{2-6}$$

<그림 2-9(c)>는 컬렉터 정적 특성곡선이라고 부르는 공통 이미터 회로의 특성 그래프를 표시하고 있다. 이런 그래프의 데이터는 <그림 2-9(c)>에 표시된 삽입된 그림의 트랜지스터 실험 회로에서 NPN 트랜지스터의 컬렉터 바이어스 전압($V_{CC}$)과 베이스 바이어스 전압($V_{BB}$)를 가변시키면서 실험한 결과로부터 구해진다.

이런 실험회로에서는 각기 다른 회로 조건에서의 $I_B$, $I_C$, $V_{CE}$ 응답을 측정하기 위해서 두 개의 전류계와 한 개의 전압계가 사용된다.

이런 실험회로로부터 구해진 값들은 다양한 베이스 전류($I_B$는 μA 단위)에서 직각좌표계를 이용해서 수평축에는 트랜지스터의 컬렉터-이미터 전압강하 $V_{CE}$를 표시하고 수직축에는 컬렉터 전류 $I_C$(mA 단위)를 표시한다. 이런 특성 그래프에는 트랜지스터의 입력 베이스 전류, 컬렉터 출력전류, 컬렉터-이미터 사이의 전압강하의 관계가 표시된다.

## ■ $\alpha_{dc}$와 $\beta_{dc}$의 관계

키르히호프의 전류법칙에 의하면

$$I_E = I_C + I_B \tag{2-7}$$

과 같다. 이 식은 이미터 전류의 크기는 컬렉터 전류와 베이스 전류의 합과 같다는 것을 표시하고 있다. 항상 다음 사항을 기억해야 한다. 이미터 전류는 세 전류 가운데 가장 큰 전류값을 갖는다. 컬렉터 전류가 두번째 크기이고, 베이스 전류의 크기가 가장 적다. 식 (2-7)을 $I_C$로 나누어보면

$$\frac{I_E}{I_C} = 1 + \frac{I_B}{I_C}$$

이고, 다시 쓰면

$$\frac{1}{\alpha_{dc}} = 1 + \frac{1}{\beta_{dc}}$$

로 표시된다. 이 식을 정리하면 식 (2-8)이 구해진다.

$$\beta_{dc} = \frac{\alpha_{dc}}{1 - \alpha_{dc}} \tag{2-8}$$

예를 들어서 $\alpha_{dc} = 0.98$이라면 $\beta_{dc} = 49$이다.

$$\beta_{dc} = \frac{\alpha_{dc}}{1-\alpha_{dc}} = \frac{0.98}{1-0.98} = \frac{0.98}{0.02} = 49$$

간혹 $\alpha_{dc}$를 $\beta_{dc}$와 비교해서 쓰기 위해서 식 (2-8)을 다시 풀면 식 (2-9)가 된다.

$$\alpha_{dc} = \frac{\beta_{dc}}{1+\beta_{dc}} \tag{2-9}$$

예를 들어서 $\beta_{dc}$가 100이라면

$$\alpha_{dc} = \frac{\beta_{dc}}{1+\beta_{dc}} = \frac{100}{1+100} = \frac{100}{101} = 0.99$$

가 된다.

## ▮ 활성영역

선형회로에서 트랜지스터의 동작에 필요한 조건을 요약하면 다음과 같다.

- 이미터 다이오드는 순방향으로 바이어스되어야 한다.
- 컬렉터 다이오드는 역방향으로 바이어스되어야 한다.
- 컬렉터 양단에 걸리는 전압은 항복전압 정격보다 적어야 한다.

이런 조건들이 만족되어지면 입력신호가 출력에서 증폭된 신호로 나타나기 때문에 트랜지스터를 능동소자라고 부른다.

## ▮ 2개의 등가회로

트랜지스터가 동작되는 중요한 개념을 기억하기 위해서 <그림 2-10(a)>와 같은 전류의 흐름이 표시된 등가회로를 살펴보자. 전원 $V_{BE}$는 이미터 공핍층 양단에 걸리는 전압으로 약 0.7V 이상이면 이미터는 전자를 베이스로 주입시킨다.

앞에서 이미 언급한 것처럼 이미터 전류의 조절이 바로 컬렉터 전류를 조절하기 때문에 컬렉터 회로에서 흐르는 컬렉터 전류원은 $\alpha_{dc}I_E$가 된다. <그림 2-10(a)>와 같은 등가회로는 $V_{CE}$는 항복전압보다 낮다고 가정한다.

다시 말하자면 등가회로는 트랜지스터가 활성영역에서 동작한다고 가정한다. 내부전압 $V_{BE}'$는 가해진 전압 $V_{BE}$에서 베이스 확산저항 $r_b'$에 의한 전압강하를 뺀 값으로

$$V_{BE} = V_{BE}' + I_B r_b'$$

로 쓸 수 있고 $I_B r_b'$가 작은 크기일 때 $V_{BE}$는 $V_{BE}'$로 근사화시킬 수 있다.

## ▮ 실제적인 회로

<그림 2-10(b)>는 트랜지스터의 등가회로를 그리는 일반적인 방법을 표시하고 있다. 이것은 전류의 흐름을 이용하는 것으로 전자의 흐름을 이용하면 <그림

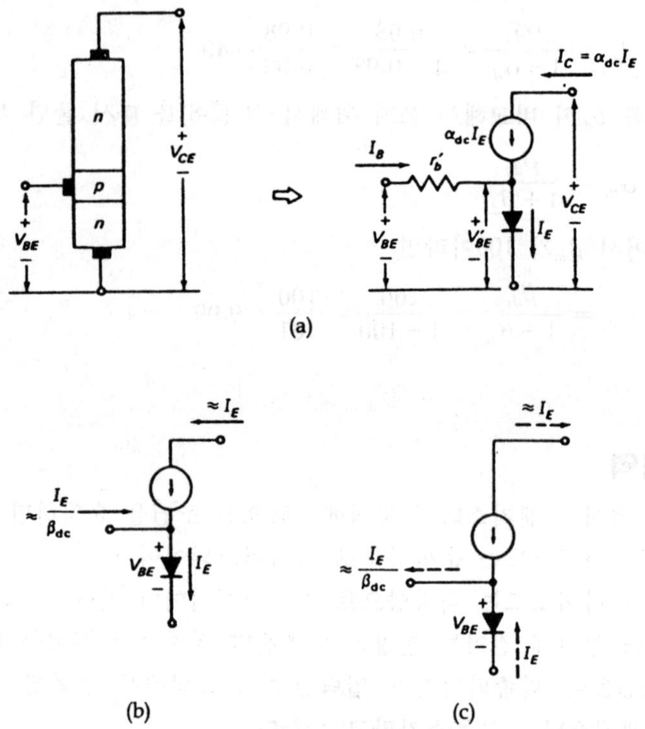


<그림 2-10> (a) 트랜지스터의 등가회로 (b) Ebers-Moll 모델 (c) 전자흐름 모델

2-10(c)>와 같은 등가회로를 사용해야 한다. 이러한 등가회로는 이미터 다이오드가 컬렉터 전류원과 직렬로 연결되어 있는데, 이것을 Ebers-Moll 모델이라고 부른다.

Ebers-Moll 모델을 이용하여 다음과 같이 근사화시킬 수 있다.

- 실리콘 다이오드에서 $V_{BE}$는 0.7V로 한다(게르마늄 다이오드는 0.3V).
- $I_B r_b'$ 전압은 무시한다(등가회로에서 $I_B \times r_b'$의 크기는 무시할 만큼 적다).
- $\alpha_{dc}$가 1에 접근하기 때문에 $I_C$는 $I_E$와 같이 취급한다.
- $I_C$와 $I_E$는 거의 같으므로 $I_B = \dfrac{I_E}{\beta_{dc}}$로 근사화시킨다.

## ▮ 공통 베이스 회로의 직류 전류이득

공통 베이스 회로에서는 트랜지스터의 베이스 단자가 입력과 출력신호에 공통으로 사용된다. 이런 회로의 구조상 이미터는 입력단자로 사용되고 컬렉터는 출력단자로 사용된다. <그림 2-11>에는 공통 베이스와 입출력 파형, 일반적인 특성이 표시되어 있다.

공통 베이스 회로의 입력전류는 $I_E$이고 출력전류는 $I_C$이기 때문에 전류이득은

$I_E$와 $I_C$의 비에 의해서 결정된다. 공통 베이스 트랜지스터 회로의 직류 전류이득은 직류 알파($\alpha_{dc}$)로 부르게 된다.

$$\alpha_{dc} = \frac{I_C}{I_E} \tag{2-10}$$

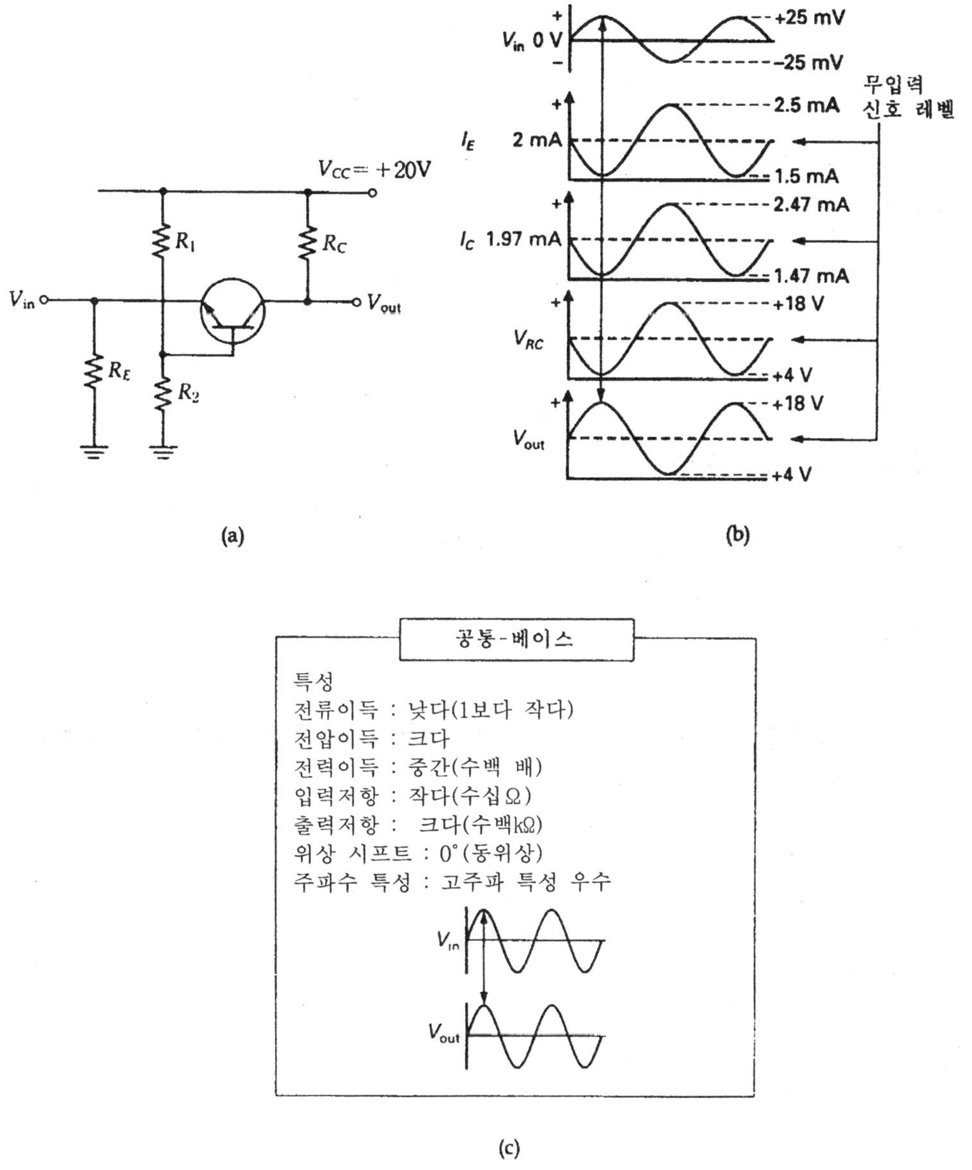


<그림 2-11> 공통 베이스 회로의 구조 및 특성

출력전류 $I_C$는 항상 입력전류 $I_E$보다 약간 작기 때문에(작은 크기의 $I_B$가 베이스로 흘러들어가기 때문) 입력과 출력 사이에서 전류의 증가는 없다. 사실 공통 베이스 회로의 구조에서는 전류이득이 1보다 적기 때문에 입력과 출력 사이에서 약간의 전류손실이 발생한다.

**예제 2-5** <그림 2-11(a)>에 표시된 회로에서 $I_C$=1.97mA, $I_E$=2mA라면 전류이득은 얼마인지 구해보시오.

**• 풀이 •** $\alpha_{dc}=\dfrac{I_C}{I_E}=\dfrac{1.97\text{mA}}{2\text{mA}}=0.985$

0.985는 $I_C$가 $I_E$의 98.5%라는 것을 의미한다. 여러분들도 이 예제를 통해서 확인했겠지만 $I_E$와 $I_C$ 사이의 차가 거의 없기 때문에 $\alpha_{dc}$=1이라고 가정하게 되는데 이것은 $I_E=I_C$라는 것을 의미한다.

### ▮공통 컬렉터 회로

공통 컬렉터 회로로 사용되면 트랜지스터의 컬렉터 단자가 입력과 출력에 공통 단자로 사용된다. 이런 회로의 구조 때문에 베이스는 입력단자가 되고 이미터가 출력단자가 된다. <그림 2-12>에는 기본적인 공통 컬렉터 회로의 구조와 입출력 전압과 전류파형, 일반적인 특성표가 표시되어 있다.

## 2-4 직류부하선

부하선은 트랜지스터가 어떻게 동작하고 어느 영역에 있는지를 알 수 있도록 컬렉터 특성곡선 위에 그려진다. 사용방법은 다이오드에서의 경우와 유사하다. <그림 2-13(a)>의 회로에서 $V_{CC}$가 저항 $R_C$를 통해서 컬렉터 다이오드에 역방향으로 바이어스된다. 저항의 양단에 걸리는 전압 $V_{CC}-V_{CE}$가 되고, 전류 $I_C$는 식 (2-11)과 같이 구해진다.

$$I_C=\frac{V_{CC}-V_{CE}}{R_C} \tag{2-11}$$

이 식이 바로 직류부하선의 식이다.

### ▮예 제

가해준 전압이 10V이고 컬렉터 저항이 5kΩ이라고 가정하고 식 (2-11)을 이용해서 부하선을 구해보면 식 (2-13)과 같다.

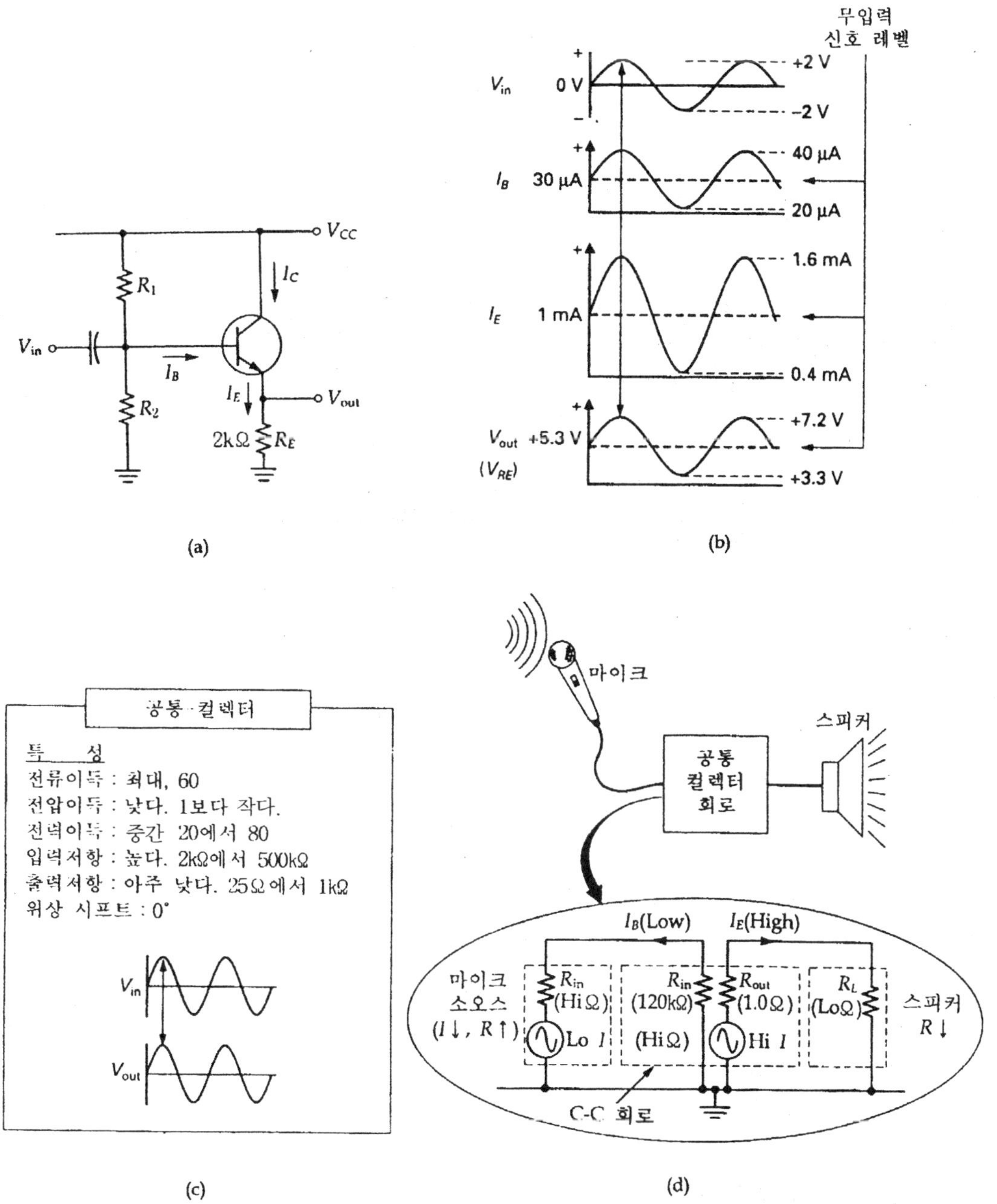


<그림 2-12> 공통 컬렉터 회로의 구조와 특성

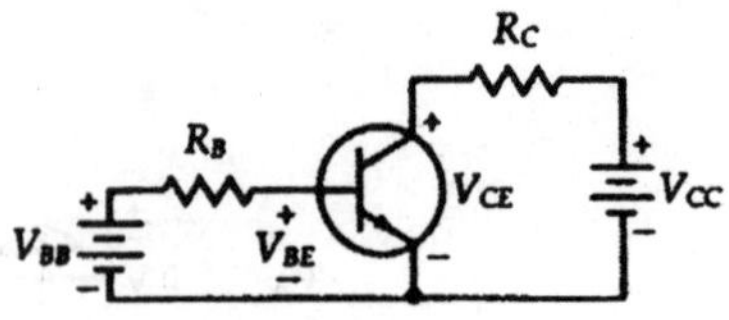


(a)

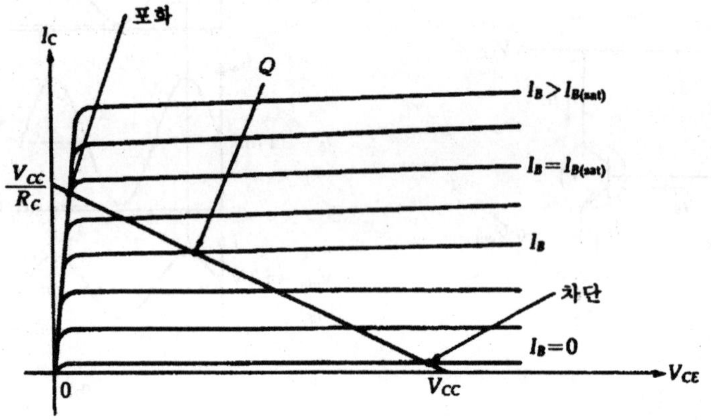


(b)

<그림 2-13> (a) 베이스 바이어스 (b) 직류 부하선

$$I_C = \frac{V_{CC} - V_{CE}}{5000\Omega} \tag{2-12}$$

$V_{CE}$=0V라고 놓고 부하선의 위쪽 끝점(상한값)을 구하면

$$I_C = \frac{V_{CC} - V_{CE}}{5000\Omega} = \frac{10\text{V} - 0\text{V}}{5000\Omega} = 2\text{mA}$$

이다. 부하선의 아래쪽 끝점(하한값)을 구하면 $V_{CE}$=10V로 $V_{CE}$값을 구할 수 있다.

부하선의 상한값을 구하는 또다른 방법은 <그림 2-13(a)>에서 컬렉터-이미터 단자를 단락시켜서 $V_{CC}/R_C$인 컬렉터 전류를 계산하는 것이다. 부하선의 하한값을 구하는 또다른 방법은 단자를 개방시켜서 $V_{CC}$와 같은 컬렉터-이미터 사이의 전압을 계산하는 것이다.

## ▮ 임의의 부하선

식 (2-11)을 풀면 두 개의 공식을 구할 수 있다.

$$I_C = \frac{V_{CC}}{R_C} \text{ (상한점)}, \quad V_{CE} = V_{CC} \text{ (하한점)} \tag{2-13}$$

<그림 2-13(b)>는 컬렉터 특성곡선에 부하선을 중첩시켜놓은 것으로 수직축과의 교점은 $V_{CC}/R_C$점이고, 수평축과의 교점은 $V_{CC}$이다. 계산된 베이스 전류와 직류부하선이 만난 점을 트랜지스터의 $Q$점이라고 부른다(동작점 혹은 정지점이라 한다).

### ▮ 차단과 포화

부하선이 $I_B=0$인 특성곡선과 교차하는 점을 차단점(cut-off)이라고 한다. 이 점은 베이스 전류가 0이 되는 점이며 컬렉터 전류는 무시될 만큼 작은 양이다(누설전류 $I_{CEO}$만 존재한다).

차단점에서 이미터 다이오드는 순방향으로 바이어스되지만 정상적인 트랜지스터로 동작할 수 없다. 좀더 근사화시키면 컬렉터-이미터 전압은 부하선의 하한값과 같다.

$$V_{CE_{(cut-off)}} \cong V_{CC}$$

부하선과 $I_B=I_{B(포화)}$인 특성곡선의 교점을 포화점이라고 부르며, 이 점에서 베이스 전류는 $I_{B(sat)}$이고 컬렉터 전류는 최대가 된다. 포화점에서 다이오드는 역방향으로 바이어스되지만 정상적인 트랜지스터로 작용할 수 없다.

좀더 근사화시키면 포화시 컬렉터 전류는 부하선의 상한값과 같다.

$$I_{C_{(sat)}} \cong \frac{V_{CC}}{R_C}$$

<그림 2-13(b)>에서 $I_{B(sat)}$는 포화를 시작하는 베이스 전류 크기를 표시한다. 만약 베이스 전류가 $I_{B(sat)}$보다 적다면 트랜지스터는 포화와 차단 사이에 있는 활성영역으로 동작한다. 다시 말하면 동작점이 직류부하선 어디에든 위치할 수 있다.

반대로 말하자면 베이스 전류가 $I_{B(sat)}$보다 크다면 컬렉터 전류는 $V_{CC}/R_C$가 되어 가능한 최대값을 갖게 되며, 이런 경우는 <그림 2-13(b)>에서 $I_{B(sat)}$보다 큰 베이스 전류는 모두 포화점이 된다는 것을 의미한다.

## 2-5 트랜지스터의 on/off 스위칭(Switching) 동작

<그림 2-14>는 트랜지스터가 어떻게 스위치로 동작하는지를 보여준다. 이런 트랜지스터의 on/off 스위칭 동작은 트랜지스터의 베이스-이미터 다이오드에 의해서 제어된다.

만약 트랜지스터의 베이스-이미터 다이오드가 순방향으로 바이어스되면 트랜지스터는 턴온(turn on)되고 베이스-이미터 다이오드가 역방향으로 바이어스되면 트랜지스터는 턴오프(turn off)된다.

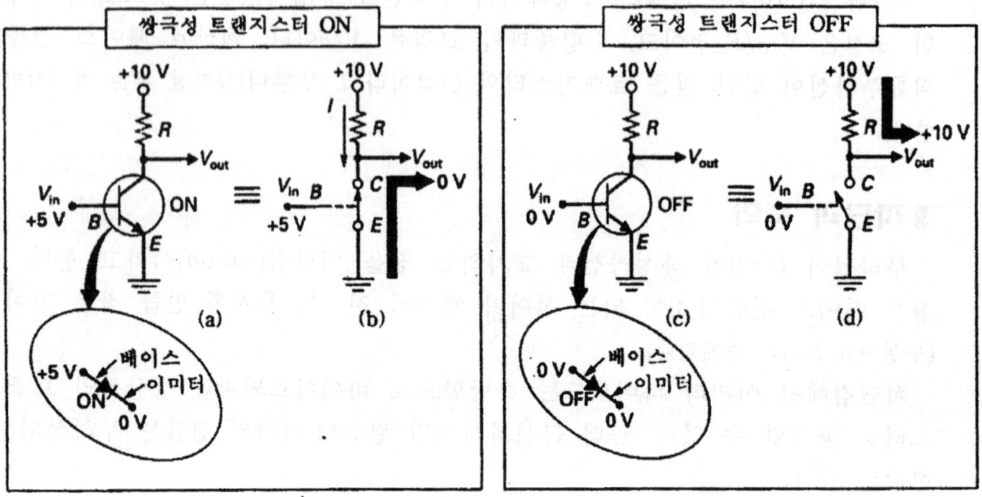


<그림 2-14> 쌍극성 트랜지스터의 on/off 스위치 동작

<그림 2-14(a)>에서 트랜지스터의 베이스-이미터 다이오드는 순방향으로 바이어스 되고(베이스에서 애노드에는 +5V가 인가되고 이미터에서 캐소드는 0V에 연결된다) 트랜지스터는 턴on된다.

자신의 컬렉터와 이미터 출력단자는 <그림 2-14(b)>에 표시한 것처럼 닫힌(closed) 스위치와 등가이다. 이때 인가된 +10V 전압이 모두 저항양단에서 전압강하를 발생시키기 때문에 출력전압은 0V이다.

<그림 2-14(c)>에서 트랜지스터의 베이스 입력에 0V가 인가되면 트랜지스터의 베이스-이미터 다이오드가 역방향으로 바이어스된다(베이스의 애노드에 0V, 이미터의 캐소드에 0V).

따라서 트랜지스터는 off되고 자신의 컬렉터와 이미터 출력단자<그림 2-14(d)>에 표시된 것처럼 개방 스위치와 등가이다. 따라서 <그림 2-14(d)>에 표시한 것처럼 전체전압 +10V가 모두 출력단자에 나타난다.

## 2-6 트랜지스터 전류원

<그림 2-15(a)>는 이미터와 접지점 사이의 저항 $R_E$를 갖는데, 이 저항을 통해서 흐르는 이미터 전류는 $I_ER_E$의 전압강하를 발생시킨다. 출력 루프에서 키르히호프의 전압법칙을 사용하면

$$V_{CE}+I_ER_E-V_{CC}+I_CR_C=0$$

이고, 컬렉터 전류는 이미터 전류와 거의 같은 크기이므로 식을 다시 쓰면 식 (2-14)가 구해진다.

$$I_C \cong \frac{V_{CC} - V_{CE}}{R_C + R_E} \tag{2-14}$$

이 식이 바로 직류부하선으로 분모에 에미터 저항 $R_E$가 있는 것을 제외하면 앞에서 설명했던 부하선과 같은 것이다. <그림 2-15(b)>는 직류부하선을 표시한다.

부하선의 상한을 구하려면 <그림 2-15(a)>에서 컬렉터-에미터 단자를 단락시키면 $R_C$와 $R_E$가 직렬연결로 되어서 컬렉터 전류는 $V_{CC}/R_C+R_E$가 된다. 유사하게 컬렉터-이미터 단자를 개방시키면 모든 공급전원은 컬렉터-이미터 단자의 양단에 걸리게 되서 $V_{CE}=V_{CC}$가 된다.

트랜지스터 스위치와는 달리 <그림 2-15(b)>의 부하선을 따라서 어떤 동작점 $Q$인 활성영역에서 동작한다. 이러한 새로운 회로는 $\beta_{dc}$의 변화에 무관한 고정된 컬렉터 전류를 유지시킬 수 있다.

## ▮ 이미터 전류의 설정

고정된 컬렉터 전류값을 어떻게 설정하는가를 이해하기 위해서<그림 2-15(a)>의 입력 루프에 키르히호프의 전압법칙을 사용하면

$$V_{BE} + I_E R_E - V_{BB} = 0$$

이고, $I_E$를 구하면 식 (2-15)가 구해진다.

$$I_E = \frac{V_{BB} - V_{BE}}{R_E} \tag{2-15}$$

$V_{BB}-V_{BE}$는 이미터 저항 양단에 걸리는 전압을 의미한다. 컬렉터 전류가 이미터 전류와 거의 같은 크기이므로 식 (2-15)를 이용해서 컬렉터 전류의 근사값을 구할 수 있다.

예를 들어서 $V_{BB}$=2V이고 $R_E$=100Ω이라면

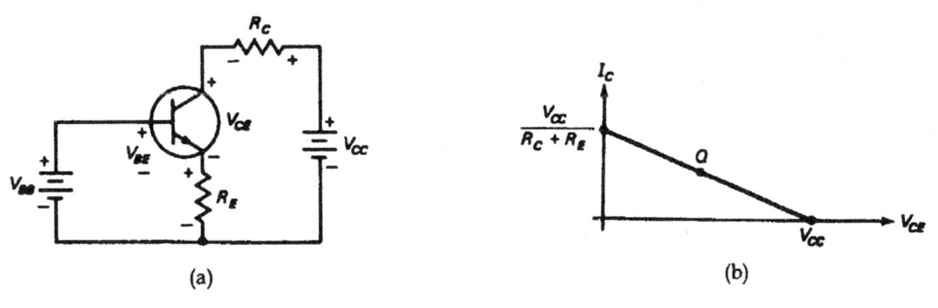


<그림 2-15> 전류원으로 사용되는 트랜지스터 (a) 회로 (b) 직류부하선

$$I_E = \frac{V_{BB} - V_{BE}}{R_E} = \frac{2\text{V} - 0.7\text{V}}{100\,\Omega} = 13\text{mA}$$

가 된다. 여기서 컬렉터 전류는 이미터 전류와 같다고 근사화시키면 컬렉터 전류 $I_C \cong 13\text{mA}$가 된다. 특별히 주목할 것은 컬렉터 전류의 값은 $\beta_{dc}$가 식 (2-15)에 표시되지 않은 것처럼 온도에 따라서 급격하게 변화하는 $\beta_{dc}$ 값에 무관하게 된다.

## ▮ 부트스트랩(bootstrap) 개념

<그림 2-15(a)>의 이미터 저항 양단에 $V_E$로 표시되는 전압이 걸리는데, 이 전압은 베이스 전압에서 베이스-이미터 단자에 전압강하를 뺀 크기와 같다.

$$V_E = V_{BB} - V_{BE}$$

$V_{BE}$는 거의 0.7V로 고정되어 있기 때문에 $V_E$는 $V_{BB}$의 변화에 따라서 변한다. 예를 들면 $V_{BB}$가 2V에서 10V로 변한다고 가정하면 $V_E$는 1.3V에서 9.3V로 증가하게 된다. 이런 종류의 추종선도 동작을 부트스트래핑이라고 한다.

## ▮ 유용한 전압

<그림 2-15(a)>와 같은 회로를 고장진단 할 때 전자전압계는 공통단자가 접지되어 있기 때문에 접지점에 대한 트랜지스터 전압을 측정해야 한다. 이미터는 0.7V 이내의 베이스 전압에 의해서 부트스트랩되어 있기 때문에 이미터 전압은 식 (2-16)과 같은 크기이다.

$$V_E = V_{BB} - 0.7\text{V} \tag{2-16}$$

컬렉터 저항을 통해서 흐르는 컬렉터 전류는 $I_C R_C$의 전압강하를 만들고 컬렉터 접지점 사이의 전압을 측정하면 식 (2-17)과 같다.

$$V_C = V_{CC} - I_C R_C \tag{2-17}$$

하나의 첨자가 붙은 $V_C$, $V_E$, $V_B$는 접지점과 트랜지스터의 각 단자 사이의 전압을 의미하고 첨자가 두 개 붙은 $V_{BE}$, $V_{CE}$, $V_{CB}$는 두 단자 사이의 전압을 의미한다. 예를 들어서 두 개의 첨자를 갖는 전압을 계산하기 위해서는 각각의 전압에서 뺄셈으로 계산한다.

예를 들면,

$$V_{CE} = V_C - V_E \tag{2-18}$$

이다. $V_{CB}$를 구하기 위해서 $V_C$-$V_B$를 하면 식 (2-18a)가 된다.

$$V_{CB} = V_C - V_B \tag{2-18a}$$

또 $V_{BE}$를 구하려면 $V_B - V_E$를 하면 된다.

$$V_{BE} = V_B - V_E \tag{2-18b}$$

**예제 2-6** <그림 2-16(a)>의 LED 전류를 계산하시오.

**• 풀이 •** 이미터는 입력의 0.7V 이내에서 부트스트랩되어 있다. 이미터 저항의 양단에 걸리는 전압은 1.3V이다. 그리고 이미터 전류는 13mA이다.

$$I_E = \frac{V_{BB} - V_{BE}}{R_E} = \frac{2\text{V} - 0.7\text{V}}{100\Omega} = 13\text{mA}$$

LED 전류는 거의 13mA이며 중요한 것은 트랜지스터가 스위치라기보다는 전류원으로 동작하기 때문에 이 계산에는 LED의 전압강하를 무시한다.

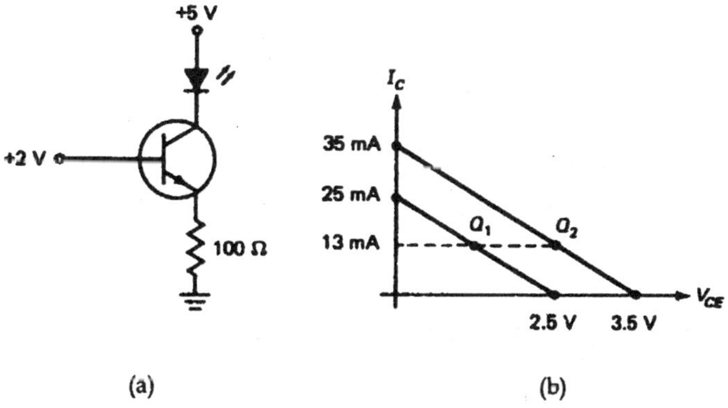


<그림 2-16> (a) LED를 구동하는 트랜지스터 전류 (b) 두 개의 서로 다른 LED 전압에 대한 일정한 LED 전류

**예제 2-7** <그림 2-16(a)>의 회로는 대량으로 생산되고 있으며, LED는 1.5V~2.5V까지 전압강하가 생기는데 부하선과 높고 낮은 LED 전압을 갖는 $Q$점을 그리시오.

**• 풀이 •** 컬렉터의 루프에 키르히호프의 전압법칙을 사용하면

$$V_{CE} + I_E R_E - V_{CC} + V_{LED} = 0$$

여기서 $I_C$는 거의 $I_E$와 같다. 위식을 다시 계산하면

$$I_C \fallingdotseq \frac{V_{CC} - V_{LED} - V_{CE}}{R_E}$$

또는 $$I_C \fallingdotseq \frac{5\text{V} - V_{LED} - V_{CE}}{100\Omega}$$

이다. $V_{LED}$=1.5V인 낮은 LED 전압에서 부하선 방정식을 간략화시키면

$$I_C \fallingdotseq \frac{3.5\text{V} - V_{CE}}{100\Omega}$$

가 된다. 다른 경우로 $V_{LED}$=2.5V이면 부하선의 방정식은

$$I_C \fallingdotseq \frac{2.5\text{V} - V_{CE}}{100\Omega}$$

이 된다. <그림 2-16(b)>는 낮고 높은 두 개의 LED 전압과 부하선을 표시하고 있다. 실제 전압강하에도 불구하고 회로는 낮거나 혹은 높은 LED 전압에도 불구하고 활성영역에서 동작하게 되므로 전류원처럼 동작한다. 이것은 전압강하를 고려하지 않게 되서 전류가 일정하기 때문에 모든 LED가 같은 밝기를 갖게 된다.

## 2-7 트랜지스터의 응용

트랜지스터가 전자공학에 끼친 영향은 대단한 것이다. 초기에는 수십억 달러의 반도체 공장으로 시작했지만 뒤에는 집적회로(IC), 광전자소자, 디지털 컴퓨터, 전자공학 등과 같은 수많은 발명이 이루어졌다.

이런 모든 응용분야에서 트랜지스터는 기본적으로 스위치와 가변저항과 같은 두 가지 방식 중 하나로 동작하도록 만들어진다. 각각의 예에 대해서 간단히 알아보도록 하자.

### 디지털 논리 게이트 회로

디지털 논리 게이트 회로는 트랜지스터의 on/off 스위칭 동작에 의해서 구성된다. 디지털 회로는 트랜지스터가 on/off 두 가지 상태 사이에서 스위칭 되도록 제어하기 때문에 보통은 2상태 회로 혹은 스위칭 회로라고 부른다.

트랜지스터는 모든 디지털 전자회로에서의 심장과 같은 역할을 한다. 예를 들면 트랜지스터는 논리 게이트 회로를 구성하는 데 사용되고 논리 게이트 회로는 플립플롭 회로를 구성하고 플립플롭 회로는 레지스터와 카운터 회로를 구성한다.

또한 이런 회로들은 마이크로프로세스와 메모리, 입출력회로와 같은 디지털 컴퓨터의 핵심 분야에 사용되기 때문이다. 이 절에서는 A와 B 입력 중 어느 하나가 High(논리 1)이기만 하면 출력이 High로 되는 OR 게이트에 대해서도 설명한다.

<그림 2-17(a)>는 트랜지스터가 디지털 논리 게이트를 구성하기 위해서 어떻게 사용되는지를 보여준다. 이런 게이트는 NOT 게이트라고 부르거나 인버터(inverter) 회로라고 부른다.

기본적인 NOT 게이트는 한 개의 NPN 트랜지스터와 두 개의 저항으로 구성된다. 이런 논리 게이트는 한 개의 입력(A)과 한 개의 출력(Y)을 갖는데 회로 기호는 <그림 2-17(b)>에 표시되어 있다.

<그림 2-17(c)>는 이런 논리 게이트가 두 개의 서로 다른 입력에 의해서 어떻게 작용하는지를 보여준다. 입력이 0V(논리 0)이면 트랜지스터의 베이스-이미터 PN접합 다이오드는 역방향으로 바이어스되기 때문에 트랜지스터는 off된다.

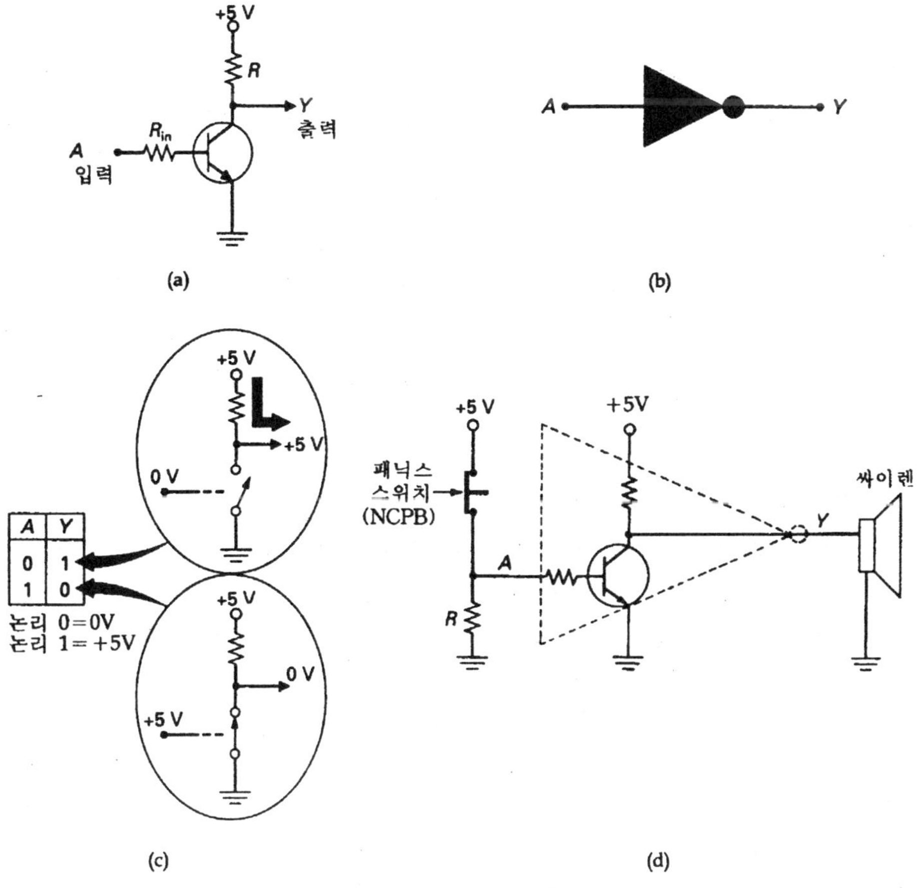


<그림 2-17> 디지털 전자회로에 사용되는 트랜지스터 (a) 기본적인 NOT 혹은 인버터 회로 (b) NOT 게이트의 회로 기호 (c) NOT 게이트의 함수표 (d) NOT 게이트의 보안 시스템 응용

<그림 2-17(c)>에 삽입된 그림을 통해서 이런 회로의 상태를 확인해보면 off 스위치는 이미터와 컬렉터 사이가 개방된 스위치와 등가이기 때문에 +5V의 공급전압이 출력단자에 연결된다.

다시 요약하면 논리 0 입력(0V)은 논리 1출력(+5V)으로 변환된다. 다시 설명하자면 입력이 +5V(논리 1)이면 트랜지스터의 PN 접합 다이오드가 순방향으로 바이어스되므로 트랜지스터는 on된다.

<그림 2-17(c)>에 삽입된 그림에 표시된 것처럼 on 트랜지스터는 닫힌 스위치와 등가이기 때문에 출력에 0V가 걸리게 된다. 요약하면 논리 1이 인가되면 출력은 논리 0으로 변환된다. <그림 2-17(c)>에 표시된 논리표를 참조하면 출력 논리 레벨이 입력논리 레벨의 NOT임을 알 수 있다.

<그림 2-17(d)>에 표시된 응용회로는 NOT(INV) 회로가 입력 제어신호를 어떻게 반전시키는지를 보여준다. 이 회로에서는 NCPB(Normal Closed Push Button) 스위치가 보안 시스템에서 사이렌을 동작시키기 위한 비상(panic) 스위치로 사용된다. 누름 버튼은 항상 닫혀 있기 때문에 A에서 +5V를 제공하고 경보(alarm)를 울리지 않는다.

만약 이런 전압이 직접 사이렌에 연결된다면 사이렌은 부정확하게 동작하게 된다. 스위치 회로와 사이렌 사이에 NOT 게이트 회로가 포함되기 때문에 NCPB의 High 출력은 Low로 반전되고 사이렌이 동작하지 않기 때문에 경보는 울리지 않는다. 비상 스위치가 눌려지면 NCPB 접점은 개방되고 NOT 게이트에 Low 입력을 발생시킨다. 이런 Low 입력은 High 출력으로 반전되고 사이렌을 동작시킨다.

## ▮ 아날로그 증폭기 회로

트랜지스터가 가변저항으로 사용될 때 트랜지스터는 증폭기, 발진기, 변조기, 검파기, 전압조정기와 같은 아날로그 혹은 선형회로에서의 제어소자가 된다. 이런 응용분야 중 가장 중요한 것은 증폭분야로 전자신호의 진폭을 증가시키거나 길이를 늘리는 데 사용된다.

<그림 2-18(a)>는 간단한 트랜지스터 증폭기 회로를 표시하고 있다. <그림 2-18(b)>는 회로의 각 점에서 존재하는 전압의 파형을 표시하고 있다. 트랜지스터에는 $Q_1$이라는 레벨이 표시되어 있는데 이것은 $Q$가 앞으로 모든 회로에서 트랜지스터를 표시하는 표준 기호이기 때문이다.

교류 사인파 입력신호를 인가하기 전에 트랜지스터의 베이스와 컬렉터의 직류 전압 레벨을 결정한다. 전압분배기 저항 $R_1$(6.3kΩ)과 $R_2$(3.7kΩ)의 저항비에 따라서 +10V의 인가전압이 분배되므로 3.7kΩ 저항 $R_2$ 양단에는 +3.7V가 인가된다. 이런 +3.7V의 전압이 트랜지스터의 베이스에 공급된다. $Q_1$의 베이스-이미터 접합은 순방향으로 바이어스되고 $Q_1$이 on 상태가 된다.

트랜지스터 $Q_1$이 on 상태이므로 트랜지스터의 이미터와 컬렉터 사이의 저항 $R_{CE}$는 어떤 값을 갖게 된다. 이런 저항은 <그림 2-18(a)>에 삽입된 그림에 표시된 것처럼 $R_E$, $R_C$와 함께 전압분배기를 구성하게 된다. 접지에 대한 트랜지스터 $Q_1$의 컬렉터 직류전압 $V_C$는 $Q_1$의 컬렉터-이미터 저항 $R_{CE}$와 $R_E$의 양단에 걸리는 전압과 등가이다.

이런 예제에서는 교류 입력신호가 인가되지 않았기 때문에 직류 +3.7V의 $V_B$는 $R_{CE}$와 $R_E$가 $Q_1$의 컬렉터에 +8V의 전압을 발생시키도록 축적시키는 원인이 된다. 트랜지스터의 베이스 바이어스 전압 $V_B$는 접지에 대해서 +3.7V이고 컬렉터 전압은 접지에 대해서 +8V이다. 콘덴서 $C_1$과 $C_2$가 직류방지를 위해서 삽입된다.

콘덴서 $C_1$은 +3.7V의 직류 베이스 바이어스 전압 $V_B$가 입력 $V_{in}$에 역으로 공급되는 것을 방지하고 콘덴서 $C_2$는 +8V의 직류 컬렉터 전압 $V_C$가 출력($R_L$) 양단에 걸리는 것을 방지한다.

이제 교류입력을 인가하고 <그림 2-18(a)>에 표시된 회로에서 증폭회로가 어떻게 동작하는지를 알아보자. 콘덴서는 교류를 잘 통과시키기 때문에 교류 입력신호 $V_{in}$이 콘덴서 $C_1$을 경유해서 $Q_1$의 베이스에 인가된다. 이런 입력신호는 <그림 2-18(b)>의 첫번째에 표시된 파형처럼 200mV의 피크피크 전압값을 갖는다.

교류 입력신호는 +3.7V의 직류 베이스 전압에 중첩되기 때문에<그림 2-18(b)>의 두 번째에 표시된 파형처럼 트랜지스터 $Q_1$의 베이스에서 +3.7V의 직류전압은 100mV 증가하거나(3.7V+100mV=3.8V), 100mV 감소한다(3.7V−100mV=3.6V).

교류 입력신호 $V_{in}$이 증가하면 베이스 전압 $V_B$도 증가하므로 이미터 다이오드의 순방향 바이어스 전압이 증가한다. 따라서 트랜지스터 $Q_1$이 더욱 on으로 되고 트랜지스터 $Q_1$의 이미터-컬렉터 사이의 저항 $R_{CE}$는 감소하게 된다.

전압강하는 저항의 크기에 비례하므로 $R_{CE}$의 감소는 $R_{CE}$와 $R_E$ 양단에 걸리는 전압강하를 감소시킨다($V_C$ 감소). 이것이 콘덴서 $C_2$를 통해서 출력으로 결합되는 $V_C$의 크기를 감소시키고 부하저항 양단에서의 출력전압을 감소시키게 된다.

이번에는 교류입력이 감소되는 경우를 설명해보도록 하자. 교류입력이 감소하면 베이스 전압도 감소하므로 이미터 다이오드의 순방향 바이어스 전압도 감소한다. 이것이 트랜지스터를 적게 on 상태로 되고 트랜지스터 $Q_1$의 이미터-컬렉터 저항 $R_{CE}$는 증가하게 된다.

전압강하는 저항의 크기에 비례하므로 $R_{CE}$가 증가하면 $R_{CE}$와 $R_E$ 양단에서의 전압강하도 증가하게 된다($V_C$ 증가). 이것이 콘덴서 $C_2$를 통해서 출력에 전달되는 $V_C$를 증가시키고 부하저항 양단에서 발생되는 출력전압을 증가시킨다.

<그림 2-18(b)>에서 교류 입력신호와 출력신호 전압의 파형을 비교하면 입력신호의 변화가 출력신호 전압에서 큰 변화를 발생시킨다는 것을 알 수 있다. 출력신호 전압의 변화량과 입력신호 전압의 변화량을 비교하면 이 회로가 갖는 전압이득 $A_V$를 구할 수 있다.

이 예에서 출력신호 전압의 변화량($\Delta V$)은 +1V와 −1V 사이이고 입력신호 전압의 변화량($\Delta V$)은 +100mV와 −100mV 사이이므로 입력과 출력신호 사이의 전압이득은 10이 된다.

$$\text{전압이득}(A_V) = \frac{\text{출력전압 변화량}(\Delta V_{out})}{\text{입력전압 변화량}(\Delta V_{in})}$$

$$A_V = \frac{+1\text{V에서}-1\text{V}}{+100\text{mV에서} \ -100\text{mV}} = \frac{2\text{V}}{200\text{mV}} = 10$$

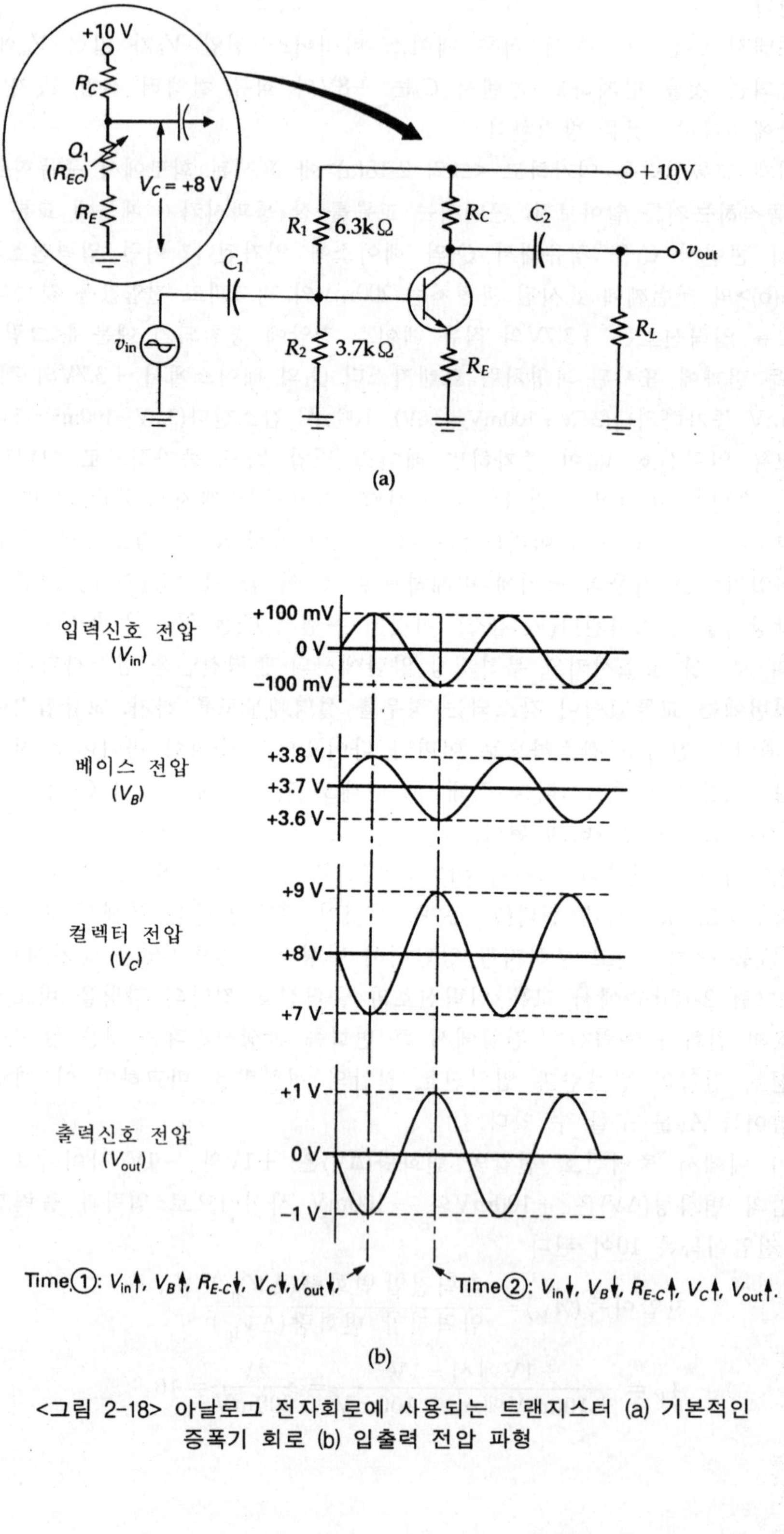


<그림 2-18> 아날로그 전자회로에 사용되는 트랜지스터 (a) 기본적인 증폭기 회로 (b) 입출력 전압 파형

전압이득이 10이라는 것은 출력전압이 입력전압보다 10배 크다는 것을 의미한다. 트랜지스터는 자신의 NPN 반도체 구조에서는 이런 이득을 마술적으로 발생시킬 수 없다.

이득 혹은 증폭은 컬렉터 공급전압으로부터 얻는 에너지와 이런 에너지가 부하저항 양단에서 발생시키는 에너지로부터 트랜지스터의 도통을 제어하는 입력신호에 의해서 이루어진다. 증폭은 트랜지스터를 제어하는 적은 입력전압과 큰 컬렉터 공급전압에 의해서 이루어지기 때문에 적은 입력신호의 변화량이 큰 출력신호의 변화량으로 나타난다.

<그림 2-18(b)>에서 입력신호와 출력신호를 시간 1과 2에서 비교해보면 여러분들도 이런 회로는 NOT 게이트가 자신의 입력신호를 반전시키는 것과 동일한 방법으로 입력신호를 변화시키는 것을 확인할 수 있다(+의 입력신호 스윙은 −로 출력전압 스윙으로 변환되고 +의 입력신호 스윙은 +의 출력전압 스윙으로 변환된다).

이런 반전은 이런 특별한 트랜지스터의 배열에서 발생된다. 하지만 입력신호의 형태가 출력에서 보존되기 때문에 문제는 발생되지 않는다(입력과 출력이 모두 정현파이다).

## 2-8 쌍극성 트랜지스터 바이어스 회로

정상상태(직류 동작) 레벨은 회로에 인가되는 직류 공급전압 $V_{CC}$와 회로 바이어스 저항의 크기에 의해서 설정된다. 이런 단일 공급전압과 한 개 이상의 바이어스 저항은 트랜지스터 전류 $I_E$, $I_B$, $I_C$의 초기값과 트랜지스터 전압 $V_{BE}$, $V_{CE}$, $V_{BC}$를 설정한다.

이 절에서는 쌍극성 트랜지스터 회로의 초기 직류 동작점을 설정하기 위해서 사용되는 방법에 대해서 알아보도록 하자.

### 베이스 바이어스

<그림 2-19(a)>는 베이스 바이어스(고정 바이어스)를 표시하고 있다. 일반적으로 베이스 전원은 컬렉터 전원과 같이 $V_{BB}=V_{CC}$로 표시된다. 이런 경우에 베이

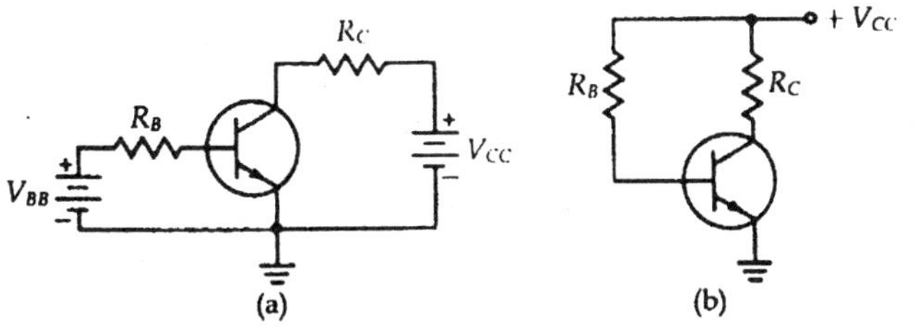


<그림 2-19> 베이스 바이어스 (a) 완전한 회로 (b) 간략화된 회로

스와 컬렉터 저항은 <그림 2-19(b)>에 표시한 것처럼 컬렉터 전원의 +측에 연결된다.

베이스 바이어스는 동작점 $Q$가 불안정하기 때문에 트랜지스터가 선형동작을 하도록 하는 바이어스 방법 중 최악의 방법이다.

## ▮ 이미터 귀환 바이어스

<그림 2-20(a)>는 $\beta_{dc}$의 변화를 보상하는 회로로 베이스와 컬렉터 전원은 등가이며 <그림 2-20(b)>에 표시된 회로는 <그림 2-20(a)>회로와 등가회로이다. 두 회로 모두 $\beta_{dc}$에서의 변화를 줄이기 위해서 에미터 저항 양단에 걸리는 전압을 사용한다.

이미터 귀환 바이어스는 증가된 컬렉터 전류가 에미터 저항 양단에 걸리는 전압을 증가시키고, 이것이 결국 베이스 전류를 감소시키면 결과적으로 컬렉터 전류가 감소하는 것을 이용하는데 실제로 저항값 때문에 회로가 잘 동작하지 않으며 이런 효과를 얻기 위해서는 가능한 한 큰 이미터 저항을 사용해야 한다. 그러나 컬렉터의 포화현상을 방지하기 위해서는 상대적으로 이미터 저항을 작게 해야 한다.

입력량(base 전류)에 변화를 주는 출력량(컬렉터 전류)을 나타내기 위해서 귀환이란 단어가 사용되며, 이미터 저항이 출력회로와 입력회로에 공통으로 작용하기 때문에 귀환요소가 된다.

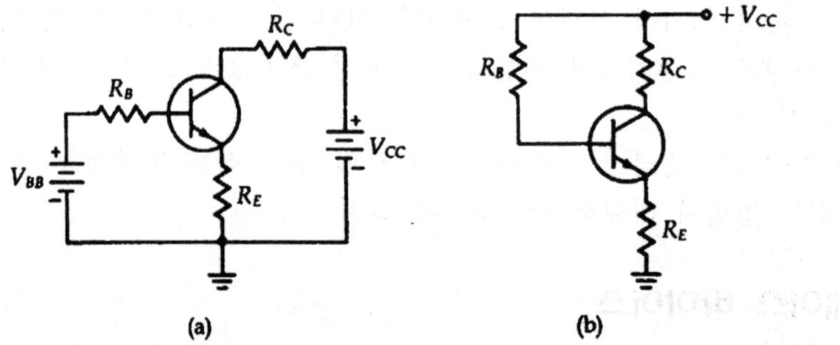


<그림 2-20> 이미터 귀환 바이어스법 (a) 완전한 회로 (b) 간략화한 회로

**예제 2-8** <그림 2-21(a)>에 표시된 회로의 컬렉터 포화전류를 계산하시오. $\beta_{dc}$ 100과 300일 경우에 컬렉터 전류를 계산하시오.

**• 풀이 •** 출력 루프에서 키르히호프의 루프 방정식을 구하면 $V_{CE}+I_ER_E-V_{CC}+I_CR_C=0$이고 $I_E$와 $I_C$를 같다고 가정하면

$$I_C \cong \frac{V_{CC}-V_{CE}}{R_C+R_E}$$

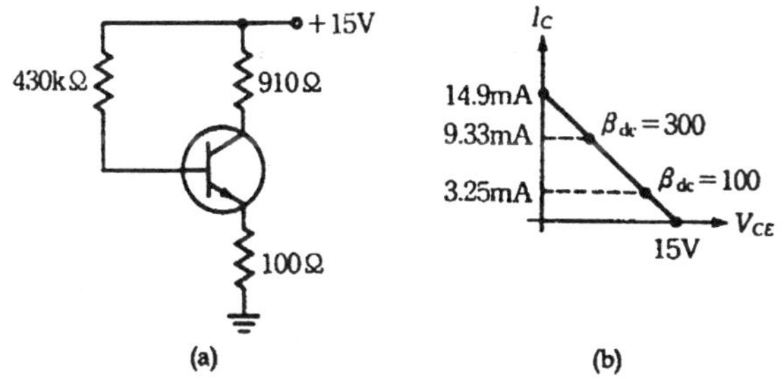


<그림 2-21> (a) 이미터 바이어스 회로 (b) 두개의 동작점을 갖는 부하선

로 구해진다. 따라서 부하선의 포화점은

$$\frac{V_{CC}}{R_C+R_E}$$

이고, 차단점은 $V_{CC}$가 된다. 따라서 포화된 컬렉터 전류는 14.9mA이다.

$$I_C\,(\text{sat}) \cong \frac{15\text{V}}{910\,\Omega+100\,\Omega}=14.9\text{mA}$$

$\beta_{dc}$의 영향을 고려하기 위해서는 입력 루프에서 키르히호프의 전압 방정식을 세우면

$$V_{BE}+I_ER_E-V_{CC}+I_BR_B=0$$

가 구해지고 $I_E=I_C$이므로 $I_B=\dfrac{I_C}{\beta_{dc}}$를 대입하면

$$I_C\cong\frac{V_{CC}-V_{BE}}{R_E+R_B/\beta_{dc}}$$

가 구해진다. 따라서 $\beta_{dc}=100$일 때

$$I_C\cong\frac{15\text{V}-0.7\text{V}}{100\,\Omega+430\text{k}\Omega/100}=3.25\text{mA}$$

이며, $\beta_{dc}=300$일 때는 다음과 같다.

$$I_C\cong\frac{15\text{V}-0.7\text{V}}{100\,\Omega+430\text{k}\Omega/300}=9.33\text{mA}$$

<그림 2-21(b)>는 직류 부하선과 2개의 동작점을 표시함으로써 계산을 간단히 할 수 있다. (예제 2-8)은 보는 바처럼 $\beta_{dc}$가 3 : 1의 변화를 갖기 때문에 컬렉터 전류도 거의 3 : 1에 가까운 변화를 준다. 이런 변화는 바람직하지 않은 것으로 회로의 다른 값을 선택하도록 노력한다면 너무도 민감해서 제안된 바이어스 회로로 되도록 $\beta_{dc}$의 변화를 유지하는 이미터 귀환 바이어스를 찾게 될 것이다.

## ■ 컬렉터 귀환 바이어스

<그림 2-22(a)>는 컬렉터 귀환 바이어스(자기 바이어스)를 나타내고 있다. 베이

스 저항이 전원 쪽보다 컬렉터 쪽으로 귀환되고 있는데, 이것이 컬렉터 귀환 바이어스와 베이스 바이어스를 구분할 수 있는 차이점이다.

온도가 증가하면 <그림 2-22(a)>에서 $\beta_{dc}$가 증가하고 더 많은 컬렉터 전류가 흐르게 된다. 컬렉터 전류가 증가하자마자 컬렉터-이미터간 전압이 감소한다($R_C$ 양단에서 크게 전압강하가 생긴다).

이것은 베이스 저항 양단에 걸리는 전압이 적어지고 베이스 전류가 감소하는 원인이 된다. 적어진 베이스 전류는 원래 증가하는 컬렉터 전류를 상쇄시킨다. 이런 점이 컬렉터 귀환 바이어스가 이미터 귀환 바이어스보다 좋은 점이다.

부하선의 방정식은

$$I_C \cong \frac{V_{CC} - V_{CE}}{R_C}$$

이고, 포화점은 $\frac{V_{CC}}{R_C}$이고 차단점은 $V_{CC}$이다. 컬렉터 귀환 바이어스가 이미터 귀환 바이어스보다 효과적이다.

회로가 $\beta_{dc}$에 있어서 변화에 민감하더라도 실제에 많이 사용된다. 컬렉터 귀환 바이어스는 두개의 저항만을 사용하기 때문에 간단하다는 이점과 주파수 응답개선의 이점이 있다. 컬렉터 귀환 바이어스는 트랜지스터를 포화상태로 만들 수 없다는 이미터 바이어스에 없는 또 다른 장점을 가지고 있다.

베이스 저항이 감소함에 따라 동작점이 부하선의 포화점을 향해서 움직인다 해도 절대로 포화상태에 도달할 수가 없다(베이스 저항이 아무리 작아진다 해도 소용없다). <그림 2-22(b)>는 베이스 저항이 단락된 컬렉터 귀환 바이어스 회로를 표시하고 있다.

<그림 2-22(c)>는 베이스 저항이 단락된 등가회로를 표시하고 있다. 베이스가 컬렉터와 단락되었기 때문에 트랜지스터는 다이오드처럼 동작한다. 이 책에서는 보통 $Q$점을 직류부하선의 중간 근처에 설정한다. 컬렉터 귀환 바이어스는 $R_B = \beta_{dc} R_C$를 만족하게 된다.

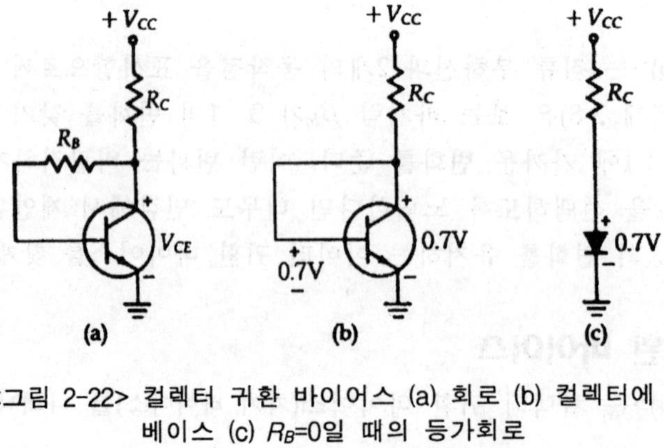


<그림 2-22> 컬렉터 귀환 바이어스 (a) 회로 (b) 컬렉터에 단락된 베이스 (c) $R_B$=0일 때의 등가회로

**예제 2-9** $V_{CC}$=15V, $R_C$=1kΩ, $\beta_{dc}$=200인 spec을 만족하는 midpoint 컬렉터 귀한 바이어스 회로를 설계하시오(*midpoint=$Q$점이 직류부하선의 중앙에 위치할 때).

**• 풀이 •** $R_B$=200×1kΩ=200kΩ이다. <그림 2-23(a)>는 위의 spec을 만족하는 컬렉터 귀환 바이어스 회로이다.

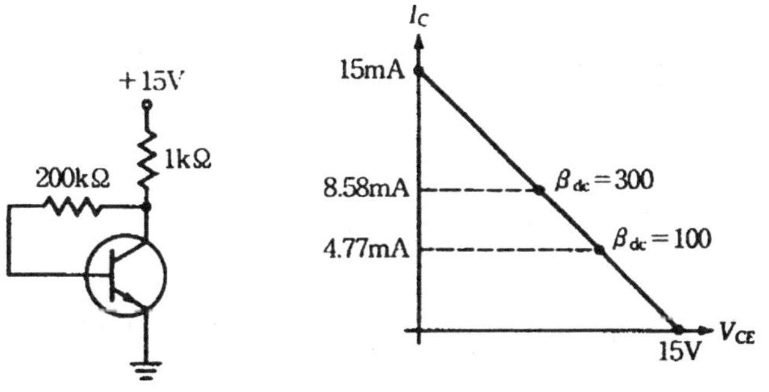


(a) (b)

<그림 2-23> (a) 컬렉터 귀환 바이어스 회로 (b) 두 개의 동작점을 찾는 부하선

**예제 2-10** <그림 2-23(a)>에서 $\beta_{dc}$가 100인 경우와 $\beta_{dc}$가 300인 경우 컬렉터 전류를 계산하시오.

**• 풀이 •** $\beta_{dc}$가 100인 경우 $I_C$를 구하면 4.787mA이고 $\beta_{dc}$가 300인 경우 $I_C$를 구하면 8.58mA이다. <그림 2-23(b)>는 동작점과 직류부하선을 표시하고 있다. $\beta_{dc}$의 변화가 3 : 1인 데 비해서 컬렉터 전류의 변화는 2 : 1보다 작다.

동작점이 고정되어 있지는 않지만 적어도 이미터 귀환 바이어스보다는 개선되어 있다. 게다가 $\beta_{dc}$가 커진다고 하더라도 트랜지스터는 포화되지 않으며 이런 이유 때문에 소신호 증폭기에 컬렉터 귀환 바이어스 회로가 사용된다.

## ▮ 전압분배기 바이어스

<그림 2-24>(a)는 전압분배 바이어스를 표시하고 있다. 선형회로에서 가장 폭넓게 사용되기 때문에 범용 바이어스라고도 불린다. 전압분배기란 이름은 저항 $R_1$과 $R_2$에 의해서 전압을 나누어주기 때문이며, $R_2$ 저항양단에 걸리는 전압

$$V_{TH} = \frac{R_2}{R_1 + R_2} V_{CC}$$

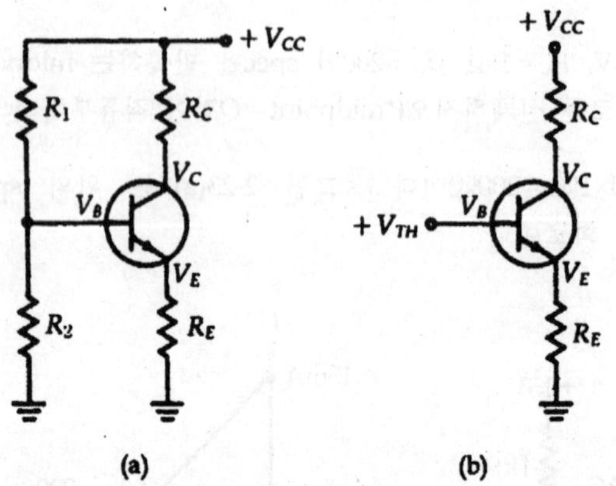


<그림 2-24> 전압분배 바이어스 (a) 완전한 회로 (b) 간략화한 회로

가 이미터 다이오드에 순방향 바이어스를 걸어준다. 컬렉터 전류 $I_C$는 거의 $I_E$와 같은 값이고

$$I_E = \frac{V_{TH} - V_{BE}}{R_E}$$

로 구해지는데 식에 $\beta_{dc}$가 포함되지 않는다는 것은, 회로가 $Q$점이 고정되어 있고 $\beta_{dc}$의 변화에 무관하다는 것을 의미한다. 이런 이유 때문에 전압분배 바이어스는 선형 트랜지스터 회로에서 많이 사용된다.

**예제 2-11** <그림 2-25(a)>에 표시된 회로는 안정된 전압분배기이다. 직류부하선과 $Q$점을 그려보시오.

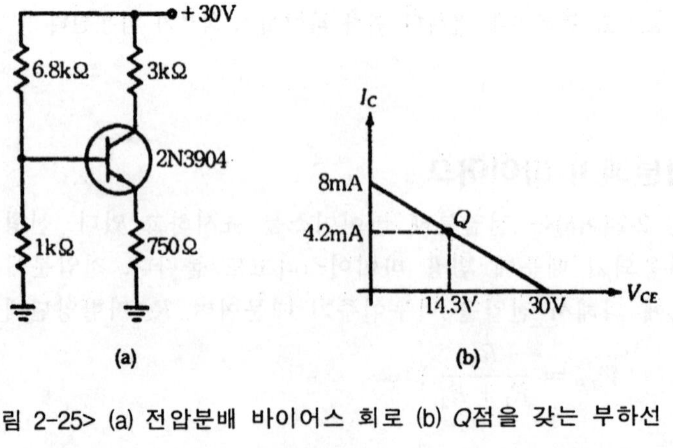


<그림 2-25> (a) 전압분배 바이어스 회로 (b) $Q$점을 갖는 부하선

**• 풀이 •** 가상으로 트랜지스터를 컬렉터로부터 이미터까지 개방하면 모든 공급전원이 컬렉터－이미터 단자 양단에 나타난다. 이것은 부하선의 하한이 차단전압 30V를 갖는다는 것을 의미한다.

다음은 트랜지스터의 컬렉터에서 이미터까지를 단락되었다고 가정하면 저항 $R_C$는 포화전류 $I_C$가 흐르는 $R_E$와 직렬 연결된다.

$$I_{C(SAT)} = \frac{30V}{3000\Omega + 750\Omega} = 8mA$$

따라서 8mA는 부하선의 상한을 표시한다. 안정 전압분배기는 테브닌 전압 $V_{TH}$를 계산할 수 있게 한다.

$$V_{TH} = \frac{1000\Omega}{6800\Omega + 1000\Omega} 30V = 3.85V$$

이미터 전류 $I_E \cong \dfrac{3.85V - 0.7V}{750\Omega} = 4.2mA \cong I_C$

컬렉터 전압 $V_C = 30V - (4.2mA \times 3k\Omega) = 17.4V$

이미터 전압 $V_E = 3.85V - 0.7V = 3.15V$

컬렉터-이미터 전압 $V_{CE} = V_C - V_E = 17.4V - 3.15V = 14.3V$

이다. <그림 2-25>(b)는 $Q$을 갖는 부하선을 보여주고 있다. 그림에서 볼 수 있듯이 $Q$점은 부하선의 약 1/2 지점에 위치하고 있다.

## 기초문제

**1.** 쌍극성 트랜지스터는 (         )제어 소자이다.

**2.** 쌍극성 트랜지스터가 활성 영역에서 동작하면 이미터 다이오드는 (         )로 바이어스되고 컬렉터 다이오드는 (         )으로 바이어스된다.

**3.** 다음중 올바른 것은 어느 것인가?

(a) $I_E=I_C-I_B$  (b) $I_C=I_E-I_B$  (c) $I_B=I_C-I_E$

**4.** 트랜지스터가 차단되면 컬렉터와 이미터 사이는 (         )와 등가이다.

**5.** 트랜지스터가 포화되면 컬렉터와 이미터 사이는 (         )와 등가이다.

**6.** 쌍극성 트랜지스터의 회로 구조 중 어느 것이 가장 우수한가?

(a) 전압이득  (b) 전류이득  (c) 전력이득

**7.** $V_{CC}$ 공급전압 양단에 두 개의 직렬저항을 연결해서 만드는 바이어스 방법은 무엇인가?

**8.** 트랜지스터의 베이스에 단일 저항을 직렬로 연결하는 바이어스 기법은 무엇인가?

**9.** 쌍극성 트랜지스터는 다음과 같이 부르는 3단자를 갖는다.

(a) 드레인, 소스, 게이트  (b) 애노드, 캐소드, 게이트

(c) 메인단자1, 메인단자2, 게이트  (d) 이미터, 베이스, 컬렉터

**10.** 쌍극성 접합 트랜지스터는 자신이 (         )을 갖기 때문에 주어진 이름이다.

(a) 두 개의 pn 접합  (b) 두 개의 자극

(c) 한 개의 p형 영역과 한 개의 n형 영역

(d) 두 개의 자기 접합

**11.** NPN형 트랜지스터는 항상 바이어스되기 때문에 베이스는 (         )이다.

(a) +  (b) −

**12.** 가장 널리 사용되는 쌍극성 트랜지스터의 구조는 어느 것인가?

(a) 공통 베이스  (b) 공통 컬렉터

(c) 공통 이미터  (d) 모두 아니다.

**13.** 공통 컬렉터 회로는 간혹 (         )라고도 부른다.

(a) 베이스 폴로워  (b) 이미터 폴로워

(c) 컬렉터 폴로워  (d) 모두 아니다.

**14.** NPN형 트랜지스터의 회로 기호에서 이미터의 화살표는 베이스를 (         ) 표시되고 PNP형 트랜지스터에서 이미터의 화살표는 베이스를 (         ) 표시된다.

(a) 향해서, 멀어지는 쪽으로  (b) 멀어지는 쪽으로, 향해서

**15.** 트랜지스터의 on/off 스위칭 동작은 (         ) 회로에서 사용된다.

(a) 아날로그  (b) 디지털  (c) 선형  (d) 아날로그와 선형

**16.** 트랜지스터의 가변저항 동작은 (         ) 회로에서 사용된다.

(a) 아날로그 (b) 디지털 (c) 선형 (d) 아날로그와 선형

**17.** 쌍극성 트랜지스터의 ( ) 들어간 전자의 약 98%가 ( )에 도달되고 나머지는 ( )을 통해서 흘러나간다.

(a) 이미터, 컬렉터, 베이스 (b) 베이스, 컬렉터, 이미터
(c) 컬렉터, 이미터, 베이스 (d) 이미터, 베이스, 컬렉터

**18.** 공통 베이스 회로 구조는 가장 높은 ( ) 이득을 갖고 공통 이미터 회로는 가장 높은 ( )을 갖고 공통 컬렉터 회로는 가장 높은 ( ) 이득을 갖는다.

(a) 전압, 전류, 전력 (b) 전류, 전력, 전압
(c) 전압, 전력, 전류 (d) 전력, 전압, 전류

**19.** 트랜지스터의 베이스와 이미터 사이의 전압강하를 표시하는 데 사용되는 기호는 다음 중 어느 것인가?

(a) $I_{BE}$ (b) $V_{CC}$ (c) $V_{CE}$ (d) $V_{BE}$

**20.** 다음 중 트랜지스터의 컬렉터와 이미터 사이의 전압강하를 표시하는 데 사용되는 기호는 어느 것인가?

(a) $V_C$ (b) $V_{CE}$ (c) $V_E$ (d) $V_{CC}$

**21.** 트랜지스터의 ( )는 공통 이미터 회로의 입력과 출력 사이의 직류 전류이득을 표시하는 데 사용된다.

(a) $\alpha_{ac}$ (b) $\alpha_{dc}$ (c) $\beta_{ac}$ (d) $\beta_{dc}$

**22.** 다음과 같은 베이스 바이어스 쌍극성 트랜지스터 회로를 고찰하고 $V_{BE}$를 구하시오. $R_B=33\text{k}\Omega$, $R_C=560\Omega$, $Q_1(\beta_{dc})=25$, $V_{CC}=+10\text{V}$

(a) 1.43mV (b) 0.7V
(c) 25×33kΩ (d) 계산하기에 정보가 충분치 않다.

**23.** $I_C=V_{CC}/R_C$이고 $V_{CE}=0\text{V}$라면 직류부하선의 어느 점인가?

(a) 포화점 (b) 차단점 (c) 동작점 (d) 어느 것도 아니다.

**24.** $V_{CE}=V_{CC}$이고 $I_C=0$이라면 직류부하선의 어느 점인가?

(a) 포화점 (b) 차단점 (c) 동작점 (d) 어느 것도 아니다.

**25.** 무입력 신호에서 트랜지스터를 바이어스시키는 직류전압이 직류부하선의 중간에 있을 때 ( )이라고 부른다.

(a) 포화점 (b) 차단점 (c) 동작점 (d) 어느 것도 아니다.

**26.** 베이스 회로에서 한 개의 전류제한용 저항을 사용하는 트랜지스터의 바이어스 방법은 무엇인가?

(a) 베이스 바이어스 (b) 전압분배기 바이어스
(c) 이미터 폴로워 바이어스 (d) 전류분배기 바이어스

**27.** 순방향으로 바이어스된 이미터 다이오드와 컬렉터 다이오드는 ( ) 저항을 갖고 역방향으로 바이어스된 이미터 다이오드와 컬렉터 다이오드는 ( ) 저항을 갖는다.

(a) 낮은, 낮은 (b) 높은, 낮은 (c) 높은, 높은 (d) 낮은, 높은

28. 트랜지스터 계측기는 트랜지스터의 ( )을 체크한다.

(a) 단자 사이의 개방과 단락 (b) 이득

(c) 역방향 누설전류 (d) 전체

{해답} 1. 전류 2. 순방향, 역방향 3. (b) 4. 개방 스위치 5. 닫힌 스위치 6. (a) 공통 베이스 (b) 공통 컬렉터 (c) 공통 이미터 7. 전압 분배기 바이어스 8. 베이스 바이어스 9. (d) 10. (a) 11. (a) 12. (c) 13. (b) 14. (b) 15. (b) 16. (d) 17. (a) 18. (c) 19. (d) 20. (b) 21. (d) 22. (b) 23. (a) 24. (b) 25. (c) 26. (a) 27. (d) 28. (d)

## 응용문제

1. 쌍극성 트랜지스터의 구조, 종류, 기호를 설명하시오.
2. 트랜지스터의 on, off 스위칭 동작을 설명하시오.
3. NOT 게이트를 이용한 보안 시스템 작동을 설명하시오.
4. 공통 이미터, 공통 베이스, 공통 컬렉터의 특성을 비교 설명하시오.
5. 전압분배기 바이어스 회로의 특성을 설명하시오.
6. 컬렉터 귀환 바이어스를 설명하시오.

## 연습문제

1. <그림 2-26>에 표시된 트랜지스터의 단자 이름과 형태를 말해보시오.

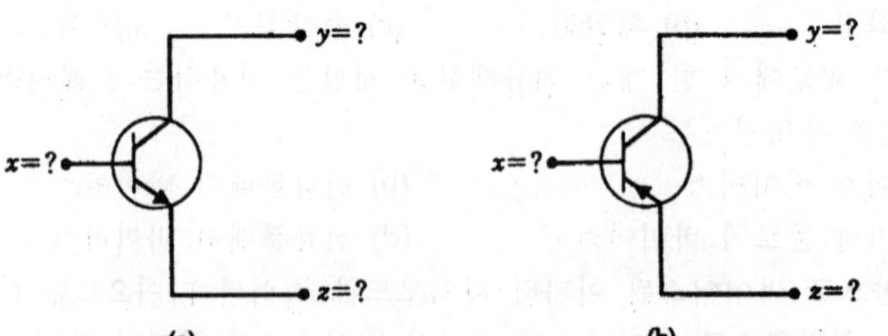


<그림 2-26> 트랜지스터의 종류와 단자 명칭 구분

**2.** 이미터 다이오드가 순방향으로 바이어스되고 컬렉터 다이오드가 역방향으로 바이어스될 때 쌍극성 트랜지스터가 활성영역으로 동작하도록 정확하게 바이어스된 것이다. <그림 2-27>을 참조하고 어떤 쌍극성 트랜지스터가 정확하게 바이어스되었는지 찾으시오.

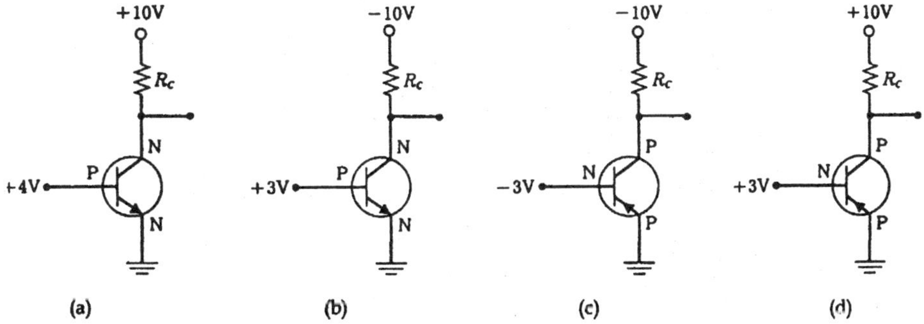


<그림 2-27> 정확하게 바이어스된 쌍극성 트랜지스터 회로 구분

**3.** 다음에서 빠진 전류값을 구하시오.

(a) $I_E=25\text{mA}$, $I_C=24.6\text{mA}$, $I_B=?$

(b) $I_B=600\mu\text{A}$, $I_C=14\text{mA}$, $I_E=?$

(c) $I_E=4.1\text{mA}$, $I_B=56.7\mu\text{A}$, $I_C=?$

**4.** <그림 2-28>에 표시된 회로에서 입출력 파형을 참조하고 트랜지스터 증폭기의 전압이득 $A_V$를 구하시오.

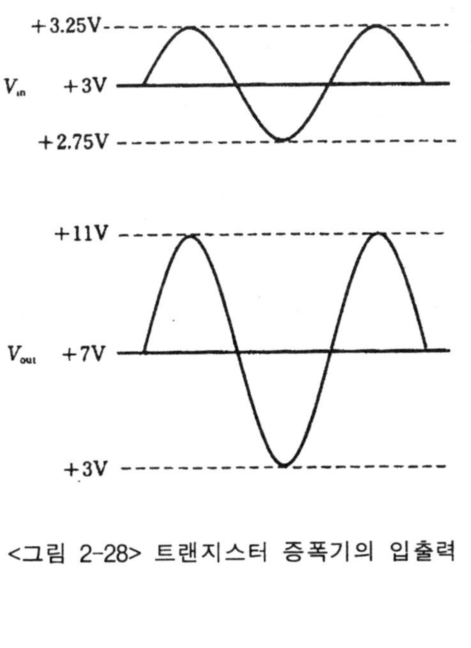


<그림 2-28> 트랜지스터 증폭기의 입출력 파형

**5.** <그림 2-29>에 표시된 회로에서 실제적인 쌍극성 트랜지스터 전자회로의 종류를 구분하시오.

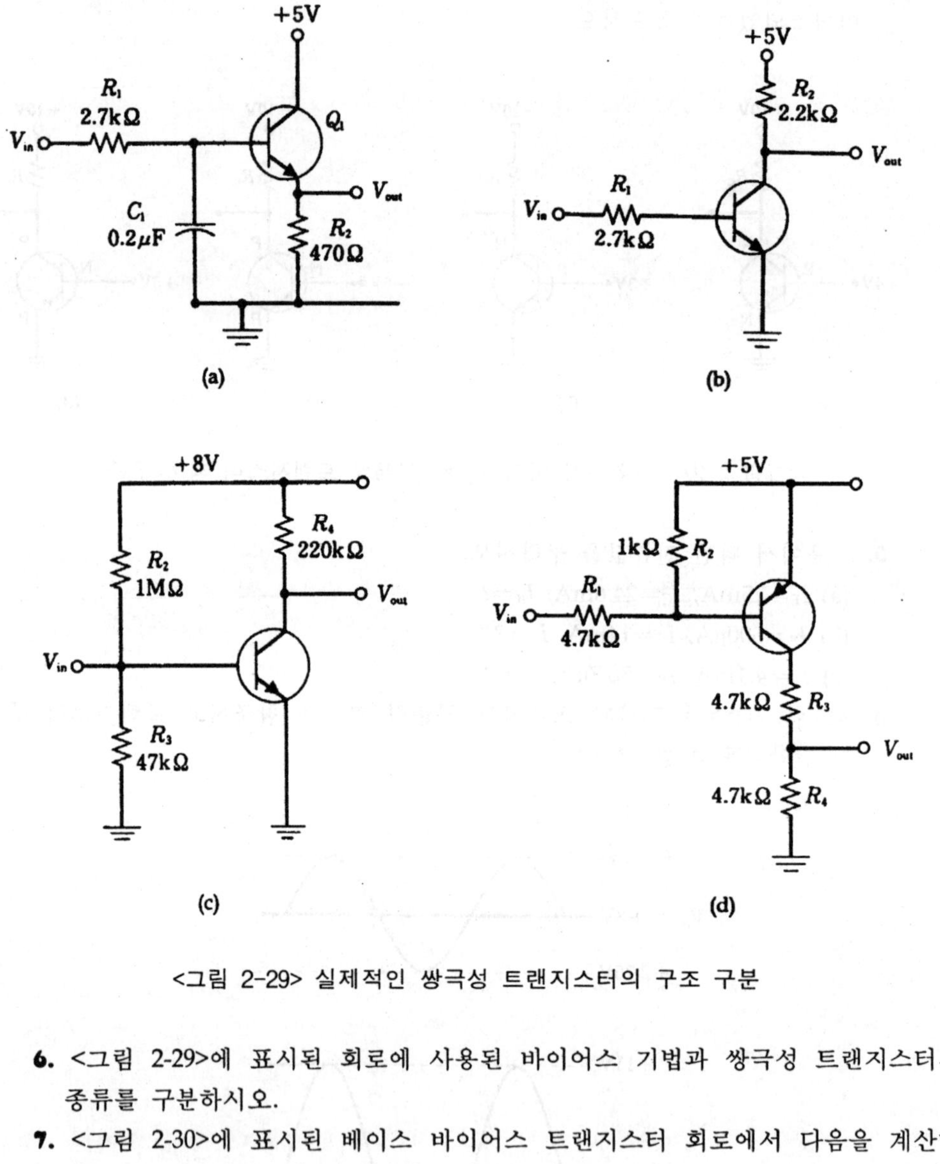


<그림 2-29> 실제적인 쌍극성 트랜지스터의 구조 구분

**6.** <그림 2-29>에 표시된 회로에 사용된 바이어스 기법과 쌍극성 트랜지스터의 종류를 구분하시오.

**7.** <그림 2-30>에 표시된 베이스 바이어스 트랜지스터 회로에서 다음을 계산하시오.

(a) $I_B$ (b) $I_C$ (c) $V_{CE}$

**8.** <그림 2-31>에 표시된 전압분배기 바이어스 트랜지스터 회로에서 다음을 계산하시오.

(a) $V_B$와 $V_E$ (b) $I_C$ (c) $V_C$ (d) $V_{CE}$

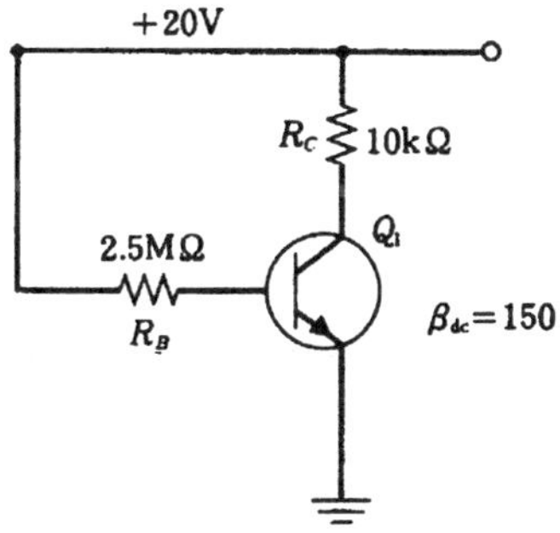


<그림 2-30> 베이스 바이어스 트랜지스터 회로

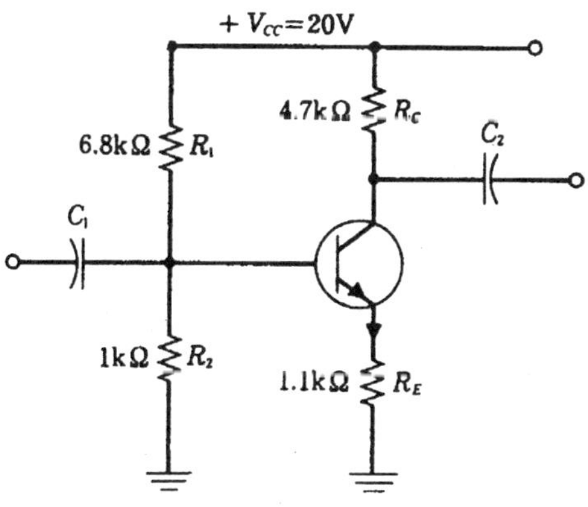


<그림 2-31>전압분배기 바이어스 트랜지스터 회로

**9.** $I_C$의 크기가 100mA이고 $I_B$가 0.5mA인 트랜지스터가 있다면 $\alpha_{dc}$와 $\beta_{dc}$의 크기는 얼마인가?

**10.** 2N5067은 $r_b{}'$=10Ω 전력 트랜지스터이다. $I_B$=1mA일 때 $I_B r_b{}'$의 전압강하는 얼마인가? $I_B$=10mA와 50mA일 때의 $I_B r_b{}'$의 전압강하도 구하시오.

**11.** $\beta_{dc}$가 400인 트랜지스터가 있다. 컬렉터 전류가 50mA일 때 베이스 전류는 얼마나 되는가?

**12.** <그림 2-32(a)>는 베이스 단자가 개방된 트랜지스터 회로를 표시한 것이다.

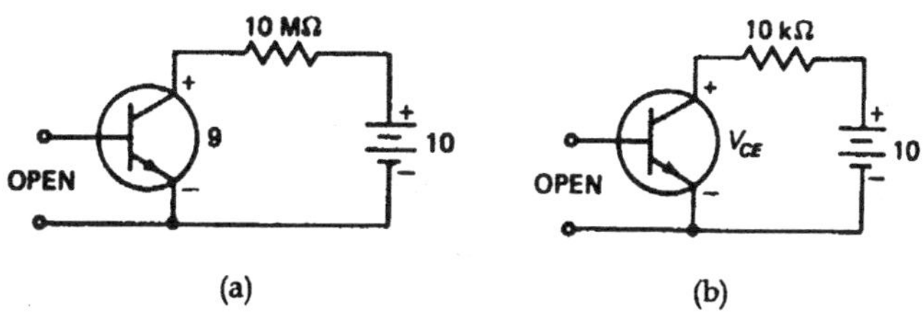


<그림 2-32>

$V_{CE}$값이 9V라면 $I_{CEO}$는 얼마인가? 만약 <그림 2-32(b)>와 같이 컬렉터 저항이 10MΩ에서 10kΩ까지 변화한다면 $V_{CE}$의 새로운 값은 얼마인가?($I_{CEO}$의 크기는 불변이다)

**13.** 10mA의 컬렉터 전류와 12V의 컬렉터-이미터 전압을 갖는 트랜지스터는 전력소비가 얼마나 되는가?

**14.** <그림 2-33>(a)와 같은 회로의 부하선을 그리시오. 포화전류는 얼마이며, 차단전압은 얼마인가?

**15.** <그림 2-33>(a)에서 베이스 전류는 얼마이며, 컬렉터-이미터 전압은 얼마인가? 트랜지스터는 하드 세튜레이션인가?

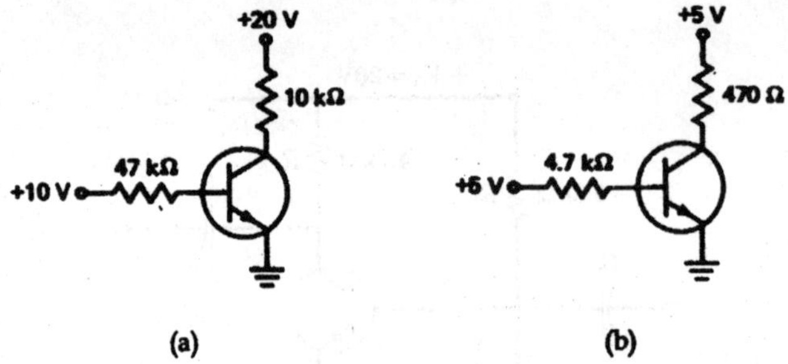


<그림 2-33>

**16.** <그림 2-33(b)>에 표시된 회로에서 베이스 전류는 얼마이며, 컬렉터 전류는 얼마인가? 컬렉터-이미터 전압은 얼마인가?

**17.** <그림 2-34(a)>에서 컬렉터 전류와 컬렉터-접지 사이의 전압, 컬렉터-이미터 전압을 구하시오.

**18.** <그림 2-34(b)>에서 $V_{BB}$=10V라면 컬렉터-이미터 전압은 얼마인가?

**19.** <그림 2-34(a)>에서 컬렉터-접지 사이의 전압이 대략 3V라면 어떤 고장의 원인이 되는가?

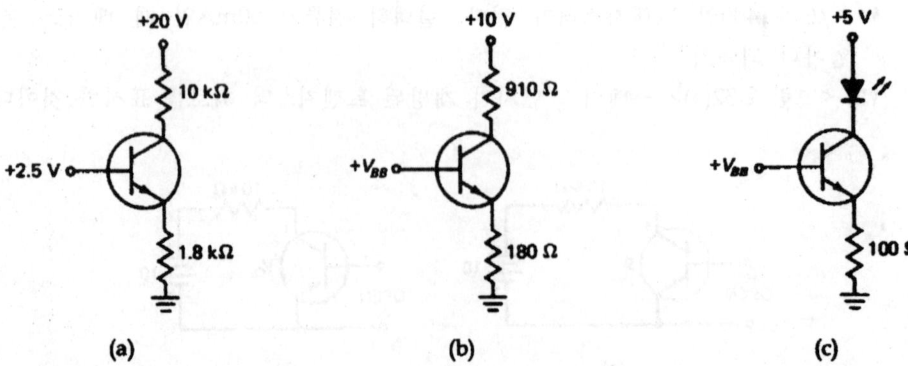


<그림 2-34>

(a) 10k 저항 단락 (b) 1.8k 저항 개방
(c) 베이스-이미터 단자 단락 (d) 컬렉터 이미터 단자 단락

**20.** <그림 2-34(c)>의 LED가 on-off되는 조건을 찾으시오.

(a) 컬렉터-이미터 단자 단락 (b) 100 저항 개방
(c) 컬렉터-이미터 단자 개방
(d) 접지점과 100 저항 사이의 cold-solder joint 고장

**21.** <그림 2-34(c)>의 전류원을 $V_{BB}$가 5V일 때 LED 전류를 대략 35mA에 고정시키도록 다시 설계하시오.

**22.** <그림 2-35>에 표시된 회로에서 $h_{fe}$가 80이라면 컬렉터와 접지 사이의 전압은 얼마인가?

**23.** <그림 2-35>가 포화상태라면 $\beta_{dc}$의 대략적인 크기는 얼마인가?

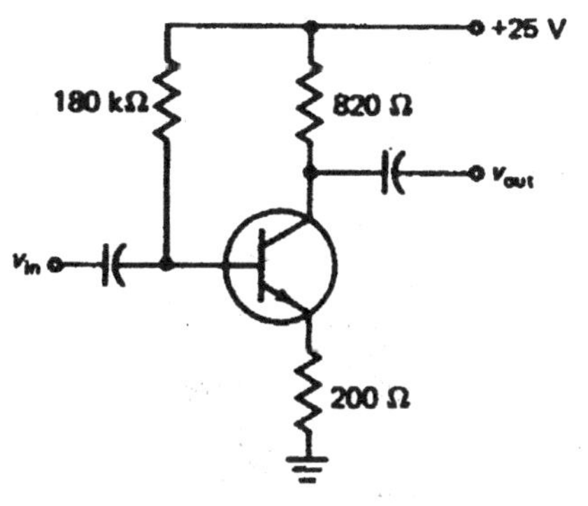


<그림 2-35>

**24.** <그림 2-36>에서 $V_{CC}$=10V라면 각 단에서 컬렉터 전압은 얼마인가?

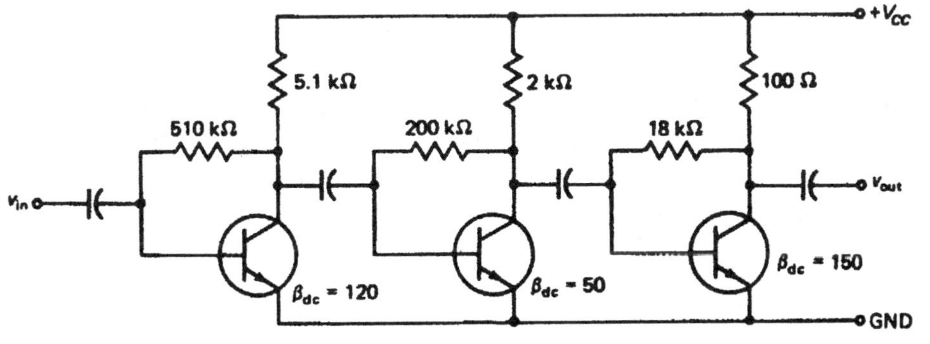


<그림 2-36>

**25.** <그림 2-37>의 각 증폭단에서 이미터와 접지 사이의 전압은 얼마인가(단 공급전원은 10V이다)?

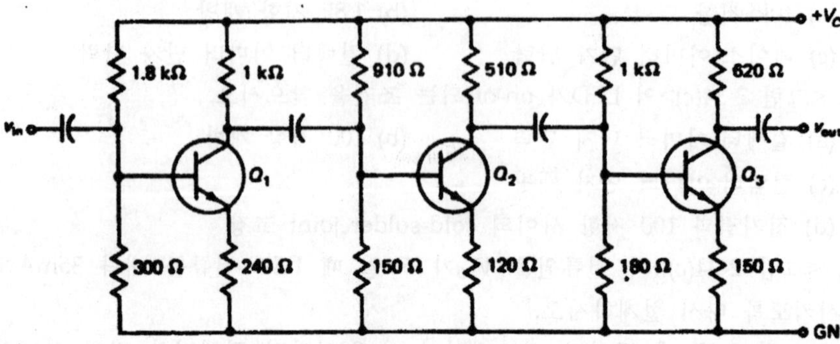


<그림 2-37>

**26.** <그림 2-37>에서 $V_{CC}$=20V일 때 각 증폭단의 $V_B$, $V_E$, $V_C$, $I_C$, $P_D$(소비전력)를 계산하시오.

**27.** <그림 2-38>에서 제너 다이오드를 $V_Z$=4.7V인 제너 다이오드로 대체시키고 LED 전류를 구하시오.

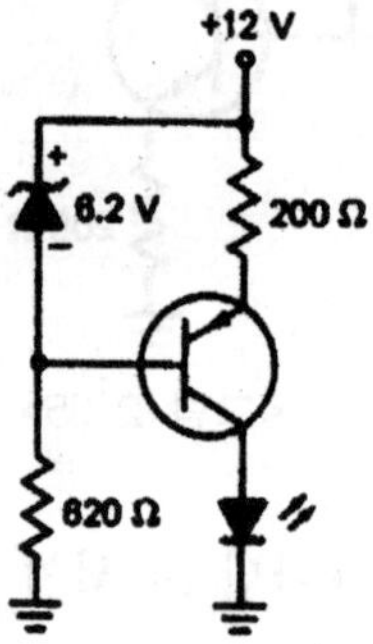


<그림 2-38>

**28.** <그림 2-37>에서 $V_{CC}$가 20V라면 $Q_3$단을 설명하라. 다음 조건들을 만족하는 접지에 대한 컬렉터 전압은 증가하는가, 감소하는가, 변하지 않는가?

(a) 1kΩ 저항 개방 (b) 1kΩ 저항 단락
(c) 180Ω 저항 개방 (d) 180Ω 저항 단락
(e) 620Ω 저항 개방 (f) 620Ω 저항 단락
(g) $Q_3$ 컬렉터-이미터 단락 (h) $Q_3$ 컬렉터-이미터 개방
(i) 150Ω 저항 개방 (j) 150Ω 저항 단락

**29.** <그림 2-39>에서 첫째 단의 컬렉터 전압이 0V라면 발생할 수 있는 고장은 무엇인가?

**30.** <그림 2-38>과 유사한 pnp 전류원을 $V_{CC}$=15V, $V_Z$=7.5V, $I_C$=40mA인 스펙을 만족하는 회로를 다시 설계하시오.

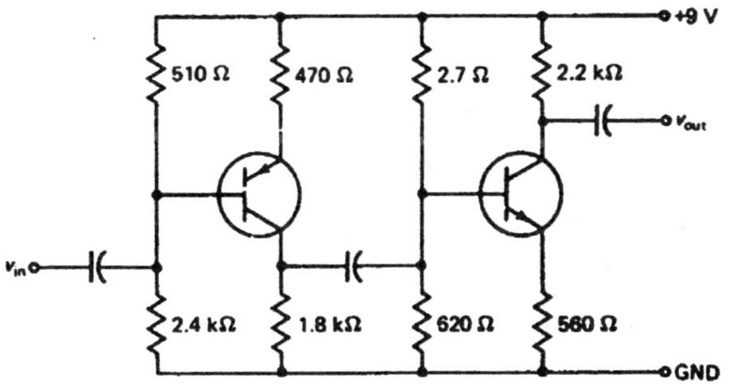


<그림 2-39>

**{해답}** **1.** (a) NPN형 $x$=베이스, $y$=컬렉터 $z$=이미터 (b) PNP형 $x$=베이스, $y$=컬렉터, $z$=이미터

**2.** (a)와 (c) **3.** $I_B$=0.4mA, $I_E$=14.6mA, $I_C$=4.0433mA **4.** $A_V$=16 **5.** 공통 이미터 회로

**6.** (a) NPN형, 이미터 귀환 바이어스, (b) NPN형, 베이스 바이어스 (c) NPN형, 전압분배기 바이어스 (d) PNP형, 이미터 귀환 바이어스 **7.** $I_B$=8μA, $I_C$=1.2mA, $V_{CE}$=8V

**8.** $V_B$=2.564V, $V_E$=1.864V, $I_C$=1.695mA, $V_C$=12.35V, $V_{CE}$−10.486V

**9.** $\alpha_{dc}=\dfrac{100\text{mA}}{100\text{mA}+0.5\text{mA}}=0.995$, $\beta_{dc}=\dfrac{I_C}{I_B}=\dfrac{100\text{mA}}{0.5\text{mA}}=200$

**10.** $I_B r_b' = 1\text{mA}\times10\Omega = 10\text{mV}$, $I_B r_b' = 10\text{mA}\times10\Omega = 100\text{mV} = 0.1\text{V}$

$I_B r_b' = 50\text{mA}\times10\Omega = 500\text{mV} = 0.5\text{V}$

**11.** $\beta_{dc}=400$, $I_C= 500\text{mA}$이므로 $I_B=0.125\text{mA}$가 구해진다. $I_B=\dfrac{I_C}{\beta_{dc}}=\dfrac{50\text{mA}}{400}=0.125\text{mA}$

**12.** 키르히호프의 전압법칙을 적용시키면 $I_{CEO}\times10\text{M}\Omega+9\text{V}=0$이다.

따라서 $I_{CEO}=\dfrac{10\text{V}-9\text{V}}{10\text{M}\Omega}=0.1\mu\text{A}$, $R_C$가 10MΩ에서 10kΩ으로 변하면

$V_{CEO}= 10\text{V}-(0.1\times10^{-6}\text{A})\times(10\times10^3\Omega)=9.999\text{V}$

**13.** 소비전력 $P=V\times I=12\text{V}\times10\text{mA}=120\text{mW}$

**14.** $I_{C(\text{SAT})}\cong\dfrac{V_{CC}}{R_C}=\dfrac{20\text{V}}{10\times10^3\Omega}=2\text{mA}$, $I_B=0$일 때 $V_{CE}=20\text{V}$이다.

**15.** $I_B=\dfrac{10\text{V}-0.7\text{V}}{47\times10^3\Omega}=0.198\text{mA}$, $V_{CE}=0\text{V}$ 밝다.

**16.** $I_B=\dfrac{5\text{V}-0.7\text{V}}{4.7\times10^3\Omega}=0.915\text{mA}$, $I_C=\dfrac{5\text{V}}{470\Omega}=10.6\text{mA}$

**17.** $I_E=I_C=\dfrac{2.5\text{V}-0.7\text{V}}{1.8\times10^3\Omega}=1\text{mA}$, $V_C= 20\text{V}-(10\times10^3\Omega)\times I_C=20\text{V}-10\text{V}=10\text{V}$

$V_{CE}=V_C-(1.8\times10^3\Omega)\times I_E=10\text{V}-1.8\text{V}=8.2\text{V}$

**18.** $V_{BB}$=10V일 때 $V_{CE}$=0V이므로 이상적으로 0이 된다. 트랜지스터가 포화상태임

**19.** $V_C$=3V이면 원래의 $V_C$값인 8.2V보다 아주 작은 값이다. (d)가 고장이다.

**20.** (a) on (b) off (c) off (d) off

**21.** $V_{BB}$=5V, $I_{LED}=I_C\cong I_E=\dfrac{5\text{V}-0.7\text{V}}{R_E}=35\text{mA}$, 따라서 $R_E=\dfrac{4.3\text{V}}{35\text{mA}}=122\Omega$이다.

따라서 100Ω 저항을 120Ω 저항으로 교체한다.

**22.** 키르히호프의 루프 방정식을 적용하면 $V_{BE}+I_ER_E-V_{CC}+I_BR_B=0$, $I_E\cong I_C$, $I_B=\dfrac{I_C}{\beta_{dc}}$이므로

$I_C=\dfrac{V_{CC}-V_{BE}}{R_E+R_I\beta_{dc}}=\dfrac{25\text{V}-0.7\text{V}}{200\Omega+(180\times10^3\Omega/80)}=\dfrac{24.3\text{V}}{2450\Omega}=9.91\text{mA}$

820Ω 양단에 걸리는 전압은 $I_C \times 820\Omega = 8.12V$이다. 따라서 컬렉터와 접지 사이의 전압은 $V_C = V_{CC} - I_C R_C = 25V - 8.12V = 16.87V$이다.

**23.** $R_B = \beta_{dc} \times R_C$이다. 따라서 $\beta_{dc} = \frac{180k\Omega}{820\Omega} = 220$이다.

**24.** 첫번째 증폭단의 컬렉터 전압은 4.93V이다.

$$I_C = \frac{V_{CC} - V_{BE}}{R_E + R_l \beta_{dc}} = \frac{10V - 0.7V}{5.1k\Omega + (510k\Omega/120)} = \frac{9.3V}{9350\Omega} = 0.99mA$$

$$V_C = V_{CC} - I_C R_C = 10V - (0.99mA \times 5.1k\Omega) = 10V - 5.049V = 4.93V$$

두번째 증폭단에서 컬렉터 전압은 6.9V이다.

$$I_C = \frac{V_{CC} - V_{BE}}{R_E + R_l \beta_{dc}} = \frac{10V - 0.7V}{2k\Omega + (200k\Omega/50)} = 1.55mA$$

$$V_C = V_{CC} - I_C R_C = 10V - (1.55mA \times 2k\Omega) = 10V - 3.1V = 6.9V$$

세번째 증폭단에서 컬렉터 전압은 5.77V이다.

$$I_C = \frac{V_{CC} - V_{BE}}{R_E + R_l \beta_{dc}} = \frac{10V - 0.7V}{100\Omega + (18k\Omega/150)} = 42.3mA$$

$$V_C = V_{CC} - I_C R_C = 10V - (42.3mA \times 100\Omega) = 10V - 4.23V = 5.77V$$

**25.** 첫번째 증폭단의 $V_{TH}$를 구하면 $V_{TH} = \frac{300\Omega}{8k\Omega + 300\Omega} \times 10V = 1.428V$이다.

$I_{E1} = \frac{V_{TH} - V_{BE}}{R_{E1}} = \frac{14.2V - 0.7V}{240\Omega} = 3.03mA$이다. 따라서

$V_{E1} = I_{E1} \times R_{E1} = 3.03mA \times 240\Omega = 0.728V$이다.

두번째 증폭단의 $V_{TH}$를 구하면

$V_{TH} = \frac{150\Omega}{910\Omega + 150\Omega} \times 10V = 1.415V$, $I_{E1} = \frac{V_{TH} - V_{BE}}{R_{E1}} = \frac{1.415V - 0.7V}{120\Omega} = 5.95mA$이다.

따라서 $V_{E2} = I_{E2} \times R_{E2} = 5.95mA \times 120\Omega = 0.72V$이다.

마지막 증폭단의 $V_{TH}$를 구하면 $V_{TH} = \frac{180\Omega}{1000\Omega + 180\Omega} \times 10V = 1.525V$이다.

$I_{E3} = \frac{V_{TH} - V_{BE}}{R_{E3}} = \frac{1.525V - 0.7V}{180\Omega} = 4.58mA$이다. 따라서

$V_{E3} = I_{E3} \times R_{E3} = 4.58mA \times 180\Omega = 0.83V$이다.

**26.** 첫번째 증폭단의 $V_B$를 구하면 $V_B = \frac{300\Omega}{1.8k\Omega + 300\Omega} \times 20V = 2.86V$이다.

$I_{E1} = \frac{V_B - V_{BE}}{R_{E1}} = \frac{2.86V - 0.7V}{240\Omega} = 9mA$이다. 따라서

$V_{E1} = I_{E1} \times R_{E1} = 9mA \times 240\Omega = 2.16V$이다. $I_C \cong I_C$이므로

$V_C = V_{CC} - I_C R_C = 20V - (9mA \times 1000\Omega) = 20V - 9V = 11V$이다.

$P_D = I_C \times V_C = 9mA \times 11V = 99mW$이다.

두번째 증폭단의 $V_B$를 구하면 $V_B = \frac{150\Omega}{910\Omega + 150\Omega} \times 20V = 2.83V$이다.

$I_{E2} = \frac{V_B - V_{BE}}{R_{E2}} = \frac{2.83V - 0.7V}{120\Omega} = 17.8mA$이다. 따라서

$V_{E2} = I_{E2} \times R_{E2} = 17.8mA \times 120\Omega = 2.13V$이다. $I_C \cong I_C$이므로

$V_C = V_{CC} - I_C R_C = 20V - (17.8mA \times 510\Omega) = 20V - 9.1V = 10.9V$이다.

$P_D = I_C \times V_C = 17.8mA \times 10.9V = 194mW$이다.

마지막 증폭단의 $V_B$를 구하면 $V_{TH} = \frac{180\Omega}{1000\Omega + 180\Omega} \times 20V = 3.05V$이다.

$I_{E3} = \frac{V_B - V_{BE}}{R_{E3}} = \frac{3.05V - 0.7V}{150\Omega} = 15.7mA$이다. 따라서

$V_{E3} = I_{E3} \times R_{E3} = 15.7mA \times 150\Omega = 2.35V$이다. $I_C \cong I_C$이므로

$V_C = V_{CC} - I_C R_C = 20V - (15.7mA \times 620\Omega) = 20V - 10.27V = 9.73V$이다.

$P_D = I_C \times V_C = 15.7mA \times 9.73V = 152.8mW$이다.

**27.** 200Ω 저항양단에는 4.7V−0.7V=4V가 걸린다. 따라서 $I_E = \frac{4V}{200\Omega} = 20mA$가 구해진다. 따라서 LED 전류는 20mA이다.

**28.** (a) 트랜지스터 차단으로 $V_C$는 20V까지 증가 (b) 베이스-이미터의 순방향 다이오드와 150Ω의 루프에 의해서 이미터 양단의 전압이 높아지므로 $V_C$는 증가한다. (c) 620Ω 양단의 전압강하가 커지므로 $V_C$는 감소 (d) 트랜지스터 차단으로 $V_C$는 20V까지 증가 (e) $V_C$는 0V로 감소 (f) $V_C$ 전압이 20V까지 증가 (g) $V_C$는 감소 (h) 전압 20V로 증가 (i) 증가 (j) 감소

**29.** 1.8kΩ과 510Ω은 단락되고 470Ω과 2.4kΩ은 개방된다. 트랜지스터는 개방된다. 따라서 전원공급이 되지 않기 때문에 $V_C=0$이다.

**30.** $I_C=40mA$, $V_Z=7.5V$, $I_C \cong I_E=40mA$. $R_E$ 양단에 걸리는 전압은 $V_Z-0.7V=6.8V$이다.

따라서 $R_E = \frac{6.8V}{I_E} = \frac{6.8V}{40mA} = 170\Omega$이다. 따라서 근사치는 180Ω이다.

제 3 장

# 공통 이미터 증폭기

트랜지스터의 $Q$점을 직류부하선의 1/2 되는 점에 가까이 있도록 바이어스시킨 후에 베이스에 작은 교류신호를 연결해주면 똑같은 형태와 주파수를 갖는 컬렉터 전류의 변화를 만들어준다. 예를 들어서 입력에 1kHz의 주파수를 갖는 정현파를 가하면 출력의 주파수는 1kHz이고 진폭만 변화된 정현파를 얻을 수 있다.

증폭기는 신호의 진폭이 작은 동안 트랜지스터가 부하선의 작은 부분만 사용하게 되며 선형으로 동작하게 된다. 다시 말해서 입력신호가 아주 크다면 부하선을 따라서 생기는 진동은 트랜지스터를 포화나 차단상태가 되도록 할 것이다. 이런 경우는 정현파의 피크 부분을 살라내어서 증폭기는 더이상 선형동작을 하지 못한다.

만약 라우드 스피커로 출력신호를 듣는다면 소리가 심하게 왜곡되어서 듣기 어려울 것이다. 이 장에서는 소신호 증폭기를 해석하는 데 필요한 몇 가지 개념들을 설명한다. 직류 바이어스 전압의 변화없이도 트랜지스터 증폭단의 출력 사이에 교류신호를 연결시켜줄 수 있는 결합용 콘덴서(coupling capacitor)부터 설명한다.

결합용 콘덴서를 이해한 후 소신호 증폭기에 응용되는 중첩의 원리를 고찰해 보도록 한다. 그런 다음 기본 증폭기에 관한 고장 수리와 설계에 도움을 주는 트랜지스터의 교류 모델을 포함시켜서 이 장을 맺도록 한다.

## 3-1 결합용 콘덴서와 측로용 콘덴서

결합용 콘덴서는 교류신호를 한 점에서 다른 점으로 통과시킨다. 예를 들면 <그림 3-1(a)>에서 교류전압은 콘덴서를 통과해서 $A$점에서 $B$점으로 전달된다. 이런 경우 용량성 리액턴스 $X_C$는 직렬저항과 비교할 때 크기가 아주 작아야 한다. <그림 3-1(a)>에서 점 $A$의 왼쪽 회로는 신호원과 저항이거나, 혹은 좀더 복잡한 테브닌의 등가회로일 수도 있다.

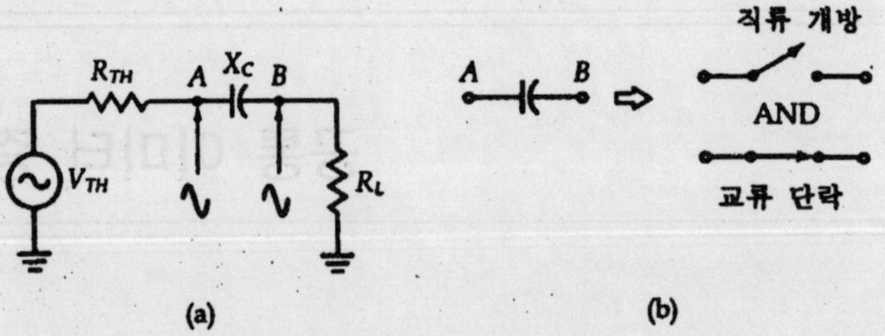


<그림 3-1> (a) 전원과 부하를 연결시켜주는 결합용 콘덴서
(b) 결합용 콘덴서의 등가회로

유사하게 저항 $R_L$은 단일 부하저항이거나 좀더 복잡한 회로망의 등가저항일 수도 있다. 실제 회로에서는 콘덴서의 왼쪽, 오른쪽이 무엇이든지 상관하지 않고 <그림 3-1(b)>와 같은 간단한 기호로 간주해서 간략화된 단일 루프 회로로 만들 수 있다. 교류전류는 $R_{TH}+R_L$의 합성저항을 통해서 흐르게 된다.

회로망 이론에서 $RC$ 회로에서의 교류전류 $I$는 식 (3-1)과 같은 크기를 갖는다는 것을 이미 배워서 알고 있다.

$$I=\frac{V}{\sqrt{R^2+X_C^2}} \tag{3-1}$$

여기서 $R$은 루프에서의 전체 저항을 의미하는데 <그림 3-1(a)>에서 $R=R_{TH}+R_L$이다. 주파수가 증가하면 $X_C$는 $R$과 비교해서 아주 적은 값이 될 때까지 감소하게 되고, 이런 경우 전류는 $V/R$값인 최대값을 갖는다. 다시 말해서 콘덴서는 $X_C \ll R$인 경우에 $A$점으로부터 $B$점까지 신호를 적절하게 연결시켜준다.

## ▮ 안정결합

결합용 콘덴서의 크기는 연결하고자 하는 신호의 가장 낮은 주파수에 의존한다. 이 규정에 의하면 증폭기에서 입력 주파수의 가장 낮은 값에 의한 용량성 리액턴스는

$$X_C \ll 0.1R \tag{3-2}$$

이다. 식 (3-2)는 결합용 콘덴서의 용량성 리액턴스가 전체 직렬저항의 1/10과 같거나 작다는 것을 표시하고 있다. 보통 10 : 1 규칙을 만족한다는 것은 교류신호가 가장 낮은 주파수에서 1% 미만으로 줄어든다는 것을 의미하며, 최악의 경우인 $X_C=0.1R$를 식 (3-1)에 대입해보면

$$I=\frac{V}{\sqrt{R^2+(0.1R)^2}}=\frac{V}{1.005R}=0.995\frac{V}{R}$$

로 교류신호가 최저 주파수에서 0.5%만 감소된다는 것을 보여준다. 따라서 어떤 결합용 콘덴서라고 할지라도 10 : 1 규칙을 만족하기만 하면 안전결합용 콘

덴서라고 부를 수 있다.

예를 들어서 20Hz에서 20kHz까지의 가청주파수를 갖는 트랜지스터 증폭단을 설계한다고 가정하고, 입력결합용 콘덴서가 10kΩ의 총저항을 갖는 직렬저항과 연결된다고 가정하면 $X_C$ 10:1 규칙을 만족하기 위해서 최저 주파수인 20Hz에서 1kΩ보다 작아야 한다. 따라서 용량성 임피던스는

$$X_C = \frac{1}{2\pi f C} = \frac{1}{2\pi(20\text{Hz})C} = 1\text{k}\Omega$$

이고, 콘덴서 용량 $C$를 구하면

$$C = \frac{1}{2\pi f Xc} = \frac{1}{2\pi(20\text{Hz})1\text{k}\Omega} = 7.96\mu\text{F}$$

이 구해진다. 이것은 안정결합용으로 사용되는 콘덴서 최소 용량이다. 실제로는 10㎌을 사용한다.

결합용 콘덴서는 <그림 3-1(b)>와 같은 등가회로를 갖는다. 이것은 직류에서는 개방된 스위치이고 교류에서는 단락된 스위치로 동작하게 된다. 이것은 결합용 콘덴서가 직류전류는 차단시키고 교류전류만을 통과시킨다는 의미이며, 이러한 동작은 교류신호를 한 증폭단에서 다른 증폭단으로 각 증폭단의 직류 바이어스의 방해없이 통과시켜준다.

## 교류접지

측로용 바이패스 콘덴서(bypass capacitor)는 <그림 3-2(a)>에서 표시한 것처럼 비접지점과 접지점을 연결한다는 것을 제외하고는 결합용 콘덴서와 유사하다. $V_{TH}$와 $R_{TH}$는 앞에서 본 것처럼 단일전원이나 단일저항일 수도 있고 테브닌 회로일 수도 있다. 콘덴서에 대해서는 아무런 차이도 없다. 이 회로에서도 $R_{TH}$는 전체 저항이라고 볼 수도 있다. 다만 한 가지 차이는 $R=R_{TH}$된 점이다.

<그림 3-2(b)>에서 콘덴서는 교류신호에 대해서 단락된 스위치로 동작하기 때문에 $A$점은 교류신호가 연결되면 접지점과 단락된다. 이것이 $A$점을 교류접지라고 부르는 이유이며, 직류신호가 연결되면 콘덴서는 개방회로로 되기 때문에 바이패스 콘덴서는 $A$점에서는 아무런 영향도 주지 못한다.

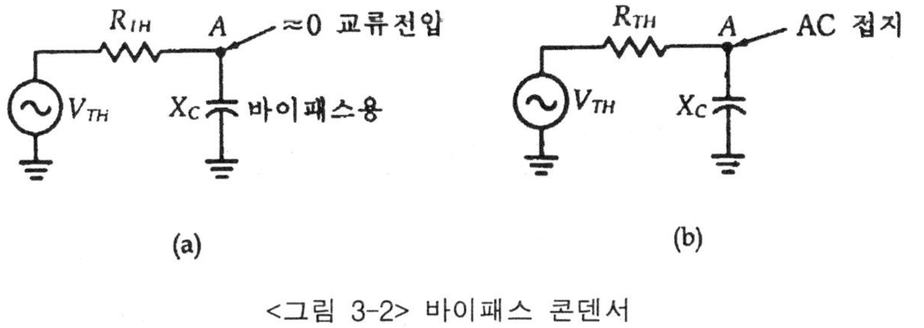


<그림 3-2> 바이패스 콘덴서

여하튼 바이패스 콘덴서는 $A$점을 접지점으로 만들 수 있게 된다. 별다른 지시가 없는 한 모든 결합 콘덴서와 바이패스 콘덴서는 안정한 것으로 간주되며, 이것은 교류에서는 단락 스위치로, 직류에서는 개방 스위치로 동작한다는 의미이며, 앞으로 자주 직류개방과 교류단락이라는 개념을 사용하게 되므로 기억해두기 바란다.

## ▮ 직류와 교류가 더해지는 신호

일반적인 전기신호는 직류성분과 교류성분의 결합으로 이루어진다고 생각하면 편리하다. 예를 들어서 <그림 3-3(a)>에 표시된 파형을 고찰해보면 이런 파형은 <그림 3-3(b)>에 표시된 직류성분에 <그림 3-3(c)>에 표시된 교류성분이 더해진 것이다. 직류전압은 일정한데 비해서 교류성분은 $-50$mV에서 $+50$mV까지 변화된다.

전자공학에서는 직류성분, 교류성분, 전체 신호를 표시하기 위해서 특별한 기호를 사용한다. 예를 들면 <그림 3-3(a)>에 표시된 신호는 다음과 같이 표시된다.

$$v_B = V_B + v_b$$

$$\text{합계} = \text{직류} + \text{교류}$$

직류전압은 대문자 전압과 대문자 첨자($V_B$)를 사용하고 교류전압은 소문자 전압과 소문자 첨자($v_b$)를 사용하고, 합계전압은 소문자 전압과 대문자 첨자($v_B$)를 사용한다. 직류변수에서는 대문자와 대문자가 첨자를 사용한다. $V_{CC}$, $V_{BB}$, $V_B$, $V_{BE}$를 기억해야 한다.

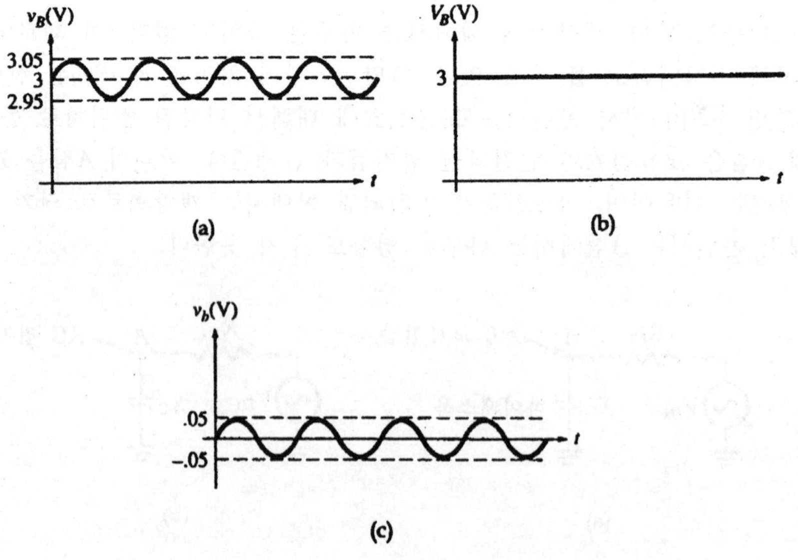


<그림 3-3> 교류성분과 직류성분으로 구성된 신호

$BB$, $CC$와 같이 이중 첨자로 표시되는 직류전압은 전지와 같은 공급전원을 표시하고 단일 첨자를 갖는 직류전압은 각 단자에서 측정되는 전압을 의미한다. 정현파 교류전압은 다양하게 사용된다.

예를 들면 <그림 3-3(c)>에 표시된 교류전압은 다음과 같이 주어진다.

- 50mV의 피크값은 $v_b=50\mathrm{mV_p}$
- 피크-피크값이 100mV일 때 $v_b=50\mathrm{mV_{pp}}$
- 실효값은 $v_b=\dfrac{50}{\sqrt{2}}\mathrm{mV_{rms}}=35.36\mathrm{mV_{rms}}$

**예제 3-1** <그림 3-4>(a)에 표시된 신호를 직류성분과 교류성분을 구하시오.

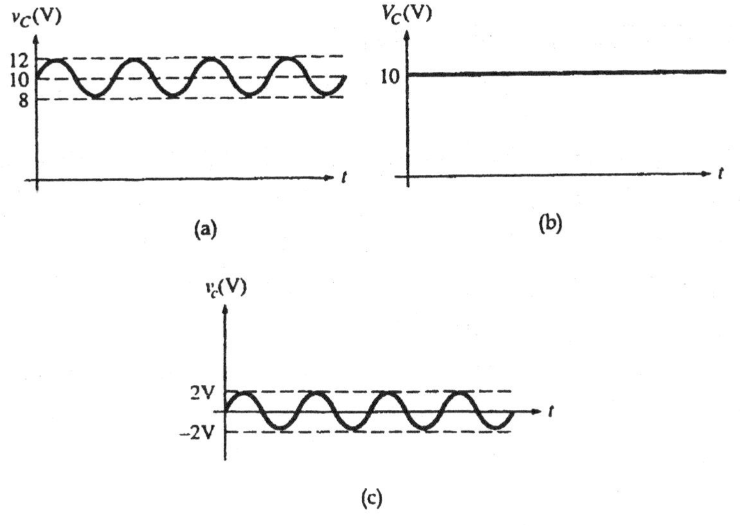


<그림 3-4>

**• 풀이 •** 신호가 10V를 중심으로 8V와 12V 사이를 진동한다. 직류값은 <그림 3-4(b)>에 표시된 것처럼 10V이고 교류성분은 −2V에서 2V 사이를 진동하는 정현파 신호이다.

$$v=2\mathrm{V_P}$$

---

**▣ 확인문제 3-1 ▣**

1. 직류성분과 교류성분으로 전체 컬렉터 전압을 표시하시오.
2. $V_{CC}$와 $V_C$ 표시법의 차이점은 무엇인가?

**3.** $v_c$가 2V~6V로 변화하고, 중심이 4V일 때 교류성분과 직류성분은 어떻게 표시되는가?

**〔해답〕 1.** $V_C = V_C + V_c$ **2.** 공급전원과 단자 측정전압
**3.** 직류=4V 교류=−2V에서 2V 사이를 진동하는 정현파 신호

## 3-2 증폭기에서의 중첩의 원리

트랜지스터 증폭기에서 직류전원은 동작전류와 동작전압을 고정시켜준다. 그러나 교류전원은 동작전압과 동작전류가 변화하게 된다. 따라서 회로를 해석하는 데 가장 간단한 방법은 중첩의 원리를 적용해서 교류신호 해석 부분과 직류신호 해석 부분의 해를 구하는 일이다.

### 교류 등가회로와 직류 등가회로

트랜지스터 회로에 중첩의 원리를 적용하는 단계는 다음과 같다.

**1. 교류원을 0으로 한다 :** 이것은 교류전류원을 개방시키거나 교류전압원을 단락시킨다는 의미이다. 모든 콘덴서도 개방시킨다. 남아 있는 회로는 직류 등가회로라 부른다. 이런 회로에 대한 직류전압과 직류전류를 계산한다.

**2. 직류원을 0으로 한다 :** 이것은 직류전류원을 개방시키거나 직류전압원을 단락시킨다는 의미이다. 또 모든 결합 콘덴서와 바이패스 콘덴서를 단락시킨다. 남아 있는 회로를 교류 등가회로라고 부른다. 교류전압과 교류전류를 계산한다.

**3.** 회로에서 임의의 지로 양단에 걸리는 전압은 임의의 지로 양단에 걸리는 직류전압과 교류전압의 합이다.

<그림 3-5(a)>의 트랜지스터 증폭기에 중첩의 정리를 적용하는 과정을 살펴보자. 첫째로 교류전압원을 단락시키고 모든 콘덴서를 개방시키면 <그림 3-5(b)>와 같은 직류 등가회로를 얻을 수 있다. 이 회로에서는 직류전압과 직류전류만 관여되며 동작전류와 동작전압을 계산한다.

두번째로 직류전압원을 단락시키고 모든 결합용 콘덴서와 바이패스 콘덴서를 개방시킨다. <그림 3-5(c)>와 같은 회로를 교류 등가회로라고 부른다. 중요한 것은 $R_E$ 양단의 바이패스 콘덴서 때문에 이미터가 접지된다는 점을 주의해야 한다.

직류전원이 단락될 때 $R_1$과 $R_C$도 접지된다. 다시 설명하자면 내부 임피던스가 거의 0에 가깝기 때문에 직류전원의 위치는 교류접지가 된다. <그림 3-5(c)>의 교류 등가회로를 이용해서 교류전류와 교류전압을 계산할 수 있다.

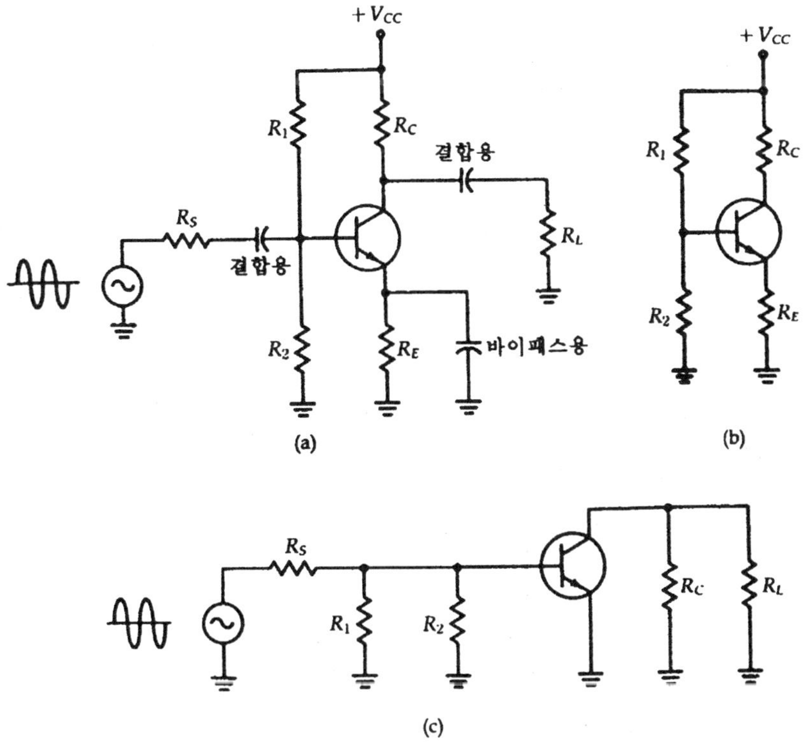


<그림 3-5> 중첩의 원리 (a) 실제 회로 (b) 직류 등가회로 (c) 교류 등가회로

## 3-3 이미터 다이오드의 교류저항

*Q*점을 설정하면 <그림 3-6(a)>의 트랜지스터를 형상화해서 <그림 3-6(b)>의 Ebers-moll 등가회로로 대치시킬 수 있다. $V_{BE}$는 약 0.7V이다. 이 절에서는 Ebers-moll 모델이 교류신호에 어떻게 응용되는지를 살펴보자.

### ▮ 교류 이미터 저항

<그림 3-6(d)>는 $I_E$와 $V_{BE}$에 대한 다이오드 특성곡선을 표시하고 있다. 교류신호가 없을 때는 트랜지스터는 일반적으로 직류부하선의 1/2 근처에 위치하는 *Q*점에서 동작한다.

교류신호가 트랜지스터를 구동시킬 때 이미터 전류와 이미터 전압은 변화하는데, 교류신호가 작다면 동작점은 +의 최대 전류점인 *A*까지 올라갔다가 −의 최대 전류점인 *B*까지 내려가고 다시 *Q*점으로 복귀하는 사이클이 반복된다. 이

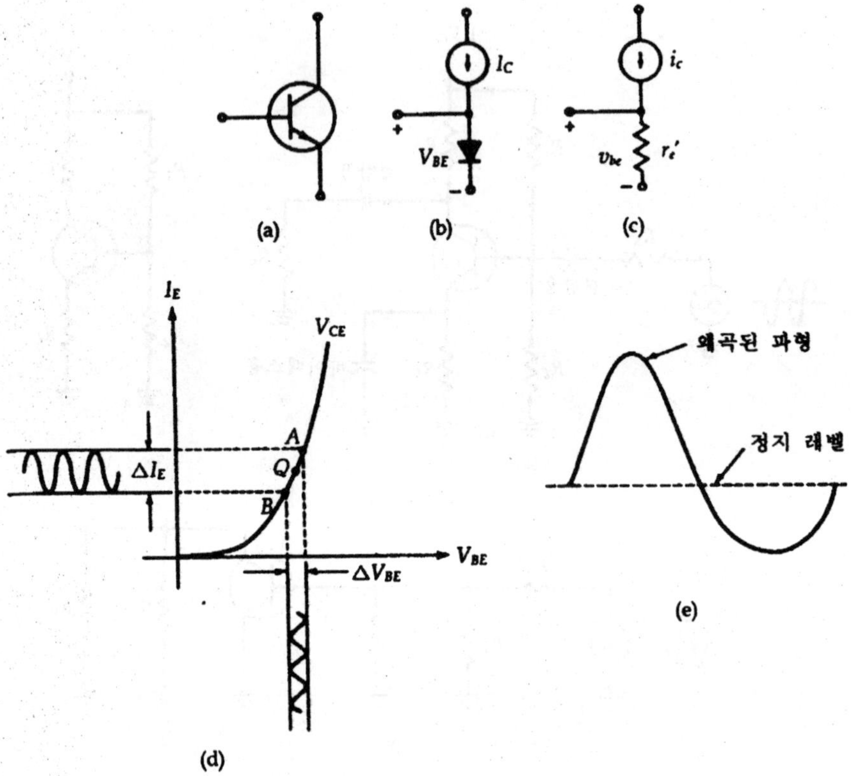

<그림 3-6> (a) 트랜지스터 (b) Ebers-moll 직류 모델 (c) Ebers-moll 교류 모델 (d) 이미터 전류의 변화와 베이스-이미터 단자전압의 변화 (e) 큰 신호의 왜곡

것은 그림에서 보는 것처럼 $I_E$와 $V_{BE}$에 정현파적인 변화를 준다.

만약 신호가 작다면(소신호라면) 최대점 $A$와 $B$는 $Q$점에 근접해 있고 동작은 선형적으로 된다. 다시 말해서 $A$점으로부터 $B$점까지의 호는 거의 직선이 되기 때문에 전압과 전류의 변화는 거의 비례적으로 된다.

다른 방법에 의해서 교류신호가 관여된다면 다이오드는 식 (3-3)과 같은 저항으로 동작된다.

$$r_e' = \frac{\Delta V_{BE}}{\Delta I_E} \tag{3-3}$$

여기서 $r_e'$는 교류 이미터 저항, $\Delta V_{BE}$는 베이스 이미터 전압의 미소 변화량, $\Delta I_E$는 이미터 전류의 변화에 관계되는 양이다. $V_{BE}$와 $I_E$의 변화는 교류전압 교류전류와 등가이므로 식 (3-3)은 식 (3-4)처럼 쓸 수 있다.

$$r_e' = \frac{v_{be}}{i_e} \tag{3-4}$$

여기서 $r_e'$는 교류 이미터 저항, $v_{be}$는 베이스 이미터 단자양단에 걸리는 교류전압, $i_e$는 이미터를 통해서 흐르는 교류전류이다.

예를 들면 $i_e$=0.4mA, $v_{be}$=10mV라고 가정하면

$$r_e' = \frac{v_{be}}{i_e} = \frac{10\text{mV}}{0.4\text{mA}} = 25\,\Omega$$

이 된다.

<그림 3-6(c)>는 Ebers-Moll 교류 모델을 표시하고 있다. 이것은 증폭기의 교류 등가회로를 해석할 때 사용되고 베이스 이미터 다이오드는 교류 이미터 저항으로 대치된다.

## ▮교류 이미터 저항공식

$r_e'$는 $I_E$의 변화에 대한 $V_{BE}$의 변화비이기 때문에 $Q$점의 위치에 따라서 값이 날라신다. $Q$점이 득성곡선상에서 위쪽에 위치힐수록 이미디 진류의 변화는 큰데, 베이스-이미터 전압의 변화는 작기 때문에 $r_e'$는 작아진다. $Q$점에서의 다이오드 특성곡선의 기울기는 식 (3-5)와 같이 $r_e'$값을 결정하게 된다.

$$r_e' = \frac{25\text{mV}}{I_E} \tag{3-5}$$

예를 들어서 $Q$점이 1mA인 $I_E$에 있다면

$$r_e' = \frac{25\text{mV}}{I_E} = \frac{25\text{mV}}{1\text{mA}} = 25\,\Omega$$

이 되고, $I_E$=5mA처럼 $Q$점이 높은 곳에 있다면

$$r_e' = \frac{25\text{mV}}{I_E} = \frac{25\text{mV}}{5\text{mA}} = 5\,\Omega$$

으로 감소하게 된다. 교류값인 $r_e'$가 직류값인 $I_E$에 의존한다는 것을 기억해야 한다. 이것은 $Q$점을 $r_e'$가 결정한다는 의미이기도 하다.

식 (3-5)는 25℃ 근처의 상온에서 유효하며 저항 $r_e'$는 온도가 3℃ 증가할 때마다 약 1%씩 증가한다. 다이오드의 특성곡선은 선형이 아니기 때문에 $r_e'$ 값은 식 (3-5)의 값과 약간의 오차를 갖게 된다. 이런 이유 때문에 식 (3-5)는 pn 접합의 특성곡선을 이상적인 곡선이라고 가정하고 구한 식이다.

**예제 3-2** 다음의 직류 바이어스 컬렉터 전류에서 $r_e'$를 구하시오.

$I_C$=10mA, 1mA, 0.01mA, 1$\mu$A, 1pA

**• 풀이 •** $I_E \cong I_C$이므로 $r_e' = \dfrac{25\text{mV}}{I_C}(\Omega)$ 공식을 사용하면 다음 표와 같다.

| $I_E \cong I_C$ | $r_e' = \dfrac{25\text{mV}}{I_C}$ (Ω) |
|---|---|
| 10mA | 2.5Ω |
| 1mA | 25Ω |
| 0.01mA | 2.5kΩ |
| 1μA | 25kΩ |
| 1pA | 25MΩ |

**▣ 확인문제 3-2 ▣**

1. 교류 조건에서 이미터 다이오드 모델은 어떤 것인가?
2. 교류 이미터 저항의 공식은 무엇인가?
3. 교류 조건에서 컬렉터 전류와 베이스 전류 사이의 관계는 무엇인가?

{해답} 1.<그림 3-6>참조 2. $r_e' = \dfrac{v_{be}}{i_e}$ 3. $i_c = \beta i_b$

## 3-4 이미터 접지증폭기

<그림 3-7(a)>는 공통 이미터 증폭기를 표시하고 있다. 이미터가 접지에 바이패스되기 때문에 이런 증폭기를 이미터 접지증폭기라고 부르는데 이것은 이미터가 직류접지가 아닌 교류접지를 의미한다.

소신호 정현파가 베이스에 입력되면 베이스 전류의 변화를 가져오게 되고, 이런 정현파 컬렉터 전류가 컬렉터 저항을 통해서 흐르게 되어 증폭기의 출력전압으로 나타나게 된다.

### ▮ 위상반전

컬렉터 전류의 교류적 변화 때문에 <그림 3-7(a)>의 출력전압은 동작전압의 위 아래를 정현파적으로 스윙하게 된다. 중요한 것은 교류 출력전압이 교류 입력전압에 대해서 반전된다는 의미이다. 이것은 입력의 위상이 180° 바뀐 출력이 나왔다는 뜻이다.

입력전압의 +반주기 동안 베이스 전류는 증가해서 컬렉터 전류의 증가원인이 된다. 이것은 컬렉터 저항 양단에서 큰 전압강하를 발생시키고 그 결과 컬렉터 전압이 감소하게 되서 출력전압에 처음 −의 반주기를 얻을 수 있다.

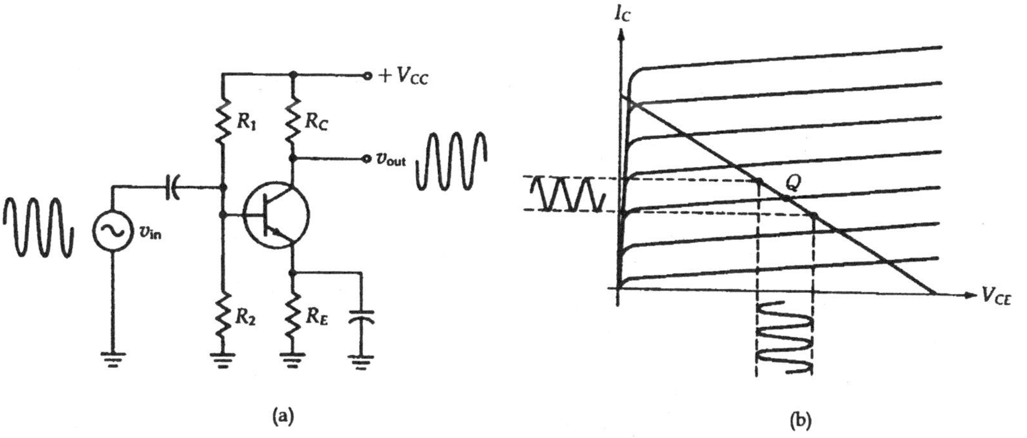


<그림 3-7> (a) 이미터 접지 증폭기 (b) 교류부하선

역으로 생각하면 입력전압의 －반주기 동안 컬렉터 전류는 적게 흐르게 되어 컬렉터 저항에서의 전압강하도 크기가 작게 되므로 컬렉터 전압은 증가하고 출력전압에 ＋의 반주기가 나타난다는 것을 의미한다.

## ▮ 부하선의 관점

<그림 3-7(b)>는 $Q$점과 교류부하선을 표시하고 있다. 교류 입력전압은 베이스 전류를 교류적 변화를 갖게 하고, 그 결과 $Q$점에서 정현파적 변화가 발생한다. 그림에서 본 것처럼 소신호 동작인 경우 컬렉터 전류에서 피크-피크 스윙은 동작점에서의 컬렉터 전류 크기의 10% 미만이다(10 : 1 규칙을 만족시키면 왜곡을 모든 회로에서 원하는 수준으로 억제시킬 수 있다).

큰 신호에 대한 동작점에서의 스윙폭은 부하선에서 더 넓어진다. 만약 신호가 아주 크다면 트랜지스터는 차단상태나 포화상태로 될 것이다. 이것은 신호의 ＋와 －피크 부분이 잘려 나간다는 의미이다. 그러나 트랜지스터가 선형으로 동작한다면 항상 활성영역에서 동작하게 된다.

이것은 결코 모든 주기 동안 포화되거나 차단상태가 되지 않는다는 의미이며, <그림 3-7(a)>와 같은 간단한 증폭기는 컬렉터 진류의 피크-피크값이 비선형 왜곡을 피하기 위해서는 동작점 전류의 10% 미만이어야 한다.

## ▮ 전압이득

증폭기의 전압이득은 입력 교류전압에 대한 출력 교류전압의 비이다. 기호는 식(3-6)처럼 표시된다.

$$A = \frac{v_{\text{out}}}{v_{\text{in}}} \tag{3-6}$$

만약 입력전압이 2.5mV이고, 출력전압이 250mV라면 전압이득은 100이다.

$$A = \frac{v_{\text{out}}}{v_{\text{in}}} = \frac{250\text{mV}}{2.5\text{mV}} = 100$$

고장진단을 할 때는 전압이득이 많은 도움이 된다. 여기서는 <그림 3-7(a)>의 전압이득을 구하는 간단한 수식을 유도해보자.

우선 회로를 등가회로로 대체하면 전원은 접지에 단락되고 잘 설계된 증폭기에서 콘덴서는 교류신호 때 단락 스위치로 동작하게 되므로 모든 콘덴서를 단락시킨다. <그림 3-8(a)>는 교류 등가회로를 표시하고 있다.

전원공급점이 교류접지로 되기 때문에 컬렉터 저항 $R_C$는 접지된다. 이와 유사하게 저항 $R_1$도 접지되어 있고 저항 $R_2$와 이미터 다이오드는 병렬연결처럼 표시된다. 입력측의 병렬연결 때문에 $V_{in}$은 이미터 다이오드 양단에 직접 나타나므로 <그림 3-8(a)>는<그림 3-8(b)>와 같은 교류 등가회로로 형상화시킬 수 있다.

<그림 3-7(a)>의 원래 회로와 간략화된 등가회로를 비교해보면 어떤 회로에서든지 $r_e'$ 양단의 전압은 $V_{in}$과 동일하다. <그림 3-8(b)>의 입력전압은 입력전압의 +반주기를 나타내기 위해서 +, −의 극성으로 표시하고, 옴의 법칙에 의해서 이미터 전류 세기를 구하면

$$i_e = \frac{v_{\text{in}}}{r_e'}$$

이다. 여기서 컬렉터 전류는 이미터 전류와 거의 같기 때문에 $i_c \cong i_e$라고 쓸 수 있고, 컬렉터 저항을 통해서 흐르는 교류 컬렉터 전류는 출력전압 $V_{out}$을 만든다.

$$v_{\text{out}} \cong -i_e R_C$$

−부호는 위상이 반전되었음을 표시한다. 다시 말하자면 입력전압의 +반주기는 컬렉터 전류를 증가시키고 출력전압에 −반주기로 나타난다. 따라서

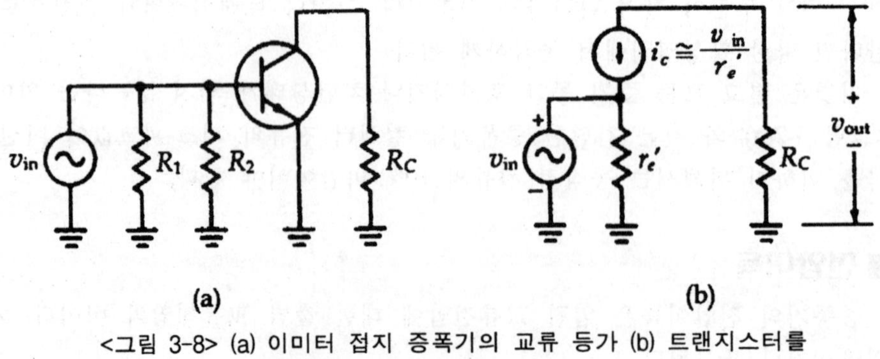


<그림 3-8> (a) 이미터 접지 증폭기의 교류 등가 (b) 트랜지스터를 사용한 Ebers-moll 교류 모델

$$i_e = \frac{v_{\text{in}}}{r_e'}$$

이므로 위식을 정리하면

$$v_{\text{out}} \cong \frac{-v_{\text{in}} R_C}{r_e'}$$

가 된다. 여기서 전압이득을 구하면 식 (3-7)과 같이 표시된다.

$$A = \frac{v_{\text{out}}}{v_{\text{in}}} = -\frac{R_C}{r_e'} \qquad (3\text{-}7)$$

식 (3-7)에서 보다시피 전압이득이란 교류 이미터 저항과 컬렉터 저항의 비임을 알 수 있다. 이것은 이미터 접지증폭기의 전압이득을 근사적으로 빨리 계산할 수 있음을 보여주는 것이다.

측정된 전압이득이 이론적인 전압이득과 같은 값인지는 설계된 증폭기의 입력전압과 출력전압을 측정하면 증명할 수 있다.

예를 들면 $R_C = 4.7\text{k}\Omega$, $r_e' = 25\,\Omega$일 때 전압이득 $A$는 $-188$이다.

$$A = \frac{v_{\text{out}}}{v_{\text{in}}} = -\frac{R_C}{r_e'} = -\frac{4700}{25} = -188$$

이런 증폭기는 베이스 전압이 1mV가 인가되면 출력은 188mV를 만들게 된다.

**예제 3-3** 직류로 결합된 오실로스코프는 직류성분과 갖는 전체 신호를 디스플레이 한다. <그림 3-9>는 이미터 접지 증폭기의 베이스 전압, 이미터 전압, 컬렉터 전압을 표시하고 있다. 이런 전압들이 무엇을 나타내고 있는지 설명하시오.

**• 풀이 •** 시작하기 전에 교류 입력신호는 소신호 정현파 전압이라고 가정한다. 이것은 입력 결합형 콘덴서를 지나서 베이스에 나타난다. 베이스 전압의 동작점 전압은 1.8V이다(이것은 전압분배기에 의해서 나타나는 직류전압이다).

$$V_B = \frac{2.2\text{k}\Omega}{10\text{k}\Omega + 2.2\text{k}\Omega} \times 10\text{V} = 1.8\text{V}$$

따라서 베이스에 대한 전체 입력전압은 $1.8V_{dc}$에 소신호 입력 정현파 전압을 더하면 된다. 안정된 결합 콘덴서라고 가정할 때 모든 교류 전원전압이 베이스에 나타난다. 중요한 것은 이미터 전압이 1.1V인데, 이것은 이미터가 0.7V로 입력전압에 부트스트랩되어 있기 때문이다(1.8V−0.7V=1.1V). 이미터는 이미터 바이패스 콘덴서를 통해서 접지에 바이패스되어 있기 때문에 교류신호는 나타나지 않는다.

다시 말하자면 안정한 바이패스 콘덴서는 교류신호에 대해서 접지와 단락이다. 따라서 모든 교류신호는 바이패스 콘덴서를 통해서 분류되기 때문에 $R_E$를 통해서 흐르는 교류신호는 없다는 의미이다. 직류 이미터 전류는 1.1mA이다.

$$I_E = \frac{1.1\text{V}}{1\text{k}\Omega} = 1.1\text{mA}$$

컬렉터에 증폭되고 반전된 교류전압이 나타나는데 6.04V의 동작점 레벨을 갖는다.

$$V_C = 10\text{V} - (1.1\text{mA} \times 3.6\text{k}\Omega) = 6.04\text{V}$$

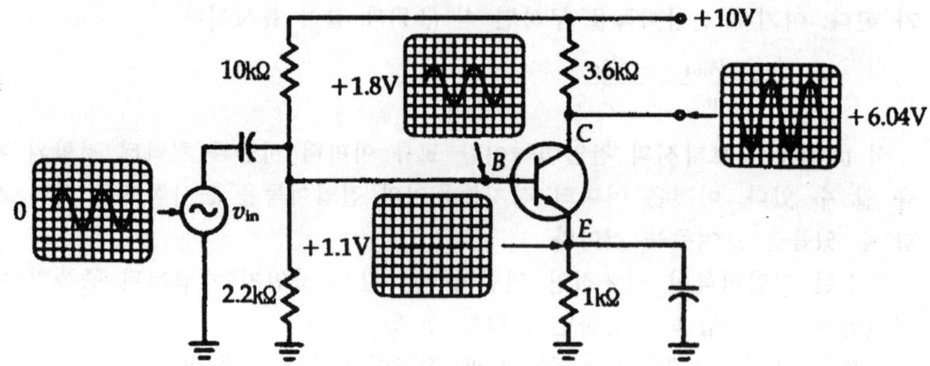


<그림 3-9> 직류로 결합된 오실로스코프에 나타나는 직류와 교류성분

**예제 3-4** <그림 3-9>에서 교류 입력신호는 1mV의 피크값을 갖는다고 가정하면 교류출력에서의 피크값은 얼마인가?

**• 풀이 •** (예제 3-3)에서 직류 이미터 전류는 1.1mA로 계산되었다. 따라서 교류 이미터 저항을 구하면 22.7Ω이다.

$$r_e' = \frac{25\text{mV}}{I_E} = \frac{25\text{mV}}{1.1\text{mA}} = 22.7\Omega$$

따라서 전압이득

$$A = -\frac{R_C}{r_e'} = -\frac{3.6\text{k}\Omega}{22.7\Omega} = -159$$

이다. 이것은 교류 출력전압이 159배가 된다는 뜻이며 위상은 반전된다.

$$v_{out} = Av_{in} = -159(1\text{mV}) = -159\text{mV}$$

## 3-5 공통 이미터 증폭단의 교류 모델

증폭기의 여러 단을 직렬로 연결하면 천배 가까운 이득을 얻을 수도 있다. 그러나 다단 증폭기를 해석하기 전에 1단 증폭기의 교류 등가회로의 해석을 이해하는 것이 필요하다. 이런 모델을 얻기 위해서는 입력 임피던스와 출력 임피던스를 설명하지 않으면 안 된다.

## ▮ 입력 임피던스

증폭기를 구동시키는 교류전원은 증폭기에 교류전류를 공급하는데, 보통 적은 전류가 전원으로부터 공급된다. 증폭기의 입력 임피던스는 증폭기가 전원으로부터 얼마나 많은 양의 전류를 받아들이는가에 달려 있다.

증폭기의 정상적인 주파수 범위에서 결합용 콘덴서와 바이패스용 콘덴서는 교류 단락으로 동작하고 모든 다른 리액턴스 성분이 무시될 때 입력 임피던스는 식 (3-8)로 표시된다.

$$z_{\text{in}} = \frac{v_{\text{in}}}{i_{\text{in}}} \tag{3-8}$$

여기서 $V_{\text{in}}$과 $I_{\text{in}}$은 피크, 피크-피크값, 또는 실효치이다.

이미터 접지증폭기에서 교류전원 쪽에서 바라다본 저항은 <그림 3-10(a)>에서 보는 것처럼 이미터 다이오드와 병렬로 연결된 바이어스 저항들이다. 전류 $i_1$은 $R_1$을 흐르고, 전류 $i_2$는 $R_2$를 흐르고, $i_b$는 베이스로 흐르게 된다.

베이스 쪽으로 들여다본 저항을 $z_{\text{in(base)}}$로 기호화하면

$$z_{\text{in(base)}} = \frac{v_{\text{in}}}{i_b}$$

로 표시된다. 옴의 법칙을 적용하면

$$v_{\text{in}} = i_e r_e'$$

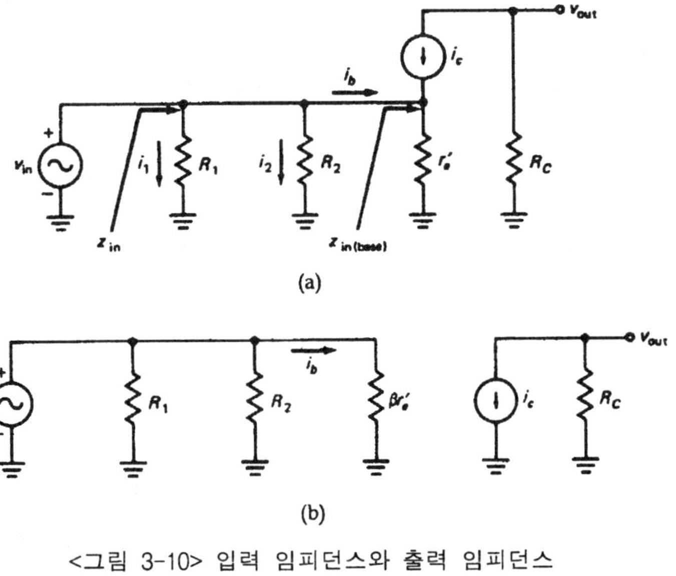


<그림 3-10> 입력 임피던스와 출력 임피던스

이고

$$i_e \cong i_c = \beta i_b$$

이므로

$$v_{\text{in}} = \beta i_b r_e'$$

로 쓸 수 있고, $z_{\text{in(base)}}$를 다시 정리하면

$$z_{\text{in (base)}} = \frac{\beta i_b r_e'}{i_b} = \beta r_e'$$

로 표시할 수 있다.

기억해야 할 것은 $z_{\text{in}}$은 오직 트랜지스터의 베이스에서 바라다본 입력 임피던스란 점이며 베이스에 연결된 외부의 바이어스 저항값은 포함되지 않는다. 다시 말하면 이미터 접지 증폭기의 베이스에서 바라다본 입력 임피던스는 이미터 저항에 교류전류 이득을 곱한 값과 같다는 뜻이다.

그렇다면 왜 입력 임피던스가 이미터 교류저항 $r_e'$와 같지 않을까? 베이스에서 바라다본 교류전원은 오직 베이스 전류만 공급하기 때문이며, 트랜지스터 내부의 컬렉터 전류가 베이스 전류에 더해져서 $r_e'$를 통해서 흐르는 이미터 전류를 만들기 때문이다.

왜냐하면 베이스 전류에 β배를 곱해도 이미터 전류보다 작으며 베이스의 입력 임피던스를 $\beta$배하면 $r_e'$보다 커지기 때문이다. 이 점을 강조하기 위해서 <그림 3-10(b)>의 등가회로를 사용하는데, 이것은 <그림 3-10(a)>와 똑같은 효과를 갖는다.

교류신호 쪽에서 바라다볼 때 저항 $R_1$과 저항 $R_2$ 그리고 $\beta r_e'$가 병렬로 연결된 회로로 보이게 된다. $\beta r_e'$를 통해서 흐르는 베이스 전류는 증폭기에서 $\beta i_b'$의 컬렉터 전류로 얻어진다.

요약하면 이미터 접지 증폭기는 식 (3-9)와 같은 입력 임피던스를 갖는다.

$$z_{\text{in}} \cong R_1 \parallel R_2 \parallel \beta r_e' \qquad (3\text{-}9)$$

이 임피던스는 전체 임피던스로서 바이어스 저항들과 트랜지스터의 베이스에서 들여다본 임피던스가 포함되어 있다.

## ▮ 출력 임피던스

증폭기의 출력 쪽에서 발생되는 흥미있는 현상을 알아보기 위해서 <그림 3-10(b)>의 회로를 테브닌화시키면 출력에서 테브닌 전압을 구할 수 있다.

$$v_{\text{out}} = Av_{\text{in}}$$

테브닌 임피던스는 컬렉터 전류원의 내부 임피던스와 $R_C$의 병렬조합에 의해서 구해진다. Ebers-Moll 모델에서 컬렉터 전류원은 이상적이므로 무한대의 입

력 임피던스를 갖는다. 따라서 테브닌 임피던스는

$$z_{\text{out}} = R_C$$

로 표시된다.

## ▮간단한 교류 모델

<그림 3-11>은 이미터 접지 증폭기의 입력 임피던스와 출력 임피던스를 요약해서 표시한 것이다. 여기서 입력 임피던스는

$$z_{\text{in}} \cong R_1 \parallel R_2 \parallel \beta r_e'$$

이고, 입력측 전원에서 바라본 것이며, 반대쪽에는 교류전압원인 $AV_{\text{in}}$이 출력 임피던스인 $R_C$와 직렬로 연결되어 있다. 이와 같이 간단한 모델을 사용하면 다단 증폭기도 쉽게 해석할 수 있다.

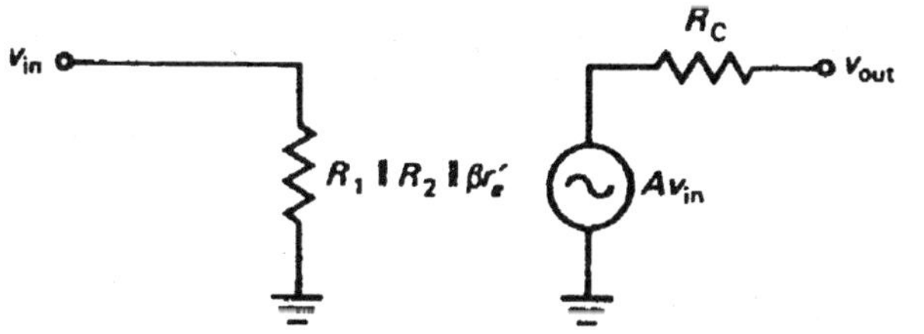


<그림 3-11> 이미터 접지증폭기의 교류 모델

**예제 3-5** <그림 3-12(a)>는 (예제 3-4)에서 해석한 이미터 접지증폭기를 나타내고 있다. 만약 트랜지스터의 β가 150이라면 교류 출력전압은 얼마인가?

**• 풀이 •** <그림 3-12(a)>에는 2가지 새로운 점이 있는데, 하나는 교류전원이 1kΩ의 임피던스를 갖기 때문에 신호가 베이스에 도착하기도 전에 저항양단에서 전압강하 현상이 발생하는 것이고, 나머지 하나는 출력단에서 콘덴서가 1.5kΩ의 부하저항과 교류신호를 결합시키고 있기 때문에 갖는 부하효과이다.

결과적으로 출력신호가 입력신호보다 작게 되며 전원과 부하저항의 영향을 알아보기 위해서는 이미터 접지증폭기를 교류 모델로 바꾸어야 한다.

우선 베이스의 입력 임피던스를 계산하면

$$z_{\text{in(base)}} = \beta r_e' = 150 \times 22.7\,\Omega = 3.4\text{k}\Omega$$

이다. 다음으로 증폭기의 입력 임피던스를 계산하자.

$$z_{\text{in}} \cong R_1 \parallel R_2 \parallel \beta r_e' = 10\text{k}\Omega \parallel 2.2\text{k}\Omega \parallel 3.4\text{k}\Omega = 1.18\text{k}\Omega$$

무부하에서의 전압이득은 앞에서 −159로 구한 바 있다. 출력의 임피던스는 $R_C$와 같기 때문에 <그림 3-12>에서 표시한 것처럼 등가회로를 구할 수 있다.

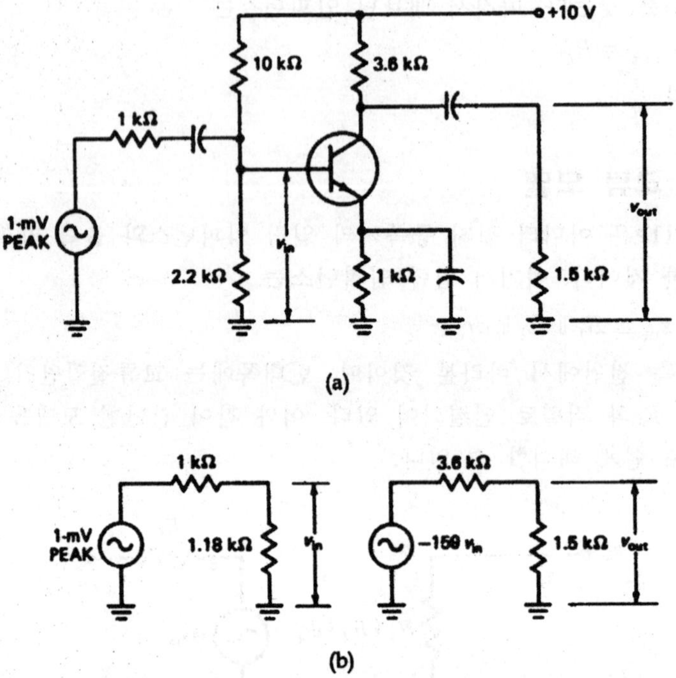


<그림 3-12> (a) 이미터 접지증폭기에 연결된 전원과 부하저항 (b) 교류 등가회로

2개의 전압분배기를 보면 입력 전압분배기는 베이스에서 신호를 감소시키는데

$$v_{in} = \frac{1.18\text{k}\Omega}{2.18\text{k}\Omega} \times 1\text{mV} = 0.541\text{mV}$$

테브닌 출력전압은

$$Av_{in} = -159 \times 0.541\text{mV} = -86\text{mV}$$

이다. 이 출력은 무부하상태의 출력을 표시하며 실체로 1.5kΩ 저항양단에 걸리는 출력은

$$v_{out} = \frac{1.5\text{k}\Omega}{5.1\text{k}\Omega} \times (-86\text{mV}) \cong -25\text{mV}$$

이다. 이것은 출력전압의 피크값이 25mV라는 의미이다.

## 3-6 스왐핑된 증폭기

$r_e'$은 이상적으로 $25\text{mV}/I_E$이다. 앞에서 지적했듯이 실제적인 $r_e'$는 접합면의 형태나 온도에 따라서 달라진다. 그 이유는 트랜지스터의 $r_e'$값이 다른 트랜지스터와 온도에서는 2 : 1의 범위에서 변할 수 있기 때문이다.

이미터 접지증폭기에서 $r_e'$의 값이 갖는 변화는 전압이득의 변화를 갖게 하는데 어떤 응용회로에서는 전압이득의 변화가 고려되는 수도 있다. 예를 들면 트랜지스터 라디오는 볼륨 조정을 통해서 전압이득의 변화를 차단시킬 수 있다. 그러나 가능한 한 안정한 전압이득을 필요로 하는 응용회로가 대부분이다.

## 스왐핑(Swamping)이란 무엇을 의미하는가?

<그림 3-13(a)>에 표시된 것처럼 이미터에 직렬저항 $r_E$를 삽입하면 이미터는 더이상 교류접지가 아니다(그 이유는 $r_E$를 통해서 흐르는 이미터 교류전류가 이미터에서 교류 전압을 나타나게 하기 때문이다).

만약 $r_E$가 $r_e'$보다 아주 크다면 교류 입력신호의 대부분이 이미터에 나타난다. 다시 말하면 $r_E$가 $r_e'$보다 아주 크다면 이미터는 교류뿐만 아니라 직류적으로 베이스에 부트스트랩된다.

<그림 3-13(b)>는 교류 등가회로를 표시하고 있다. $r_E$가 $r_e'$와 직렬로 연결되어 있기 때문에 전체 저항은 $r_E+r_e'$가 되며, 전체 저항 양단에 교류입력이 나타나며 교류 이미터 전류 $i_e$가 흐르게 된다.

$$i_e = \frac{v_{\text{in}}}{r_E + r_e'}$$

이미터 다이오드를 스왐핑시킨다는 것은 $r_E$를 $r_e'$보다 크게 만드는 것을 의미한다.

## 전압이득에서의 스왐핑 효과

<그림 3-13(b)>에서 교류 출력전압은

$$v_{\text{out}} = -i_c R_C$$

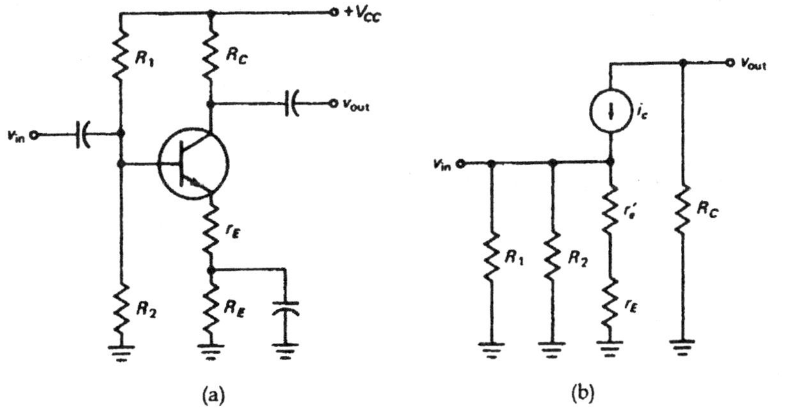


<그림 3-13> (a) 스왐핑된 증폭기 (b) 교류 등가회로

이다. $r_E + r_e'$ 양단에 나타나는 교류전압은

$$v_{in} = i_e(r_E + r_e')$$

이므로 $v_{in}$과 $v_{out}$의 비는

$$\frac{v_{out}}{v_{in}} = -\frac{i_c R_C}{I_E(r_E + r_e')}$$

이다. 여기서 $i_c = i_e$이므로 위식을 다시 쓰면 식 (3-10)처럼 표시된다.

$$A = -\frac{R_C}{r_E + r_e'} \tag{3-10}$$

식 (3-10)은 다음의 두 가지를 의미하고 있다. 첫째 스왐핑 저항은 전압이득을 감소시키며, 둘째 교류 이미터 저항 $r_e'$의 변화가 더이상 전압이득에 영향을 주지 못한다는 점이다.

## ▮ 왜곡에서의 스왐핑 효과

이미터 다이오드의 스왐핑이 갖는 또다른 이점은 왜곡(distortion)을 감소시킨다는 것이다. 이미터 다이오드의 비선형성이 대신호 증폭기에서 왜곡을 만들게 된다.

$$r_e' = \frac{25\text{mV}}{I_E}$$

이므로 $I_E$에서 나타나는 변화는 $r_e'$에서 주목할 만한 변화를 가져오게 된다.

스왐핑되지 않은 대신호 증폭기에서는 $r_e'$가 변하기 때문에 사이클 전체를 통해서 전압이득이 변화한다는 의미이다. 결국 전압이득의 변화는 출력신호에 왜곡현상을 일으킨다. 이와 같은 왜곡은 신호의 과도한 왜곡을 피하기 위해서 스왐핑되지 않은 증폭기가 부하선의 일부분만을 사용하기 때문에 발생된다.

부하선을 좀더 넓게 사용하고 증폭기가 이미터 다이오드를 스왐핑한다면 원하는 레벨까지 왜곡을 감소시킬 수 있다. 강하게 스왐핑된 증폭기가 있다면 대부분의 정현파 입력신호가 스왐핑 저항양단에 나타나게 되며, 이것은 컬렉터 전류가 정현파로 된다는 의미이고 부하선의 대부분을 사용한다 하더라도 정현파를 유지할 수 있다는 뜻이다.

## ▮ 스왐핑된 증폭기의 교류 모델

<그림 3-13(b)>의 교류 입력저항은 $r_e'$와 직렬로 연결된 $r_E$의 양단에 나타난다. 옴의 법칙을 적용하면

$$v_{in} = i_e(r_E + r_e')$$

이고,

$$i_e \cong i_c \cong \beta i_b$$

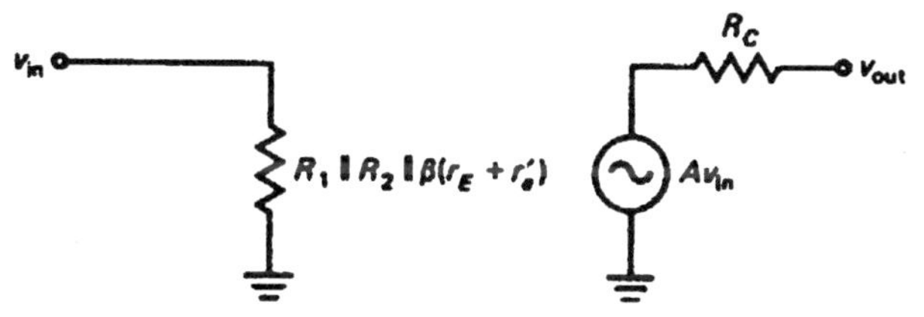


<그림 3-14> 스왐핑된 증폭기의 교류 모델

이므로 공식을 다시 쓰면

$$\frac{v_{\text{in}}}{i_b} \cong \beta(r_E + r_e')$$

이거나 식 (3-11)처럼 표시된다.

$$z_{\text{in(base)}} = \beta(r_e' + r_E) \tag{3-11}$$

<그림 3-14>는 스왐핑된 증폭기의 교류 모델을 표시하고 있다.

**예제 3-6** <그림 3-15>에 표시된 스왐핑 증폭기의 전압을 해석하시오.

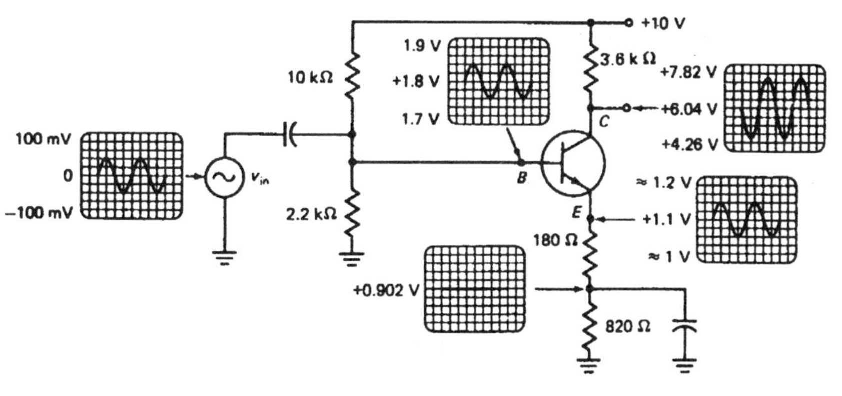


<그림 3-15>

**• 풀이 •** 직류전류에 관한 회로는 (예제 3-3)에서 설명했던 이미터 접지증폭기와 동일하다. 직류 베이스 전압은 1.8V를 유지하고 직류 이미터 전압은 1.1V, 직류 컬렉터 전압은 6.04V이다. 이미터 저항은 1kΩ이고 $r_e'$는 22.7Ω이다. 차이점이라면 교류전압원이 1mV에서 100mV로 증가한 것뿐이다. 이런 신호가 베이스에 결합되면 부트스트랩 효과에 의해서 100mV의 대부분은 스왐핑 저항양단에 나타나게 된다.

스왐핑 저항의 하단 부분은 교류접지이기 때문에 오실로스코프에는 +0.902V에서 수

평선이 표시된다. 교류 컬렉터 전압은 입력전압과는 반전되고 증폭된 크기를 갖는다.

**예제 3-7** <그림 3-15>의 교류전압을 구하시오.

**• 풀이 •** 전압이득은

$$A = -\frac{3600\Omega}{180\Omega + 22.7\Omega} = -17.8$$

이다. 교류 출력전압은 $-1.78V$이다.

$$v_{out} = -17.8 \times 100mV = -1.78V$$

**예제 3-8** <그림 3-15>에 표시된 스왐핑 증폭기에서 바이패스 콘덴서가 개방상태라고 가정하면 전압이득은 얼마로 구해지는가?

**• 풀이 •** 바이패스 콘덴서가 개방된다는 의미는 180Ω 아래쪽이 교류접지가 아니라는 의미이다. 따라서

$$r_E = 180\Omega + 820\Omega = 1000\Omega$$

이다. 이런 경우에는 스왐핑은 더욱 강하게 되고 전압이득은 감소된다.

$$A = -\frac{3600\Omega}{1000\Omega + 22.7\Omega} = -3.52$$

따라서 교류 출력전압은 $-352mV$가 된다.

$$v_{out} = -3.52 \times 100mV = -352mV$$

**예제 3-9** <그림 3-16>에서 $\beta = 150$이라고 가정하고 교류 출력전압을 구하시오.

**• 풀이 •** 베이스의 입력 임피던스는 30.4kΩ이다.

$$z_{in(base)} = \beta(r_e' + r_E) = 150(180\Omega + 22.7\Omega) = 30.4k\Omega$$

증폭기의 입력 임피던스는 1.7kΩ이다.

$$z_{in} \cong R_1 \parallel R_2 \parallel \beta r_e' = 10k\Omega \parallel 2.2k\Omega \parallel 30.4k\Omega = 1.7k\Omega$$

무부하 상태의 베이스에서 컬렉터로 전달되는 전압이득은 $-17.8$이 된다. 따라서 증폭기의 교류 모델은 <그림 3-16(b)>에 표시된 것과 같아진다. 증폭기의 입력전압은 63mV까지 도달된다.

$$v_{in} = \frac{1700\Omega}{2700\Omega} \times 100mV = 63mV$$

테브닌 출력전압은 $-1.12V$이다.

$$Av_{in} = -17.8 \times 63mV = -1.12V$$

이것은 무부하 상태의 출력전압이다. 실제 교류 출력전압은 컬렉터와 부하저항 양

단에 나타난다.

$$v_{\text{out}} = \frac{51{,}000\,\Omega}{54{,}600\,\Omega} \times (-1.12\text{V}) = -1.05\text{V}$$

이것은 출력전압의 피크값이 1.05V라는 의미이다.

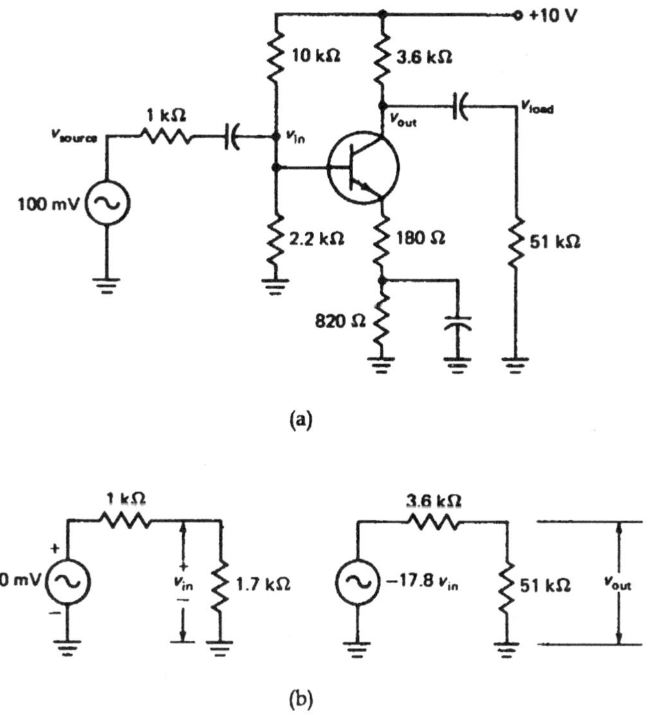


<그림 3-16> (a) 스왐핑 증폭기에 연결된 전원과 부하저항 (b) 교류 등가회로

## 3-7 공통 컬렉터 증폭기

<그림 3-17(a)>는 공통 컬렉터 증폭기 회로를 표시하고 있다. $R_C$가 0Ω이기 때문에 컬렉터가 교류접지가 되는데, 이것이 바로 회로를 컬렉터 접지증폭기라고 부르는 이유가 된다. 베이스를 직류전압 $V_{in}$이 구동할 때 이미터 저항양단에 $V_{out}$ 이 나타난다.

### ▮ 기본개념

공통 컬렉터 증폭기는 출력이 컬렉터보다 이미터에서 나타나고, 단락된 컬렉터 저항을 갖는 강하게 스왐핑된 공통 이미터 증폭기와 같다. 따라서 이미터는 베이스에 부트스트랩되어 있고 직류 출력전압은 식 (3-12)처럼 표시된다.

$$V_{out} = V_{in} - V_{BE} \tag{3-12}$$

이런 회로는 직류 이미터 전압이 직류 베이스 전압에 따르기 때문에 이미터 폴로워라고 부르기도 한다.

<그림 3-17(b)>에서 표시된 것처럼 $V_{in}$=2V라면 $V_{out}$=1.3V가 된다. 만약 <그림 3-17(c)>처럼 $V_{in}$이 3V까지 증가하면 $V_{OUT}$도 2.3V까지 증가한다. 이것은 $V_{out}$의 변화가 $V_{in}$의 변화와 같은 위상을 갖는다는 의미이다.

## ▮ 위상관계

<그림 3-17(a)>에서 $V_{CE}$가 다음과 같이 계산된다.

$$V_{CE} = V_{CC} - V_{out}$$

따라서 $V_{out}$이 증가한다면 $V_{CE}$는 감소하게 되며, $V_{CE}$는 $V_{in}$과 $V_{out}$과는 다른 위상을 갖게 된다. <그림 3-17(d)>와 <그림 3-17(e)>에 표시된 것처럼 위상 관계를 알 수 있다. $V_{in}$이 1V 증가하면 $V_{out}$은 1V 증가하나 $V_{CE}$는 1V 감소한다.

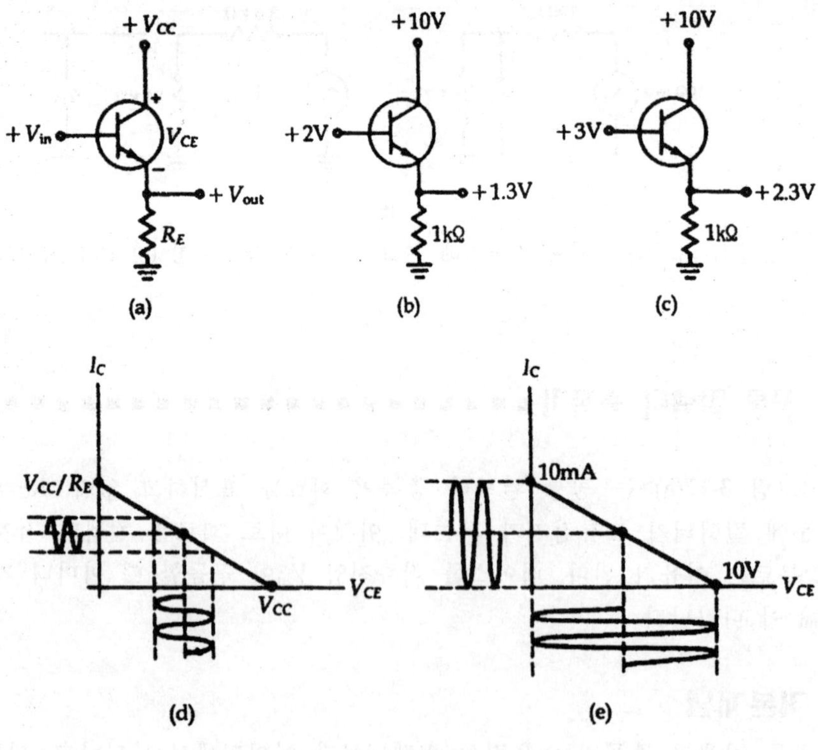


<그림 3-17> 공통 컬렉터 증폭기

## ▮ 직류부하선

<그림 3-17(a)>에 컬렉터 루프에서 키르히호프의 전압법칙을 적용하면

$$V_{CE}=I_E R_E+V_{CC}=0$$

가 된다. 여기서 컬렉터 전류는 이미터 전류와 거의 같기 때문에 $I_C$를 구하면 식 (3-13)을 구할 수 있다.

$$I_C=\frac{V_{CC}-V_{CE}}{R_E} \tag{3-13}$$

식 (3-13)은 <그림 3-17(d)>에 표시되어 있는 부하선의 직선방정식이다. 입력전압이 직류성분과 교류성분을 포함하고 있으면 $I_C$와 $V_{CE}$가 <그림 3-17(d)>에 표시된 것처럼 정현파적으로 진동하기 때문에 교류부하선은 직류부하선과 같다.

만약 입력신호가 교류부하선 전체를 사용할 만큼 크다면 트랜지스터는 피크에서 차단상대로 되거나 포화상태로 된다. 이것은 <그림 3-17(e)>에 표시한 것처럼 출력전압의 피크-피크 스윙은 $V_{CC}$ 값으로 제한된다는 의미이다.

## ▮ 전압이득

<그림 3-18(a)>는 작은 교류전압에 의해서 구동되는 이미터 폴로워를 표시하고 있다. <그림 3-18>(b)는 교류 등가회로를 표시하고 있다. 교류 출력전압은

$$V_{out}=i_e R_E$$

로 표시되고, 교류 입력전압은

$$v_{in}=i_e(R_E+r_e')$$

이다. $V_{in}$과 $V_{OUT}$의 비는 전압이득으로 식 (3-14)와 같이 표시된다.

$$A=\frac{v_{out}}{v_{in}}=\frac{R_E}{R_E+r_e'} \tag{3-14}$$

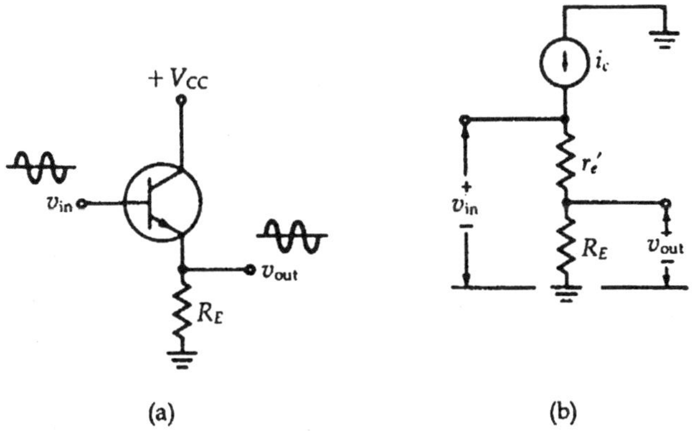


<그림 3-18> (a) 이미터 폴로워 (b) 교류 등가회로

대부분의 이미터 폴로워에서 $R_E$는 $r_e'$를 스왐핑시키므로 식 (3-14)의 전압이득은 1이다.

$$A \cong 1$$

예를 들면 $R_E$=5.1kΩ이고 $r_e'$가 25Ω이라 가정하고 식 (3-14)를 이용해서 전압이득을 구하면

$$A = \frac{5100\,\Omega}{5125\,\Omega} = 0.995$$

가 된다.

## ▮작은 왜곡

이미터 폴로워는 원래 왜곡이 적은 증폭이다. 이미터 저항이 바이패스되지 않기 때문에 아주 강하게 스왐핑되고 이미터의 비선형성은 거의 제거된다.

따라서 전압이득이 거의 1이 되서 출력전압은 입력전압과 거의 같게 된다. 주어진 완전한 정현파는 출력에서 거의 입력과 같은 정현파로 나타난다.

**예제 3-10** <그림 3-19>는 전압분배기 바이어스를 사용하는 이미터 폴로워 증폭기를 표시하고 있다. 직류전압을 계산하고 파형을 설명하시오.

**• 풀이 •** 전압분배기의 테브닌 직류전압은 5V이다.

$$V_{TH} = \frac{10\text{k}\Omega}{20\text{k}\Omega} \times 10\text{V} = 5\text{V}$$

이것은 동작점의 이미터 전압을 설정해 준다.

$$V_E = 5\text{V} - 0.7\text{V} = 4.3\text{V}$$

컬렉터는 직접 공급전원에 연결되므로 $V_C$=10V이다. 신호원은 직류 레벨이 0V인 정현파이며 이미터 폴로워의 베이스로 결합된다. 베이스에서의 직류 레벨 혹은 동작전압은 +5V이다. 베이스의 입력전압은 전원으로부터의 교류신호에 직류전압 + 5V를 더해주어야 한다. 그 이유는 이미터가 베이스에 부트스트랩되어 있기 때문에 교류 입력신호를 갖는 +4.3V의 전압값을 갖기 때문이다.

중요한 것은 공급전압이 교류접지점이 되기 때문에 컬렉터 전압에는 교류신호가 나타나지 않는다는 점이다. 이것은 +의 전원이 직류전원과 적은 전원 임피던스로 구성되기 때문이며, 이상적으로 전원 임피던스는 0이다. 이것은 공급점에서의 전압은 일정하고 교류성분을 갖지 않는다는 의미이다.

**예제 3-11** <그림 3-19>에서 전압이득을 계산하시오. 만약 교류 입력전압이 1V의 피크값을 갖는다면 출력전압은 얼마인가?

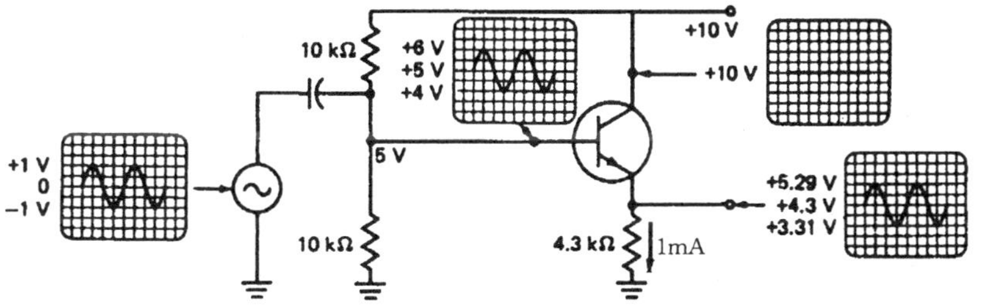


<그림 3-19> 직류성분을 함께 갖는 이미터 폴로워 증폭기

**• 풀이 •** 직류 이미터 전류는 1mA이다.

$$I_E = \frac{4.3\text{V}}{4.3\text{k}\Omega} = 1\text{mA}$$

이미터 다이오드의 교류저항 $r_e' = 25\Omega$이다.

$$r_e' = \frac{25\text{mV}}{1\text{mA}} = 25\Omega$$

전압이득은

$$A = \frac{4300\Omega}{4300\Omega + 25\Omega} = 0.994$$

이다. 출력전압의 피크값은 0.994V이다.

$$V_{out} = 0.994 \times 1\text{V} = 0.994\text{V} \cong 1\text{V}$$

이런 값들은 오실로스코프 상에서는 입력전압과 거의 같은 값이기 때문에 구분하기 어렵다. 다시 말하면 어떤 이미터 폴로워든지간에 교류 출력전압은 교류 입력전압과 같은 값은 갖는다.

## 3-8 이미터 폴로워(Emitter follower)의 교류 모델

전원의 영향과 부하저항의 영향을 계산하는 데 이미터 폴로워의 실제 교류 등가회로가 사용된다. 이 절에서는 이미터 폴로워의 간단한 교류 모델을 설명한다.

### ▮ 입력 임피던스

저항 $R_S$를 갖는 교류전원이 <그림 3-20(a)>의 이미터 폴로워를 구동시킨다. 바이어스 저항과 입력 임피던스의 영향으로 전원저항 양단에서 교류신호의 일부가 손실되나, 그 양이 얼마나 되는가 하는 것이 의문점이다.

첫번째 해야 할 일은 베이스의 입력 임피던스를 구하는 일이다. 이미터 폴로워는 강하게 스왐핑된 증폭기이기 때문에

$$Z_{in(base)} = \beta(R_E + r_e')$$

의 입력 임피던스를 갖는다. 많은 이미터 폴로워에서 $R_E$가 $r_e'$를 스왐핑시키기 때문에 위의 식은 간략화되어서 식 (3-15)로 표시할 수 있다.

$$Z_{in(base)} = \beta R_E \tag{3-15}$$

여기서 중요한 것은 이미터 폴로워의 입력 임피던스가 β에 의해서 설정된다는 점이다. 만약 $\beta = 200$이고 $R_E = 4.3\text{k}\Omega$이라면

$$Z_{in(base)} = 200(4.3\text{k}\Omega) = 860\text{k}\Omega$$

이 된다. 보다시피 베이스의 입력 임피던스는 매우 높다.

이미터 폴로워의 전체 임피던스는 베이스의 입력 임피던스와 병렬로 연결된 바이어스 저항의 합성저항으로 구할 수 있다.

$$z_{in} = R_1 \parallel R_2 \parallel \beta R_E \tag{3-16a}$$

전압분배기 바이어스가 안정이라면 $\beta R_E$는 $R_1 \parallel R_2$보다 적어도 100배는 크게 되므로 식 (3-16a)를 간략화하면 식 (3-16b)를 얻을 수 있다.

$$z_{in} = R_1 \parallel R_2 \tag{3-16b}$$

다시 말하자면 일반적인 이미터 폴로워의 입력 임피던스는 <그림 3-20(b)>에 표시한 것처럼 오직 바이어스 저항의 병렬저항으로 구성된다.

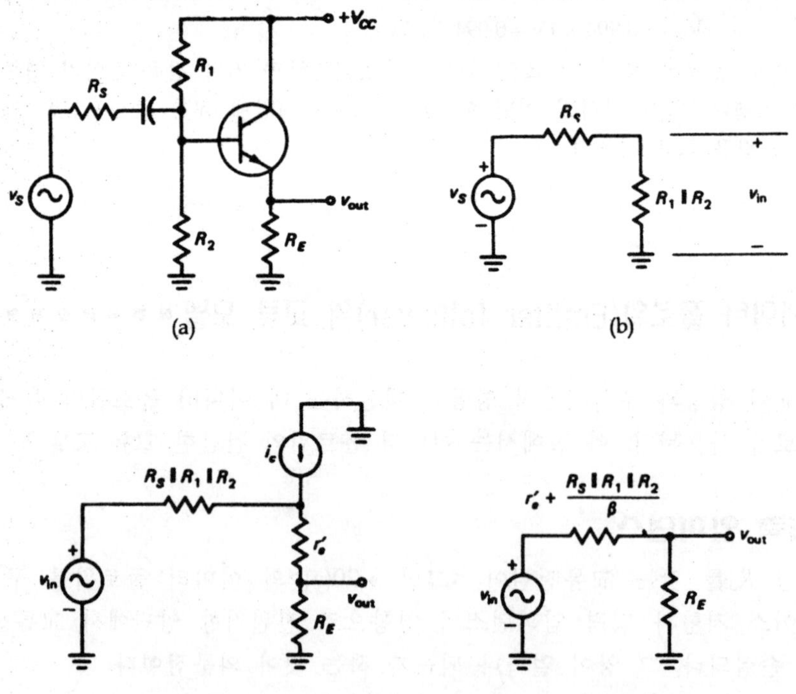


<그림 3-20> 이미터 폴로워를 구동하는 교류 모델

## ▮ 출력 임피던스

이미터 폴로워의 교류 모델을 구하기 위해서는 <그림 3-20(b)>에 테브닌의 정리를 적용해야 한다. 테브닌 전압이 $V_{in}$이다. 테브닌 저항은 $R_S \parallel R_1 \parallel R_2$이다. <그림 3-20(c)>는 교류 등가회로를 표시하고 있다.

루프 주변에서 교류전압을 더하면

$$i_e r_e' + i_e R_E - v_{in} + i_b(R_S \parallel R_1 \parallel R_2) = 0$$

이고, 여기서

$$i_b = \frac{i_c}{\beta}$$

이므로 $i_e$에 대해서 식을 정리하면

$$i_e \cong \frac{v_{in}}{R_E + r_e' + (R_S \parallel R_1 \parallel R_2)/\beta}$$

로 표시된다. <그림 3-20(d)>는 이런 출력전류에 대한 등가회로이다. 에미터 저항 $R_E$는 교류출력 임피던스를 갖는 교류전원에 의해서 구동된다.

$$z_{out(emitter)} = r_e' + \frac{R_S \parallel R_1 \parallel R_2}{\beta} \tag{3-17}$$

베이스의 교류 테브닌 저항이 β계수에 의해서 감소되는 것을 살펴보자. 이것은 낮은 출력 임피던스를 의미한다.

예를 들어서

$$r_e' = 25\Omega$$

이고,

$$R_S = 10\text{k}\Omega,\ R_1 = 10\text{k}\Omega,\ R_2 = 10\text{k}\Omega,\ \beta = 200$$

이라고 가정하면

$$R_S \parallel R_1 \parallel R_2 = 10\text{k}\Omega \parallel 10\text{k}\Omega \parallel 10\text{k}\Omega = 3.33\text{k}\Omega$$

이고,

$$z_{out(emitter)} = r_e' + \frac{R_S \parallel R_1 \parallel R_2}{\beta} = 25\Omega + \frac{3.33\text{k}\Omega}{200} = 41.7\Omega$$

이 된다. 보다시피 이미터의 출력 임피던스는 매우 낮은 값이다.

보통 이미터 폴로워의 교류 신호출력은 부하저항에 결합되어지기 때문에 출력측의 테브닌 등가회로가 편리하게 사용된다. <그림 3-20(d)>에서 무부하 상태의 출력전압은 $V_{out} = AV_{in}$이다.

$$A = \frac{R_E}{R_E + r_e' + \dfrac{(R_S \parallel R_1 \parallel R_2)}{\beta}} \cong 1$$

이다. 저항 $R_E$는 분모에서 다른 항의 계수들을 스왐핑시키기 때문에 $A \cong 1$이 된다. 따라서 테브닌 전압은 거의 $v_{in}$과 같아진다. 테브닌 저항은

$$z_{out} = R_E \parallel \left( r_e' + \frac{R_S \parallel R_1 \parallel R_2}{\beta} \right)$$

이 된다. 따라서 $R_E$는 무시될 만큼 충분히 크기 때문에 이미터 폴로워의 출력 임피던스는 대략

$$z_{out} = r_e' + \frac{R_S \parallel R_1 \parallel R_2}{\beta}$$

로 된다.

## ▮교류 모델

<그림 3-21(a)>는 이미터 폴로워의 교류 모델을 나타내고 있다. 입력 임피던스는 $Z_{in}$이고 출력전원은 $AV_{in}$이며, 출력 임피던스는 $z_{out}$이다. 앞에서 설명했던 근사법을 사용하면 등가회로를 <그림 3-21(b)>와 같이 간략화시킬 수 있다.

이렇게 간략화된 교류 모델은 고장진단과 설계에서 아주 정확한 값을 제공한다. 이 모델에서 입력 임피던스는 $R_1 \parallel R_2$로 근사화시키고, 테브닌 전압이득이나 무부하 상태의 전압이득은 1이다. 이것은 테브닌 출력전압이 입력전압과 크기가 같다는 의미이다.

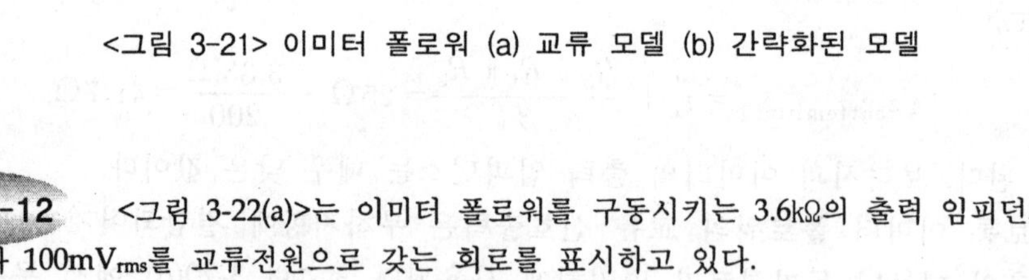


<그림 3-21> 이미터 폴로워 (a) 교류 모델 (b) 간략화된 모델

**예제 3-12** <그림 3-22(a)>는 이미터 폴로워를 구동시키는 3.6kΩ의 출력 임피던스와 100mV$_{rms}$를 교류전원으로 갖는 회로를 표시하고 있다.
만약 $\beta = 100$이라면 출력전압은 얼마인가?

**• 풀이 •** 증폭단의 입력 임피던스는 대략 5kΩ이다.

$$z_{in} = R_1 \parallel R_2 = 10\text{k}\Omega \parallel 10\text{k}\Omega = 5\text{k}\Omega$$

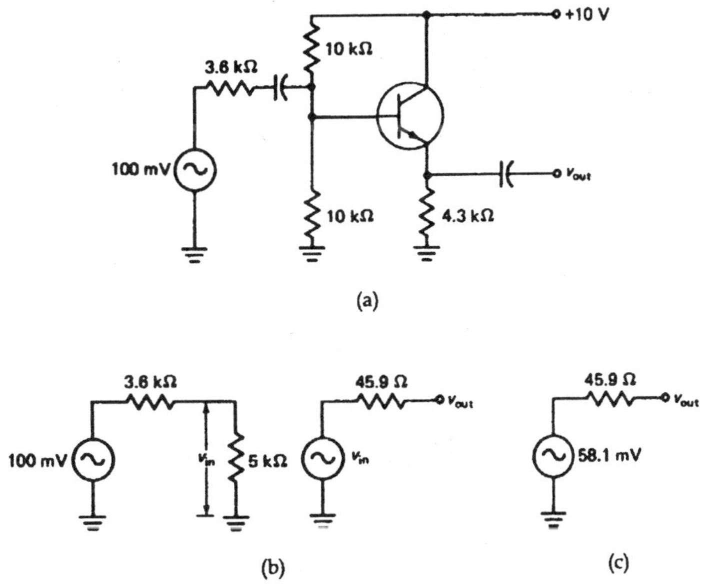


<그림 3-22>

다음으로 출력 임피던스를 구하면 2.09kΩ이 된다.

$$R_S \parallel R_1 \parallel R_2 = 3.6\text{k}\Omega \parallel 10\text{k}\Omega \parallel 10\text{k}\Omega = 2.09\text{k}\Omega$$

앞에서 이미 $r_e' = 25\Omega$으로 계산했으므로

$$z_{out(emitter)} = r_e' + \frac{R_S \parallel R_1 \parallel R_2}{\beta} = 25\Omega + \frac{2.09\text{k}\Omega}{100} = 45.9\Omega$$

정확한 45.9Ω인 출력 임피던스는 45.9Ω 값을 갖는 $R_E$와 병렬로 연결되어 있다. 따라서 $R_E$는 아주 큰 값이기 때문에 무시할 수 있으므로 출력 임피던스는

$$z_{out} \cong 45.9\Omega$$

이 된다. <그림 3-22(b)>는 교류 모델로 대치된 이미터 폴로워를 표시하고 있다. 이미터 폴로워 입력전압은 58.1mV가 된다.

$$v_{in} = \frac{5\text{k}\Omega}{8.6\text{k}\Omega} \times 100\text{mV} = 58.1\text{mV}$$

따라서 전압이득은 1이므로 최종 출력전압도 58.1mV가 된다. <그림 3-22(c)>는 이미터 폴로워의 출력측 테브닌 등가회로를 표시하고 있다. 테브닌 저항은 45.9Ω이고 테브닌 전압원은 58.1mV이다.

**예제 3-13** <그림 3-23(a)>의 2단 증폭기에서 교류 출력전압을 구하시오.

**• 풀이 •** 첫째 단은 공통 이미터 증폭기이고 이미 앞에서 $A$, $z_{in}$, $z_{out}$의 값을 계산했다.

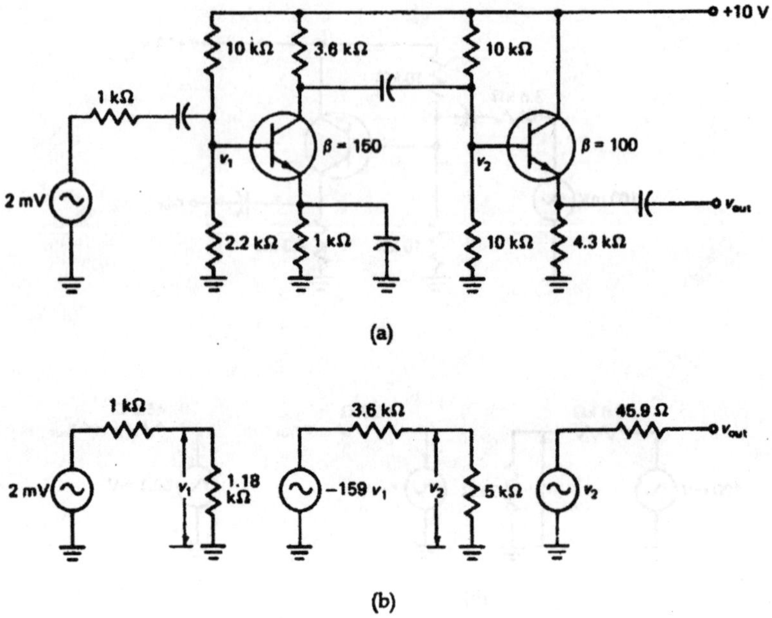


<그림 3-23> CE와 CC단을 갖는 2단 증폭기

$$A = -159,\ z_{\text{in}} = 1.18\text{k}\Omega,\ z_{\text{out}} = 3.6\text{k}\Omega$$

둘째 단은 (예제 3-12)에서 해석한 이미터 폴로워이다. <그림 3-23(b)>는 2단 증폭기의 교류 등가회로를 표시하고 있다. 첫째 단의 교류 입력전압은 1.08mV이다.

$$v_1 = \frac{1.18\text{k}\Omega}{2.18\text{k}\Omega} \times 2\text{mV} = 1.08\text{mV}$$

첫째 단의 테브닌 교류 출력전압은 −172mV이다.

$$Av_1 = -159 \times 1.08\text{mV} = -172\text{mV}$$

이미터 폴로워의 입력전압은 −100mV이다.

$$v_2 = \frac{5\text{k}\Omega}{8.6\text{k}\Omega} \times (-172\text{mV}) = -100\text{mV}$$

이미터 폴로워의 전압이득은 대략 1이므로 최종 출력전압은 −100mV이다.

$$V_{\text{out}} = -100\text{mV}$$

## 3-9 공통 베이스 증폭기

<그림 3-24(a)>는 공통 베이스 증폭기를 표시하고 있다. 베이스가 접지되어 있기 때문에 베이스 접지증폭기라고도 불린다. 직류 등가저항이 <그림 3-24(b)>와 같이 그려지면 이미터 바이어스에 의해서 $Q$점이 설정되는 것을 직접 인식할 수

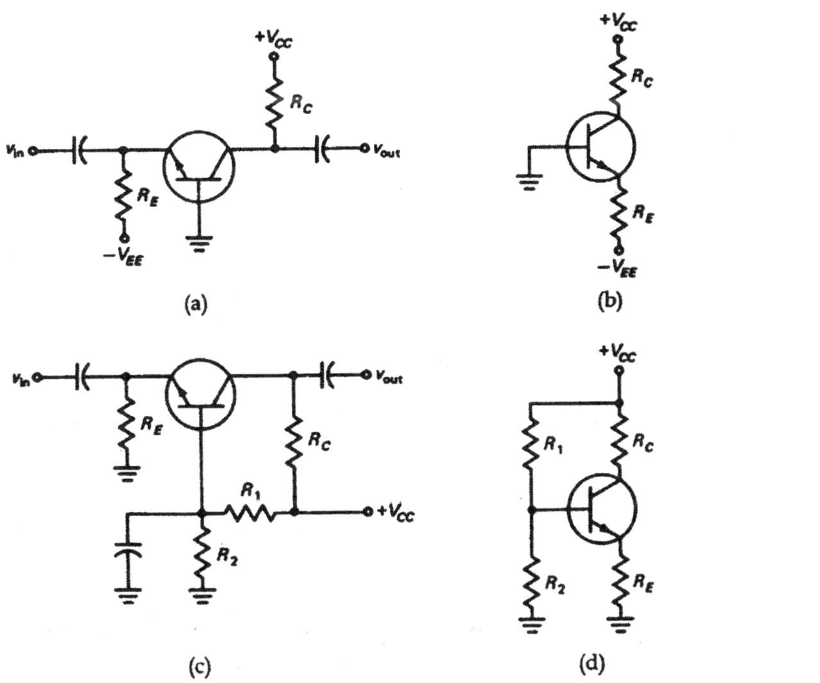


<그림 3-24> 공통 베이스 증폭기 (a) 분리된 공급전원 (b) 이미터 바이어스 등가회로 (c) 단일 공급전원 (d) 전압분배기 바이어스 등가회로

있게 된다. 따라서 직류 이미터 전류는 식 (3-18)로 표시할 수 있다.

$$I_E = \frac{V_{EE} - V_{BE}}{R_E} \tag{3-18}$$

<그림 3-24(c)>는 전압분배기 바이어스 공통 베이스 증폭기를 표시하고 있다. 보다시피 <그림 3-24(d)>에 그려진 직류 등가회로에 의해서 전압분배기 바이어스라는 것을 인식할 수 있다. 어떤 증폭기이든 베이스가 접지되어 있다. 입력신호는 이미터를 구동하고 출력신호는 컬렉터에서 얻어진다.

<그림 3-25(a)>는 입력전압의 +반주기 동안의 공통 베이스 증폭기의 교류 등가회로를 표시하고 있다. 바이어스 저항들은 입력 임피던스에 영향을 끼치지 못하기 때문에 생략된다. 공통 베이스 증폭기의 입력 임피던스는 식 (3-19)처럼 구할 수 있다.

$$z_{\text{in}} \cong r_e' \tag{3-19}$$

출력전압은

$$v_{\text{out}} = i_c R_C$$

로 표시된다. 이것은 입력전압과 위상이 같다는 것을 의미하고, 입력전압

$$v_{\text{in}} = i_e r_e'$$

이므로 전압이득은

$$\frac{v_{\text{out}}}{v_{\text{in}}} = \frac{i_c R_C}{i_e r_e'}$$

로 표시할 수 있고, $i_c \cong i_e$이므로 식을 다시 쓰면 식 (3-20)을 얻을 수 있다.

$$A \cong \frac{R_C}{r_e'} \tag{3-20}$$

식 (3-20)은 전압이득이 스왐핑되지 않은 공통 이미터 증폭기의 크기와 같으며 단지 위상만 달라진다는 것을 표시하고 있다.

예를 들면 $R_C = 2500\Omega$이고 $r_e' = 25\Omega$일 때 공통 베이스 증폭기의 전압이득은 100인데 비해서 공통 이미터 증폭기의 전압이득은 −100이 된다.

<그림 3-25(a)>의 컬렉터 전류원은 무한대의 내부 임피던스를 갖게 된다. 따라서 공통 베이스 증폭기의 출력 임피던스는 식 (3-21)처럼 표시된다.

$$z_{\text{out}} \cong R_C \tag{3-21}$$

<그림 3-25(b)>는 공통 베이스 증폭기의 교류 모델을 표시하고 있다. 공통 베이스 증폭기가 많이 사용되지 않는 이유는 낮은 입력 임피던스 때문이다. 공통 베이스 증폭기를 구동하는 교류전원에서 바라다본 입력 임피던스는 $z_{\text{in}} \cong r_e'$로 아주 낮은 값이다.

예를 들면 $I_E$가 1mA이면 공통 베이스 증폭기의 입력 임피던스는 단지 25Ω에 불과하다. 교류전원이 안정하지 않다면 대부분의 신호가 전원저항 양단에서 손실되고 만다.

공통 베이스 증폭기의 입력 임피던스는 낮기 때문에 대부분의 신호전원에서 과부하가 되므로 공통 베이스 증폭기는 단독으로 저주파에서 사용할 수 없으며 고주파 응용에서 가끔 사용된다(10MHz 이상). 그러나 집적회로에서 공통 베이스 증폭기는 차동증폭기의 일부분으로 널리 사용된다.

**예제 3-14** <그림 3-25(c)>에서 교류 출력전압은 얼마인가?

**• 풀이 •** 직류 이미터 전류는 0.465mA이다.

$$I_E = \frac{10\text{V} - 0.7\text{V}}{20\text{k}\Omega} = 0.465\text{mA}$$

교류 이미터 저항은 53.8Ω이다.

$$r_e' = \frac{25\text{mV}}{0.465\text{mA}} = 53.8\Omega$$

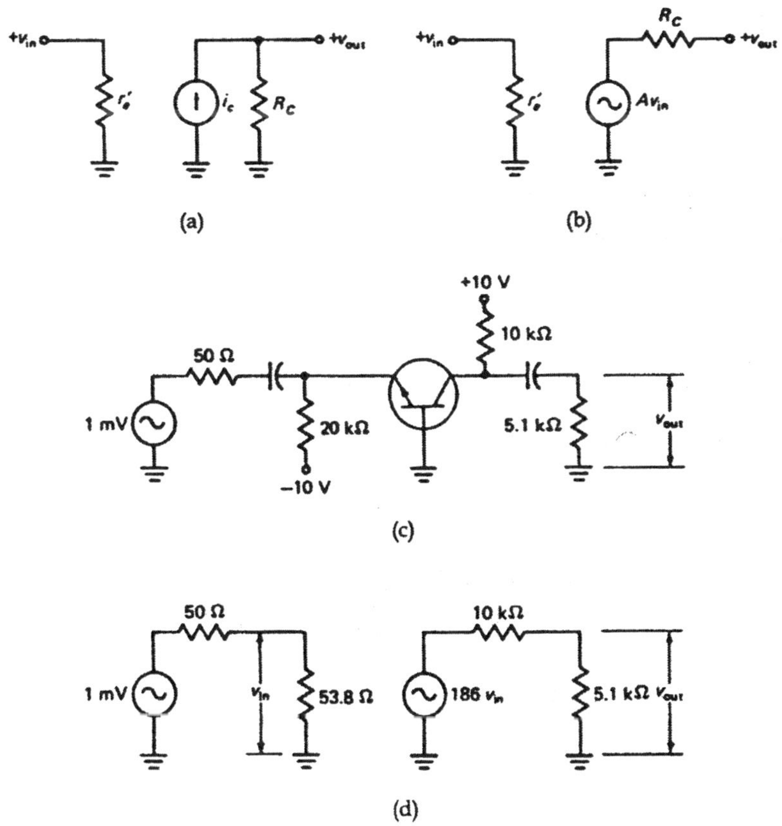


<그림 3-25>

따라서

$$z_{\text{in}} = 53.8\Omega$$

이 되며, 무부하 상태의 전압이득은

$$A = \frac{10{,}000\Omega}{53.8\Omega} = 186$$

이 된다. 출력 임피던스는

$$z_{\text{out}} = 10\text{k}\Omega$$

이다. <그림 3-25(d)>는 교류 등가회로 표시하고 있다. 입력전압 $V_{\text{in}}$은 0.518mV가 얻어지고 무부하 상태의 출력전압은 96.3mV이고 실제 출력전압은 32.5mV가 된다.

계산과정은 다음과 같다.

$$v_{\text{in}} = \frac{53.8\Omega}{50\Omega + 53.8\Omega} \times 1\text{mV} = 0.518\text{mV}$$

$$Av_{\text{in}} = 186 \times 0.518\text{mV} = 96.3\text{mV}$$

$$v_{\text{out}} = \frac{5.1\text{k}\Omega}{10\text{k}\Omega + 5.1\text{k}\Omega} \times 96.3\text{mV} = 32.5\text{mV}$$

## 기초문제

**1.** <그림 3-26>은 신호발생기에서 만들어지는 $v_s$를 표시하고 있다.

(a) 직류 레벨은 몇 V인가?

(b) 교류파형의 피크-피크 전압은 얼마인가?

(c) 교류파형의 피크 전압은 얼마인가?

(d) 교류파형의 RMS값은 얼마인가?

(e) $v_s$에 의해서 도달되는 최대값은 얼마인가?

(f) $v_s$에 의해서 도달되는 최소값은 얼마인가?

(g) $v_s$의 평균값은 무엇인가?

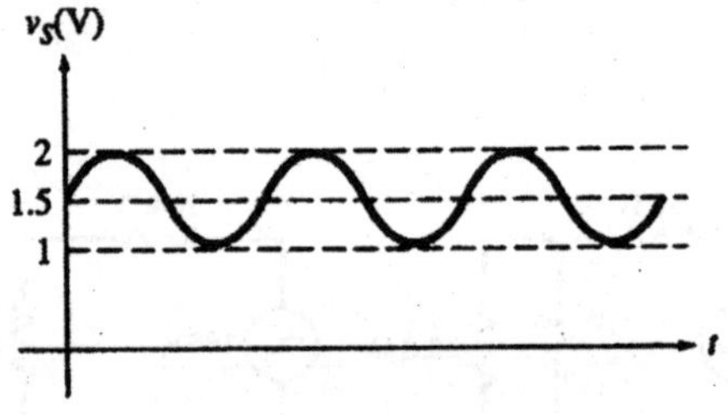


<그림 3-26>

**2.** <그림 3-27>에 표시된 트랜지스터 회로에서 $v_i = 4V_P$이다.

(a) $v_B$의 최대값은 얼마인가?

(b) (a)에서 구한 $v_B$값에 대해서 다음의 전압전류값을 구하시오. $v_E$, $i_E$, $i_C$, $v_C$

(c) $v_B$가 최대값일 때 트랜지스터는 어떤 상태인가?

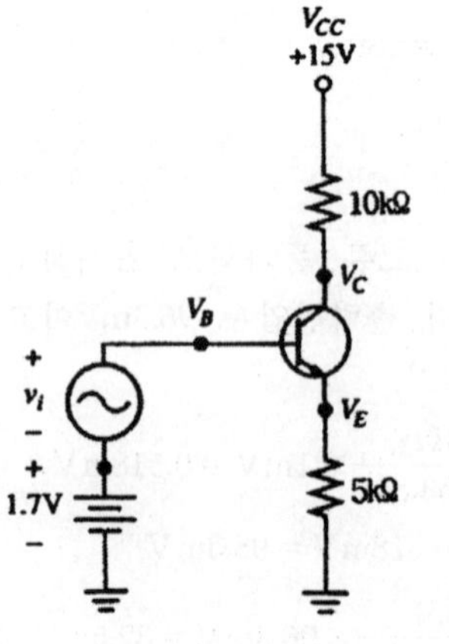


<그림 3-27>

**3.** <그림 3-28>에 표시된 이미터 폴로워 버퍼 증폭기를 고찰하시오.

$R_1=100\text{k}\Omega$, $R_2=100\text{k}\Omega$, $R_E=10\text{k}\Omega$, $R_S=1\text{k}\Omega$, $R_L=10\text{k}\Omega$

(a) $I_E$는 얼마인가?

(b) $r_e'$는 얼마인가?

(c) $z_{in(base)}$는 얼마인가?

(d) $R_1$과 $R_2$의 병렬연결 저항값은 얼마인가?

(e) $R_i$는 얼마인가?

(f) 트랜지스터의 베이스에서 전체 저항은 얼마인가?

(g) 이미터에서 바라다본 저항은 얼마인가?

(h) $R_E$를 포함하는 $R_O$는 얼마인가?

(i) 버퍼 증폭기의 무부하이득은 얼마인가?

(j) 전체 이득은 얼마인가?

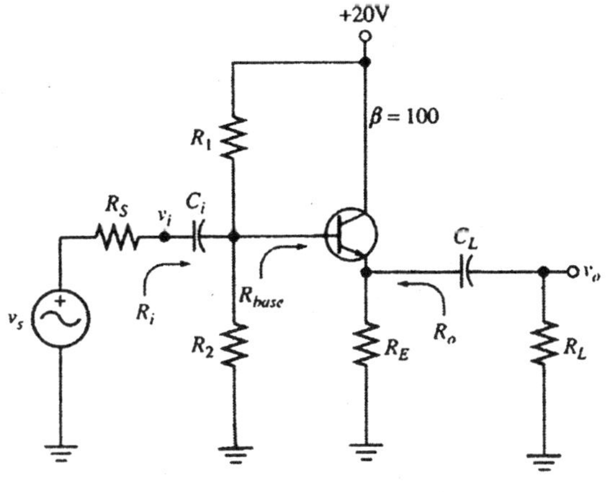


<그림 3-28>

{해답} **1.** (a) 1.5V (b) $1V_{PP}$ (c) $0.5V_P$ (d) $\frac{0.5}{\sqrt{2}}V_{\text{rms}}$ (e) 2V (f) 1V (g) 1.5V

**2.** (a) $V_B=1.7\text{V}+4V_P=5.7\text{V}$ (b) $V_E=V_B-0.7\text{V}=5.7\text{V}-0.7\text{V}=5\text{V}$, $I_E=5\text{V}/5\text{k}\Omega=1\text{mA}$, $I_E=I_C=1\text{mA}$, $V_C=V_{CC}-I_C$, $R_C=15\text{V}-(1\text{mA}\times10\text{k}\Omega)=15\text{V}-10\text{V}=5\text{V}$

(c) 트랜지스터는 포화된다.

**3.** (a) $V_B=\frac{100\text{k}\Omega}{100\text{k}\Omega+100\text{k}\Omega}\times20\text{V}=10\text{V}$, $V_E=V_B-0.7\text{V}=10\text{V}-0.7\text{V}=9.3\text{V}$,

$I_E=\frac{V_E}{R_E}=\frac{9.3\text{V}}{10\text{k}\Omega}=0.93\text{mA}$ (b) $I_E=I_C=0.93\text{mA}$, $r_e'=\frac{25\text{mV}}{I_E}=26.9\Omega$

(c) $z_{\text{in(base)}}=\beta(R_E+r_e')=100(10\text{k}\Omega+26.9\Omega)=1000\text{k}\Omega$ (d) $R_1 \parallel R_2=100\text{k}\Omega \parallel 100\text{k}\Omega=50\text{k}\Omega$

(e) $z_{\text{in}}=R_1 \parallel R_2 \parallel \beta R_E=100\text{k}\Omega \parallel 100\text{k}\Omega \parallel 1000\text{k}\Omega=47.6\text{k}\Omega$ (f) $R_B=R_S \parallel z_{\text{in}}=1\text{k}\Omega \parallel 47.6\text{k}\Omega=0.98\text{k}\Omega$

(g) $R_{EB}=\frac{R_B}{\beta}=\frac{0.98\text{k}\Omega}{100}=9.8\Omega$ (h) $z_{\text{out}}=R_E \parallel \left(r_e'+\frac{R_B}{\beta}\right)=10\text{k}\Omega \parallel (26.9\Omega+9.8\Omega)=36\Omega$

(i) $A\cong1$ (j) $A\cong1$

## 응용문제

1. 결합용 콘덴서와 측로용 콘덴서의 동작을 상세히 설명하시오.
2. 에버스-몰 모델을 설명하시오.
3. 교류 이미터 저항 $r_e'$를 설명하시오.
4. 교류 β를 설명하시오.
5. 이미터 접지증폭기 회로의 특성과 동작을 설명하시오.
6. 스왑핑 증폭기의 동작과 역할에 대해서 설명하시오.
7. 이미터 폴로워를 설명하시오.

## 연습문제

1. <그림 3-29(a)>의 교류전원은 100kHz~200kHz 사이의 주파수를 갖는다. 이런 주파수 범위 내에서 안정하게 결합하기 위한 결합 콘덴서의 용량은 얼마인가?
2. <그림 3-29(b)>에서 20Hz 이상의 모든 주파수에 대해서 A점을 접지에 바이패스시키는 바이패스 콘덴서의 용량은 얼마인가?

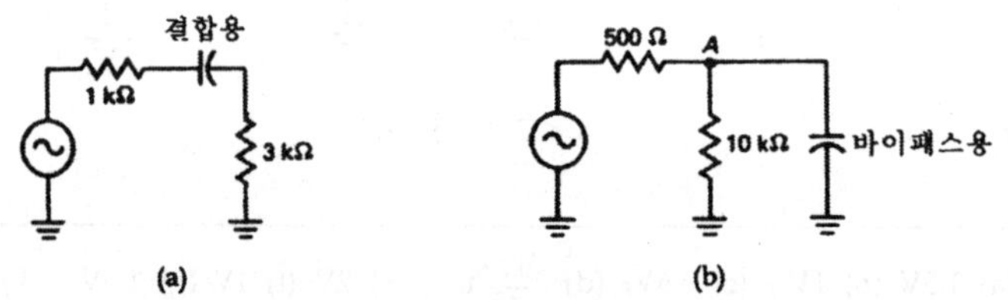


<그림 3-29>

3. <그림 3-30>에서 $V_{in}=1mV$라면 $V_{out}$은 얼마인가?

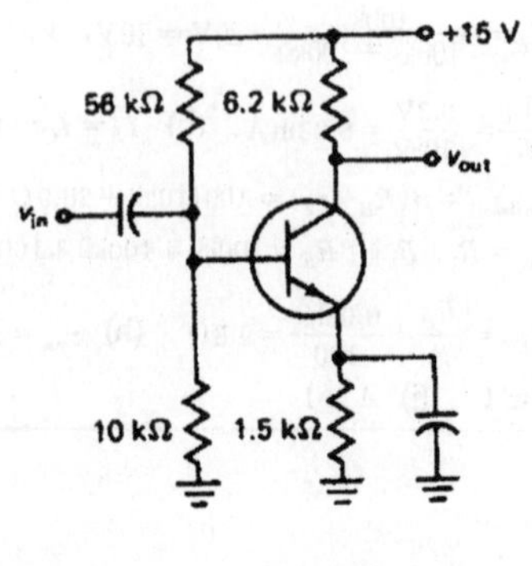


<그림 3-30>

**4.** <그림 3-30>의 트랜지스터가 +5%의 공차를 갖는다면 최대 전압이득과 최소 전압이득은 얼마인가?

**5.** <그림 3-31>에서 각 트랜지스터는 $\beta$가 100이다. 만약 교류전압원이 10mV 피크값을 갖는다면 교류 출력전압은 얼마인가?

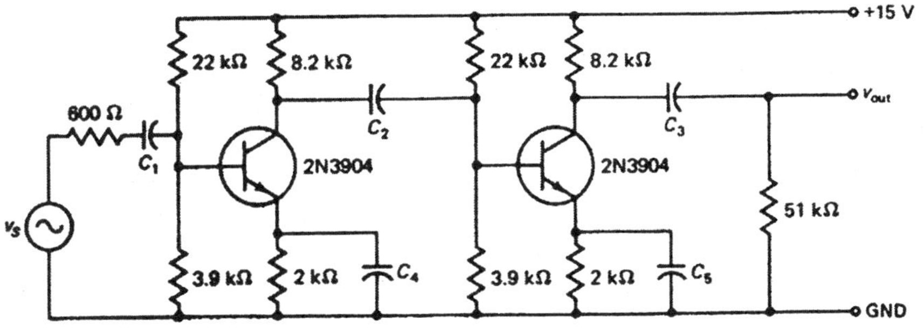


<그림 3-31>

**6.** <그림 3-31>에 200Ω의 스왐핑 저항이 삽입되었다. 각 트랜지스터의 β가 1 7 0 이고, 교류전압원이 1mV 피크값을 갖는다면 교류 출력전압은 얼마인가?

**7.** <그림 3-31>에서 콘덴서 $C_5$가 개방상태이다. 각 트랜지스터의 β가 80이고, 교류 입력전압이 1mV 피크값을 가질 때 교류 출력전압은 얼마인가?

**8.** <그림 3-31>에서 다음의 고장에 대한 증상을 설명하시오.

(a) 콘덴서 $C_1$이 개방상태
(b) 콘덴서 $C_2$가 단락상태
(c) 콘덴서 $C_3$가 개방상태
(d) 콘덴서 $C_4$가 개방상태
(e) 콘덴서 $C_5$가 개방상태
(f) 첫째단에서 8.2kΩ이 개방상태
(g) 둘째단에서 8.2kΩ이 단락상태

**9.** <그림 3-32>에서 $\beta=160$일 때 $V_B$, $V_E$, $V_C$, $I_E$, $I_C$, $I_B$를 구하시오(모두 직류값을 갖는다).

**10.** <그림 3-32>에서 $\beta=125$라면 출력전압은 얼마인가?

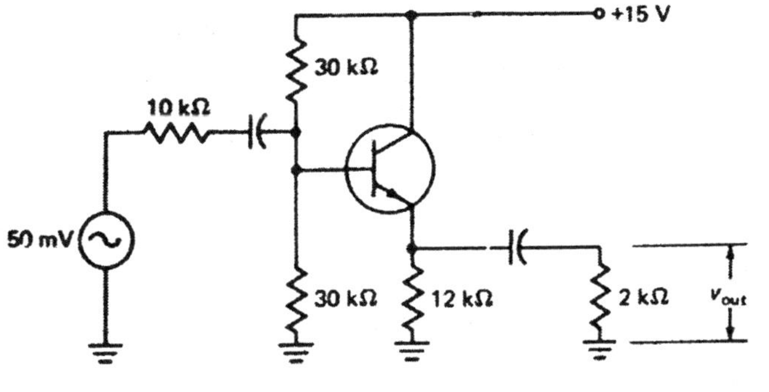


<그림 3-32>

**11.** <그림 3-33>에서 각 트랜지스터의 $\beta_{dc}$는 80으로 동일하다. 각 증폭단에서 $V_B$, $V_E$, $V_C$, $I_E$, $I_C$, $I_B$를 구하시오(단, 모두 직류값을 갖는다).

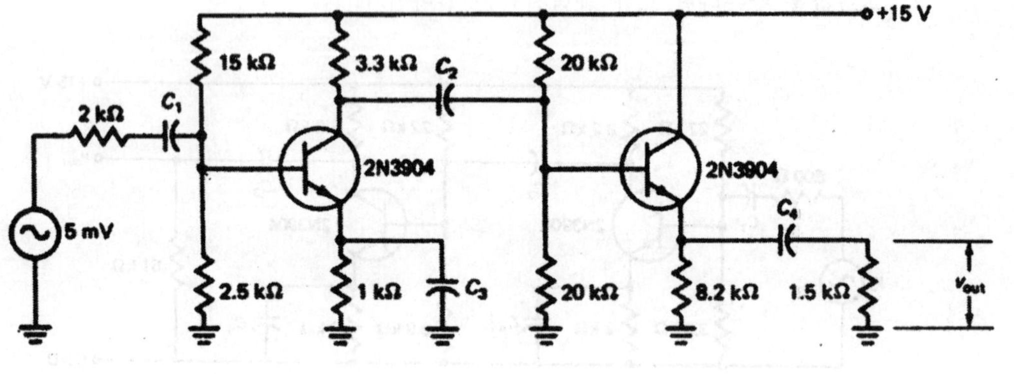


<그림 3-33>

**12.** <그림 3-33>에서 각 트랜지스터의 $\beta_{dc}$가 175라면 출력전압은 얼마인가?

**13.** <그림 3-34>에서 각각의 트랜지스터는 $\beta_{dc}$가 120으로 동일하다. 둘째 단에서의 직류 컬렉터 전류는 얼마인가? 첫째 단 트랜지스터의 베이스 전류는 얼마인가?

**14.** <그림 3-34>에서 첫째 단 트랜지스터의 $h_{fe}$는 150이고, 둘째 단 트랜지스터의 $h_{fe}$는 90이다. 교류 출력전압은 얼마인가?

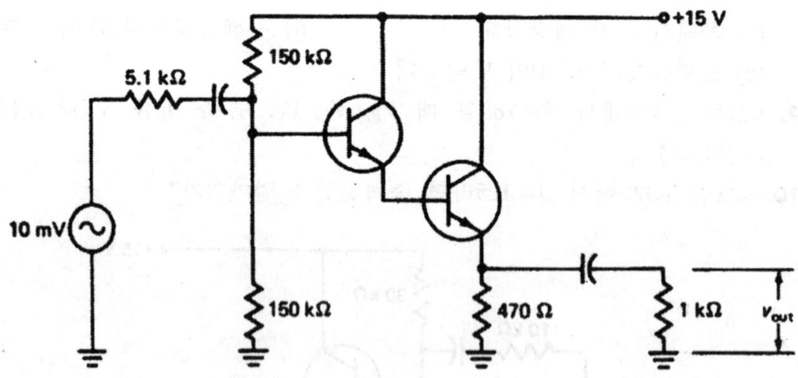


<그림 3-34>

**15.** <그림 3-33>에 표시된 회로에서 콘덴서 $C_3$가 개방상태이고 각 트랜지스터의 $\beta_{dc}$가 100일 때 교류 출력전압은 얼마인가?

**{해답}** **1.** $X_C \leqq 0.1R$이고 $R=4\text{k}\Omega$이므로 $X_C=0.1R=0.4\text{k}\Omega$이다. $X_C=\dfrac{1}{2\pi fC}$이므로

$$C=\frac{1}{2\pi fX_C}=\frac{1}{2\pi\times 100\times 10^3\text{Hz}\times 0.4\times 10^{-3}\Omega}=3.98\times 10^{-6}\text{F}$$ 표준 콘덴서는 $4.7\mu\text{F}$이다.

**2.** $X_C \leqq 0.1R$이고 $R=500\Omega$이므로 $X_C=0.1R=50\Omega$이다. $X_C=\dfrac{1}{2\pi fC}$이므로

$$C=\frac{1}{2\pi fX_C}=\frac{1}{2\pi\times 20\text{Hz}\times 50\Omega}=159\times 10^{-6}\text{F}=159\mu\text{F}$$ 표준 콘덴서는 $220\mu\text{F}$이다.

**3.** $V_B=\dfrac{10\text{k}\Omega}{56\text{k}\Omega+10\text{k}\Omega}\times 15\text{V}=2.273\text{V}$, $V_E=V_B-0.7\text{V}=2.273\text{V}-0.7\text{V}=1.573\text{V}$,

$I_E=\dfrac{V_E}{R_E}=\dfrac{1.573\text{V}}{1.5\text{k}\Omega}=1.048\text{mA}$, $r_e'=\dfrac{25\text{mV}}{I_E}=\dfrac{25\text{mV}}{1.048\text{mA}}=23.85\Omega$,

$A=-\dfrac{R_C}{r_e'}=\dfrac{6.2\text{k}\Omega}{23.85\Omega}=-259.9$, $v_{out}=Av_{in}=-260\times 1\text{mV}=-260\text{mV}$

**4.** $R_C=6.2\text{k}\Omega\pm 5\%=5.89\text{k}\Omega$에서 $6.51\text{k}\Omega$, $R_E=1.5\text{k}\Omega\pm 5\%=1.525\text{k}\Omega$에서 $1.575\text{k}\Omega$,
$R_1=56\text{k}\Omega\pm 5\%=53.2\text{k}\Omega$에서 $58.3\text{k}\Omega$, $R_2=10\text{k}\Omega\pm 5\%=9.5\text{k}\Omega$에서 $10.5\text{k}\Omega$이다.

(1) 최소이득은 $V_B=\dfrac{9.5\text{k}\Omega}{58.3\text{k}\Omega+9.5}\times 15\text{V}=2.1\text{V}$, $V_E=V_B-0.7\text{V}=2.1\text{V}-0.7\text{V}=1.4\text{V}$,

$I_E=\dfrac{V_E}{R_E}=\dfrac{1.4\text{V}}{1.575\text{k}\Omega}=0.88\text{mA}$, $r_e'=\dfrac{25\text{mV}}{I_E}=\dfrac{25\text{mV}}{0.88\text{mA}}=28.4\Omega$,

$A_{min}=-\dfrac{R_C}{r_e'}=-\dfrac{5.89\text{k}\Omega}{28.4\Omega}=-208$

(2) 최대이득은 $V_B=\dfrac{10.5\text{k}\Omega}{58.3\text{k}\Omega+10.5\text{k}\Omega}\times 15\text{V}=2.47\text{V}$, $V_E=V_B-0.7\text{V}=2.47\text{V}-0.7\text{V}=1.77\text{V}$,

$I_E=\dfrac{V_E}{R_E}=\dfrac{1.77\text{V}}{1.425\text{k}\Omega}=1.24\text{mA}$, $r_e'=\dfrac{25\text{mV}}{I_E}=\dfrac{25\text{mV}}{1.24\text{mA}}=20.2\Omega$,

$A_{max}=-\dfrac{R_C}{r_e'}=-\dfrac{6.51\text{k}\Omega}{20.2\Omega}=-322$

**5.** $V_B=\dfrac{3.9\text{k}\Omega}{22\text{k}\Omega+3.9\text{k}\Omega}\times 15\text{V}=2.26\text{V}$, $V_E=V_B-0.7\text{V}=2.26\text{V}-0.7\text{V}=1.56\text{V}$,

$I_E=\dfrac{V_E}{R_E}=\dfrac{1.56\text{V}}{2\text{k}\Omega}=0.78\text{mA}$, $r_e'=\dfrac{25\text{mV}}{I_E}=\dfrac{25\text{mV}}{0.78\text{mA}}=32.1\Omega$,

$A=-\dfrac{R_C}{r_e'}=-\dfrac{8.2\text{k}\Omega}{32.1\Omega}=-255$, $z_{in(\square)}=\beta r_e'=100(32.1\Omega)=3.21\text{k}\Omega$,

$z_{in}=R_1 \parallel R_2 \parallel \beta r_e'=22\text{k}\Omega \parallel 3.9\text{k}\Omega \parallel 3.21\text{k}\Omega=1.634\text{k}\Omega$

첫번째 증폭단에서

$v_{in}=\dfrac{1.634\text{k}\Omega}{2.234\text{k}\Omega}\times 10\mu\text{V}=7.31\mu\text{V}$, $v_{out(th)}=Av_{in}=255\times 7.31\mu\text{V}=1.86\text{mV}$

두번째 증폭단에서

$v_{in}=\dfrac{1.634\text{k}\Omega}{9.83\text{k}\Omega}\times 1.86\text{mV}=0.305\text{mV}$, $v_{out(th)}=Av_{in}=-255\times 0.305\text{mV}=-77.8\text{mV}$,

$v_{out}=\dfrac{51\text{k}\Omega}{51\text{k}\Omega+8.2\text{k}\Omega}\times(-77.8\text{mV})=-67\text{mV}$

**6.** 문제 5에서 $V_B=\dfrac{3.9\text{k}\Omega}{22\text{k}\Omega+3.9\text{k}\Omega}\times 15\text{V}=2.26\text{V}$, $V_E=V_B-0.7\text{V}=2.26\text{V}-0.7\text{V}=1.56\text{V}$,

$200\Omega$ 저항이 추가되므로 $I_E=\dfrac{V_E}{R_E+r_E}=\dfrac{1.56\text{V}}{2\text{k}\Omega+0.2\text{k}\Omega}=0.71\text{mA}$,

$r_e'=\dfrac{25\text{mV}}{I_E}=\dfrac{25\text{mV}}{0.71\text{mA}}=35.2\Omega$, $A=-\dfrac{R_C}{r_E+r_e'}=-\dfrac{8.2\text{k}\Omega}{200\Omega+35.2\Omega}=-34.86$,

$z_{in(base)}=\beta(r_E+r_e')=170(200\Omega+32.1\Omega)=39.984\text{k}\Omega$,

$z_{in}=R_1 \parallel R_2 \parallel \beta(r_E+r_e')=22\text{k}\Omega \parallel 3.9\text{k}\Omega \parallel 40\text{k}\Omega=3\text{k}\Omega$

첫번째 증폭단에서

$v_{in} = \frac{3k\Omega}{3k\Omega + 600\Omega} \times 1mV = 0.83mV$, $v_{out(th)} = Av_{in} = -34.86 \times 0.83mV = -28.9mV$

두번째 증폭단에서 $v_{in\,2} = \frac{3k\Omega}{11.2k\Omega} \times (-28.9mV) = -7.74mV$,

$v_{out(th)} = Av_{in} = -34.86 \times (-77.8mV) = 269.8mV$, $v_{out} = \frac{51k\Omega}{51k\Omega + 8.2k\Omega} \times (269.8mV) = 232.4mV$

**7.** $V_B = \frac{3.9k\Omega}{22k\Omega + 3.9k\Omega} \times 15V = 2.26V$, $V_E = V_B - 0.7V = 2.26V - 0.7V = 1.56V$,

200Ω 저항이 추가되므로 $I_E = \frac{V_E}{R_E + r_E} = \frac{1.56V}{2k\Omega + 0.2k\Omega} = 0.71mA$,

$r_e' = \frac{25mV}{I_E} = \frac{25mV}{0.71mA} = 35.2\Omega$, $A = -\frac{R_C}{r_e'} = -\frac{8.2k\Omega}{35.2\Omega} = -232$,

$z_{in(base)} = \beta(r_e') = 170(35.2\Omega) = 2.824k\Omega$, $z_{in} = R_1 \parallel R_2 \parallel \beta(r_{E} + r_e') = 22k\Omega \parallel 3.9k\Omega \parallel 2.824k\Omega = 1.524k\Omega$

첫번째 증폭단에서

$v_{in} = \frac{1.524k\Omega}{1.524k\Omega + 0.6k\Omega} \times 1mV = 0.7175mV$, $v_{out(th)} = Av_{in} = -232 \times 0.7175mV = -166.46mV$

두번째 증폭단에서 $v_{in\,2} = \frac{1.726k\Omega}{8.2k\Omega + 1.726k\Omega} \times (-166.46mV) = -28.945mV$,

$v_{out(th)} = Av_{in} = -232 \times (-28.945mV) = 6.715mV$, $v_{out} = \frac{2k\Omega}{8.2k\Omega + 2k\Omega} \times (6.715V) = 131.6mV$

**8.** (a) 모든 직류전압 정상, 첫번째 증폭단의 베이스에 교류 입력전압은 없다.
(b) 첫번째 증폭단의 컬렉터 전압은 낮다.
(c) 직류전압은 정상이나 최종 출력에서 교류신호는 없다.
(d) 직류전압은 정상이나 첫번째 증폭단의 전압이득은 낮다.
(e) 트랜지스터가 포화되기 때문에 두번째 증폭단의 직류전압이 낮다.
(f) 첫번째 증폭단의 직류 컬렉터 전압은 낮고 교류 출력전압은 없다.
(g) 두번째 증폭단의 직류 컬렉터 전압은 높고 교류 출력전압은 없다.

**9.** $V_B = \frac{30k\Omega}{30k\Omega + 30k\Omega} \times 15V = 7.5V$, $V_E = V_B - 0.7V = 7.5V - 0.7V = 6.8V$, $V_C = V_{CC} = 15V$,

$I_E = \frac{V_E}{R_E} = \frac{6.8V}{12k\Omega} = 0.567mA$, $I_E \cong I_C = 0.567mA$, $I_B = \frac{I_C}{\beta_{dc}} = \frac{0.567mA}{160} = 3.54\mu A$

**10.** $V_B = \frac{30k\Omega}{30k\Omega + 30k\Omega} \times 15V = 7.5V$, $V_E = V_B - 0.7V = 7.5V - 0.7V = 6.8V$, $V_C = V_{CC} = 15V$,

$I_E = \frac{V_E}{R_E} = \frac{6.8V}{12k\Omega} = 0.567mA$, $I_E \cong I_C = 0.567mA$

$r_e' = \frac{25mV}{I_E} = \frac{25mV}{0.567mA} = 44.1\Omega$,

$z_{out(emitter)} = r_e' + \frac{R_S \parallel R_1 \parallel R_2}{\beta} = 44.1\Omega + \frac{10k\Omega \parallel 30k\Omega \parallel 30k\Omega}{125} = 44.1\Omega + \frac{6k\Omega}{125} = 92.1\Omega$,

$v_{out} = \frac{2k\Omega}{2k\Omega + 92.1\Omega} \times \left(50mV \times \frac{15k\Omega}{10k\Omega + 15k\Omega}\right) = 28.68mV$

**11.** 첫번째 증폭단에서 $V_{B1} = \frac{2.5k\Omega}{15k\Omega + 2.5k\Omega} \times 15V = 2.14V$,

$V_{E1} = V_{B1} - 0.7V = 2.14V - 0.7V = 1.44V$, $V_C = V_{CC} = 15V$, $I_{E1} = \frac{V_{E1}}{R_{E1}} = \frac{1.44V}{1k\Omega} = 1.44mA$,

$I_{E1} \cong I_{C1} = 1.44mA$, $I_{B1} = \frac{I_{C1}}{\beta_{dc}} = \frac{1.44mA}{80} = 18\mu A$,

$V_{C1} = V_{CC} - I_C R_S = 15V - (1.44mA \times 3.3k\Omega) = 10.2V$

두번째 증폭단에서 $V_{B2} = \frac{20k\Omega}{20k\Omega + 20k\Omega} \times 15V = 7.5V$, $V_{E2} = V_{B2} - 0.7V = 7.5V - 0.7V = 6.8V$,

$V_C = V_{CC} = 15V$, $I_{E2} = \frac{V_{E2}}{R_{E2}} = \frac{6.8V}{8.2k\Omega} = 0.829mA$, $I_{E2} \cong I_{C2} = 0.829mA$,

$I_{B2} = \frac{I_{C2}}{\beta_{dc}} = \frac{0.829mA}{80} = 10.36\mu A$, $V_{C2} = V_{CC} = 15V$

**12.** 문제 11에서 $I_E = 1.44\text{mA}$, $r_e' = \frac{25mV}{I_E} = \frac{25\text{mV}}{1.44\text{mA}} = 17.4\Omega$,

$z_{\text{in(base)}} = \beta(r_e') = 175 \times 17.4\Omega = 3.3\text{k}\Omega$, $z_{\text{in}} = R_1 \parallel R_2 \parallel \beta r_e' = 15\text{k}\Omega \parallel 2.5\text{k}\Omega \parallel 3.3\text{k}\Omega = 1.25\text{k}\Omega$,

$A = -\frac{R_C}{r_e'} = -\frac{3.3\text{k}\Omega}{17.4\Omega} = -190$

입력전압 $V_1 = \frac{1.275\text{k}\Omega}{2\text{k}\Omega + 1.275\text{k}\Omega} \times v_{\text{in}} = \frac{1.275\text{k}\Omega}{2\text{k}\Omega + 1.275\text{k}\Omega} \times 5\text{mV} = 1.92\text{mV}$

첫번째 증폭단의 출력은 $v_{\text{out1}} = Av_1 = -190 \times 1.92\text{mV} = -365.4\text{mV}$

두번째 증폭단의 입력은 $V_2 = \frac{10\text{k}\Omega}{10\text{k}\Omega + 3.3\text{k}\Omega} \times (-365.4\text{mV}) = -274.7\text{mV}$

출력 임피던스 $z_{\text{out}} = R_S \parallel R_1 \parallel R_2 = 3.3\text{k}\Omega \parallel 20\text{k}\Omega \parallel 20\text{k}\Omega = 2.48\text{k}\Omega$,

$z_{\text{out(emitter)}} = r_e' + \frac{R_S \parallel R_1 \parallel R_2}{\beta} = 17.4\Omega + \frac{2.48\text{k}\Omega}{175} = 31.6\Omega$,

$v_{2\text{out}} = \frac{1.27\text{k}\Omega}{1.27\text{k}\Omega + 31.6\Omega} \times (-274.7\text{mV}) = -268\text{mV}$

**13.** 첫번째 증폭단에서 $V_{B1} = \frac{150\text{k}\Omega}{150\text{k}\Omega + 150\text{k}\Omega} \times 15\text{V} = 7.5\text{V}$,

$V_{E1} = V_{B1} - 0.7\text{V} = 7.5\text{V} - 0.7\text{V} = 6.8\text{V}$, $V_{E2} = V_{B2} - 0.7\text{V} = 6.8\text{V} - 0.7\text{V} = 6.1\text{V}$,

$I_{E2} = \frac{V_{E2}}{R_E} = \frac{6.1\text{V}}{470\Omega} = 12.98\text{mA}$, $I_{E1} = \frac{I_{E2}}{\beta_{dc}} = \frac{12.98\text{mA}}{120} = 108\mu\text{A}$,

$I_{E1} \cong I_{C1} = 108\mu\text{A}$, $I_{E2} \cong I_{C2} = 12.98\text{mA}$, $I_{B1} = \frac{I_{C1}}{\beta_{dc}} = \frac{108\mu\text{A}}{120} = 0.9\mu\text{A}$,

**14.** $V_{B1} = \frac{150\text{k}\Omega}{150\text{k}\Omega + 150\text{k}\Omega} \times 15\text{V} = 7.5\text{V}$, $V_{E1} = V_{B1} - 0.7\text{V} = 7.5\text{V} - 0.7\text{V} = 6.8\text{V}$,

$V_{E2} = V_{B2} - 0.7\text{V} = 6.8\text{V} - 0.7\text{V} = 6.1\text{V}$, $I_{E2} = \frac{V_{E2}}{R_E} = \frac{6.1\text{V}}{470\Omega} = 12.98\text{mA}$,

$r_{e2}' = \frac{25\text{mV}}{I_E} = \frac{25\text{mV}}{12.98\text{mA}} = 1.923\Omega$, $I_{E1} = \frac{I_{E2}}{\beta_{dc}} = \frac{12.98\text{mA}}{90} = 0.144\text{mA}$,

$z_{\text{in1}} = \beta_1\beta_2 R_E = 150 \times 90 \times 319\Omega = 43.2\text{M}\Omega$, $R_E = 470\Omega \parallel 1\text{k}\Omega = 319\Omega$, $z_{\text{in}} = 150\text{k}\Omega \parallel 150\text{k}\Omega = 75\text{k}\Omega$

입력에서의 $R_{TH} = 5.1\text{k}\Omega \parallel 150\text{k}\Omega \parallel 150\text{k}\Omega = 4.775\text{k}\Omega$,

$z_{\text{out(emitter)}} = r_{e2}' + \frac{r_{e1}' + \frac{R_{TH}}{150}}{90} = 1.923\Omega + \frac{173.6\Omega + \frac{4.75\text{k}\Omega}{150}}{90} = 4.2\Omega$,

$v_{\text{out}} = \frac{75\text{k}\Omega}{75\text{k}\Omega + 5.1\text{k}\Omega} \times 10\text{mV} = 9.36\text{mV}$

## 제 4 장

# 특수한 트랜지스터 회로

이번 장에서는 증폭기 회로에서 간혹 볼 수 있는 세 가지 유형의 트랜지스터에 대해서 알아보도록 하자. 첫번째 회로는 아주 높은 전류이득을 발생시키는 "슈퍼 트랜지스터"를 만들기 위해서 사용되는 달링톤 접속이다.

두번째 회로는 공통 이미터 회로의 장점과 공통 베이스 회로의 장점을 결합시킨 캐스코드 증폭기 회로이다. 세번째 회로는 전류 버퍼로 사용되는 이미터 폴로워 회로이다.

## 4-1 달링톤 쌍(Darington Pair)

<그림 4-1(a)>는 두 트랜지스터의 컬렉터가 함께 연결되는 구조를 표시하고 있다. 첫번째 트랜지스터 $Q_1$의 이미터는 두번째 트랜지스터 $Q_2$의 베이스에 입력을 공급한다.

두 트랜지스터 조합을 달링톤 접속(쌍)이라고 부르는 단일 "슈퍼 트랜지스터"로 어떻게 해석할 수 있는지를 설명할 수 있다. 이런 이유 때문에 세 개의 외부 단자 전압을 $V_C$, $V_B$, $V_E$로, 세 개의 외부 단자전류를 $I_C$, $I_B$, $I_E$라고 표시한다.

<그림 4-1(b)>에는 첨자를 갖는 트랜지스터의 내부전압과 전류가 표시되어 있다. 이런 회로로부터 트랜지스터 $Q_1$의 이미터 전류와 트랜지스터 $Q_2$의 베이스 전류를 확인할 수 있다.

$$I_{C1} \approx I_{E1} = I_{B2}$$

따라서 양쪽 트랜지스터 모두 활성상태이고 동일한 β를 갖는다면

$$I_{C2} = \beta I_{C1}$$

이고,

$$I_{C1} = \beta I_B$$

이기 때문에

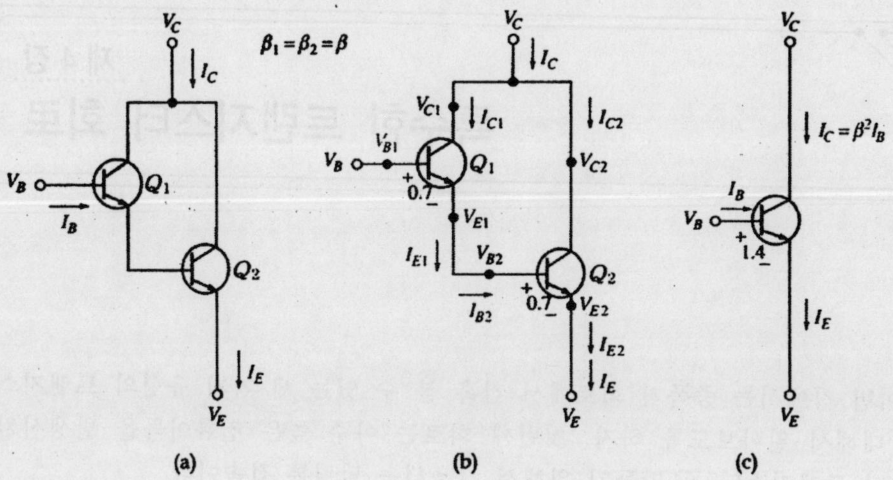


<그림 4-1> 달링톤 쌍

$$I_{C2} = \beta I_{C1} = \beta^2 I_B$$

로 표시될 수 있다.

외부 컬렉터의 전류 $I_C$는 두 개의 내부 컬렉터 전류의 합으로 표시된다. $I_{C1}$은 트랜지스터 $Q_2$의 베이스 전류이기 때문에 $I_{C2}$ 보다 훨씬 작다. 따라서 외부 컬렉터 전류는 트랜지스터 $Q_2$의 컬렉터 전류와 거의 같게 된다.

$$I_C = I_{C1} + I_{C2} \approx I_{C2}$$

따라서

$$I_C = \beta^2 I_B$$

가 된다. $\beta^2$의 전류이득을 갖는 소자를 구성할 수 있다.

지금부터 두 개의 트랜지스터를 턴on시키는 데 필요한 전압을 살펴보도록 하자. <그림 4-1(b)>에 표시된 것처럼 트랜지스터 $Q_1$의 베이스-이미터 턴on 전압이 트랜지스터 $Q_2$ 베이스-이미터 턴on 전압으로 직렬연결된 것을 확인할 수 있다. 따라서 두 트랜지스터를 턴on시키는데 필요한 전체 전압은 1.4V이다.

$$V_{BE} = 0.7\text{V} + 0.7\text{V} = 1.4\text{V}$$

달링톤 구조는 <그림 4-1(c)>에 표시된 것처럼 1.4V의 턴on 전압과 $\beta^2$의 전류이득을 갖는 등가 트랜지스터를 만들 수 있다.

## ▮ 등가교류 이미터 저항

달링톤 쌍의 교류 이미터 등가저항을 구하는 것은 약간 미묘하다. 임의의 트랜지스터 교류 이미터 저항은 베이스가 접지될 때 이미터에서 나타나는 소신호

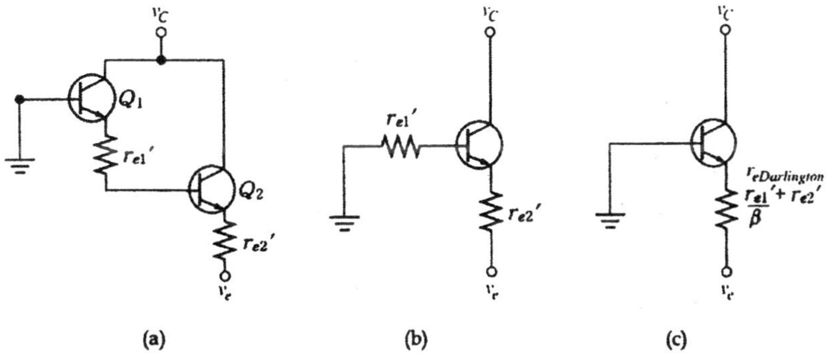


<그림 4-2>

라는 점을 기억해야 한다.

예를 들면 <그림 4-2(a)>에 표시된 것처럼 트랜지스터 $Q_1$의 베이스가 접지될 때 트랜지스터 $Q_1$의 이미터를 관찰하면 $r_{e1}'$를 찾을 수 있다 .

따라서 $Q_2$의 이미터를 살펴보면 <그림 4-2(b)>를 구할 수 있다. 등가교류 이미터 저항은 $Q_2$의 이미터에서 출력저항을 갖는다. 이미터 폴로워로부터 베이스 저항을 β로 나누고 $r_{e2}'$를 직렬로 더한다.

달링톤 쌍의 전체 교류 이미터 저항은

$$r_{eDarlington}' = \frac{r_{e1}'}{\beta} + r_{e2}'$$

로 구해진다.

여러분들은 $\frac{r_{e1}'}{\beta}$가 $r_{e2}'$보다 훨씬 작기 때문에 $r_{e1}'$값을 무시할 수 있다고 말할수 있다. 이런 점은 타당성은 있지만 옳지는 않다. 그 이유는 다음 절에서 설명된다. <그림 4-2(c)>는 달링톤 접속의 등가 단일교류 트랜지스터를 표시하고 있다.

## 4-2 달링톤 쌍 공통 이미터 증폭기

<그림 4-3(a)>는 공통 이미터 증폭기로 사용되는 달링톤 쌍을 표시하고 있다. 증폭기의 직류 바이어스 레벨을 찾고 박스 모델 파라미터를 구해보자.

### ▮ DC 바이어스 레벨

먼저 <그림 4-3(b)>에 표시된 것처럼 바이패스 콘덴서를 개방하고 $V_B$ 제어과정을 적용한다. 트랜지스터 $Q_1$의 베이스 전압은 외부 베이스 전압과 동일하다.

$$V_B = V_{B1} = \frac{R_2}{R_1 + R_2} V_{CC} = \frac{15\text{k}\Omega}{15\text{k}\Omega + 45\text{k}\Omega} 12\text{V} = 3\text{V}$$

트랜지스터 $Q_1$의 베이스 전압은 트랜지스터 $Q_1$의 이미터 전압을 제어한다.

$$V_{E1} = V_{B1} - 0.7\text{V} = 3\text{V} - 0.7\text{V} = 2.3\text{V}$$

$V_{B2} = V_{E1}$이기 때문에

$$V_{B2} = V_{E1} = 2.3\text{V}$$

이다. 따라서 $V_{E2}$는 외부 이미터 전압과 같다.

$$V_E = V_{E2} = V_{B2} - 0.7\text{V} = V_{E1} - 0.7\text{V} = 2.3\text{V} - 0.7\text{V} = 1.6\text{V}$$

주의할 점은 외부 이미터 전압이 외부 베이스 전압보다 1.4V 낮다는 점이다. 달링톤 쌍의 효과적인 이미터 다이오드 전압은 1.4V이다. 따라서 $V_B$는 두 개의 트랜지스터를 턴on시키기 위해서는 반드시 이런 전압보다는 커야 한다.

외부 이미터 전압은 외부 이미터 전류를 제어하기 때문에 트랜지스터 $Q_2$의 이미터 전류는 1.6mA가 된다.

$$I_E = I_{E2} = \frac{V_E}{R_E} = \frac{1.6\text{V}}{1\text{k}\Omega} = 1.6\text{mA}$$

만약 두 개의 트랜지스터가 모두 활성상태라면

$$I_C \approx I_{C2} = I_{E2} = 1.6\text{mA}$$

이고, 트랜지스터 $Q_2$의 베이스 전류가 $I_{E1}$이기 때문에

$$I_{E1} = \frac{I_{E2}}{\beta} = 0.016\text{mA}$$

이다.

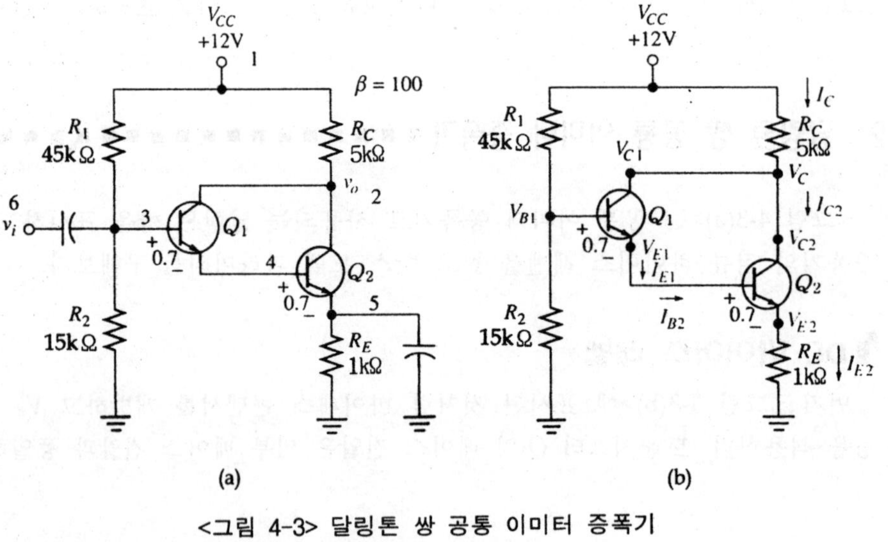


<그림 4-3> 달링톤 쌍 공통 이미터 증폭기

트랜지스터의 상태를 점검하기 위해서는 각 트랜지스터의 컬렉터 전압과 이미터 전압을 비교해야 한다. 트랜지스터의 컬렉터 전압은 같다. 따라서

$$V_{C1} = V_{C2} = V_C = V_{CC} - I_C R_C = 12\text{V} - 1.6\text{mA} \times 5\text{k}\Omega = 4\text{V}$$

$V_{C2} > V_{E2}$이고, $V_{C1} > V_{E1}$이기 때문에 트랜지스터 $Q_1$과 $Q_2$는 활성상태이다.

## ▮AC 해석 박스 모델

달링톤 쌍 공통 이미터의 박스 모델을 찾기 위해서 교류회로를 그리고 <그림 4-4(a)>에 표시된 것처럼 두 트랜지스터를 등가의 단일 트랜지스터로 교체하면 등가교류 이미터 저항을 구하기 위해서 표준 공통 이미터 공식을 사용할 수 있다.

$$r_{e2}' = \frac{25\text{mV}}{I_{E2}} = \frac{25\text{mV}}{I_E} = \frac{25\text{mV}}{1.6\text{mA}} = 15.6\Omega$$

$$r_{e1}' = \frac{25\text{mV}}{I_{E1}} = \frac{25\text{mV}}{0.016\text{mA}} = 1563\Omega$$

따라서

$$r_{e\text{Darlington}}' = \frac{r_{e1}'}{\beta} + r_{e2}' = 15.6\Omega + 15.6\Omega = 31.2\Omega$$

주의할 점은 $\frac{r_{e1}'}{\beta}$는 실제로 $r_{e2}'$와 같다. 이것은 $I_{E1}$은 $I_{E2}$ 보다 β배 작기 때문이다. 등가교류 이미터 저항 공식은 다음과 같이 간단히 할 수 있다.

$$r_{e\text{Darlington}}' = 2r_{e2}'$$

이런 회로는 여전히 공통 이미터 증폭기이기 때문에 박스 모델 이득

$$A = -\frac{R_C}{r_{e\text{Darlington}}'}$$

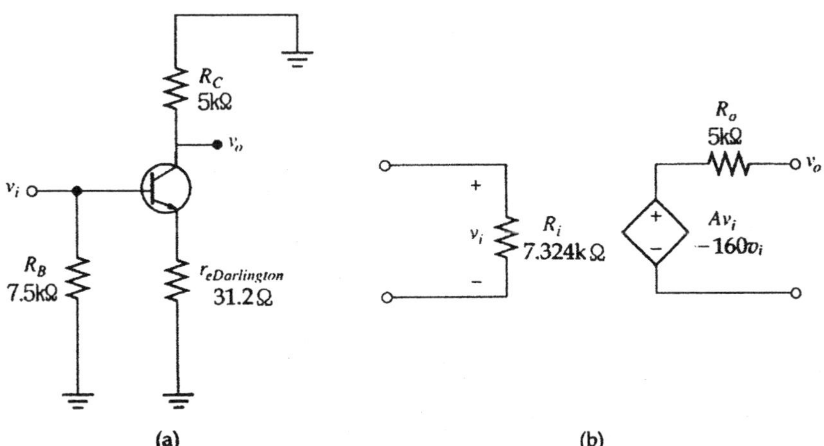


<그림 4-4>

로 표시된다. 따라서

$$A = -\frac{R_C}{r_{e\text{Darlington}}} = -\frac{5\text{k}\Omega}{0.0312\text{k}\Omega} = -160$$

이다. 달링톤 증폭기의 출력저항은 여전히 $R_O = R_C$이다.

$$R_O = R_C = 10\text{k}\Omega$$

입력저항은

$$R_i = R_B \parallel (\beta^2 R_{E\text{total}})$$

로 주어진다. 이런 회로의 입력저항은 7.324kΩ이다.

$$R_i = R_B \parallel (\beta^2 R_{E\text{total}}) = R_B \parallel (\beta^2 r_{e\text{Darlington}}{}')$$

$$= 7.5\text{k}\Omega \parallel 312\text{k}\Omega = 7.324\text{k}\Omega$$

달링톤 쌍 증폭기는 $\beta^2$의 전류이득을 갖기 때문에 아주 높은 전압이득과 아주 높은 입력저항을 갖는다. <그림 4-4(b)>는 박스 모델을 표시하고 있다.

**예제 4-1** <그림 4-5>에 표시된 달링톤 쌍 증폭기에서 두 트랜지스터의 직류 바이어스 레벨, 트랜지스터의 상태, 교류 이미터 저항을 구하시오. 회로 전체에 대한 박스 모델을 그리시오.

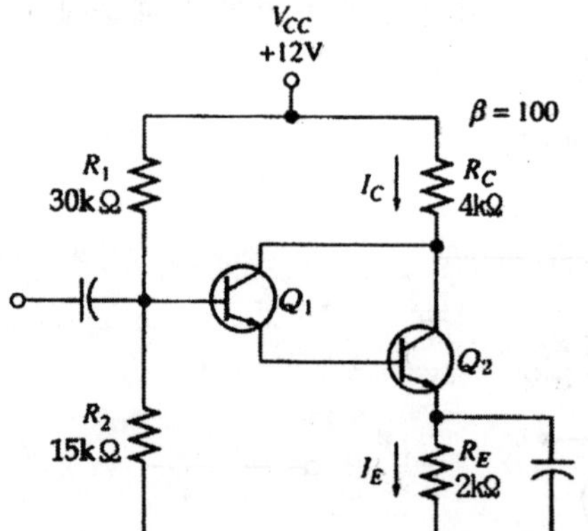


<그림 4-5>

**• 풀이 •** DC 바이어스 레벨 트랜지스터 $Q_1$의 베이스 전압은

$$V_{B1} = \frac{R_2}{R_1 + R_2} V_{CC} = \frac{15\text{k}\Omega}{15\text{k}\Omega + 30\text{k}\Omega} 12\text{V} = 4\text{V}$$

트랜지스터 $Q_1$의 베이스 전압은 트랜지스터 $Q_1$의 이미터 전압을 제어한다.

$$V_{E1} = V_{B1} - 0.7V = 4V - 0.7V = 3.3V$$

트랜지스터 $Q_2$의 이미터 전압은 트랜지스터 $Q_2$의 베이스 전압과 같다.

$$V_{B2} = V_{E1} = 3.3V$$

트랜지스터 $Q_2$의 베이스 전압은 트랜지스터 $Q_2$의 이미터 전압을 제어한다.

$$V_{E2} = V_{B2} - 0.7V = 3.3V - 0.7V = 2.6V$$

트랜지스터 $Q_2$의 이미터 전압은 트랜지스터 $Q_2$의 이미터 전류를 제어한다.

$$I_{E2} = \frac{V_{E2}}{R_E} = \frac{2.6V}{2k\Omega} = 1.3mA$$

두 트랜지스터가 모두 활성상태라면

$$I_C = I_{C2} = I_{E2} = 1.3mA$$

$I_{E1}$과 $I_{E2}$는 같기 때문에

$$I_{E1} = I_{B2} = \frac{I_{E2}}{\beta} = 0.013mA$$

이다. 트랜지스터의 상태를 점검해보면 두 개의 컬렉터 전압은 같고

$$V_{C1} = V_{C2} = V_C = V_{CC} - I_C R_C = 12V - 1.3mA \times 4k\Omega = 6.8V$$

로 주어진다. $V_{C1} > V_{E1}$그리고 $V_{C2} > V_{E2}$이기 때문에 두 개의 트랜지스터는 활성상태이다.

## AC 해석

두 트랜지스터의 교류 이미터 저항은 1923Ω과 19.2Ω이다.

$$r_{e1}' = \frac{25mV}{0.013mA} = 1923\Omega, \quad r_{e2}' = \frac{25mV}{1.3mA} = 19.2\Omega$$

달링톤 쌍의 교류 이미터 저항은 38.4Ω이다.

$$r_{eDarlington}' = \frac{r_{e1}'}{\beta} + r_{e2}' \cong 2r_{e2}' = 38.4\Omega$$

박스 모델 이득은 −104이다.

$$A = -\frac{R_C}{r_{eDarlington}'} = -\frac{4k\Omega}{38.4\Omega} = -104$$

박스 모델 출력저항은 4kΩ이다.

$$R_O = R_C = 4k\Omega$$

박스 모델의 입력저항은 6.55kΩ이다.

$$R_i = R_B \parallel \beta^2 r_{eDarlington} = (15k\Omega \parallel 30k\Omega) \parallel 384k\Omega = 9.75k\Omega$$

# 4-3 캐스코드(Cascode) 증폭기

이미 앞장에서 공통 베이스 증폭기와 공통 이미터 증폭기를 비교한 바 있다. 두 증폭기 모두 높은 이득을 갖는다. 공통 이미터 증폭기는 높은 입력저항을 갖지만 고주파 동작 특성이 좋지 않다.

공통 베이스는 이와 반대로 고주파 특성이 우수한 반면 작은 입력저항을 갖는다. 만약 공통 베이스 증폭기와 공통 이미터 증폭기를 결합시킬 수 있다면 정말 좋을 것이다.

다시 말하자면 입력신호는 공통 이미터에 인가하고 공통 이미터를 공통 베이스의 입력을 제공하도록 사용하는 것이다. 그러면 높은 입력저항을 가지면서도 우수한 주파수 동작을 기대할 수 있다. 이런 결합 형태를 캐스코드 증폭기라고 부른다.

<그림 4-6>은 일반적인 캐스코드 증폭기의 형태를 표시하고 있다. 입력신호는 트랜지스터 $Q_1$의 베이스로 들어가고 트랜지스터 $Q_1$의 컬렉터 전압은 트랜지스터 $Q_2$의 이미터에 입력신호를 제공하게 된다. 트랜지스터 $Q_2$의 컬렉터 전압이 증폭기의 출력전압이다.

## ▌직류해석

캐스코드 증폭기의 두 트랜지스터는 $V_B$ 제어로 바이어스된다. 각 트랜지스터를 바이어스하기 위해서 분리된 전압분배기가 사용되는데 <그림 4-6>은 필요한 베이스 저항의 개수를 감소시키는 배열형태를 표시하고 있다.

이런 회로에서 바이어스 레벨을 구하기 위해서 각 트랜지스터를 관찰하도록 하자. 직류해석의 주안점은 두 베이스 전류는 무시할 수 있다고 가정하는 것이다.

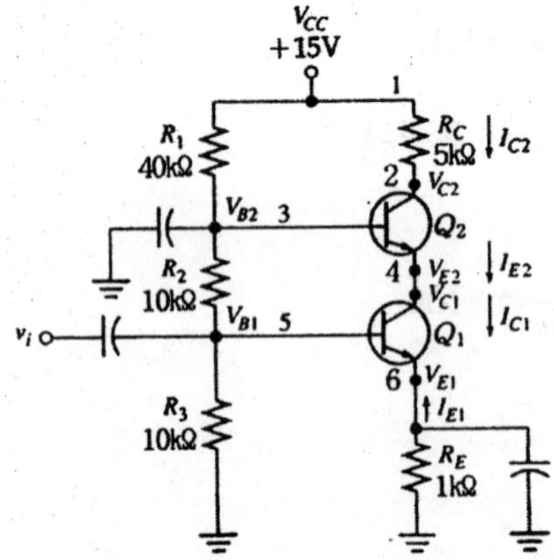


$$V_{B1} = \frac{R_3}{R_1 + R_2 + R_3} V_{CC}$$

$$V_{E1} = V_{B1} - 0.7\text{V}$$

$$I_{E1} = \frac{V_{E1}}{R_E}$$

$$I_{C2} = I_{E2} = I_{C1} = I_{E1}$$

$$V_{B2} = \frac{R_3 + R_2}{R_1 + R_2 + R_3} V_{CC}$$

$$V_{C2} = V_{CC} - I_{C2} R_C$$

$$V_{C1} = V_{E2} = V_{B2} - 0.7\text{V}$$

<그림 4-6> 캐스코드 증폭기

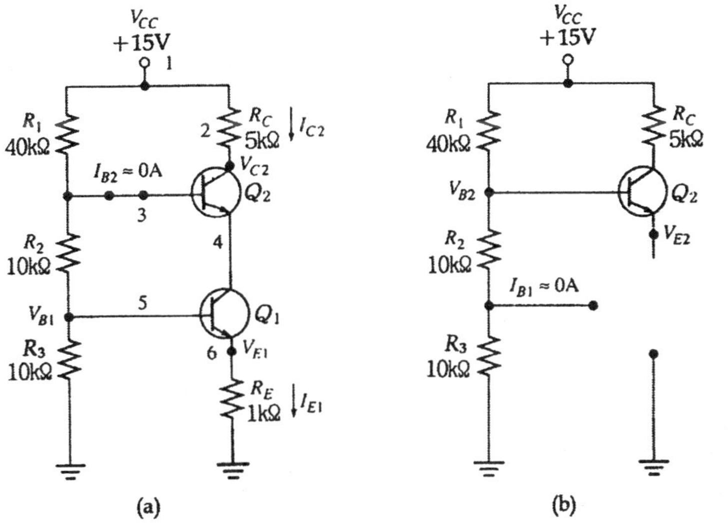


<그림 4-7>

예를 들면 트랜지스터 $Q_1$의 직류 바이어스 레벨을 구하기 위해서 <그림 4-7(a)>에 표시된 것처럼 부분적인 회로를 해석하는 것이다.

주의할 점은 트랜지스터 $Q_2$의 베이스에서 콘덴서가 개방되어 있다는 점이다. 트랜지스터 $Q_2$로 들어가는 베이스 전류는 무시한다. $R_1$과 $R_2$는 직렬로 연결되어 있으므로 크기가 더해진다고 생각한다.

트랜지스터 $Q_1$의 베이스 전압은 $R_3$ 양단에 걸리는 전압이다.

$$V_{B1} = \frac{R_2}{R_1 + R_2 + R_3} V_{CC}$$

주어진 값은 2V이다.

$$V_{B1} = \frac{R_3}{R_1 + R_2 + R_3} V_{CC} = \frac{10\text{k}\Omega}{40\text{k}\Omega + 10\text{k}\Omega + 10\text{k}\Omega} 15\text{V} = 2.5\text{V}$$

$V_{E1}$은 $V_{B1}$에 의해서 제어되므로

$$V_{E1} = V_{B1} - 0.7\text{V}$$

이고, 이미터 전류는

$$I_{E1} = \frac{V_{E1}}{R_E}$$

이다. 만약 두 트랜지스터가 모두 활성상태라면

$$I_{C1} \approx I_{E1}, \ I_{E2} = I_{C1}$$

이다. 따라서

$$I_{C2} \approx I_{E2} = I_{C1} \approx I_{E1}$$

로 표시되고, 주어진 값은 1.8mA이다.

$$I_{C2} \approx I_{E2} = I_{C1} \approx I_{E1} = \frac{V_{B1} - 0.7\text{V}}{R_E} = \frac{2.5\text{V} - 0.7\text{V}}{1\text{k}\Omega} = 1.8\text{mA}$$

트랜지스터 $Q_2$의 컬렉터 전압은

$$V_{C2} = V_{CC} - I_{C2}R_C$$

로 구할 수 있다. 따라서

$$V_{C2} = V_{CC} - I_{C2}R_C = 15\text{V} - 1.8\text{mA} \times 5\text{k}\Omega = 6\text{V}$$

직류해석을 마치기 위해서는 트랜지스터 $Q_2$의 베이스 전압을 구하는 것이 필요하다. $V_{B2}$를 구하기 위해서 <그림 4-7(b)>에 표시된 부분 회로를 해석한다. 여기서 $R_2$와 $R_3$가 직렬연결인 것을 확인할 수 있다.

트랜지스터 $Q_2$의 베이스 전압은 직렬연결 저항 $(R_2+R_3)$ 양단에 걸리는 전압이다. 따라서 전압분배기는

$$V_{B2} = \frac{R_2 + R_3}{R_1 + R_2 + R_3} V_{CC}$$

로 표시되고

$$V_{B2} = \frac{R_2 + R_3}{R_1 + R_2 + R_3} V_{CC} = \frac{10\text{k}\Omega + 10\text{k}\Omega}{40\text{k}\Omega + 10\text{k}\Omega + 10\text{k}\Omega} 15\text{V} = 5\text{V}$$

로 주어진다. $V_{B1}$는 $V_{E1}$를 제어하므로

$$V_{E2} = V_{B2} - 0.7\text{V}$$

로 표시된다. 따라서

$$V_{E2} = 5\text{V} - 0.7\text{V} = 4.3\text{V}$$

가 된다. 결국

$$V_{C1} = V_{E2}$$

임을 확인할 수 있다. 따라서

$$V_{C1} = V_{E2} = 4.3\text{V}$$

이다. 트랜지스터의 상태를 점검하기 위해서 컬렉터 전압과 이미터 전압을 비교한다.

$$V_{C2} > V_{E2},\ V_{C1} > V_{E1}$$

이기 때문에 두 트랜지스터 모두 활성상태이다.

**예제 4-2** <그림 4-8>에 표시된 캐스코드 증폭기를 구성하고 있는 두 트랜지스터의 직류 바이어스 레벨을 구하고 각 트랜지스터의 상태를 결정하시오.

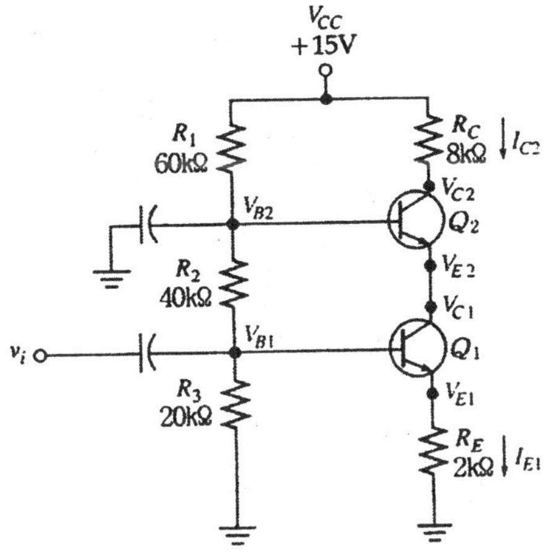


<그림 4-8>

**• 풀이 •** 트랜지스터 $Q_1$의 베이스 전압을 먼저 구한다.

$$V_{B1} = \frac{R_3}{R_1 + R_2 + R_3} V_{CC} = \frac{20\text{k}\Omega}{20\text{k}\Omega + 40\text{k}\Omega + 60\text{k}\Omega} 15\text{V} = 2.5\text{V}$$

$$V_{E1} = V_{B1} - 0.7\text{V} = 2.5\text{V} - 0.7\text{V} = 1.8\text{V}$$

$$I_{C2} = I_{E1} = \frac{V_{E1}}{R_E} = \frac{1.8\text{V}}{2\text{k}\Omega} = 0.9\text{mA}$$

$$V_{C2} = V_{CC} - I_{C2}R_C = 15\text{V} - 0.9\text{mA} \times 8\text{k}\Omega = 7.8\text{V}$$

트랜지스터 $Q_2$의 베이스 전압을 구한다.

$$V_{B2} = \frac{R_2 + R_3}{R_1 + R_2 + R_3} V_{CC} = \frac{20\text{k}\Omega + 40\text{k}\Omega}{20\text{k}\Omega + 40\text{k}\Omega + 60\text{k}\Omega} 15\text{V} = 7.5\text{V}$$

$$V_{C1} = V_{E2} = V_{B2} - 0.7\text{V} = 7.5\text{V} - 0.7\text{V} = 6.8\text{V}$$

$$V_{C2} > V_{E2},\ V_{C1} > V_{E1}$$

이기 때문에 각 트랜지스터는 활성상태이다.

## 4-4 캐스코드 증폭기의 교류해석

<그림 4-9>는 <그림 4-6>에 표시된 캐스코드 증폭기의 교류 등가회로를 표시하고 있다. 입력신호가 공통 이미터의 베이스에 공급되는 것을 볼 수 있다. 공통 이미터의 출력 $v_{C1}$은 공통 베이스의 입력신호가 된다.

<그림 4-6>에서 자신의 베이스에서 콘덴서 때문에 트랜지스터 $Q_2$의 베이스에서 교류는 접지에 연결된다는 점에 주의해야 한다. 이것은 $R_1$이 교류회로의 일

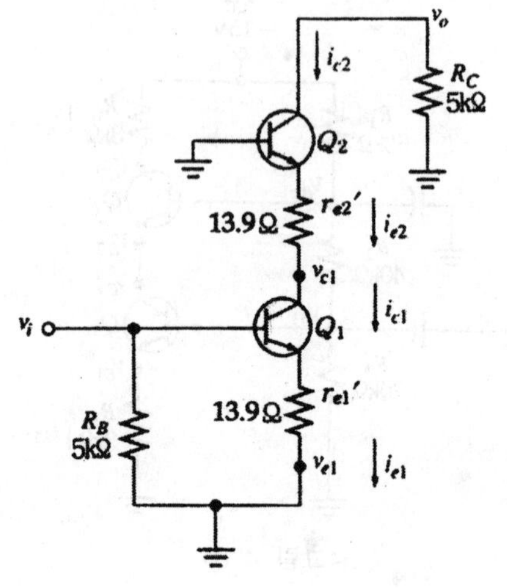


<그림 4-9>

부가 아니라는 것을 의미한다.

$$R_B = R_2 \parallel R_3$$

이기 때문에 <그림 4-6>에서

$$R_B = R_2 \parallel R_3 = 10\text{k}\Omega \parallel 10\text{k}\Omega = 5\text{k}\Omega$$

이다.

<그림 4-9>에서 각 트랜지스터에는 동일한 이미터 전류가 흐르다는 사실을 확인할 수 있다. 이것은 두 트랜지스터의 교류 이미터 저항이 같다는 의미이다.

$$r_{e2}' = r_{e1}'$$

<그림 4-6>에서 구한 바이어스 전류를 사용하면

$$r_{e2}' = r_{e1}' = \frac{25\text{mV}}{I_{E1}} = \frac{25\text{mV}}{1.8\text{mA}} = 13.9\Omega$$

이 구해진다. 캐스코드 증폭기를 해석하는 가장 간단한 방법은 공통 베이스 증폭기를 공통 이미터 증폭기의 부하로 간주하는 것이다.

다시 말하자면 공통 베이스의 입력저항(이런 경우 $r_{e2}'$)이 <그림 4-10(a)>에서 공통 이미터의 부하저항이다.

공통 이미터에서

$$v_{c1} = -\frac{r_{e2}'}{R_{E\text{total}}} v_i$$

이고, $R_E$는 바이패스되기 때문에 다음과 같다.

$$v_{c1} = -\frac{r_{e2}'}{r_{e1}'} v_i = -v_i$$

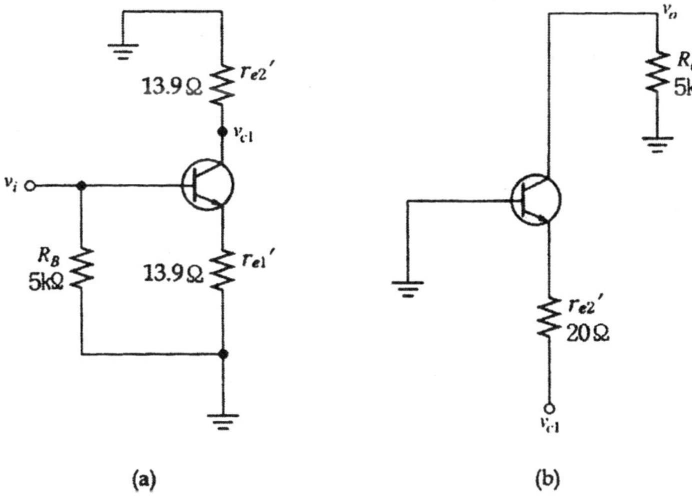


<그림 4-10>

트랜지스터 $Q_1$과 트랜지스터 $Q_2$의 교류 이미터 저항은 같기 때문에, 공통 이미터 증폭기의 이득은

$$\frac{v_{c1}}{v_i} = -\frac{r_{e2}'}{r_{e1}'} v_i = -1$$

이고, 캐스코드 증폭기의 입력저항은 공통 이미터 증폭기의 입력저항이기 때문에

$$R_i = R_B \parallel \beta R_{E\text{total}}$$

이다. 이런 회로에서 $R_E$는 바이패스되기 때문에

$$R_i = R_B \parallel \beta r_{e1}'$$

이므로 1.09kΩ으로 주어진다.

$$R_i = 5\text{k}\Omega \parallel 1.39\text{k}\Omega = 1.09\text{k}\Omega$$

캐스코드 증폭기의 입력저항은 높은데 $R_E$를 바이패스시키지 않는다면 더 크게 만들 수 있다. 공통 베이스 증폭기가 가지고 있는 낮은 입력저항의 문제를 해결할 수 있다.

공통 이미터 증폭기의 컬렉터 전압은 <그림 4-10(b)>에 표시된 것처럼 공통 베이스 증폭기의 입력신호로 된다. 공통 베이스 증폭기의 출력전압과 출력저항들은 캐스코드 증폭기의 출력전압과 출력저항이다.

$$R_O = R_C$$

이런 회로에서

$$R_O = R_C = 5\text{k}\Omega$$

$$v_o = \frac{R_C}{r_{e2}'} v_{c1} = \frac{R_C}{r_{e2}'}\left(-\frac{r_{e2}'}{R_{E\,\text{total}}} v_i\right) = -\frac{R_C}{R_{E\,\text{total}}} v_i$$

로 표시된다. 따라서 캐스코드 증폭기의 박스 모델 이득은

$$A = -\frac{R_C}{R_{E\,\text{total}}}$$

로 표시되는데 이미터 저항이 바이패스되기 때문에

$$A = -\frac{R_C}{r_{e1}'}$$

로 구해진다. 이런 회로에서

$$A = -\frac{R_C}{r_{e1}'} = -\frac{5\text{k}\Omega}{13.9\Omega} = -360$$

이다. 이런 캐스코드 증폭기는 높은 입력저항, 높은 출력저항, 높은 이득, 입력 신호의 반전을 갖는다는 것을 확인할 수 있다. 공통 베이스 증폭기를 사용하기 때문에 고주파 응답도 구할 수 있다.

**예제 4-3** <그림 4-8>에 표시된 캐스코드 증폭기에서 각 트랜지스터의 교류 이미터 저항과 박스 모델의 파라미터를 구하시오. (예제 4-2)에서 구한 이미터 전류 $I_{E2} = I_{E1} = 0.9\text{mA}$를 사용한다.

**• 풀이 •** 각 트랜지스터에 동일한 크기의 이미터 전류가 흐르기 때문에 교류 이미터 저항은 같다.

$$r_{e1}' = r_{e2}' = \frac{25\text{mV}}{I_E} = \frac{25\text{mV}}{0.9\text{mA}} = 27.8\Omega$$

$R_1$이 바이패스되기 때문에

$$R_B = R_2 \parallel R_3 = 40\text{k}\Omega \parallel 20\text{k}\Omega = 13.3\text{k}\Omega$$

$R_E$는 바이패스되지 않는 점을 주의해야 한다.

$$R_{E\text{total}} = R_e + r_{e1}' = 2\text{k}\Omega + 27.8\Omega \approx 2\text{k}\Omega$$

따라서 입력저항은 12.5kΩ이다.

$$R_i = R_B \parallel \beta R_{E\text{total}} = 13.3\text{k}\Omega \parallel 200\text{k}\Omega = 12.5\text{k}\Omega$$

이미터 저항은 바이패스되지 않기 때문에 높은 입력저항을 구할 수 있다. 출력저항은

$$R_O = R_C = 8\text{k}\Omega$$

이다. 이득은

$$A = -\frac{R_C}{R_{E\text{total}}} = -\frac{8\text{k}\Omega}{2\text{k}\Omega} = -4$$

이다. 이미터 저항이 바이패스되지 않기 때문에 입력저항이 증가하는 동안 낮은 이득을 얻게 된다.

## 4-5 전류 버퍼(Buffer)로 사용되는 이미터 폴로워

계산기나 디지털 전압계를 사용해본 사람이라면 발광 다이오드(LED)를 잘 알고 있을 것이다. 이런 마이크로 컴퓨터 장치에 의해서 입력정보가 분석되고 어떤 LED가 작동해야 하는지를 결정하게 된다.

<그림 4-11(a)>에 표시된 회로는 간략한 LED의 발광현상을 표시하고 있다. 컴퓨터가 LED를 턴on시키기로 결정하면 컴퓨터의 출력라인은 0V에서 5V로 바뀐다. 5V의 컴퓨터 출력선은 LED를 발광시킨다. 실제로 이런 회로는 동작하지 않을 수도 있다. LED를 발광시키기 위해서는 양단에 대략 2V의 전압이 걸려야 한다.

컴퓨터의 출력은 전압은 LED가 필요로 하는 2V보다 훨씬 큰 전압을 공급한다. 문제는 LED에서 필요한 전류이다. 그림을 보면 LED 전류는 저항에 흐르는 전류와 같다. 따라서 20mA의 전류가 흐르게 된다.

$$I_{LED} = \frac{5V - 2V}{150\Omega} = 20mA$$

일반적으로 마이크로 컴퓨터에는 아주 작은 전류만이 흐를 수 있다. 예를 들자면 이런 컴퓨터의 출력은 오직 1mA이다. LED에는 대략 20mA의 전류를 필요로 하기 때문에 발광되지 않게 될 것이다. 컴퓨터와 LED 사이에 전류 버퍼를 삽입하는 것이 필요하다.

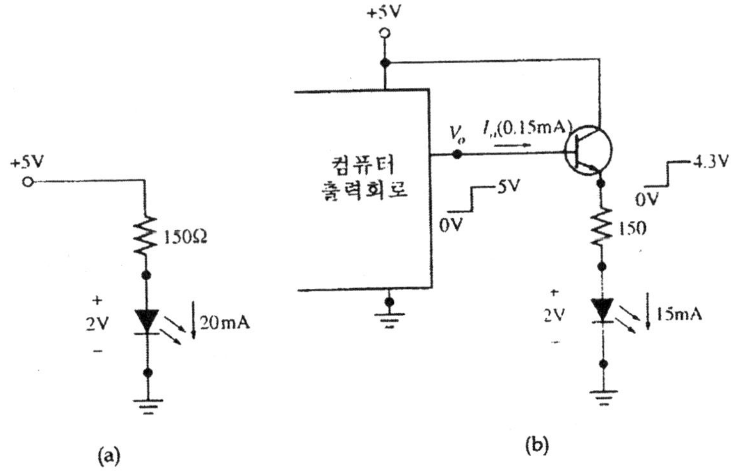


<그림 4-11>

전류 버퍼는 작은 입력전류를 필요로 하지만 큰 출력전류를 제공할 수 있는 소자이다. 이미터 폴로워는 간혹 전류 버퍼로 사용된다. <그림 4-11(b)>에 표시된것처럼 컴퓨터와 LED 사이에 이미터 폴로워가 삽입된다.

컴퓨터의 출력이 0V이면 이미터 폴로워는 차단상태이고 LED에는 흐르는 전류가 없다. 컴퓨터 출력이 5V로 증가하면 이미터 폴로워는 활성상태로 되고 LED를 구동시키는 이미터 전압은 컴퓨터 출력에 따라서 4.3V까지 증가한다(여기서 이미터 다이오드의 전압강하가 0.7V임을 기억해야 한다). LED에 흐르는 전류는 15.3mA이다.

$$I_{\text{LED}} = \frac{4.3\text{V} - 2\text{V}}{150\Omega} = 15.3\text{mA}$$

우리는 아직도 LED를 구동시키기 위한 큰 전류를 필요로 한다. 하여튼 LED 구동전류는 트랜지스터의 이미터 전류이고 트랜지스터는 15mA를 공급할 수 있다.

진짜 문제는 전체 동작에서 컴퓨터가 공급해야 할 전류의 세기는 얼마인가? 하는 점이다. <그림 4-11(b)>를 보면 컴퓨터는 트랜지스터의 베이스에 전류를 공급한다. 이미터에 15mA가 필요하기 때문에 베이스는 0.15mA의 전류를 필요로 한다($I_B = IE/\beta$).

컴퓨터는 트랜지스터의 베이스에서 필요로 하는 0.15mA의 전류를 쉽게 공급할 수 있다. 따라서 이미터 폴로워는 전류 버퍼로 성공적으로 사용된다. 그렇다면 LED의 나머지 전류는 어디로 가는가?

활성상태의 트랜지스터에서 컬렉터 전류는 이미터 전류의 99%이다. 따라서 LED 전류의 99%는 컬렉터 공급전압으로 전환된다. 컴퓨터는 베이스로 유입되는 LED 전류의 1%만을 조정하게 된다.

**예제 4-4** <그림 4-12>에는 또다른 형태의 전류 버퍼가 표시되어 있다. 이런 릴레이는 전압이 3V에서 5V로 도달할 때 닫히게 된다. 릴레이의 저항은 50Ω이다.

(a) 릴레이를 단락시킬 때 필요한 전류를 구하시오.

(b) 5mA에서 5V의 출력을 공급하는 컴퓨터에 의해서 릴레이는 구동이 가능한가?

(c) 만약 b부분에 대한 해가 없을 때 전류 버퍼를 컴퓨터와 릴레이 사이에 삽입시키고 필요한 컴퓨터 전류를 구하시오.

**• 풀이 •** (a) 릴레이가 필요한 전류는 다음과 같다.

$$I_{\text{relay}} = \frac{V_{\text{relay}}}{50\Omega}$$

따라서 전류범위는 60mA에서 100mA이다.

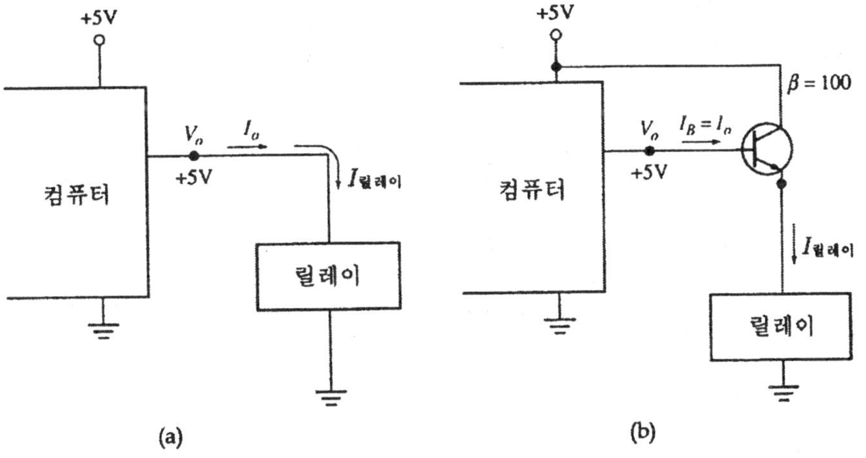


<그림 4-12>

$$I_{relay_{min}} = \frac{3V}{50\Omega} = 60mA, \quad I_{relay_{max}} = \frac{5V}{50\Omega} = 100mA$$

(b) 컴퓨터는 필요한 전류를 공급하지 못한다.

(c) <그림 4-12(b)>는 릴레이와 컴퓨터 사이에 이미터 폴로워가 연결된 것을 보여준다. 컴퓨터는 트랜지스터의 베이스 전류만을 공급할 수 있다. 이런 범위는 0.6mA에서 1mA이다.

$$I_B = \frac{I_{relay}}{\beta} = 0.6mA에서\ 1mA$$

## 4-6 제너 전압조정기와 전류 버퍼

이미 앞에서 부하에 일정한 전압을 공급하기 위해서 사용되는 제너 다이오드에 대해서 고찰한 바 있다. 제너 조정기의 1차 제한은 부하를 구동할 수 있는 큰 전류이다. <그림 4-13(a)>에 이런 상황이 설명되어 있다. 부하에 전류가 흐르지 않을 때 12V의 공급전압은 제너 다이오드를 항복시킨다.

따라서 제너 다이오드는 8V 건전지처럼 사용된다. 이런 경우 제너 다이오드를 통해 소비되는 전류는 저항전류와 같고 크기는 7mA이다.

$$I_Z = I_R = \frac{15V - 8V}{1k\Omega} = 7mA$$

다이오드가 항복되는 동안 저항에 흐르는 전류는 7mA가 될 것이다. 이제 전류가 부하에 흐를 때 어떤 일이 발생되는지를 살펴보자.

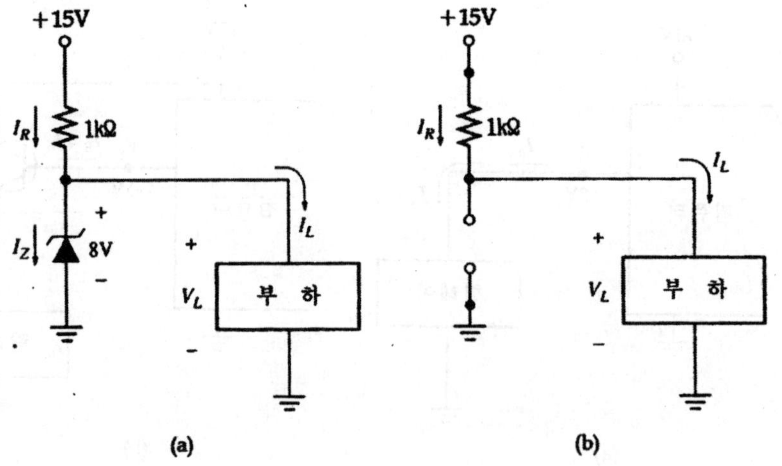


<그림 4-13>

키르히호프의 전류법칙으로부터 저항전류는 제너 다이오드와 부하에 공급되어야만 한다. 부하에 전류가 많이 흐를수록 제너 다이오드를 통해서 흐르는 전류는 작아진다.

$$I_Z = I_R - I_{\text{LOAD}} = 7\text{mA} - I_{\text{LOAD}}$$

제너 다이오드가 항복되기 이전의 상태보다 얼마나 많은 전류가 부하에 흐르게 되는가? 부하에 7mA의 전류가 흐를 때 저항에 흐르는 모든 전류는 부하를 통해서 흐르고 제너 다이오드를 흐르는 전류는 0A이다.

$$I_Z = 7\text{mA} - I_{\text{LOAD}} = 7\text{mA} - 7\text{mA} = 0\text{A}$$

다이오드에 흐르는 전류가 0A로 강하되면 <그림 4-13(b)>에 표시된 것처럼 다이오드는 개방회로로 되고 조정기능을 잃게 된다. 따라서 이런 제너 다이오드 회로는 7mA 이상을 필요로 하는 부하에 사용할 수 없다. 다시 말하자면 제너 다이오드의 최고 전류는 다이오드를 통해서 흐르는 무부하 전류이다.

<그림 4-14>에서는 제너 다이오드 회로의 전류범위를 유용하게 증가시키기 위해서 이미터 폴로워가 어떻게 전류 버퍼로 사용되는지를 보여준다. 제너 다이오드의 동작점으로부터 부하는 트랜지스터의 베이스로 본다. 제너 회로의 부하전류는 트랜지스터의 베이스 전류이다.

제너 회로는 부하에 7mA를 공급할 수 있고 아직 적절하게 동작하고 있다. 이런 7mA의 최대 전류가 최대 베이스 전류이다. 이것은 실제로 부하를 구동하는 트랜지스터의 이미터 전류가 약 700mA라는 것을 의미한다($I_E = \beta I_B$). 이미터 폴로워 역시 제너 다이오드의 동작범위를 700mA의 부하전류로 확장시키는데 사용된다.

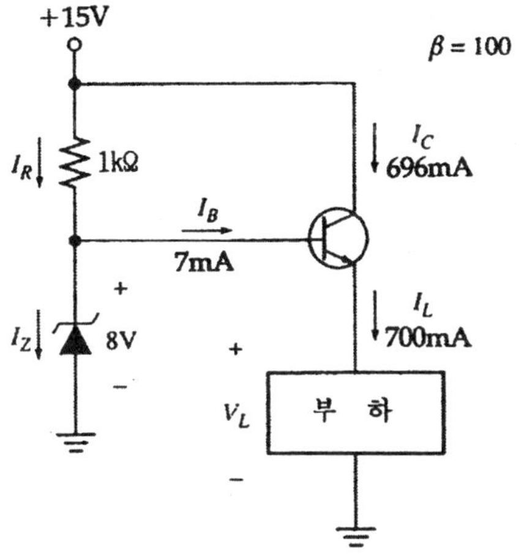


<그림 4-14>

**예제 4-5** <그림 4-15>에 표시된 제너 조정기 회로를 고찰하자.

(a) 최대로 조정되는 부하전류는 얼마인가?

(b) 이미터 폴로워를 제너 다이오드와 부하 사이에 삽입한다. 최대 부하전류는 얼마인가?

(c) 부하 양단에 걸리는 전압은 얼마인가?

**• 풀이 •** (a) 부하에 흐르는 최대 전류는 제너 다이오드를 통과하는 무부하 전류와 같다.

$$I_{max} = \frac{9V - 5V}{10k\Omega} = 0.4mA$$

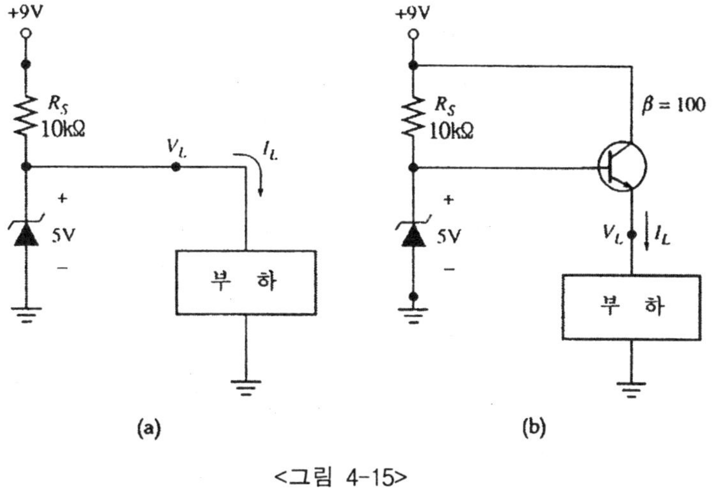


<그림 4-15>

(b) <그림 4-15(b)>는 부하와 제너 다이오드 회로 사이에 이미터 폴로워가 삽입된 것을 보여준다. 제너 다이오드를 통해서 흐르는 무부하 전류는 트랜지스터의 베이스를 구동시킨다. 부하전류는 트랜지스터의 이미터 전류와 같기 때문에 최대 부하전류는 40mA이다.

$$I_{max} = \beta I_B = 40\text{mA}$$

(c) 부하전압은 이미터 전압이기 때문에 부하 양단에 나타나는 전압은 4.3V이다.

$$V_L = V_E = V_B - 0.7\text{V} = V_Z - 0.7\text{V} = 4.3\text{V}$$

<그림 4-14>에 표시된 전류 버퍼를 갖는 전압조정기가 문제를 가질 수도 있다. 회로의 문제를 알아보자. 부하에 특정한 전압을 공급하는 특별한 제너 다이오드를 선택했다.

이미터 폴로워를 사용할 때 부하에 공급되는 전압은 이미터 다이오드 양단에 걸리는 0.7V의 전압강하를 발생시킨다.

$$V_{\text{LOAD}} = V_Z - 0.7\text{V}$$

예를 들자면 5V 제너 다이오드는 이미터 폴로워를 통해서 결합되는 부하에 4.3V를 공급한다. 만약 부하양단에 5V를 공급하기를 원한다면 5.7V 제너 다이오드를 사용해야 한다.

이런 문제를 해결하기 위해서 <그림 4-16>에서는 제너 다이오드에 레귤러 다이오드를 직렬 연결시켰다. 조정 다이오드가 on 상태로 동작하는 동안 자신의 양단에서 다이오드의 전압강하를 발생시킨다.

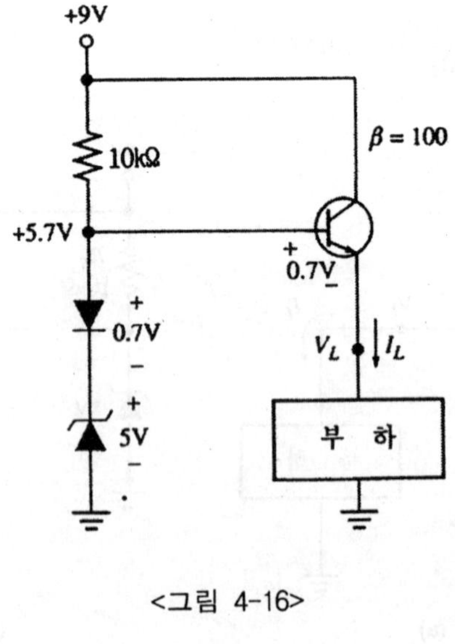


<그림 4-16>

따라서 베이스 전압은

$$V_B = V_Z + 0.7\text{V}$$

로 되고, 트랜지스터에서의 이미터 전압인 부하전압은

$$V_L = V_E = V_B - 0.7\text{V}$$

이다. $V_B$를 대입하면

$$V_L = V_Z + 0.7\text{V} - 0.7\text{V}$$

이고, 결국 다음과 같다.

$$V_L = V_Z$$

제너 다이오드 회로에 직렬로 레귤러 다이오드를 삽입하므로서 부하전압은 제너 다이오드 전압과 같게 만들 수 있다. 레귤러 다이오드는 베이스-이미터 턴 on 전압에서 발생하는 변화량도 제거시킨다는 것을 알 수 있다.

## 4-7 완충증폭기

여러분들은 대학 종합병원에서 특수한 의료 연구를 위한 증폭기 중의 한 가지를 시험하거나 구성하는 데 도움을 주는 작업에 방금 채용되었다고 가정하자. 여러분들의 책임자는 전압이득이 100인 증폭기를 가지고 있다.

여러분과 여러분의 책임자는 <그림 4-17>에 표시된 것처럼 실험실에서 어쩌면 학비 마련을 위해 지원했을지도 모르는 지원자를 기록기와 증폭기 사이에 두고 센서를 지원자 몸에 부착시키게 된다.

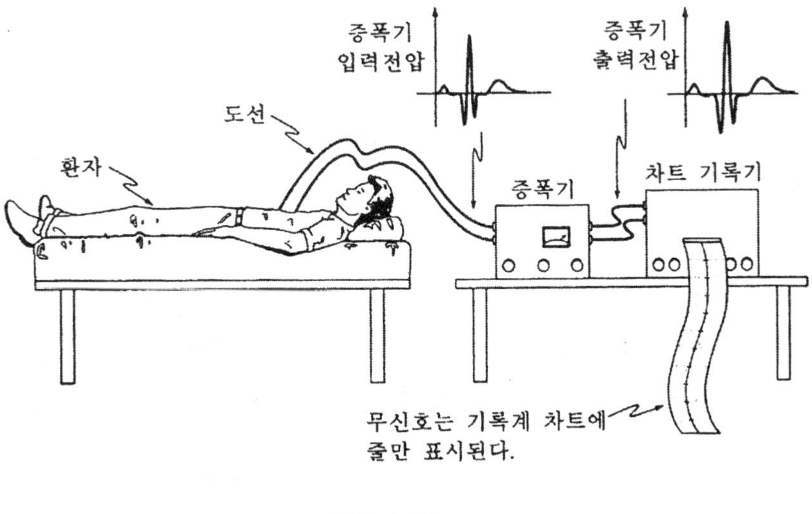


<그림 4-17>

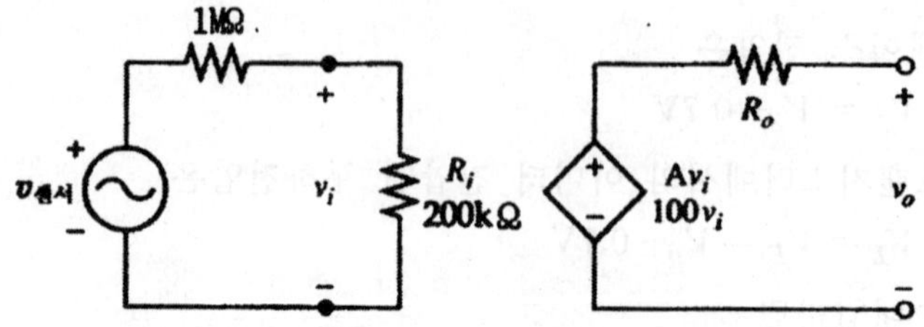


<그림 4-18>

여러분들은 이제 시험을 할 준비가 되었다. 기록기와 증폭기를 작동시킨다. 지원자에게도 전원을 연결한다. 어떤 일도 발생되지 않았다! 기록기는 작동을 하지 않는다.

여러분의 책임자는 즉시 체크를 하고 지원자는 무사하고 전원은 정상이라고 말한다. 그녀는 딱딱한 어조로 말한다. "승희, 그것 고정시켰니". 여러분은 "책임자가 문제점을 찾지 못하면 어떡하지?" 하며 고민하기 시작한다. 그리고 고장진단에 관계되는 내용을 상기하고, 무엇을 체크해야 할지를 알게 된다.

그런 문제는 아마도 증폭기의 입력저항과 센서의 내부저항 불일치 때문에 발생했을 것이다. <그림 4-18>에 표시된 예제에서 가능성을 찾아보자.

입력측에서 저항의 불일치는 다음 결과를 가져온다.

$$v_i = \frac{R_i}{R_i + R_{\text{sensor}}} v_{\text{sensor}} = \frac{200\text{k}\Omega}{200\text{k}\Omega + 1\text{M}\Omega} v_{\text{sensor}} = 0.167 v_{\text{sensor}}$$

그리고 센서 신호의 대부분은 상실된다.

<그림 4-19>에서는 증폭기의 출력저항과 부하저항(이 경우 기록기)이 불일치될 때의 결과를 보여준다.

$$v_{\text{recorder}} = \frac{R_{\text{recorder}}}{R_{\text{recorder}} + R_o} A v_i$$

$$= \frac{1\text{k}\Omega}{1\text{k}\Omega + 10\text{k}\Omega} 100 \times 0.167 v_{\text{sensor}} = 1.518 v_{\text{sensor}}$$

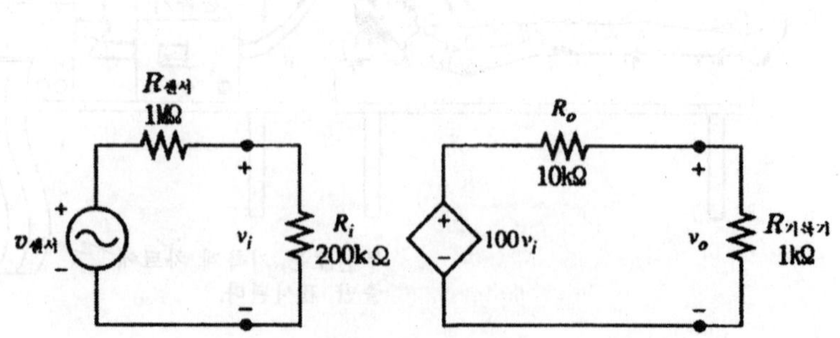


<그림 4-19>

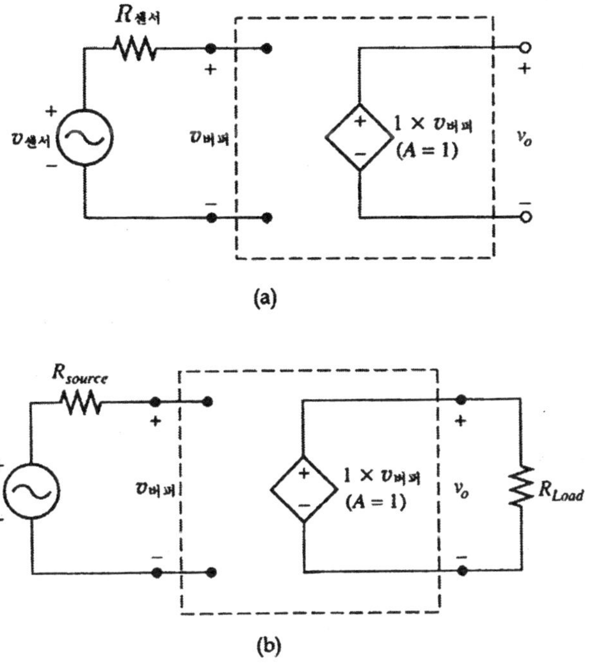


<그림 4-20>

출력측에서 저항의 불일치는 신호의 손실을 증가시킨다. 기록기가 동작하지 않는다고 놀라지 마라. 입력과 출력저항의 불일치는 증폭기의 효과를 제거시킨다.

여러분들의 책임자의 증폭기가 쓸모 없다고 말하지 말고 증폭기의 입력과 출력 사이에 완충(버퍼)회로를 삽입하라. 이런 완충회로는 신호와 부하저항의 불일치로 인해서 발생되는 신호의 크기 감쇠를 방지하는 데 사용된다.

<그림 4-20(a)>는 이상적인 버퍼를 표시하고 있다. 이상적인 버퍼의 입력저항은 ∞Ω(개방회로)이고 출력저항 0Ω, 이득은 1이다. 어떤 이득을 얻기 위해서 버퍼가 필요한 것은 아니다.

<그림 4-20(b)>는 버퍼가 부하로부터 신호원을 어떻게 분리시키는지 보여준다. 이상적인 증폭기의 입력저항은 ∞이기 때문에 소스 저항이 아무리 커도 문제는 없다.

$$v_{\mathrm{buff}} = v_s$$

이상적인 증폭기의 출력저항은 0Ω이기 때문에 부하저항이 아무리 작아도 문제는 없다.

$$v_o = v_{\mathrm{buff}} = v_s$$

물론 전자장비가 이상적인 것은 아니다. 실제의 버퍼는 아주 큰 입력저항과 아주 작은 출력저항을 가지며 이득은 거의 1에 가깝다.

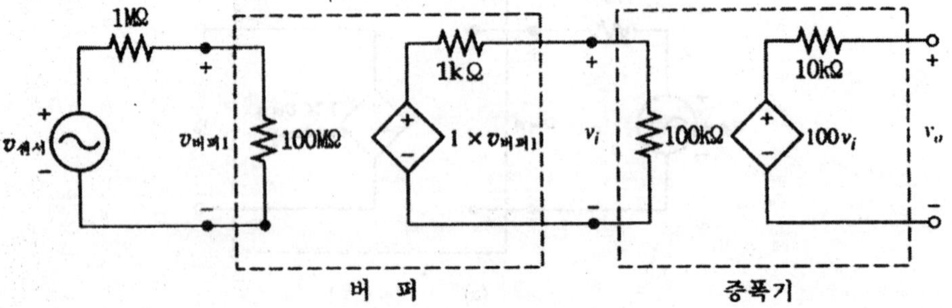


<그림 4-21>

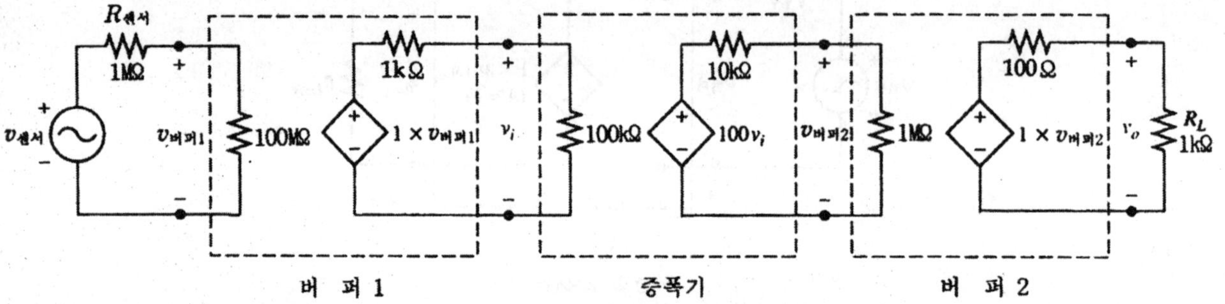


<그림 4-22>

<그림 4-21>은 센서와 증폭기 입력 사이에 버퍼를 연결한 결과를 표시하고 있다. 이런 회로는 두 개의 전압분배기를 가지고 있다. 이 중 하나를 분석해보자.

첫번째 버퍼의 입력에서

$$v_{\text{buffer}} = \frac{100\text{M}\Omega}{100\text{M}\Omega + 1\text{M}\Omega} v_s = 0.99 v_s$$

증폭기의 입력에서

$$v_i = \frac{100\text{k}\Omega}{100\text{k}\Omega + 1\text{k}\Omega} v_{\text{buffer}} = 1.0 \times 0.99 v_s$$

이다. 버퍼 때문에 입력 센서 신호의 대부분은 감쇠되지 않는다. <그림 4-22>에 표시된 것처럼 증폭기의 출력과 부하 사이에 두번째 버퍼를 연결한다.

$$v_{\text{buffer2}} = \frac{1\text{M}\Omega}{1\text{M}\Omega + 10\text{k}\Omega} A v_i = 0.99 \times 100 \times 0.99 v_s = 98 v_s$$

결국 기록기에 나타난 전압은 다음과 같다.

$$v_o = \frac{1\text{k}\Omega}{1\text{k}\Omega + 100\,\Omega} v_{\text{buffer2}} = 0.99 \times 98 v_s = 97 v_s$$

버퍼의 출력은 실제 펜기록기의 낮은 저항을 보상한다. 버퍼를 사용했지만 증폭기는 고입력 저항과 저출력 저항을 제공한다.

**예제 4-6** <그림 4-23(a)>에 표시된 회로에서 전압분배기의 전압이득을 구하시오. 그리고 <그림 4-23(b)>에 버퍼가 삽입되어 있다. 전압이득을 다시 구하시오.

**• 풀이 •** <그림 4-23(a)>에 표시된 전압분배기에서 다음을 구한다.

$$v_o = \frac{1\text{k}\Omega}{1\text{k}\Omega + 10\text{k}\Omega} v_{\text{in}} = 0.0909 v_{\text{in}}$$

<그림 4-23(b)>에 표시된 버퍼는 두 개의 전압분배기를 구성한다. 첫번째는 버퍼로부터

$$v_{\text{buffer}} = \frac{100\text{k}\Omega}{100\text{k}\Omega + 10\text{k}\Omega} v_{\text{in}} = 0.909 v_{\text{in}}$$

버퍼의 출력에서

$$v_o = \frac{10\text{k}\Omega}{10\text{k}\Omega + 0.1\text{k}\Omega} v_{\text{buffer}} = 0.99 v_{\text{buffer}}$$

전체 출력은 다음과 같다.

$$v_o = 0.99 v_{\text{buffer}} = 0.99 \times 0.909 v_{\text{in}} = 0.899 v_{\text{in}}$$

기억해야 할 것은 버퍼를 가지고 있다고 하더라도 입력신호의 약 17%에 해당하는 손실을 갖는다. 이 정도의 수치는 아주 적당한 실험결과이다. 다음 예제는 몇 가지의 버퍼 회로 설계에 대해서 설명하고 있다.

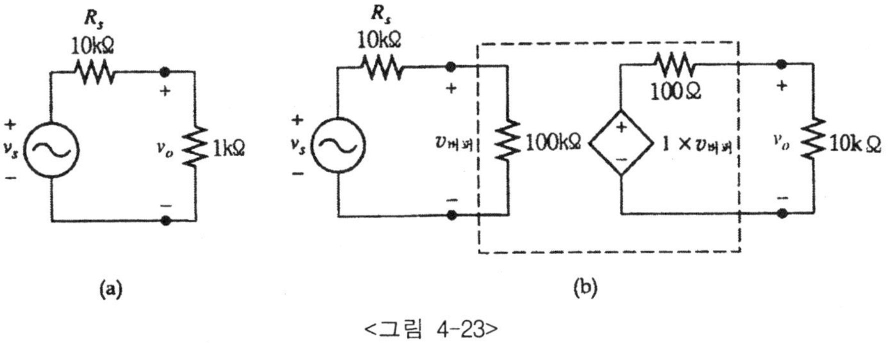


<그림 4-23>

**예제 4-7** <그림 4-24>에 표시된 것처럼 신호원과 부하 사이에 버퍼가 삽입되었다. 다음 조건에서 신호원과 버퍼 입력 사이의 전압 손실, 버퍼 출력과 부하 사이의 전압 손실, 신호원과 부하 사이의 전체 손실을 구하시오.

(a) $R_i = 10R_{\text{source}}$, $R_o = 0.10R_{\text{load}}$ (b) $R_i = 100R_{\text{source}}$, $R_o = 0.01R_{\text{load}}$

**• 풀이 •** 버퍼의 입력에서

$$v_{\text{buffer}} = \frac{R_i}{R_i + R_{\text{source}}} v_{\text{in}}$$

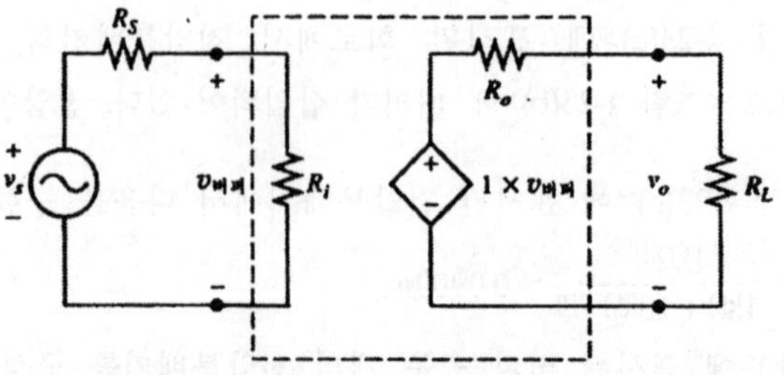


<그림 4-24>

버퍼의 출력에서

$$v_o = \frac{R_{\text{load}}}{R_{\text{load}} + R_o} v_{\text{buffer}}$$

로 구해진다. 입력에서 부하로 전송되는 전체 전압은 위의 곱으로 나타난다.

$$v_o = \frac{R_{\text{load}}}{R_{\text{load}} + R_o} \frac{R_i}{R_i + R_{\text{source}}} v_{\text{in}}$$

(a) $R_i = 10R_{\text{source}}$에서

$$v_{\text{buffer}} = \frac{10R_{\text{source}}}{10R_{\text{source}} + R_{\text{source}}} v_{\text{in}} = \frac{10}{11} v_{\text{in}} = 0.909 v_{\text{in}}$$

우리는 입력신호의 약 9%를 잃어버렸다. $R_o = 0.01R_{\text{load}}$일 때 버퍼 출력은

$$v_o = \frac{R_{\text{load}}}{R_{\text{load}} + 0.10R_{\text{load}}} v_{\text{buffer}} = 0.090 v_{\text{buffer}}$$

이고, 버퍼 출력에서 또다른 9%의 손실을 갖는다. 시스템의 전체 전송전압은

$$v_o = 0.909 v_{\text{buffer}} = 0.909 \times 0.909 v_{\text{in}} = 0.826 v_{\text{in}}$$

이며, 따라서 입력신호의 전체 손실은 17%이다.

(b) $R_i = 100R_{\text{source}}$에서

$$v_{\text{buffer}} = \frac{100R_{\text{source}}}{100R_{\text{source}} + R_{\text{source}}} v_{\text{in}} = \frac{100}{101} v_{\text{in}} = 0.99 v_{\text{in}}$$

우리는 입력신호의 약 1%만을 잃어버렸다. $R_o = 0.01R_{\text{load}}$일 때 버퍼 출력은

$$v_o = \frac{R_{\text{load}}}{R_{\text{load}} + 0.01R_{\text{load}}} v_{\text{buffer}} = 0.99 v_{\text{buffer}}$$

이고, 버퍼 출력에서도 오직 1%의 손실만을 갖는다. 시스템의 전체 전송전압은

$$v_o = 0.99 v_{\text{buffer}} = 0.99 \times 0.99 v_{\text{in}} = 0.98 v_{\text{in}}$$

이며, 따라서 입력신호의 전체 손실은 2%이다.

· **주의** · 신호의 손실을 최소화하기 위해서 잘 설계된 버퍼의 입력저항은 소스 저항보다 100배 이상 커야 하고 출력저항은 부하저항보다 100배 이상 작아야 한다.

## 기초문제

1. 달링톤 쌍의 전체 전류이득은 무엇인가?
2. 달링톤 쌍의 베이스 이미터 턴on 전압은 무엇인가?
3. 달링톤 쌍의 등가교류 이미터 저항은 무엇인가?
4. 두 트랜지스터의 상태는 어떻게 점검하는가?
5. 달링톤 쌍의 교류 이미터 저항을 구하는 두 개의 공식은?
6. 달링톤 쌍 공통 이미터 증폭기의 박스 모델 이득은 무엇인가?
7. 달링톤 쌍 공통 이미터 증폭기의 박스 모델 출력저항은 얼마인가?
8. 달링톤 쌍 공통 이미터 증폭기의 박스 모델 입력저항은 얼마인가?
9. 공통 이미터 증폭기의 장점과 단점은 무엇인가?
10. 공통 베이스 증폭기의 장점과 단점은 무엇인가?
11. <그림 4-7>에 표시된 캐스코드 증폭기에서 $V_{B1}$을 어떻게 구하는가?
12. <그림 4-7>에 표시된 캐스코드 증폭기에서 $V_{E1}$은 어떻게 구하는가?
13. <그림 4-7>에 표시된 캐스코드 증폭기에서 $V_{B2}$는 어떻게 구하는가?
14. <그림 4-7>에 표시된 캐스코드 증폭기에서 $V_{E2}$는 어떻게 구하는가?
15. 캐스코드 증폭기의 두 트랜지스터에서 컬렉터와 이미터 전류는 무슨 관계가 있는가?
16. $V_{C1}$과 $V_{E2}$의 관계는 무엇인가?

{해답} 1. $\beta^2$ 2. 1.4V 3. $r_{eDarlington}' = \frac{r_{e1}'}{\beta} + r_{e2}'$ 4. $V_{C1} > V_{E1}, V_{C2} > V_{E2}$인지를 확인한다.
5. $r_{eDarlington}' = \frac{r_{e1}'}{\beta} + r_{e2}'$, $r_{eDarlington}' = 2r_{e2}'$ 6. $A = -\frac{R_C}{r_{eDarlington}'}$ 7. $R_O = R_C$
8. $R_i = R_B \parallel \beta^2 r_{eDarlington}'$ 9. 장점 : 높은 입력저항, 단점 : 고주파 특성 저조
10. 장점 : 고주파 특성 우수, 단점 : 낮은 입력저항
11. $V_{B1} = \frac{R_2}{R_1 + R_2 + R_3} V_{CC}$ 12. $V_{E1} = V_{B1} - 0.7\text{V}$ 13. $V_{B2} = \frac{R_2 + R_3}{R_1 + R_2 + R_3} V_{CC}$
14. $V_{C1} = V_{E2} = V_{B2} - 0.7\text{V}$ 15. $I_{C2} = I_{E1} = \frac{V_{E1}}{R_E}$ 16. $V_{C1} = V_{E2} = V_{B2} - 0.7\text{V}$

## 응용문제

1. 달링톤 쌍을 그리고 내부와 외부전압, 전류를 표시하시오.
2. 달링톤 쌍과 등가의 트랜지스터를 그리고 중요한 변수를 표시하시오.
3. 달링톤 쌍 공통 이미터 증폭기 회로를 그리시오.

4. 달링톤 쌍에서 두 트랜지스터의 바이어스 레벨을 결정하는 단계를 기술하시오.
5. 캐스코드 증폭기를 설명하시오.
6. 전류 버퍼를 설명하시오.
7. 이미터 폴로워의 용도를 설명하시오.
8. 캐스코드 구조에서 두 컬렉터 전류를 비교하면 무엇을 알 수 있는가? 두 교류 이미터 저항은?
9. 만약 이미터 저항이 바이패스되면 캐스코드 증폭기의 박스 모델 파라미터는 어떻게 되는가? 반전되는 것은 무엇인가?
10. 만약 이미터 저항이 바이패스되지 않는다면 캐스코드 증폭기에서 박스 모델 변수는 무엇인가? 반전되는 것은 무엇인가?
11. 이미터 저항이 바이패스되지 않았을 때 박스 모델 파라미터에 어떤 일이 일어나는지 설명하시오.
12. 전류 버퍼는 언제 필요한가?
13. 이미터 폴로워는 어떻게 전류 버퍼로 동작하는가?
14. 이미터 폴로워가 전류 버퍼로 사용될 때 대부분의 부하전류는 어디로 가는가?
15. 제너 다이오드를 사용하는 이유는 무엇 때문인가?
16. 기본 제너 다이오드 회로에서 부하에 걸리는 최대 부하전류는 얼마인가?
17. 문제 16에서 구한 것보다 더 큰 부하전류가 흐를 때 기본 제너 다이오드 회로에는 어떤 일이 발생하는가?
18. 이미터 폴로워를 부하와 제너 회로에 삽입하므로 해서 생기는 이득은 무엇인가?
19. 부하전압의 손실을 어떻게 정정할 수 있는가?
20. 전자기기를 연결하고자 할 때 입력과 출력저항에 대해 고려해야 할 문제는 무엇인가?
21. 두 장비를 연결할 때 한쪽 장비의 입력과 다른쪽 장비의 출력에서 고려 할 사항은 무엇인가?
22. 문제 21이 불가능할 때 두 장비 사이에 무엇을 삽입하면 되겠는가?
23. 이상적인 버퍼가 갖추어야 할 조건은 무엇인가?

## 연습문제

1. <그림 4-25>를 다시 그리고 트랜지스터 $Q_1$과 트랜지스터 $Q_2$의 개별전류를 표시하시오.
   (a) $I_{C1}$과 $I_B$ 사이의 관계는 무엇인가?
   (b) 어떠한 근사치도 사용하지 않을 때 $I_{E1}$과 $I_B$의 관계는 무엇인가?
   (c) $I_{B2}$와 $I_B$ 사이의 관계는 무엇인가?
   (d) $I_{C2}$와 $I_B$ 사이의 관계는 무엇인가?

(e) $I_C$와 $I_B$ 사이의 관계는 무엇인가?

(f) $I_E$와 $I_{E2}$ 사이의 관계는 무엇인가?

(g) 어떠한 근사치도 사용하지 않을 때 $I_E$와 $I_B$의 관계는 무엇인가?

(h) 달링톤 쌍의 전체 전류이득을 (e)의 결과를 사용해서 결정하시오.

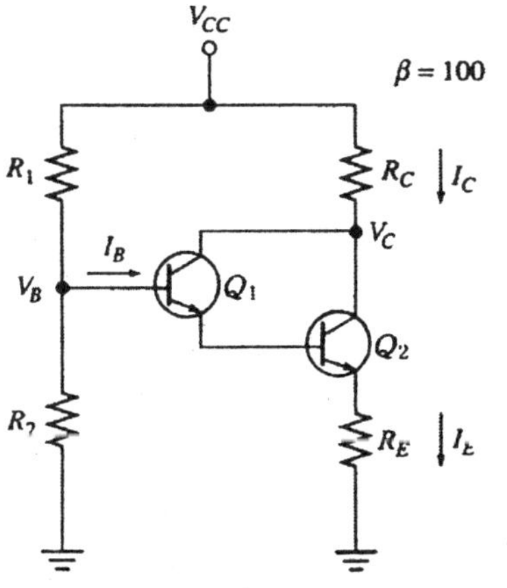


<그림 4-25>

**2.** <그림 4-26>에 표시된 버퍼 증폭기를 고찰하시오.

(a) 버퍼 증폭기의 무부하 이득은 얼마인가?

(b) 버퍼의 입력저항은 얼마인가?

(c) 버퍼의 출력저항은 얼마인가?

(d) 얼마나 많은 소스 신호전압($V_s$)이 $V_i$에서 나타나는가? 해답을 분수나 퍼센트로 표시하시오.

(e) 버퍼에서 제어되는 전압원 양단에 걸리는 전압은 얼마인가?

(f) 버퍼의 무부하 출력전압은 얼마인가?

(g) 부하가 연결될 때 버퍼에서 발생된 전압 중 얼마가 출력에 나타나는가?

(h) $v_o/v_s$의 전반적인 비는 얼마인가? 이것이 시스템의 이득 $A_{SYS}$인가?

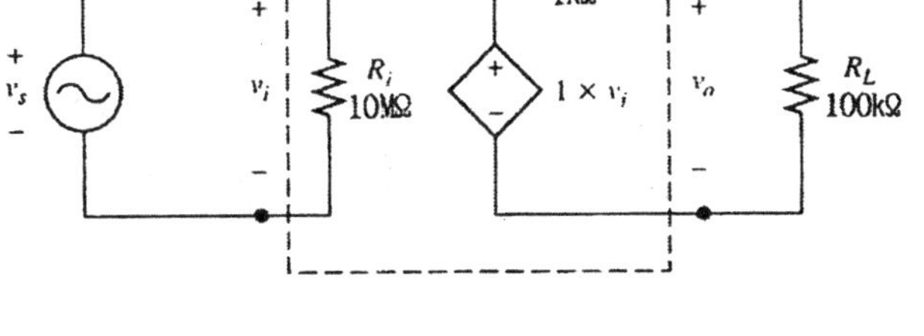


<그림 4-26>

3. <그림 4-27>에 표시된 회로에서 각 트랜지스터의 $\beta_{dc}$=100이라고 가정하고 $I_{E2}$, $I_{E1}$, $r_{e1}'$, $r_{e2}'$, $r'_{e\ \mathrm{darlington}}$, $Ri$ $v_{\mathrm{in}}$을 구하시오.

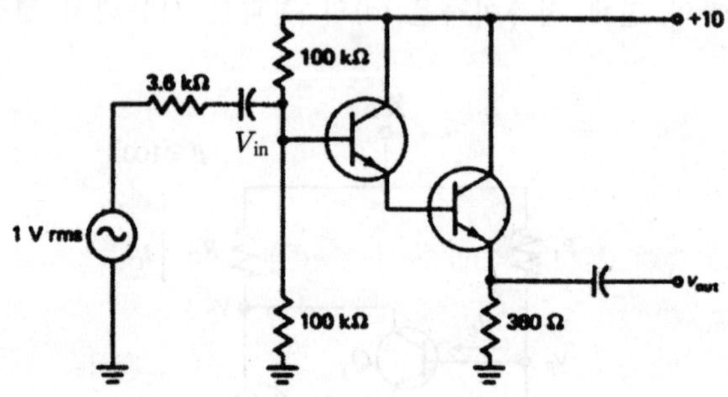


<그림 4-27>

4. <그림 4-28>에서 패스 트랜지스터 $\beta_{dc}$가 80이라면 제너 다이오드를 통해서 흐르는 전류는 얼마인가?

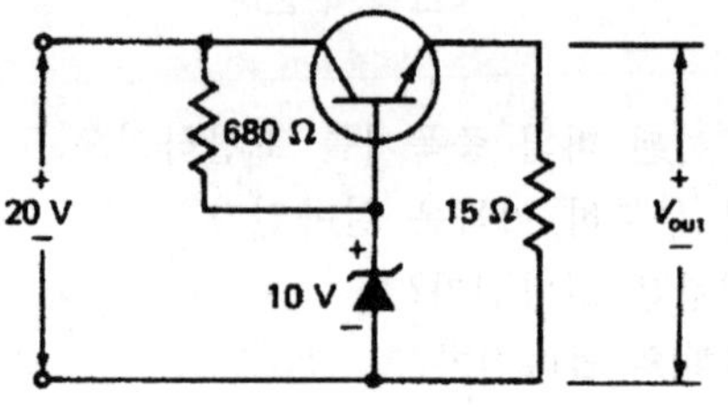


<그림 4-28>

5. <그림 4-29>에서 각 트랜지스터 $\beta_{dc}$=135라고 가정하고 각 증폭단에서 $V_B$, $V_E$, $V_C$, $I_E$, $I_B$를 구하시오(단 모두 직류값이다).

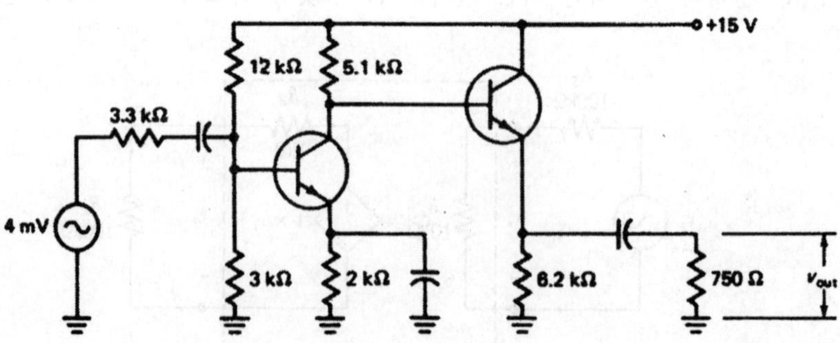


<그림 4-29>

**6.** <그림 4-30>에서 출력전압은 얼마인가? 만약 $\beta_{dc}=120$이라면 제너 전류는 동일한가? $R_Z=6\Omega$이라면 제너 폴로워의 출력 임피던스는 얼마인가?

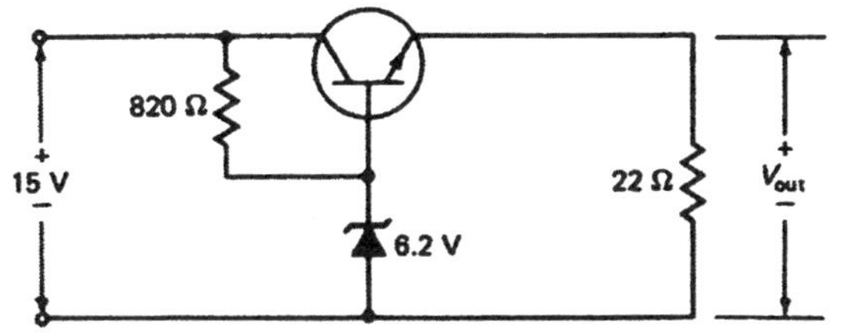


<그림 4-30>

**7.** <그림 4-31>에서 $\beta_{dc}=75$라면 $V_B$, $V_E$, $V_C$, $I_E$, $I_B$는 얼마인가?

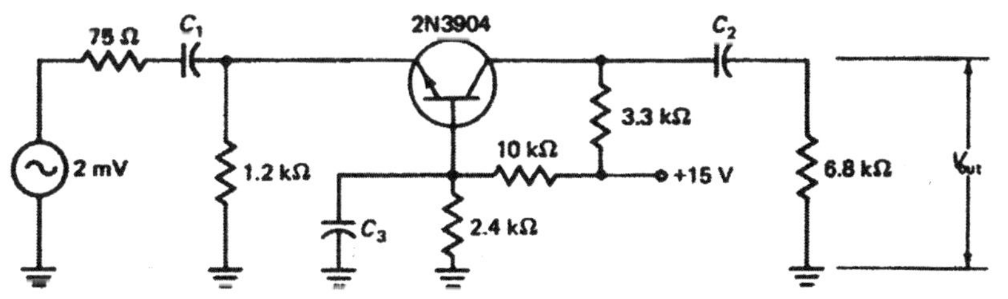


<그림 4-31>

**8.** <그림 4-30>에서 출력전압이 매우 낮다면 다음 중 어떤 고장에 해당하는가?

(a) 컬렉터-이미터 단자 단락상태 (b) 제너 다이오드 개방상태

(c) 컬렉터-이미터 단자 단락상태 (d) 820Ω 저항 개방상태

{해답} **1.**

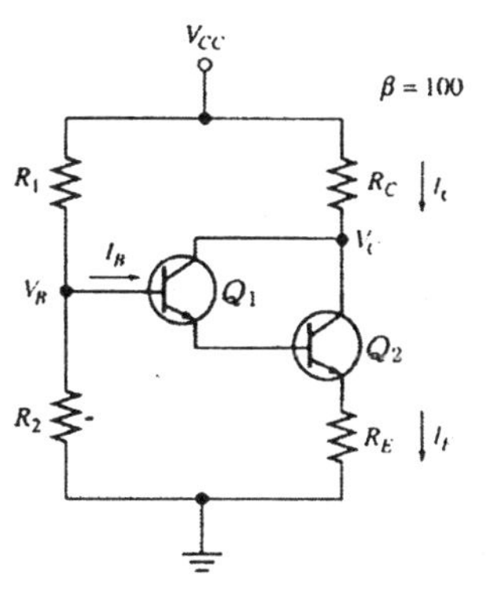


(a) $I_{C1}=\beta I_B$

(b) $I_{E1}=\beta I_B$

(c) $I_{B2}=\beta I_B$

(d) $I_{C2}=\beta I_{B2}=\beta^2 I_B$

(e) $I_C=I_{C1}+I_{C2}\approx I_{C2}=\beta^2 I_B$

(f) $I_E=I_{E2}$

(g) $I_E=I_C=\beta^2 I_B$

(h) 이득은 $\beta^2$

**2.** (a) $A=1$ (b) $R_i=10\text{M}\Omega$ (c) $R_O=1\text{k}\Omega$ (d) $v_i=\frac{10,000\text{k}\Omega}{10,100\text{k}\Omega}\times v_s=0.99v_s$ (e) $1\times v_s=0.99v_s$

(f) $v_o=0.99v_s$ (g) $v_o=\frac{100\text{k}\Omega}{101\text{k}\Omega}\times v_s=0.99v_s$ (h) $A_{sys}=\frac{v_o}{v_s}=\frac{0.99v_i}{v_s}=\frac{0.99\times 0.99v_s}{v_s}=0.98$

**3.** <그림 4-27(a)>의 달링톤 증폭기는 3.6kΩ의 임피던스를 갖고 크기가 $1V_{rms}$인 교류전원에 의해서 구동된다. 간단한 해석방법을 사용하기 위해서 각 트랜지스터의 $\beta_{dc}=100$이라고 가정하면 둘째 단에서의 직류 이미터 전류는 10mA이다. $I_{E2}=\dfrac{5V-1.4V}{360\Omega}=10mA$

따라서 둘째 단의 이미터 다이오드의 교류저항은 2.5Ω이 된다. $r_{e2}'=\dfrac{25mV}{10mA}=2.5\Omega$

첫째 증폭단에서 직류 이미터 전류는 0.1mA이다. $I_{E1}=\dfrac{10mA}{100}=0.1mA$

따라서 첫째 단의 이미터 다이오드의 교류저항을 구하면 250Ω이 된다. $r_{e1}'=\dfrac{25mV}{0.1mA}=250\Omega$

$$r_{e\,darlington}'=\frac{r'_{el}}{\beta}+r'e_2\cong 2r'e=2\times 2.5\Omega=5\Omega$$

$$R_i=R_B \parallel \beta^2 r'_{edarlington}=50k\Omega \parallel 50k\Omega=25k\Omega$$

$$v_{in}=\frac{50k\Omega}{53.6k\Omega}\times 1V=0.933V$$

**4.** 직렬 제한저항을 통해서 흐르는 전류는 14.7mA이다. $I_S=\dfrac{20V-10V}{680\Omega=14.7}mA$

다음으로 베이스 전류를 구하면 부하전압은 9.3V이고 부하전류는 0.62A, 베이스 전류는 7.75mA가 되며 제너 전류는 6.95mA이다. $V_{out}=V_Z-V_{BE}=10V-0.7V=9.3V$,

$$I_E=\frac{V_{out}}{R_L}=\frac{9.3V}{15\Omega}=0.62A,\ I_B=\frac{I_E}{\beta_{dc}}=\frac{0.62A}{80}=7.75mA,\ I_Z=14.7mA-7.75mA=6.95mA$$

중요한 점은 제너 전류가 부하전류보다 아주 적다는 사실이다(6.95mA 대 0.62A). 이것은 회로를 이해하는 중요한 관계이며, 간단한 제너 조정기는 mA 단위의 전류를 감당하지만 수백 mA의 부하전류를 얻을 수 있는 이미터 폴로워와 직렬로 연결된다. 제너 다이오드를 통해서 흐르는 직류전류 혹은 전체 전류 때문에 $\beta_{dc}$를 사용한다.

**5.** $V_B=\dfrac{3k\Omega}{12k\Omega+3k\Omega}\times 15V=3V,\ V_{E1}=V_B-V_{BE}=3V-0.7V=2.3V,\ I_{E1}=\dfrac{V_{E1}}{R_E}=\dfrac{2.3V}{2k\Omega}=1.15mA$

$$r_e'=\frac{25mV}{I_E}=\frac{25mV}{1.15mA}=21.7\Omega,\ A=-\frac{R_C}{r_e'}=-\frac{5.1k\Omega}{21.7\Omega}=-235,$$

$$z_{in}=12k\Omega \parallel 3k\Omega \parallel (235\times 21.7\Omega)=1320\Omega,\ V_1=\frac{1320\Omega}{3300\Omega+1320\Omega}\times 4mV=1.143mV,$$

$$Av_1=-2356\times 1.143mV=-268.6mV,\ V_2=Av_1,\ z_{out(이미터)}=21.7\Omega+\frac{5100\Omega}{135}=59.5\Omega,$$

$$z_{out1}=6.2k\Omega \parallel 0.75k\Omega=669\Omega,\ v_{out}=\frac{669\Omega}{669\Omega+59.5\Omega}\times 268.6mV=-251mV$$

**6.** $V_{out}=V_z-V_{BE}=6.2V-0.7V=5.5V$, 820Ω에 흐르는 전류를 $I_S$라고 가정하면

$$I_S=\frac{15V-6.2V}{820\Omega}=10.7mA,\ I_E=\frac{V_{OUT}}{R_L}=\frac{5.5V}{22\Omega}=0.25A,\ I_B=\frac{I_E}{\beta}=\frac{0.25A}{120}=2.08mA,$$

$$I_Z=I_S-I_B=10.7mA-2.08mA=8.62mA,\ r_e'=\frac{25mV}{I_E}=\frac{25mV}{0.25A}=0.1\Omega,$$

$$z_{out}=r_e'+\frac{R_Z}{\beta}=0.1\Omega+\frac{6\Omega}{120}=0.15\Omega$$

**7.** $V_B=\dfrac{2.4k\Omega}{10k\Omega+2.4k\Omega}\times 15V=2.9V,\ V_E=V_B-V_{BE}=2.9V-0.7V=2.2V$

$$I_E=\frac{V_E}{R_E}=\frac{2.2V}{1.2k\Omega}=1.83mA,\ I_E\cong I_C=1.83mA,\ I_B=\frac{I_E}{\beta}=\frac{1.83mA}{75}=24.4\mu A,$$

$$V_C=V_{CC}-I_CR_C=15V-1.83mA\times 3k\Omega=8.96V$$

**8.** 이미터 고장은 (c)와 (d)

제 5 장

# H 파라미터

하이브리드 파라미터(hybrid parameter) H는 트랜지스터 회로해석을 선형화하기 위한 진보된 수학적 접근방식으로 트랜지스터 증폭기의 정확한 전압이득, 전류이득, 입력 임피던스, 출력 임피던스를 구할 수 있다.

H파라미터를 사용하면 계산에 많은 시간이 소비되지만 다음의 두 가지 조건을 만족한다면, 이런 접근방식은 아주 유용한 것이 될 것이다. 첫째는 가장 정확한 답을 필요로 하는 설계를 하는 경우이고, 둘째는 컴퓨터를 사용하는 경우이다.

컴퓨터는 절대적으로 필요한 것은 아니지만 H파라미터를 설계하고 해석하는데 있어서 사람이 갖는 실수나 권태를 줄일 수 있다.

## 5-1 4가지 파라미터 시스템

테브닌의 정리와 노턴의 정리는 <그림 5-1>에 표시된 것과 같은 2포트(port) 회로망에 적용시킬 수 있다. $v_1$은 입력 포트 양단에 걸리는 전압으로 입력 포트로 들어가는 전류 $i_1$을 설정한다. 교류 출력전압 $v_2$는 출력단에 나타나는 전압으로 교류 출력전류 $i_2$를 갖는다. 정의에 의해서 포트쪽으로 유입되는 방향의 전류는 +, 포트에서 나오는 방향의 전류는 −로 표시한다.

### Z 파라미터

회로가 오직 선형소자만 포함하고 있다면 <그림 5-1>(b)와 같은 교류 모델을 구하기 위해서 입·출력 포트에 테브닌의 정리를 적용시킬 수 있다. 어떤 포트에서 바라다보든지간에 임피던스는 전압원과 직렬로 연결되어 있다. 교류 모델에서 키르히호프의 전압법칙을 적용하면

$$v_1 = z_{11}i_1 + z_{12}i_2$$
$$v_2 = z_{21}i_1 + z_{22}i_2$$

로 표시되며 계수 $z_{11}$, $z_{12}$, $z_{21}$, $z_{22}$,는 Z파라미터라고 부른다.

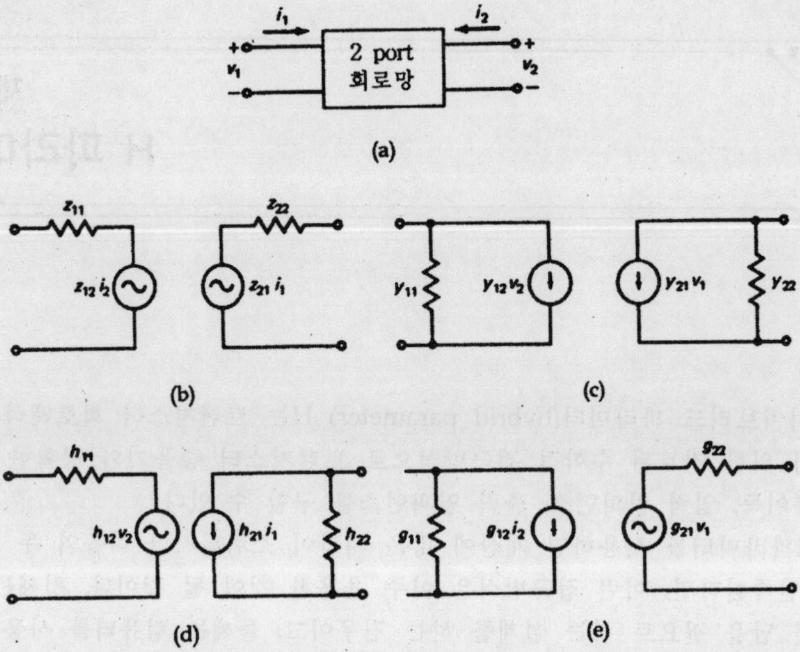


<그림 5-1> (a) 2-포트 회로망 (b) Z파라미터 (c) Y파라미터 (d) H파라미터 (e) G파라미터

## ▮Y 파라미터

만일 선형 회로망의 양측에 노턴의 정리를 적용시킨다면 <그림 5-1(c)>와 같은 등가회로를 구할 수 있다. 이때 각 포트는 전류원에 의해서 분기된 어드미턴스로 구성된다. 이러한 교류 모델에서 키르히호프의 전압법칙을 적용하면

$$i_1 = y_{11}v_1 + y_{12}v_2$$
$$i_2 = y_{21}v_1 + y_{22}v_2$$

로 표시되며, 계수 $y_{11}$, $y_{12}$, $y_{21}$, $y_{22}$를 Y파라미터라고 부른다. 어드미턴스 파라미터는 고주파에서 동작하는 트랜지스터 회로해석에 적용된다.

## ▮H 파라미터

만약 입력 포트에 테브닌의 정리를 적용하고 출력 포트에 노턴의 정리를 적용시킨다면 <그림 5-1(d)>와 같은 하이브리드 모델을 구할 수 있다. 입력측은 임피던스 $h_{11}$이 전원전압 $h_{12}v_2$와 직렬로 연결되고, 출력측은 어드미턴스 $h_{22}$에 의해서 전류원 $h_{21}i_1$이 분기되어 있다. 키르히호프의 전압법칙을 $h$파라미터 모델에 적용하면

$$v_1 = h_{11}i_1 + h_{12}v_2$$
$$i_2 = h_{21}i_1 + h_{22}v_2$$

로 표시된다. 계수 $h_{11}$, $h_{12}$, $h_{21}$, $h_{22}$를 하이브리드 파라미터라고 부르며, 간단하게 $H$파라미터라고 한다. 이것은 저주파에서 공통 이미터, 공통 컬렉터, 공통 베이스 증폭기의 해석에 사용된다.

### ■ G 파라미터

만약 노턴의 정리가 입력 포트에 적용되고 출력 포트에 테브닌의 정리가 적용된다면 <그림 5-1(e)>와 같은 교류 모델을 구할 수 있는데 입력측은 전류원에 의해서 어드미턴스가 션트되어 있고, 출력측은 전압원이 임피던스와 직렬로 연결된다. 키르히호프의 전압법칙을 적용하면

$$i_1 = g_{11}v_1 + g_{12}i_2$$

$$v_2 = g_{21}v_1 + g_{22}i_2$$

로 표시된다. 계수 $g_{11}$, $g_{12}$, $g_{21}$, $g_{22}$를 G파라미터라 부른다.

## 5-2 H 파라미터의 의미

트랜지스터 회로를 해석하는 4가지 시스템을 설명했는데 저주파에서 동작하는 트랜지스터의 해석에는 $h$파라미터가 가장 적합하다. 따라서 이 장의 나머지 부분에서는 $h$파라미터만을 사용하기로 한다.

<그림 5-2(a)>는 포트 전압과 포트 전류를 갖는 하이브리드 모델을 나타내고 있다. 포트의 전압은 그림에 표시된 것처럼 +, − 극성을 표시하고 전류도 포트로 유입되는 것을 +로 간주한다.

앞에서 표시한 대로 하이브리드 모델에 키르히호프의 전압법칙을 적용하면 식 (5-1)과 식 (5-2)로 표시된다.

$$v_1 = h_{11}i_1 + h_{12}v_2 \tag{5-1}$$

$$i_2 = h_{21}i_1 + h_{22}v_2 \tag{5-2}$$

### ■ 입력임피던스 $h_{11}$ ($h_i$)

$h_{11}$과 $h_{21}$의 물리적인 의미를 이해하기 위해서 다음 과정에 따라서 해석한다. 출력단자는 교류단락으로 가정하면 $v_1$=0이 되며, 하이브리드 식은 식 (5-3)과 (5-4)로 표시된다.

$$v_1 = h_{11}i_1 \tag{5-3}$$

$$i_2 = h_{21}i_1 \tag{5-4}$$

식 (5-3)을 풀어보면

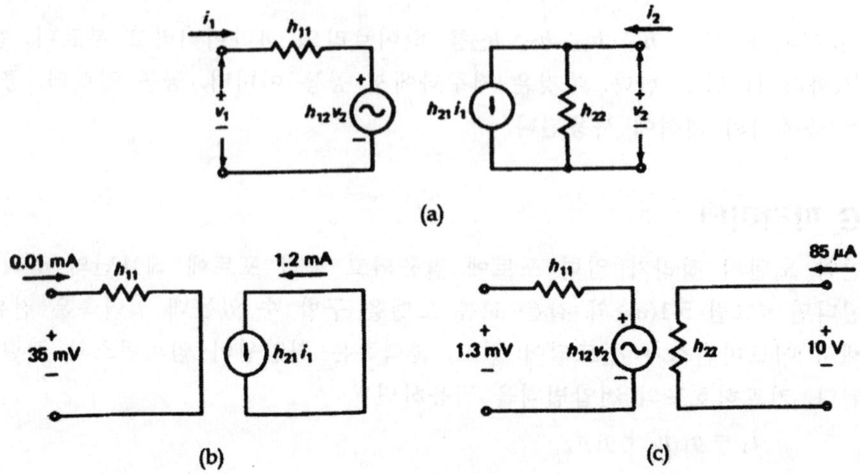


<그림 5-2> (a) 하이브리드 모델 (b) 출력단락 상태 (c) 입력개방 상태

$$h_{11} = \frac{v_1}{i_1}\bigg|_{v_2=0,\text{출력단락상태}} \tag{5-5}$$

이것은 전류로 전압을 나눈 차원이므로 $h_{11}$은 출력이 단락된 상태의 회로망의 입력 임피던스로 <그림 5-2(b)>에 표시된 것과 같다.

## ▮ 전류이득 $h_{21}$ ($h_f$)

식 (5-4)를 풀면

$$h_{21} = \frac{i_2}{i_1}\bigg|_{v_2=0,\text{출력단락상태}} \tag{5-6}$$

이것은 입력전류에 대한 출력전류의 비이므로 $h_{21}$을 출력단락 상태의 전류이득이라고 부른다. $i_2$=1.2mA이고, $i_1$=0.01mA라고 가정하면

$$h_{21} = \frac{i_2}{i_1} = \frac{1.2\text{mA}}{0.01\text{mA}} = 120$$

이다. 여기서 $h_{21}$은 출력이 단락된 상태의 회로망의 전류이득으로<그림 5-2(b)>에 표시된 것과 같다.

## ▮ 역전압이득 $h_{12}$ ($h_r$)

$h_{12}$와 $h_{22}$의 의미는 무엇인가? 입력단자가 개방된다고 가정하면 $i_1$=0이고, 식 (5-1)과 식 (5-2)는 식 (5-7)과 식 (5-8)로 간략화된다.

$$v_1 = h_{12}v_2 \tag{5-7}$$

$$i_2 = h_{22}v_2 \tag{5-8}$$

식 (5-7)을 풀면

$$h_{12} = \frac{v_1}{v_2}\bigg|_{i_1=0,\text{입력개방상태}} \quad (5\text{-}9)$$

$h_{12}$는 출력전압에 대한 입력전압의 비로 입력개방 상태의 역전압이득이라고 부른다. 다시 말하자면 신호발생기를 이용해서 출력을 구동시키고 입력측으로 귀환되는 신호를 측정하면 입력개방 상태의 역전압이득을 계산할 수 있다.

예를 들어서 출력 포트를 구동하는 전압이 10V이고, 입력 포트에 나타난 전압이 1.3mV라면

$$h_{12} = \frac{v_1}{v_2} = \frac{1.3\text{mV}}{10\text{V}} = 1.3 \times 10^{-4}$$

이다. 보다시피 역전압이득 $h_{12}$는 매우 적은 값이다. 따라서 $h_{12}$는 역방향으로는 회로가 잘 동작하지 않는다는 것을 의미한다. $h_{12}$는 입력 개방상태의 역방향이득으로 <그림 5-2(c)>와 같이 표시된다.

## ■ 출력어드미턴스 $h_{22}$ ($h_o$)

식 (5-8)을 풀면 식 (5-10)을 얻을 수 있다.

$$h_{22} = \frac{i_2}{v_2}\bigg|_{i_1=0,\text{입력개방상태}} \quad (5\text{-}10)$$

$h_{22}$는 출력전압에 대한 입력전류의 비로 입력개방 상태의 출력 어드미턴스라고 부른다. 예를 들면 $i_2$=85μA, $v_2$=10V라고 가정하면

$$h_{22} = \frac{i_2}{v_2} = \frac{85\mu\text{A}}{10\text{V}} = 8.5\mu\text{S}$$

가 된다[S는 지멘스(simens) 혹은 모스(mhos)를 표시하며, 옴(ohms)의 역수이다]. <그림 5-2(c)>에서 $h_{22}$는 어드미턴스이다.

## ■ H 파라미터의 측정

트랜지스터의 출력측의 양단을 교류적으로 단락시키거나 입력을 교류적으로 개방시키는 것은 실험실에서 쉽게 만들 수 있기 때문에 제작자들이 트랜지스터의 소신호 특성을 $h$파라미터로 측정해서 스펙을 제공하고 있다.

예를 들자면 1mA의 컬렉터 전류를 갖는 2N3904 공통 이미터 회로의 $h$파라미터는 다음과 같다.

$$h_{11} = 3.5\text{k}\Omega,\ h_{12} = 1.3 \times 10^{-4},\ h_{21} = 120,\ h_{22} = 8.5\mu\text{S}$$

$h_{22}$는 곡선추적기(curve tracer)에서 볼 수 있는 컬렉터 특성곡선의 기울기와 같다. 컬렉터 특성곡선의 수평부분에서 임의의 두 점을 선택했을 때 전류변화의

비와 전압변화의 비는 $h_{22}$가 된다. 컬렉터 특성곡선이 좀더 수평적으로 된다면 $2h_{22}$의 크기는 감소하게 되고 컬렉터 전류원은 아주 높은 임피던스를 갖게 된다.

**예제 5-1** $h_{11}=10k\Omega$, $h_{12}=0.5$, $h_{21}=100$, $h_{22}=2mS$, $i_1=1mA$, $v_2=2V$라고 가정할 때 $v_1$과 $i_2$는 어떻게 구해지는가?

**• 풀이 •**

$$v_1 = h_{11}i_1 + h_{12}v_2 = 10k\Omega \times 1mA + 0.5 \times 2V = 11V$$
$$i_2 = h_{21}i_1 + h_{22}v_2 = 100 \times 1mA + 2mS \times 2V = 104mA$$

## 5-3 해석공식

<그림 5-3(a)>는 2-포트 회로망을 구동하는 임피던스 $r_S$를 가지고 있으며 출력이 부하저항 $r_L$에 연결된 전압원 $v_s$를 표시하고 있다. 테브닌 교류저항이 입력단자를 구동시키고 부하저항 $r_L$은 출력단자에 연결된 교류 부하저항과 등가이다.

만약 트랜지스터의 $h$파라미터를 알고 있다면 정확한 전류이득, 전압이득, 입력 임피던스, 출력 임피던스를 구할 수 있다. 이 절의 예제로 1mA의 동작전류를 갖는 공통 이미터 회로에서 2N3904의 $h$파라미터를 사용한다.

### ▮ 전류이득

<그림 5-3(a)>에서

$$A_i = \frac{i_2}{i_1} \tag{5-11}$$

이다. 여기서 $A_i$는 전류이득, $i_2$는 교류출력전류, $i_1$은 교류입력전류를 의미한다. $i_1$과 $i_2$는 부하상태에서의 전류임을 명심하라. 이런 전류값들은 앞에서 구했던 출력단락 상태의 전류값과는 차이가 있다. 식 (5-2)를 식 (5-11)로 다시 쓰면

$$A_i = \frac{h_{21}i_1 + h_{22}v_2}{i_1} = h_{21} + h_{22}\frac{v_2}{i_1}$$

로 구해진다. 여기서 <그림 5-3(a)>를 살펴보면

$$v_2 = -i_2 r_L$$

임을 알 수 있다. 이 값을 식에 대입시키면

$$A_i = h_{21} - h_{22}\frac{i_2 r_L}{i_1} = h_{21} - A_i h_{22} r_L$$

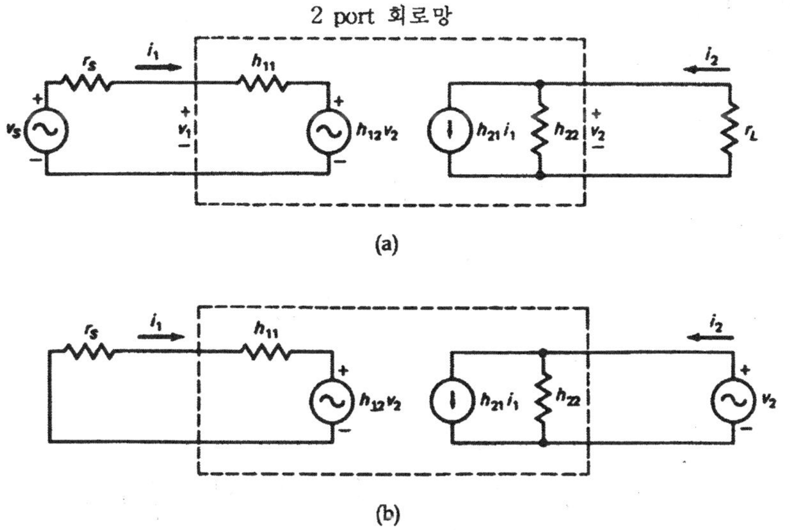


<그림 5-3> (a) 부하저항과 전원을 갖는 2-포트 회로망 (b) 출력 임피던스를 구동하기 위한 출력측 구동

이 된다. 여기서 전류이득 $A_i$를 구하면 식 (5-12)가 구해진다.

$$A_i = \frac{h_{21}}{1 + h_{22}r_L} \tag{5-12}$$

예를 들어서

$$h_{21} = 120,\ h_{22} = 8.5\mu\text{S},\ r_L = 3.6\text{k}\Omega$$

이라고 가정하면 전류이득은 116이다.

$$A_i = \frac{h_{21}}{1 + h_{22}r_L} = \frac{120}{1\ +\ (8.5 \times 10^{-6} \times 3.6 \times 10^3)} = 116$$

이 예제에서 사용된 $h$값은 1mA의 직류 컬렉터 전류를 갖는 2N3904의 $h$파라미터이다. 부하상태의 2N3904의 전류이득은 출력단락 상태에서 갖는 전류이득보다 작다는 것을 확인할 수 있다(116대 120).

전류원의 출력 임피던스를 고려해보자. 앞 장에서는 컬렉터 전류원을 이상적으로 취급했다. 이제 출력 어드미턴스 $h_{22}$를 사용함으로써 전원 임피던스를 포함시킬 수 있다. $h_{22}$의 역을 구하면 118kΩ의 임피던스가 된다.

$$\frac{1}{h_{22}} = \frac{1}{8.5\mu\text{S}} = 118\text{k}\Omega$$

이것은 8.5μS의 출력 어드미턴스는 118kΩ의 출력 임피던스와 같다는 의미이다. 이런 임피던스가 전류원의 전류를 shunt시켜서 전류이득을 약간 적게 한다.

## ▮ 전압이득

<그림 5-3(a)>에서

$$A_v = \frac{v_2}{v_1}$$

이다. 여기서 $A_v$는 전압이득, $v_2$는 교류 출력전압, $v_1$은 교류 입력전압을 의미한다. 식 (5-1)에서

$$A_v = \frac{v_2}{h_{21}i_1 + h_{22}v_2} = \frac{-i_2 r_L}{h_{11} - h_{12}i_2 r_L}$$

로 구해진다. 분모와 분자를 $i_2$로 나누면

$$A_v = \frac{-r_L}{(h_{11}/A_i) - h_{12}r_L}$$

이 된다. 식 (5-12)를 사용해서 위 식을 다시 정리하면 식 (5-13)을 구할 수 있다.

$$A_v = \frac{-h_{21}r_L}{h_{11} + (h_{11}h_{22} - h_{12}h_{21})r_L} \tag{5-13}$$

예를 들어서 앞에서 주어진 2N3904의 $h$파라미터를 사용하고 부하저항을 3.6 kΩ이라고 가정하면,

$$h_{11}h_{22} - h_{12}h_{21} = 3.5\times10^3\times8.5\times10^{-6} - 1.3\times10^{-4}\times120 = 0.0142$$

이므로

$$A_v = \frac{-h_{21}r_L}{h_{11} + (h_{11}h_{22} - h_{12}h_{21})r_L} = \frac{-(120\times3600)}{3500 + (0.0412\times3600)} = -121.7$$

이 구해진다. 여기서 −부호는 위상이 반전된다는 사실을 나타낸다.

## ▮ 입력 임피던스

부하가 걸린 2-포트 회로망의 입력 임피던스는

$$z_{\text{in}} = \frac{v_1}{i_1} = \frac{h_{11}i_1 + h_{12}v_2}{i_1} = h_{11} + \frac{h_{12}v_2}{i_1}$$

이다. $v_2 = -i_2 r_L$이므로

$$z_{\text{in}} = h_{11} - \frac{h_{12}i_2 r_L}{i_1} = h_{11} - A_i h_{12} r_L$$

이 되고, 식 (5-12)를 사용해서 위 식을 정리하면 식 (5-14)가 구해진다.

$$z_{\text{in}} = h_{11} - \frac{h_{12}h_{21}r_L}{1 + h_{22}r_L} \tag{5-14}$$

예를 들어서 앞에서 주어진 2N3904의 $h$파라미터를 사용하고 부하저항이 3.6

kΩ이라고 가정하면 다음과 같다.

$$z_{\text{in}} = h_{11} - \frac{h_{12} i_2 r_L}{1 + h_{22} r_L}$$

$$= 3.5\text{k}\Omega - \frac{(1.3 \times 10^{-4} \times 120 \times 3.6 \times 10^3)}{1 + 8.5 \times 10^{-6} \times 3.6 \times 10^3} = 3.45\text{k}\Omega$$

### ▮ 출력 임피던스

출력 임피던스를 구하기 위해서 <그림 5-3(b)>에 표시된 것처럼 전원전압을 0V까지 감소시킨다. 이런 경우 출력단자는 $v_2$의 신호에 의해서 구동된다. $v_2$에 대한 $i_2$의 비가 2-포트 회로망의 출력 임피던스이다. 출력 임피던스는 식 (5-15)와 같다.

$$z_{\text{out}} = \frac{v_2}{i_2} = \frac{v_2}{h_{21} i_1 + h_{22} v_2} \tag{5-15}$$

입력측에 옴의 법칙을 적용하면

$$i_1 = \frac{-h_{12} v_2}{r_s + h_{11}}$$

이다. 식 (5-15)에 대입해서 위 식을 다시 정리하면 식 (5-16)을 얻을 수 있다.

$$z_{\text{out}} = \frac{r_s + h_{11}}{(r_s + h_{11}) h_{22} - h_{12} h_{21}} \tag{5-16}$$

앞에서 주어진 $h$파라미터를 사용하고 전원저항이 1kΩ이라고 가정하면,

$$z_{\text{out}} = \frac{1\text{k}\Omega + 3.5\text{k}\Omega}{(4.5\text{k}\Omega \times 8.5 \times 10^{-6}) - (1.3 \times 10^{-4} \times 120)} = 199\text{k}\Omega$$

이다.

## 5-4 공통 이미터 회로 해석

트랜지스터의 $h$파라미터는

출력 단락상태의 입력 임피던스 $h_i = h_{11}$

입력 개방상태의 역전압 이득 $h_r = h_{12}$

출력 단락상태의 순방향 전류이득 $h_f = h_{21}$

입력 개방상태의 출력 어드미턴스 $h_o = h_{22}$

로 표시된다. 이것을 잘 기억하기 위해서 첨자가 의미하는 단어를 잘 이해해야 한다.

$i$=input, $r$=reversem, $f$=forward, $o$=output

트랜지스터의 $h$파라미터는 공통 컬렉터, 공통 이미터, 공통 베이스와 같이 어떤 접속을 하느냐에 따라서 달라진다. 문자 $e$는 공통 이미터 연결을, 문자 $c$는 공통 컬렉터 연결을, 문자 $b$는 공통 베이스 연결을 의미한다.

[표 5-1]은 일반적으로 사용되는 트랜지스터의 $h$파라미터를 요약한 것이다. 공통 이미터 연결에서는 $h_{ie}$, $h_{re}$, $h_{fe}$, $h_{oe}$로 표시된다.

예를 들면 1mA 컬렉터 동작전류를 갖는 2N3904의 $h$파라미터를 기록한 데이터 시트에는

$$h_{ie} = 3.5\text{k}\Omega,\ h_{re} = 1.3 \times 10^{-4},\ h_{fe} = 120,\ h_{oe} = 8.5\mu\text{S}$$

로 표시되어 있다.

[표 5-1] 관 계 식

| 일반적인 표시 | 공통 이미터 | 공통 컬렉터 | 공통 베이스 |
|---|---|---|---|
| $h_{11}$ | $h_{ie}$ | $h_{ic}$ | $h_{ib}$ |
| $h_{12}$ | $h_{re}$ | $h_{rc}$ | $h_{rb}$ |
| $h_{21}$ | $h_{fe}(\beta)$ | $h_{fc}$ | $h_{fb}(\alpha)$ |
| $h_{22}$ | $h_{oe}$ | $h_{oc}$ | $h_{ob}$ |

## 공 식

공통 이미터 증폭기의 $h$파라미터 공식은 다음과 같이 표시된다.

$$A_i = \frac{h_{fe}}{1 + h_{oe} r_L} \tag{5-17}$$

$$A_v = \frac{-h_{fe} r_L}{h_{ie} + (h_{ie} h_{oe} - h_{re} h_{fe}) r_L} \tag{5-18}$$

$$z_{\text{in}} = h_{ie} - \frac{h_{re} h_{fe} r_L}{1 + h_{oe} r_L} \tag{5-19}$$

$$z_{\text{out}} = \frac{r_s + h_{ie}}{(r_s + h_{ie}) h_{oe} - h_{re} h_{fe}} \tag{5-20}$$

## H 파라미터의 변화

$h$파라미터는 $Q$점에 따라서 달라진다. <그림 5-4(a)>는 2N3904의 일반적인 $h_{ie}$ 값을 표시하고 있다. 그림에 표시된 것처럼 동작점의 컬렉터 전류가 증가하면 $h_{ie}$는 감소한다. 컬렉터 전류가 1mA일 때 $h_{ie}$는 대략 3.5kΩ이 된다.

이미 앞에서 설명했던 얼리 효과를 다시 회상하면 컬렉터 전압이 증가할 때

베이스 전류는 감소하게 된다. 이것은 출력회로가 입력회로에 영향을 미친다는 것을 의미한다. 따라서 역전압 이득 $h_{re}$ 얼리 효과를 측정한 것과 같다는 것을 알 수 있다.

<그림 5-4(b)>는 2N3904의 $h_{re}$가 변화하는 것을 표시한 것으로 역전압이득이 대략 2mA의 전류에서 최소가 된다는 것을 유의해야 한다. 이런 컬렉터 전류의 위 아래에서 $h_{re}$가 증가하는데 이것은 얼리 효과가 커진다는 의미이다. 이미 앞에서 언급했던 것처럼 $h_{fe}$는 β와 같은 값이다.

<그림 5-4(c)>는 $h_{fe}$의 변화를 표시하고 있다. $I_C$가 0.1mA에서 10mA까지 변화하는 동안 $h_{fe}$가 어떻게 변화하는가를 유의해야 한다. 비록 그림에는 표시되지 않았지만 $h_{fe}$는 어떤 높은 전류에서 최대가 되었다가 다시 감소하게 된다.

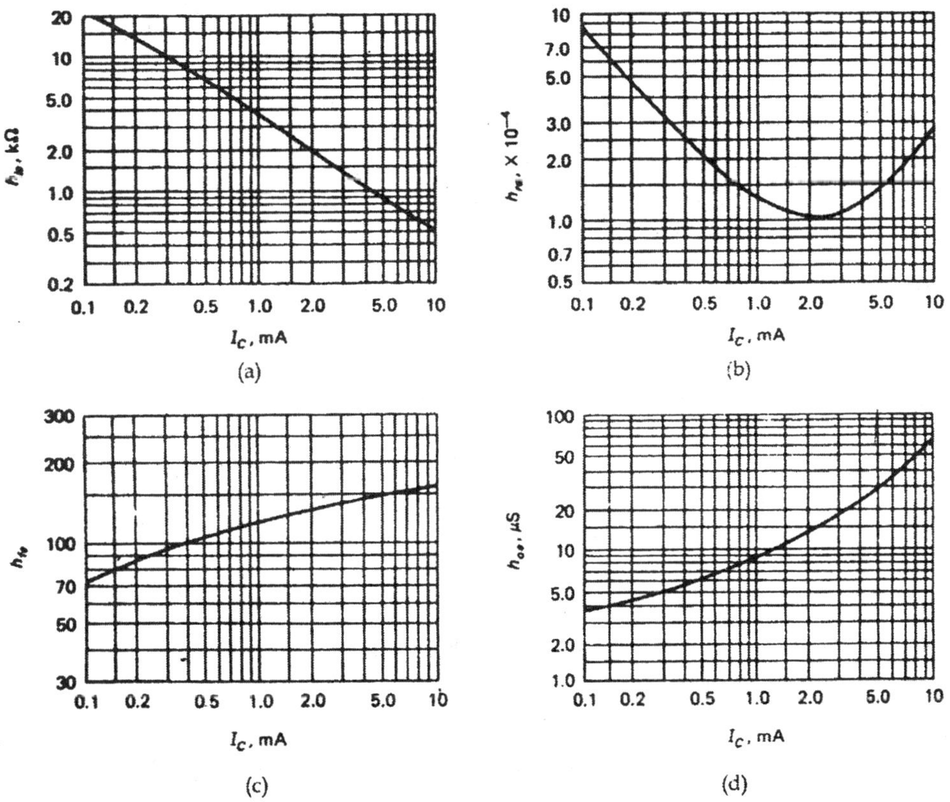


<그림 5-4> 파라미터 그래프 (a) 입력 임피던스 (b) 역전압 이득
(c) 순방향 전류이득 (d) 출력 어드미턴스

끝으로 <그림 5-4(d)>는 동작점의 컬렉터 전류가 갖는 $h_{oe}$의 변화를 표시하고 있다. 출력 어드미턴스 $h_{oe}$는 높은 컬렉터 전류에서 증가한다. 이것은 컬렉터 전류가 증가할 때 전류원의 출력 임피던스가 감소한다는 뜻이다.

## ▌이미터 다이오드의 교류저항

이미 $\beta = h_{fe}$라는 것은 알고 있는 사실이며, $h_{ie}$는 출력이 단락된 상태의 공통 이미터 트랜지스터의 입력 임피던스라는 것도 알고 있다. 또한 공통 이미터 트랜지스터의 $z_{in(base)}$가 $\beta r_e'$와 같다는 사실도 알고 있다. 이와 같은 사실을 연결지으면

$$h_{ie} = \beta r_e' = h_{fe} r_e'$$

로 쓸 수 있고

$$r_e' \cong \frac{h_{ie}}{h_{fe}} \tag{5-21}$$

로 표시된다. 식 (5-21)은 $h$파라미터와 $r_e'$가 관계를 가지고 있기 때문에 매우 유용하게 사용되는 공식으로 데이터 시트에 꼭 기록되어 있는 물리량이다.

예를 들면 2N3904는 $I_C = 1\text{mA}$에서 $h_{ie} = 3.5\text{k}\Omega$, $h_{fe} = 120$이므로

$$r_e' = \frac{3.5\text{k}\Omega}{120} = 29.2\,\Omega$$

이다. 이것은 이상적인 저항 25Ω보다 조금 큰 크기이지만(25대 29.2), 이런 오차가 발생되는 것은 2N3904의 접합이 비선형 특성을 갖기 때문이다.

지금까지는 $r_e'$를 $\dfrac{25\text{mV}}{I_E}$로 계산했으나 식 (5-21)은 소신호 트랜지스터용 데이터 시트에 기록된 $h$파라미터를 사용해서 계산하게 되므로 좀더 정확한 $r_e'$를 구할 수 있다. 이런 값들은 앞 장에서 간단한 근사법을 사용해서 구한 값들 보다 더 정확한 값을 제공해준다.

예를 들면 $I_C = 1\text{mA}$이고, $R_C = 5\text{k}\Omega$이라고 가정하면 이상적인 전압이득은

$$A_v = -\frac{5000\,\Omega}{25\,\Omega} = -200$$

이다. 여기서 식 (5-21)을 사용하면 $r_e'$는 29.2Ω이 된다. 따라서 정확한 전압이득은

$$A_v = -\frac{5000\,\Omega}{29.2\,\Omega} = -171$$

이 된다. 여기서 식 (5-18)을 사용해서 아주 정확한 전압이득을 계산하면

$$A_v = \frac{-120 \times 5000\,\Omega}{3500\,\Omega + (0.0142 \times 5000\,\Omega)} = -168$$

이 된다.

**예제 5-2** <그림 5-5(a)>의 회로에서 파라미터를 사용해서 전압이득, 입력 임피던스, 출력 임피던스를 구하시오.

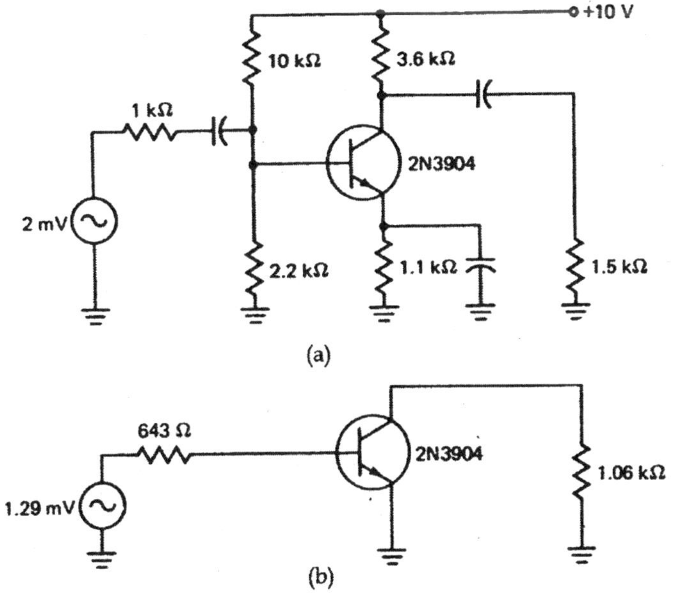


<그림 5-5> (a) 공통 이미터 증폭기 (b) 교류 등가회로

**• 풀이 •** 직류 이미터 전류는 대략 1mA이다. 따라서 2N3904의 일반적인 *h*파라미터 값을 데이터 시트에서 읽으면 $h_{ie}=3.5\text{k}\Omega$, $h_{re}=1.3\times10-4$, $h_{fe}=120$, $h_{oe}=8.5\mu\text{S}$이다. 이것은 트랜지스터 자체에만 적용할 수 있는 값들이다.

*h*파라미터를 사용하고자 할 때 기본적인 접근방법은 <그림 5-5(b)>에 표시한 것처럼 베이스를 구동시키는 회로를 테브닌화하는 일이다. 여기서 $r_s$는 643Ω이다. 이와 유사하게 교류 부하저항 $r_L$이 3.6kΩ과 1.5kΩ의 합성저항이 1.06kΩ이 된다.

이제 <그림 5-5(b)>의 트랜지스터는 *h*파라미터를 사용할 수 있는 2-포트 회로망처럼 동작한다. 따라서 식 (5-18)을 이용해서 전압이득을 구할 수 있다.

$$A_v=\frac{-120\times1060\Omega}{3500\Omega+(0.0142\times1060\Omega)}=-36.2$$

식 (5-19)로부터 $z_{\text{in}}$을 구하면

$$z_{\text{in}}=3.5\text{k}\Omega-\frac{1.3\times10^{-4}\times120\times1060\Omega}{1+(8.5\times10^{-6}\times1060\Omega)}=3.48\text{k}\Omega$$

식 (5-20)으로부터 $z_{\text{out}}$을 구하면

$$z_{\text{out}}=\frac{643\Omega+3500\Omega}{(4143\times8.5\times10^{-6})-(1.3\times10^{4}\times120)}=211\text{k}\Omega$$

이다.

## 5-5 공통 컬렉터 증폭기 해석

이미터 폴로워를 해석하기 위해서는 공통 컬렉터 증폭기의 $h$파라미터인 $h_{ic}$, $h_{rc}$, $h_{fc}$, $h_{oc}$를 사용해야 한다. 앞에서 이미 유도한 공식에 $h$파라미터를 대입하면 식 (5-22), (5-23), (5-24), (5-25)를 얻을 수 있다.

$$A_i = \frac{h_{fc}}{1+h_{oc}r_L} \quad (5\text{-}22)$$

$$A_v = \frac{-h_{fc}r_L}{h_{ic}+(h_{ic}h_{oc}-h_{rc}h_{fc})r_L} \quad (5\text{-}23)$$

$$z_{\text{in}} = h_{ic} - \frac{h_{rc}h_{fc}r_L}{1+h_{oc}r_L} \quad (5\text{-}24)$$

$$z_{\text{out}} = \frac{r_s+h_{ic}}{(r_s+h_{ic})h_{oc}-h_{rc}h_{fc}} \quad (5\text{-}25)$$

이런 식을 사용하면 이미터 폴로워의 입력 임피던스, 전압이득, 출력 임피던스를 정확하게 계산할 수 있다. 그러나 한 가지 가벼운 문제점에 있는데, 그것은 데이터 시트에는 공통 이미터의 $h$파라미터만 기록되어 있기 때문에 이미터 폴로워에서 사용하기 위해서는 다음의 변환과정을 거쳐야 한다.

$$h_{ic} = h_{ie},\ h_{rc} = 1-h_{re},\ h_{fc} = -(1+h_{fe}),\ h_{oc} = h_{oe}$$

**예제 5-3** <그림 5-6(a)>에 표시된 공통 컬렉터 증폭기(이미터 폴로워)의 정확한 전류이득, 전압이득, 입력 임피던스, 출력 임피던스를 계산하시오.

**• 풀이 •** 2N3094는 동작점에서 대략 1mA의 컬렉터 전류를 갖는 일반적인 공통 이미터의 $h$파라미터는 $h_{ie}$=3.5kΩ, $h_{re}$=1.3×10−4, $h_{fe}$=120, $h_{oe}$=8.5μS이다. 이 식을 변환과정을 통해서 변환하면

$$h_{ic} = h_{ie} = 3.5\text{k}\Omega, \quad h_{rc} = 1-h_{re} = 1-1.3\times10^{-4} \cong 1,$$

$$h_{fc} = -(1+h_{fe}) = -(1+120) = -121, \quad h_{oc} = h_{oe} = 8.5\mu\text{S}$$

이다. 베이스 회로를 테브닌화하고 출력저항을 연결하면 <그림 5-6(b)>와 같은 등가회로를 구할 수 있다. 식 (5-22), (5-23), (5-24), (5-25)를 사용하면 다음을 계산할 수 있다.

$$A_i = \frac{-121}{1+(8.5\times10^{-6}\times542)} = -120$$

$$h_{ic}h_{oc}-h_{rc}h_{fc} = (3.5\times10^3\times8.5\times10^{-6})-1\times(-121) = 121$$

$$A_v = \frac{121\times542}{3500+(121\times542)} = 0.949$$

$$z_{\text{in}} = 3.5\text{k}\Omega - \frac{(-121)\times 542}{1+(8.5\times 10^{-6}\times 542)} = 68.8\text{k}\Omega$$

$$z_{\text{out}} = \frac{2.09\text{k}\Omega + 3.5\text{k}\Omega}{(5590\times 8.5\times 10^{-6})+120} = 46.2\Omega$$

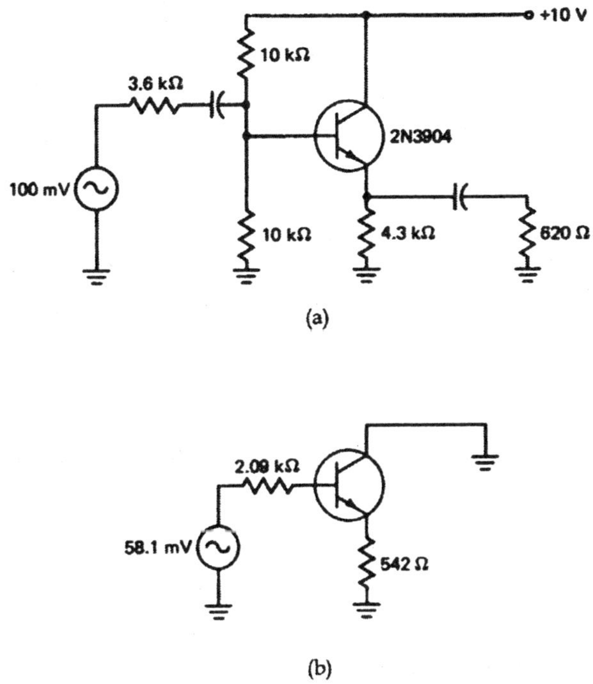


<그림 5-6> (a) 공통 컬렉터 증폭기 (b) 교류 등가회로

## 5-6 공통 베이스 증폭기 해석

공통 베이스 증폭기를 해석하기 위해서는 공통 베이스 증폭기 파라미터인 $h_{ib}$, $h_{rb}$, $h_{fb}$, $h_{ob}$가 필요하게 되어 전류이득, 전압이득, 입력 임피던스, 출력 임피던스 공식은 식 (5-26), (5-27), (5-28), (5-29)와 같다.

$$A_i = \frac{h_{fb}}{1+h_{ob}r_L} \tag{5-26}$$

$$A_v = \frac{-h_{fb}r_L}{h_{ib}+(h_{ib}h_{ob}-h_{rb}h_{fb})r_L} \tag{5-27}$$

$$z_{\text{in}} = h_{ib} - \frac{h_{rb}h_{fb}r_L}{1+h_{ob}r_L} \tag{5-28}$$

$$z_{\text{out}} = \frac{r_s + h_{ib}}{(r_s + h_{ib})h_{ob} - h_{rb}h_{fb}} \tag{5-29}$$

공통 이미터 파라미터 $h_e$를 공통 베이스 파라미터 $h_b$로 변환시키기 위해서 다음의 변환공식을 사용하면 식 (5-30), (5-31), (5-32), (5-33)을 얻을 수 있다.

$$h_{ib} = \frac{h_{ie}}{(1+h_{fe})(1-h_{re}) + h_{ie}h_{oe}} \tag{5-30}$$

$$h_{rb} = \frac{h_{ie}h_{oe} - h_{re}(1+h_{fe})}{(1+h_{fe})(1-h_{re}) + h_{ie}h_{oe}} \tag{5-31}$$

$$h_{fb} = \frac{-h_{fe}(1-h_{re}) - h_{ie}h_{oe}}{(1+h_{fe})(1-h_{re}) + h_{ie}h_{oe}} \tag{5-32}$$

$$h_{ob} = \frac{h_{oe}}{(1+h_{fe})(1-h_{re}) + h_{ie}h_{oe}} \tag{5-33}$$

**예제 5-4** <그림 5-7(a)>에 표시된 공통 베이스 증폭기의 전류이득, 전압이득, 입력 임피던스, 출력 임피던스를 계산하시오.

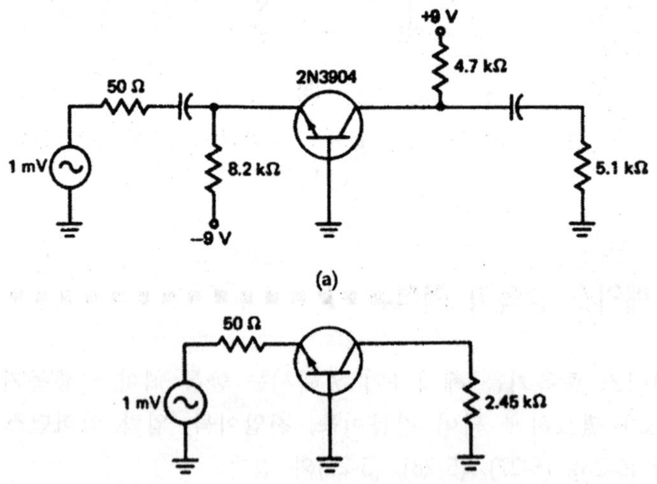


<그림 5-7> (a) 공통 베이스 증폭기 (b) 교류 등가회로

**• 풀이 •** 동작점의 컬렉터 전류는 대략 1mA이다. 따라서 앞에서 사용한 공통 이미터 파라미터를 이용한다.

$$(1+h_{fe})(1-h_{re}) + h_{ie}h_{oe} = (1+120)(1-0.00013) + (3500 \times 8.5 \times 10^{-6}) = 121$$

이므로

$$h_{ib} = \frac{3500\Omega}{121} 28.9\Omega$$

$$h_{rb} = \frac{(3500 \times 8.5 \times 10^{-6}) - 1.3 \times 10^{-4} \times (1+120)}{121} = 1.16 \times 10^{-4}$$

$$h_{fb} = \frac{-120(1-0.00013) - (3500 \times 8.5 \times 10^{-6})}{121} = -0.992$$

$$h_{ob} = \frac{8.5\mu S}{121} = 0.0702\mu S$$

이다. 입력측을 테브닌화시키고 부하저항을 연결하면 <그림 5-7(b)>와 같은 교류 등가회로를 구할 수 있다.

$$A_i = \frac{-0.992}{1+(7.02 \times 10^{-8} \times 2450)} = -0.992$$

$$h_{ib}h_{ob} - h_{rb}h_{fb} = (28.9 \times 7.02 \times 10^{-8}) - (1.16 \times 10^{-4}) \times (-0.992)) = 1.17 \times 10^{-4}$$

$$A_v = \frac{0.992 \times 2450}{28.9 + (1.17 \times 10^{-4} \times 2450)} = 83.3$$

$$z_{\text{in}} = 28.9\Omega - \frac{1.16 \times 106 - 4 \times (-0.992) \times 2450}{1+(7.02 \times 10^{-8} \times 2450)} = 29.2\Omega$$

$$z_{\text{out}} = \frac{50\Omega + 28.9\Omega}{(78.9 \times 7.02 \times 106 - 8) - (1.16 \times 10^{-4} \times (-0.992))} = 654\text{k}\Omega$$

이다.

## 기초문제

1. 일반적인 2-포트 회로를 그리고 전압전류의 관계를 나타내는 $h$파라미터 공식을 쓰시오.
2. 트랜지스터를 2-포트 회로로 구성할 수 있는 이유는 무엇인가? $h$파라미터 공식을 쓰시오.
3. 트랜지스터의 $h$파라미터는 직류 바이어스 레벨에 영향을 받는가? 그렇다면 왜 그런가?
4. 일반적으로 무시할 수 있는 $h$파라미터는 어떤 것인가? 왜 그런가?
5. 트랜지스터의 2N3904의 파라미터 모델을 그리고 일반적인 크기를 표시하시오.
6. 트랜지스터의 $h$파라미터 설명 중 적당치 않은 것은 어느 것인가?
   (a) $h_{rc} \cong 1$이다.
   (b) $h_{ie}$ 정수는 측정시 출력단을 개방시킨다.
   (c) $h$파라미터는 보통 270Hz, 1kHz 같은 저주파수값을 가리킨다.
   (d) $h_{oc} = h_{oe}$이다.
   (e) $h_{fe}$는 같은 품종이라도 성능에 따라 R, O, Y, GR, BL 등으로 마킹되어 나온다.
7. 트랜지스터의 $h$파라미터를 나타낸 식으로 잘못된 것은 어느 것인가?

   (a) $h_{fe} = \left.\dfrac{\Delta I_C}{\Delta I_B}\right|_{\text{출력단락상태}}$ (b) $h_{re} = \left.\dfrac{\Delta V_{BE}}{\Delta V_{CE}}\right|_{\text{입력개방상태}}$

   (c) $h_{ie} = \left.\dfrac{\Delta V_{BE}}{\Delta I_B}\right|_{\text{출력단락상태}}$ (d) $h_{oe} = \left.\dfrac{\Delta I_C}{\Delta V_{BE}}\right|_{\text{입력개방상태}}$

8. 트랜지스터의 공통 이미터 회로와 공통 베이스 회로의 관계식 중 옳은 것을 고르시오.

   (a) $h_{fe} = \dfrac{h_{fb}}{1-h_{fb}}$ (b) $h_{fb} = \dfrac{h_{fe}}{1-h_{fe}}$ (c) $h_{fe} = \dfrac{h_{fb}}{1+h_{fb}}$ (d) $h_{fb} = \dfrac{-h_{fe}}{1+h_{fe}}$

9. 공통 이미터 회로의 출력 어드미턴스 $h_{oe}$와 공통 컬렉터 회로의 출력 어드미턴스 $h_{oc}$의 관계식은 어떻게 표시되는가?

   (a) $h_{oe} = h_{oc}$ (b) $h_{oe} = \dfrac{h_{oc}}{1+h_{fc}}$ (c) $h_{oe} = -\dfrac{h_{oc}}{h_{fc}}$ (d) $h_{oe} = -\dfrac{h_{fc}}{h_{oc}}$

10. 트랜지스터의 정적 특성에서 $V_{CE}$=6V일 때 $I_B$를 50μA에서 200μA까지 변화시킬 경우 $V_{BE}$가 0.1V에서 0.25V로 변화된다면 경우의 $h_{ie}$는 얼마의 크기를 갖는가?
    (a) 1200Ω (b) 1000Ω (c) 800Ω (d) 600Ω
11. 트랜지스터의 $I_B$가 100mA에서 $V_{CE}$를 5.5V에서 5.7V로 변화시켰을 때 $I_C$가 200mA에서 250mA로 변환된다면 트랜지스터의 $h_{oe}$는 얼마의 크기를 갖는가?

(a) 0.25S (b) 0.75S (c) 2.25Ω (d) 4Ω

**12.** 트랜지스터의 $h$파라미터 중에서 그 절대치가 1보다 작은 것은 어느 것인가?

(a) $h_{ie}$ (b) $h_{re}$ (c) $\frac{1}{h_{oe}}$ (d) $h_{fe}$

**13.** 공통 이미터형 증폭기에서 $R_L=1\text{k}\Omega$, $h_{fe}=98$, $h_{oe}=8.5\mu s$일 때 전류이득은 약 얼마인가?

(a) 50 (b) 75 (c) 98 (d) 100

{해답} **1.** $V_1=h_{11}I_1+h_{12}V_2$, $I_2=h_{21}I_1+h_{22}V_2$ **2.** 입력 포트와 출력 포트를 갖기 때문이다. **3.** 교류전압과 전류는 직류 바이어스 레벨에 영향을 받기 때문이다. **4.** $h_{re}$,너무 작기 때문이다. **5.** $h_{ie}=3.5\text{k}\Omega$, $h_{re}=1.3\times10^{-4}$, $h_{fe}=120$, $h_{oe}=8.5\mu\text{S}$ **6.** (b) **7.** (d) $h_{oe}=\frac{\Delta I_C}{\Delta V_{BE}}$ **8.** (a) **9.** (a) **10.** (b) **11.** (a) **12.** (b) **13.** (c)

## 응용문제

**1.** H파라미터에 대해서 설명하시오.

**2.** Y파라미터에 대해서 설명하시오.

**3.** Z파라미터에 대해서 설명하시오.

**4.** $\beta_{dc}$와 $h_{fe}$의 연관성에 대해서 설명하시오.

**5.** $\alpha_{dc}$와 $\beta_{dc}$를 $h$파라미터를 이용해서 표시하시오.

**6.** $h$파라미터 특성곡선 그래프를 읽는 방법을 설명해보시오.

## 연습문제

**1.** 2N4401이 2mA의 컬렉터 전류를 갖는 동작점에서 갖는 $h$파라미터 값은 $h_{ie}=3\text{k}\Omega$, $h_{re}=0.45\times10^{-4}$, $h_{fe}=225$, $h_{oe}=23\mu\text{S}$이다. 만약 $r_S=600\Omega$, $r_L=2\text{k}\Omega$이라고 가정하고 공통 이미터 증폭기에서의 $A_i$, $A_v$, $z_{in}$, $z_{out}$을 구하시오.

**2.** <그림 5-8>에서 첫째 단의 $A_i$와 $A_v$를 구하시오.

**3.** <그림 5-9>에서 둘째 단의 $A_i$와 $A_v$를 구하시오.

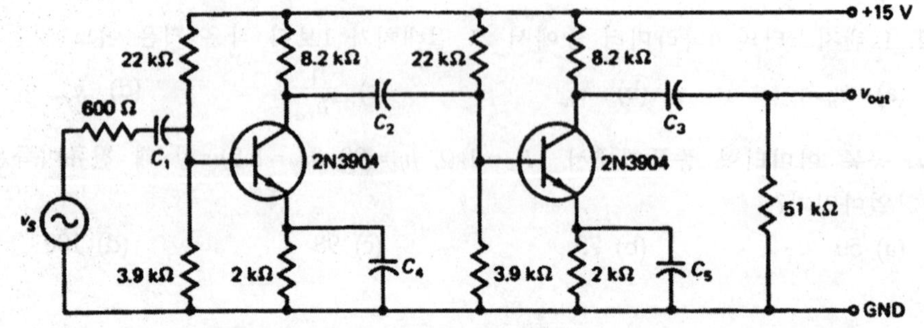


<그림 5-8>

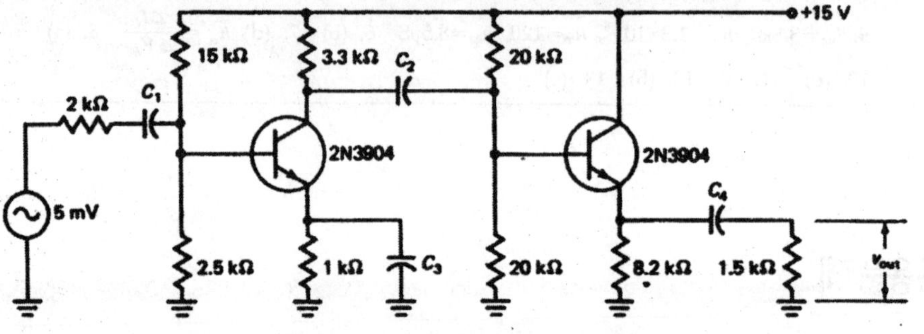


<그림 5-9>

**4.** <그림 5-8>의 최종 부하저항 양단에서 교류신호를 볼 수가 없다면 다음 중 어떤 고장이 발생할 수 있는가?

(a) 콘덴서 $C_1$이 단락 (b) 콘덴서 $C_4$가 개방상태

(c) 콘덴서 $C_2$가 개방상태 (d) 콘덴서 $C_5$가 개방상태

(e) 콘덴서 $C_3$가 단락상태

{해답} **1.** $h_{ie}=3\text{k}\Omega$, $h_{re}=0.45\times10^{-4}$, $h_{fe}=225$, $h_{oe}=23\mu\text{S}$, $r_S=600\Omega$, $r_L=2\text{k}\Omega$이므로

$$A_i=\frac{h_{fe}}{1+h_{oe}r_L}=\frac{225}{1+(23\ \mu\text{S}\times2\text{k}\Omega)}=215,\ A_v=\frac{-h_{fe}r_L}{h_{ie}+(h_{ie}h_{oe}-h_{re}h_{fe})r_L}=-144,$$

$$z_{in}=h_{ie}-\frac{h_{re}h_{fe}r_L}{1+h_{oe}r_L}=2.98\text{k}\Omega,\quad z_{out}=\frac{r_s+h_{ie}}{(r_s+h_{ie})h_{oe}-h_{re}h_{fe}}=4.95\text{k}\Omega$$ 이다.

**2.** $h_{ie}=3.5\text{k}\Omega$, $h_{re}=1.3\times10^{-4}$, $h_{fe}=120$, $h_{oe}=8.5\mu\text{S}$이다. 따라서

$$A_i=\frac{h_{fe}}{1+h_{oe}r_L}=-122,\ A_v=\frac{-h_{fe}r_L}{h_{ie}+(h_{ie}h_{oe}-h_{re}h_{fe})r_L}=-41$$ 이다.

**3.** 데이터 시트에서 2N3904의 H파라미터값을 읽으면 $h_{iC}=415\text{k}\Omega$, $h_{rC}=1-1.5\times10^{-4}\cong1$,

$h_{fe}=-124$, $h_{oe}=8.0\mu\text{S}$이다. $A_i=\dfrac{h_{fc}}{1+h_{oc}r_L}=-122$, $A_v=\dfrac{-h_{fc}r_L}{h_{ic}+(h_{ic}h_{oc}-h_{rc}h_{fc})r_L}\cong0.93$

**4.** $C_2$가 개방이면 최종 부하에 신호가 나오지 않는다.

제 6 장

# 전력증폭기

여러 증폭단의 전압이득을 거치면 신호의 스윙은 부하선 전체를 사용하게 된다. 전압이득 이후의 이득은 전류이득이어야 한다. 다시 말하자면 다단 증폭기의 최종 증폭단에서는 전압이득보다 전력이득을 더 중요시한다. 이런 마지막 증폭단에서는 부하저항이 작아지기 때문에 컬렉터 전류가 커지게 된다.

일반적인 AM 라디오에서 예를 들면 라우드 스피커의 임피던스인 최종 부하저항은 3.2Ω이다. 따라서 최종 증폭단은 이런 낮은 임피던스를 구동하기 위해서 충분히 큰 전류를 공급받아야 한다.

이미 앞장에서 언급한 바 있지만 소신호용 트랜지스터의 전력정격은 $\frac{1}{2}$W보다 작고 전력 트랜지스터는 $\frac{1}{2}$W보다 큰 전력정격을 갖는다. 소신호용 트랜지스터는 일반적으로 신호전력이 낮기 때문에 시스템의 앞단 근처에서 사용된다. 전력 트랜지스터는 신호전력이 높기 때문에 시스템의 마지막 증폭단에 사용된다.

이 장에서는 교류부하선, 교류출력 컴플라이언스, 동작방식, 기타 전력증폭기에 관련된 사항을 설명한다.

## 6-1 서　론

좀더 세게! 이것은 오늘날의 TV 인기 희극의 상투적인 어구이다. 점점 더 효과 있는 전력사용을 위해서 전자산업이 꾸준히 노력하고 있다는 것을 아주 잘 나타내고 있다.

라디오 헤드폰을 구동시키는 데 몇 와트의 전력만이 필요한 반면 거대한 스피커는 100와트 혹은 그 이상의 전력이 필요한데 이런 경우에는 <그림 6-1>에 표시된 것처럼 머리가 삐죽삐죽 서고 고막이 떨어져나갈지도 모른다.

전형적인 증폭기는 <그림 6-2>에 표시된 것처럼 몇 단계로 구성된다. 프리앰프(전치증폭기)는 턴 테이블, 마이크로폰 또는 다른 장치에 의해서 발생되는

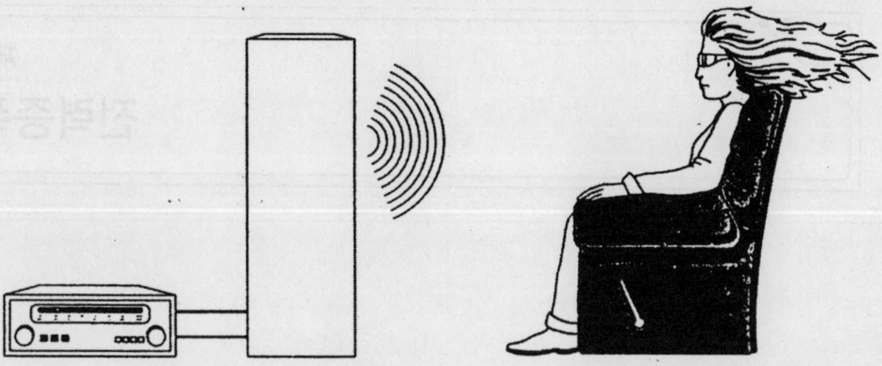

<그림 6-1> 전 력

<그림 6-2> 전형적인 증폭기

증폭기의 중간 단계에서는 신호의 세기와 주파수 응답 형태가 더욱 증가된다. 이런 증폭기들이 갖는 가장 중요한 특징은 발생될 이득량과 주파수 반응이다. 마지막으로 출력단은 부하를 구동시키기에 충분한 전력이 공급된다.

이 장에서는 마지막 단계에 대해서 설명하도록 한다. 전력증폭단이 갖는 가장 중요한 특성은 다음과 같다.

▸**증폭기의 선형성** : 입력에 정현파를 인가하면 출력에서도 정현파를 얻을 수 있는가? 이것은 클래식과 오페라와 같은 고성능 응용에 매우 중요하지만 꽝꽝거리는 거친 춤에서는 덜 중요하다.

▸**부하에 전달될 수 있는 최대 전력** : 작은 개인 라디오는 앞서 말한 100와트용 스피커를 구동시킬 수 없다. 부하에 전달되는 전력은 부하에 인가될 수 있는 최대 전압에 비례한다. 따라서 맨 처음 최대 전력을 구해야 한다.

▸**전력전달의 효율** : 우리는 전력 낭비를 원하지 않는다. 증폭기의 사용으로 부하에 전달된 대부분의 전력을 사용하기를 원한다. 아주 선형적인 증폭기는 효율이 매우 좋지 않음을 알 수 있다.

▸**증폭기를 구성하는 트랜지스터의 소비전력** : 어린이는 어른의 일을 감당할 수 없다. 신호증폭 응용에 사용되는 트랜지스터는 전력응용에 사용될 때 잘 녹아버린다. <그림 6-3>은 저전력, 중전력, 고전력 트랜지스터를 표시하고 있다. 일반적으로 트랜지스터의 크기 변화는 전력조절 능력을 의미하게 된다. 전력용

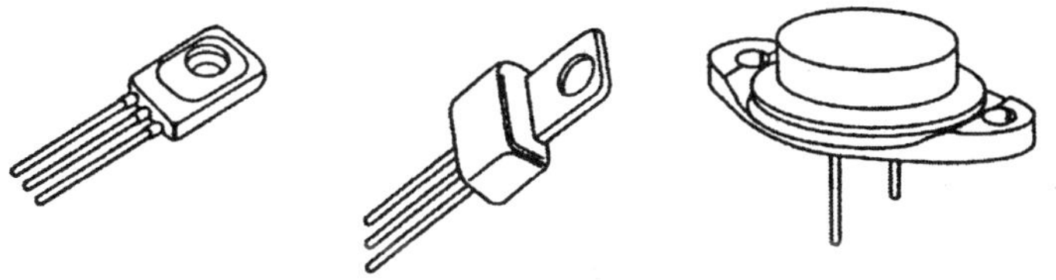


<그림 6-3> 전력용 트랜지스터

트랜지스터는 신호증폭을 발생시키는 것보다 더 적은 전류이득을 가지는 경향이 있다.

▸**공급 전원에서의 전력유출** : 전기적 장치가 벽에 있는 플러그에 끼워져 있다면 전력유출은 중요하지 않을 것이다. 하지만 전지에 의해서 전원이 공급되다면 전류 유출 최소화에 대단히 흥미를 가지게 될 것이다. 여러분들이 가지고 있는 게임 보이의 건진지가 소모되었을 때 문제가 없지만 심장 박동기를 가지고 있는 사람에게 전지가 소모되었다면 대단히 큰 문제가 아닐 수 없다.

증폭기는 바이어스 레벨($Q$점)의 위치에 따라 분류된다.

▸**A급 증폭기** : 최대 대칭 스윙이 허락되는 활성영역에서 트랜지스터가 동작한다. 공통 이미터, 이미터 폴로워 그리고 공통 베이스는 모두 A급 증폭기이다. A급 증폭기는 매우 선형적이지만 효율적이지 못하다.

▸**B급 증폭기** : 차단점 근처에서 바이어스된다. 트랜지스터는 입력 사이클의 일부 구간에서만 턴on된다. B급 증폭기는 매우 효율이 높지만 선형적이지 못하다. B급 증폭기는 완전한 출력 스윙을 제공하기 위해서 2개의 트랜지스터가 사용된다.

▸**AB급 증폭기** : 활성영역에서 약하게 바이어스된다. 트랜지스터는 입력 사이클의 일부 구간에서만 턴on된다. 그러나 B급 증폭기보다 좀더 긴 사이클에서 동작한다. AB급 증폭기는 완전한 출력 스윙을 제공하기 위해서 2개의 트랜지스터를 필요로 한다. 이런 증폭기는 B급 증폭기보다 더 선형적이고 A급 증폭기보다 더 효율적이다.

▸**C급 증폭기** : 차단점에서 깊숙히 바이어스된다. 트랜지스터는 입력 사이클의 매우 작은 부분에서만 턴on된다. C급 증폭기는 발진기와 공진증폭기에서 사용된다.

**▣ 확인문제 6-1 ▣**

**1.** 증폭기의 출력단이 기본적으로 해야 하는 기능은 무엇인가?

2. 출력단에서 알 수 있는 몇 가지 중요한 특징은 무엇인가?
3. A급 증폭기는 어떻게 바이어스되는가?
4. B급 증폭기는 어떻게 바이어스되는가?

**(해답)** 1. 부하를 구동시키기에 충분한 크기의 전력전달 2. 증폭기의 선형성, 최대 전력전달, 소비전력의 효율, 트랜지스터의 소비전력, 전원의 전류유출 3. 활성상태 4. 차단점에 바이어스된다.

## 6-2 공통 이미터 증폭기의 최대 전압 스윙

부하에 인가될 최대 전력은 부하에 인가될 수 있는 최대 전압에 의존한다. 따라서 우리는 부하에 공급할 A급 증폭기의 공통 이미터 최대 전압 스윙을 결정함으로써 전력증폭기에 대한 고찰을 시작한다. 우리는 이미 앞장에서 구체적으로 다룬바 있지만 다시 한번 기억을 되살리기로 하자.

<그림 6-4>는 공통 이미터 전력증폭기를 가상적으로 간단하게 보여준다. 전력증폭기에서 우리는 증폭의 관심보다는 오히려 부하에 공급될 최대, 최소 전압에 더 관심이 있다. 이런 회로에서 부하는 컬렉터 저항이고 부하전압은 컬렉터 전압이다.

### ▌대칭적 스윙

모든 트랜지스터 회로에서 트랜지스터가 차단되거나 포화될 때 최소 출력전압과 최대 출력전압이 발생된다. <그림 6-4(b)>에 표시된 것처럼 트랜지스터가 차단상태가 될 때 모든 전류는 0A이고 최대 컬렉터 전압을 얻을 수 있다.

$$\text{차단점} \quad V_{C(\max)} = V_{CC} = 15\text{V}$$

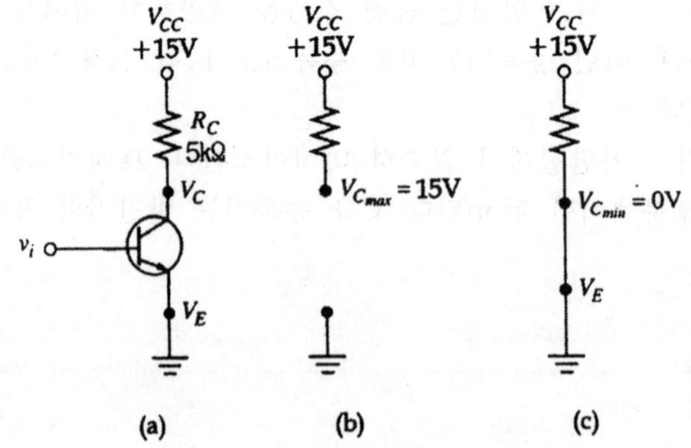


<그림 6-4> 최대 컬렉터 전압 스윙

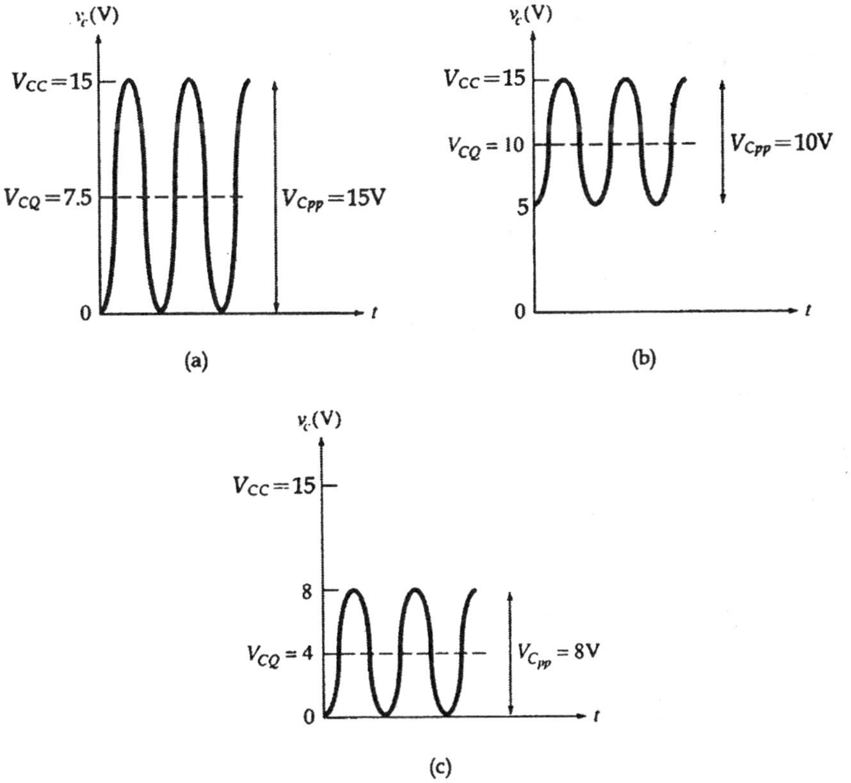


<그림 6-5>

최소 컬렉터 전압은 <그림 6-4(c)>에 표시된 것처럼 이미터 전압이 컬렉터 전압 아래에 오는 포화상태가 될 때 발생한다.

$$\text{포화점} \quad V_{C(\min)} = V_E = 0\text{V}$$

따라서 출력 컬렉터 전압은 <그림 6-5(a)>에 표시된 것처럼 0V에서 $V_{CC}$까지 스윙할 수 있다. 공식에서 소문자 첨자가 사용되는 것에 주의하라.

이것은 전체 컬렉터 전압을 표시하기 위해서 사용된다는 점을 알 수 있다. 이 장에서 우리는 신호의 교류성분( $v_c$)으로부터 신호의 직류성분($V_C$)을 분리할 수 없을 것이다.

이런 제한된 사이에서 출력전압이 항상 스윙할 수 있는가? 대칭 스윙은 선형성을 위해 필요하다. 다시 말하자면 순수한 정현파의 입력신호를 가진다면 출력도 정현파일 것이다.

만약 대칭 출력 제한을 초과한다면 출력신호는 왜곡이 발생되고 위쪽 또는 아래쪽에서 클리핑이 발생된다. 출력 대칭 스윙의 제한 내에서 머무는 동안 A급 증폭기는 매우 선형적이다. 사실 A급 증폭기는 출력 스윙이 너무 크면 왜곡이 발생된다.

이것은 트랜지스터 전압-전류 특성곡선과 컬렉터 전류진폭이 가지는 β의 변화가 원인이 된다. 컬렉터 전압은 직류 바이어스 레벨에 의해서 결정된다는 사실을 기억해야 한다. 즉 입력신호가 없다면 컬렉터 전압은

$$\text{정지(무입력)} \quad V_C = V_{CQ}$$

로 된다. 여기서 직류 바이어스 레벨 혹은 정지 레벨을 고찰하는 것을 강조하기 위해서 첨자로 "$Q$"를 사용한다.

직류 바이어스나 $Q$점의 최대 스윙은 최소 또는 최대 컬렉터 전압의 사이의 중간이 되어야 한다. 그런 다음 컬렉터 전압 스윙은 $V_{CC}$로 올라가고 0V로 떨어진다.

$$\text{최대 스윙} \quad V_{CQ} = \frac{V_{CC}}{2}$$

따라서 이런 회로에서는

$$V_{CQ} = \frac{V_{CC}}{2} = 7.5\text{V}$$

로 된다.

우리는 전압에서 피크-피크값의 변화에 따른 대칭적 스윙을 정의할 수 있다.

$$V_{CPP} = V_{C(\max)} - V_{C(\min)}$$

이런 회로의 최대 가능 대칭 스윙은 15V이다.

$$V_{CPP} = V_{C(\max)} - V_{C(\min)} = 15\text{V}$$

다음 예는 $Q$점이 중앙에 있지 않으면 어떻게 되는가를 보여준다.

**예제 6-1** <그림 6-5>에서 (a) $V_{CQ}$=7.5V (b) $V_{CQ}$=10V (c) $V_{CQ}$=4V라고 가정하고 $V_C$에서의 최대 가능한 대칭 스윙을 구하시오.

**• 풀이 •** (a) $V_{CQ}$=7.5V일 때 $V_C$는 7.5V의 positive 스윙에 대해 7.5V에서 15V로 스윙할 수 있다. $V_C$는 7.5V의 negative 스윙에 대해 7.5V에서 0V로 스윙할 수 있다. 따라서 <그림 6-5(a)>에 표시된 것처럼 $V_C$는 0V에서 15V로 대칭적 스윙을 할 수 있다.

$$V_{CPP} = V_{C(\max)} - V_{C(\min)} = 15\text{V} - 0\text{V} = 15\text{V}$$

여기서 주의할 것은 다음과 같다.

$$V_{CQ} = \frac{V_{CC}}{2} \quad \left( = \frac{15\text{V}}{2} = 7.5\text{V} \right)$$

(b) $V_{CQ}$=10V일 때 $V_C$는 5V의 positive 스윙에 대해 10V에서 15V로 스윙할 수 있다. $V_C$는 negative 스윙에 대해 10V에서 5V로 스윙할 수 있다. 대칭이 되기 위하여 전체 스윙은 positive, negative 스윙이 더 작게 제한되어야 한다. 따라서 $V_C$는 10V에서 대칭적으로 5V 올라갔다 떨어지는 <그림 6-5(b)>에 표시된 것처럼 5V에서 15V 사이의 전체 스윙을 가지게 된다.

$$V_{CPP} = 15\text{V} - 5\text{V} = 10\text{V}$$

(c) $V_{CQ}$=4V일 때 $V_C$는 8V의 positive 스윙에 대해서 4V에서 15V까지 스윙할 수 있다.

$V_C$는 4V의 negative 스윙에 대해서 4V에서 0V로 스윙할 수 있다. 대칭적으로 되기 위해 우리는 positive, negative 스윙이 더 작아지도록 전체 스윙을 제한해야 한다. 따라서 $V_C$는 0V에서 8V의 전체 스윙에 비해 4V 올라가고 4V 떨어지는 대칭적 스윙을 할 수 있다. 그 스윙은 다음과 같다.

$$V_{CPP} = 8\text{V} - 0\text{V} = 8\text{V}$$

이제 <그림 6-6(a)>에서 좀더 사실적인 회로를 살펴보자. 얼핏 보기에는 직류 바이어스 레벨과는 관계가 없다. 다양한 정현파적 입력신호와 동일한 출력을 발생시키기를 원한다고 가정한다.

입력신호가 negative일 때 트랜지스터는 차단점 근처에서 동작된다면, 이때 트랜지스터 전류는 0A이고 출력전압은

$$\text{차단점} \quad V_{C(\max)} = V_{CC}$$

로 된다. 이런 회로에서

$$V_{C(\max)} = 12\text{V}$$

이다. 입력신호가 positive일 때 트랜지스터는 포화점에서 동작된다. 포화점 경계에서 컬렉터 전압은 이미터 전압으로 감소된다. 컬렉터 회로는 전압분배기처럼 보인다.

$$\text{포화점} \quad V_{C\min} = \frac{R_E}{R_E + R_C} V_{CC}$$

이 회로에서는 4V로 구해진다.

$$V_{C\min} = \frac{R_E}{R_E + R_C} V_{CC} = \frac{4\text{k}\Omega}{4\text{k}\Omega + 8\text{k}\Omega} 12\text{V} = 4\text{V}$$

이 회로에서의 최대 가능한 대칭 스윙은 $Q$점이 최소값와 최대값 사이에 중간에 있을 때 발생된다. 두 값 사이의 중간을 구하기 위해 최소값과 최대값을 더하고 난 다음 2로 나눈다.

$$\text{최대 대칭 스윙} \quad V_{CQ} = \frac{V_{C\max} + V_{C\min}}{2}$$

로 표시된다. 따라서 이런 회로에서 최대 스윙은 $Q$점이 8V일 때이다.

$$V_{CQ} = \frac{V_{C\max} + V_{C\min}}{2} = \frac{12\text{V} + 4\text{V}}{2} = 8\text{V}$$

이런 $Q$점에서 우리는 다음과 같은 최대 대칭 스윙을 얻을 수 있다.

$$V_{CPP} = V_{C(\max)} - V_{C(\min)} = 12\text{V} - 4\text{V} = 8\text{V}$$

**예제 6-2** <그림 6-6>에서 베이스 바이어스 저항이 다음과 같이 선택된다고 가정하고 최대 가능한 컬렉터 전압 스윙을 구하고 스케치하시오.

(a) $V_{CQ}=8V$ (b) $V_{CQ}=10V$ (c) $V_{CQ}=6V$

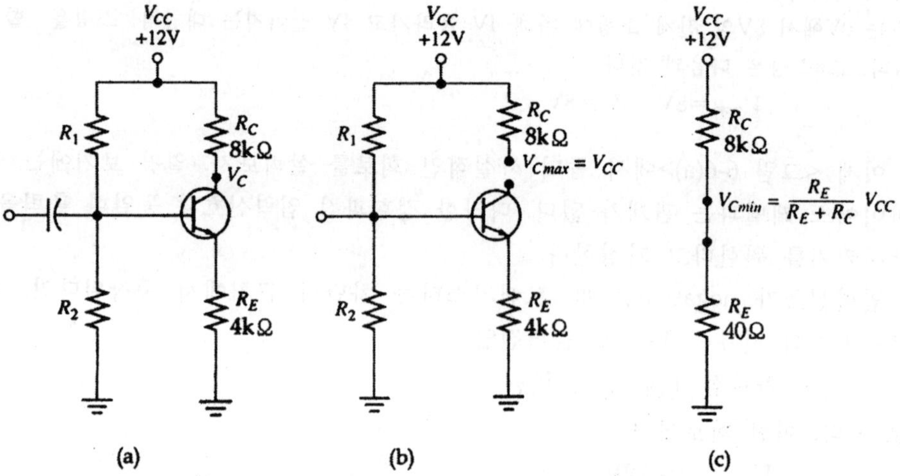


<그림 6-6>

**• 풀이 •** 최대 가능 출력전압이 차단점에서 발생하는 이런 회로에서

$$V_{C(\max)} = V_{CC} = 12V$$

이다. 최소 전압이 포화점에서 발생하고

$$V_{C(\min)} = \frac{R_E}{R_E + R_C} V_{CC} = \frac{4k\Omega}{4k\Omega + 8k\Omega} 12V = 4V$$

(a) 8V $Q$점의 컬렉터 전압에서 최대 positive 스윙은 4V이다. 컬렉터 전압에서 최대 negative 스윙은 4V이다. 이런 경우 positive 스윙과 negative 스윙은 서로 같다. 따라서 최대 대칭 스윙은 $V_{CPP}=8V$이다. $Q$점은 여기서 최대값과 최소값의 중간에 위치해 있다.

(b) 10V $Q$점의 컬렉터 전압에서 최대 positive 스윙은 2V이다. 컬렉터 전압의 최대 negative 스윙은 6V이다. 이런 경우 positive 스윙이 negative 스윙보다 작다. 따라서 최대 대칭 스윙은 $V_{CPP}=4V$이다. $Q$점은 여기서 중간 위쪽에 위치해 있다.

(c) 6V $Q$점의 컬렉터 전압에서 최대 positive 스윙은 6V이다. 컬렉터 전압의 최대 negative 스윙은 2V이다. 이런 경우 positive 스윙이 negative 스윙보다 크다. 따라서 최대 대칭 스윙은 $V_{CPP}=4V$이다. $Q$점은 여기서 중간 아래쪽에 위치해 있다.

## ▮ 결합용 콘덴서와 바이패스용 콘덴서

<그림 6-7(a)>는 부하에서의 결합 콘덴서와 이미터 바이패스 콘덴서를 포함한 공통 이미터 증폭기의 전체 회로도를 보여준다. 직류와 교류성분뿐 아니라 전체 전압을 알기를 원한다고 가정하기 때문에 콘덴서를 개방이나 단락처럼 취급할 수 없다.

이런 회로에서 콘덴서를 통한 동작의 해결 실마리는 콘덴서가 전압을 저장하고 한번 충전되면 전지와 같은 역할을 한다는 사실을 기억하는 것이다. 입력이 인가되기 전에 콘덴서는 바이어스 회로에 의해서 충전된다.

바이패스 콘덴서는 $V_{CE}=V_{EQ}$로 충전된다. 결합용 콘덴서는 $V_{CL}=V_{CQ}-V_{LQ}$로 충전된다. 출력전압은 직류에서 0V이기 때문에(즉, $V_{LQ}=0V$) 결합용 콘덴서는 $V_{CL}=V_{CQ}$로 충전된다. 콘덴서가 한번 완전히 충전되면 전지처럼 동작한다.

트랜지스터가 포화상태로 구동될 때 컬렉터 전압은 <그림 6-7(b)>에 표시된 것처럼 이미터 전압으로 감소된다. 이미터 바이패스 콘덴서는 전지처럼 동작한다는 점에 주목한다. 따라서 포화점에서

$$V_{C(\min)} = V_{EQ}$$

로 된다.

출력전압의 전압 스윙에서 첫번째 흥미를 가지게 되는데 일반적으로<그림 6-7(a)>로부터 확인할 수 있다.

$$V_L = V_C - V_{CL} = V_C - V_{CQ}$$

따라서 최소 부하전압은

$$\text{포화점} \quad V_{L(\min)} = V_{C(\min)} - V_{CQ} = V_{EQ} - V_{CQ}$$

이다.

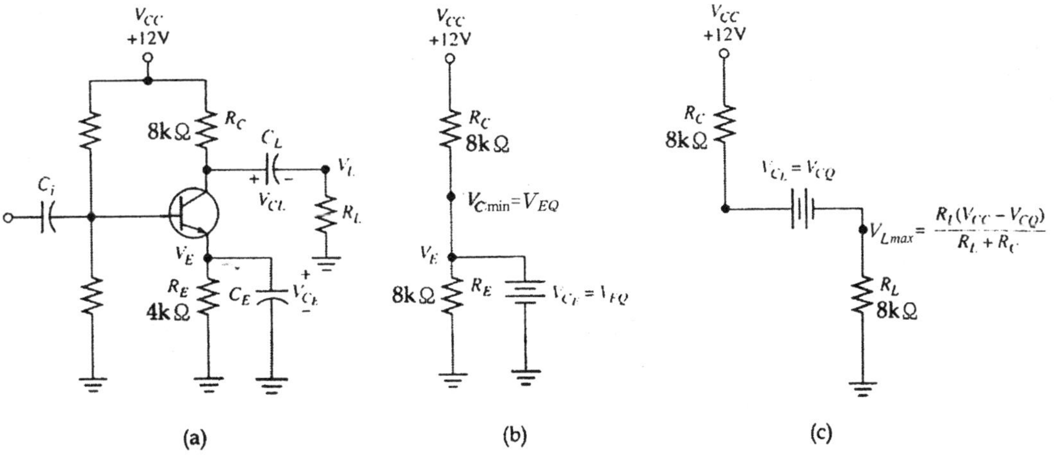


<그림 6-7>

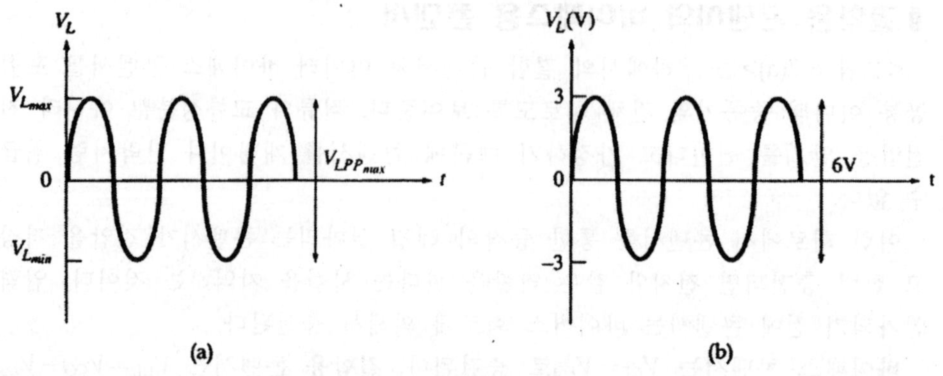


<그림 6-8>

트랜지스터가 차단점에서 구동될 때 모든 트랜지스터 전류는 0A로 되고 <그림 6-7(c)>에 표시된 컬렉터 회로를 얻을 수 있다. 이것은 2개 전원을 가진 전체 직렬회로이다. 부하전압을 구하기 위해 우리는 공급전압으로부터 콘덴서 전압을 뺄 수 있다. 그런 다음 전압분배기를 사용한다.

$$\text{차단점 } V_{L\max} = \frac{R_L}{R_L + R_C}(V_{CC} - V_{CQ})$$

최대 가능한 대칭 스윙은 <그림 6-8(a)>에 표시된 것처럼

$$V_{LPP(\max)} = V_{L(\max)} - V_{L(\min)}$$

으로 주어진다.

**예제 6-3** <그림 6-7(a)>에 표시된 회로에서 베이스 바이어스 저항이 선택되기 때문에 $V_{EQ}$=3V, $V_{CQ}$=6V라고 가정하고 $V_{L(\max)}$, $V_{L(\min)}$ 대칭적 스윙을 구하시오.

**• 풀이 •** 최소 부하전압은 −3V로 구해진다.

$$V_{L(\min)} = V_{EQ} - V_{CQ} = 3V - 6V = -3V$$

최대 부하전압은 3V로 구해진다.

$$V_{L\max} = \frac{R_L}{R_L + R_C}(V_{CC} - V_{CQ}) = \frac{8k\Omega}{8k\Omega + 8k\Omega}(12V - 6V) = 3V$$

이런 바이어스 전압에서 최대 positive와 negative 스윙은 <그림 6-8(b)>에 표시된 것처럼 같다. 이것은 회로에서 얻을 수 있는 가장 큰 가능한 대칭적 스윙이

$$V_{LPP_{\max}} = 6V$$

로 주어진다.

**예제 6-4** <그림 6-9>에 표시된 회로에서 $V_{EQ}$, $V_{CQ}$, $V_{L(max)}$, $V_{L(min)}$ 대칭적 스윙을 구하시오.

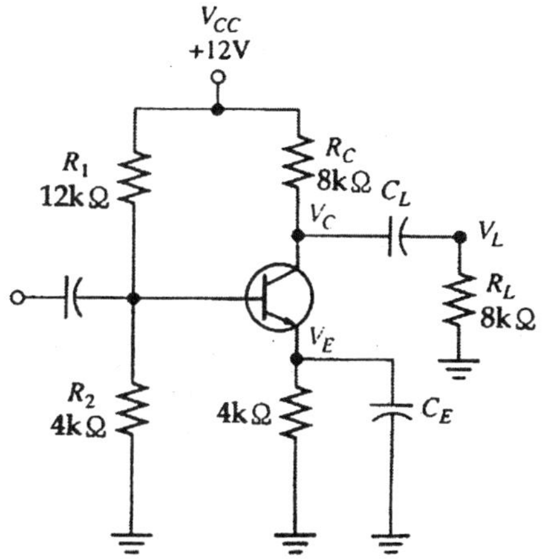


<그림 6-9>

**• 풀이 •** 이런 한 바이어스 저항을 구하기 위해서 $V_{EQ}=2.3\text{V}$, $V_{CQ}=7.4\text{V}$라고 놓으면 최소 부하전압은

$$V_{L(\min)} = V_{EQ} - V_{CQ} = 2.3\text{V} - 7.4\text{V} = -5.1\text{V}$$

로 구해진다. 최대 부하전압은 2.3V로 구해진다.

$$V_{L\max} = \frac{R_L}{R_L + R_C}(V_{CC} - V_{CQ}) = \frac{8\text{k}\Omega}{8\text{k}\Omega + 8\text{k}\Omega}(12\text{V} - 7.4\text{V}) = 2.3\text{V}$$

positive 스윙은 negative 스윙보다 더 작기 때문에 positive 스윙이 대칭적 스윙을 설정하게 된다.

$$V_{LPP} = 4.6\text{V}$$

---

## ▣ 확인문제 6-2 ▣

**1.** 증폭기를 말할 때 선형의 의미는 무엇인가?

**2.** <그림 6-4>에 표시된 공통 이미터 회로에서 최대 출력전압, 최소 출력전압, 최대 대칭 스윙은 무엇인가?

**3.** <그림 6-6>에 표시된 공통 이미터 회로에서 최대 출력전압, 최소 출력전압, 최대 대칭 스윙은 무엇인가?

**4.** <그림 6-7>에서 콘덴서는 어떻게 다루는가?

**5.** 이미터 바이패스 콘덴서 충전은 어떻게 하는가? 부하결합용 콘덴서는?

**6.** <그림 6-7>에 표시된 공통 이미터 회로에서 최대 출력전압, 최소 출력전압, 최대 대칭 스윙은 무엇인가?

**7.** 공통 이미터 증폭기로부터 이용할 수 있는 가장 큰 대칭 스윙은 무엇인가?

**{해답}** **1.** 교류를 정확하게 증폭할 수 있는가? **2.** 12V, 0V, 6V **3.** 12V, 4V, 8V **4.** 정상상태 **5.** 전지처럼 충전된다. **6.** $V_{L(\min)} = V_{C(\min)} - V_{CQ} = V_{EQ} - V_{CQ}$, $V_{L\max} = \frac{R_L}{R_L + R_C}(V_{CC} - V_{CQ})$, $V_{LPP\max} = V_{L\max} - V_{L\min}$ **7.** $V_{LPP\max} = V_C$

## 6-3 이미터 폴로워 최대 전압 스윙

증폭은 종종 증폭기의 출력단이 필요하지 않기 때문에 부하에 전력을 공급하기 위해서 이미터 폴로워를 자주 사용한다. <그림 6-10>에 표시된 이미터 폴로워 회로를 고찰해보자.

회로의 부하는 이미터 저항이고 출력전압은 이미터 전압이다. 최대 출력전압은 트랜지스터가 포화상태로 될 때 발생한다.

$$\text{포화상태} \quad V_{L\max} = V_{CC}$$

최소 출력전압은 트랜지스터가 차단상태로 될 때 발생한다.

$$\text{차단상태} \quad V_{L\min} = 0\text{V}$$

공통 이미터 회로에서 최대 가능한 대칭적 스윙은 트랜지스터가 스윙의 중간에서 바이어스될 때 발생한다.

$$\text{최대 스윙} \quad V_{EQ} = \frac{V_{CC}}{2}$$

이다. 최대 가능한 대칭적 스윙은

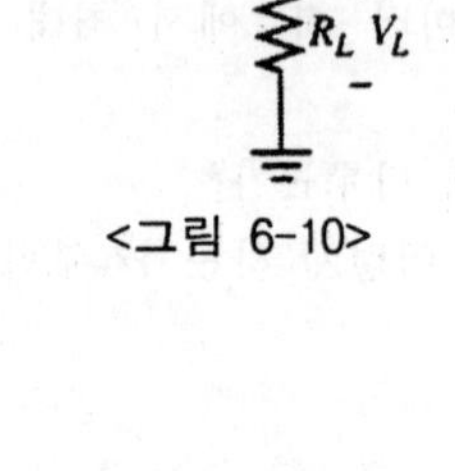


<그림 6-10>

최대 스윙 $V_{LPP\max} = V_{CC}$

이다.

**예제 6-5** <그림 6-11>에 표시된 이미터 폴로워에서 다음의 바이어스 저항에 대한 $V_{EQ}$, $V_{L(\max)}$, $V_{L(\min)}$ 그리고 대칭적 스윙을 구하시오. (a) $R_1=0.8\text{k}\Omega$, $R_2=1\text{k}\Omega$ (b) $R_1=1\text{k}\Omega$, $R_2=1\text{k}\Omega$ (c) $R_1=0.5\text{k}\Omega$, $R_2=1\text{k}\Omega$

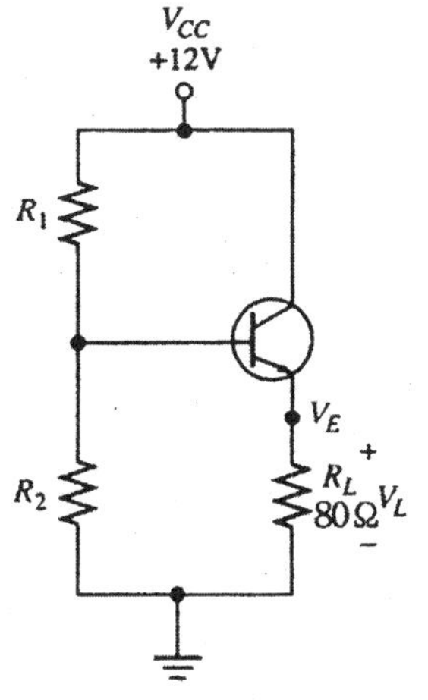


<그림 6-11>

**• 풀이 •** 모든 경우의 최소 그리고 최대 부하전압은 $V_{L\min}=10\text{V}$, $V_{L\max}=V_{CC}=12\text{V}$이다.

(a) $R_1=0.8\text{k}\Omega$, $R_2=1\text{k}\Omega$일 때

$$V_B = \frac{R_2}{R_1+R_2}V_{CC} = \frac{1\text{k}\Omega}{0.8\text{k}\Omega+1\text{k}\Omega}12\text{V} = 6.7\text{V}$$

따라서

$$V_{EQ} = V_B - 0.7\text{V} = 6\text{V}$$

이다. 이런 경우에는 positive 스윙과 negative 스윙 모두가 6V이다. 따라서 대칭적 스윙은

$$V_{LPP} = 12\text{V}$$

이다. 여기서 바이어스 저항은 가장 큰 스윙의 중앙에서 트랜지스터가 바이어스되기 위해 선택된다.

(b) $R_1=1\text{k}\Omega$, $R_2=1\text{k}\Omega$일 때

$$V_B = \frac{R_2}{R_1+R_2}V_{CC} = \frac{1\text{k}\Omega}{1\text{k}\Omega+1\text{k}\Omega}12\text{V} = 6\text{V}$$

따라서

$$V_{EQ} = V_B - 0.7\text{V} \doteq 5.3\text{V}$$

이다. 이런 경우에 positive 스윙은 6.7V이고 negative 스윙은 5.3V이다. 따라서 대칭적 스윙은 negative 스윙에 의해서 10.6V로 결정된다.

$$V_{LPP} = 10.6\text{V}$$

(c) $R_1 = 0.5\text{k}\Omega$, $R_2 = 1\text{k}\Omega$일 때

$$V_B = \frac{R_2}{R_1 + R_2} V_{CC} = \frac{1\text{k}\Omega}{0.5\text{k}\Omega + 1\text{k}\Omega} 12\text{V} = 8\text{V}$$

따라서

$$V_{EQ} = V_B - 0.7\text{V} = 7.3\text{V}$$

이다. 이런 경우에 positive 스윙은 4.7V이고 negative 스윙은 7.3V이다. 따라서 대칭적 스윙은 positive 스윙에 의해서 9.4V로 결정된다.

$$V_{LPP} = 9.4\text{V}$$

**▣ 확인문제 6-3 ▣**

1. 이미터 폴로워가 A급 증폭기인 이유는 무엇인가?
2. 이미터 폴로워에서 부하저항은 어디에 배치되는가?
3. 가능한 최대 부하전압은 무엇인가?
4. 가능한 최소 부하전압은 무엇인가?
5. 최대로 얻을 수 있는 전압 스윙은 얼마인가?
6. 최대의 전압 스윙을 구하기 위해서 $Q$점은 어디에 놓아야 하는가?

**{해답}** 1. 선형성을 갖는다. 2. 이미터 저항 3. $V_{CC}$ 4. 0V 5. $V_{CC}$ 6. $\frac{V_{CC}}{2}$

## 6-4 A급 증폭기의 전력 고찰

<그림 6-12>에서 간단한 공통 이미터 증폭기를 살펴보면서 A급 증폭기의 전력분배에 대한 토의를 시작하기로 하자. 이미 앞에서 언급한 바처럼 이런 회로가 제공할 수 있는 최대 가능한 출력 스윙은

$$V_{LPP} = V_{CPP} = V_{CC}$$

이다. 회로가 이런 스윙의 중앙에서 바이어스된다고 가정한다. 최대 스윙에

$$V_{CQ} = \frac{V_{CC}}{2}$$

다음 전력계산의 예는 직류 바이어스 컬렉터 전류를 구하기 위해 필요하다.

$$I_C = \frac{V_{CC} - V_C}{R_L}$$

따라서 최대 스윙에서

$$I_C = \frac{V_{CC} - V_{CQ}}{R_L} = \frac{V_{CC}}{2R_L}$$

이다.

이제부터 전원에 의해서 인가되는 평균전력($P_{CC}$), 트랜지스터에 의해서 소비되는 평균전력($P_D$), 부하에 전달된 평균 교류전력($P_L$), 전력효율 $\left(\frac{P_L}{P_{CC}}\right)$을 구해보도록 하자. 전력은

$$P(t) = v(t)i(t)$$

로 정의된다. 평균전력이 부하를 구동하면 전지는 유출되고 소자에서 열이 발생된다. 전압과 전류가 지속적으로 흐르면 평균전력은

$$P = V_{DC}\, I_{DC}$$

로 주어진다. 만약 전압과 전류가 모두 정현파라면 평균 전력은 실효값으로부터 구할 수 있다.

$$P = V_{rms}\, I_{rms} = \frac{V_P I_P}{2}$$

$V_P$와 $I_P$는 전압과 전류의 피크값이다.

$$V_{rms} = \frac{V_P}{\sqrt{2}}, \quad I_{rms} = \frac{I_P}{\sqrt{2}}$$

이다. 정현파의 피크값은 피크-피크값의 1/2이다.

<그림 6-12>에 표시된 공통 이미터 증폭기로 되돌아가자. 이런 회로의 전력을 공급하는 전류는 트랜지스터의 컬렉터 전류이다. 따라서

$$P_{CC} = V_{CC} I_{CQ}, \quad P_{CC_{max}} = \frac{V_{CC}^2}{2R_L},$$

$$P_D = V_{CEQ} I_{CQ}, \quad P_{D_{max}} = \frac{V_{CC}^2}{4R_L},$$

$$P_L = \frac{V_L^2}{2R_L}, \quad P_{Lmax} = \frac{V_{CC}^2}{8R_L},$$

$$\%효율 = 100\frac{P_L}{P_{CC}} = 25\%$$

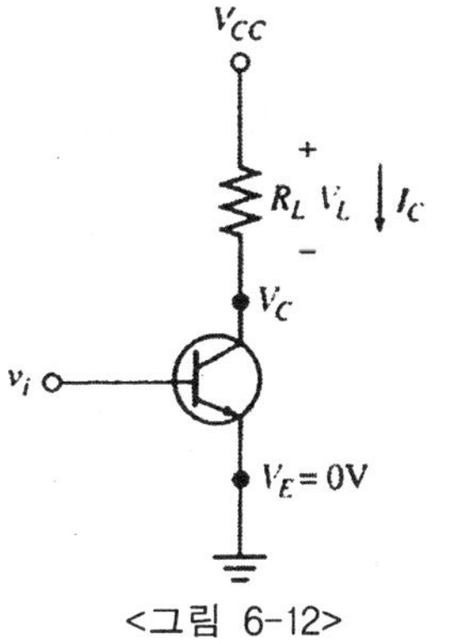


<그림 6-12>

$$P_{CC} = V_{DC}\, I_{CDC}$$

로 표시된다. 컬렉터 전류의 직류값은 바이어스된 $Q$점의 전류로

$$P_{CC} = V_{DC}\, I_{CQ}$$

로 표시된다. 만약 회로가 최대 스윙으로 바이어스된다면

$$P_{CC_{\max}} = \frac{V_{CC}^2}{2R_L}$$

이다. 이것은 전지가 당연히 제공해야 하는 전력량이다.

사실 전지 또한 바이어스 저항을 통해 흐르는 전류를 제공해야 한다. 그러나 이런 전류들은 아주 작다. A급 증폭기는 무신호 상태일 때 전지의 충분한 유출이 있다는 점에 주목해야 한다. 이것은 A급 증폭기가 전원공급에 사용되지 않는 이유이다.

트랜지스터의 파괴를 피하기 위해 열을 식히는 팬이나 방열판을 충분히 사용하는 것이 필요하다. 여기서 중요한 것은 평균전력이 트랜지스터에서 소비된다는 점이다. A급 증폭기의 최대 전력소비는 무신호일 때 발생된다. 최대 전력소비는 $Q$점에서 발생한다.

$$P_D = V_{CEQ}\, I_{CQ}$$

회로에서 이미터는 회로에 접지되기 때문에

$$V_{CEQ} = V_{CQ}$$

이므로 이런 회로에서

$$P_D = V_{CQ}\, I_{CQ}$$

이다. 최대 전력소비는 회로가 최대 스윙으로 바이어스될 때 발생한다.

$$P_{D_{\max}} = \frac{V_{CC}}{2}\frac{V_{CC}}{2R_L} = \frac{V_{CC}^2}{4R_L}$$

부하에서 소비되는 평균 교류전력은 부하양단에 걸리는 전압에 의존한다.

$$P_L = V_{Lrms} I_{Lrms} = \frac{V_{Lrms}^2}{R_L} = \frac{V_L^2}{2R_L}$$

회로에서 최대 피크-피크 전압은 $V_{CC}$이다. 따라서

$$V_{Lp\max} = \frac{V_{CC}}{2}$$

이고, 부하에 전달되는 최대 평균 교류전력은

$$P_{L\max} = \frac{V_{L\max}^2}{2R_L} = \frac{(V_{CC}/2)^2}{2R_L} = \frac{V_{CC}^2}{8R_L}$$

이 된다.

마지막으로 부하에 공급되는 실제 전력과 전원이 공급하는 전력을 비교하기 위해서 퍼센트로 표시되는 전력효율을 정의한다.

$$\%\,효율 = 100\frac{P_L}{P_{CC}}$$

효율의 계산은 바이어스된 트랜지스터에 공급되는 전력은 배제된다. 여기서 최대 효율은 25%로 구해진다.

$$\%\,효율 = 100\frac{P_{L_{max}}}{P_{CC_{max}}} = \frac{\frac{V_{CC}^2}{8R_L}}{\frac{V_{CC}^2}{2R_L}} = 100\times\frac{2}{8} = 25\%$$

따라서 A급 증폭기의 %효율은 25%이다. 최적의 환경에서 A급 증폭기는 부하에서 전력원의 1/4만이 전달된다.

이미터 저항과 콘덴서 결합형 부하를 부가시키면 최대 부하전압 스윙이 감소되고 효율이 감소된다는 점을 기억해야 한다.

**예제 6-6** <그림 6-13>을 참조하고, 최대 출력 스윙을 구하기 위해서 바이어스 저항을 선택한다. $V_{EQ}$, $I_{CQ}$, $V_{CQ}$, $V_{CEQ}$, $P_D$, $P_{CC}$, $V_{CP}$, $P_L$, %효율, $P_{CC}$를 구하시오.

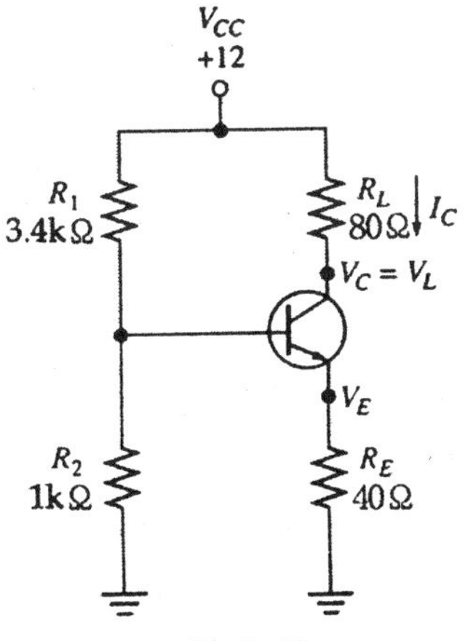


<그림 6-13>

**• 풀이 •** 베이스 전압은 2.7V이다.

$$V_B = \frac{R_2}{R_1+R_2}\quad V_{CC} = \frac{1k\Omega}{3.4k\Omega\Omega + 1k\Omega}12V = 2.7V$$

바이어스 이미터 전압은 2V이다.

$$V_{EQ} = V_B - 0.7V = 2V$$

바이어스 컬렉터 전류는 50mA이다.

$$I_{CQ}=I_{EQ}=\frac{V_{EQ}}{R_E}=\frac{2\text{V}}{40\Omega}=50\text{mA}$$

컬렉터 전압은 8V이다.

$$V_{CQ}=V_{CC}-I_{CQ}R_L=12\text{V}-50\text{mA}\times 80\Omega=8\text{V}$$

컬렉터 이미터 전압은 6V이다.

$$V_{CEQ}=V_{CC}-V_{EQ}=8\text{V}-2\text{V}=6\text{V}$$

트랜지스터에서 소비되는 전력은 300mW이다.

$$P_D=V_{CEQ}\times I_{CQ}=6\text{V}\times 50\text{mA}=300\text{mW}$$

전원에 의해 공급된 전력은 600mW이다.

$$P_{CC}=V_{CC}\times I_{CQ}=12\text{V}\times 50\text{mA}=600\text{mW}$$

트랜지스터에서 소비된 전력이 1/2을 주목하라. 최대 부하전압은 차단점에서 발생하고

$$V_{L\max}=V_{CC}=12\text{V}$$

로 주어진다. 최소 부하전압은 포화점에서 발생하고 4V로 주어진다.

$$V_{L\min}=\frac{R_E}{R_E+R_L}V_{CC}=\frac{40\Omega}{40\Omega+80\Omega}12\text{V}=4\text{V}$$

부하전압은 4V의 positive 스윙에서 8V에서 12V로 스윙할 수 있다. 부하전압은 4V의 negative 스윙에서 8V에서 4V로 스윙할 수 있다. 우리가 더 쉽게 설명하면 바이어스 되는 저항은 $Q$점이 중앙으로 설정되어도 선택되어야 한다는 것이다. 최대 피크-피크 스윙은 8V이다. 부하전압의 피크값은 4V이다.

$$V_{LP}=\frac{V_{LPP}}{2}=4\text{V}$$

부하에서 소비된 최대평균 교류전력은 100mW이다.

$$P_L=\frac{V_{LP}^2}{2R_L}=\frac{16V^2}{2\times 80\Omega}=100\text{mW}$$

회로의 전력효율은 16.7%이다.

$$\%\text{효율}=100\frac{P_{L_{\max}}}{P_{CC_{\max}}}=100\times\frac{100\text{mW}}{600\text{mW}}=16.7\%$$

여러분들은 이미터 저항을 부가시키면 A급 증폭기의 효율을 감소시킬 수 있다는 사실을 확인할 수 있다.

끝으로 바이어스 저항의 소비전력을 구할 수 있다. 바이어스 전류를 무시한다면 $R_1$과 $R_2$은 직렬로 더해질 수 있다. 이 저항의 소비전력은 330mW로 구해진다.

$$P_{(R_1+R_2)}=\frac{V_{CC}^2}{R_1+R_2}=\frac{144V^2}{4.4\text{k}\Omega}=33\text{mA}$$

전원에 의해서 공급될 수 있는 전체 전력은 633mW이다.

$$P_{CC}+P_{(R_1+R_2)}=600\text{mW}+33\text{mW}=633\text{mW}$$

**▣ 확인문제 6-4 ▣**

**1.** 전력증폭기를 구성하기 위해서는 어떤 전력을 계산해야 하는가?
**2.** 직류전압과 전류로 인한 전력은 무엇인가?
**3.** 교류전압과 전류로 인한 평균 소비전력은 무엇인가?
**4.** $P_{CC}$란 무엇인가?
**5.** $P_D$란 무엇인가?
**6.** $P_L$이란 무엇인가?
**7.** A급 증폭기에서 얻을 수 있는 최대 전력효율은 무엇인가?
**8.** 낮은 효율측면에서 A급 증폭기의 또다른 단점은 무엇인가?

**{해답}** **1.** 평균전력 **4.** 전원에 의해서 인가되는 평균전력 **5.** 트랜지스터에서 소비되는 평균전력 **6.** 부하에 전달되는 평균 교류전력 **7.** 25% **8.** 이미터 저항과 출력결합용 콘덴서 사용으로 효율이 더 감소 될 수 있다.

## 6-5 변압기 결합

<그림 6-14>에 표시된 공통 이미터 증폭기는 변압기를 통해서 부하에 결합된다. 간단히 살펴보면 변압기 결합은 A급 증폭기의 전력효율을 50%로 증가시킬 수 있다.

이런 회로의 단점은 높은 충실도를 갖는 변압기는 매우 크고 무겁다. 소형화된 오늘날에도 전력증폭기의 형태는 거의 볼 수 없다. 그렇지만 생체 의학적인 응용변압기는 종종 신경 자극물을 이식하는 전달전력에 사용된다.

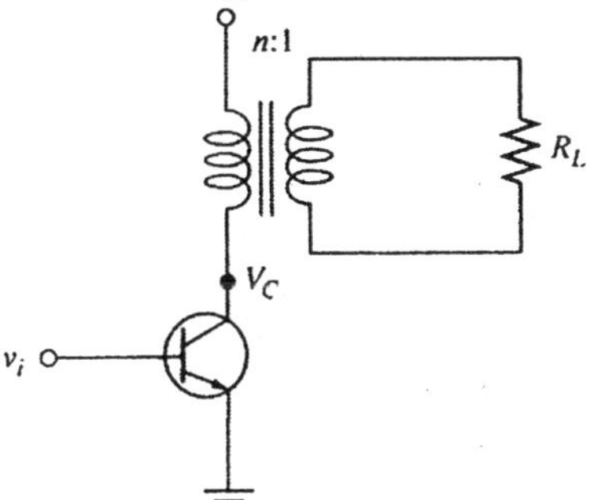


$$P_{CC} = \frac{V_{CC}^2}{n^2R_L}$$

$$P_D = \frac{V_{CC}^2}{n^2R_L}$$

$$P_L = \frac{V_{CC}^2}{2n^2R_L}$$

%효율 = 50%

<그림 6-14>

## ▮ 변압기 결합형 증폭기의 해석

변압기 결합형 증폭기의 해석은 쉽지 않다. 이것은 간단한 회로에서 직류변압기가 단락회로로 동작하기 때문이다. 따라서 컬렉터 회로에서 직류저항값이 없다. 따라서 이런 회로는 어느 정도 포괄적인 방법으로 회로를 해석해야 한다.

$V_C$에서 최대 스윙의 결정에 의해서 시작한다. 트랜지스터가 포화상태로 구동되어질 때 컬렉터는 접지에 단락된다.

$$\text{포화상태} \quad V_{C\max} = 0\text{V}$$

트랜지스터가 차단될 때 미묘한 부분에서 무슨 일이 발생한다. 변압기의 1차측은 인덕터이고 인덕터는 에너지를 저장하기 때문이다. 트랜지스터가 개방될 때 컬렉터 전압은

$$\text{차단상태} \quad V_{C\max} = 2\,V_{CC}$$

로 된다.

컬렉터 전압은 사실 전원전압의 2배로 동작한다. 이러한 현상을 이해하기 위해서 변압기의 분리된 1차측 회로는 <그림 6-15>를 통해서 확인해 보자.

트랜지스터가 포화상태로 향하면 <그림 6-15(a)>에 표시된 것처럼 컬렉터 전류는 켈렉터가 접지에 단락될 때까지 증가한다. 증가하는 컬렉터 전류는 증가하는 자기장를 발생시키고 이것이 코일 양단에 증가하는 전압 $V_1$을 유도시킨다. 유도된 전압은 전류의 변화율에 관계된다.

$$V_1 = L_1 \frac{\Delta I_C}{\Delta t}$$

우리는 이러한 방정식을 사용할 필요가 없다. 시간에 따라 증가하는 컬렉터 전류의 변화율만을 강조할 뿐이다. 코일의 자기장 또한 증가하고 1차 코일 양단의 전압도 증가한다.

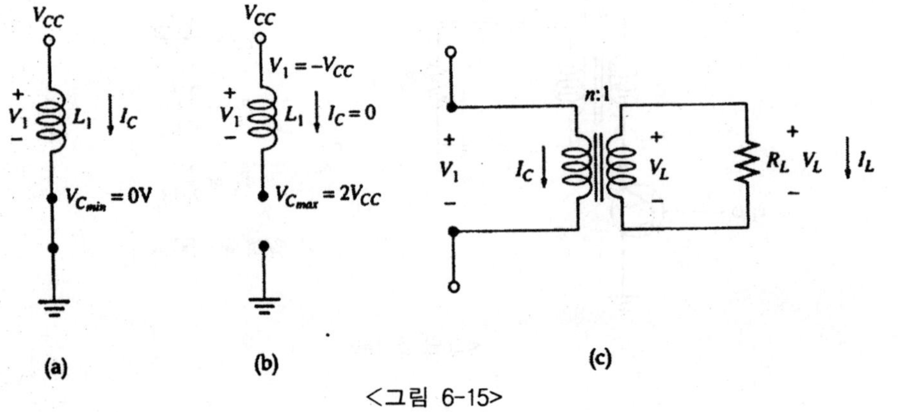


<그림 6-15>

그림으로부터 코일 전압은 결국 $V_1 = V_{CC}$에 도달되는 것을 확인할 수 있다. 입력이 반전되고 트랜지스터가 차단상태로 구동되기 시작한다. 이때 컬렉터 전류는 0A로 감소된다.

컬렉터 전류의 변화율은 이제 negative로 되고 코일에서의 자기장이 감소하는 원인이 된다. 자기장이 감소하기 때문에 코일에 유도되는 전압의 극성은 반전된다.전류의 감소율이 전류의 증가율과 같다면 유도된 전압의 크기는 충전 주기에서의 유도된 전압의 크기와 같아야 한다.

다시 말하자면 코일 양단의 전압은

$$V_1 = -V_{CC}$$

로 된다. <그림 6-15(b)>로부터 차단상태의 컬렉터 전압은 $2V_{CC}$가 된다.

$$\text{차단점}\quad V_{C\max} = V_{CC} - V_1 = V_{CC} - (V_{CC}) = 2V_{CC}$$

이다. 따라서 컬렉터 전압에서 최대 가능한 스윙은

$$V_{CPP} = 2V_{CC}$$

이다. 이런 최대 스윙을 구하기 위해서 트랜지스터는

$$V_{CQ} = \frac{1}{2} V_{CPP} = V_{CC}$$

로 바이어스 되어야 한다.

이제 <그림 6-15(c)>에 표시된 2차측으로 돌아가자. 우선 1차측 전압이 $V_{CC}$에서 $-V_{CC}$로 변화한다는 점에 주목해야 한다. $V_1$ 역시 $V_{1PP} = 2V_{CC}$의 스윙을 가지게 된다.

여러분들도 아다시피 변압기에서 2차측 전압은 1차측 전압과 $V_L = \frac{1}{n} V_1$의 관계를 갖는다. 여기서 $n$은 변압기의 권선비를 의미한다. 따라서

$$V_{L_{pp}} = \frac{1}{n} V_{1_{pp}} = \frac{2V_{CC}}{n}$$

로 표시되고, 부하전류는

$$I_L = \frac{V_L}{R_L}$$

혹은

$$I_{L_{pp}} = \frac{V_{L_{pp}}}{R_L} = \frac{2V_{CC}}{nR_L}$$

로 표시된다. 다시 1차측으로 되돌아가면

$$I_C = \frac{1}{n} I_L$$

이다. 만약 1차측 전압이 2차측 전압보다 더 크다면 1차측 전류가 2차측 전류보

다 더 작아진다. 이것은 변압기 양측의 전력이 같다는 의미다. 따라서 컬렉터 전류의 스윙은

$$I_{Cpp} = \frac{1}{n} I_{L_{pp}} = \frac{2V_{CC}}{n^2 R_L}$$

로 된다. 유효저항이나 반향저항으로 나타내면 컬렉터에서

$$R_{C\text{reflected}} = \frac{V_{Cpp}}{I_{Cpp}} = n^2 R_L$$

이다. 변압기는 부하의 피상 저항값을 변화시킬 수 있다. 이것은 임피던스 정합이라고 알려져 있다. 전체 주기를 갖게 되고 원하는 컬렉터에서 바이어 전류를 결정하게 된다.

$$I_{CQ} = \frac{I_{CPP}}{2} = \frac{V_{CC}}{n^2 R_L}$$

## ▮전력 계산

우리는 최대 피크-피크 부하전압과 $Q$점에서 전압과 전류를 알고 있다. 따라서 이런 회로의 전력 관계를 결정할 수 있다.

$$P_D = V_{CEQ} \times I_{CQ} = V_{CQ} \times I_{CQ} = V_{CC}\frac{V_{CC}}{n^2 R_L} = \frac{V_{CC}^2}{n^2 R_L}$$

전력공급은

$$P_{CC} = V_{CC} \times I_{CQ} = \frac{V_{CC}^2}{n^2 R_L}$$

로 표시된다.

흥미롭게도 회로에서 입력신호가 없을 때 공급된 전체 전력이 트랜지스터로 간다. 이것은 변압기가 직류에서 단락회로이기 때문이다. 입력신호가 인가될 때 전력은 부하에서 전환된다.

최대 부하전력은

$$P_L = \frac{V_{LP}^2}{2R_L} = \frac{V_{CC}^2}{2n^2 R_L}$$

이 된다. 여기서

$$V_{LP} = \frac{V_{LPP}}{2R_L} = \frac{V_{CC}}{n}$$

이다. 변압기 결합형 A급 증폭기의 효율은 50%이다.

$$\%\text{효율} = 100\frac{P_L}{P_{CC}} = 100\frac{V_{CC}^2/2n^2 R_L}{V_{CC}^2/n^2 R_L} = 100 \times \frac{1}{2} = 50\%$$

변압기 결합형 A급 증폭기는 50%의 최대 전력효율을 가진다. 다시 말하자면 이런 회로의 결점은 변압기의 크기가 크다는 것이다.

**예제 6-7** <그림 6-14>에 표시된 회로에서 $V_{CC}=+12\text{V}$, $R_L=8\Omega$, $n=6$이다. 트랜지스터가 최대 스윙으로 바이어스되었다고 가정하고 $V_{CC}$, $P_D$, $V_{LPP}$, $P_L$, % 효율을 구하시오.

**• 풀이 •** 변압기는 에너지 저장 능력을 갖기 때문에

$$V_{CPP}=2V_{CC}=24\text{V}$$

이다. $Q$점의 컬렉터 전압은

$$V_{CQ}=\frac{V_{CPP}}{2}=12\text{V}$$

이다. 변압기의 1차측 전압은 컬렉터 전압과 같은 스윙을 가진다. 따라서 부하전압의 스윙은

$$V_{LPP}=\frac{2V_{CC}}{n}=\frac{24\text{V}}{6}=4\text{V}$$

이다. 컬렉터 전류의 스윙은 부하전류 스윙에 따라 변한다.

$$I_{LPP}=\frac{V_{LPP}}{R_L}=\frac{4\text{V}}{8\Omega}=0.5\text{A}$$

따라서

$$I_{CPP}=\frac{1}{n}I_{LPP}=\frac{0.5\text{A}}{6}=0.0833\text{A}$$

이다. 변압기와 트랜지스터 전류는 부하전류보다 작다는 점을 기억해야 한다. $Q$점의 컬렉터 전류는 0.0417A이다.

$$I_{CQ}=\frac{I_{CPP}}{2}=0.0417\text{A}$$

트랜지스터의 전력은

$$P_D=V_{CEQ}\times I_{CQ}=V_{CQ}\times I_{CQ}=12\text{V}\times0.417\text{A}=0.5\text{W}$$

이다. 공급전력은

$$P_{CC}=V_{CC}\times I_{CQ}=12\text{V}\times0.0417\text{A}=0.5\text{W}$$

이고, 부하전력은

$$P_L=\frac{V_{PP}^2}{2R_L}=\frac{(2V)^2}{2\times8\Omega}=0.25\text{W}$$

이다. %효율은 50%이다.

$$\%\text{효율}=100\frac{P_L}{P_{CC}}=100\frac{0.25}{0.5}=100\frac{1}{2}=50\%$$

■ **확인문제 6-5** ■

1. 인덕터에 유도되는 전압은 무엇에 의존하는가?
2. 변압기 결합형 A급 증폭기의 컬렉터 전압에서 피크-피크 스윙이 공급전압의 2배인 이유를 설명하시오.
3. 변압기의 1차측 전압과 2차측 전압의 관계는 무엇인가?
4. 최대 출력전압 스윙은 무엇인가?
5. 변압기의 2차측 전류와 1차측 전류는 어떤 관계가 있나? 최대 컬렉터 전류 스윙은 무엇인가?
6. 변압기의 1차측에서 바라다본 저항과 부하가 연결된 2차측과의 사이는 어떤 관계가 있나?
7. $V_{CQ}$, $I_{CQ}$의 최대 스윙은 얼마인가?
8. $P_D$, $P_{CC}$, $P_L$이란 무엇인가?
9. 변압기 결합형 A급 증폭기의 효율은 무엇인가?
10. 이러한 증폭기의 결점은 무엇인가?

{해답} 1. 자기장 2. 인덕터가 에너지를 저장하기 때문 3. 권선비 4. $V_{LPP}=\frac{2V_{CC}}{n}$ 5. 1/N

6. $V_{CQ}=\frac{1}{2}V_{CPP}=V_{CC}$ 7. $I_{CQ}=\frac{I_{CPP}}{2}=\frac{V_{CC}}{n^2R_L}$

8. $P_D=V_{CEQ}I_{CQ}=V_{CQ}I_{CQ}=V_{CC}\frac{V_{CC}}{n^2R_L}=\frac{V_{CC}^2}{n^2R_L}$, $P_{CC}=V_{CC}I_{CQ}=\frac{V_{CC}^2}{n^2R_L}$,

$P_L=\frac{V_{LP}^2}{2R_L}=\frac{V_{CC}^2}{2n^2R_L}$ 9. $\%\text{효율}=100\frac{P_L}{P_{CC}}=100\frac{V_{CC}^2/2n^2R_L}{V_{CC}^2/2n^2R_L}=100\times\frac{1}{2}=50\%$

10. 변압기의 크기가 크다.

## 6-6 B급 증폭기

### 동 작

기본적인 B급 증폭기가 <그림 6-16(a)>에 표시되어 있다. NPN형 트랜지스터와 매칭되는 PNP형 트랜지스터로 아주 간단한 회로를 만들 수 있다. 이런 회로에는 2개의 전력이 공급된다는 점에 주의해야 한다.

또한 부하저항이 트랜지스터의 이미터에 연결된다는 것에 주의해야 한다. B급 증폭기의 이득을 관찰하기 보다는 오히려 전력 사용의 효율이 증가하는데 관심을 가진다.

<그림 6-16(b)>에 표시된 것처럼 입력신호를 인가하지 않았을 때 두 트랜지스터의 베이스는 모두 접지된다.

$$V_{BQ}=0\text{V}$$

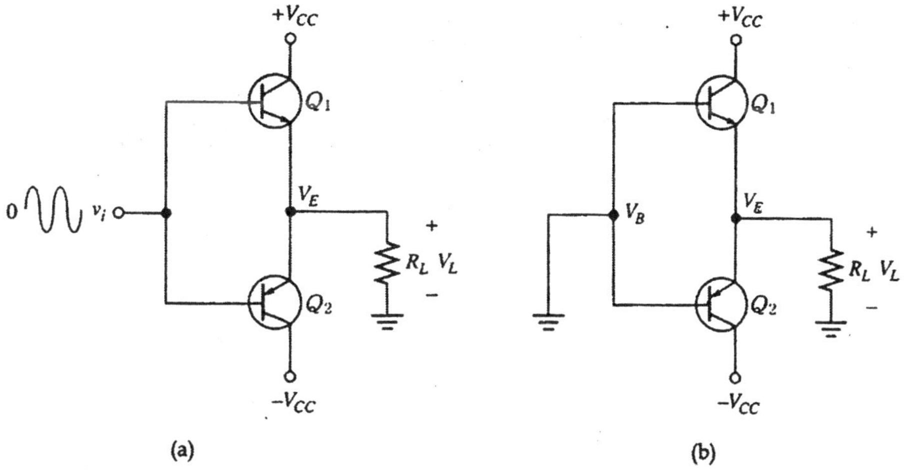


<그림 6-16> B급 증폭기(푸시풀 증폭기)

컬렉터 회로에서 대칭이기 때문에 이미터 전압은 positive와 negative 공급전압 사이의 중간이다.

$$V_{EQ} = \frac{V_{CC} + (-V_{CC})}{Z} = 0\text{V}$$

로 표시된다.

따라서 각 트랜지스터의 이미터 다이오드 양단에 걸리는 전압은 0V이다. 입력 신호가 positive로 되면 NPN형 트랜지스터 $Q_1$이 도통된다. 베이스 전압이 positive이기 때문에 PNP형 트랜지스터 $Q_2$는 차단상태가 된다.

이것은 <그림 6-17(a)>에 표시된 회로가 설명해 준다. 출력신호는 이미터로부터 구해지기 때문에 출력전압은 입력전압을 따르게 된다(트랜지스터 $Q_1$의 이미터 다이오드 전압강하 0.7V를 무시한다). <그림 6-17(b)>에 표시된 출력전압은 다이오드의 정류기의 출력과 비슷하다.

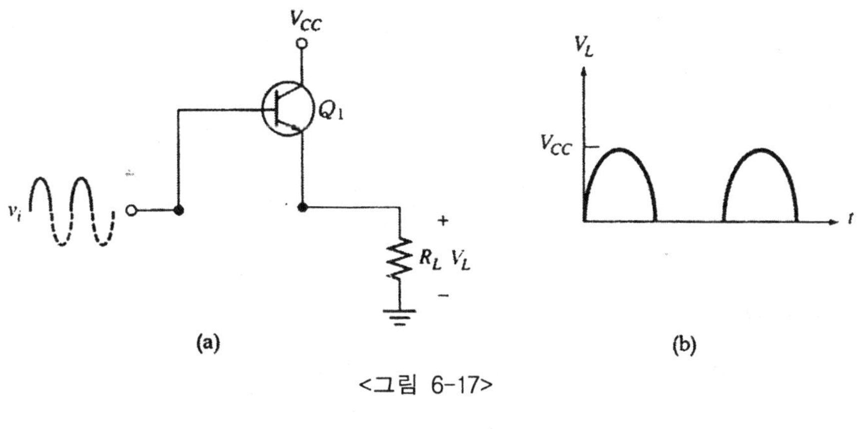


<그림 6-17>

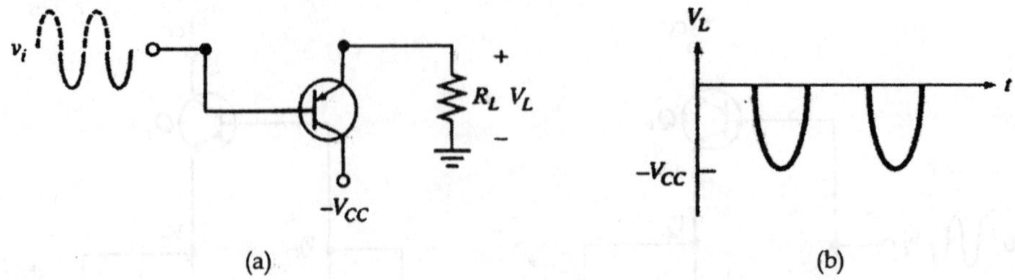


<그림 6-18>

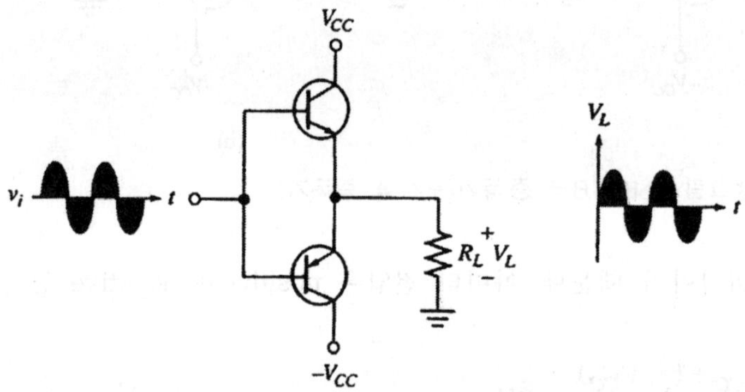


$$P_{CC} = 2\frac{V_{CC}^2}{\pi R_L}$$

$$P_D \approx 0.1\frac{V_{CC}^2}{R_L}$$

$$P_{L_{max}} = \frac{V_{CC}^2}{2R_L}$$

%효율=78.5%

<그림 6-19>

입력신호가 negative로 되면 PNP형 트랜지스터 $Q_2$가 도통된다. 베이스 전압이 이제 negative이기 때문에 NPN형 트랜지스터 $Q_1$은 차단상태가 된다.<그림 6-18(b)>에 표시된 출력전압은 입력 사이클의 −반주기만 표시하게 된다.

이미터 다이오드의 전압강하가 무시된다면 전체 출력은 <그림 6-19>에 표시된것과 같다. B급 증폭기에서는 한번에 한 개의 트랜지스터만이 동작한다. 한 개의 트랜지스터는 positive 출력을 제공하고 나머지 한 개의 트랜지스터는 negative 출력만을 제공한다.

이런 이유 때문에 B급 증폭기는 푸시풀 증폭기라고 부르기도 한다. B급 증폭기는 두 개의 유사한 진공관으로도 구성되고 두 개의 NPN형 트랜지스터로도 구성할 수 있다.

이런 특별한 회로는 한 개의 PNP형 트랜지스터와 한 개의 NPN형 트랜지스터를 사용하게 되는데 이런 것들은 보수 대칭형 푸시풀 증폭기(complementary symmetry push pull amplier)로 간주된다.

## ▮ 전력계산

B급 증폭기에서 모든 전력 계산은 출력전압과 컬렉터 전류의 크기에 달려 있

다. 아래의 토론에서 우리는 일반적인 전력관계식과 또한 공급되거나 소비될 수 있는 최대 전력을 계산할 수 있다.

## ▮ 부하전력

부하전압이 여전하기 때문에 정현파 신호에서 부하전력은

$$P_L = \frac{V_{LP}^2}{2R_L}$$

로 주어진다. 최대 부하전력를 구하기 위해서 최대 스윙을

$$V_{LPP\max} = 2V_{CC}$$

로 제공하기 위해서 $-V_{CC}$에서 $+V_{CC}$까지 스윙할 수 있는 출력전압을 보여주는 <그림 6-19>를 검토하자. 최대 부하전력은 다음과 같다.

$$P_{L_{\max}} = \frac{V_{LP_{\max}}^2}{2R_L} = \frac{V_{CC}^2}{2R_L}$$

## ▮ 공급전력

B급 증폭기 차단점에서 바이어스된다. 이것은 무입력 신호일 때 두 트랜지스터는 off되고 전류는 흐르지 않는다는 것을 의미한다. 따라서 각 트랜지스터의 $I_{CQ}=0\text{A}$이다.

무신호일 때 우리는 증폭기를 standby mode라 부른다. 예비로 전류의 흐름이 없기 때문에 각 전원으로부터 전력유출은

$$\text{Standby Power} \quad P_{CC} = 0\text{W}$$

이다. 이것은 B급 증폭기에서 가장 중요한 장점이다. 무신호일 때 전지의 소모는 없다. 전지의 수명은 대단히 연장된다. 이것이 바로 전지가 B급 증폭기의 출력단을 구동시키는 이유이다.

어떤 전지도 평균 전력유출이 있다. 그렇지 않으면 전지의 수명은 영원하게 되고 전지회사는 사업에 망했을 것이다. 전지로부터 평균 전력유출은

$$P_{CC} = V_{CC} \times I_{DC}$$

로 주어진다.

A급 증폭기에서 트랜지스터 전류의 직류값은 $Q$점에서의 전류와 같다. B급 증폭기는 사실과 다르다.

<그림 6-20>에 표시된 정류된 반파신호처럼 보이는 $Q_1$에서의 컬렉터 전류를 알아보자. 정류된 반파신호의 평균(직류값)은 이미 앞에서 알아본바 있다.

$$I_{C_{DC}} = \frac{I_{CP}}{\pi}$$

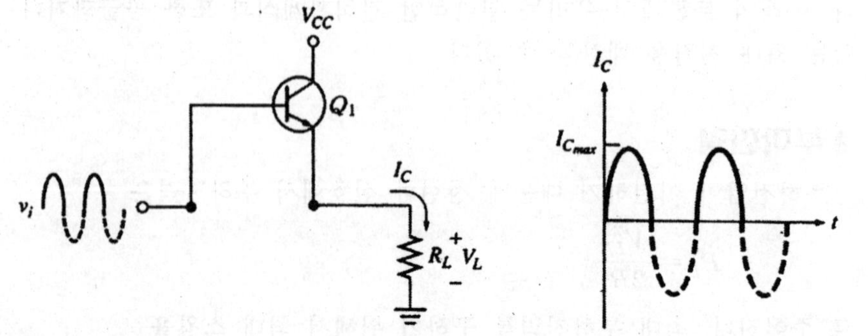


<그림 6-20>

이고,

$$I_{CP} = \frac{V_{LP}}{R_L}$$

이기 때문에

$$I_{C_{DC}} = \frac{V_{LP}}{\pi R_L}$$

로 표시할 수 있다. 따라서 각 전지에 의해서 공급되는 전력은

$$P_{CC} = V_{CC}\frac{V_{LP}}{\pi R_L}$$

이다. 최대 전력은 출력전압이 가장 클 때 전지로부터 요구된다.

$$V_{LP_{\max}} = V_{CC}$$

우리는 최대 평균 전력유출을 각 전지로부터 얻는다.

$$P_{CC_{\max}} = V_{CC}\frac{V_{LP}}{\pi R_L} = \frac{V_{CC}^2}{\pi R_L}$$

각 전지는 동일한 전력을 제공하기 때문에 전지에 의해서 공급되는 전체 전력은

$$P_{CC\text{total}_{\max}} = 2\frac{V_{CC}^2}{\pi R_L}$$

이다. B급 증폭기의 최대 전력효율은 다음과 같다.

$$\%\text{효율} = 100\,\frac{P_{L_{\max}}}{P_{CC\text{total}_{\max}}} = 100\,\frac{V_{CC}^2/2R_L}{2V_{CC}^2/\pi R_L}$$

따라서

$$\%\text{효율} = 100\,\frac{\pi}{4} = 78.5\%$$

이다. 예비 전력유출은 없기 때문에 B급 증폭기의 부하에 전달되는 전력이 아주 큰 효율을 갖는다.

## ▮ 트랜지스터 전력

전원에 공급된 전력이 2개의 트랜지스터와 부하에 의해 소비된 전력과 같다면 트랜지스터에 의해 소비된 전력을 계산하기가 더 쉽다.

$$P_{CC\text{total}} = P_{Q1} + P_{Q2} + P_L$$

회로의 대칭성 때문에 트랜지스터에 의한 소비전력은 ($P_{Q1} = P_{Q2}$)과 같고

$$P_D = \frac{P_{CC\text{total}} - P_L}{2}$$

로 주어진다.

트랜지스터의 최대 소비전력은 유도하기 어렵다. 무활동 상태에서 컬렉터 전류는 0A이다. 따라서 전력소비는 없다. 트랜지스터가 포화상태일 때 출력전압은 최고에 도달된다. 이때 $V_{CE} = 0\text{V}$이다. 따라서 다시 전력소비는 없다.

트랜지스터의 최대 소비전력은 출력이 최대 스윙의 약 2/3일 때 발생한다. 최대 소비전력 발생에 대한 전압은

$$V_{LP} = \frac{2}{\pi} V_{CC}$$

이고, 각 트랜지스터의 중지되는 최대 소비전력은

$$P_D = 0.2 P_{L_{\max}} = 0.1 \frac{V_{CC}^2}{R_L}$$

이다.

**예제 6-8** <그림 6-19>에 표시된 회로에서 $V_{CC} = +12\text{V}$, $R_L = 80\,\Omega$이다. 각 트랜지스터에서 최대 부하전압 스윙, 전체 최대평균 공급전력, 최대평균 부하전력, 최대평균 소비전력을 구하시오.

**• 풀이 •** 최대 가능 출력 스윙은 $V_{LPP} = 2V_{CC} = 24\text{V}$이다. 최대 전력 계산은 최대 피크 부하전압으로 구한다.

$$V_{LP\max} = 12\text{V}$$

평균 부하전력은 0.9W이다.

$$P_{L_{\max}} = \frac{V_{LP_{\max}}^2}{2R_L} = \frac{(12\,V)^2}{2 \times 80\,\Omega} = 0.9\text{W}$$

전체 공급전력은 1.15W이다.

$$P_{CC\text{total}_{\max}} = 2\frac{V_{CC}^2}{\pi R_L} = 2\frac{(12\,V)^2}{\pi \times 80\Omega} = 1.15\text{W}$$

최대 효율은 78.3%이다.

$$\%\text{효율} = 100\,\frac{P_{L_{\max}}}{P_{CC\text{total}_{\max}}} = 100\,\frac{0.9\text{W}}{1.15\text{W}} = 78.3\%$$

각 트랜지스터의 소비전력은 0.125W이다.

$$P_D = \frac{P_{CC\text{total}} - P_L}{2} = \frac{1.15\text{W} - 0.9\text{W}}{2} = 0.125\text{W}$$

**예제 6-9** <그림 6-19>에 표시된 회로에서 $V_{CC} = +12\text{V}$, $R_L = 80\Omega$이라고 가정하고 부하전력, 공급전력, 효율, 다음의 출력전압 스윙에 대한 각 트랜지스터에서 소비전력을 구하시오. 트랜지스터에서의 소비전력을 논하고 (예제 6-8)과 비교하시오. (a) $V_{LP} = 2\text{V}$ (b) $V_{LP} = 8\text{V}$

**• 풀이 •** (a) $V_{LP} = 2\text{V}$에서 실제 부하전력은 25mW이다.

$$P_L = \frac{V_{LP}^2}{2R_L} = \frac{2\,V^2}{2 \times 80\Omega} = 25\text{mW}$$

실제적인 공급전력을 구하기 위해서 직류 컬렉터 전류를 구하면 7.96mA이다.

$$I_{C_{DC}} = \frac{I_{CP}}{\pi} = \frac{V_{LP}}{\pi R_L} = \frac{2\text{V}}{\pi \times 80\Omega} = 7.96\text{mA}$$

전체 공급전력은 191mW이다.

$$P_{CC\text{total}} = 2\,V_{CC} \times I_{CDC} = 2 \times 12\text{V} \times 7.96\text{mA} = 191\text{mW}$$

전력효율은 13.1%이다.

$$\%\text{효율} = 100\,\frac{P_L}{P_{CC\text{total}}} = 100\,\frac{25\text{mW}}{191\text{mW}} = 13.1\%$$

공급전력, 부하전력, 효율은 출력전압이 최대값으로 유도되지 않을 때 모두 좀더 적어진다. 각 트랜지스터에서 소비전력은 83mW이다.

$$P_D = \frac{P_{CC\text{total}} - P_L}{2} = \frac{191\text{mW} - 25\text{mW}}{2} = 83\text{mW}$$

(b) $V_{LP} = 8\text{V}$에서 실제 부하전력은 400mW이다.

$$P_L = \frac{V_{LP}^2}{2R_L} = \frac{8\,V^2}{2 \times 80\Omega} = 400\text{mW}$$

실제적인 공급전력을 구하기 위해서 직류 컬렉터 전류를 구하면 32mA이다.

$$I_{C_{DC}} = \frac{I_{CP}}{\pi} = \frac{V_{LP}}{\pi R_L} = \frac{8\text{V}}{\pi \times 80\Omega} = 32\text{mA}$$

전체 공급전력은 768mW이다.

$$P_{CC\text{total}} = 2V_{CC} \times I_{CDC} = 2 \times 12\text{V} \times 32\text{mA} = 768\text{mW}$$

전력효율은 52%이다.

$$\%\text{효율} = 100\frac{P_L}{P_{CC\text{total}}} = 100\frac{400\text{mW}}{768\text{mW}} = 52\%$$

출력의 피크값은 공급전력, 부하전력, 효율을 모두 증가시킨다.

여하튼 출력전압이 자신의 최대값으로 구동될 때보다 아직도 작다. 각 트랜지스터에서 소비전력은 184mW이다.

$$P_D = \frac{P_{CC\text{total}} - P_L}{2} = \frac{768\text{mW} - 400\text{mW}}{2} = 184\text{mW}$$

이 예제의 결과를 이전의 예제와 비교하면 다음과 같다.

| | $V_{LP}$ | $P_D$ |
|---|---|---|
| 최대 스윙 | 12V | 125mW |
| | 2V | 83mW |
| 최대 스윙의 2/3 | 8V | 184mW |

이것은 출력 스윙이 최대 스윙의 2/3일 때 트랜지스터가 최대 소비전력을 갖는다는 것을 의미한다.

## B급 증폭기의 왜곡

트랜지스터 $Q_1$과 $Q_2$에서의 이미터 다이오드 전압강하를 무시했었다. <그림 6-21>에서 2개의 차동입력에 대한 부하전압을 더 자세히 알아보자.

여기서 중요한 점은 트랜지스터 $Q_1$이 입력전압이 0.7V에 도달할 때까지 동작하지 않는다는 점이다. 이때 부하전압은

$$v_L = v_i - 0.7\text{V}$$

로 주어진다. 이와 유사하게 트랜지스터 $Q_2$도 입력전압이 $-0.7$V에 도달할 때까지 도통되지 않게 된다. 이때 부하전압은

$$v_L = v_i + 0.7\text{V}$$

로 주어진다.

<그림 6-21(a)>에 표시된 것처럼 1V의 입력에 대해 입력신호의 작은 부분만이 출력으로 보여진다. <그림 6-21(b)>에 표시된 것처럼 10V의 입력신호는 덜 왜곡되고 입력을 닮은 신호가 출력된다. 이런 왜곡을 크로스오버 왜곡이라고 부른다. B급 증폭기의 왜곡은 입력신호의 크기에 의존한다.

다시 말하자면, 즉 작은 크기의 입력은 큰 크기의 입력보다 더 왜곡이 심하게

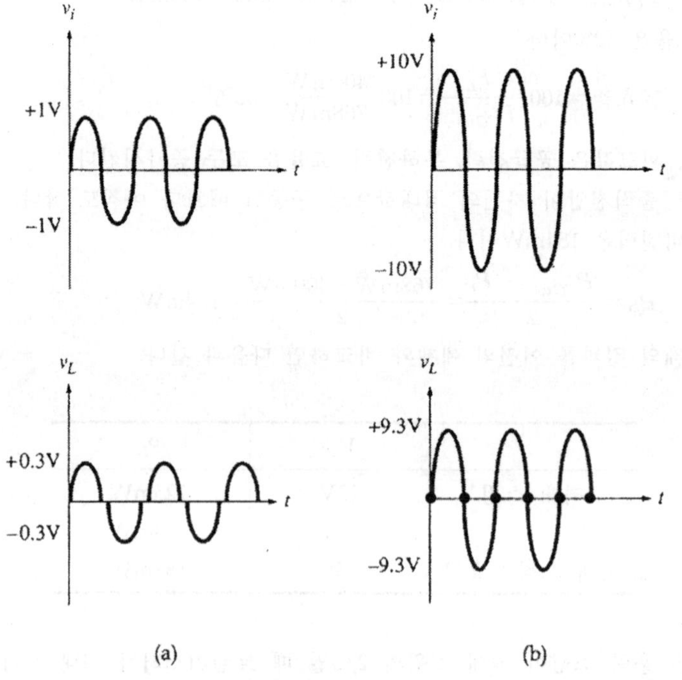


<그림 6-21>

나타난다. 이것이 바로 제조업체가 스테레오 증폭기를 설계할 때, 저음을 제공할 때는 A급 증폭기를 출력단에 사용하고 고음을 제공할 때는 출력단에 B급 증폭기를 사용하는 이유가 된다.

---

**▣ 확인문제 6-6 ▣**

1. 기본적인 NPN형-PNP형 B급 출력증폭단을 그리시오.
2. 이런 형태의 출력증폭단에 붙여지는 이름은 무엇인가?
3. B급 증폭기의 출력증폭단의 트랜지스터의 정지활동 상태는 무엇인가?
4. 입력이 +일 때 어느 트랜지스터가 활성화되는가?
5. 입력이 -일 때 어느 트랜지스터가 활성화되는가?
6. 최대 부하전력이란 무엇인가?
7. 입력이 무신호일 때 공급전지에서의 전력유출은 무엇인가?
8. 공급전원에서의 최대 전력유출은 무엇인가? 언제 발생하는가?
9. B급 증폭기의 최대 효율은 무엇인가?
10. 각 트랜지스터의 최대 소비전력은 무엇인가?
11. B급 증폭기의 출력에서 크로스오버 왜곡이 발생되는 이유는 무엇인가?

{해답} **1.** <그림 6-16>참조 **2.** 보수 대칭형 푸시풀 증폭기 **3.** 차단상태 **4.** NPN형 트랜지스터 **5.** PNP형 트랜지스터 **6.** $P_{L_{max}} = \frac{V_{LP_{max}}^2}{2R_L} = \frac{V_{CC}^2}{2R_L}$ **7.** 0W **8.** $P_{CC_{max}} = V_{CC}\frac{V_{LP}}{\pi R_L} = \frac{V_{CC}^2}{\pi R_L}$ **9.** 78.5% **10.** $P_D = \frac{P_{CC total} - P_L}{2}$ **11.** 0.7V의 전압강하

## 6-7 바이어스된 푸시풀 증폭기

<그림 6-16(b)>에 표시된 것과 같이 기본적인 B급 증폭기는 양쪽 트랜지스터가 차단상태로 바이어스된다. 여기서 장점은 입력이 무신호일 때 전지의 전류유출이 없다는 점이다. 다시 말하자면 예비 전력유출은 0W이다.

이런 바이어스 설계의 결점은 트랜지스터가 턴 on되기 전에 크로스오버 왜곡이 발생된다는 점이다. 만약 약간의 예비 전류유출을 참을 수 있는 의지력이 있다면 트랜지스터가 바로 턴on되도록 바이어스시킬 수 있다. 이것은 크로스오버 왜곡이 대부분 제거될 것이다.

어떤 저자들은 이것들을 여전히 B급 증폭기라 부른다. 반면에 또다른 저자들은 AB급 증폭기라 부른다. 왜냐하면 트랜지스터는 활동영역에서 조금 비이어스된다. 우리는 다음의 모두를 B급 증폭기의 출력증폭단이라고 간단히 부른다. 거의 B급 증폭기를 바이어스하는 방법과 같은 수의 전자설계자가 있다.

첫번째 회로는 <그림 6-22(a)>에 표시되어 있다. NPN형 바이어스 회로와 PNP형 회로에서 바이어스된 대칭을 강조한 그림에서 그려진 선이다.

<그림 6-22(b)>에서 $V_{B1Q}$를 구할 수 있다.

$$V_{B1Q} = \frac{R_1}{R_1 + R_2} V_{CC} = \frac{0.7\text{k}\Omega}{11.3\text{k}\Omega + 0.7\text{k}\Omega} 12\text{V} = 0.7\text{V}$$

그리고 이미터 바이어스 전압은 0V이다.

$$V_{EQ} = V_{B1Q} - 0.7\text{V} = 0\text{V}$$

따라서

$$I_{EQ} = \frac{V_{EQ}}{R_L} = 0\text{A}$$

이다. $Q_1$은 차단점 근처에서 바이어스된다. <그림 6-22(c)>에는 PNP형 트랜지스터인 $Q_2$의 등가 바이어스 회로가 표시되어 있다.

다음의 예제를 통해서 바이어스 값을 유도해 보자. 이런 회로는 NPN형 트랜지스터에 negative 전압을 제외하고는 모두 동일하다. 트랜지스터 $Q_1$의 바이어스 값은

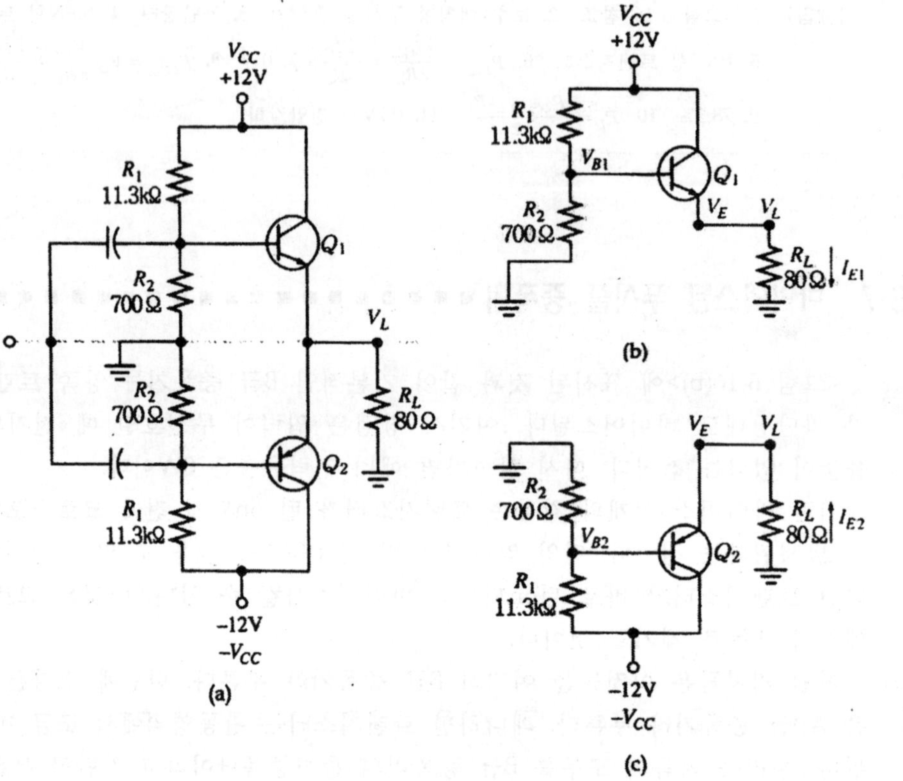


<그림 6-22> 차단점 근처에서의 바이어스

$$V_{B2Q} = -0.7\text{V}, \quad V_{EQ} = 0\text{V}, \quad I_{EQ} = 0\text{A}$$

로 구해진다.

**예제 6-10** <그림 6-22(c)>에 표시된 부분적인 B급 증폭기 회로에 주어진 바이어스값을 유도하시오.

**• 풀이 •** 여기서 베이스 전압은 $R_2$ 양단에 걸리는 전압이다.

$$V_{B2Q} = \frac{R_2}{R_1 + R_2}(-V_{CC}) = \frac{0.7\text{k}\Omega}{11.3\text{k}\Omega + 0.7\text{k}\Omega}(-12\text{V}) = -0.7\text{V}$$

PNP형 트랜지스터의 이미터 전압은 베이스 전압보다 다이오드 전압강하만큼 높다.

$$V_{EQ} = V_{B2Q} + 0.7\text{V} = -0.7\text{V} + 0.7\text{V} = 0\text{V}$$

$$I_{EQ} = \frac{V_{EQ}}{R_L} = 0\text{A}$$

## 다이오드 바이어스

특별한 집적회로에서 아주 자주 사용되는 바이어스법은 <그림 6-23(a)>에 표시된 것처럼 바이어스도에서 다이오드를 사용한다. 이런 회로에서 대칭성 때문에(점선 부분 참조) 다이오드 사이의 전압은 +12V와 −12V 사이의 중간이어야 한다. 따라서

$$V_1 = 0\text{V}$$

이다. 트랜지스터 $Q_1$의 베이스 전압은 $V_1$보다 다이오드의 전압강하만큼 크다. 따라서

$$V_{B1Q} = V_1 + 0.7\text{V} = 0.7\text{V}$$

이고, 이미터 전압은

$$V_{E1Q} = V_{B1Q} - 0.7\text{V} = 0\text{V}$$

로 예상된다. 트랜지스터 $Q_1$의 베이스 전압은 $V_1$보다 다이오드 전압강하만큼 작다. 따라서

$$V_{B2Q} = V_1 - 0.7\text{V} = -0.7\text{V}$$

이다. 이미터 전압은

$$V_{E1Q} = V_{B2Q} + 0.7\text{V} = 0\text{V}$$

이다. 다이오드가 트랜지스터와 매칭되는 특성을 갖는 동안 이런 회로는 자동적으로 차단점 가장자리에서 자동으로 바이어스된다.

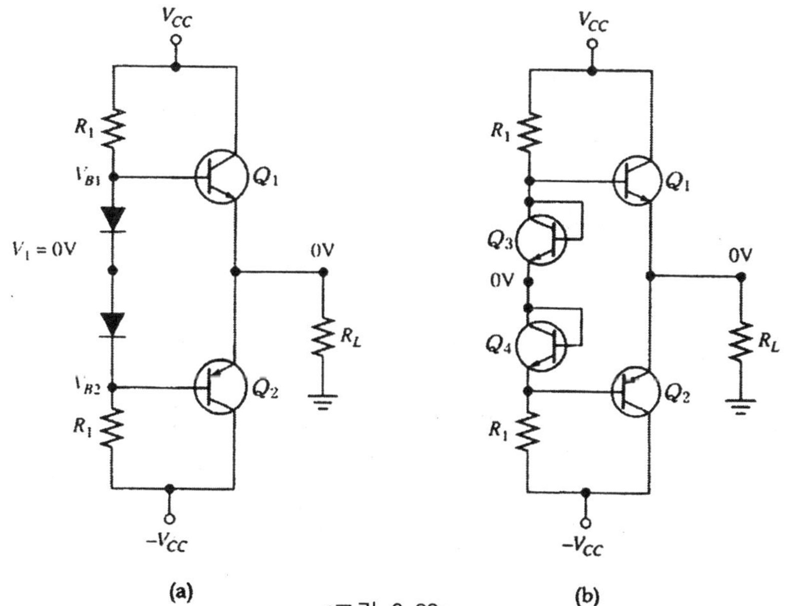


<그림 6-23>

앞에서 고찰했던 바이어스 회로에서의 다이오드는 온도의 변화를 보상하기 위해서 사용되었다. 앞장에서 고찰했던 다이오드와 트랜지스터의 매칭을 확인할 수 있는 가장 좋은 방법은 다이오드를 연결한 트랜지스터를 사용하는 것이다. <그림 6-23(b)>는 이 방법을 사용하는 간단한 예제를 표시하고 있다.

## ▮ 단일 전원 바이어스

<그림 6-24(a)>는 단일 positive 전원만을 사용할 때 B급 증폭기를 어떻게 구성할 수 있는지를 보여준다. 컬렉터 회로에서 대칭적이기 때문에 이미터 전압을 대략적으로 $V_{CC}$와 0V의 중간이라는 것을 예측할 수 있다.

$$V_{EQ} = \frac{V_{CC}}{2} = 6\text{V}$$

이미터 전압이 0V가 아니기 때문에 콘덴서 결합형 부하가 출력 증폭단이다. 베이스 전류가 무시된다고 가정하자.

<그림 6-24(b)>에 표시된 바이어스 회로로부터 베이스 바이어스 전압을 구할 수 있다.

$$V_{B1Q} = \frac{R_2 + R_3}{R_1 + R_2 + R_3} V_{CC} = \frac{8\text{k}\Omega + 2\text{k}\Omega}{8\text{k}\Omega + 2\text{k}\Omega + 8\text{k}\Omega} 12\text{V} = 6.7\text{V}$$

트랜지스터 $Q_2$의 베이스 전압은 5.3V이다.

$$V_{B2Q} = \frac{R_3}{R_1 + R_2 + R_3} V_{CC} = \frac{8\text{k}\Omega}{8\text{k}\Omega + 2\text{k}\Omega + 8\text{k}\Omega} 12\text{V} = 5.3\text{V}$$

우리는 두 식에서 이미터 전압을 구할 수 있다.

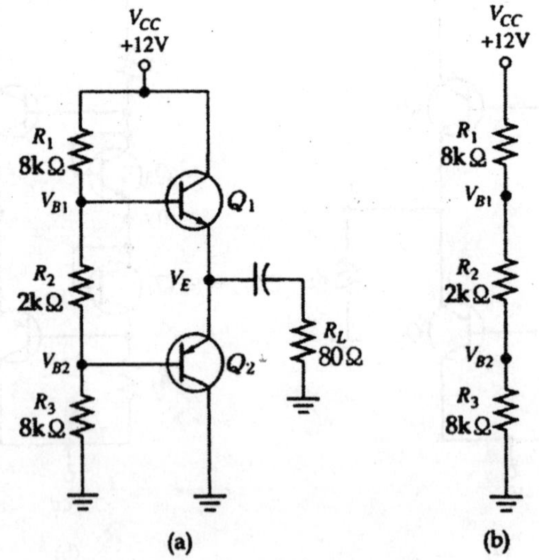


<그림 6-24> 단일 전원 바이어싱

$$V_{EQ} = V_{B1Q} - 0.7\text{V} = 6.7\text{V} - 0.7\text{V} = 6\text{V}$$

또는 다음과 같다.

$$V_{EQ} = V_{B2Q} + 0.7\text{V} = 5.3\text{V} + 0.7\text{V} = 6\text{V}$$

**예제 6-11** <그림 6-25>에 표시된 회로에서 바이어스 레벨을 구하시오.

**• 풀이 •** 여기서 해를 구하기 위해서 대칭성을 이용한다. 두 다이오드 사이의 점은 공급전원과 접지 사이의 중간의 전압을 갖는다. 따라서 $V_1 = 6\text{V}$이다. 트랜지스터 $Q_1$의 베이스 전압은 $V_1$보다 다이오드 전압강하만큼 높다.

$$V_{B1Q} = V_1 + 0.7\text{V} = 6\text{V} + 0.7\text{V} = 6.7\text{V}$$

트랜지스터 $Q_2$의 베이스 전압은 $V_1$보다 다이오드 전압강하만큼 작다.

$$V_{B2Q} = V_1 - 0.7\text{V} = 6\text{V} - 0.7\text{V} = 5.3\text{V}$$

이미터 전압은 두 식 중 어느 식을 이용해도 구할 수 있다.

$$V_E = V_{B1Q} - 0.7\text{V} = 6.7\text{V} - 0.7\text{V} = 6\text{V}$$

$$V_E = V_{B2Q} + 0.7\text{V} = 5.3\text{V} + 0.7\text{V} = 6\text{V}$$

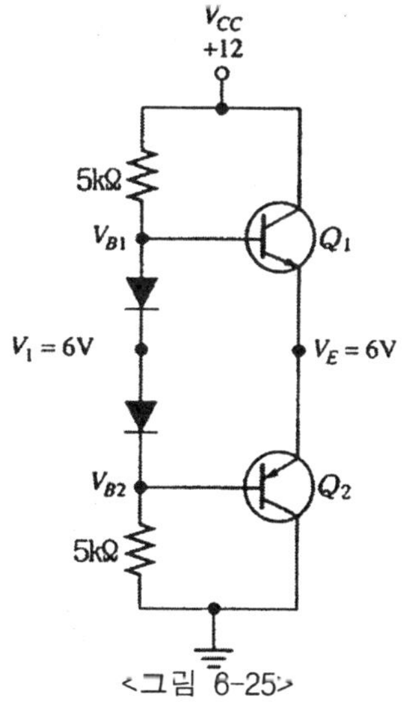


<그림 6-25>

## ▮ 브리지 증폭기와 위상분할기

이 장의 모든 증폭기는 접지에 연결되어지는 부하를 구동한다. <그림 6-26>에 표시된 것처럼 적절하게 위상이 매칭되는 두 개의 증폭기가 부하를 사이에 두고 연결되면 부하에 전달되는 전력을 증가시키는 것이 가능하다. 이런 배열을 브리지 증폭기라고 부른다.

브리지 증폭기에서 $v_i$는 왼쪽 증폭기의 입력이고 $-v_i$는 오른쪽 증폭기의 입력이다. 따라서 왼쪽의 출력이 증가할 때 오른쪽의 출력은 감소된다. 부하양단에 걸리는 전압은

$$v_L = v_{o1} - v_{o2}$$

로 주어진다. 각 증폭기를 15V의 최대 출력전압을 발생시킬 수 있다고 가정한다. $v_{o1}$이 +15V로 될 때 $v_{o2}$는 −15V로 인가되고 최대 부하전압은 30V로 된다.

$$v_{L\max} = 15\text{V} - (-15\text{V}) = 30\text{V}$$

브리지 증폭기는 다른 증폭기에 비해 최대 부하전압을 2배로 발생시킬 수 있다. <그림 6-27(a)>는 서로 반대의 출력신호를 발생시키기 위해 단일 트랜지스터 증폭기를 사용하는 방법을 보여준다.

$$v_1 \fallingdotseq v_i$$

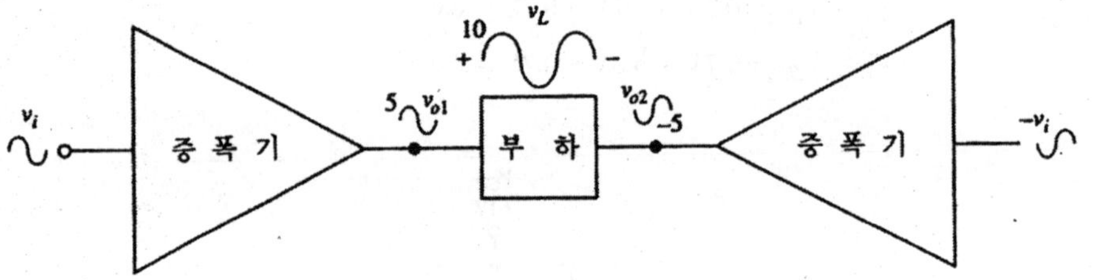


<그림 6-26> 브리지 증폭기

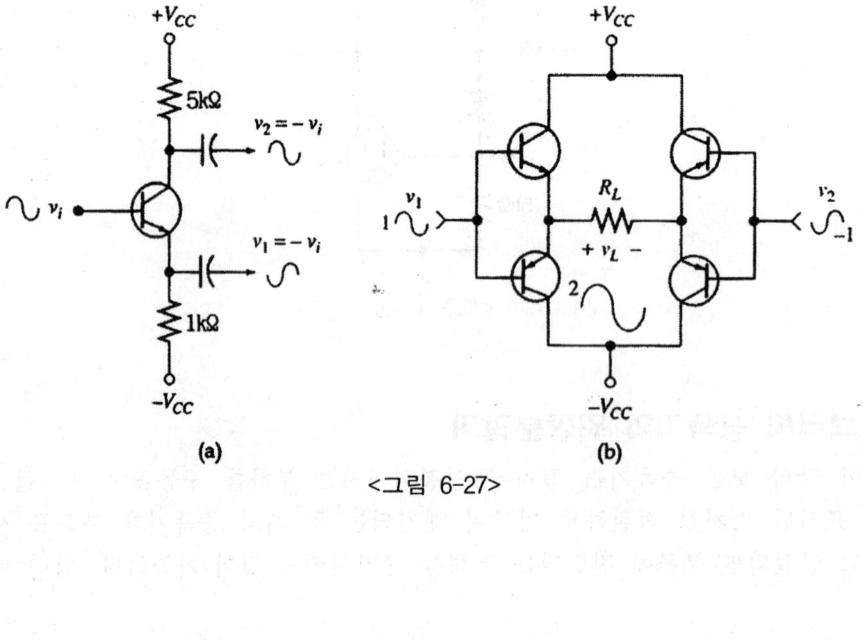


<그림 6-27>

컬렉터와 이미터 저항이 같기 때문에 컬렉터 출력은 대략적으로

$$v_2 \approx -\frac{R_C}{R_E}v_i = -\frac{1\text{k}\Omega}{1\text{k}\Omega}v_i = -v_i$$

회로는 $+v_i$와 $-v_i$를 발생시키기 때문에 위상분할기라고 부른다. <그림 6-27(b)>는 두 개의 매칭되는 보수형 푸시풀 증폭기로 구성되는 브리지 증폭기를 표시하고 있다. 푸시풀 증폭기는 위상반전기로 구동될 수 있다.

### ▣ 확인문제 6-7 ▣

1. 이중 전원 바이어스를 가질 때 정지 이미터 전압은 무엇인가?
2. 바이어스 회로설계에서 다이오드를 사용하는 2가지 이점은 무엇인가?
3. 다이오드처럼 동작하도록 연결되는 트랜지스터를 그리시오.
4. 단일 전원을 가지는 정지 이미터 전압은 무엇인가?
5. 여기서 부하가 콘덴서에 의해서 연결되는 이유는 무엇인가?
6. 단일 전원저항으로 바이어스된 B급 증폭기를 그리시오. $V_{B1Q}$와 $V_{B2Q}$의 공식은 무엇인가?
7. 단일 전원 다이오드로 바이어스된 B급 증폭기를 그리시오. 다이오드 사이의 전압은 무엇인가? 이유는 무엇인가?
8. 브리지 증폭기는 무엇인가?
9. 위상반전기는 무엇인가?

**{해답}** **1.** 0V 2. 차단점에서 자동으로 바이어스된다. 온도 보상효과를 갖는다. **3.** <그림 6-23(b)>참조 **4.** $V_{CC}$와 0V 사이의 중간 **5.** 이미터 전압이 0V가 아니기 때문 **6.** <그림 6-24>참조

$$V_{B1Q} = \frac{R_2+R_3}{R_1+R_2+R_3}V_{CC} = \frac{800\Omega + 200\Omega}{800\Omega + 200\Omega + 800\Omega}12\text{V} = 6.7\text{V},$$

$$V_{B2Q} = \frac{R_3}{R_1+R_2+R_3}V_{CC} = \frac{800\Omega}{800\Omega + 200\Omega + 800\Omega}12\text{V} = 5.3\text{V}$$

**7.** <그림 6-25>참조 **8.** 최대 부하전압을 2배로 제공할 수 있다.
**9.** $+v_i$와 $-v_i$를 제공할 수 있다.

## 6-8 C급 증폭기

C급 증폭기는 B급 증폭기보다 많은 부하전력을 공급할 수 있다. 정현파를 증폭하기 위해서는 여하튼 정현파적인 주파수로 동조되어야 한다. 동조된 C급 증폭기는 협대역 회로로서 오직 공진주파수와 공진주파수 근처의 주파수만을 증폭하게 된다.

큰 용량의 인덕터와 콘덴서를 필요로 하는 동조회로를 피하기 위해서 C급 증폭기는 라디오 주파수대(RF)에서 사용된다. RF는 20kHz 이상의 주파수이다. C

급 증폭은 비록 모든 증폭방식 중에서 효율이 가장 좋지만 C급 증폭기는 협대역의 RF만을 증폭하는 데 사용된다.

### ▮ C급 동작

C급 동작은 컬렉터 전류가 교류 주기의 180° 미만에서 흐른다는 의미이며, C급 증폭기의 컬렉터 전류는 아주 큰 비정현파이다(전류가 펄스 형태로 흐른다). 순수한 저항성 부하에서 발생되는 왜곡을 피하기 위해서 C급 증폭기는 항상 동조탱크 회로를 구동시켜서 정현파 출력전압을 얻는다.

### ▮ 동조된 증폭기

<그림 6-28(a)>는 C급 증폭기를 구성하는 방법을 표시하고 있다. 공진 탱크회로는 입력신호의 주파수를 동조시킨다. 회로가 높은 $Q$값을 가질 때 병렬공진은 대략 공진주파수

$$f_r \cong \frac{1}{2\pi\sqrt{LC}}$$

에서 발생된다. 여기서 $f_r$은 공진주파수, $L$은 인덕턴스, $C$는 커패시턴스를 표시한다.

공진주파수에서 병렬 공진회로의 임피던스는 매우 크고 순수한 저항으로 된다(이런 근사법은 RF 동조회로에서 항상 만족되어야 하는 조건인 회로의 $Q$가 10 보다 크다고 가정한다). 회로가 공진주파수에서 동조되면 저항 $R_L$ 양단의 전압강하는 최대로 되며 정현파이다.

<그림 6-28(b)>는 주파수에 따라서 변하는 전압이득의 변화를 표시하고 있다. 그림에 표시된 것처럼 전압이득은 $f_r$ 주파수에서 최대값 $A_{max}$에 도달된다. 공진주파수인 $f_r$의 좌우측에서는 전압이득이 감소한다. 회로의 $Q$가 클수록 공진주파수 양쪽에서 전압이득의 강하가 빨라진다.

### ▮ 무바이어스

<그림 6-28(c)>는 직류 등가회로를 표시하고 있다. 직류 등가회로에서 주의할 것은 트랜지스터에 바이어스가 되지 않았다는 점이다. 따라서 트랜지스터의 $Q$점은 직류부하선의 차단점에 놓이게 되어 무바이어스 상태이기 때문에 $V_{BE}$도 0이 된다.

이것은 입력신호가 0.7V보다 높은 전압을 가질 때까지 컬렉터 전류가 흐르지 않는다는 것을 의미한다. 역시 직류 컬렉터 저항이 $R_S$인 점에 주의해야 한다. 이것은 RF 인덕터의 직류저항으로 보통 수Ω 정도이다.

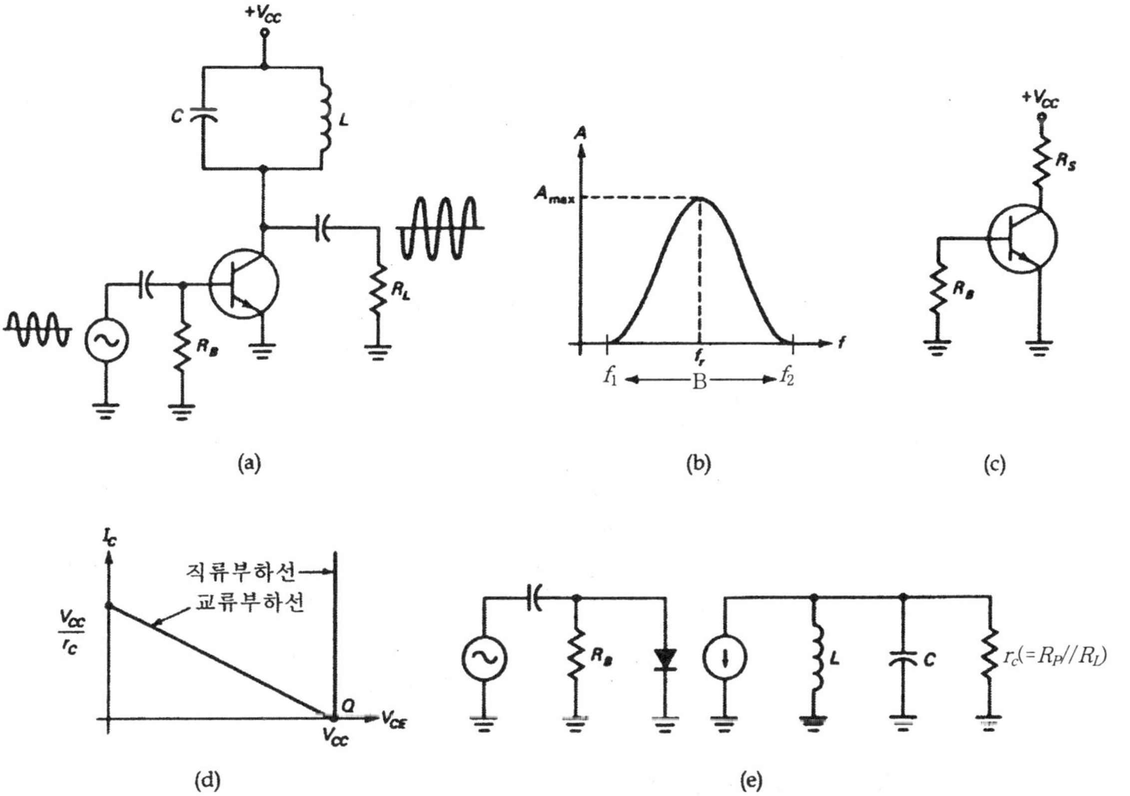


<그림 6-28> (a) 동조된 C급 증폭기 (b) 주파수 응답 (c) 직류 등가회로
(d) 부하선 (e) 10보다 큰 $Q$를 갖는 교류 등가회로

## ▮부 하 선

$R_S$가 아주 적기 때문에 직류부하선은 거의 수직선으로 표시된다. 여기서 트랜지스터는 누설로 인한 전류를 제외하고는 다른 전류가 없기 때문에 열에 의한 폭주 현상의 위험은 없다. $Q$점도 열폭주의 위험이 없는 차단점에 위치해 있다.

<그림 6-28(d)>는 교류부하선을 표시하고 있다. 트랜지스터가 도통되는 동안 트랜지스터의 동작점은 교류부하선을 타고 위쪽으로 스윙한다. $r_c$는 앞에서 처럼 컬렉터에서 바라다본 교류저항이다. 따라서 C급 증폭기에서의 교류 포화전류는 $\frac{V_{CC}}{r_c}$이며 최대 전압 스윙도 $V_{CC}$가 된다.

## ▮교류 등가회로

공진회로의 $Q$가 10보다 크면 <그림 6-28(e)>와 같이 대략적인 교류 등가회로를 사용할 수 있다. 이런 등가회로에서 인덕터의 직렬저항이 컬렉터 저항으로 합쳐진다. C급 증폭기에서 입력 콘덴서는 직류 클램퍼의 negative part가 되어 C급 증폭기의 입력측의 신호는 －로 클램프된다.

출력측에서는 컬렉터 전류원이 병렬 공진회로를 구동시킨다. 공진되었을 때 피크-피크 부하전압은 최대가 된다. 공진회로의 대역폭은

$$B = f_2 - f_1$$

으로 표시된다. 여기서 $f_1$은 하측 반전력점 주파수이고 $f_2$는 상측 반전력점 주파수이다.

대역폭은 공진주파수와 회로의 $Q$와 관계가 있기 때문에

$$B = \frac{f_r}{Q}$$

와 같이 표시된다. 여기서 $B$는 대역폭, $Q$는 전체 회로에 대한 충실도를 의미한다. 이것은 $Q$가 커지면 대역폭이 적어져서 등가적으로 날카롭게 동조된다는 의미이다.

C급 증폭기는 거의 대부분의 회로에서 10보다 큰 $Q$를 갖는다. 이것은 대역폭이 공진주파수의 10%보다 적어진다는 의미이다. 이런 이유 때문에 C급 증폭기에서는 큰 정현파 신호가 되고, 공진주파수 부근에서는 갑자기 강하되는 신호가 된다.

## ▮ 공진에서의 전류 감소

보통 동조회로의 $Q$는 10보다 크기 때문에 <그림 6-28(e)>와 같은 대략적인 교류 등가회로를 사용할 수 있다. 이런 등가회로에서 인덕터의 직렬저항은 컬렉터 저항 $r_C$에 결합된다. 이것은 이상적인 인덕터가 이상적인 콘덴서와 병렬로 연결되었음을 의미한다.

이런 회로가 공진되면 컬렉터 전류원에서 바라다본 교류 부하 임피던스는 순수한 저항으로 되어 컬렉터 전류가 최소가 된다. 공진주파수 근처에서는 교류 부하 임피던스가 감소하고 컬렉터 전류는 증가한다.

예를 들어서 공진주파수가 5MHz라고 가정하면, 입력주파수가 5MHz일 때 회로는 공진되고, 컬렉터 전류는 최소가 된다. 만약 입력주파수가 5MHz보다 작다면 탱크는 인덕티브(유도성)로 되어 컬렉터 전류가 증가한다.

만약 입력주파수가 5MHz보다 크다면 탱크는 커패시티브(용량성)로 되고, 컬렉터 전류는 증가한다. 공진 탱크가 입력신호에 동조시킬 수 있는 방법은 회로에 공급되는 직류전류의 감소를 검사하는 일이다.

<그림 6-28(a)>에서 직류전류계를 $V_{CC}$ 전원에 직렬로 연결하면 탱크가 공진으로 조정되면 전류계의 눈금은 감소된 최소값을 갖게 될 것이고, 이것은 회로가 입력 주파수에 공진되었음을 표시하는 것이다.

## ▮교류 컬렉터 저항

코일이나 인덕터는 직렬 저항성분 $R_S$를 갖는다. 비록 회로도에는 별도 성분인 것처럼 이런 직렬저항은 표시되지 않지만, <그림 6-29(a)>에 표시한 것처럼 직렬저항이 존재한다는 점을 기억해두는 것이 중요하다. 인덕터의 $Q$는

$$Q_L = \frac{X_L}{R_S}$$

식으로 표시된다. 여기서 $Q_L$은 코일의 충실도, $X_L$은 유도성 리액턴스, $R_S$는 코일 저항을 의미한다. 기억해야 할 것은 $Q_L$은 코일만이 갖는 $Q$라는 점이다.

전체 회로는 코일 저항뿐만 아니라 부하저항 효과도 포함하고 있기 때문에 $Q$값은 낮아진다. 이미 기본적인 교류과정에서 설명되었지만 인덕터의 직렬저항은 <그림 6-29(b)>에 표시된 병렬저항 $R_P$에 의해서 대치될 수 있다.

이런 등가저항은

$$R_P = Q_L X_L$$

로 표시된다. $Q_L$이 10보다 클 때 이런 공식은 1% 미만의 오차를 갖는다. <그림 6-29(b)>에서 코일에서의 전체 손실은 등가회로에서 직렬저항 $R_S$가 더이상 존재하지 않기 때문에 병렬저항 $R_P$에 의해서 나타난다는 점이 중요하다.

이것은 공진상태에서 $X_L$은 $X_C$를 제거시키기 때문으로 부하저항 $R_L$과 병렬저항인 $R_P$만 남기 때문이다. 이것은 공진된 상태에서 컬렉터에서 바라다본 교류저항이

$$r_c = R_P \parallel R_L$$

로 구해진다는 것을 의미한다. 따라서 전체 회로에서의 $Q$는

$$Q = \frac{r_c}{X_L}$$

로 표시될 수 있다. 이런 회로의 $Q$는 코일의 $Q$인 $Q_L$보다 낮게 된다.

실제적인 C급 증폭기에서 코일의 $Q$는 일반적으로 50 이상이고, 회로의 $Q$는 10이상이 된다. 따라서 전체적인 $Q$는 10 이상이기 때문에 협대역에서 동작한다.

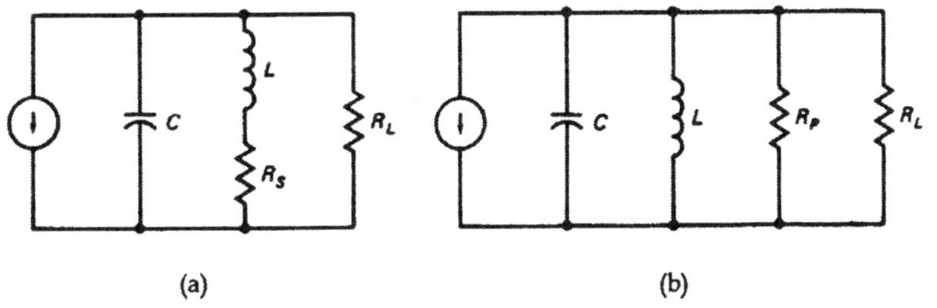


<그림 6-29> (a) $R_S$가 코일의 손실을 표시 (b) $R_P$가 코일의 손실을 표시

역시 코일의 $Q$는 50 이상이기 때문에 대부분의 교류 부하전력은 부하저항에서 유도되며 오직 전력의 일부분만이 코일 저항에서 소비된다.

**예제 6-12** <그림 6-30>에 표시된 파형을 설명하시오.

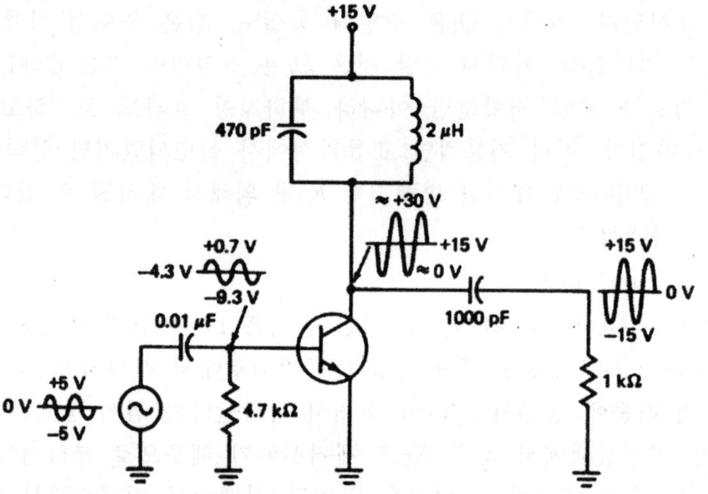


<그림 6-30> 동조된 C급 증폭기

**• 풀이 •** 교류 전원신호는 10V의 피크-피크 값을 갖고 있으나, 접지로 기준되어 있기 때문에 평균전압은 0V이다. 신호는 트랜지스터의 베이스에서 −로 클램프되어 직류 베이스 전압은 이미터 다이오드 양단에서 0.7V의 전압강하가 생기므로 −4.3V가 된다. 주의할 것은 클램프된 신호의 피크-피크가 입력신호와 같은 10V라는 것을 알아야 한다.

공통 이미터 증폭기이기 때문에 컬렉터에서 신호가 반전되서 컬렉터의 직류전압 또는 평균전압은 +15V가 된다(앞에서 이야기한 것처럼 $Q$점은 정지전압이 $+V_{CC}$인 차단점에 놓여 있다).

부하저항 양단에서 똑같은 반전된 신호를 얻을 수 있으며, 단지 다른 것은 접지를 기준점으로 한 것이다. 그 이유는 콘덴서가 교류성분만 통과시키고 직류성분은 통과시키지 않기 때문인데, 이것 때문에 부하저항에서는 교류성분만 나타나게 된다.

**예제 6-13** <그림 6-30>에서 코일의 $Q$가 50이다. 공진주파수, 교류 포화전류, 교류 차단전압, 대역폭, 교류출력 컴플라이언스를 계산하시오.

**• 풀이 •** 공진주파수는 5.19MHz이다.

$$f_r = \frac{1}{2\pi\sqrt{2\mu H \times 470pF}} = 5.19MHz$$

따라서 인덕터의 리액턴스는 65.2Ω이 된다.

$$X_L = 2\pi \times 5.19MHz \times 2\mu H = 65.2,$$

$$R_P = Q \times X_L = 50 \times 65.2\Omega = 3.26k\Omega$$

이 된다. 교류 부하저항은 $R_P$와 $R_L$이 병렬 합성저항이므로 765Ω이 된다.

$$r_c = R_P \parallel R_L = 3.26k\Omega \parallel 1k\Omega = 765\Omega$$

교류 포화전류는 19.6mA이다.

$$I_{C(포화)} = \frac{15V}{765\Omega} = 19.6mA$$

교류 차단전압은 다음과 같다.

$$V_{CE(포화)} = 15V$$

전체회로의 $Q$는 11.7이다.

$$Q = \frac{r_c}{X_L} = \frac{765\Omega}{65.2\Omega} = 11.7$$

그리고 대역폭은 444kHz가 된다.

$$B = \frac{f_r}{Q} = \frac{5.19MHz}{11.7} = 0.444MHz = 444kHz$$

## 6-9 C급 증폭기의 관계식

C급 증폭기의 부하전력, 트랜지스터 손실, 전류유출, 증폭단 효율은 A급 증폭기와 B급 증폭기의 경우와는 아주 다르다. 그 이유는 도통각이 180° 미만이기 때문에 C급 증폭기의 전력관계의 수학적 해석은 매우 복잡하게 되어 이 책에서는 다루기 어렵다. 따라서 이 책에서는 증명없이 C급 증폭기의 전력관계를 설명하겠다.

### ▮ 부하전력

C급 증폭기의 교류 부하전력은

$$P_L = \frac{V_{PP}^2}{8R_L}$$

로 표시된다. 여기서 $P_L$은 교류 부하전력, $V_{PP}$는 피크-피크 부하전압, $R_L$은 부하저항을 표시한다.

최대 부하전력은 교류부하선이 전체 사용되었을 때 발생된다. 따라서 $PP$는 클리핑되지 않은 $V_{PP}$의 최대값으로 교류출력 컴플라이언스의 항목으로 최대 부하전력을 표시할 수 있다.

$$P_{L(\max)} = \frac{PP^2}{8R_L}$$

C급 증폭기는 전체 부하선을 사용하기에 충분히 크게 구동되기 때문에 최대 부하전력과 최대 증폭단 효율을 갖는다.

## ▮트랜지스터 소비전력

공진 탱크 회로는 모든 고조파를 여과시키기 때문에 기본 주파수 $f_r$를 갖는 정현파 신호를 갖게 되므로 최대 전압은 $2V_{CC}$가 되고 트랜지스터는 $2V_{CC}$보다 큰 $V_{CEQ}$의 정격을 가져야만 한다. 도통각은 180°미만이다. 컬렉터 전류가 최대값인 $I_{C(포화)}$에 도달하는 것을 주의한다.

사이클 중 점선으로 표시된 부분은 트랜지스터가 차단된 시간을 표시하며 트랜지스터의 피크 전류정격은 $I_{C(포화)}$ 보다 커야 한다.

## ▮증폭기 효율

C급 증폭기에서는 전원으로부터 공급되는 직류전력 대부분이 교류 부하전력으로 전환되며, 트랜지스터와 손실은 무시할 만큼 충분히 작아진다. 이런 이유 때문에 C급 증폭기는 큰 증폭단 효율을 갖는다.

도통각에 따라서 변하는 최적 증폭단 효율은 각도가 180°일 때 증폭단의 효율은 이론적으로 B급 증폭기의 최대효율인 78.5%가 된다. 도통각이 감소하면 증폭단 효율도 감소하고, 앞에서 표시한 대로 C급 증폭기를 아주 작은 각도(0°)까지 접근시키면 최대 효율 100%를 얻을 수 있다.

## 기초문제

**1.** 저주파 증폭기는 사람의 음성으로 발생시킬 수 있고, 사람의 귀로 들을 수 있는 모든 주파수를 증폭시킬 수 있도록 설계된다. 이런 저주파는 약 ($A=$ )Hz에서 ($B=$ )Hz 사이의 주파수 범위를 갖는다.

**2.** 저주파 증폭기의 2가지 기본 형태는 무엇인가?

**3.** ($A=$ ) 증폭기는 약한 입력신호의 전압 레벨을 증폭시킨다. 따라서 ($B=$ ) 증폭기를 제어하기에 충분히 크다.

**4.** 이미터 콘덴서가 일반적으로 교류증폭기의 이미터 저항에 병렬로 연결되는 이유는 무엇인가?

**5.** 증폭기 증폭단 사이에 ($A=$ )과 ($A=$ )를 제공하기 위해서 증폭기 증폭단 사이에 결합용 콘덴서가 삽입된다.

**6.** 푸시풀 증폭기에는 ( )급 증폭기로 바이어스되는 두 개의 트랜지스터가 포함된다.

**7.** 보수형 전력증폭기가 기본의 푸시풀 전력증폭기를 능가하는 이점은 무엇인가?

**8.** ( )급 증폭기는 직류동작점을 차단점에 설정한다.

(a) A (b) B (c) C (d) AB

**9.** ( )급 증폭기는 직류동작점을 차단점 아래에 설정한다.

(a) A (b) B (c) C (d) AB

**10.** ( )급 증폭기는 직류동작점을 차단점 약간 위에 설정한다.

(a) A (b) B (c) C (d) AB

**11.** ( )급 증폭기는 직류동작점을 부하선의 중간에 설정한다.

(a) A (b) B (c) C (d) AB

**12.** 달링톤 쌍은

(a) 3개의 트랜지스터를 갖는다.
(b) 단일 베이스-이미터 전압강하를 갖는다.
(c) 아주 낮은 입력 임피던스를 갖는다.
(d) 아주 높은 전류이득을 갖는다.

**13.** ( ) 직류증폭기의 온도 안정성, 잡음제거와 같은 다재다능성(versatility) 때문에 다양한 응용분야에 사용되는 이상적인 소자이다.

(a) 달링톤 쌍 (b) 제너 결합형 (c) 보수형 (d) 차동형

**14.** 콘덴서는 ( )로 동작한다.

(a) 직류에서 개방 스위치 (b) 교류를 차단시킨다.
(c) 직류에서 닫힌 스위치 (d) 교류에서 개방 스위치

**15.** 증폭기의 효율은 ( )비와 같다.

(a) $R_C$와 $R_E$ (b) $V_{OUT}$과 $V_{IN}$ (c) $P_L$과 $P_S$ (d) 모두

**16.** 다음 중 어느 직류증폭기가 고전류 릴레이 코일의 on/off 스위칭에 적합한가?

(a) C-B (b) 보수형 (c) 제너 결합형 (d) 달링톤 쌍

**17.** 저주파 전력증폭기는 ( )급 증폭기로 바이어스된다.

(a) A (b) B, AB (c) C (d) D

**18.** 저주파 전압증폭기는 ( )급 증폭기로 바이어스된다.

(a) A (b) B, AB (c) C (d) D

**19.** 측로 콘덴서(bypass condenser)의 역할은 무엇인가?

(a) degenerative 귀환을 방지하기 위해서

(b) $R_E$의 교류접지로 동작하기 위해서

(c) 결합용 콘덴서의 반대로 동작하기 위해서

(d) (a), (b), (c) 모두

**20.** 전력용 트랜지스터는 ( )를 증폭하도록 설계되기 때문에 큰 ( )량이 발생된다. 그들의 동작특성을 안정하게 하고 효율이 좋도록 만족시키기 위해서 ( )급 증폭기로 바이어스된다.

(a) 전압, 열, A (b) 전압, 전류, C

(c) 임피던스, 전력, A (d) 전류, 열, B

**21.** 저주파 전력증폭기는 보통은 ( )을 방지하기 위해서 AB급으로 증폭기로 동작된다.

(a) 온도 안정도 (b) degenerative 귀환

(c) 크로스오버 왜곡 (d) 전체

**22.** 만약 $R_C$=2.7kΩ이고 $R_L$=10kΩ이라면 등가 컬렉터 저항의 크기는 ( )이다.

(a) 12.7kΩ (b) 2.1kΩ (c) 2.7kΩ (d) 10kΩ

**23.** C급 증폭기는 최대 ( )%의 효율을 얻을 수 있다.

(a) 25 (b) 50 (c) 78.5 (d) 100

{해답} **1.** $A$=20Hz, $B$=20,000Hz **2.** $A$=1단 저주파 증폭기, $B$=다단 저주파 증폭기 **3.** $A$=전압 증폭기, $B$=전력증폭기 **4.** 교류접지 **5.** $A$=교류신호 결합, $B$=직류신호 격리 **6.** B급 **7.** 교차 왜곡이 제거, 열폭주 현상 제거 **8.** (b) **9.** (c) **10.** (d) **11.** (a) **12.** (d) **13.** (d) **14.** (a) **15.** (c) **16.** (d) **17.** (b) **18.** (a) **19.** (b) **20.** (d) **21.** (c) **22.** (b) **23.** (d)

## 응용문제

1. A급 증폭기 특성을 설명하시오.
2. B급 증폭기 특성을 설명하시오.
3. C급 증폭기 특성을 설명하시오.
4. 각 증폭기의 증폭단 효율을 비교하시오.
5. 푸시풀 증폭기란 명칭에 대한 설명을 하시오.
6. 공진주파수와 공진회로에 대해서 설명하시오.
7. C급 증폭기의 대역폭과 Q값, 차단주파수에 대해서 설명하시오.
8. 반전력점에 대해서 설명하시오.
9. 각 증폭기의 전도각도를 비교하시오.
10. 크로스오버 왜곡에 대해서 설명하시오.

## 연습문제

1. <그림 6-31>에 표시된 A급 공통 이미터 증폭기에서 다음을 구하시오.
   (a) 차단점 $V_{Cmax}$
   (b) 포화점 $V_{Cmin}$
   (c) 최대 대칭적 출력전압 스윙 $V_{CQ}$
   (d) 최대 가능 출력전압 대칭 스윙

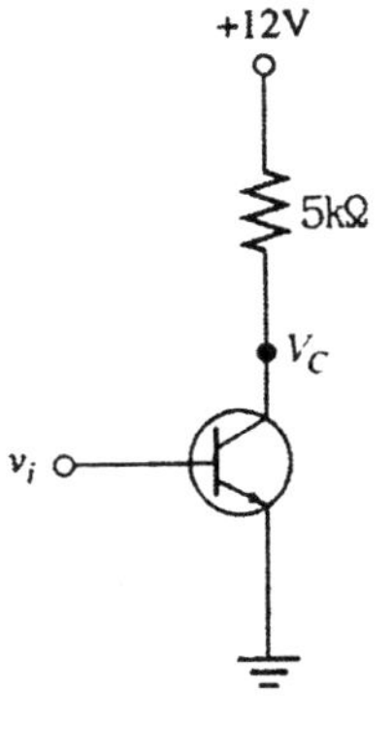


<그림 6-31>

2. <그림 6-32>에 표시된 A급 공통 이미터 증폭기에서 다음을 구하시오.
   (a) 차단점 $V_{Cmax}$ (b) 포화점 $V_{Cmin}$
   (c) 최대 대칭적 출력전압 스윙 $V_{CQ}$ (d) 최대 가능 출력전압 대칭 스윙
3. <그림 6-32>에 표시된 회로에서 $R_1=53.5k\Omega$, $R_1=605k\Omega$이라고 가정하고 다음을 구하시오.
   (a) $I_{CQ}$와 $V_{CQ}$
   (b) 출력전압에서의 최대 positive 스윙
   (c) 출력전압에서의 최대 negative 스윙
   (d) 대칭 출력전압 스윙

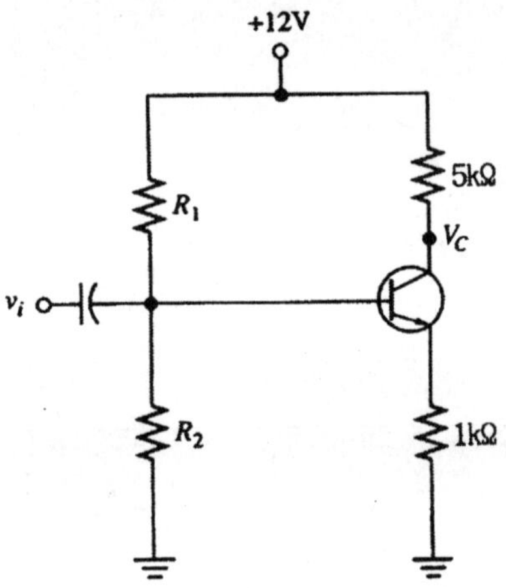


<그림 6-32>

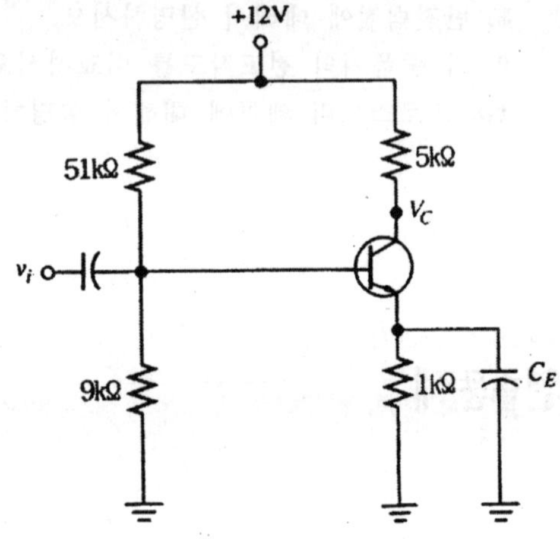


<그림 6-33>

4. <그림 6-33>에 표시된 A급 공통 이미터 증폭기에서 다음을 구하시오.
   (a) 차단점 $V_{Cmax}$ (b) 포화점 $V_{Cmin}$
   (c) 최대 대칭적 출력전압 스윙 $V_{CQ}$ (d) 최대 가능 출력전압 대칭 스윙
5. <그림 6-34>에 표시된 회로에서 다음을 구하시오.
   (a) $I_{CQ}$와 $V_{CQ}$
   (b) 콘덴서에서의 정지전압
   (c) 출력전압에서의 최대 positive 스윙
   (d) 출력전압에서의 최대 negative 스윙
   (e) 대칭 출력전압 스윙
6. <그림 6-35>에 표시된 이미터 폴로워에서 다음을 구하시오.
   (a) $I_{CQ}$와 $V_{CQ}$
   (b) 출력전압에서의 최대 positive 스윙
   (c) 출력전압에서의 최대 negative 스윙
   (d) 대칭 출력전압 스윙

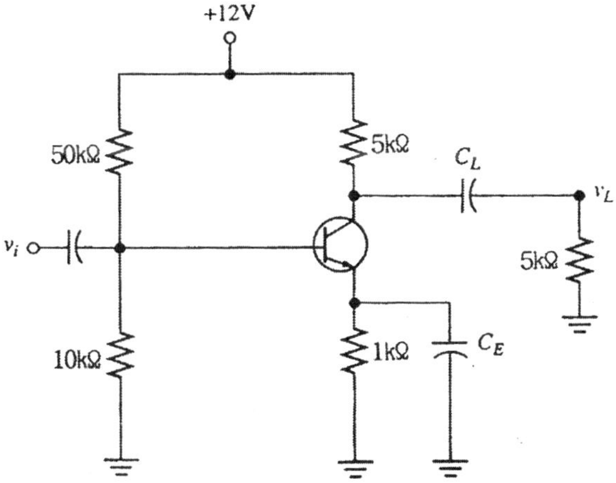


<그림 6-34>

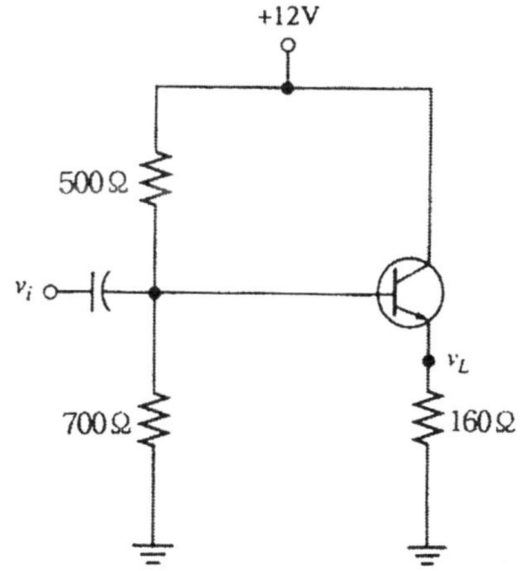


<그림 6-35>

**7.** <그림 6-31>에 표시된 회로에서 다음의 최대값을 구하시오.

(a) $P_{CC}$ (b) $P_L$ (c) % 효율 (d) $P_D$

**8.** <그림 6-33>에 표시된 회로와 같이 $R_1=51\text{k}\Omega$, $R_2=9\text{k}\Omega$일 때 다음을 구하시오.

(a) $I_{CQ}$와 $V_{CQ}$ (b) 출력전압에서의 최대 positive 스윙

(c) 출력전압에서의 최대 negative 스윙 (d) 대칭 출력전압 스윙

(e) $P_{CC}$ (f) $P_L$ (g) % 효율 (h) $P_D$

**9.** <그림 6-32>에 표시된 회로에서 $R_1=51\text{k}\Omega$, $R_2=12\text{k}\Omega$이 다음과 같다면 $Q$점, 대칭 출력전압 스윙, $P_{CC}$, $P_L$, 효율, $P_D$을 구하시오.

(a) $P_{CC}$ (b) $P_L$ (c) % 효율 (d) $P_D$

**10.** <그림 6-36>에 표시된 변압기 결합형 회로에서 다음을 구하시오.

(a) $I_{CQ}$, $V_{CQ}$, $V_{EQ}$ (b) 포화점 $V_C$와 $V_1$

(c) 최대 스윙 $v_L$와 $V_1$ (d) $P_{CC}$, $P_L$, % 효율, $P_D$

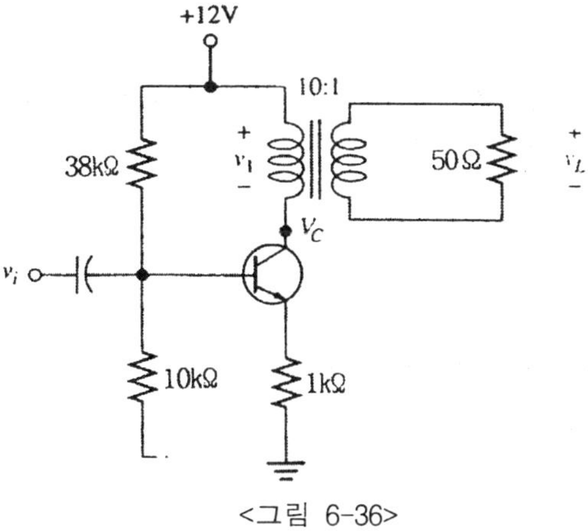


<그림 6-36>

**11.** <그림 6-37>에 표시된 증폭기에서 다음을 구하시오.

(a) $V_{B1Q}$, $V_{B2Q}$, $V_{EQ}$, $I_{C1Q}$, $I_{C2Q}$ (b) $P_{CC}$, $P_L$, % 효율, $P_D$

(c) $Q_1$은 언제 동작하는가? $Q_2$는 언제 동작하는가?

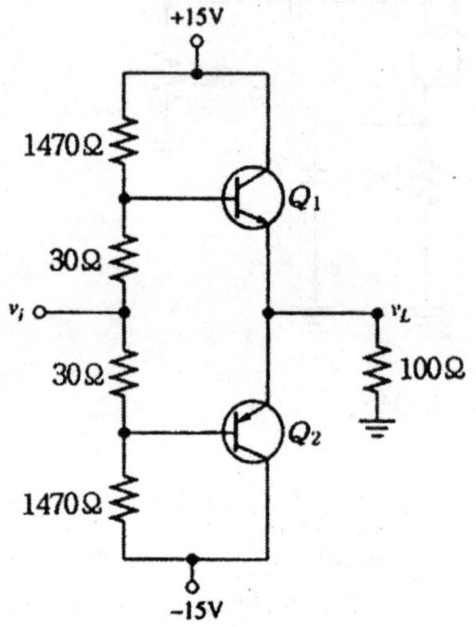


<그림 6-37>

**12.** <그림 6-38>의 RF 초크는 공진 탱크의 공진주파수에서 교류개방처럼 동작한다. 만약 코일의 $Q$가 60이라면 공진주파수, 교류 포화전류, 교류 차단전압, 대역폭이 얼마인지 구하시오.

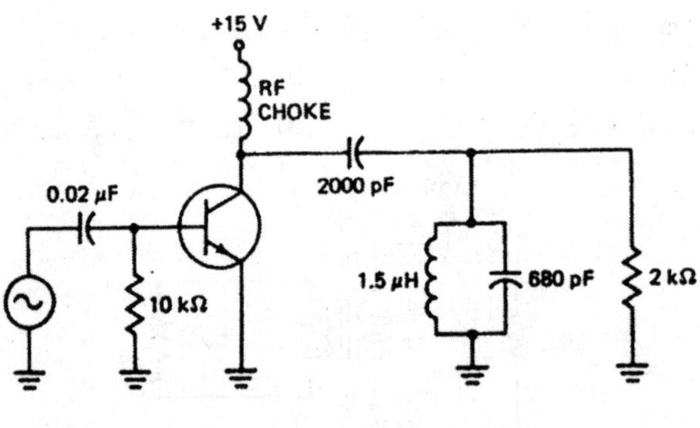


<그림 6-38>

**13.** <그림 6-38>에서 RF 초크가 2mH의 인덕턴스를 갖는다면 공진주파수에서 유도성 리액턴스는 얼마인가?

{해답} 1. (a) 차단점에서 $V_{Cmax}=12V$ (b) 포화점에서 $V_{Cmin}=0V$ (c) $V_{CQ}=\frac{V_{CC}}{2}=6V$

(d) $V_{CPP}=V_{Cmax}-V_{Cmin}=12V-0V=12V$

2. (a) 차단점에서 $V_{Cmax}=12V$ (b) 포화점에서 $V_{Cmin}=\frac{R_E}{R_E+R_C}\times V_{CC}=\frac{1k\Omega}{1k\Omega+5k\Omega}\times 12V=2V$

(c) $V_{CQ}=\frac{V_{Cmax}+V_{Cmin}}{2}=\frac{12C+2V}{2}=7V$ (d) $V_{CPP}=V_{Cmax}-V_{Cmin}=12V-2V=10V$

3. (a) $V_B=\frac{6.5k\Omega}{60k\Omega}\times 12V=1.3V$, $V_E=V_B-0.7V=1.3V-0.7V=0.6V$,

$I_E=\frac{V_E}{R_E}=\frac{0.6V}{1k\Omega}=0.6mA$, $I_E=I_C=0.6mA$, $I_{CQ}=0.6mA$,

$V_{CQ}=V_{CC}-I_{CQ}\times R_C=12V-(0.6mA\times 5k\Omega)=9V$

(b) $V_{Cmax}=12V$, $V_{Cmin}=2V$, $V_{CQ}=9V$이므로 최대 스윙은 3V이다.

(c) 최대 negative 스윙은 7V (d) 최대 대칭 출력 스윙은 6V이다.

4. (a) 차단점에서 $V_{Cmax}=12V$ (b) 포화점에서 $V_{Cmin}=\frac{R_E}{R_E+R_C}\times V_{CC}=\frac{1k\Omega}{1k\Omega+5k\Omega}\times 12V=2V$

(c) $V_{CQ}=\frac{V_{Cmax}+V_{Cmin}}{2}-\frac{12C+2V}{2}=7V$ (d) $V_{CPP}=V_{Cmax}-V_{Cmin}=12V-2V=10V$

5. (a) $V_B=\frac{10k\Omega}{60k\Omega}\times 12V=2V$, $V_E=V_B-0.7V=2V-0.7V=1.3V$, $I_E=\frac{V_E}{R_E}=\frac{1.3V}{1k\Omega}=1.3mA$,

$I_E=I_C=1.3mA$, $I_{CQ}=1.3mA$, $V_{CQ}=V_{CC}-I_{CQ}\times R_C=12V-(1.3mA\times 5k\Omega)=5.5V$

(b) $V_{CE}=V_{EQ}=1.3V$, $V_{CL}=5.5V$

(c) 최대 positive 스윙은 $V_C=V_{CC}-V_{CQ}=6.5V$

(d) 최대 negative 스윙은 $V_C=V_{CQ}-V_{EQ}=5.5V-1.3V=4.2V$

(e) 최대 컬렉터 전압 스윙은 2×4.2V=8.4V이다.

(f) $V_{Lmin}=V_{EQ}-V_{CQ}=1.3V-5.5V=-4.2V$,

$V_{Lmax}=\frac{R_L}{R_L+R_C}\times(V_{CC}-V_{CQ})=\frac{6.5V}{2}=3.25V$, $V_{Lppmax}=2\times 3.25V=6.5V$

6. (a) $V_B=\frac{700\Omega}{1200\Omega}\times 12V=7V$, $V_E=V_B-0.7V=7V-0.7V=6.3V$,

$I_E=\frac{V_E}{R_E}=\frac{6.3V}{160\Omega}=39.37mA$, $I_E=I_C=39.37mA$, $I_{CQ}=39.37mA$, $V_{CQ}=12V$

(b) 최대 positive 스윙은 12V−6.3V=5.7V (c) 최대 negative 스윙은 6.3V−0=6.3V

(d) 최대 컬렉터 전압 스윙은 2×5.7V=11.4V이다.

7. (a) $P_{CCmax}=\frac{V_{CC}^2}{2R_L}=\frac{(12)^2}{2\times 5k\Omega}=\frac{144V^2}{10k\Omega}=14.4mW$ (b) $P_{L\,max}=\frac{V_{CC}^2}{8R_L}=3.6mW$

(c) $\%\text{효율}=100\times\frac{P_{L\,max}}{P_{CCmax}}=25\%$ (d) $P_{D\,max}=\frac{V_{CC}^2}{4R_L}=7.2mW$

8. $V_B=\frac{9k\Omega}{60k\Omega}\times 12V=1.8V$, $V_E=V_B-0.7V=1.8V-0.7V=1.1V$, $I_E=\frac{V_E}{R_E}=\frac{1.1V}{1k\Omega}=1.1mA$,

$I_E=I_C=1.1mA$, $I_{CQ}=1.1mA$, $V_{CQ}=V_{CC}-I_{CQ}\times R_C=12V-(1.1mA\times 5k\Omega)=6.5V$,

$V_{CEQ}=6.5V-1.1V=5.4V$, $V_{LPP}=11V$, $V_{LP}=5.5V$, $P_{CC}=V_{CC}\times I_{CQ}=12V\times 1.1mA=13.2mW$,

$P_L=\frac{V_{LP}^2}{2R_L}=\frac{(5.5V)^2}{2\times 5k\Omega}=3.025mW$, $\%\text{효율}=100\times\frac{P_L}{P_{CC}}=100\times\frac{3.025mW}{13.2mW}=22.9\%$,

$P_D=V_{CEQ}\times I_{CQ}=5.4V\times 1.1mA=5.94mW$

9. (a) $V_B=\frac{12k\Omega}{63k\Omega}\times 12V=2.29V$, $V_{EQ}=V_B-0.7V=2.29V-0.7V=1.59V$,

$I_{EQ}=\frac{V_{EQ}}{R_E}=\frac{1.59V}{1k\Omega}=1.59mA$, $I_{EQ}=I_{CQ}=1.59mA$,

$V_{CQ} = V_{CC} - I_{CQ} \times R_C = 12V - (1.59mA \times 5k\Omega) = 4.07V$,
$V_{CEQ} = 4.07V - 1.59V = 2.48V$, $Q$점은 $V_{CEQ} = 2.48V$, $I_{CQ} = 1.59mA$ 이다.
대칭적 출력 스윙은 $2 \times 4.07V = 8.14V_{PP}$이다.

$P_{CC} = V_{CC} \times I_{CQ} = 12V \times 1.59mA = 19.1mW$, $P_L = \frac{V_{LP}^2}{2R_L} = \frac{(4.07V)^2}{2 \times 5k\Omega} = 1.66mW$,

$\%효율 = 100 \times \frac{P_L}{P_{CC}} = 100 \times \frac{1.66mW}{19.1mW} = 8.6\%$, $P_D = V_{CEQ} \times I_{CQ} = 2.48V \times 1.59mA = 3.94mW$

(b) $V_B = \frac{6k\Omega}{57k\Omega} \times 12V = 1.26V$, $V_{EQ} = V_B - 0.7V = 1.26V - 0.7V = 0.563V$,

$I_{EQ} = \frac{V_{EQ}}{R_E} = \frac{0.563V}{1k\Omega} = 0.563mA$, $I_{EQ} = I_{CQ} = 0.563mA$,
$V_{CQ} = V_{CC} - I_{CQ} \times R_C = 12V - (0.563mA \times 5k\Omega) = 9.18V$,
$V_{CEQ} = 9.18V - 0.563V = 8.62V$, $Q$점은 $V_{CEQ} = 8.62V$, $I_{CQ} = 0.563mA$ 이다.
대칭적 출력 스윙은 $2 \times 2.82V = 5.63V_{PP}$이다.

$P_{CC} = V_{CC} \times I_{CQ} = 12V \times 0.563mA = 6.76mW$, $P_L = \frac{V_{LP}^2}{2R_L} = \frac{(2.82V)^2}{2 \times 5k\Omega} = 0.795mW$,

$\%효율 = 100 \times \frac{P_L}{P_{CC}} = 100 \times \frac{0.795mW}{6.76mW} = 11.8\%$, $P_D = V_{CEQ} \times I_{CQ} = 2.48V \times 0.563mA = 5.17mW$

**10.** (a) $V_B = \frac{10k\Omega}{48k\Omega} \times 12V = 2.5V$, $V_{EQ} = V_B - 0.7V = 2.5V - 0.7V = 1.8V$,

$I_{EQ} = \frac{V_{EQ}}{R_E} = \frac{1.8V}{1k\Omega} = 1.8mA$, $I_{EQ} = I_{CQ} = 1.8mA$, $R_{Creflected} = n^2 R_L = 10^2 \times 50\Omega = 5k\Omega$

(b) 포화시 $V_C = V_E = 1.8V$, $V_1 = V_{CC} - V_C = 12V - 1.8V = 11.2V$,
$V_{CEQ} = 9.18V - 0.563V = 8.62V$, $Q$점은 $V_{CEQ} = 8.62V$, $I_{CQ} = 0.563mA$ 이다.

(c) $V_1$의 최대 스윙은 $V_1 = 6V_{PP}$이다. $V_2$의 최대 스윙은 $V_2 = 2 \times \frac{6V_{PP}}{10} = 1.2V_{PP}$이다.

(d) $P_{CC} = V_{CC} \times I_{CQ} = 12V \times 1.8mA = 21.6mW$, $P_L = \frac{V_{LP}^2}{2R_L} = \frac{(0.6V)^2}{2 \times 50\Omega} = 3.6mW$,

$P_D = V_{CEQ} \times I_{CQ} = 1.2V \times 1.8mA = 2.16mW$, $\%효율 = 100 \times \frac{P_L}{P_{CC}} = 100 \times \frac{3.6mW}{21.6mW} = 16.7\%$

**11.** (a) $V_{B1Q} = \frac{30\Omega}{1500k\Omega} \times 15V = 0.3V$, $V_{B2Q} = \frac{30\Omega}{1500k\Omega} \times -15V = -0.3V$,

$V_{EQ} = V_B - 0.7V = 0.3V - 0.7V = -0.4V$, $I_{C1Q} = I_{C2Q} = \frac{-0.4V}{R_L} = \frac{-0.4V}{100\Omega} = -4mA$,

(b) $P_{CC} = V_{CC} \frac{V_{LP}}{\pi R_L} = 15V \times \frac{14.7V}{\pi R_L} = 0.702W$,

$P_{CCTotal} = 2V_{CC} \times I_{CDC} = 2 \times 15V \times 46.8mA = 1.4W$, $P_L = \frac{V_{LP}^2}{2R_L} = \frac{(14.7V)^2}{2 \times 100\Omega} = 1.08W$,

$I_{CDC} = \frac{V_{LP}}{\pi R_L} = \frac{14.7V}{\pi \times 100\Omega} = 46.7mA$, $P_D = \frac{P_{CTotal} - P_L}{2} = \frac{1.4W - 1.08W}{2} = 0.16W$,

$\%효율 = 100 \times \frac{P_L}{P_{CC}} = 100 \times \frac{1.08W}{1.4W} = 77\%$

(c) $Q_1$은 입력의 positive 반주기에서 활성상태이고 $Q_2$는 입력의 negative 반주기에서 활성상태이다.

**12.** 공진주파수 $f_r = 4.98MHz$이다. $f_r = \frac{1}{2\pi\sqrt{1.5\mu H \times 680pF}} = 4.98MHz$,

교류 포화전류 $I_{C(포화)} = 12.8mA$이다. $X_L = 2\pi f L = 2\pi \times 4.98 \times 10^6 Hz \times 1.5 \times 10^{-6} H = 46.9\Omega$,
$R_P = Q_L X_L = 60 \times 46.9\Omega = 2.82k\Omega$, $r_C = R_P \parallel R_L = 2.82k\Omega \parallel 2k\Omega = 1.17k\Omega$,

$I_{C(포화)} = \frac{15V}{1.17k\Omega} = 12.8mA$, 교류 차단전압 $V_{CE(포화)} = V_{CC} = 15V$ 이다. 대역폭 $B = 200kHz$ 이다.

전체 회로의 $Q=\frac{r_c}{X_L}=\frac{1.17\text{k}\Omega}{46.9\Omega}=24.9$, $B=\frac{f_r}{Q}=\frac{4.98\text{MHz}}{24.9}=200\text{kHz}$

교류출력 허용치는 $PP=30\text{V}$이다. $PP=2V_{CC}=2\times15\text{V}=30\text{V}$

**13.** $X_L=2\pi fL=2\pi\times4.98\times10^6\text{Hz}\times2\times10^{-3}\text{H}=62.6\text{k}\Omega$

제 7 장

# 접합형 전계효과 트랜지스터

쌍극성 트랜지스터는 정공과 전자에 의한 전류가 발생되는데 비해서 단극성 트랜지스터는 정공이나 전자 한 가지에 의해서 전류가 영향을 받는다. 이 장에서는 단극성 트랜지스터인 전계효과 트랜지스터 FET에 대해서 알아보도록 하자.

BJT와 유사하게 FET도 3단자를 갖는 소자이고 스위치로 동작하기 때문에 디지털 회로 응용에 사용된다. 또한 가변저항으로도 동작하기 때문에 아날로그나 선형회로에서도 사용된다.

FET는 크게 두 가지 종류로 구분되는데 하나는 JFET(junction field effect transistor)라고 부르는 접합형 전계 효과 트랜지스터이고, 나머지 하나는 MOSFET(metal oxide semiconductor field effect transistor)라고 부르는 금속 산화물 반도체 전계효과 트랜지스터이다.

## 7-1 접합형 전계효과 트랜지스터의 구조 및 동작

<그림 7-1(a)>는 n형 반도체의 실리콘 막대에 양쪽에서 p형 물질을 주입시켜서 만든 n채널 JFET를 표시하고 있다. 그림에서 아래쪽의 단자는 자유전자가 이 점으로부터 디바이스 내부로 흘러 들어가기 때문에 소스 단자라고 부르고, 위쪽의 단자는 자유전자가 이 점에서부터 빠져 나가기 때문에 드레인이라 부른다. 2개의 p형 영역은 내부적으로 연결되어 있으며 게이트라고 부른다.

주의해야 할 것은 p형 영역 사이의 공간이 좁다는 점인데 자유전자가 소스로부터 드레인으로 이동하기 위해서는 이런 좁은 채널을 통과하지 않으면 안 된다는 점이다. 채널의 폭은 JFET의 전류흐름의 세기를 결정하기 때문에 아주 중요하다.

<그림 7-1>(b)는 n채널 JFET의 도면 기호를 표시하고 있다. 기억하기 쉽도록 얇고 수직인 선이 n채널을 표시한다고 형상화시키면 소스와 드레인이 이 선에 연결되며 게이트와 채널은 pn 접합형 다이오드를 구성하게 되므로 화살표가 p형에서 채널쪽으로 그려져 있다.

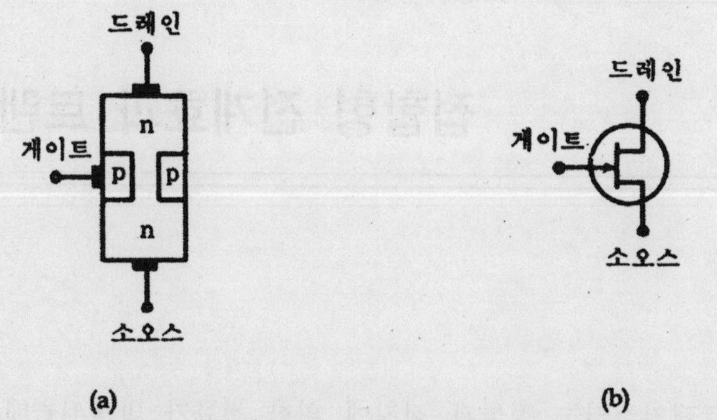


<그림 7-1> JFET (a) n 채널 JFET (b) 도면기호

p채널 JFET도 역시 n채널 JFET와 유사한 구조를 갖는다. p채널 JFET는 p형 반도체 막대의 양쪽에서 n형 물질을 주입시켜 만드는데, 도면기호는 p채널 JFET 역시 n채널 JFET와 동일하게 표시한다. 단지 게이트의 화살표가 채널에서 게이트 쪽으로 바꾸어 그리는 것이 틀릴 뿐이다.

이 장의 나머지 부분에서는 n채널 JFET를 중점적으로 설명한다. p채널 JFET의 동작은 n채널 JFET와는 정반대이므로 전압과 전류의 방향이 반대로 된다는 것을 의미한다.

## ▮JFET의 바이어스

<그림 7-2(a)>는 n채널 JFET의 정상적인 바이어스 극성을 표시하고 있다. $+V_{DD}$가 드레인과 소스 사이에 연결되어 있는데, 이것은 자유전자를 소스로부터 드레인으로 흐르도록 전압을 설정한 것이다. 따라서 전자는 채널을 통해서 흐르지 않으면 안 되고 드레인 전류의 크기는 채널의 폭에 따라서 달라지게 된다.

주의해야 할 것은 게이트와 소스 사이에는 $-V_{GG}$가 공급된다는 점이다.

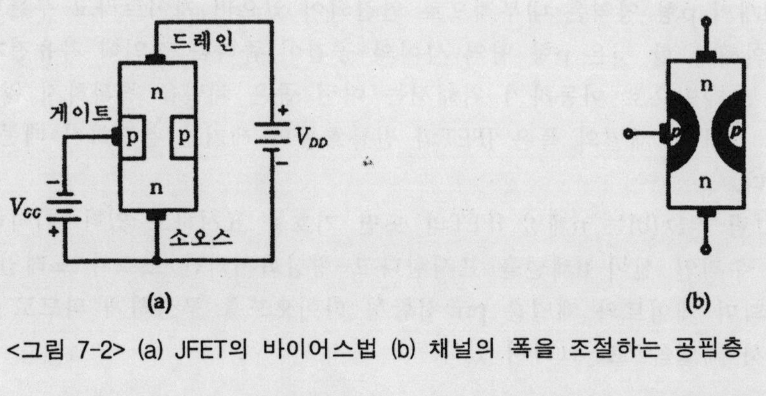


<그림 7-2> (a) JFET의 바이어스법 (b) 채널의 폭을 조절하는 공핍층

이것은 모든 JFET 응용에서 기본으로 바이어스되는 방법으로 JFET의 게이트는 항상 게이트 전류를 흐르지 못하도록 하기 위해서 역방향으로 바이어스된다.

이런 역방향 바이어스는 <그림 7-2(b)>에서 표시한 것처럼 P영역 주변의 공핍층을 설정하게 되며, 이런 공핍층에 의해서 전도성 채널의 폭이 좁아진다. 더 큰 역방향 전압이 가해지면 채널의 폭은 좁아지고 공핍층은 서로 더욱 가깝게 접근된다.

### ▮ 게이트-소스 차단전압

게이트 전압이 충분히 크게 역방향으로 바이어스되면 공핍층은 맞닿게 되고 전도성 채널을 핀치오프시킨다(이때 채널이 없어진다). 이런 경우에 드레인 전류는 차단되는데, 드레인 전류를 차단시키는 게이트 전압을 $V_{GS(off)}$로 표시한다.

예를 들면 2N5951은 일반적으로 $-3.5$V의 $V_{GS(off)}$를 갖는다. JFET의 데이터 시트에는 $V_{GS(off)}$가 종종 핀치오프 전압으로 표시된다.

### ▮ 게이트 누설전류

게이트-소스 접합은 역방향으로 바이어스된 실리콘 다이오드와 같기 때문에 오직 작은 역방향 전류만 흐르게 되는데, 이상적인 경우 게이트 전류는 거의 0이다. 결과적으로 모든 자유전자가 소스로부터 드레인으로 흐르게 된다. 이것은 드레인 전류와 소스 전류가 같다는 것을 의미한다.

이런 이유 때문에 JFET에서 가장 중요한 전류는 소스-드레인 전류가 되며 $I_D$로 표시한다. 보통 이런 전류를 드레인 전류라고 부른다.

### ▮ 고입력 저항

JFET와 쌍극성 레지스터 사이의 커다란 차이점은 저주파에서의 입력 임피던스에 있다. 게이트에는 거의 역전류가 흐르지 않기 때문에 JFET의 입력저항은 수십 MΩ에서 수백 MΩ이 된다.

그래서 아주 높은 입력저항을 필요로 하는 응용회로에서는 쌍극성 트랜지스터보다 JFET가 많이 사용된다. 높은 입력전압이 사용되면 출력전류를 제어하기가 어려워진다.

다시 말하자면 JFET는 출력전류의 변화를 만들기 위해서 입력전압을 크게 변화시켜야 한다는 말이다. 이런 이유 때문에 JFET 증폭기는 쌍극성 트랜지스터보다 전압이득이 적게 된다.

### ▮ 드레인 특성곡선

<그림 7-3>은 JFET의 드레인 특성곡선을 표시한 것이다. 특성곡선은 쌍극성

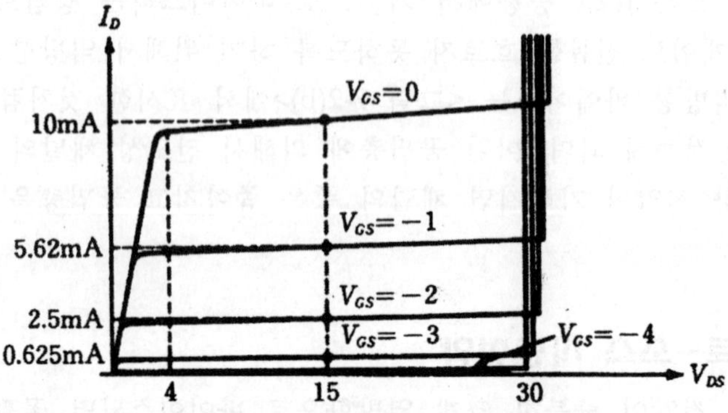


<그림 7-3> 드레인 특성곡선

트랜지스터의 특성곡선과 유사하다는 점을 주의해야 한다. 포화영역, 활성영역, 항복영역, 차단영역을 가지고 있다.

자, 이제 게이트-소스를 단락시킨 것과 같은 게이트 단락상태로 알려진 $V_{GS}=0$에서부터 시작해보자.

$V_{GS}=0$일 때 드레인 전류는 $V_{DS}$가 4V일 때까지 급격하게 증가한다. 4V를 넘어서면 드레인 전류는 수평을 이루게 된다. 4V와 30V 사이는 드레인 전류가 거의 일정한 값을 갖게 되어서 JFET는 약 10mA의 전류원처럼 동작하게 된다. $V_{DS}$가 30V를 넘어서면 JFET는 항복하게 된다.

따라서 JFET의 활성영역은 4V에서 30V까지이다. $I_{DSS}$의 첨자는 게이트 단락상태의 드레인-소스를 의미한다. $I_{DSS}$는 JFET가 공급할 수 있는 최대 드레인 전류로 <그림 7-3>에서 $V_{DS}$가 15V일 때 $I_{DSS}$는 10mA가 된다. 게이트 전압을 더욱 negative로 하면 드레인 전류를 감소시킬 수 있다.

<그림 7-3>에서 $V_{GS}=-1$V일 때 드레인 전류는 5.62mA로 감소하게 되고, $V_{GS}=-2$V일 때 드레인 전류는 2.5mA가 된다. $V_{GS}=-3$V이면 드레인 전류는 0.625mA가 되고, $V_{GS}=-4$이면 드레인 전류는 거의 0이 된다.

JFET의 특성곡선 중 가장 아래에 있는 특성곡선($V_{GS}=-4$V인 경우)은 차단영역을 표시한다.<그림 7-3>의 포화영역을 주의하면 JFET가 포화될 때 부하선에 의존하는 $V_{DS}$는 0V와 4V 사이에 있다.

최대 포화전압 4V는 게이트-소스 차단전압 −4V와 크기가 같다는 점을 주의해야 한다. 이것은 모든 JFET의 특성으로 $V_{GS(off)}$를 최대 포화전압으로 간주해서 사용할 수 있다는 의미이다.

예를 들면 2N5457은 −2V의 $V_{GS(off)}$를 갖는데 포화영역에서의 최대 $V_{DS}$도 거의 2V가 된다.

## ▮전달 컨덕턴스 특성곡선

JFET의 전달 컨덕턴스 특성곡선은 입력전압에 대한 출력전류의 그래프로 $I_{DS}$가 $V_{GS}$의 함수로 표시된다. <그림 7-3>에서 $V_{GS}$와 $I_D$값을 읽으면 <그림 7-4(a)>에 표시된 전달 컨덕턴스 특성곡선을 그릴 수 있다. 일반적인 JFET의 전달 컨덕턴스 특성곡선은 <그림 7-4(b)>와 같다.

<그림 7-4(b)>의 전달 컨덕턴스 특성곡선은 포물선의 일부분으로 식 (7-1)과 같이 표시된다.

$$I_D = I_{DSS}\left[1 - \frac{V_{GS}}{V_{GS(off)}}\right]^2 \qquad (7\text{-}1)$$

식 (7-1)은 공핍층의 작용으로부터 유도한 공식이기 때문에 어떤 JFET에도 적용할 수 있다. 많은 데이터 시트에는 드레인 특성곡선이나 전달 컨덕턴스 특성곡선이 표시되지 않고 대신 $I_{DSS}$와 $V_{GS(off)}$가 기록된다. 이런 값들을 식 (7-1)에 대입하면 임의의 게이트 전압에서의 드레인 전류를 계산할 수 있다.

예를 들면 JFET가 4mA의 $I_{DSS}$와 $-2$V의 $V_{GS(off)}$를 갖고 있다면 식 (7-1)에 의해서

$$I_D = 0.004\left[1 - \frac{V_{GS}}{-2}\right]^2$$

또는

$$I_D = 0.004\left[1 + \frac{V_{GS}}{2}\right]^2$$

으로 구할 수 있다. 따라서 임의의 게이트-소스 전압을 알면 드레인 전류를 계산할 수 있다.

<그림 7-4(c)>는 임의의 JFET의 규격화된 전달 컨덕턴스 특성곡선을 표시하고 있다. 여러분도 <그림 7-4(c)>에 표시된 내부의 점선을 사용해서 전달특성곡선을 그려 보라.

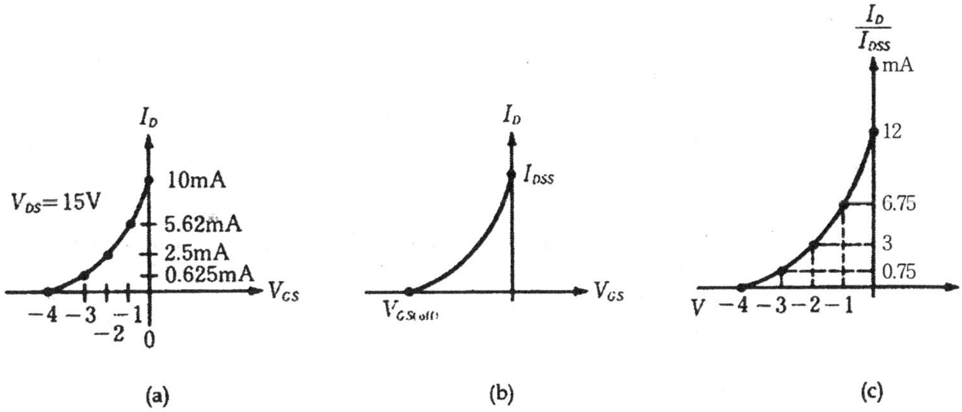


<그림 7-4> 전달 컨덕턴스 특성곡선

예를 들어서 $V_{GS(off)}=-4V$이고, $I_{DSS}$가 12mA라고 가정하면 $V_{GS}$가 $-1V$일 때 $I_D$는 6.75mA가 된다.

$$I_D=\frac{9}{16}(12\text{mA})=6.75\text{mA}$$

$V_{GS}$가 $-2V$이면 $I_D$는 3mA가 되고,

$$I_D=\frac{1}{4}(12\text{mA})=3\text{mA}$$

$V_{GS}$가 $-3V$이면, $I_D$는 0.75mA가 된다.

$$I_D=\frac{1}{16}(12\text{mA})=0.75\text{mA}$$

자, 이제 점으로 그려진 다섯 군데를 부드러운 곡선이 되도록 연결해보라(데이터 시트에는 차단점과 포화점 2군데만 표시되므로 나머지 3개는 위에서처럼 계산으로 구해야 한다). 데이터 시트에 전달 컨덕턴스 특성곡선이 표시되지 않아도 여러분은 전달 컨덕턴스 특성곡선을 그릴 수 있다(그림 7-4c).

또 하나 마지막으로 알아둘 것은 포물선을 제곱법칙이란 다른 이름으로도 부른다는 사실이다. 이것은 JFET가 제곱법칙 소자라고 부르기 때문인데, JFET가 쌍극성 트랜지스터가 없는 제곱특성을 갖는 이점을 갖고 있다.

**▣ 확인문제 7-1 ▣**

**1.** 다음의 약자에 대한 원명을 표시해보시오.
(a) BJT (b) JFET (c) MOSFET

**2.** JFET 종류 두 가지를 설명하시오.

**3.** BJT가 ( ) 동작되는 소자인 반면 FET는 ( )로 동작되는 소자이다.

**4.** JFET의 게이트-소스 접합은 항상 ( )으로 바이어스된다.

**5.** $V_{GS}=0V$일 때 $I_D=I_{DSS}$이다.(True/False)

**6.** $V_{GS}=V_{GS(off)}$일 때 $I_D=MAX$이다.(True/False)

**7.** ( )는 FET의 출력전류 변화량과 입력전압 변화량의 비이다.

**8.** JFET는 자신의 게이트-소스 접합이 ( )으로 바이어스되기 때문에 ( )의 입력 임피던스를 갖는다.

**〔해답〕** **1.** BJT=bipolar junction transistor, JFET=junction field effect transistor, MOSFET=metal oxide semiconductor field effect transistor
**2.** n채널 JFET, p채널 JFET **3.** 전류제어, 전압제어 **4.** 역방향 **5.** True
**6.** False **7.** 전달 컨덕턴스 **8.** 역방향, 무한대

**예제 7-1** 게이트 누설전류를 $I_{GSS}$라고 표시하자. 만약 2N5951의 데이터 시트에 20V에서 $I_{GSS}$가 5pA라고 할 때, 직류 입력저항은 얼마인가?

**• 풀이 •** 입력저항은 $4\times10^{12}\Omega$이 된다.

$$R_{GS}=\frac{20V}{5pA}=4\times10^{12}\Omega$$

이것은 쌍극성 트랜지스터에는 없고 JFET만 갖는 중요한 이점이다. 바로 이런 특성 때문에 회로의 부하를 피하기 위해서 아주 높은 입력저항을 필요로 하는 계기나 오실로스코프, 전자전압계의 앞단에 사용된다.

**예제 7-2** 2N5951의 데이터 시트에는 $I_{DSS}=10mA$, $V_{GS(off)}=-3.5V$로 표시되어 있다. $V_{GS}$가 $-1V$일 때와 $V_{GS}$가 $-2V$일 때, $-3V$일 때의 드레인 전류를 계산하시오.

**• 풀이 •** $V_{GS}$가 $-1V$일 때 식 (7-1)을 이용하면, $I_D$는 5.1mA가 된다. $V_{GS}$가 $-2V$일 때 $I_D$는 1.84mA이고, $V_{GS}$가 $-3V$일 때 $I_D$는 0.204mA이다.

## 7-2 JFET의 바이어스

FET에서 사용되는 바이어스법은 BJT 회로에서 사용된 것과 아주 유사하다. 이 절에서는 FET 바이어스에서 가장 널리 사용되는 3가지의 바이어스법(게이트 바이어스, 자기 바이어스, 전압 분배기 바이어스)에 대해서 설명하기로 한다.

### ■ 게이트 바이어스

<그림 7-5(a)>는 게이트 바이어스 JFET 회로를 표시하고 있다. JFET의 게이트-소스 접합에 역방향 바이어스를 제공하기 위해서 게이트 공급전압 $-V_{GG}$가 사용된다. 게이트 전류가 없기 때문에 $R_G$ 양단에서 전압강하는 없다. 따라서 JFET의 게이트 전압은 직류 게이트 공급전압과 등가이다.

$$V_{GS}=V_{GG} \tag{7-2}$$

<그림 7-5>에 표시된 예제에서 $V_{GS}=V_{GG}=-1.5V$이다.

$V_{GS}$를 알고 있기 때문에 JFET의 $I_{DSS}$ 전류와 $V_{GS(off)}$ 전압을 안다면 식 (7-1)을 이용해서 $I_D$를 계산하면 7.8mA가 구해진다. 이제 $I_D$를 알고 있기 때문에 옴의 법칙을 사용하면 $R_D$ 양단에서의 전압강하를 구할 수 있다.

$$V_{RD}=I_D\times R_D \tag{7-3}$$

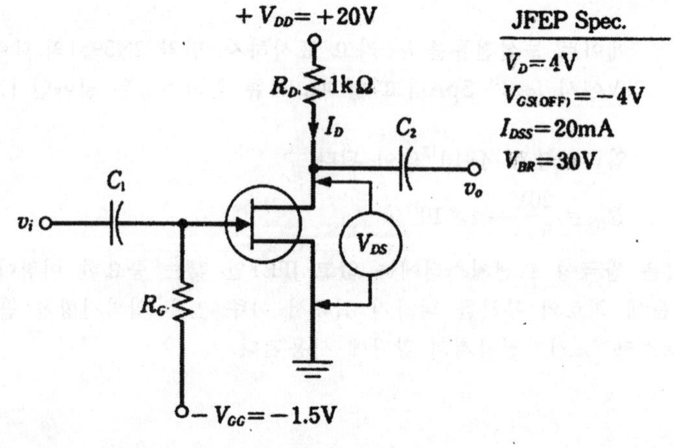


(a)

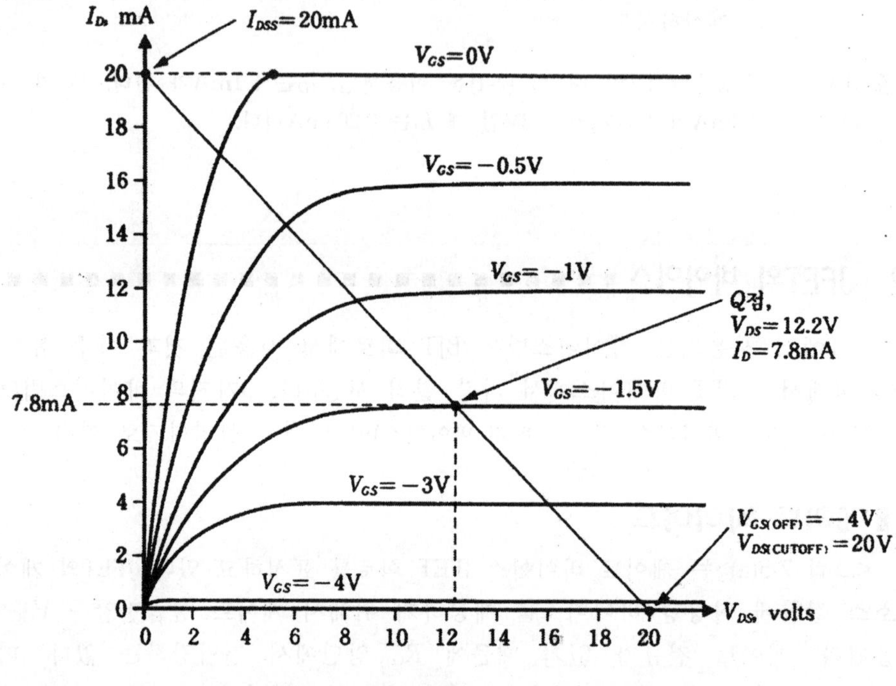


(b)

<그림 7-5> 게이트 바이어스된 JFET 회로 (a) 기본적인 회로 (b) 직류 부하선과 드레인 특성곡선

<그림 7-5>에서

$$V_{RD} = I_D \times R_D = 7.8\text{mA} \times 1\text{k}\Omega = 7.8\text{V}$$

$V_{RD}$와 $V_{DS}$를 더한 크기가 $V_{DD}$와 같기 때문에 $V_{RD}$를 알기만 한다면 다음의 공식을 이용해서 $V_{DS}$를 구할 수 있다.

$$V_{DS} = V_{DD} - V_{RD} \qquad (7\text{-}4)$$

<그림 7-5(b)>에 표시된 예에서 $V_{DS}$는 12.2V이다.

$$V_{DS} = V_{DD} - V_{RD} = 20\text{V} - 7.8\text{V} = 12.2\text{V}$$

<그림 7-5(b)>는 <그림 7-5(a)>에 표시된 JFET 회로의 직류 부하선과 드레인 특성곡선을 표시하고 있다. 쌍극성 트랜지스터와 유사하게 JFET의 직류 부하선은 최대 출력전류점(포화점)인 $I_{DSS}$=20mA점과 최대 출력전압점(차단점)인 $V_{DS}$=20V점 사이에서 확장된다. 직류 동작점(Q점)은 <그림 7-5(b)>에 표시된 직류 부하선에 표시된 것처럼 앞에서의 계산에 의해서 결정된다.

**예제 7-3** <그림 7-6>에 표시된 회로에서 다음을 구하시오. (a) $V_{GS}$ (b) $I_D$ (c) $V_{DS}$ (d) $I_D$의 최대값 (e) $V_{GS}=V_{GS(\text{off})}$일 때의 $V_{DS}$ (f) $Q$점

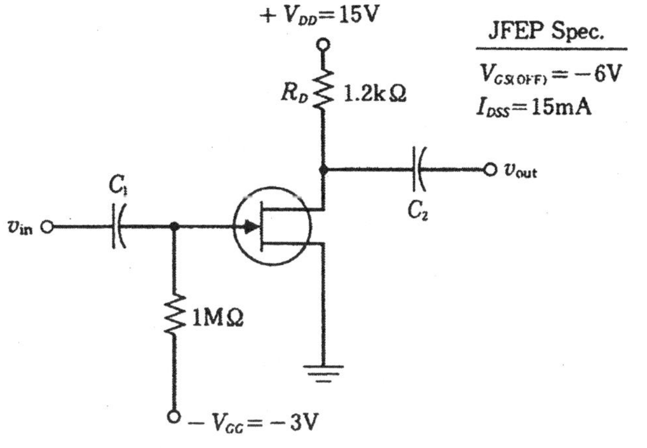


<그림 7-6> 게이트 바이어스 JFET 회로의 예

**• 풀이 •** (a) $V_{GS}=V_{GG}=-3\text{V}$

(b) $I_D = I_{DSS}\left(1-\dfrac{V_{GS}}{V_{GS(\text{off})}}\right)^2 = 15\text{mA}\left(1-\dfrac{-3\text{V}}{-6\text{V}}\right)^2 = 15\text{mA}(1-0.5)^2 = 3.75\text{mA}$

(c) $V_{DS}= V_{DD}- V_{RD}$ (준식에 $V_{RD}=I_D\times R_D$를 대입하면)

$$V_{DS}= V_{DD}-(I_D\times R_D) = 15\text{V}-(3.75\text{mA}\times 1.2\text{k}\Omega) = 15\text{V}-4.5\text{V} = 10.5\text{V}$$

(d) $I_D$의 최대값$=I_{DSS}=15\text{mA}$

(e) $V_{GS}=V_{GS(\text{off})}$일 때 JFET는 차단되고 드레인과 소스 사이는 개방 스위치와 등가이다. 이런 조건에서서는 드레인 공급전압 전체가 개방된 JFET 양단에서 나타나게 된다.

$$V_{DS(\text{CUTOFF})} = V_{DD} = 15\text{V}$$

(f) 동작점 $Q$는 $V_{GS}=-3\text{V}$, $I_D=3.75\text{mA}$, $V_{DS}=10.5\text{V}$

## ▮ 자기 바이어스

<그림 7-7(a)>는 JFET 회로가 어떻게 자기 바이어스(self bias)되는지를 보여준다. 이런 바이어스법이 게이트 바이어스법을 능가하는 이점은 $V_{DD}$와 negative 게이트 공급전압 $-V_{GG}$ 대신 단일 드레인 공급전압 $V_{DD}$가 사용된다는 점이다. 비록 이런 배열은 게이트 바이어스 회로와는 완전히 다른 것처럼 보인다.

소스 저항 $R_S$가 삽입되고 $R_G$가 접지에 연결되는 다른 차이점도 여러분들은 발견 할 수 있다. 비록 이런 배열은 게이트 바이어스 회로와 완전히 다른 것처럼 보이지만 $R_S$의 삽입과 $R_G$의 접지연결은 JFET의 게이트-소스 접합의 역방향 바이어스와 동일한 결과를 얻게 한다.

<그림 7-7(b)>는 이런 동작이 어떻게 이루어지는지를 보여준다. 따라서 JFET 회로의 게이트 전류가 없다($I_G$=0). 소스로 흐르는 모든 전류는 채널을 통해서 드레인으로 흐르게 된다. 따라서 $I_S$=$I_D$이다.

<그림 7-7>에 표시된 예제에서 $I_D$=$I_S$=7mA이다. 이제 $I_S$를 알고 있기 때문에 소스 저항 양단에 걸리는 전압강하 $V_{RS}$를 계산할 수 있다. 따라서 JFET의 소스 전압과 $V_S$와 같다.

$$V_{RS} = V_S = I_S \times R_S \tag{7-5}$$

<그림 7-7>에 표시된 예제에서 $V_{RS}$는 +3.5V이다.

$$V_{RS} = V_S = I_S \times R_S = 7\text{mA} \times 500\Omega = +3.5\text{V}$$

$I_G$=0V이기 때문에 $R_G$ 양단에서는 전압강하가 발생되지 않는다. 따라서 JFET의 게이트 전압은 0V이다.

$$V_G = 0\text{V}$$

이제 우리는 $V_S$=+3.5V, $V_G$=0V라는 사실을 알고 있기 때문에 JFET의 게이트-소스 접합이 어떻게 역방향으로 바이어스되는지 이해할 수 있게 된다. 게이트 바이어스 JFET를 역방향으로 바이어스시키기 위해서는, 우리들이 간단하게 0V인 게이트 전압을 소스 전압에 대해서 negative로 만들어주어야 한다.

자기 바이어스 JFET를 사용하면 소스 전압이 0V인 게이트 전압에 대해서 positive로 되기 때문에 동일한 결과를 구할 수 있다. 이것이 JFET의 게이트를 소스에 대해서 negative로 만들게 된다. 게이트와 소스 사이의 이런 전위차 $V_{GS}$는 다음과 같다.

$$V_S = I_S \times R_S$$

그리고 $V_G = 0$이므로 위식에 대입하면 다음 식을 구할 수 있다.

$$V_{GS} = 0\text{V} - (I_S \times R_S)$$

혹은

$$V_{GS} = -(I_S \times R_S) \tag{7-7}$$

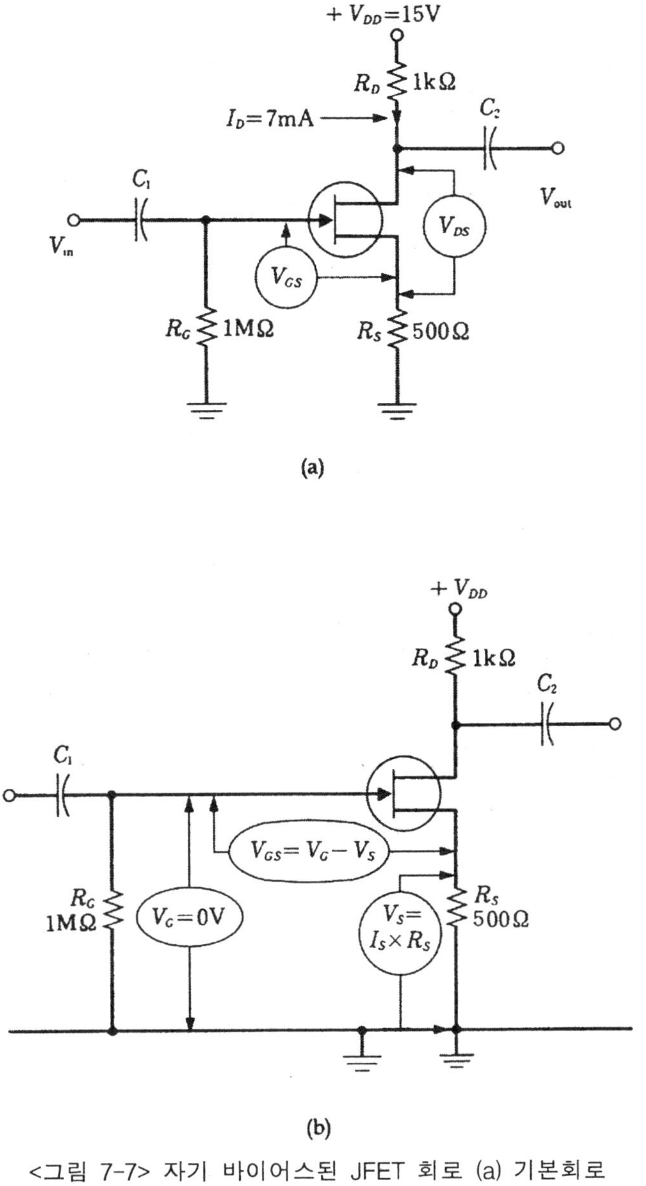


<그림 7-7> 자기 바이어스된 JFET 회로 (a) 기본회로
(b) $R_S$가 어떻게 $-V_{GSs}$를 발생시키는가?

$$V_{GS}=V_G-V_S \tag{7-6}$$

$I_S=I_D$이므로

$$V_{GS}=-(I_D\times R_S) \tag{7-8}$$

로 쓸 수 있다. <그림 7-7>에 표시된 예제에서

$$V_{GS}=-(I_S\text{혹은 }I_D\times R_S),\quad V_{GS}=-(7\text{mA}\times 500\,\Omega)=-3.5\text{V}$$

만약 $-V_{GS}$와 $R_S$를 알고 있다면 우리들은 $I_D$를 구하기 위해서 다음과 같은 공식을 유도할 수 있다.

$$I_D = \frac{V_{GS}}{R_S} \tag{7-9}$$

<그림 7-7>에 표시된 예제에서 $I_D$는 7mA이다.

$$I_D = \frac{V_{GS}}{R_S} = \frac{3.5\text{V}}{500\Omega} = 7\text{mA}$$

JFET의 드레인과 소스 양단에서의 전압강하와 JFET의 접지에 대한 드레인 전압을 결정하기 위해서는 다음과 같은 계산과정을 더 거쳐야 한다.

$$V_D = V_{DD} - V_{RD} \tag{7-10}$$

$V_{RD} = I_D \times R_D$이기 때문에

$$V_D = V_{DD} - (I_D \times R_D)$$

라고 표시할 수 있다. <그림 7-7>에 표시된 예제에서 $V_D$는 8V이다.

$$V_D = V_{DD} - (I_D \times R_D) = 15\text{V} - (7\text{mA} \times 1\text{k}\Omega) = 15\text{V} - 7\text{V} = 8\text{V}$$

이제 $R_D$ 양단에서의 전압강하 $V_{RD}$와 $R_S$ 양단에서의 전압강하 $V_{RS}$를 알고 있기 때문에 JFET의 드레인과 소스 양단에 걸리는 전압강하 $V_{DS}$를 구할 수 있다.

$$V_{DS} = V_{DD} - (V_{RD} + V_{RS})$$

<그림 7-7>에 표시된 예제에서 $V_{DS}$는 4.5V이다.

$$V_{DS} = V_{DD} - (V_{RD} + V_{RS}) = 15\text{V} - (7 + 3.5\text{V}) = 15\text{V} - 10.5\text{V} = 4.5\text{V}$$

**예제 7-4** <그림 7-8>에 표시된 회로를 해석하고 다음을 구하시오. (a) $V_S$ (b) $V_{GS}$ (c) $V_{DS}$ (d) $I_D$의 최대값 (e) JEFT off시의 $V_{DS}$ (f) $V_D$

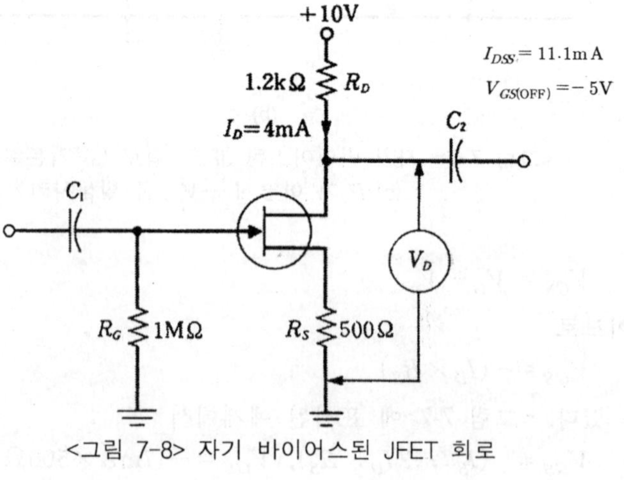

<그림 7-8> 자기 바이어스된 JFET 회로

**• 풀이 •** (a) $I_S = I_D$이므로 $V_S = I_S \times R_S = 4\text{mA} \times 500\,\Omega = 2\text{V}$

(b) $V_{GS} = V_G - V_S = 0\text{V} - 2\text{V} = -2\text{V}$

(c) $V_{DS} = V_{DD} - (V_{RD} + V_{RS}) = 10\text{V} - [(I_D R_D) + 2\text{V}]$

$= 10\text{V} - [(4\text{mA} \times 1.2\text{k}\Omega) + 2\text{V}] = 10\text{V} - (4.8\text{V} + 2\text{V})$

$= 10\text{V} - 6.8\text{V} = 3.2\text{V}$

(d) $I_D$의 최대값 $= I_{DSS} = 11.1\text{mA}$

(e) $V_{DS(\text{off})} = V_{DD} = 10\text{V}$

(f) $V_D = V_{DS} + V_{RS} = 3.2\text{V} + 2\text{V} = 5.2\text{V}$

앞에서 설명했었던 것처럼 이런 자기 바이어스된 JFET가 갖는 이점 중의 하나는 오직 드레인 공급전압 $V_{DD}$ 하나만을 필요로 한다는 점이다. 0V인 게이트에 대해서 positive로 되는 전압을 소스에 인가함으로써 JFET의 게이트-소스 접합을 역방향으로 바이어스시키는 소스 저항을 포함시키기 때문에 게이트 공급전압 $V_{GG}$는 필요치 않다.

효과적인 이런 방법은 소스로부터 게이트로 negative feedback이라고 알려진 negative 전압을 역전달시킨다. 이것은 한 개의 공급전압에 의해서 JFET를 바이어스시키는 것이 가능할 뿐만 아니라 온도 안정성도 제공하게 된다.

주위 온도의 변화는 반도체 JFET의 접합에서 변화를 발생시키기 때문에 JFET의 $Q$점을 자신이 원하는 점으로부터 멀어지도록 이동시킬 수 있다. $R_S$의 포함은 BJT의 이미터 저항과 동일한 방법에 의해서 $Q$점이 이동되는 것을 방지하게 된다.

만약 온도가 증가한다면 모든 반도체는 저항의 음의 온도계수를 가지기 때문에 온도가 증가되는 순간 반도체의 저항은 감소하게 된다. 그리고 이런 변화가 채널 전류를 증가시키게 된다.

또한 드레인 전류가 증가한다면 $R_S$ 양단에서의 전압강하가 증가한다. 이런 $V_S$의 증가는 게이트 소스의 negative 전압을 증가시키게 된다. JFET의 채널은 더욱 좁아지고 드레인 전류가 감소한다. 따라서 원래의 증가를 중화시키게 된다.

이와 유사하게 온도의 감소는 $I_D$를 감소시키게 되고 결국 게이트 소스의 역방향 바이어스를 감소시킨다. 따라서 $I_D$가 증가한다. JFET 회로에 소스 저항이 포함될 때 온도가 변화됨에도 불구하고 $Q$점은 비교적 안정하게 된다.

## ▮ 전압 분배기 바이어스

<그림 7-9>에 표시된 전압분배기로 바이어스된 JFET 회로를 참조하면 여러분들도 이전에 고찰한바 있는 BJT의 전압분배기 바이어스 회로와 아주 유사하다

는 것을 인식할 수 있다. 자기 바이어스와 유사하게 주위 온도의 변화에 무관하게 $Q$점을 안정시키기 위해서 소스 저항이 포함된다.

$V_{GS}$를 충족하는 게이트-바이어스 전압을 결정하기 위해서 전압분배기를 사용한다. 따라서 회로는 안정도가 증가한다. 게이트 전압 $V_G$는 다음과 같은 전압분배기 공식에 의해서 계산된다.

$$V_{R2} \text{ 혹은 } V_G = \frac{R_2}{R_1 + R_2} \times V_{DD} \tag{7-11}$$

<그림 7-9>에 표시된 예제에서 $V_G$는 5V이다.

$$V_{R2} \text{ 혹은 } V_G = \frac{R_2}{R_1 + R_2} \times V_{DD} = \frac{5\text{M}\Omega}{10\text{M}\Omega + 5\text{M}\Omega} \times 15\text{V} = 5\text{V}$$

$I_D = I_S (I_G = 0)$이고 드레인 전류와 저항을 알고 있기 때문에 소스 저항 양단에서의 전압강하 $V_{RS}$와 드레인 저항 양단에서의 전압강하 $V_{RD}$, JFET의 소스와 드레인 접합 사이의 전압강하 $V_{DS}$를 계산할 수 있다.

$$I_S = I_D = 2\text{mA}$$

$$V_{RS} = I_S \times R_S = 2\text{mA} \times 4.3\text{k}\Omega = 8.6\text{V}$$

$$V_{RD} = I_D \times R_D = 2\text{mA} \times 1.8\text{k}\Omega = 3.6\text{V}$$

$$V_{DS} = V_{DD} - (V_{RS} + V_{RD}) = 15\text{V} - (8.6\text{V} + 3.6\text{V}) = 2.8\text{V}$$

이제 JFET의 게이트 전압 $V_G$와 소스 전압 $V_S$를 알고 있기 때문에 게이트- 소스 역방향 바이어스인 $-V_{GS}$를 계산할 수 있다.

$$V_{GS} = V_G - V_S \; (V_G = V_{R2},\ V_S = V_{RS})$$

<그림 7-9>에 표시된 예에서 $V_{GS} = 5\text{V} - 8.6\text{V} = -3.6\text{V}$이다.

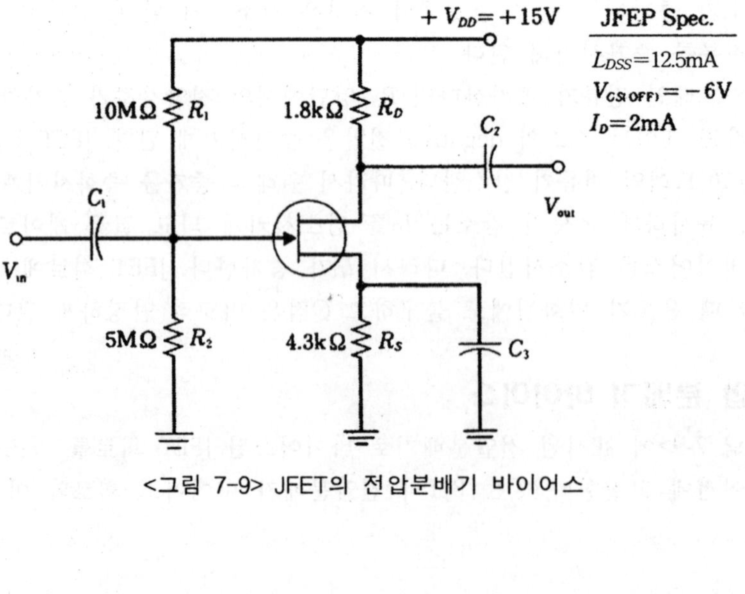


<그림 7-9> JFET의 전압분배기 바이어스

**예제 7-5** <그림 7-10>에 표시된 전압분배기로 바이어스된 JFET 회로에서 다음을 계산하시오. (a) $V_G$ (b) $I_S$ (c) $V_S$ (d) $V_{DS}$ (e) $V_{GS}$ (f) $V_{GS}=V_{GS(off)}$시의 $V_D$ (g) $V_{GS}$=0V일 때의 $I_D$

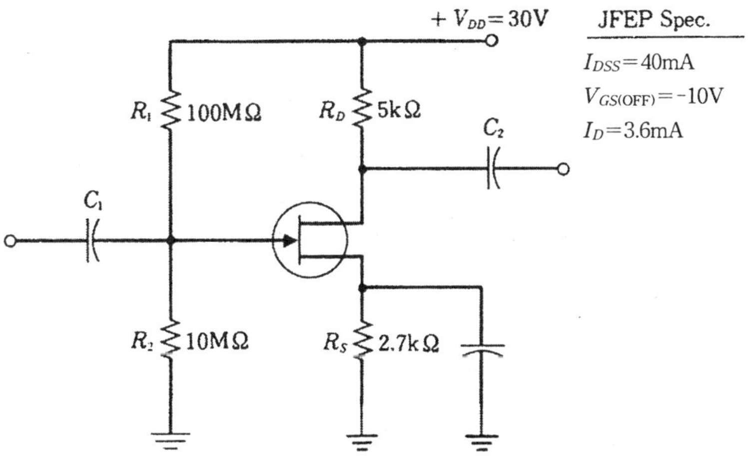


<그림 7-10> 전압분배기로 바이어스된 회로

**• 풀이 •** (a) $V_G=\dfrac{R_2}{R_1+R_2}\times V_{DD}=\dfrac{10\text{M}\Omega}{100\text{M}\Omega+10\text{M}\Omega}\times 30\text{V}=2.7\text{V}$

(b) $I_S=I_D=3.6\text{mA}$

(c) $V_S=V_{RS}=I_S\times R_S=3.6\text{mA}\times 2.7\text{k}\Omega=9.7\text{V}$

(d) $V_{DS}=V_{DD}-(V_{RD}+V_{RS})=30\text{V}-[9.7\text{V}+(I_S\times R_D)]$

$=30\text{V}-[9.7\text{V}+(3.6\text{mA}\times 5\text{K}\Omega)]=30\text{V}-(9.7\text{V}+18\text{V})=2.3\text{V}$

(e) $V_{GS}=V_G-V_S=2.7\text{V}-9.7\text{V}=-7\text{V}$

(f) $V_{GS}=V_{GS(off)}$일 때 JFET는 off되고 $V_D=V_{DD}$=30V이다.

(g) $V_{GS}$=0V일 때 $I_D=I_{DSS}$=40mA이다.

**▣ 확인문제 7-2 ▣**

**1.** 자기 바이어스가 게이트 바이어스를 능가하는 이점 두 가지를 설명하시오.

**2.** 온도 안정성을 제공하는 JFET의 소자는 무엇인가?

**3.** 자기 바이어스된 JFET 회로의 소스 전압은 ( )V인 게이트 전압에 비해서 ( )이고, 이것이 JFET의 게이트를 소스에 대해서 ( )로 바이어스시킨다.

**4.** 자기 바이어스와 유사하게 (　　　) 바이어스는 negative 귀환을 제공하기 때문에 $Q$점을 안정하게 유지시킨다.

**{해답}** **1.** $V_{DD}$ 하나만 필요로 한다. $R_S$를 갖는다. **2.** 소스 저항 $R_S$ **3.** 0V, positive, 역방향으로 **4.** 전압분배기

---

## 7-3 전달 컨덕턴스

앞에서 JFET 증폭기를 해석할 때 $g_m$이라고 표시하고 전달 컨덕턴스라고 부르는 교류량에 대해서 설명한 바 있는데 전달 컨덕턴스는 식 (7-12)처럼 표시된다.

$$g_m = \frac{\Delta I_D}{\Delta V_{GS}} \tag{7-12}$$

$V_{GS}$와 $I_D$의 변화는 전압에서도 같기 때문에 식 (7-12)를 다시 쓰면 식 (7-13)처럼 표시할 수 있다.

$$g_m = \frac{i_d}{v_{gs}} \tag{7-13}$$

<그림 7-11(a)>는 전달 컨덕턴스 특성곡선에서 $g_m$의 의미를 표시하고 있다.

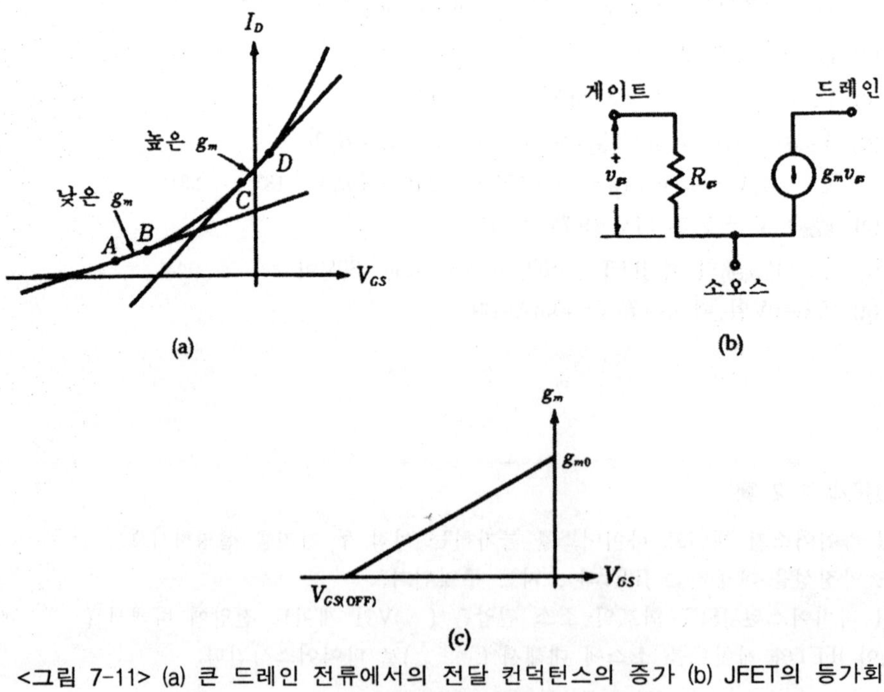


<그림 7-11> (a) 큰 드레인 전류에서의 전달 컨덕턴스의 증가 (b) JFET의 등가회로
(c) 게이트 소스 전압을 갖는 전달 컨덕턴스의 변화

A점과 B점 사이에서 $V_{GS}$의 변화가 $I_D$의 변화를 가져오며, $A$점과 $B$점 사이에서 $V_{GS}$의 변화에 대한 $I_D$의 변화가 $g_m$으로 표시된다.

만약 $C$점과 $D$점 사이의 새로운 두 점을 선택한다면 $V_{GS}$의 변화에 대한 $I_D$의 변화가 더 증가했음을 알 수 있고, 그 결과 $g_m$도 특성곡선의 위쪽에 있게 됨을 알 수 있다. $g_m$은 게이트 전압이 드레인 전류를 얼마나 제어할 수 있는가를 표시하며, $g_m$이 커지면 게이트 전압이 드레인 전류를 효과적으로 제어할 수 있다.

JFET의 데이터 시트는 보통 정지 드레인 전류에 따라서 $g_m$이 어떻게 변화하는가를 보여주는 그래프를 포함하고 있다. 따라서 정지 드레인 전류에 대한 $g_m$ 값을 찾아내면 JFET 증폭기가 얼마의 직류 드레인 전류를 흘릴 수 있는지 알 수 있다.

<그림 7-11(b)>는 JFET의 간단한 교류 등가회로를 보여주고 있다. 매우 높은 저항인 $R_{GS}$가 게이트와 소스 사이에 존재하는데 그 크기는 수십 메가 옴에서 수백 메가 옴이다. JFET의 드레인은 $g_m$값을 갖는 전류원처럼 동작한다. 만약 $g_m$과 $v_{gs}$를 알고 있다면 교류 드레인 전류를 계산할 수 있다.

## ■ 전달 컨덕턴스 값

$V_{GS}=0$일 때 $g_m$은 최대값을 갖는다. 이런 최대값을 $g_{mo}$로 표시한다. $g_m$과 $g_{mo}$의 관계식은 다음과 같은 과정을 통해서 유도된다.

$$I_D = I_{DSS}\left[1-\frac{V_{GS}}{V_{GS(\mathrm{OFF})}}\right]^2$$

식을 미분하면 식 (7-14)를 구할 수 있다.

$$\frac{dI_D}{dV_{GS}}= g_m = 2I_{DSS}\left[1-\frac{V_{GS}}{V_{GS(\mathrm{OFF})}}\right]\left[-\frac{1}{V_{GS(\mathrm{OFF})}}\right] \tag{7-14}$$

혹은

$$g_m =-\frac{2I_{DSS}}{V_{GS(\mathrm{OFF})}}\left[1-\frac{V_{GS}}{V_{GS(\mathrm{OFF})}}\right] \tag{7-15}$$

$V_{GS}=0$일 때 식 (7-16)을 구할 수 있고 식 (7-16)을 (7-17)로 표현할 수도 있다. 따라서 식 (7-18)을 유도할 수 있다.

$$g_{m0} =-\frac{2I_{DSS}}{V_{GS(\mathrm{OFF})}} \tag{7-16}$$

$$V_{GS(\mathrm{OFF})} =-\frac{2I_{DSS}}{g_{m0}} \tag{7-17}$$

$$g_m = g_{m0}\left[1-\frac{V_{GS}}{V_{GS(\mathrm{OFF})}}\right] \tag{7-18}$$

## 7-4 공통 소스, 공통 드레인, 공통 게이트 증폭기

JFET 증폭기 회로는 공통 소스, 공통 드레인, 공통 게이트 증폭기로 구분된다.

### ▮공통 소스 증폭기 회로

<그림 7-12(a)>는 공통 소스 증폭기를 표시하고 있다. 적은 교류신호가 게이트에 결합되면 게이트-소스 전압이 변하게 되고, 이것이 정현파 드레인 전류를 발생시키며 드레인 전류를 통해서 흐르는 교류전류가 출력에 나타나는 증폭된 교류신호이다. 게이트-소스 전압의 증가는 드레인 전류를 증가시킨다.

이것은 드레인 전압이 감소하고 있음을 의미한다. 입력전압의 +반주기에서 출력의 −반주기를 발생시키기 때문에 공통 소스 증폭기에서 위상반전을 얻을 수 있다.

<그림 7-12(b)>는 공통 소스 증폭기의 교류 등가회로를 표시하고 있다. 입력측에는 $R_1$과 $R_2$가 병렬로 연결되어 있고 내부저항 $R_{GS}$는 무시될 만큼 크다. 교류 출력전압에서 −표시는 위상이 반전되었다는 것을 의미한다.

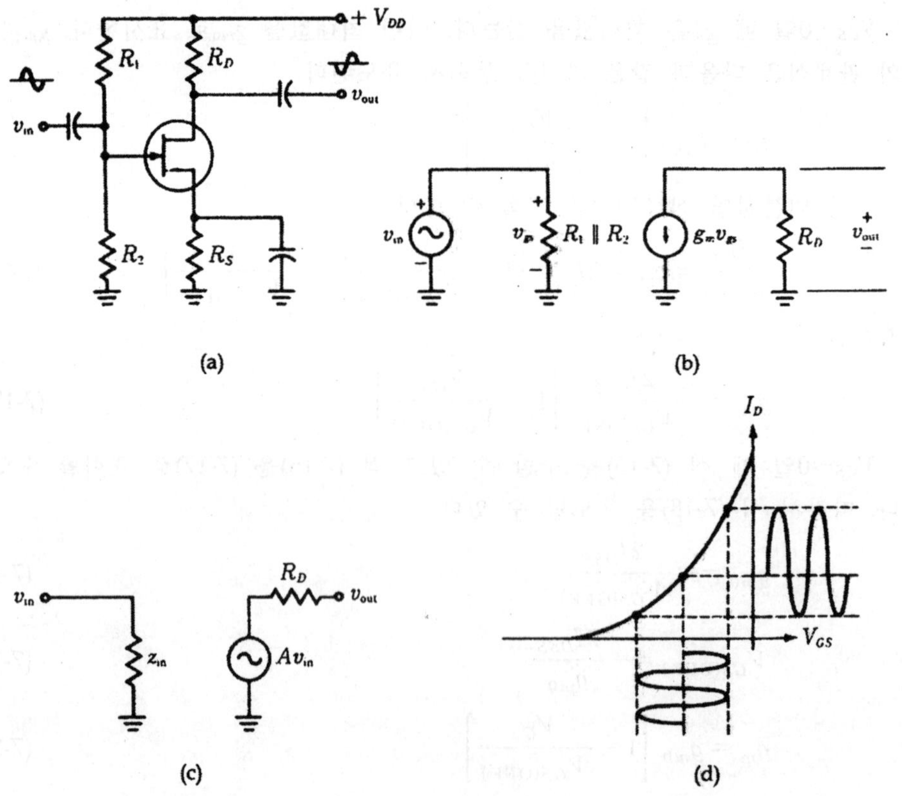


<그림 7-12> (a) 공통 소스 증폭기 (b) 교류 등가회로 (c) 또다른 등가회로 (d) 왜곡

$$v_{out} = -g_m v_{gs} R_D \tag{7-19}$$

교류전원이 직접 게이트-소스 단자 사이에 연결되기 때문에 교류 입력전원은 $v_{in} = v_{gs}$로 된다. 입력전압과 출력전압의 비를 구하면 식 (7-20)을 구할 수 있다.

$$A_v = \frac{v_{out}}{v_{in}} = \frac{v_{out}}{v_{gs}} \tag{7-20}$$

위식을 다시 쓰면 식 (7-21)로 표시할 수 있다.

$$A_v = -g_m R_D \tag{7-21}$$

식 (7-11)은 출력결합 콘덴서가 부하저항에 연결되지 않기 때문에 무부하 전압이득이 된다. 비선형인 전달 컨덕턴스 특성곡선 때문에 JFET는 <그림 7-12(d)>에 표시한 것처럼 큰 신호를 왜곡시킨다.

정현파 입력전압이 주어지면 +반주기는 늘어나고 −반주기는 억압된 비정현파의 출력전류를 얻는다. 이런 종류의 왜곡은 전달 컨덕턴스 특성곡선이 포물선 모양이기 때문에 세곱법칙 왜곡(square-law distortion)이라 부른다. 이런 형태의 왜곡은 주파수 혼합기의 응용에서 아주 중요하게 취급된다.

선형증폭기에서 왜곡은 바람직하지 않다. JFET 증폭기에서의 제곱법칙 왜곡을 최소화시키는 방법은 신호를 작게 유지하는 것이다. 이런 경우는 오직 전달 컨덕턴스 특성곡선의 일부분만이 사용되기 때문이다. 이것은 거의 선형처럼 동작한다.

이미 앞에서 설명했던 것처럼 피크-피크 드레인 전류가 정지 드레인 전류의 10% 미만일 때 소신호라고 간주한다. 이런 10 : 1 규칙은 대부분의 응용에서 왜곡을 충분히 낮은 레벨까지 낮춰준다.

## ▮공통 드레인 회로

<그림 7-13(a)>는 이미터 폴로워와 유사한 공통 드레인 증폭기를 표시하고 있다. 교류신호가 게이트를 구동시키면 교류 드레인 전류가 발생된다. 이런 전류는 바이패스되지 않은 소스 저항을 통해서 흐르며 입력전압과 동위상을 갖고 크기가 거의 같은 교류 출력전압이 발생된다. 이런 이유 때문에 공통 드레인 증폭기는 소스 폴로워라고 불린다.

높은 입력 임피던스 때문에 소스 폴로워는 오실로스코프나 전자전압계와 같은 측정용 계기의 앞단에 사용된다. <그림 7-13(b)>는 소스 폴로워의 교류 등가회로를 표시하고 있다. 전압이득의 공식을 유도하면 식 (7-22)가 구해진다.

$$A_v = \frac{R_S}{R_S + 1/g_m} \tag{7-22}$$

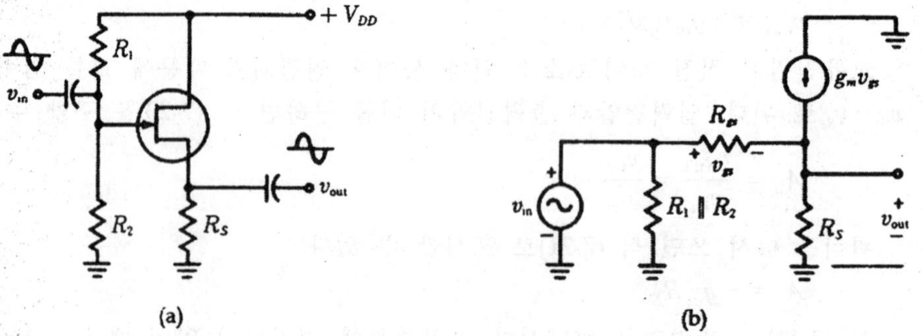


<그림 7-13> (a) 소스 폴로워 (b) 교류 등가회로

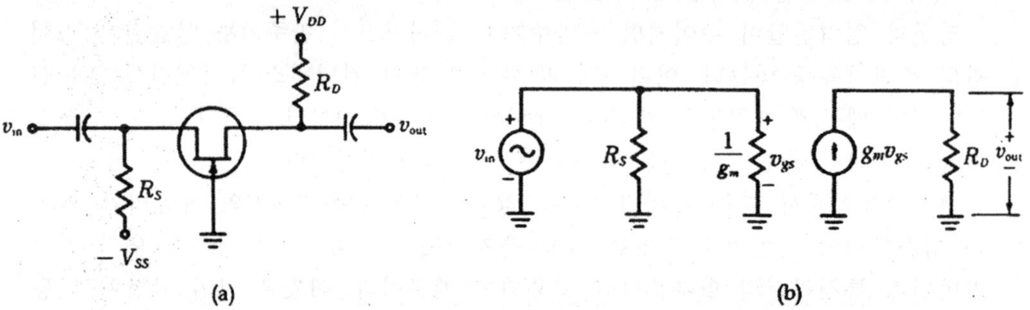


<그림 7-14> (a) 공통 게이트 증폭기 (b) 교류 등가회로

$R_S$가 $1/g_m$보다 아주 크다면 무부하 상태의 전압이득은 1이 된다. 소스 폴로워는 전압이득이 1이기 때문에 본래 왜곡이 적은 증폭기이다. 만약 전압이득이 정확하게 1이라면 출력이 입력과 같기 때문에 왜곡이 존재하지 않는다.

## ▮공통 게이트 증폭기

<그림 7-14(a)>는 공통 게이트 증폭기를 표시하고, 전압이득은 식 (7-23)처럼 표시된다.

$$A = g_m R_D \tag{7-23}$$

**▣ 확인문제 7-3 ▣**

1. BJT 공통 이미터 회로와 유사하게 가장 널리 사용되는 FET의 구조는 무엇인가?
2. FET 회로 구조 중 소스 폴로워라고 부르는 회로는 무엇인가?
3. JFET 회로중 높은 입력 임피던스와 우수한 전압이득을 제공하는 회로는 무엇인가?
4. JFET 회로중 높은 입력 임피던스와 낮은 출력 임피던스를 제공하는 회로는 무엇인가?

**(해답)** 1. 공통 소스 회로 2. 공통 드레인 회로 3. 공통 소스 회로 4. 공통 드레인 회로

# 7-5 JFET의 응용분야

JFET의 중요한 응용분야는 스위치 회로, 멀티플렉싱, 완충증폭기, 저잡음 증폭기, 전압 가변저항, 자동이득 조절장치가 있다.

## ▮아날로그 직렬 스위치와 병렬 스위치

<그림 7-15(a)>는 병렬 스위치를 표시하고 있다. 병렬 스위치의 개념은 적은 교류 입력신호를 전달시키거나 또는 차단시키는데 있으며 $v_{in}$이 적다는 의미는 일반적으로 100mV 미만일 때를 말한다. 제어전압 $V_{con}$이 0이면 JFET는 포화상태로 되기 때문에 JFET는 단락 스위치와 등가로 되며, $v_{out}$은 0이 된다.

입력전압이 작은 경우 JFET는 입력전압이 −의 반주기일지라도 차단상태로 남게 된다. 포화된 JFET의 교류저항 때문에 스위칭은 완전하지 않고 교류 등가회로는 <그림 7-15(b)>처럼 표시된다. 스위치가 개방되면 입력신호의 전부가 출력에 도달된다. 그러나 스위치가 단락되면 $r_{ds(on)}$이 0이 아니기 때문에 입력신호 중 일부분만이 출력에 도달된다.

<그림 7-15(c)>는 직렬 스위치를 표시하고 있다. $V_{con}$이 0일 때 JFET는 단락 스위치와 등가인데, 이런 경우 출력은 입력과 거의 같아진다. $V_{con}$이 $V_{GS(off)}$와

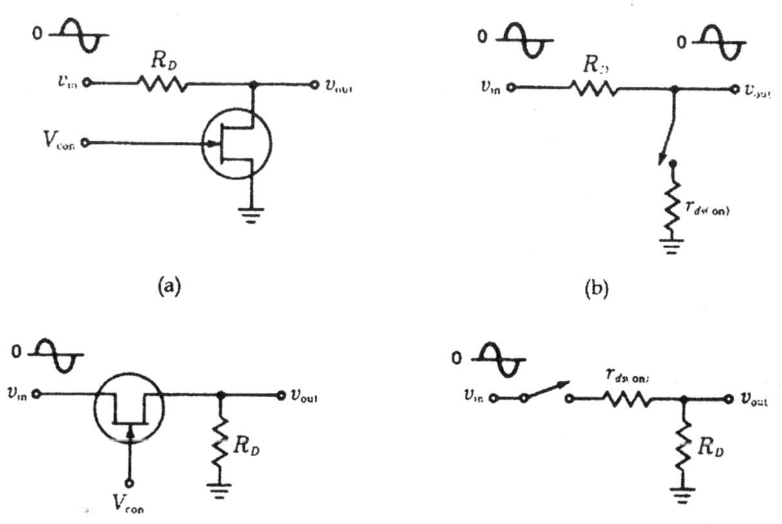


<그림 7-15> (a) 병렬 스위치 (b) 교류 등가회로 (c) 직렬 스위치 (d) 교류 등가회로

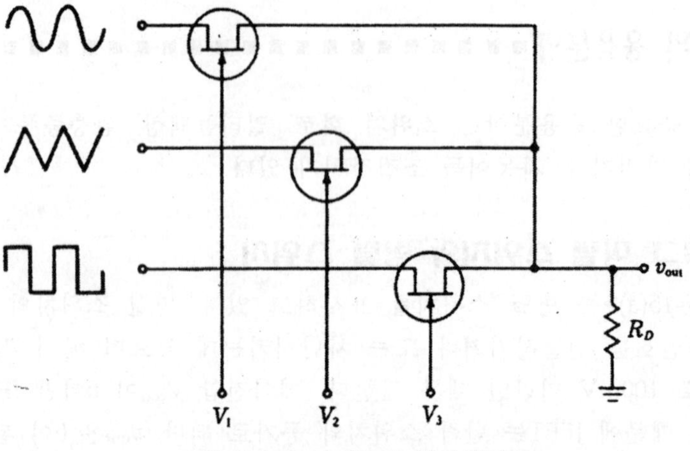


<그림 7-16> 아날로그 멀티플렉싱

같거나 더욱 −로 되면 JFET는 개방 스위치로 되고 $v_{out}$은 거의 0이 된다.

<그림 7-15(d)>는 교류 등가회로를 표시하고 있다. 스위치가 개방되면 출력에 신호가 전달되지 않는다. 스위치가 단락되면 $r_{ds(on)}$이 $R_D$ 보다 아주 작기 때문에 입력신호의 대부분이 출력에 나타난다.

## ▮ 멀티플렉싱

멀티플렉스의 의미는 "많은 것을 하나로"란 뜻으로 <그림 7-16>은 입력신호 중의 한 가지를 출력으로 지나가게 하는 아날로그 멀티플렉싱을 표시하고 있다. 조절신호($V_1$, $V_2$, $V_3$)가 $V_{GS(off)}$보다 더욱 −로 되면 모든 신호가 차단된다. 임의의 제어전압을 0으로 해줌으로 해서 입력신호 중의 하나를 출력으로 전송시킬 수 있다.

예를 들어서 $V_1=0$이라면 출력에서 정현파를 얻을 수 있다. 만약 $V_2=0$이라면 출력에서 삼각파를 구할 수 있고, $V_3$가 0이라면 출력에서 구형파를 얻을 수 있다. 일반적으로 제어신호 중에서 하나는 0이다.

## ▮ 완충증폭기

<그림 7-17>은 앞의 증폭단과 뒤의 증폭단을 분리시켜주는 완충증폭기를 표시하고 있다. 이상적인 완충증폭기는 높은 입력의 임피던스를 갖기 때문에 A 증폭단의 테브닌 전압의 대부분이 버퍼의 입력에 나타나며, 버퍼의 출력 임피던스는 낮기 때문에 버퍼의 모든 출력은 B증폭단으로 전달된다.

소스 폴로워는 저주파에서 MΩ 단위의 높은 입력 임피던스와 수백Ω 단위의 낮은 출력 임피던스를 갖기 때문에 가장 성능이 우수한 완충증폭기이다. 높은 입력 임피던스는 앞단의 부하를 약하게 하며, 낮은 출력 임피던스는 버퍼를 큰

부하로(작은 부하저항이) 구동시킬 수 있음을 의미한다.

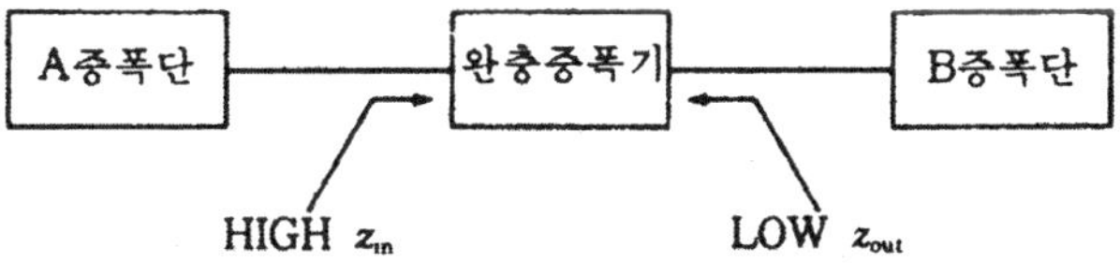


<그림 7-17> 완충증폭기

### ▮ 저잡음 증폭기

잡음이란 유용한 신호에 중첩된 원하지 않는 외란을 말하며, 잡음은 신호에 포함되어 있는 정보를 간섭시켜서 잡음이 커지면 정보가 작아진다. 예를 들면 텔레비전 수상기에서 잡음은 화면에 백색점과 흑색섬을 만들게 된다. 어떤 잡음은 화면을 사라지게 하는 경우도 있다.

라디오 수신기에서의 잡음도 TV 수상기에서의 잡음과 유사하며 히싱(hissing)이나 크래클링(crackling)을 만드는 수도 있고 엉뚱한 음악이나 소리가 만들어지기도 한다.

잡음은 신호가 제거되었을 때도 발생하기 때문에 신호와는 무관한 것으로 보면 된다. 어떤 전자 소자라도 잡음을 갖고 있는데, JFET는 아주 작은 잡음만을 갖는 우수한 저잡음 소자이다. 이런 특성 때문에 JFET는 수신기나 전자장치의 앞단으로 사용되며, 최종 출력단에서 잡음이 적게 증폭된 출력을 얻을 수 있다.

## 7-6 MOSFET(Metal Oxide Semiconductor FET)

MOSFET(금속산화물 반도체 전계효과 트랜지스터)는 게이트, 소스, 드레인으로 구성된다. JFET와 다른 점은 게이트가 채널로부터 절연되어 있다는 점이다. 이것 때문에 게이트 전압이 +이든 −이든 간에 게이트 전류는 지극히 작다.

MOSFET는 간혹 IGFET라고도 불리는데, 그 이유는 게이트가 절연되었기 때문이며, IGFET는 insulated gate FET의 약자이다. 이 절에서는 MOSFET의 기본 원리, 바이어스법, 증폭기 및 스위칭 회로에서의 응용에 대해서 설명한다.

### ▮ 공핍형(Depletion) FET

<그림 7-18>은 n형 물질로 된 전도성 막대의 오른쪽에는 p형 영역을 갖고 왼쪽에는 절연된 게이트를 갖는 n채널 MOSFET를 표시하고 있다. 자유전자는 n형 물질을 통해서 소스로부터 드레인까지 흘러간다.

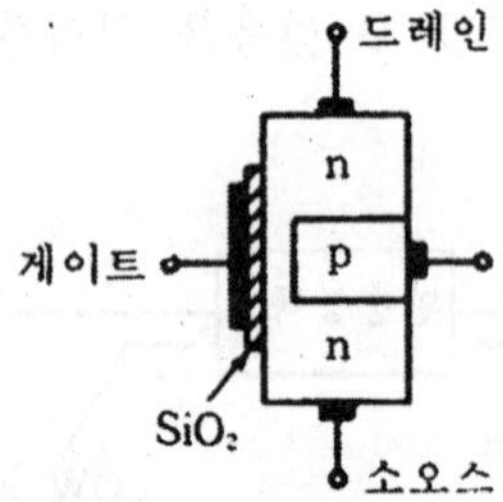


<그림 7-18> 공핍형 MOSFET

p형 영역을 기판이라고 부르는데, 이것은 물리적으로 채널의 폭을 좁게 해서 전도통로를 감소시킨다. 소스로부터 드레인까지 흘러가는 전자들은 반드시 이런 좁은 채널을 통과하지 않으면 안 된다. 채널의 왼편에는 이산화규소($SiO_2$)가 얇은 층을 이루고 있다. 이산화규소는 유리와 같은 절연체이다.

MOSFET의 게이트는 금속인데 채널과 절연상태이므로 게이트 전압이 +전압이라 하더라도 게이트 전류는 무시된다. JFET에서 존재했던 pn 접합형 다이오드는 MOSFET에서는 제거된 것과 같다.

## ▮공핍형 MOSFET의 공핍 모드

<그림 7-19(a)>는 −의 게이트 전압을 갖는 MOSFET를 표시하고 있다. $V_{DD}$ 전원은 자유전자를 소스로부터 드레인으로 흐르게 한다. 이런 자유전자들은 p형 기판의 왼쪽에 존재하는 폭이 좁은 채널을 통해서 흐르게 된다. 게이트 전압이 채널의 폭을 조절하기 때문에 더욱 −(negative)로 되는 게이트 전압은 드레인 전류를 작게 만든다.

게이트 전압이 충분히 크게 −로 되면 드레인 전류는 차단된다. 따라서 −의 게이트 전압을 갖는 MOSFET의 동작은 JFET의 동작과 유사하다. −게이트 전압의 동작은 채널의 자유전자를 공핍시키기 때문에 −의 전압을 갖는 게이트 동작은 공핍 모드라 부른다.

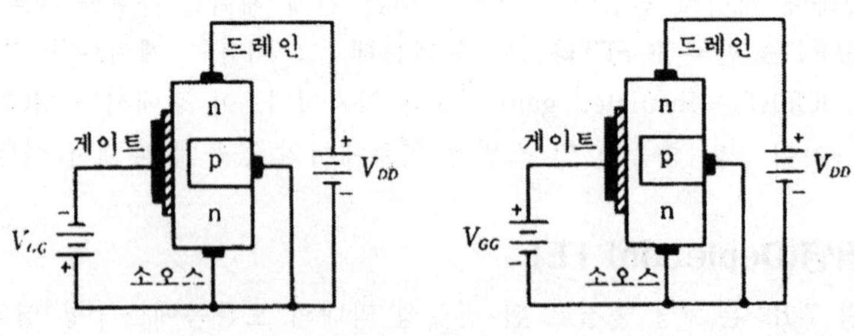


<그림 7-19> (a) 공핍 모드 (b) 증가 모드

## ▮ 공핍형 MOSFET의 증가 모드

MOSFET의 게이트가 채널로부터 절연되어 있기 때문에 게이트에 <그림 7-19(b)>에 표시한 것처럼 +(positive) 전압을 공급할 수 있다. +게이트 전압은 채널을 통해서 흐르는 자유전자의 갯수를 증가시킨다. 게이트 전압이 더욱 +로 될수록 소스에서 드레인으로 자유전자의 전도는 증가하게 된다.

+게이트 전압을 갖는 MOSFET의 동작은 채널의 도전율의 증가에 의존하기 때문에 <그림 7-19(b)>와 같은 positive 게이트 동작을 증가 모드라고 부른다. 절연층 때문에 어떤 모드이든간에 게이트 전류는 무시된다. MOSFET의 입력저항은 믿기 어려울 정도로 크며 일반적으로 100,000MΩ에서 100,000,000MΩ 정도이다.

## ▮ 드레인 특성곡선

<그림 7-20(a)>는 공통 소스 회로의 직류 부하선을 갖는 n채널 MOSFET의 일반적인 드레인 특성곡선을 표시하고 있다. 위쪽의 곡선은 $+V_{GS}$를 갖고 아래쪽 곡선은 $-V_{GS}$를 갖는다. 가장 아래쪽 드레인 특성곡선은 $V_{GS}$가 $V_{GS(off)}$인 경우, 드레인 전류는 거의 0이다. $V_{GS}$가 $V_{GS(off)}$와 0 사이에 있으면 공핍 모드 동작이 된다. 다시 말하면 $V_{GS}$가 0보다 크면 증가형 모드 동작이 된다.

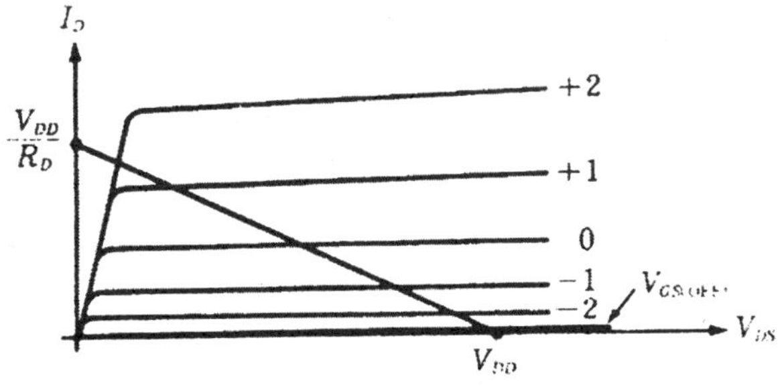


(a)

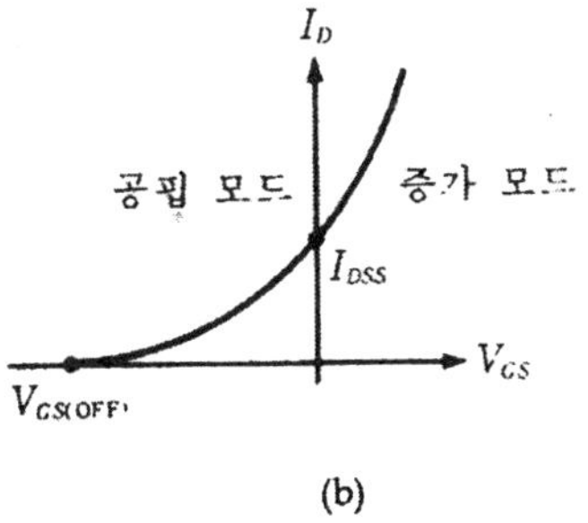


(b)

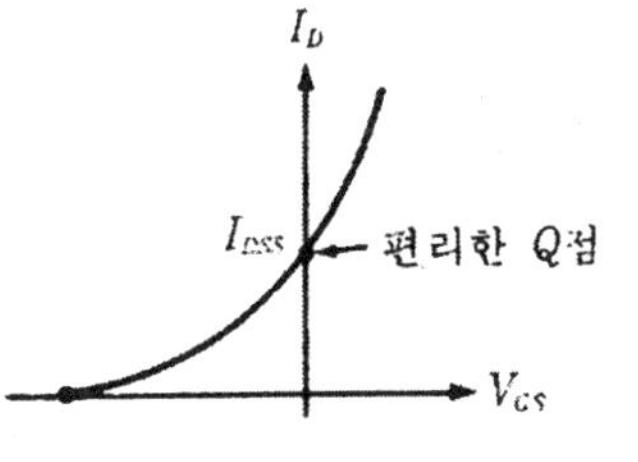


(c)

<그림 7-20> (a) 드레인 특성곡선 (b) 전달 컨덕턴스 특성곡선 (c) 편리한 $Q$점

## ▮ 전달 컨덕턴스 특성곡선

<그림 7-20(b)>는 MOSFET의 전달 컨덕턴스 특성곡선을 나타내고 있다. $I_{DSS}$는 게이트 단락상태의 드레인 전류를 표시한다. 그림에서 보다시피 드레인 전류와 게이트-소스 전압의 관계는 포물선으로 표시되기 때문에 앞에서 기술했던 제곱법칙 공식 (7-1)을 그대로 사용할 수 있다.

$$I_D = I_{DSS}\left[1-\frac{V_{GS}}{V_{GS(OFF)}}\right]^2 \tag{7-24}$$

식 (7-24)는 JFET의 제곱법칙 공식과 일치한다. 그러나 MOSFET에서의 $V_{GS}$값은 +전압이나 −전압 모두를 사용할 수 있다. <그림 7-20(b)>와 같은 전달 컨덕턴스 특성곡선을 갖는 MOSFET는 <그림 7-20(c)>에 표시된 $Q$점을 사용할 수 있기 때문에 JFET보다 바이어스가 쉽다. 이런 $Q$점에서는 $V_{GS}=0$, $I_D=I_{DSS}$이다.

## ▮ 노멀리 on 스위치

지금까지 기술한 MOSFET를 공핍형 MOSFET라 부른다. 이것은 드레인 전류가 공핍 모드에 있거나 증가 모드에 있게 된다. 그래서 이런 종류의 MOSFET는 $V_{GS}=0$일 때 도통하게 되므로 normally-on MOSFET라 부른다.

## ▮ 도면기호

<그림 7-21(a)>는 공핍형 MOSFET의 도면기호를 나타내고 있다. 게이트 오른쪽의 얇은 수직선은 채널을 표시한다. 드레인 단자는 채널의 위쪽에서 나오고 소스 단자는 채널의 아래쪽에 연결되어 있다. p형 기판의 화살표는 n형 물질을 향해서 그려져 있다.

어떤 응용회로에서는 드레인 전류의 제어를 위해서 기판에 전압을 인가하기도

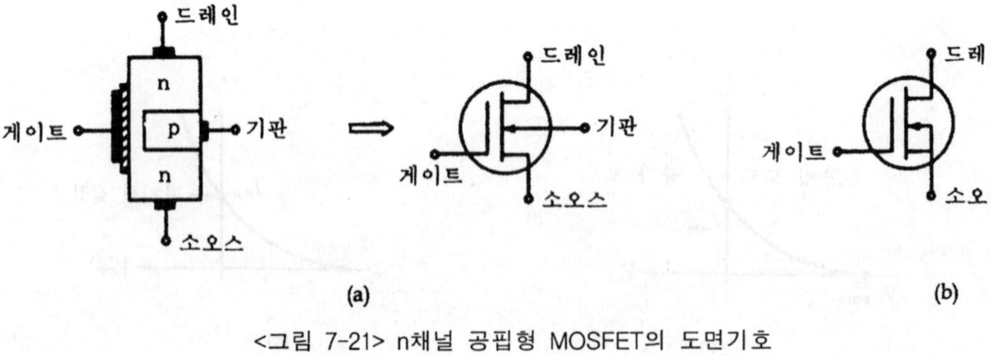


<그림 7-21> n채널 공핍형 MOSFET의 도면기호

하며, 이런 경우에는 단자가 4개가 된다. 대부분의 응용에서는 기판은 소스에 연결되어 있다. 보통 제조업자는 기판을 소스에 내부적으로 연결시킨다. 이런 결과로 만든 MOSFET는 3단자이며, <그림 7-21(b)>와 같이 도면기호로 표시된다.

p채널 공핍형 MOSFET의 경우도 p형의 막대에 오른쪽에는 n형 영역을, 왼쪽에는 절연된 상태의 게이트가 있다. 따라서 p채널 MOSFET의 도면기호도 n채널 MOSFET와 유사하나 화살표의 방향만 반대로 되어 있다.

---

**▣ 확인문제 7-4 ▣**

1. MOSFET를 두 가지로 구분하면 (　　　　)와 (　　　　) 두 가지로 구분할 수 있다.
2. 공핍형 MOSFET는 공핍형 모드와 증가형 모드에서 모두 동작한다.(True/False)
3. 공핍형 MOSFET는 노멀리(on/off) 소자이다.
4. JFET와 MOSFET 중 어느 것이 높은 입력 임피던스를 갖는가?

{해답} **1.** 공핍형 MOSFET, 증가형 MOSFET **2.** True **3.** 노멀리 on **4.** MOSFET

---

## 7-7 증가형(Enhancement) MOSFET

n채널 MOSFET의 내부구조를 변화시키면 증가 모드에서만 동작하는 새로운 종류의 MOSFET를 만들 수 있다. 이런 형태의 MOSFET는 normally-off 스위치로 동작하기 때문에 컴퓨터의 메모리와 마이크로프로세서에 널리 사용된다. 드레인 전류를 얻기 위해서는 positive 게이트 전압이 필요하다.

### ▮ 반전층의 생성

<그림 7-22(a)>는 n채널 증가형 MOSFET를 표시하고 있다. 기판이 $SiO_2$까지 확장되어 물리적으로 소스와 드레인 사이에는 n채널이 존재하지 않는다.

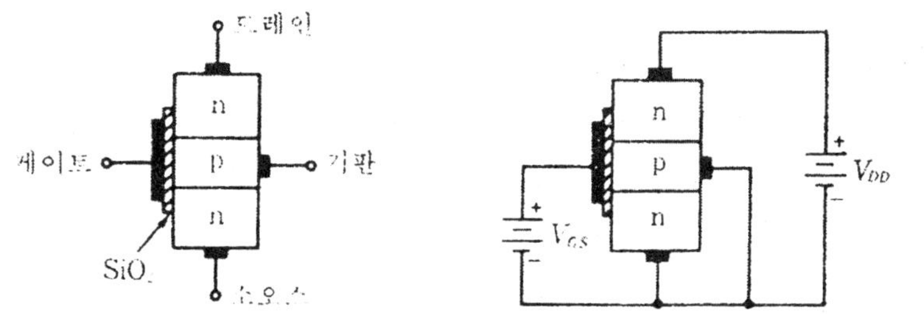


(a) (b)

<그림 7-22> 증가형 MOSFET

<그림 7-22(b)>는 정상적인 바이어스 극성을 표시하고 있다. $V_{GS}=0$일 때 $V_{DD}$는 자유전자를 소스에서부터 드레인으로 이동시키려 하나, p형 기판은 열적으로 생성된 전도대 전자만을 가지고 있다. 이런 소수 캐리어와 표면 누설전류를 제외하면 소스와 드레인 사이의 전류는 0이다.

이런 이유 때문에 증가형 MOSFET는 노멀리 off MOSFET라고 부른다. 게이트와 p형 기판은 유전체($SiO_2$)에 의해서 분리되는 콘덴서의 양극판처럼 동작한다. 게이트가 +로 되면 P형 기판에 −전하가 유도된다.

다시 말하자면 게이트의 +전압은 소스로부터 자유전자를 p형 영역의 왼쪽 아래로 끌어들인다. +게이트 전압이 충분히 크게 되면 소스와 드레인 사이에 전자들이 층이 생기도록 자유전자를 충분히 끌어들인다.

다시 말하면 +게이트 전압이 p형 기판 속으로 자유전자를 끌어들이면 이런 자유전자들은 이산화규소에 인접한 정공과 재결합하게 된다. 게이트 전압이 충분히 큰 +이면 $SiO_2$에 인접한 모든 정공은 채워지고 자유전자는 소스에서 드레인으로 흐르기 시작한다. 이런 자유전자의 층을 n형 반전층이라 부른다.

## ▮ 임계전압

n형 반전층을 생성하는 최소의 $V_{GS}$를 임계전압 $V_{GS(th)}$로 표시한다. $V_{GS}$가 $V_{GS(th)}$보다 적으면 소스에서 드레인으로 흐르는 전류는 0이다. 그러나 $V_{GS}$가 $V_{GS(th)}$ 보다 큰 경우는 n형 반전층이 생겨서 소스와 드레인 사이에서 전류를 얻을 수 있다. $V_{GS(th)}$는 1V 미만에서부터 5V 이상까지 여러 가지가 있다. 3N169는 증가형 MOSFET인데 최대 임계전압은 1.5V이다.

## ▮ 드레인 특성곡선

<그림 7-23(a)>는 공통 소스 회로에서 직류 부하선을 갖는 n채널 증가형 MOSFET의 드레인 특성곡선을 표시하고 있다. 가장 낮은 곡선이 $V_{GS(th)}$ 특성곡선이다. $V_{GS}$가 $V_{GS(th)}$보다 적으면 드레인 전류는 지극히 적으며 $V_{GS}$가 $V_{GS(th)}$보다 크면 $V_{GS}$의 값에 따라 변하는 큰 드레인 전류가 흐른다.

## ▮ 전달 컨덕턴스 특성곡선

<그림 7-23(b)>는 전달 컨덕턴스 특성곡선을 표시한 것이다. 특성곡선이 포물선 모양이라 제곱법칙 곡선이라 부르기도 한다. $V_{GS(th)}$에서 포물선의 꼭지점이 맞닿는데, 이런 포물선의 방정식은 식 (7-25)처럼 구할 수 있다.

$$I_D = K\,[V_{GS} - V_{GS(\mathrm{th})}]^2 \tag{7-25}$$

여기서 $K$는 특별한 MOSFET에 의존하는 상수다.

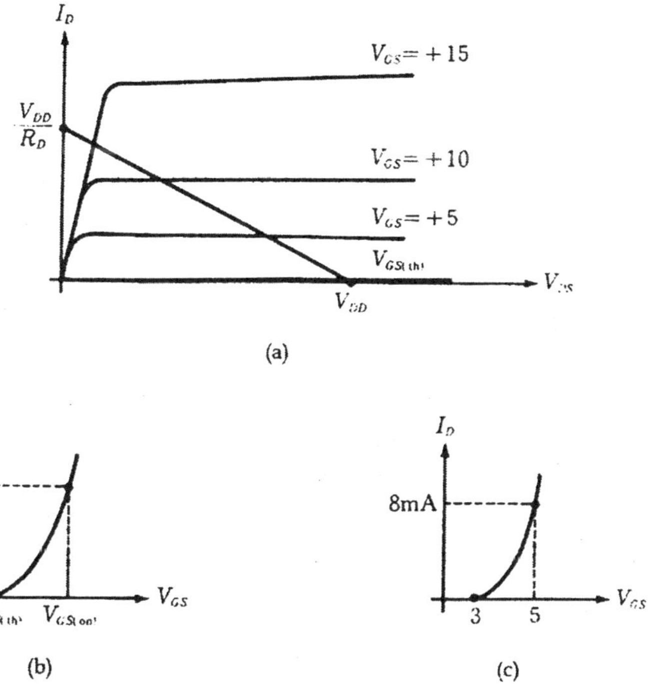



<그림 7-23> (a) 드레인 특성곡선 (b) 전달 컨덕턴스 특성곡선 (c) 예제

## ▮ 도면기호

$V_{GS}=0$일 때 증가형 MOSFET는 소스와 드레인 사이에 채널이 존재하지 않기 때문에 off 상태가 된다. <그림 7-24(a)>의 도면기호는 끊어진 채널 line은 노멀리 off 상태를 표시한다. 게이트 전압이 임계전압 보다 크면 n형 반전층이 생겨서 소스와 드레인을 연결시킨다.

화살표는 소자가 전도상태일 때, n채널처럼 동작하기 때문에 반전층으로 향하도록 표시된다. p채널 증가형 MOSFET의 기호는 n채널 증가형 MOSFET와 유사하지만, <그림 7-24(b)>에 표시된 것처럼 화살표가 밖으로 향해 있는 것이 차이점이다. p채널 증가형 MOSFET에서는 N채널 증가형 MOSFET와 전류전압이 모두 반대이다.

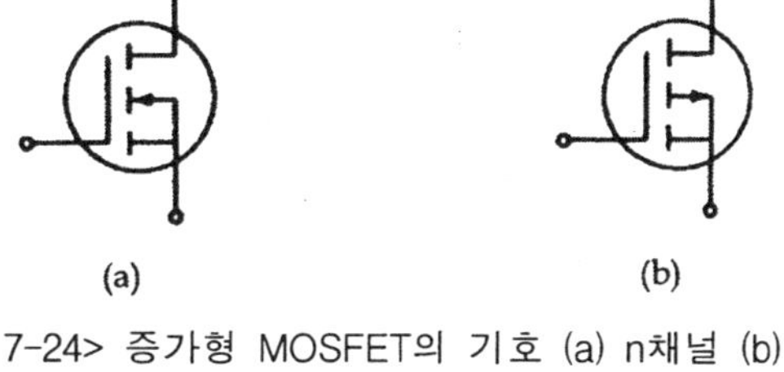



<그림 7-24> 증가형 MOSFET의 기호 (a) n채널 (b) p채널

## ▮최대 게이트-소스 전압

공핍형 MOSFET나 증가형 MOSFET 모두 얇은 $SiO_2$층을 갖고 있으며, 이 절연층이 게이트의 －전압뿐 아니라 ＋게이트 전압에서도 게이트 전류가 흐르는 것을 방지하고 있다. 이런 절연층은 가능한 얇을수록 드레인 전류를 제어하기가 용이하다. 절연층이 얇으면 과도한 게이트-소스 전압에 의해서 쉽게 파괴되기 때문이다.

예를 들면 2N3796은 ±30V의 $V_{GS(max)}$ 정격을 갖는다. 만약 게이트 전압이 ＋30V보다 커지거나 －30V보다 더 －로 되면 절연층이 파괴되기 때문에 MOSFET가 타버린다. 만일 전원이 공급된 상태에서 MOSFET를 빼거나 삽입하는 경우 유도성 킥백 현상에 의한 순간전압과 다른 효과에 의해서 $V_{GS(max)}$ 정격을 초과하게 되고, 이것이 MOSFET를 파괴시킨다.

MOSFET를 들어낼 때도 MOSFET에 유기되는 정전하의 축적으로 게이트 전압이 $V_{GS(max)}$의 정격을 초과하게 된다. 이런 이유 때문에 MOSFET는 단자 주변을 와이어 링으로 싸주어야 한다. MOSFET가 회로에 연결된 후에는 ring을 제거시켜야 한다.

어떤 MOSFET는 게이트와 소스에 병렬로 제너 다이오드를 삽입시켜서 보호하기도 하는데, 제너 전압은 $V_{GS(max)}$의 정격보다 작아야 한다. 그래서 제너 다이오드는 얇은 절연층이 파괴되기 전에 항복현상을 일으킨다. 이런 내부 제너 다이오드로 보호하지 않는다면 값이 비싼 MOSFET가 쉽게 파괴되므로 많은 응용에서 절충이 필요하다.

## ▮증가형 MOSFET의 응용

증가형 MOSFET는 디지털 회로 혹은 2진 상태회로 응용에서 가장 널리 사용된다. 한 가지 이유는 게이트 전압이 ＋일 때 턴on되고 게이트 전압이 문턱전압 아래로 떨어지면 턴off되기 때문에, 고유 동작이 노멀리 off 전압 제어 스위치 이기 때문이다.

이런 문턱전압 레벨은 잘못된 트리거링이나 순간적인 턴on으로부터 소자의 잡음을 방지시키기 때문에 크게 원하는 특성이다. 증가형 MOSFET 또다른 이점은 소자의 회로전류, 전력소비가 낮다는 것을 의미하는 자신의 지극히 높은 입력 임피던스이다. 이것이 우리로 하여금 고밀도 집적회로인 IC를 구성하는 작은 실리콘 조각에 수천개의 증가형 MOSFET를 집적시키는 것이 가능하게 한다.

이런 저전력 고밀도 이점은 증가형 MOSFET를 계산기, 손목시계, 노트북 컴퓨터, 소형 비디오 게임기, 디지털 셀룰러폰과 같은 이동형(건전지 전력용 소형) 소자 응용에 이상적으로 된다.

## ▮ 수직 채널 증가형 MOSFET(VMOSFET)

큰 전류전송 능력이 필요하다면 수직채널 E-MOSFET가 사용될 수 있다. <그림 7-25(a)>는 VMOSFET의 구조를 표시하고 있다. 소자의 위쪽(TOP)에서 게이트가 소스로부터 절연된다.

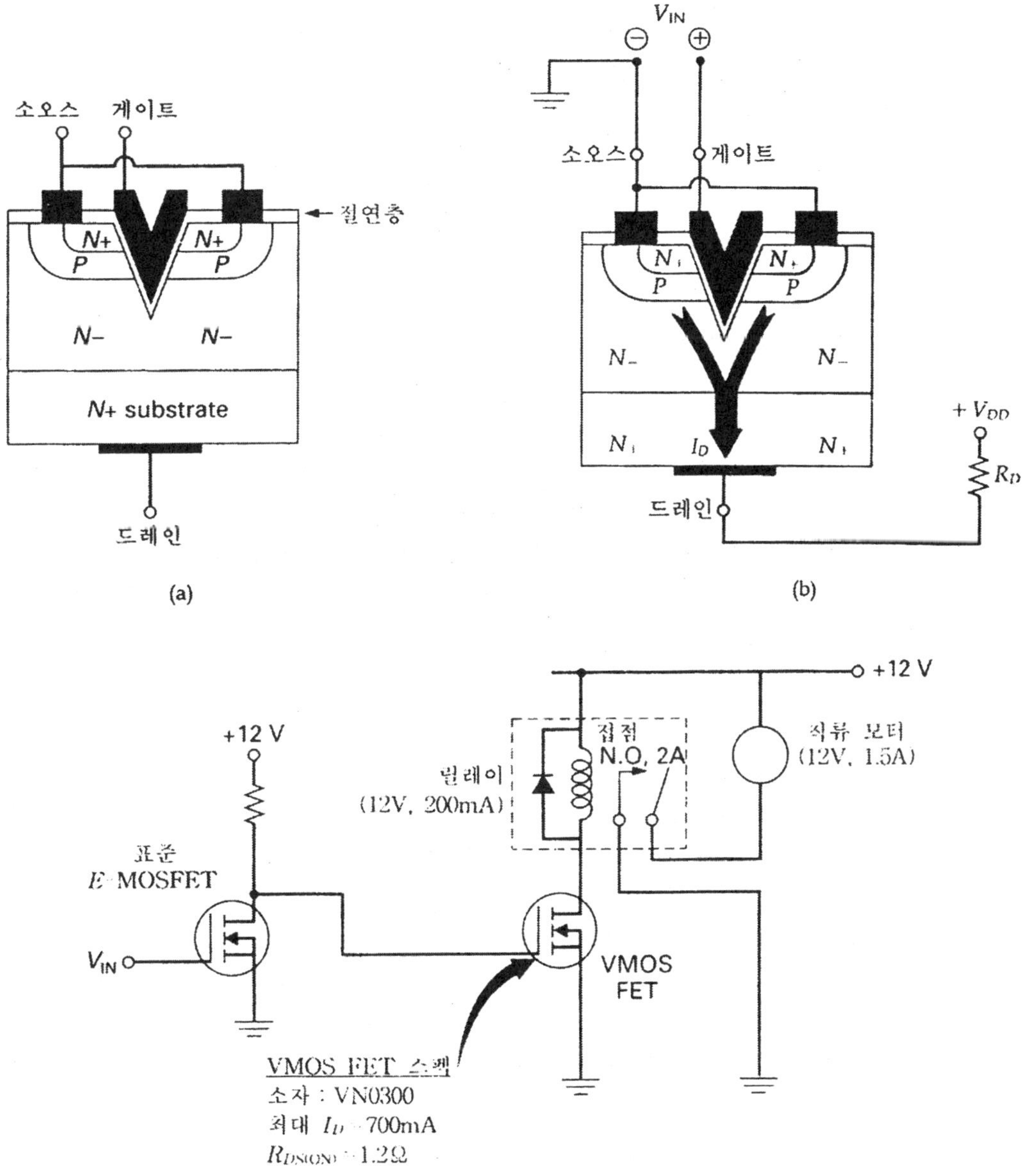


<그림 7-25> 수직 채널 증가형 MOSFET(VMOSFET) (a) VMOSFET off (b) VMOSFET on (c) VMOSFET 응용회로 ―저전력 신호와 고전력 부하회로

모든 증가형 MOSFET는 소스 단자와 드레인 단자 사이에 바이어스 전압이 인가되지 않기 때문에 채널이 존재하지 않는다. VMOSFET는 도핑의 레벨을 표시하기 위해서 반도체 물질에 P, $N^+$, N-로 표시된다.

이런 n채널 VMOSFET가 <그림 7-25(b)>에 표시된 것처럼 on으로 바이어스되면 수직 n형 채널은 소스와 드레인 사이에 구성된다. 이런 채널이 표준 증가형 MOSFET의 수평 채널보다 훨씬 넓다. 따라서 VMOSFET는 더 많은 드레인 전류를 다룰 수 있다.

<그림 7-25(c)>는 VMOSFET의 고전류 능력이 인터페이싱 회로응용에 어떻게 사용되는지를 보여준다. 이런 회로에서 VMOSFET는 저전력 소스 입력신호와 고전력 부하의 인터페이스에 사용된다. VMOSFET와 릴레이, 모터의 전류 스펙을 참조하면 여러분들도 각 소자가 전류를 설정하기 위해서 사용된다는 것을 확인할 수 있다.

표준증가형 MOSFET는 저전력 입력신호를 직류 모터의 스위치 전력에 충분한 전류를 취급할 수 있는 접점의 릴레이에 정확한 전류를 충분히 취급할 수 있는 VMOSFET에 공급한다.

좀더 자세히 설명하자면, 만약 $V_{IN}$이 LOW라면 표준 증가형 MOSFET는 턴off되고 VMOSFET의 게이트에 HIGH 출력을 발생시키기 때문에 턴on시키게 된다. VMOSFET가 턴on되면 릴레이 코일의 아래쪽을 통해서 접지에 효과적으로 스위칭시키기 때문에 릴레이를 활성화시키고 자신의 노멀리 개방접점을 단락시킨다.

단락된 릴레이 접점 스위치는 전체 전압 +12V가 자신의 단자양단에 공급되기 때문에, 모터의 아래쪽 끝을 통해서 접지에 스위칭된다. 모터는 $V_{IN}$이 Low로 유지되는 동안 on 상태를 유지한다.

만약 $V_{IN}$이 HIGH로 되면 표준 증가형 MOSFET 인버터는 VMOSFET와 릴레이, 모터를 턴off시키는 Low 출력을 발생시킨다.

자신이 고전류 능력을 갖고 있음에도 불구하고, VMOSFET는 온도가 증가하면 드레인 전류를 감소시키는 것을 의미하는, 저항의 +온도계수를 갖는다. 이것이 열폭주를 방지하게 된다. 이것이 VMOSFET가 최대정격이 초과된다면 온도가 증가하면 전류를 증가시키고, 열을 증가시킨다는 것을 의미하는 − 온도계수를 갖는 BJT 전력증폭기를 능가하는 분명한 이득이다.

**▣ 확인문제 7-5 ▣**

**1.** 증가형 MOSFET는 공핍 모드와 증가 모드에서 모두 동작한다.(False/True)

**2.** 증가형 MOSFET는 노멀리 (          ) 소자이다.

**3.** 증가형 MOSFET는 일반적으로
(a) zero 바이어스된다. (b) 베이스 바이어스된다.
(c) 드레인 귀환 바이어스된다. (d) (a) (b) (c) 모두 해당없음

**4.** 증가형 MOSFET는 전압제어 스위치로 고유 동작한다.(True/False)

**5.** 증가형 MOSFET 노멀리 (  )이기 때문에 (  ) 회로응용에 적합하고 D-MOSFET는 노멀리 (  )이기 때문에 (  ) 회로에 적합하다.
(a) off, 디지털, on, 아날로그 (b) on, 디지털, off, 아날로그
(c) off, 아날로그, on, 디지털 (d) on, 아날로그, 디지털, off

**6.** MOS 논리 게이트가 BJT 논리 게이트보다 우수한 점을 세 가지 열거하시오.

**{해답}** **1.** False **2.** off **3.** (c) **4.** True **5.** (a) **6.** +온도계수, 저전력 소비, 고집적도

## 7-8 MOSFET의 취급과 검사

이 절에서는 일반적인 MOSFET 제조업체의 데이터 시트와 특수한 MOSFET의 취급요령과 검사에 대해서 알아보도록 하자.

### MOSFET 취급요령

MOSFET 소자를 취급할 때는 몇 가지 지켜야 할 유의사항이 있다. 과도한 전압이 인가된다면 MOSFET의 게이트와 기판 사이의 아주 얇은 절연층은 쉽게 파괴된다. 여러분들의 몸도 마찰에 기인하는 아주 큰 정전기를 발생시킨다.

만약 이런 정전기가 MOSFET 소자의 핀에 접촉된다면 정전하 방전(ESD)이 발생되고 그 결과 얇은 절연층 양단에서 발생되는 아크는 영구적으로 파괴시키게 된다.

대부분의 MOSFET는 회로 내의 전위 혹은 높은 정전압을 바이패스시키고 MOSFET의 파괴를 방지하기 위해서 게이트와 소스 사이에 내부적으로 제너 다이오드가 연결된다. 여하튼 다음 사항들을 기억하면 좋다.

① 대부분의 MOS 소자는 "도전성 거품(conductive foam)" 혹은 차단용 호일(protective foil)에 저장되고 탑재되기 때문에 모든 IC핀은 등전위에서 유지된다. 따라서 단자 사이에 정전압이 구성되지 않는다.

② MOS 소자가 도전성 폼으로부터 제거될 때 신체가 정전하를 발생시키기 때문에 핀들은 손으로 직접 접촉해서는 안된다.

③ MOS 소자가 도전성 폼으로부터 제거될 때 항상 금속 트레이와 같은 접지된 표면에 위치시켜야 된다.

④ MOS 소자를 가지고 지속적으로 작업할 때 1MΩ 저항이 직렬로 연결되는

케이블의 길이를 갖는 손목 접지보호대(wrist grounding strap)를 사용한다. 이것이 여러분들이 전압원을 접촉하게 되어도 전기 쇼크를 방지시킨다.

⑤ 모든 시험 장비, 납땜 인두, 작업대는 적절하게 접지시킨다.

⑥ 장비에서 모든 전원은 MOS 소자가 PCB에서 제거되거나 삽입되기 전에 반드시 꺼야 된다.

⑦ 사용되지 않는 입력이 개방상태로 놓이게 되면 정전하를 증강시키고 고전압 레벨을 floating시키기 때문에 사용되지 않는 MOSFET 단자는 당연히 연결되어야 한다.

⑧ MOS 소자를 포함하고 있는 보드는 도전성 폼 안에 보드의 측면을 연결하도록 저장하거나 탑재시켜야 한다.

## ▌MOSFET 검사

BJT와 JFET, MOSFET는 트랜지스터 테스터에 의해서 검사될 수 있다.

① 단자 사이의 개방이나 단락이 존재하는지

② 트랜지스터의 전달 컨덕턴스와 이득

③ $I_{DSS}$와 누설전류

만약 트랜지스터 테스터를 사용할 수 없다면 대부분의 고장 원인인 개방과 단락을 검사하기 위해서 저항계가 사용될 수 있다.

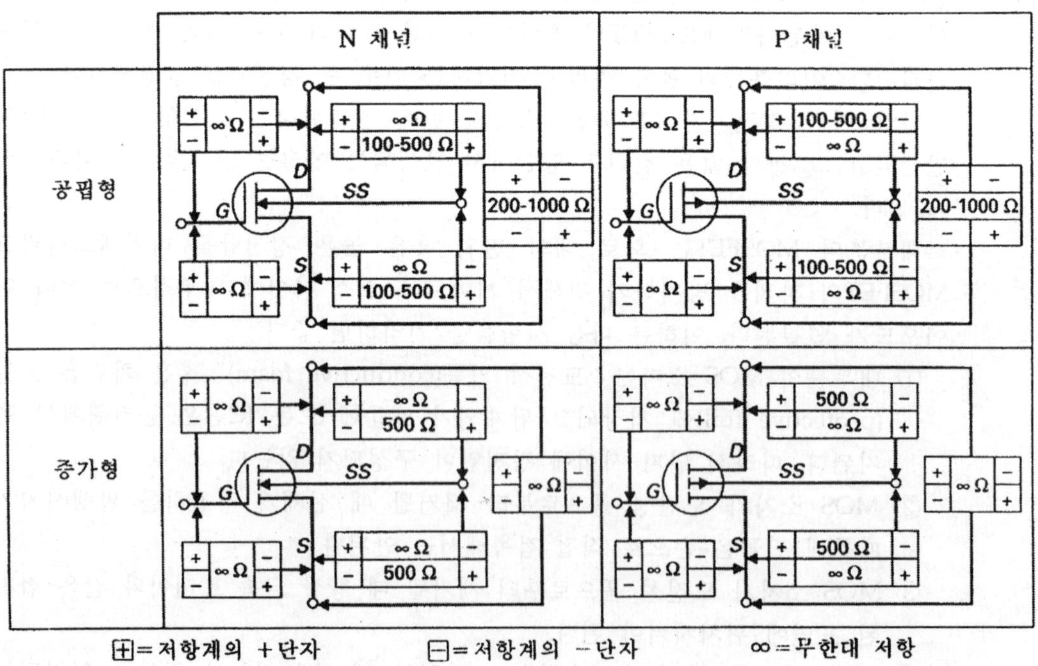


<그림 7-26> 저항계를 사용한 MOSFET의 검사

<그림 7-26>은 저항계를 사용하는 경우, 양호한 p채널 D-MOSFET와 n채널 D-MOSFET 혹은 E-MOSFET의 단자 사이의 저항값이 어떻게 구해지는가를 보여준다. MOSFET의 게이트와 채널 저항은 절연 게이트 때문에 항상 개방된다는 점을 기억해야 한다.

**▣ 확인문제 7-6 ▣**

1. MOSFET의 내부 단락이나 개방을 검사하는 데 저항계를 사용할 수 있는가?
2. MOSFET의 게이트와 채널 저항이 항상 개방인 이유는 무엇인가?
3. MOSFET를 취급할 때 관측될 수 있는 일반적인 주의사항은 무엇인가?
4. 양호한 E-MOSFET의 게이트-드레인 저항과 게이트-소스 저항은 항상 (    )Ω으로 측정된다.

{**해답**} **1.** 가능하다. **2.** 절연 게이트 **3.** 본문 참조 **4.** ∞

## 기초문제

**1.** ( )는 게이트, 소스, 드레인이라고 부르는 3단자를 갖는다.

(a) BJT (b) 제너 (c) 쌍극성 트랜지스터 (d) JFET

**2.** ( )채널 JFET의 회로도는 화살표가 바깥쪽으로 표시되는 반면 ( )채널 JFET의 회로도는 화살표가 안쪽으로 표시된다.

(a) D-S, p (b) p, G-S (c) n, p (d) p, n

**3.** BJT는 ( )제어 소자이고 JFET는 ( )제어 소자이다.

(a) 전압, 전류 (b) 전류, 전압

**4.** JFET의 게이트-소스 접합은 항상 ( )로 바이어스되기 때문에 입력전압은 항상 ( ) 전압이거나 간혹 ( ) 전압이다.

(a) 역방향, negative, 0V (b) 순방향, negative, 0V

(c) 역방향, −4V, positive (d) 순방향, −4V, negative

**5.** $V_{GS}=V_{GS(off)}$일 때 $I_D$는 얼마인가?

(a) $I_{DSS}$ (b) zero (c) maximun (d) $V_P$

**6.** JFET 회로 중 소스 폴로워는 무엇인가?

(a) 공통 드레인 (b) 공통 소스

(c) 공통 게이트 (d) 공통 드레인과 공통 소스

**7.** JFET 회로 구조 중 높은 입력 임피던스와 높은 전압이득을 제공하는 것은 무엇인가?

(a) 공통 드레인 (b) 공통 소스

(c) 공통 게이트 (d) 공통 드레인과 공통 소스

**8.** $-V_{GG}$ 공급전압을 사용하는 바이어스법은 무엇인가?

(a) 자기 바이어스 (b) 게이트 바이어스

(c) 베이스 바이어스 (d) 전압 분배기 바이어스

**9.** 소스 저항을 사용하는 바이어스법은 무엇인가?

(a) 자기 바이어스 (b) 게이트 바이어스

(c) 베이스 바이어스 (d) 전압분배기 바이어스

**10.** 전달 컨덕턴스는 ( )와 ( )의 비이다.

(a) $\Delta I_D$와 $\Delta V_{DS}$ (b) $\Delta V_{GD}$와 $\Delta I_D$ (c) $\Delta I_D$와 $\Delta V_{GS}$ (d) $\Delta V_{GS}$와 $\Delta V_{DS}$

**11.** FET의 입력저항은 BJT의 입력저항보다 아주 크다.

(a) True (b) False

**12.** FET의 접합에서 $V_{GS}$가 더욱 negative로될수록 공핍층의 폭은 ( )하고 채널의 사이즈는 ( ). 따라서 $I_D$는 ( )한다.

(a) 감소, 커진다. 증가 (b) 증가, 작아진다. 감소

(c) 감소, 작아진다. 증가 (d) 증가, 커진다. 감소

**13.** 입력과 출력이 위상이 반전되는 JFET의 구조는 무엇인가?

(a) 공통 드레인　　(b) 공통 게이트

(c) 공통 소스　　(d) 공통 게이트와 공통 소스

**14.** P채널 JFET는 게이트가 소스에 비해서 (　　　　　)이고 드레인은 소스에 대해서 (　　　　　)이다.

(a) negative, negative　　(b) negative, positive

(c) positive, positive　　(d) positive, negative

**15.** JFET의 (　　　　　) 단자 사이의 전류는 (　　　　　) 단자에 인가되는 역방향 바이어스 전압에 의해서 제어된다.

(a) 게이트와 소스, 소스와 드레인

(b) 소스와 드레인, 드레인과 게이트

(c) 소스와 드레인, 게이트와 소스

(d) 드레인과 게이트, 게이트와 소스

**16.** (　　　　)는 positive 게이트 입력 전압이나 negative 게이트 입력전압 중 하나를 사용하도록 허용되기 위해서 절연 게이트를 갖는다.

(a) JFET　　(b) MOSFET　　(c) BJT　　(d) VJT

**17.** 공핍 모드에서 동작하는 FET는 어느 것인가?

(a) JFET　　(b) 공핍형 MOSFET

(c) 증가형 MOSFET　　(d) (a)와 (b)

**18.** 채널의 사이즈를 변화시키기 위해서 전계를 사용하도록 만들어지는 FET는 무엇인가?

(a) JFET　　(b) 증가형 MOSFET

(c) 공핍형 MOSFET　　(d) 전부

**19.** (　　　　)는 게이트 전압이 zero일 때 드레인 전류를 가지기 때문에 노멀리 (　　　) 소자라고 부른다.

(a) 공핍형 MOSFET, off　　(b) 공핍형 MOSFET, on

(c) 증가형 MOSFET, off　　(d) 증가형 MOSFET, on

**20.** (　　　　)는 게이트 전압이 zero일 때 드레인 전류를 가지기 않기 때문에 노멀리 (　　　) 소자라고 부른다.

(a) 공핍형 MOSFET, off　　(b) 공핍형 MOSFET, on

(c) 증가형 MOSFET, off　　(d) 증가형 MOSFET, on

**21.** 공핍 모드와 증가 모드에서 모두 동작할 수 있는 FET는 다음 중 어느 것인가?

(a) JFET　　(b) 공핍형 MOSFET

(c) 증가형 MOSFET　　(d) (b)와 (c)

**22.** 이중 게이트 MOSFET는 저전압 소자와 고전력 부하의 인터페이싱에 이상적이다(True/False).

**23.** 수직 채널 MOSFET는 저전압 소자와 고전력 부하의 인터페이싱에 이상적이다.(True/False)

**24.** 다음의 트랜지스터 중 입력 임피던스가 가장 큰 것은 어느 것인가?

(a) BJT (b) JFET (c) MOSFET (d) (a)와 (c)

**25.** 공핍형 MOSFET는 ( ) 회로 응용에서 가장 널리 사용되고 증가형 MOSFET는 ( ) 회로 응용에서 가장 널리 사용된다.

(a) 아날로그, 디지털 (b) 선형, 아날로그 (c) 디지털, 선형 (d) 2진상태, 디지털

{해답} **1.** (d) **2.** (d) **3.** (b) **4.** (a) **5.** (b) **6.** (a) **7.** (b) **8.** (b) **9.** (a) **10.** (c) **11.** (a) **12.** (b) **13.** (c) **14.** (d) **15.** (c) **16.** (b) **17.** (d) **18.** (d) **19.** (b) **20.** (c) **21.** (b) **22.** False **23.** True **24.** (c) **25.** (a)

## 응용문제

**1.** JFET와 BJT의 특성을 비교 설명하시오.

**2.** JFET의 바이어스법을 설명하시오.

**3.** 게이트-소스 차단전압, 게이트 누설전류, 고입력 저항을 설명하시오.

**4.** 드레인 특성곡선과 전달 컨덕턴스 특성곡선 사이의 관계를 설명하시오.

**5.** $I_D$와 $I_{DSS}$를 설명하시오.

**6.** $g_m$과 $g_{mo}$를 설명하시오.

**7.** MOSFET의 구조를 설명하시오.

**8.** 노멀리 on 스위치와 노멀리 off 스위치를 설명하시오.

**9.** JFET의 응용분야를 3가지 이상 설명하시오.

**10.** 멀티플렉싱의 의미를 설명하시오.

**11.** VMOSFET를 설명하시오.

**12.** MOSFET 취급시 주의사항을 설명하시오.

# 연습문제

1. 2N5484 JFET의 게이트가 역방향으로 바이어스될 때, $V_{GS}=-20V(V_{DS}=0V)$일 때 게이트 역방향 전류 $I_{GSS}$는 1.0nA이다. JFET의 게이트 소스 임피던스 혹은 입력 임피던스를 계산하시오.
2. <그림 7-27>에 표시된 증폭기회로에서 전달 컨덕턴스와 전압이득을 구하시오.

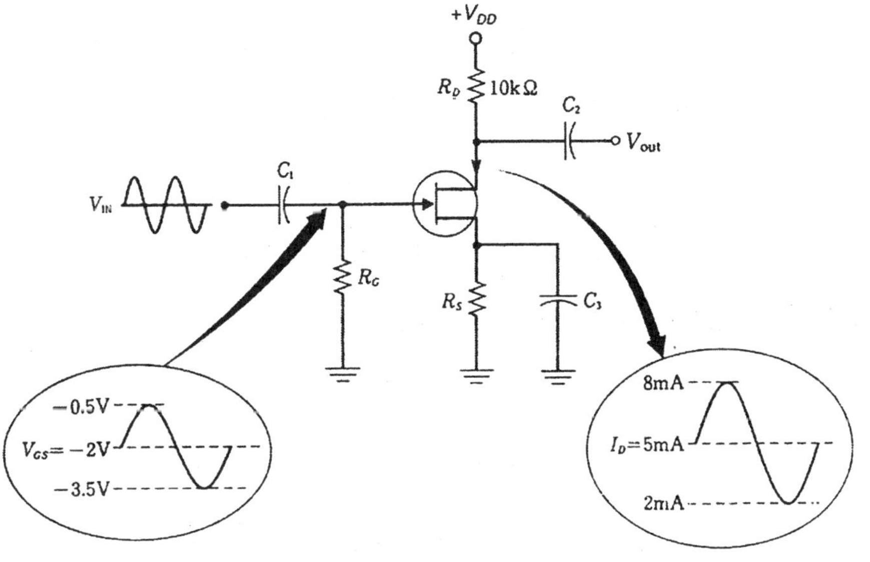


<그림 7-27> 공통 소스 증폭기

3. <그림 7-28>에 표시된 회로에서 다음을 계산하시오.

(a) $V_{GS}$ (b) $I_D$ (c) $V_{DS}$ (d) $I_{D(MAX)}$ (e) $Q$점

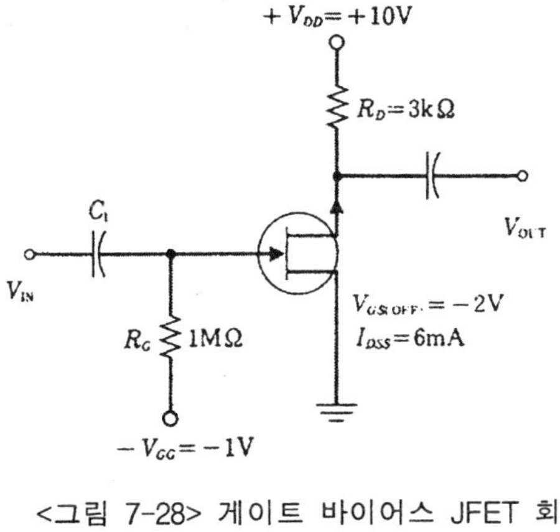


<그림 7-28> 게이트 바이어스 JFET 회로

4. <그림 7-29>에 표시된 회로에서 다음을 계산하시오.
(a) $V_S$ (b) $V_{GS}$ (c) $V_{DS}$

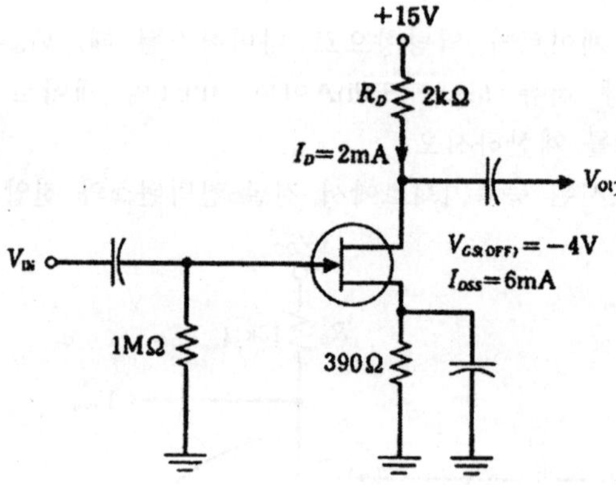


<그림 7-29> 자기 바이어스 JFET 회로

5. <그림 7-30>에 표시된 회로에서 다음을 계산하시오.
(a) $V_G$ (b) $V_S$ (c) $V_{GS}$ (d) $V_{DS}$

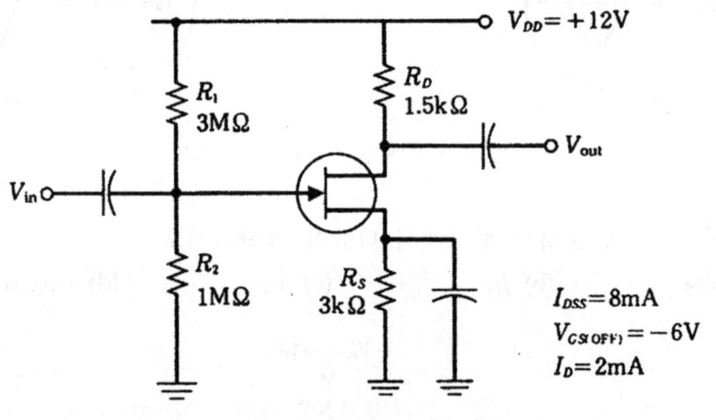


<그림 7-30> 전압 분배기 바이어스 JFET

6. <그림 7-31>을 참조하시오.
(a) 회로의 구조는 무엇인가?
(b) 회로의 전압이득은 얼마인가?
(c) 이런 회로처럼 사용되는 회로는 무엇인가?

7. 만약 증가형 MOSFET의 전달 컨덕턴스 특성곡선이 <그림 7-32>에 표시된 것과 같다면 $V_{GS}$가 +5V일 때 얼마나 많은 양의 드레인 전류가 흐르는가?

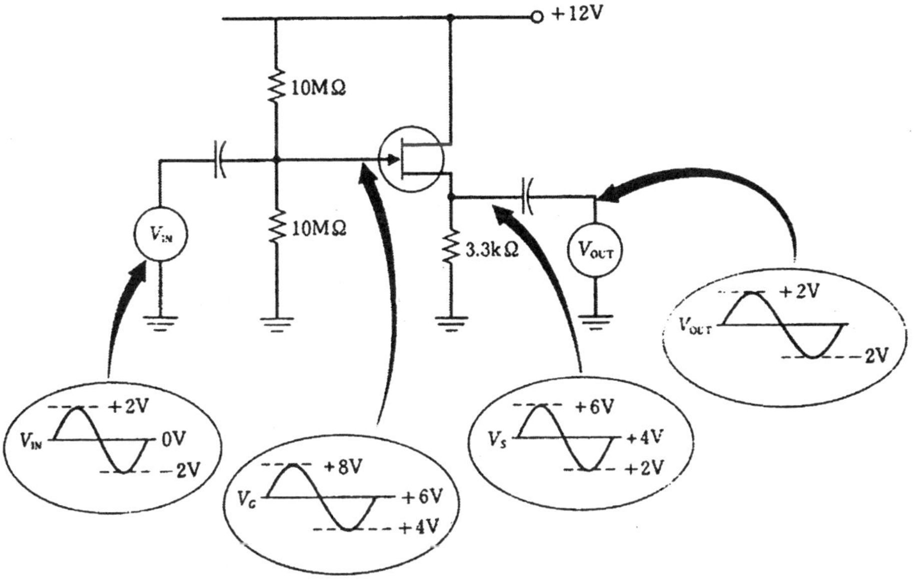


<그림 7-31> 아날로그 JFET 회로

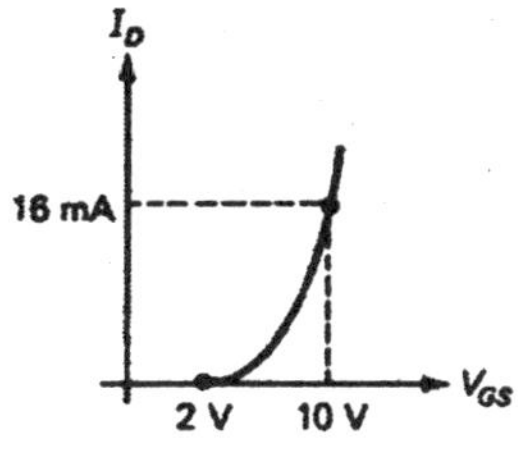


<그림 7-32>

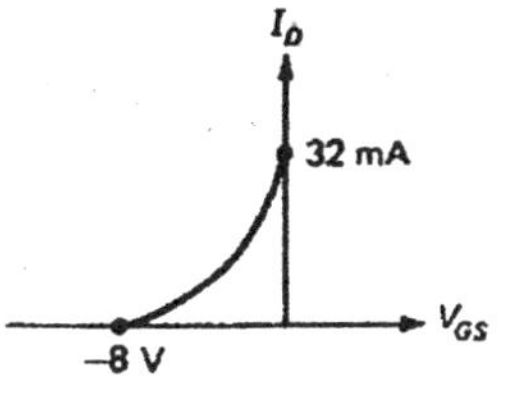


<그림 7-33>

**8.** 실온에서 n채널 JFET인 2N4220이 15V의 역방향 게이트 전압과 0.1nA의 역방향 게이트 전류를 갖는다면 게이트 소스 저항은 얼마인가?

**9.** <그림 7-33>과 같이 표시된 특성곡선을 갖는 JFET의 전달 컨덕턴스 방정식을 구하시오. $V_{GS}=-4V$일 때 얼마나 큰 드레인 전류가 흐르는가? $V_{GS}=-2V$일 때 얼마의 드레인 전류가 흐르는가?

**10.** <그림 7-34(a)>는 자기 바이어스 회로를 표시하고 있고 <그림 7-34(b)>는 JFET의 전달 컨덕턴스 특성곡선을 표시하고 있다. $I_D$는 5.12mA이다. $V_{GS}$의 정지값은 얼마인가? 접지점에 대한 드레인 직류전압은 얼마인가?

**11.** <그림 7-35(a)>에서 $V_{GS}=-1V$이다. 드레인 전류의 정지값은 얼마인가? $V_G$, $V_S$, $V_D$의 직류전압값은 얼마인가?

**12.** <그림 7-35(b)>에서 정지 드레인 전류는 얼마인가? $V_D$값은 얼마인가?

**13.** JFET의 전달 컨덕턴스 특성곡선이 <그림 7-34(b)>처럼 표시된다. $V_{GS}=0$일 때의 대략적인 $g_m$ 값은 얼마인가? $V_{GS}=-2V$일 때의 $g_m$값은 얼마인가?

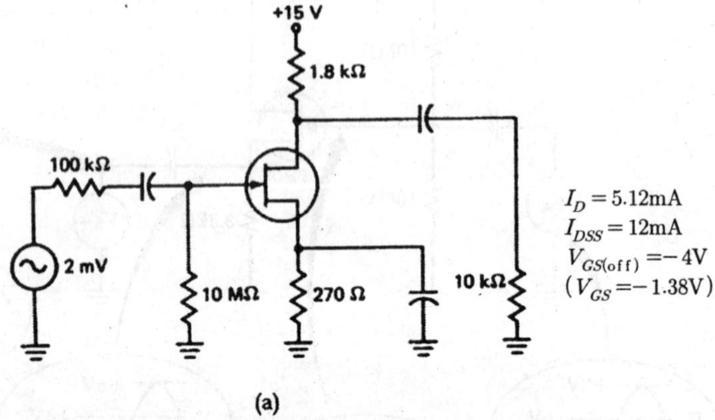


(a)

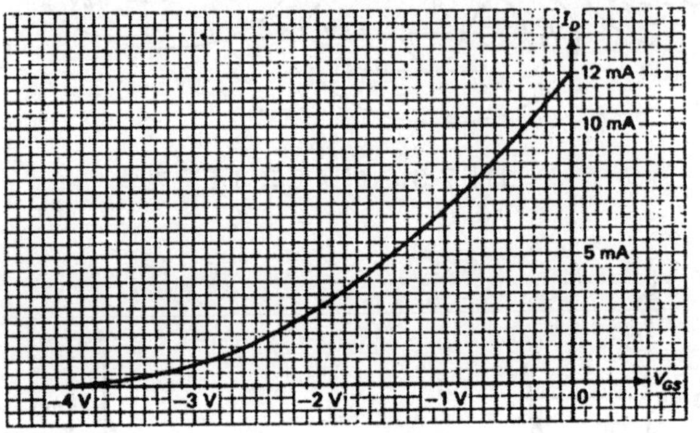


(b)

<그림 7-34>

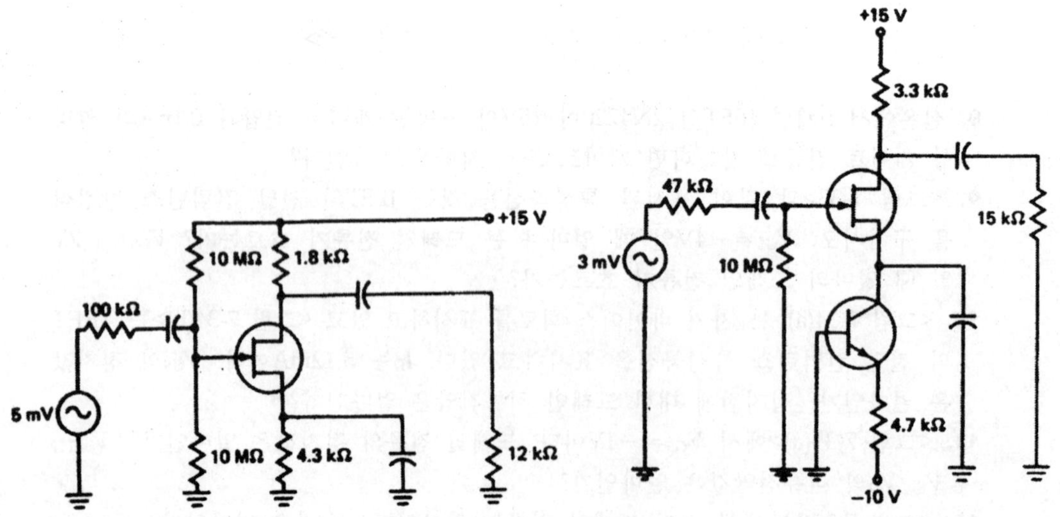


(a) (b)

<그림 7-35>

**14.** JFET가 10mA의 $I_{DSS}$와 100,000μS의 $g_{m0}$를 갖는다면 $V_{GS(off)}$는 얼마인가?

**15.** <그림 7-35(a)>에서 $g_m$=2100μS라면 부하저항 양단에 걸리는 교류전압은 얼마인가?

**16.** <그림 7-36>에서 첫째 단의 JFET는 2850μS의 $g_m$을 갖고 둘째 단의 JFET 4275μS의 $g_m$을 갖는다. 만약 $v_{in}$=1mV라면 $v_{out}$은 얼마인가?

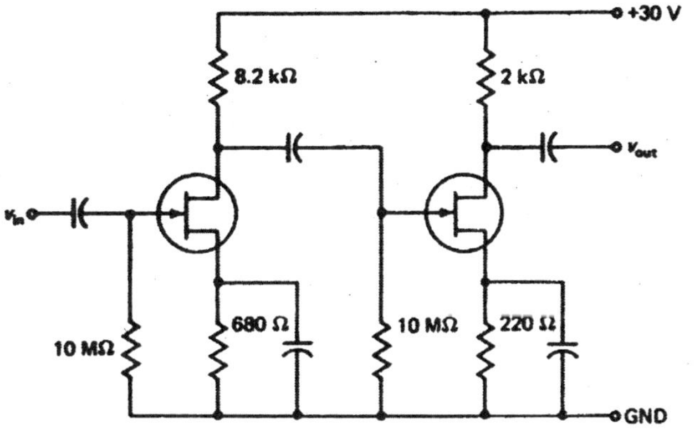


<그림 7-36>

**17.** <그림 7-37>에 표시된 JFET는 120Ω의 $r_{ds(on)}$을 갖는다. 만약 $v_{in}$=20mV라면 $V_{con}$이 0일 때 $V_{out}$은 얼마인가? $V_{Con}$이 $V_{GS(off)}$보다 더욱 negative로 된다면 $V_{out}$은 얼마인가?

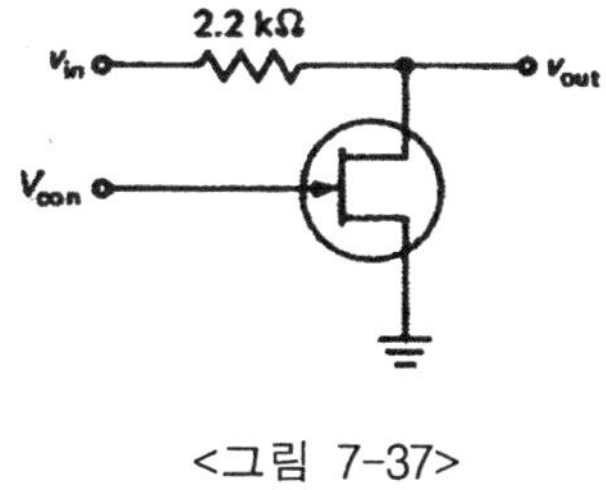


<그림 7-37>

**18.** 데이터 시트에 $r_{ds(on)}$=200Ω 기록된 JFET를 검사한다면 게이트와 소스를 단락시켜야 한다. 저항계를 드레인과 소스 사이에 연결했을 때의 대략적인 측정값은 얼마인가? 만약 1.5V의 건전지가 게이트를 역방향으로 바이어스시켰다면 저항계의 눈금은 증가하는가? 아니면 감소하는가?

**19.** <그림 7-36>에서 모든 직류전압이 정상이다. 교류 출력전압이 낮아진다면 다음 중 어느 고장이 발생된 것인가?

(a) 입력결합용 콘덴서의 개방상태

(b) 첫째단의 소스 바이패스 콘덴서의 개방상태

(c) 둘째단의 게이트 저항의 단락상태 (d) 둘째단의 드레인 저항 단락상태

**20.** JFET가 과도한 전류로부터 부하를 보호하기 위한 전류제한기로 사용된다. <그림 7-38>에서 JFET는 16mA의 $I_{DSS}$와 200Ω의 $r_{ds(on)}$을 갖는다. 만약 부하가 갑자기 단락된다면 JFET 양단에 걸리는 전압과 부하전류는 얼마인가? 만약 부하가 10Ω의 저항을 갖는다면 JFET 양단에 걸리는 전압과 부하전류는 얼마인가?

**21.** n채널 공핍형 MOSFET가 8mA의 $I_{DSS}$와 $-4$V의 $V_{GS(off)}$를 갖는다면 $V_{GS}=-1$V일 때와 $V_{GS}=+1$V일 때의 드레인 전류는 얼마인가?

**22.** <그림 7-39>에 표시된 MOSFET가 800μS의 $g_m$을 갖는다면 증폭기의 입력 임피던스는 얼마인가? 무부하 상태의 전압이득은 얼마인가? 출력 임피던스는 얼마인가?

**23.** <그림 7-39>에서 직류 드레인 전압이 0이다. 다음 중 고장원인은 무엇인가?

(a) 드레인 저항 개방상태 (b) 드레인 저항 단락상태

(c) MOSFET 개방상태 (d) 게이트 저항 단락상태

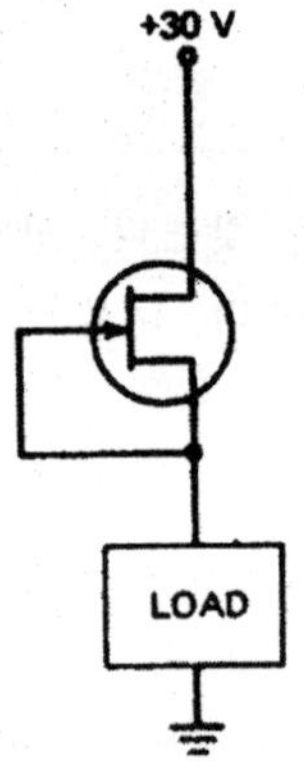


<그림 7-38>

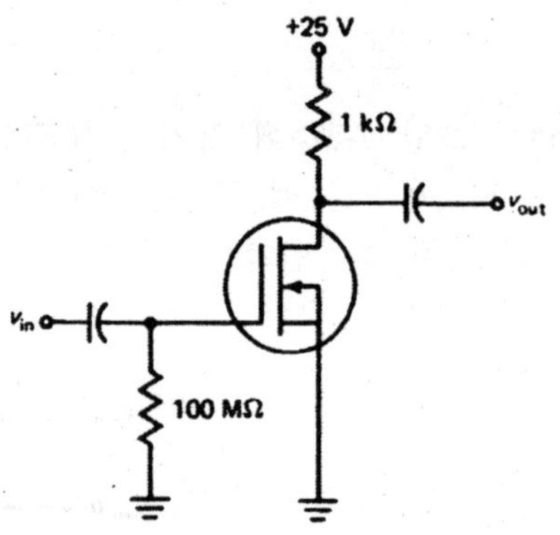


<그림 7-39>

**{해답}** 1. 2,000MΩ 2. 전달 컨덕턴스=2mS, 전압이득=20 3. (a) $V_{GS}=-1$V (b) $I_D=1.5$mA (c) $V_{DS}=5.5$V (d) $I_{D(MAX)}=6$mA (e) Q점$=V_{GS}=-1$V, $I_D=1.5$mA, $V_{DS}=5.5$V

4. (a) $V_S=780$mV (b) $V_{GS}=-780$mV (c) $V_{DS}=10.22$V

5. (a) $V_G=3$V (b) $V_S=6$V (c) $V_{GS}=-3$V (d) $V_{DS}=3$V

6. (a) 공통 드레인 회로 (b) 0.98 (c) 소스 폴로워, 이미터 폴로워(BJT)

7. 증가형 MOSFET이므로 $I_D=K[V_{GS}-V_{GS(off)}]^2$ 식을 사용하면 된다. $I_D=16$mA, $V_{GS}=10$V, $V_{GS(off)}=2$V를 대입하면 $K$는 2.5×7-4이 구해진다. 따라서 원식에 대입하고 계산하면 $I_D$는 2.25mA이다.

8. $R_{GS}=\dfrac{15\text{V}}{0.1\times10^{-9}\text{A}}=1.5\times10^{11}\Omega$

**9.** $I_{DSS}$=32mA이고 $V_{GS(off)}=-8$V이므로 $I_D = I_{DSS} \times \left[1-\frac{V_{GS}}{V_{GS(off)}}\right]^2$ 공식을 사용하면 $V_{GS}=-$ 4V일 때는 $I_D$=8mA, $V_{GS}=-2$V일 때는 $I_D$=18mA이다.

**10.** $I_D = I_{DSS} \times \left[1-\frac{V_{GS}}{V_{GS(off)}}\right]^2$에서 $V_{GS} = -1.38$V가 구해진다.

($I_D$ = 5.12mA, $I_{DSS}$ = 12mA, $V_{GS(off)} = -4V$)

또는 $V_{GS} = V_G - V_S = -I_D R_S = -5.12\text{mA} \times 270\Omega = -1.38\text{V}$ 가 구해진다.

$V_D = 15\text{V} - I_D R_D = 15\text{V} - (5.12\text{mA} \times 1.8 \times 10^3\Omega) = 5.78\text{V}$

**11.** $V_{TH} = \frac{10\text{M}\Omega}{10\text{M}\Omega + 10\text{M}\Omega} \times 15\text{V} = 7.5\text{V}$, $I_D = \frac{V_{TH} - V_{GS}}{R_S} = \frac{7.5\text{V} + 1\text{V}}{4.3\text{k}\Omega} = 1.98\text{mA}$,

$V_S = V_{TH} - V_{GS} = 7.5\text{V} + 1\text{V} = 8.5\text{V}$, $V_{TH} = V_G = 7.5\text{V}$, $V_D = 15\text{V} - 1.98\text{mA} \times 1.8\text{k}\Omega = 11.4\text{V}$

**12.** $V_E = 10\text{V} - 0.7\text{V} = 9.3\text{V}$, $I_E = \frac{V_E}{R_E} = \frac{9.3\text{V}}{4.7\text{k}\Omega} = 1.98\text{mA}$, $I_D \cong I_E = 1.98\text{mA}$,

$V_D = 15\text{V} - I_D R_D = 15\text{V} - (1.98\text{mA} \times 3.3\text{k}\Omega) = 8.47\text{V}$

**13.** $g_m = \frac{\Delta I_D}{\Delta V_{GS}}$, $g_{mo} = -\frac{2I_{DSS}}{V_{GS(off)}} = -\frac{2 \times 12\text{mA}}{-4\text{V}} = 6000\mu\text{S}$,

$g_m = g_{mo}\left[1-\frac{V_{GS}}{V_{GS(off)}}\right] = 6000 \times 10^{-6}\text{S}\left[1-\frac{-2}{-4}\right] = 3000\mu\text{S}$

**14.** $V_{GS(off)} = \frac{-2I_{DSS}}{g_{m0}} = \frac{-2 \times 10 \times 10^{-3}\text{A}}{100{,}000 \times 10^{-6}\text{S}} = -0.2\text{V}$

**15.** 무부하 상태의 전압이득은 $-3.78$이다. $A = -g_m R_D = -2100\mu\text{S} \times 1.8\text{k}\Omega = -3.78$,

$Z_{in} = R_1 \parallel R_2 = 10\text{M}\Omega \parallel 10\text{M}\Omega = \text{M}\Omega$, $V_{in} = \frac{5\text{M}\Omega}{10\text{M}\Omega + 5\text{M}\Omega} \times 5\text{mV} = 4.902\text{mV}$,

$Av_{in} = -3.78 \times 4.902\text{mV} = -18.5\text{mV}$. 따라서 $V_{OUT} = \frac{12\text{k}\Omega}{12\text{k}\Omega + 1.8\text{k}\Omega} \times (-18.5\text{mV}) = -16.1\text{mV}$ 이다.

**16.** 첫번째 JFET의 $g_m$=2850μS, 두번째 JFET의 $g_m$=4275μS이고 $V_{in}$=1mV이므로 $V_{OUT}$은 200mV가 된다. 첫번째 JFET의 무부하 상태의 전압이득은 $-23.37$이다.

$A_1 = -g_m R_D = -2850\mu\text{S} \times 8.2\text{k}\Omega = -23.37$, $Z_{in1} = 10\text{M}\Omega$ 이고 $A_1 V_1 = -23.37 \times 1\text{mV} = -23.37\text{mV}$ 이다. 두번째 JFET의 무부하 상태의 전압이득은 $-8.55$이다.

$A_1 = -g_m R_D = -4275\mu\text{S} \times 2\text{k}\Omega = -8.55$, $Z_{in2} = 8.2\text{k}\Omega \parallel 10\text{M}\Omega = 8.19\text{k}\Omega$ 이고

$V_2 = A_1 V_1 = -23.37 \times 1\text{mV} = -23.37\text{mV}$ 이다. 따라서 $V_{out} = \frac{120\Omega}{2.21\text{k}\Omega + 120\Omega} \times 20\text{mV} = 1.03\text{mV}$,

$V_{out} = A_2 V_2 = -8.55 \times (-23.37\text{mV}) = 200\text{mV}$ 이다.

**17.** $V_{con}$=20mV일 때이다.

**18.** 게이트와 소스를 점퍼선으로 연결시키면 $V_{GS}$=0으로 되므로 $r_{ds}$는 변화하지 않고 200Ω을 유지한다. 게이트를 1.5V로 역바이어스를 가하면 $r_{ds(on)}$은 증가한다.

**19.** (b)

**20.** (a) 부하가 단락되면 JFET는 활성영역에 있게 되고 $I_{DSS}$=16mA이므로 부하전류는 16mA가 된다. 또한 전압 30V가 모두 JFET에 걸린다. (b) 부하가 10kΩ이면 부하전류는 2.94mA가 되고 JFET에 걸리는 전압은 2.94mA×200Ω=0.29V가 된다.

**21.** $I_D = I_{DSS} \times \left[1+\frac{V_{GS}}{V_{GS(off)}}\right]^2 = 8 \times 10^{-3}\text{A}\left[1+\frac{V_{GS}}{4}\right]^2$이다. 따라서 $V_{GS}=-1$V일 때는 4.5mA, $V_{GS}=+1$V일 때는 12.5mA가 된다.

**22.** $A_v = -g_m R_D = -8000\mu\text{S} \times 1\text{k}\Omega = -8$. 회로에서 입력 임피던스는 100MΩ, 출력 임피던스는 1kΩ이다.

**23.** (a)

제 8 장

# 선형 연산증폭기 회로

이상적인 Op-Amp와 기본적인 Op-Amp 회로에 대한 이해를 하고 난 뒤, 이 장에서는 입력신호의 형태를 보존하는 선형 연산증폭기 회로에 대해서 설명하도록 하겠다. 이런 회로에서는 입력신호가 정현파이면 출력신호도 정현파가 된다.

선형 Op-Amp 사용회로의 숫자에 아마 놀라게 될 것이다. 또한 데이터 시이트에서 아주 놀라운 회로들을 발견할 수도 있을 것이다. 우선 반전증폭기와 비반전증폭기와 같은 2개의 기본회로를 고찰하기로 한다.

## 8-1 비반전증폭기와 반전증폭기

<그림 8-1>에는 기본적인 비반전증폭기가 표시되어 있다. 표준적인 과정을 따르면 대부분의 Op-Amp 회로에서는 +단자를 아래쪽에 갖는 Op-Amp로 그려진다. 비반전 Op-Amp의 출력은

$$v_0 = \left(1 + \frac{R_F}{R_1}\right) v_i$$

로 주어진다. 저항은 이런 회로의 신호동작에 영향을 주지 않지만 입력 바이어스 전류에 기인하는 offset 전압을 제거하기 위해서 포함된다. 이 값은 $R = R_1 \parallel R_F$에

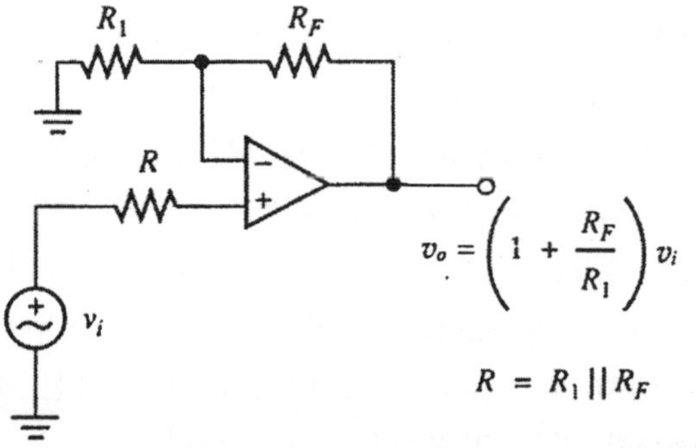


<그림 8-1> 비반전증폭기

의해 주어진다. 비반전증폭기의 중요한 이점은 거의 무한대에 가까운 자신의 입력저항이다. 이런 이점은 몇몇 비반전 회로에서는 상실된다.

## ▮ 단위이득 버퍼 증폭기

<그림 8-2>는 단위이득을 갖는 Op-Amp 버퍼증폭기를 표시하고 있다.

$$v_0 = v_i$$

Op-Amp 버퍼는 거의 무한대에 가까운 입력저항과 0Ω에 가까운 출력저항을 갖기 때문에 이미터 폴로워와 FET 폴로워 같은 트랜지스터 버퍼보다 훨씬 우수한 소스와 부하의 분리를 제공한다.

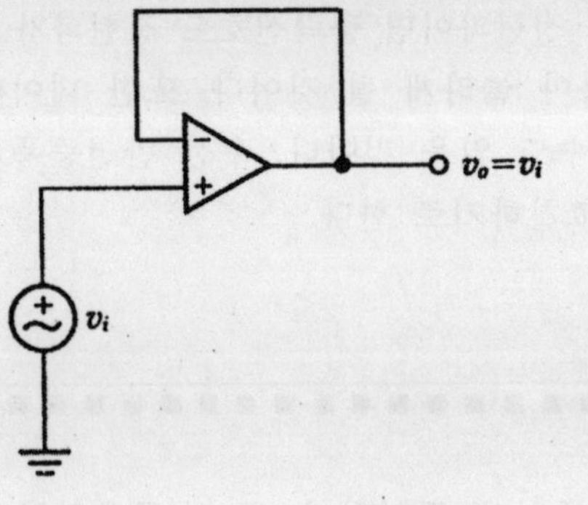


<그림 8-2> 버퍼 증폭기

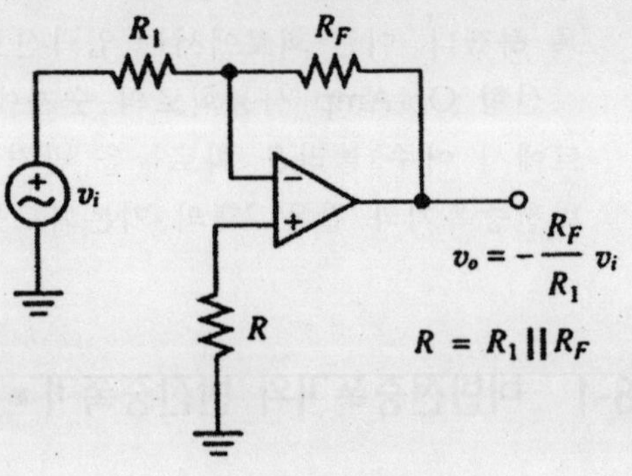


<그림 8-3> 반전증폭기

## ▮ 반전증폭기

<그림 8-3>은 기본적인 반전증폭기를 표시하고 있다. 출력은

$$v_o = -\frac{R_F}{R_1} v_i$$

로 주어진다. 다시 저항은 ($R = R_1 \| R_F$) 입력 바이어스 전류의 영향을 제거한다. 반전증폭기의 이득 공식을 얻기는 간단하기 때문에 비반전증폭기보다 설계하기가 더 쉽다.

Op-Amp는 증폭기를 구성하기 위해서 몇 개씩 사용할 수 있을 만큼 가격이 저렴하기 때문에 －부호는 문제가 되지 않는다. 비반전 출력을 얻기 위해서 반전증폭기의 출력이 또다른 반전증폭기의 입력으로 제공된다.

사실 많은 실제적인 Op-Amp 설계에서는 몇 단의 Op-Amp가 사용된다. 과정을 쉽게 하기 위해서 제조업체는 <그림 8-4>에 표시된 것처럼 한 개의 패키지에 4개의 Op-Amp를 갖는 집적회로를 제조한다.

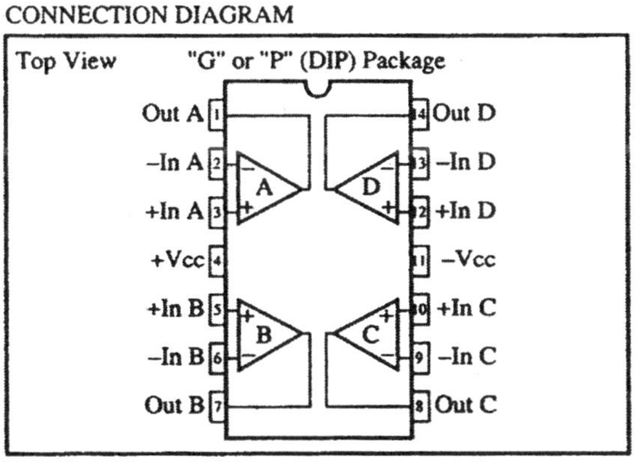


<그림 8-4> 쿼드 Op-Amp 칩

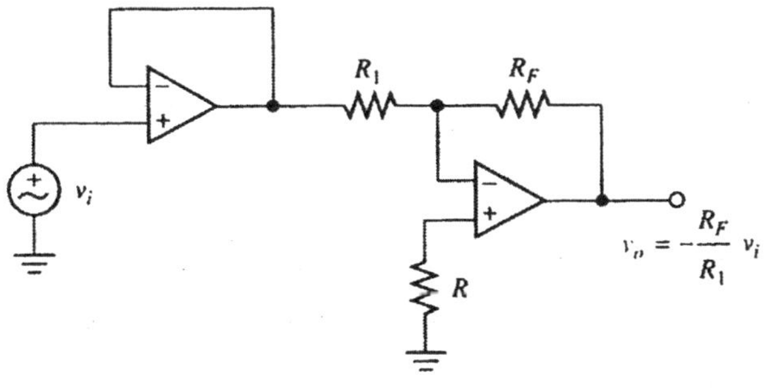


<그림 8-5>

반전 Op-Amp의 중요한 단점은 －단자에서 가상접지를 갖기 때문에 신호원에서 바라다 보는 저항이 바로 $R_1$이라는 사실이다.

만약 우리가 높은 입력저항을 원한다면 <그림 8-5>에 표시된 것처럼 단위이득 버퍼를 갖는 전치증폭기에 의해서 반전증폭기의 설계를 간략화하도록 유지시킬 수 있다.

## 8-2 가산증폭기

### 반전가산기

Op-Amp가 갖는 장점 중 하나는 다양한 방법으로 몇몇의 신호를 결합시키는데 사용할 수 있다는 것이다. 언젠가 여러분들은 이런 것들이 공통적인 회로라는 사실을 인식하게 되고 기억으로부터 출력공식을 기록할 수 있는 능력도 갖게 될 것이다.

몇 개의 입력이 있을 때 우리는 시스템 이득을 찾을 수 없다. 오히려 출력이 각 입력에 대해서 어떻게 의존하는지를 발견해야 한다.

<그림 8-6>에 표시된 다중 입력회로를 살펴보자. 우선 <그림 8-6(a)>에 표시된 2개의 입력회로를 해석해보자. +단자는 $R$을 통해서 접지되기 때문에 $i_+=$ 0A이다. 따라서 −단자는 아직도 가상접지이다.

$$v_+ = 0\text{V} \rightarrow v_- = 0\text{V}$$

−단자에서 절점방정식을 구할 수 있다($i_-=0$A).

$$\frac{v_1}{R_1}+\frac{v_2}{R_2}=-\frac{v_o}{R_F}$$

따라서 식을 정리하면

$$\frac{v_o}{R_F}=-\frac{v_1}{R_1}-\frac{v_2}{R_2}$$

를 구할 수 있다. 끝으로

$$v_o=-\left(\frac{R_F}{R_1}v_1+\frac{R_F}{R_2}v_2\right)$$

를 구할 수 있다.

우리는 가중된 가산기를 구할 수 있다(이 회로 역시 입력을 반전시킨다). 바이어스 전류효과를 제거하기 위해서 ($R=R_1 \parallel R_2 \parallel R_F$)로 설정한다.

만약 $R_F=R_1=R_2$라면

$$v_o=-(v_1+v_2)$$

이고, 회로는 간단한 가산기가 된다.

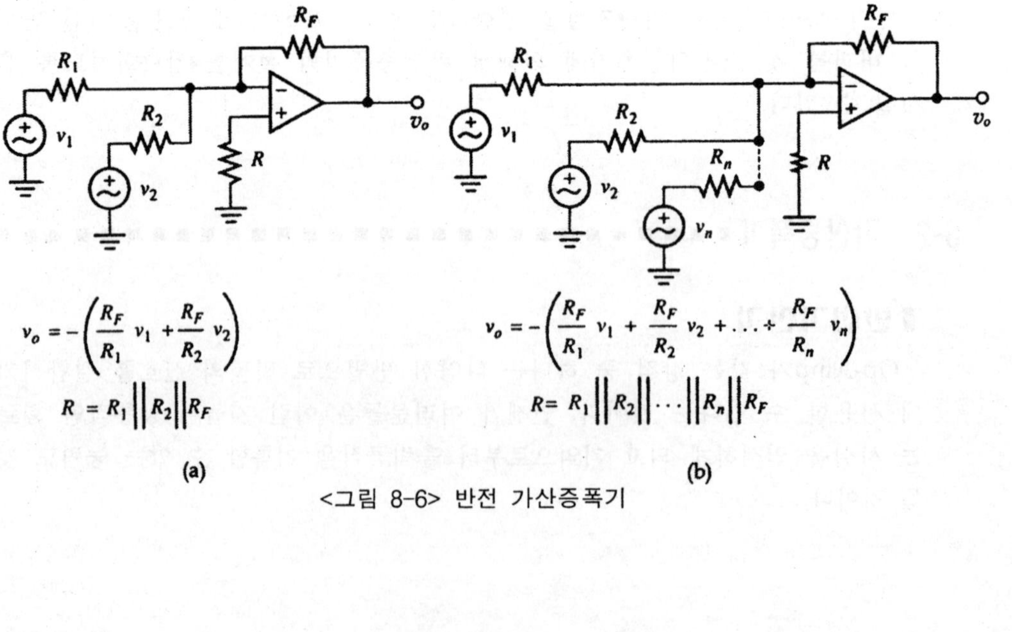


<그림 8-6> 반전 가산증폭기

만약 $R_2=R_1$이라면

$$v_o = -\frac{R_F}{R_1}(v_1+v_2)$$

로 $R_F/R_1$의 이득을 갖는 가산기를 구성할 수 있다.

예를 들어서 $R_F=10\text{k}\Omega$, $R_1=5\text{k}\Omega$, $R_2=10\text{k}\Omega$이라고 가정하면 출력전압은

$$v_o = -(2v_1+v_2)$$

이다. 이것은 가중치를 갖는 가산기라는 것을 의미한다. 이런 경우에는 출력은 $v_1$으로 표시되는 신호의 2배와 $v_2$로 표시되는 신호의 합으로 구해진다.

주의할 점은 입력 바이어스 전류의 효과를 제거하기 위해서

$$R = R_1 \parallel R_2 \parallel R_F = 2.5\text{k}\Omega$$

을 설정한다는 것이다.

<그림 8-6(b)>에 표시된 좀더 일반적인 회로를 통해서 이런 해석을 더 확장시길 수 있다. 여기서 차이점이라면 −단자에서의 절점방정식에서 더 많은 전류를 고려하게 된다는 점이다.

$$\frac{v_1}{R_1}+\frac{v_2}{R_2}+\cdots+\frac{v_n}{R_n}=-\frac{v_0}{R_F}$$

$v_o$를 구하면

$$v_o = -\left(\frac{R_F}{R_1}v_1+\frac{R_F}{R_2}v_2+\cdots+\frac{R_F}{R_n}v_n\right)$$

이다. 일반적으로 바이어스 전류에 기인하는 offset 전압을 제거하기 위해서 −단자에 연결된 $R_F$를 포함한 전체 저항과 등가의 저항을 +단자에 연결시켜야 한다.

$$R = R_1 \parallel R_2 \cdots R_n \parallel R_F$$

**예제 8-1** <그림 8-7>은 3개의 입력전압을 갖는 반전가산기를 표시하고 있다. (a) 출력전압을 구하시오. (b) 바이어스 전류에 기인하는 직류 offset을 제거하기 위한 $R$을 구하시오.

**• 풀이 •** (a) 가산기의 출력은

$$v_o = -\left(\frac{R_F}{R_1}v_1+\frac{R_F}{R_2}v_2+\frac{R_F}{R_3}v_3\right) = -\left(\frac{20\text{k}\Omega}{2\text{k}\Omega}v_1+\frac{20\text{k}\Omega}{5\text{k}\Omega}v_2+\frac{20\text{k}\Omega}{10\text{k}\Omega}v_3\right)$$

로부터 구해진다. 따라서 출력은

$$v_o = -(10v_1+4v_2+2v_3)$$

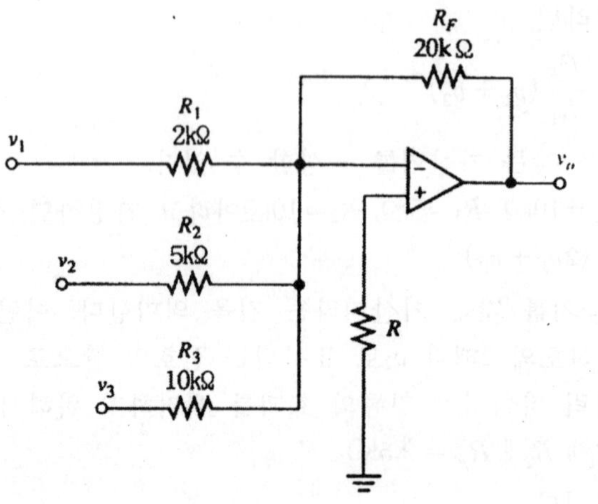


<그림 8-7>

이다. 출력은 세 입력의 가중치 합으로 구해진다.

(b) 저항은 1.178kΩ이다.

$$R = R_1 \parallel R_2 \parallel R_3 \parallel R_F = 2\text{k}\Omega \parallel 5\text{k}\Omega \parallel 10\text{k}\Omega \parallel 20\text{k}\Omega = 1.178\text{k}\Omega$$

**예제 8-2** <그림 8-8>은 4bit 디지털-아날로그 콘버터를 구성하기 위해서 반전증폭기가 어떻게 사용되는지를 보여준다. 4bit 컴퓨터의 출력 버스선에 의해서 High(1) 혹은 Low(0)으로 나타나는 전압 $v_1$에서 $v_4$가 공급된다. 연속된 전압은 4bit의 2진수를 표시한다. $v_1$이 가장 가중치가 높은 MSB(most significant bit)이고 $v_4$가 가장 가중치가 작은 LSB(least significant bit)이다. (a) $v_0$를 $v_1$에서 $v_4$의 함수로 구하시오. (b) Low 논리는 0V를 표시하고 High 논리는 1V를 표시한다고 가정하고 $(v_1v_2v_3v_4) = (1011)$일 때의 출력전압을 구하시오.

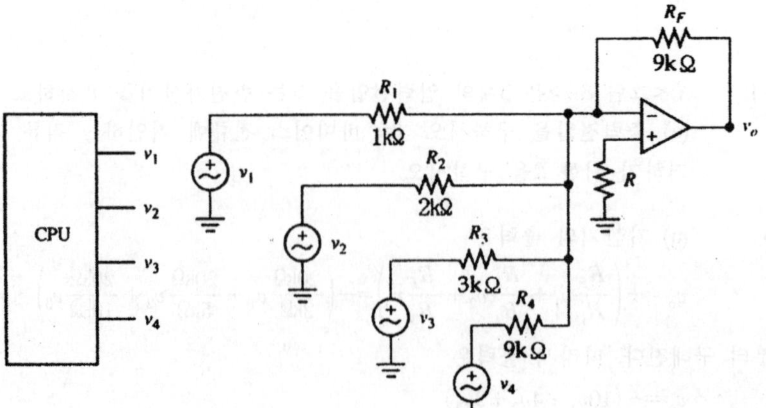


<그림 8-8>

• 풀이 • (a) 가중치를 갖는 가산기 공식으로부터

$$v_0 = -\left(\frac{R_F}{R_1}v_1 + \frac{R_F}{R_2}v_2 + \frac{R_F}{R_3}v_3 + \frac{R_F}{R_4}v_4\right) = -(9v_1 + 4.5v_2 + 3v_3 + v_4)$$

를 구할 수 있다.

(b) $(v_1v_2v_3v_4) = (1011)$, 출력전압은 다음과 같다.

$$v_0 = -(9v_1 + 4.5v_2 + 3v_3 + v_4) = -(9\times1 + 4.5\times0 + 3\times1 + 1\times1) = -13\text{V}$$

## 버퍼를 갖는 반전증폭기

<그림 8-9>에 표시된 DAC에서 각 신호발생기는 다른 저항을 갖는다는 사실을 확인할 수 있다. 이것은 우리가 다중입력을 가질 때 간단한 증폭기의 입력저항에 대해서 말할 수 없다는 것을 의미한다.

반전증폭기 가산기인 경우 −단자가 가상접지이기 때문에

- $v_1$은 $R_1$=1kΩ의 입력저항을 볼 수 있다.
- $v_2$는 $R_2$=2kΩ의 입력저항을 볼 수 있다.
- $v_3$는 $R_3$=3kΩ의 입력저항을 볼 수 있다.
- $v_4$는 $R_4$=9kΩ의 입력저항을 볼 수 있다.

만약 이런 저항들이 이 회로에 비해서 너무 작다면 <그림 8-9>에 표시된 것처럼 증폭기와 각 신호원 사이에 단위이득 Op-Amp 버퍼를 삽입할 수 있다.

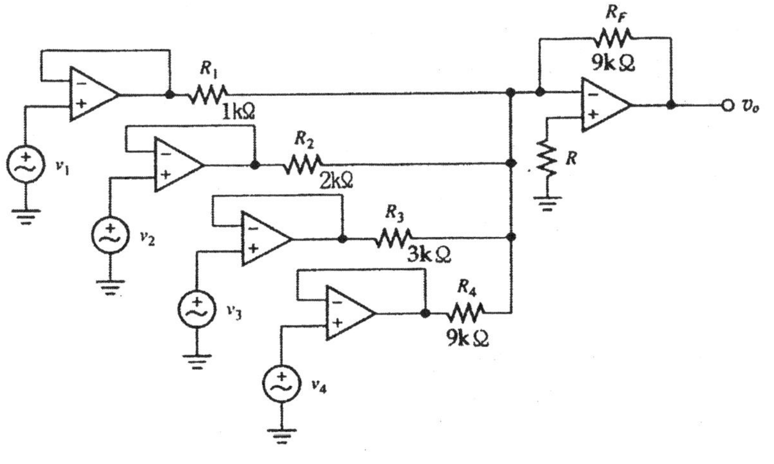


<그림 8-9>

## 비반전가산기

비반전가산기를 고려하기 전에 <그림 8-10>에 표시된 회로를 실험해보자. Op-Amp 회로는 +단자에 연결된 몇 개의 저항을 가진다. $v_+$를 알고 있다고 가정하고 출력을 구하는 것이 더 쉽다. 그런 다음 다시 $v_+$의 실제적인 값을 구한다.

만약 $v_+$를 안다고 가정하면

$$v_- = v_+$$

이고, −단자에서 절점방정식은

$$-\frac{v_+}{R_A} = \frac{v_+ - v_o}{R_F}$$

로 주어진다. 출력전압을 구하면

$$v_o = \left(1 + \frac{R_F}{R_A}\right)v_+$$

로 구해진다. 여러분들은 이것이 $v_+$를 입력으로 하는 비반전 이득의 표준공식이라는 것을 인식하게 될 것이다.

$v_+$를 구하기 위해서 <그림 8-10(b)>에 표시된 $R_1$, $R_2$로 구성되는 전압분배기의 Op-Amp 안에 전류가 없다는 사실을 기억해야 한다.

$$v_+ = \frac{R_2}{R_1 + R_2}v_i$$

우리는 새로운 완벽한 회로도를 가지게 된다.

$$v_o = \left(1 + \frac{R_F}{R_A}\right)\frac{R_2}{R_1 + R_2}v_i$$

이것은 아주 장황한 공식에서 비반전증폭기의 결과이다. 바이어스 전류효과를 제거하기 위해서 $R_1 \parallel R_2 = R_A \parallel R_F$를 설정한다.

잠시 여기서 쉬어가자. 만약 위의 관계가 진실이라면 복잡한 공식으로부터 다음과 같이 간략화된 공식을 구할 수 있다.

$$R_1 \parallel R_2 = R_A \parallel R_F \rightarrow v_0 = \frac{R_F}{R_1}v_i$$

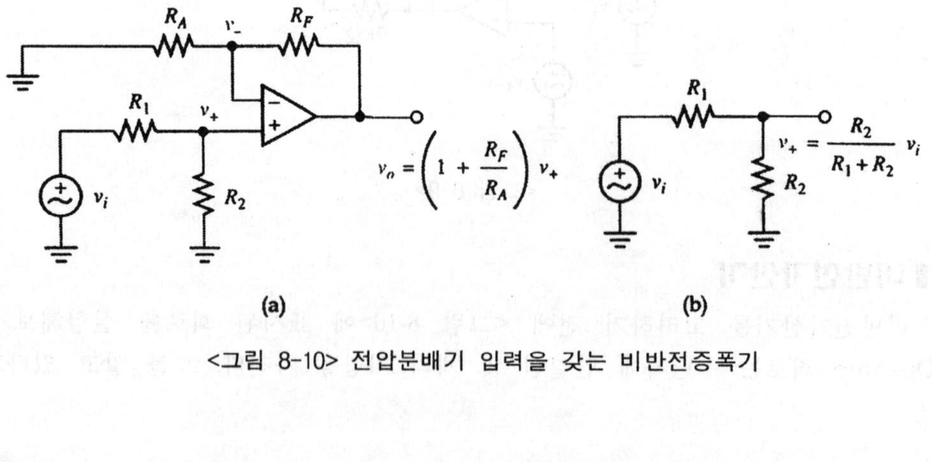


<그림 8-10> 전압분배기 입력을 갖는 비반전증폭기

훨씬 간략하다. 이 공식은 반전증폭기 공식처럼 간단한 공식이다.

중요한 것은 전원으로부터 바라다보는 저항은 더이상 무한대가 아니라는 사실이다. 전원전류는 $R_2$를 통해서 접지로 가는 경로를 가지게 되고 입력저항은 여기서

$$R_{in} = R_1 + R_2$$

로 된다.

**예제 8-3** <그림 8-11>에 표시된 회로에서 (a) $R_2=1\text{k}\Omega$ (b) $R_2=4\text{k}\Omega$일 때 출력전압을 구하시오.

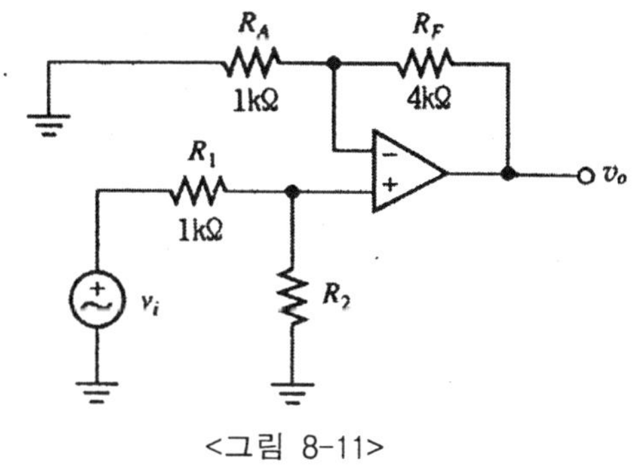


<그림 8-11>

**• 풀이 •** (a) $R_2=1\text{k}\Omega$인 경우

$$v_0 = \left(1+\frac{R_F}{R_A}\right)\frac{R_2}{R_1+R_2}v_i = \left(1+\frac{4\text{k}\Omega}{1\text{k}\Omega}\right)\frac{1\text{k}\Omega}{1\text{k}\Omega+1\text{k}\Omega}v_i = 5\times\frac{1}{2}v_i = 2.5v_i$$

이다. 주의할 점은

$$R_1 \parallel R_2 \neq R_A \parallel R_F$$

이다. 따라서 긴 공식으로 인해 어려움을 갖게 된다.

(b) $R_2=4\text{k}\Omega$인 경우

$$v_0 = \left(1+\frac{R_F}{R_A}\right)\frac{R_2}{R_1+R_2}v_i = \left(1+\frac{4\text{k}\Omega}{1\text{k}\Omega}\right)\frac{4\text{k}\Omega}{1\text{k}\Omega+4\text{k}\Omega}v_i = 5\times\frac{4}{5}v_i = 4v_i$$

이 회로는

$$R_1 \parallel R_2 = R_A \parallel R_F$$

이다. 따라서

$$v_0 = \frac{R_F}{R_1}v_1 = \frac{4\text{k}\Omega}{1\text{k}\Omega}v_i = 4v_i$$

인 간단한 공식을 사용할 수 있다.

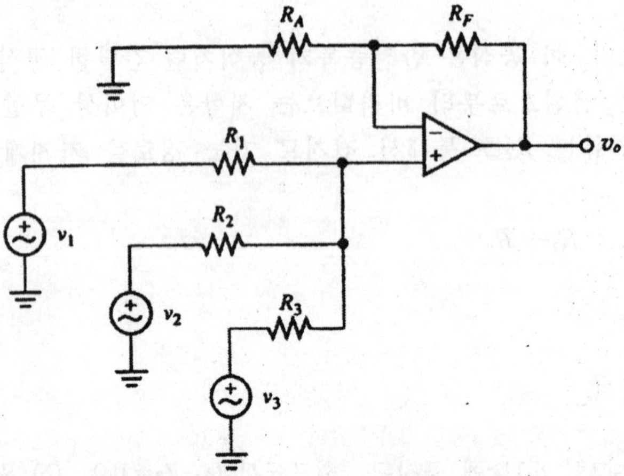


<그림 8-12> 비반전 가산증폭기

<그림 8-12>는 비반전 가산증폭기를 표시하고 있다. 이 회로에서 출력전압의 일반적인 공식은 누구나 알고 있을 정도이다. 따라서 여러분에게 이 공식을 알려줄 필요는 없다. 그러나 만약 $R_A$가 바이어스 전류 효과를 제거하기 위해서

$$R_A \parallel R_F = R_1 \parallel R_2 .... \parallel R_n$$

로 선택된다면 비반전 출력은

$$v_0 = \left( \frac{R_F}{R_1} v_1 + \frac{R_F}{R_2} v_2 + ...... + \frac{R_F}{R_n} v_n \right)$$

와 같은 간단한 공식으로 주어진다.

**예제 8-4** <그림 8-13>에 표시된 회로에서 출력전압을 구하시오.

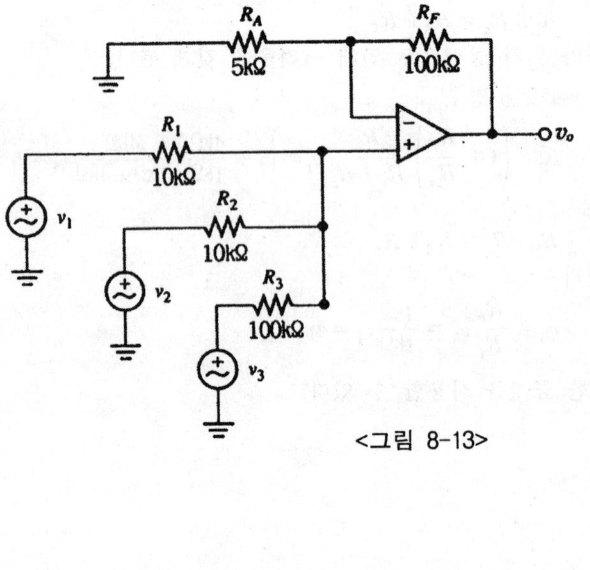


<그림 8-13>

**• 풀이 •** $R_A \parallel R_F = 5\text{k}\Omega \parallel 100\text{k}\Omega = 4.8\text{k}\Omega,$

$$R_1 \parallel R_2 \parallel R_3 = 10\text{k}\Omega \parallel 10\text{k}\Omega \parallel 100\text{k}\Omega = 4.8\text{k}\Omega$$

이다.

$$R_A \parallel R_F = R_1 \parallel R_2 \parallel R_3$$

이기 때문에 우리는 $v_o$을 찾기 위해 간단한 공식을 사용할 수 있다.

$$v_0 = \left( \frac{R_F}{R_1} v_1 + \frac{R_F}{R_2} v_2 + \frac{R_F}{R_2} v_3 \right) = 10v_1 + 10v_2 + v_3$$

## ▮ 고장진단

만약 귀환저항 연결이 불량이거나 귀환저항이 개방고장이라면 귀환경로는 효과적으로 제거된다. 이것은 Op-Amp가 대략 $1 \times 10^5$의 내부이득을 가지고 동작한다는 의미이다.

그런 이득을 갖게 되면 출력전압은 <그림 8-14(a)>에 표시된 것처럼 공급전압에 거의 일치하도록 포화전압에서 고정된다. 만약 출력에서 측정된 전압이 <그림 8-14(b)>에 표시된 것처럼 큰 차이를 갖는다면 신호원 중의 하나가 연결 불량이거나 신호원 저장 중의 하나가 개방고장이다.

여러분들은 예상된 이득과 주어진 입력으로부터 전원이 적절하게 연결되지 않았다는 사실을 말할 수 있을 것이다. 다시 말하자면 신호원을 off시켰다가 다시 한번 턴on시키면 된다. 여러분이 출력을 얻지 못하면 연결불량임을 확인할 수 있다.

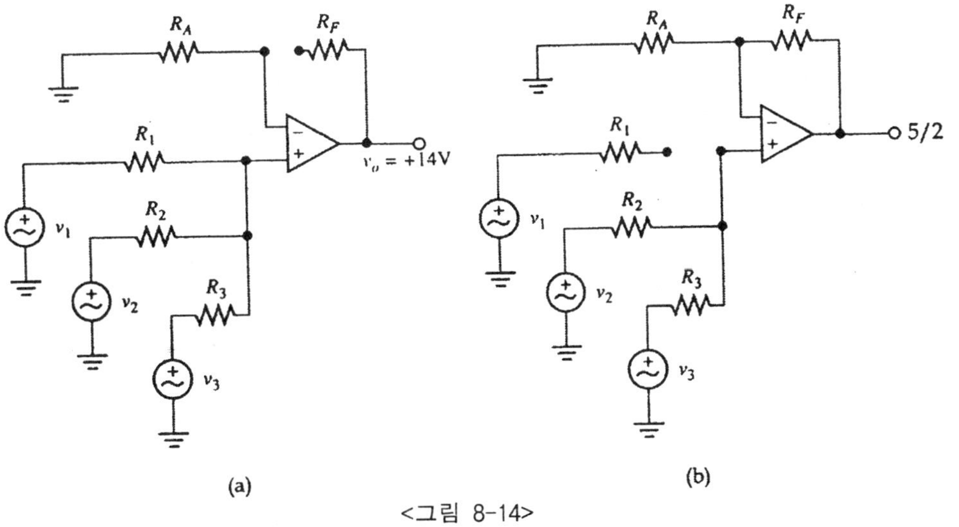


<그림 8-14>

## 8-3 차동증폭기

만약 우리가 Op-Amp의 +와 −단자 양쪽에 입력을 연결한다면 무슨 일이 발생할까? 우선 <그림 8-15(a)>에 표시된 회로에서 실험해보자.

우리는 $v_+ = v_2$를 인식해야 한다. 따라서

$$v_- = v_+ = v_2$$

이다. −단자에서 절점방정식을 구하면

$$\frac{v_1 - v_2}{R_1} = \frac{v_2 - v_o}{R_F}$$

이다. 따라서

$$\frac{v_o}{R_F} = \left(\frac{1}{R_F} + \frac{1}{R_1}\right)v_2 - \frac{v_1}{R_1}$$

이다. $v_o$를 구하면

$$v_o = \left(1 + \frac{R_F}{R_1}\right)v_2 - \frac{R_F}{R_1}v_1$$

이다. 이 회로는 두 입력전압의 차를 갖게 된다.

그러나 두 입력전압은 약간의 차이득에 의해서 곱해진다. 비록 우리가 출력을 표준해석 과정에서 구했지만 간혹 Op-Amp의 출력을 구하기 위해서 중첩의 원리를 사용하는 것이 쉬울 수도 있다. 이 과정은 <그림 8-15(b)>에 표시된다.

만약 $v_2$가 턴off된다면 우리는 기본적인 비반전증폭기를 구할 수 있고 출력을 구할 수도 있다.

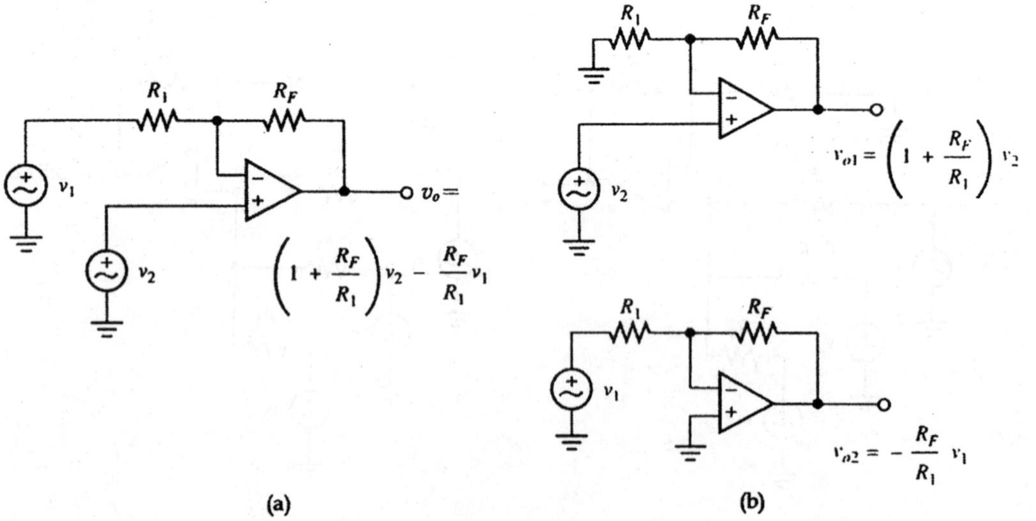


<그림 8-15>

$$v_{o2} = -\frac{R_F}{R_1} v_1$$

이제 기본적인 반전증폭기를 구하기 위해서 $v_1$을 턴off시키고 $v_2$를 턴on시키자. 출력은

$$v_{o1} = \left(1 + \frac{R_F}{R_1}\right) v_2$$

이다. 전체 출력은 $v_{o1}$과 $v_{o2}$의 합으로 구해진다.

$$v_o = v_{o1} + v_{o2} = \left(1 + \frac{R_F}{R_1}\right) v_2 - \frac{R_F}{R_1} v_1$$

## ▮ 차동증폭기

진짜 차동증폭기를 구하기 위해서는 <그림 8-16>에 표시된 회로를 사용할 수 있다. 출력을 구하기 위해서 가장 빠른 방법인 중첩의 원리를 사용한다. $v_1$을 턴off시킬 때 전압분배기 비반전증폭기를 얻을 수 있다. −단자와 +단자에서 등가의 저항을 설정했기 때문에 간단한 공식을 사용할 수 있다.

$$v_{o1} = \frac{R_F}{R_1} v_2$$

만약 우리가 $v_2$를 턴off시키고 $v_1$을 턴on시킨다면 반전증폭기 출력을 얻을 수 있다.

$$v_{o2} = -\frac{R_F}{R_1} v_1$$

전체 출력을 구하기 위해서 이런 해를 더하면

$$v_o = \frac{R_F}{R_1} v_2 - \frac{R_F}{R_1} v_1 = \frac{R_F}{R_1}(v_2 - v_1)$$

로 구해진다.

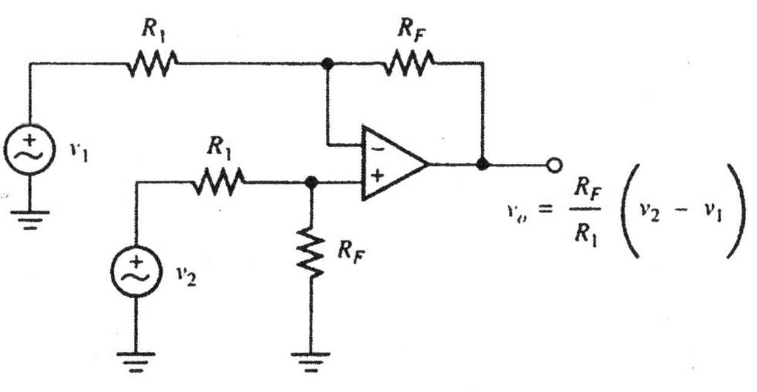


<그림 8-16>

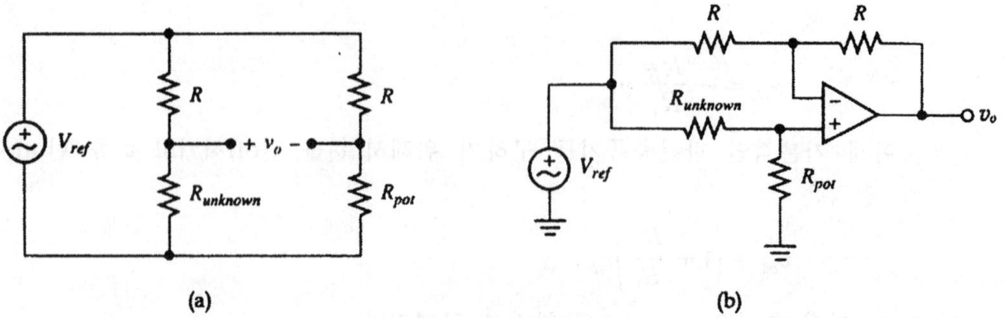


<그림 8-17> 브리지 증폭기

## ▮브리지 증폭기

여러분들이 회로이론 고장에서 본 적이 있을 수도 있는 미지저항을 측정하기 위해서 사용되는 브리지 회로가 <그림 8-17(a)>에 표시되어 있다. 회로는 $v_o$= 0V일 때 균형을($R_{unknown}=R_{pot}$) 이룬다.

<그림 8-17(b)>는 Op-Amp를 이용해서 이런 회로를 어떻게 구성하는지를 보여준다. 여기서 $R_{pot}$은 정밀조정이 가능한 전위차계이다. 이런 회로에 인가된 전압은 직류 기준전압이다.

사실 이 회로는 <그림 8-15>에 표시된 차동증폭기와 동일한 회로이다.

$$v_1=v_2=V_{ref}$$

따라서 출력을 구하기 위해서 이전의 결과를 사용할 수 있다.

$$v_o=\left(1+\frac{R}{R}\right)\frac{R_{pot}}{R_{unknown}+R_{pot}}V_{ref}-\frac{R}{R}V_{ref}=2\frac{R_{pot}}{R_{unknown}+R_{pot}}V_{ref}-V_{ref}$$

식을 정리하면

$$v_o=\left(\frac{2R_{pot}}{R_{unknown}+R_{pot}}-1\right)V_{ref}$$

를 얻을 수 있다.

미지저항을 찾기 위해서 전위차계를 출력전압이 0V될 때까지 조정한다. 위의 공식을 이용하면 다음과 같다.

$$v_o=0\text{V}\rightarrow R_{unknown}=R_{pot}$$

**예제 8-5** 브리지 증폭기는 자신의 저항변화로 온도, 조도, 뒤틀림, 게이지 응답, 센서 응답을 결정하기 위해서 사용된다. 예를 들어서 욕조의 온도를 변화를 측정한다고 가정하자. 한 가지 가능한 회로는 <그림 8-18>에 표시된 것처럼 센서가 귀환경로에 배치된다. 저항은 센서가 회로를 리셋시키는 아주 적은 저항과 등가의 저항을 갖는다. 실제로 센서의 저항이 아주 작다면 센서는 고정저항과 직렬로 연결되고 $R$은 센서 저항과 고정저항의 직렬 합성 저항을 표시한다. 온도가 변화할 때 센서 저항은 $\Delta R$로 표시된다. (a) 온도 센서가 자신의 기준 온도에서 $\Delta R=0\Omega$으로 고정되어 있다고 가정하고 $v_o$를 구하시오. (b) 온도가 변화할 때 출력을 구하시오. (c) 센서의 저항이 $100\Omega$이고 자신의 온도 변화는 $-1\Omega/℃$라고 가정한다. 만약 $V_{rep}=10$V라면 온도가 1도 변화할 때 출력전압은 얼마나 변하는지 구하시오.

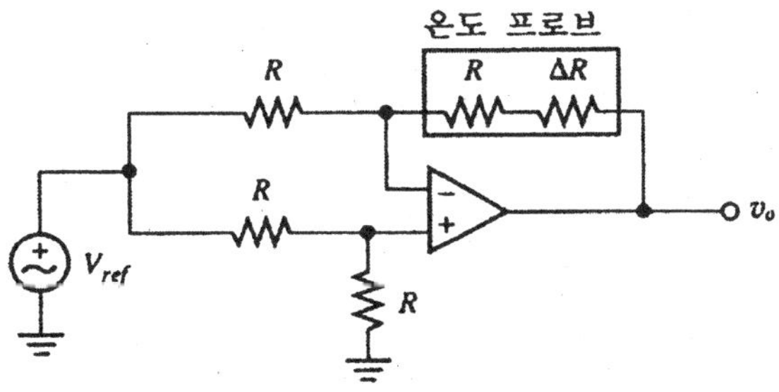


<그림 8-18>

**• 풀이 •** $v_1=v_2=V_{rep}$인 경우에는 <그림 8-15>에 표시된 차동증폭기로부터 결과를 사용할 수 있다.

(a) $\Delta R=0\Omega$일 때 브리지 증폭기는 평형을 이룬다.

$$v_o=\left(1+\frac{R}{R}\right)\frac{R}{R+R}V_{ref}-\frac{R}{R}V_{ref}=V_{ref}-V_{ref}=0\text{V}$$

이다. 아주 낮은 온도에서 출력전압이 없다. 따라서 출력전압의 어떤 변화도 온도변화에 당연히 반영되어야만 한다.

(b) 방정식에서 $\Delta R$을 포함할 때

$$v_o=\left(1+\frac{R+\Delta R}{R}\right)\frac{R}{R+R}V_{ref}-\frac{R+\Delta R}{R}V_{ref}$$

를 얻는다. 따라서

$$v_o=\left(1+1+\frac{\Delta R}{R}\right)\frac{V_{ref}}{2}-\left(1+\frac{\Delta R}{R}\right)V_{ref}$$

이다. 식을 통분하고 정리하면

$$v_o=\left(\frac{1}{2}+\frac{1}{2}+\frac{\Delta R}{2R}-1-\frac{\Delta R}{R}\right)V_{ref}$$

이다. 따라서

$$v_o=-\frac{\Delta R}{2R}V_{ref}$$

로 구해진다. 센서 저항의 변화는 출력전압 변화에 반영된다. 알려진 온도변화에 따른 전압 변화의 조정에 따라서 효과적인 전자온도 프루브를 만들 수 있다.

(c) 우리는 $R = 100\Omega$, $V_{ref} = 10\text{V}$, $\Delta R = -1\Omega/℃$를 알고 있다. 이들 모두를 결합시키면

$$v_o = -\frac{\Delta R}{2R}V_{ref} = -\frac{-1}{200}10 = 50\text{mV}/℃$$

이다. 즉, 온도가 각 1℃ 올라가고, 출력은 50mV씩 증가한다.

### ▌고장진단

차동증폭기의 고장진단도 가산증폭기의 고장진단과 동일한 방법으로 진단된다. 만약 귀환저항의 연결이 불량이거나 귀환저항이 개방고장이라면 출력은 포화전압에서 고정된다.

만약 신호원 중의 연결불량 혹은 저항이나 신호원이 개방고장이라고 의심된다면 신호원을 한 번 껐다가 다시 켜면 된다. 출력을 얻지 못한다면 연결불량을 발견한 것이다.

## 8-4 미분과 적분

여러분들은 수학시간에 미분과 적분에 대해서 공부한 적이 있을 것이다. 물론 그런 과정을 거치지 않은 사람도 있을 수 있지만 대부분은 아직도 이런 수학함수들의 해석을 위해서 사용되는 용어를 기억하고 있을 것이다.

### ▌미 분

미분에 대해서는 두 가지 방법으로 생각한다. <그림 8-19(a)>에 표시된 그래프를 관찰하자. 직선의 기울기는 $r_e = \frac{\Delta y}{\Delta x}$로 주어진다. 직선의 기울기는 전체 데이터의 범위에서 상수이다. $\Delta x$가 아무리 크거나 작다고 해도 기울기는 같기 때문에 걱정할 필요가 없다.

이번에는 <그림 8-19(b)>에 표시된 그래프를 살펴보자. 그래프는 직선이 아니기 때문에 위에서 구한 직선기울기 공식으로는 기울기를 구할 수가 없다.

여하튼 $\Delta x$를 아주 작다고 취하면 $x_1$과 $x_2$ 사이의 곡선을 직선으로 근사화 시킬 수 있다. 수학적으로 $\Delta x$와 $\Delta y$는 아주 작기 때문에 기울기$= \frac{\Delta y}{\Delta x}$는 기울기$=\frac{dy}{dx}$로 쓸 수 있다.

$y$의 기울기는 $x$에 대한 $y$의 미분으로 주어지고 $\frac{dy}{dx}$를 $y$의 도함수라고 부른다. 우리가 FE의 전달 컨덕턴스 $g_m$의 공식을 적용할 때도 $I_D$의 도함수를 사용했

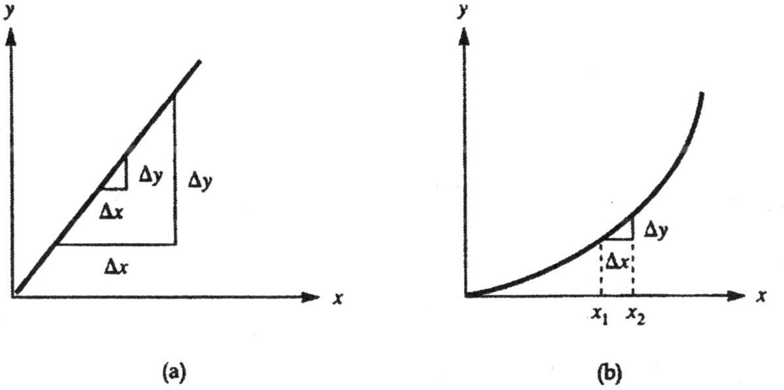


<그림 8-19>

다. $g_m$을 유도하기 위해서는 도함수를 사용해야 한다. 수학책이 아니기 때문에 수학적인 유도는 생략하기로 한다.

FET의 전압-전류 특성곡선에서

$$I_D = I_{DSS}\left(1 - \frac{V_{GS}}{V_{GS(OFF)}}\right)^2$$

으로 표시된다. 이런 특성곡선의 기울기는

$$\text{기울기} = g_m = \frac{dI_D}{dV_{GS}} = -2\frac{I_{DSS}}{V_{GS(OFF)}}\left(1 - \frac{V_{GS}}{V_{GS(OFF)}}\right)$$

로 구해진다. 식을 약간만 손질하면

$$g_m = \frac{-2}{V_{GS(OFF)}}\sqrt{I_D \times I_{DSS}}$$

로 간략화된다. 미분의 실제적인 해석을 하나 더 알아보자.

여러분들이 경찰에게 정지당했을 때 얼마나 빨리 달렸는지를 알고 있다면 묻게 될 것이다. 경찰에게 단지 5초 동안에 150m를 달렸을 뿐이라고 이해시킨다고 가정할 때 여러분의 속도는

$$\text{속도} = \frac{150\text{m}}{5\text{초}} = 30\text{m/초}$$

가 된다. 경관에게 나는 단지 초당 30m밖에는 안 달렸다고 말하게 될 것이다.

불행하게도 경관에 의해서 정지당했을 때는 경찰의 수학적인 계산에 의해서 여러분들은 과속 범칙금 스티커를 발부받게 되고 초당 30m의 속도는 시간당 110km와 같다는 사실을 알게 될 것이다. 이런 작은 차이는 여러분들의 속도 계산과정에서 나타난다.

$$\text{속도} = \frac{\Delta\,\text{거리}}{\Delta\,\text{시간}}$$

만약 여러분들이 이런 계산과정을 시간의 아주 작은 구간에서 반복한다면 이

런 공식은

$$v = \frac{dx}{dt}$$

로 간단히 표시할 수 있다. 여기서 $v$는 속도, $x$는 거리이고 $t$는 시간이다. 시간에 대해서 거리를 미분하면 속도가 얼마나 빠르게 변하는지 알 수 있다. 콘덴서의 전압전류 특성곡선은

$$i_c = C\frac{\Delta v_c}{\Delta t}$$

로 주어진다. 이런 관계식은

$$i_c = C\frac{dv_c}{dt}$$

로 표시하기 위해서는 미분을 사용해야 한다.

<그림 8-20>에 표시된 Op-Amp 회로를 고찰해보자. 출력전압을 구하기 위해서는 우선

$$v_- = v_+ = 0\text{V}$$

라고 놓는다. −단자에서 절점방정식을 구하면

$$i_c = \frac{0 - v_o}{R_F} = -\frac{v_o}{R_F}$$

이다. 중요한 것은

$$v_c = v_i - 0 = v_i$$

이고, 콘덴서의 전류전압 관계를 이용하면

$$C\frac{dv_i}{dt} = -\frac{v_o}{R_F}$$

로 쓸 수 있다. 식을 다시 정리하면

$$v_o = -R_F C\frac{dv_i}{dt}$$

로 쓸 수 있다. 우리는 전자적인 미분기를 구성할 수 있다. Op-Amp의 출력은 입력의 변화율을 제공한다.

주의할 점은 $R_FC$의 단위는 초이기 때문에 출력은 전압이다. 만약 입력전압이 이동거리를 의미한다면 출력은 이동속도를 의미한다. 만약 입력전압이 속도를 의미한다면 Op-Amp 출력은 가속도를 나타낸다.

## ▮ 주의할 사항

<그림 8-20>은 도움을 주는 예제이지만 실제로는 구성할 수 없다. 문제는 고주파 신호는 미분할 수 없기 때문이다. 그리고 잡음은 대부분 고주파 신호이다.

전압에 대한 기본적인 공식에 대해서 알아보도록 하자.

$$v = 10\sin 10t + 0.1\sin 1000t$$

여기서 저주파 전압이 신호이고 고주파 전압이 잡음이다. 신호 대 잡음비에 의해서 신호를 깨끗하게 할 수 있다.

$$\frac{S}{N} = \frac{10}{0.1} = 100$$

이것은 신호가 잡음에 비해서 100배 강하다는 것을 의미한다. 이제 미분전압은

$$\frac{dv}{dt} = 100\cos 10t + 100\cos 1000t$$

이고, 신호 대 잡음비는 다음과 같다.

$$\frac{S}{N} = \frac{100}{100} = 1$$

미분 후 잡음이 이제 신호만큼 커졌다. 만약 고주파 잡음을 감소시키기 위해서 입력신호를 필터링할 수 있다면 미분기를 구성할 수 있다.

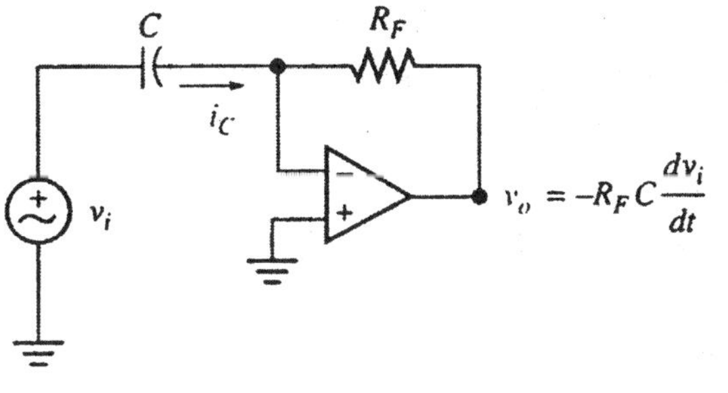


<그림 8-20> 미 분 기

**예제 8-6** <그림 8-21>에 표시된 Op-Amp 회로에서 (a) 출력전압을 구하는 공식을 구하시오. (b) 주어진 입력에 대한 출력전압을 구하시오. (c) 이런 회로에 연결될 수 있는 실제적인 Op-Amp 제한은 무엇인가?

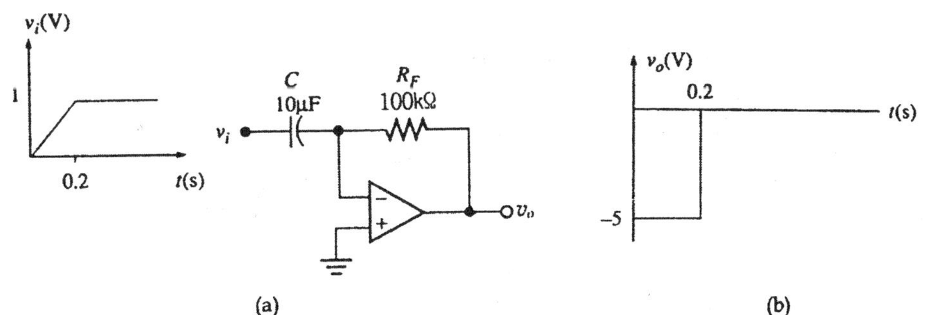


<그림 8-21>

**• 풀이 •** (a) 미분기 출력전압은 다음과 같다.

$$v_o = -R_F C\frac{dv_i}{dt} = -100\times10^3\times10\times10^{-6}\frac{dv_i}{dt} = -\frac{dv_i}{dt}$$

(b) 입력전압이 0.0과 0.02초 사이의 직선이기 때문에 $0.0<t<0.2$초 구간에서

$$v_o = -\frac{dv_i}{dt} = -\frac{1.0-0.0}{0.2-0.0} = -\frac{1.0}{0.2} = -5.0\text{V}$$

이다. $t>0.2$초 구간에서는 입력이 일정하기 때문에 입력은 0 기울기를 갖는다. 따라서

$$v_o = -\frac{dv_i}{dt} = 0$$

이다. 출력은 <그림 8-21(b)>와 같다.

(c) Op-Amp의 슬류율은 출력이 −5V에 주어진 시간에 도달할 만큼 충분히 빠르다.

## ▮적 분

적분에는 두 가지 접근법이 있다. 두 점 사이의 곡선을 적분하면 곡선 아래의 면적을 구할 수 있다. 적분에 의해서 물체의 체적을 구할 수 있다. 물론 적분은 미분의 반대로 생각하면 된다. 거리를 미분하면 속도를 구할 수 있다.

$$v = \frac{dx}{dt}$$

이동거리를 구하려면 속도에 시간을 적분하면 된다.

$$x = \int_0^t V(t)dt$$

이런 공식을 이용하면 비행기, 위성, 선박 등의 위치를 원격조정할 수 있다. 속도 센서의 출력은 위치정보를 제공하기 위해서 적분된다.

<그림 8-22>는 Op-Amp를 사용해서 어떻게 전자적분기를 구성할 수 있는지를 보여준다. −단자에서의 전압은 0V이다. 절점방정식은

$$\frac{v_i - 0}{R_1} = i_c$$

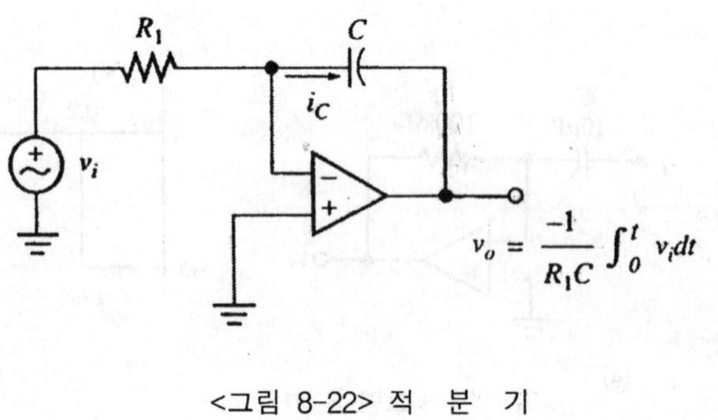


<그림 8-22> 적 분 기

이다. 콘덴서 전압은

$$v_c = 0 - v_o =- v_o$$

이다. 콘덴서 전류는

$$i_c = C\frac{dv_c}{dt} =- C\frac{dv_o}{dt}$$

이다. 절점방정식은

$$\frac{v_i}{R_1} =- C\frac{dv_o}{dt}$$

혹은

$$\frac{dv_o}{dt} =- \frac{1}{R_1 C}v_i$$

로 된다. 출력전압을 구하기 위해서 식의 양변을 적분하면

$$v_o =- \frac{1}{R_1 C}\int_0^t v_i dl$$

로 구해진다. 적분은 미분이 가지고 있는 잡음문제를 갖지 않는다. 따라서 이런 회로는 구성이 가능하다. 사실 Op-Amp 적분기는 아날로그 컴퓨터에서 가장 기본적인 소자이다.

**예제 8-7** <그림 8-23>에는 Op-Amp 적분기와 구형파 입력이 표시되어 있다. 출력을 구하시오.

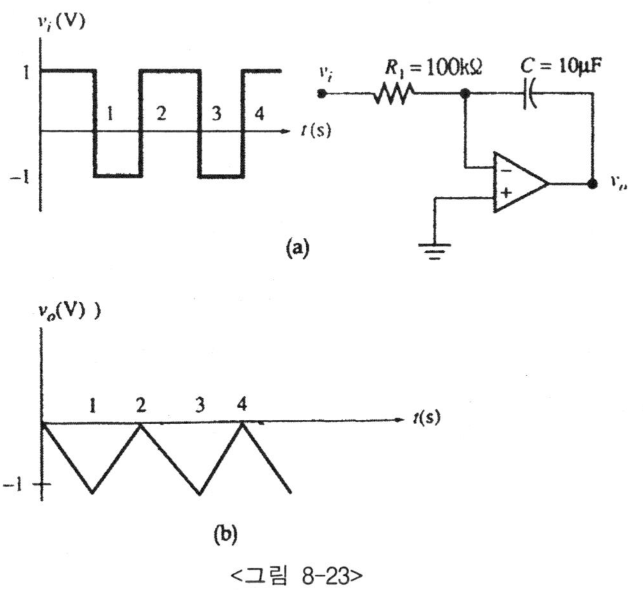


<그림 8-23>

**• 풀이 •** 출력전압은

$$v_o = -\frac{1}{R_1 C}\int_0^t v_i\, dt = -\int_0^t v_i\, dt$$

로 주어진다. 상수를 적분하면 직선을 구할 수 있다. 따라서 구형파의 적분은 <그림 8-23(b)>에 표시된 것처럼 삼각파를 구할 수 있다. 실제로 Op-Amp의 슬류율은 램프 출력을 지지할 만큼 충분히 빠르다.

### ▮ 고장진단

미분기에서 만약 귀환저항이 개방고장이거나 연결불량이라면 출력은 공급전압에 거의 가깝게 된다. 만약 콘덴서가 개방고장이라면 출력은 없다. 만약 콘덴서가 단락고장이라면 신호원이 −단자에 직접 연결된다. 따라서 출력은 포화된다.

적분기에서 만약 저항이 개방고장이라면 적절한 출력은 없다. 만약 콘덴서가 개방고장이라면 귀환경로가 제거된다. 따라서 출력은 공급전압에서 포화된다. 만약 콘덴서가 단락된다면 출력은 직접 −단자에 연결된다. 따라서 0V에서 고정된다.

## 8-5 개선된 전압조정기

앞에서 직류 전압조정을 제공하기 위해서 제너 다이오드가 어떻게 사용되는지를 알아본 바 있다. <그림 8-24>를 살펴보면 부하가 없고 $R_L \to \infty$이면

$$I_{Z_{no-load}} = \frac{15\text{V} - V_Z}{R} = \frac{15-5}{10\text{k}\Omega} = 1\text{mA}$$

이다.

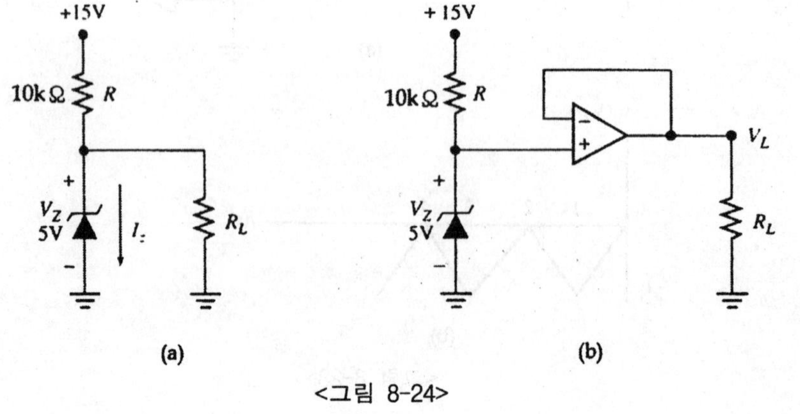


<그림 8-24>

무부하 제너 전류는 다이오드가 제너 동작을 하기 전에 부하에 공급될 수 있는 전류이다. 전압조정은 없다. 부하저항이 감소되면 제너로부터 흘러나오는 전류가 증가한다. 5V를 유지시키는 최소 저항은 5kΩ이다.

$$R_{L\min} = \frac{V_Z}{I_{Z_{\text{no-load}}}} = \frac{5}{1\text{mA}} = 5\text{k}\Omega$$

제너 회로의 조정을 개선하기 위해서는 제너 다이오드와 부하 사이에 비반전 Op-Amp를 삽입하는 것이 필요하다. 예를 들자면 <그림 8-24(b)>에서는 단위이득 버퍼가 사용된다.

Op-Amp 속으로 흐르는 전류가 없기 때문에 제너로부터 유출되는 전류는 없다. 부하전압은 부하와 무관하기 때문에 다음과 같다.

$$V_L = V_Z = 5\text{V}$$

**예제 8-8** <그림 8-25>는 단위이득을 갖는 버퍼와 연결되는 전압분배기를 갖는 제너 회로 연결을 표시하고 있다. (a) 무부하 제너 전류는 얼마인가? (b) 전압분배기에 의해서 제너로부터 얼마나 많은 전류가 유출되는가? (c) 부하전압은 얼마인가?

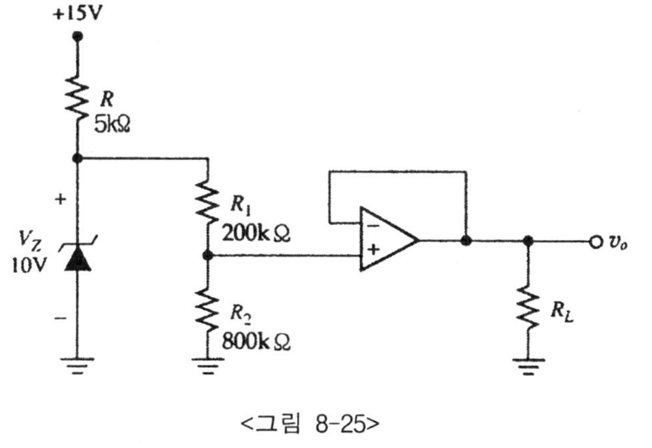


<그림 8-25>

**• 풀이 •** (a) 무부하 제너 전류는

$$I_{Z_{\text{no-load}}} = \frac{15\text{V} - V_Z}{R} = \frac{15 - 10}{5\text{k}\Omega} = 1\text{mA}$$

로 주어진다. 이것은 전압분배기와 제너 부하에 공급할 수 있는 최대 전류이다.

(b) 제너로부터 유출되는 전류는 $R_1$과 $R_2$의 직렬저항에서 0.01mA이다.

$$I_{R_1+R_2} = \frac{V_Z}{R_1 + R_2} = \frac{10\text{V}}{200\text{k}\Omega + 800\text{k}\Omega} = 0.01\text{mA}$$

제너로부터 유출되는 전류는 무부하 전류의 1/100이기 때문에 잘 조정된 전압을 공급할 수 있다.

(c) 부하전압은 +단자에서의 전압과 일치된다.

$$V_L = v_+ = \frac{R_2}{R_1 + R_2} V_Z = \frac{800\text{k}\Omega}{200\text{k}\Omega + 800\text{k}\Omega} 10 = 8\text{V}$$

Op-Amp 버퍼를 이용하면 어떤 조정 부하전압도 원하는 대로 구할 수 있다(그러나 항상 $V_Z$보다는 작다).

## ▮고장진단

만약 여러분들이 예상하는 출력이 발생되지 않는다면 제너 다이오드와 전압분배기의 전압을 검사하면 된다. 만약 제너 다이오드가 개방고장이라면 $V_Z$와 아주 다른 전압을 보게 될 것이다.

만약 $R$이 개방이라면 제너 전류도 없고 제너 전압도 없다. 만약 $R$이 단락이라면 제너 다이오드에서 공급전압을 측정하게 될 것이다. 만약 제너 다이오드의 전압이 정확하지만 전압분배기의 전압이 옳지 않다면 전압분배기 저항 중의 하나가 문제를 발생시킨다.

## 기초문제

1. 차동증폭기의 출력을 구하는 두 가지 방법은 무엇인가?
2. 기본적인 차동증폭기 회로를 그리시오. 출력은 얼마인가?
3. +단자에 전압분배기를 갖는 차동증폭기 회로를 그리시오. 출력은 얼마인가?
4. 브리지 증폭기 회로를 그리고 평형 브리지 증폭기의 의미를 설명하시오. 출력 전압은 얼마인가?
5. 미지저항을 결정하기 위해서 브리지 정류기는 어떻게 사용되는가?
6. 온도를 결정하기 위해서 브리지 증폭기는 어떻게 사용되는가?
7. 귀환저항이나 자신의 연결이 개방고장이라고 가정하면 출력에서 어떤 결과를 예상할 수 있는가?
8. 미분의 접근법을 두 가지 설명하시오.
9. Op-Amp 미분기 회로를 그리고 출력전압 공식을 구하시오.
10. 미분은 왜 피하는가?
11. 적분의 두 가지 접근법을 설명하시오.
12. Op-Amp 적분기 회로를 그리고 출력전압 공식을 구하시오.
13. 적분이나 미분을 할 때 실제적인 Op-Amp 파라미터가 고려되어야 하는 이유는 무엇인가?
14. 미분기에서 콘덴서가 개방고장일 경우의 출력전압은 무엇인가? 단락고장인 경우는?
15. 적분기에서 귀환 콘덴서가 개방고장일 경우의 출력전압은 무엇인가? 단락고장인 경우는?
16. 제너 다이오드로부터 유출되는 최대 전류는 무엇인가?
17. 제너 다이오드에 의해서 공급되는 부하저항의 제한은 무엇인가?
18. 제너 조정을 개선하기 위해서 제공되는 Op-Amp는 어떻게 사용되는가?
19. 제너 다이오드 전압보다 항상 작은 조정전압을 어떻게 제공할 수 있는가?
20. 제너 다이오드가 개방고장이라면 무엇을 발견할 수 있는가?
21. 만약 제너 다이오드 공급저항이 개방고장 또는 단락고장이라면 어떻게 될까?
22. 이상적인 Op-Amp의 특성을 설명하시오.

{해답} **1.** 차동증폭기 이득공식, 중첩의 원리 적용 **2.** <그림 8-15>참조 $v_o = \left(1+\frac{R_F}{R_1}\right)v_2 - \frac{R_F}{R_1}v_1$

**3.** <그림 8-16> 참조 $v_o = \frac{R_F}{R_1}v_2 - \frac{R_F}{R_F}v_1 = \frac{R_F}{R_1}(v_2 - v_1)$

**4.** $v_o = 0\text{V} \rightarrow R_{\text{unknown}} = R_{\text{pot}}$, $v_o = \left(\frac{2R_{\text{pot}}}{R_{\text{unknown}} + R_{\text{pot}}} - 1\right)V_{ref}$

**5.** 미지저항을 찾기 위해서 전위차계를 출력전압이 0V 될 때까지 조정한다.

**6.** 자신의 저항변화 **7.** 출력은 포화전압에서 고정된다. **8.** Δ함수 기울기, 도함수 기울기

**9.** <그림 8-20> 참조 **10.** 고주파 신호는 미분할 수 없다. **11.** 곡선의 적분, 면적의 적분

**12.** <그림 8-23> 참조 **13.** 슬류율

**14.** 개방고장시 공급전압에 가깝다. 단락고장시 출력은 포화된다.

**15.** 개방고장시 출력은 없다. 단락고장시 0V에 고정된다. **16.** 무부하 제너 전류

**17.** 최소한의 부하저항 **18.** 버퍼 **19.** 전압분배기 저항을 사용해서 조절한다.

**20.** $V_Z$와 아주 다른 전압을 측정하게 된다.

**21.** $R$이 개방이라면 제너 전류도 없고 제너 전압도 없다. 만약 $R$이 단락이라면 제너 다이오드에서 공급전압을 측정하게 될 것이다. 만약 제너 다이오드의 전압이 정확하지만 전압분배기의 전압이 옳지 않다면 전압분배기 저항 중의 하나가 문제를 발생시킨다.

**22.** $A_u = \infty$, $R_{\text{in}} = \infty$, $R_{\text{out}} = 0$, $B = \infty$, offset $I\,(\text{V}) = 0$

## 응용문제

**1.** 비반전증폭기 회로를 그리고 출력전압 공식을 구하시오.

**2.** 단위이득 버퍼증폭기를 그리시오. 이런 버퍼의 장점은 무엇인가?

**3.** 반전증폭기 회로를 그리고 출력전압 공식을 구하시오. 반전증폭기의 이점은 무엇인가?

**4.** Op-Amp 회로 해석을 위한 절차는 무엇인가?

**5.** 반전증폭기 회로를 그리고 출력전압 공식을 구해보시오.

**6.** 반전증폭기에서 전원에 의해서 바라보는 저항에 대해서 고찰하시오.

**7.** 입력 바이어스 전류의 효과를 제거하기 위해 기본 +단자로부터 접지에 연결한 저항은 무엇인가?

**8.** 4bit 디지털 아날로그 컨버터에서 $R_F$와 다른 저항 사이에 필요한 비율은 무엇인가?

**9.** 전압분배기 입력을 갖는 비반전증폭기를 그리시오. 출력전압은 무엇인가?

**10.** 일반적인 비반전증폭기 회로를 그리고 출력전압 공식을 구하시오. 이런 공식을 사용하기 위해서는 어떤 가정이 필요한가?

**11.** 만약 $R_F$ 혹은 자신의 연결이 불량이라면 어떤 출력을 기대할 수 있나?

**12.** 가산기에 연결되는 입력전원 중 하나가 연결 불량이라면 어떻게 말할 수 있나?

# 연습문제

**1.** <그림 8-26>에 표시된 반전증폭기에서 $R=0\Omega$으로 놓고 다음 순서대로 구하시오. $v_+$, $v_-$, $v_o$, $i_i$, $i_f$, $R_i=\frac{v_i}{i_i}$

**2.** <그림 8-26>에서 입력전원은 5kΩ의 내부저항을 갖는다. (a) 이런 저항을 포함하는 회로를 다시 그리고 $v_o$를 구하시오. (b) 출력전압에 영향을 미치는 전원의 내부저항을 어떻게 방지할 수 있는가?

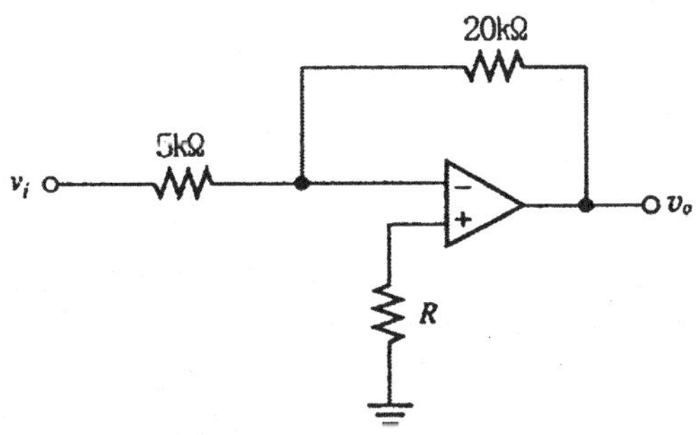

<그림 8-26>

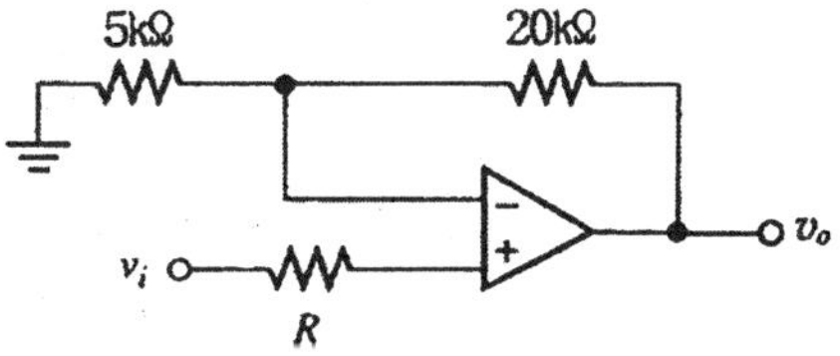

<그림 8-27>

**3.** <그림 8-27>에 표시된 비반전증폭기에서 $R=4\text{k}\Omega$으로 놓고 다음 순서대로 구하시오. $v_+$, $v_-$, $v_o$, $i_i$, $i_f$, $R_i=\frac{v_i}{i_i}$

**4.** <그림 8-28>에 표시된 3단 Op-Amp 회로에서 각 Op-Amp 출력을 구하시오 . (a) $v_{o1}$ (b) $v_{o2}$ (c) $v_o$

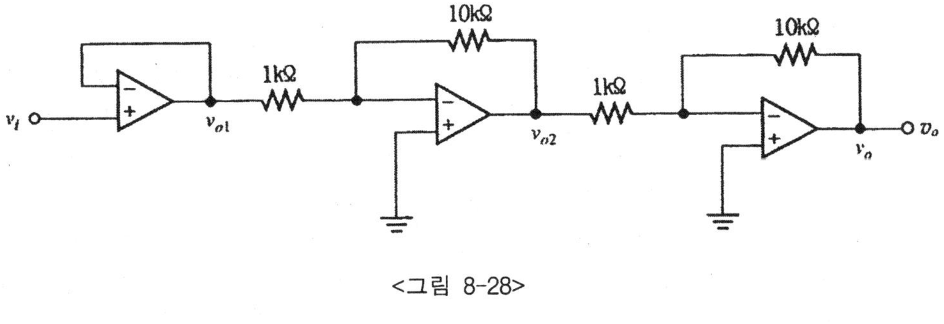

<그림 8-28>

**5.** (a) <그림 8-29>에서 $v_o=-(10v_1+v_2)$로 되는 $R_1$과 $R_2$를 구하시오. (b) 바이어스 전류의 효과를 제거하기 위해서 $R$을 구하시오.

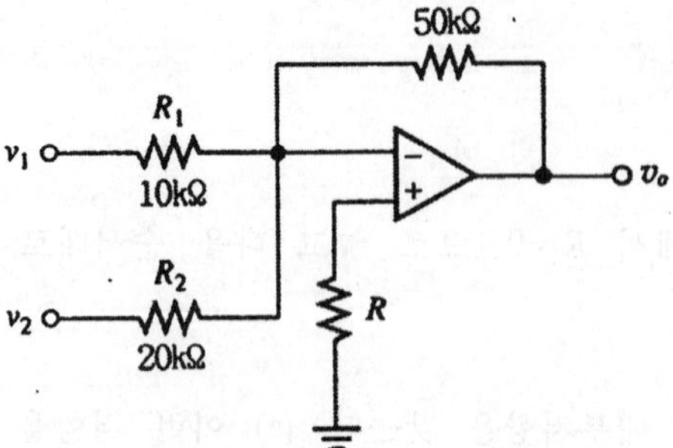


<그림 8-29>

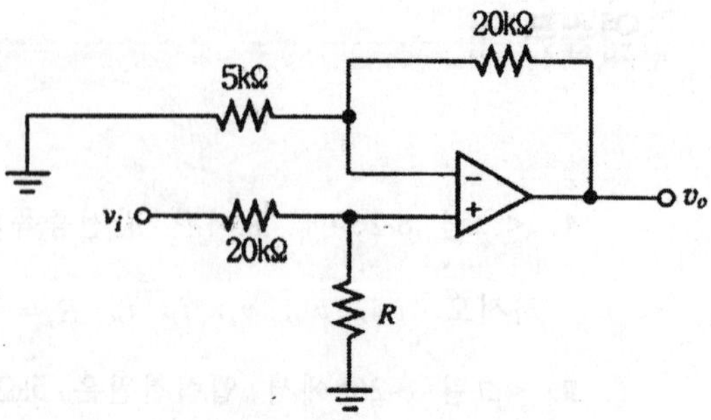


<그림 8-30>

6. <그림 8-30>에서 $R$=10kΩ으로 놓고 다음 순서대로 구하시오. $v_+$, $v_-$, $v_o$

7. <그림 8-31>에서 $R$=10kΩ으로 놓고 (a) $R \parallel R_F = R_1 \parallel R_2$인가? (b) $v_o$를 구하시오.

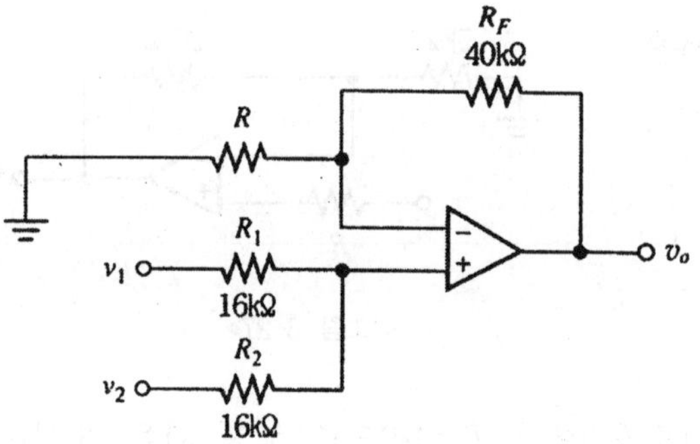


<그림 8-31>

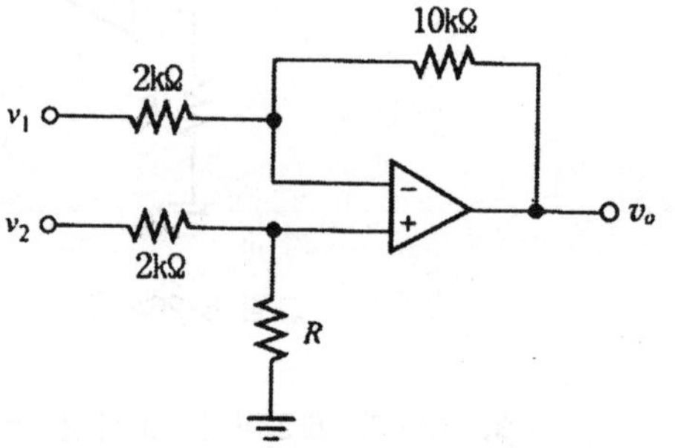


<그림 8-32>

8. <그림 8-32>에 표시된 회로에서 $R$=2kΩ으로 놓고 $v_o$를 구하시오.
(a) $v_2$=0V (b) $v_1$=0V (c) 양쪽 입력원이 모두 턴on

9. Op-Amp는 귀환경로에 부하저항을 삽입하면 전류원을 구성하기 위해서 사용된다. <그림 8-33>에 표시된 반전 Op-Amp를 고찰하시오. (a) $v_i$=1V, $R_1$=1kΩ으로 놓고 $R_1$에 흐르는 전류를 구하시오. (b) 이런 전류는 어디로 가는가? (c) $R_L$에 흐르는 전류는 얼마인가? (d) 이런 전류는 $R_L$에 의존되는가? (e) 전류가 부하저항에 의존하지 않고 부하에 전달되기 위해서는 회로를 어떻게 구성해야 하는가? (f) 이런 회로에서 부하전류는 어떻게 결정되는가?

10. <그림 8-34>에서 Op-Amp의 $v_o$와 $v_i$를 구하시오. 입력전압은 $v_i = v_1 - v_2$로 표시된다. (a) $v_2$를 접지시키고 $v_o$를 $v_1$의 항으로 구하시오. (b) $v_1$을 접지시키고 $v_o$를 $v_2$의 항으로 표시하시오. (c) $v_1$과 $v_2$의 항으로 전체 출력을 표시하시오. (d) $v_o$를 $v_i$항으로 표시하시오.

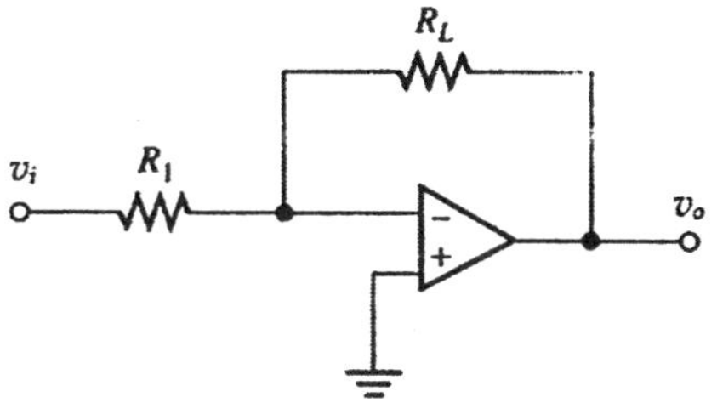


<그림 8-33>

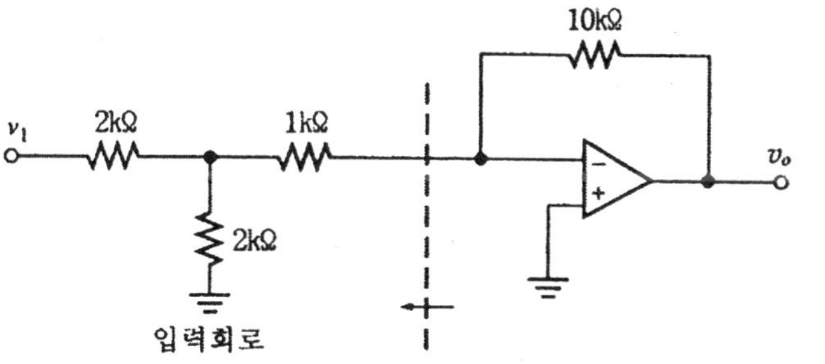


<그림 8-34>

**11.** <그림 8-35>에 표시된 미분기에서 (a) $v_o$의 일반식을 구하시오. (b) $v_i=\cos 10t$일 때 $v_o$를 구하시오. (c) $v_i=\sin 10t$일 때 $v_o$를 구하시오. (d) $v_i=e^{-2t}$일 때 $v_o$를 구하시오.

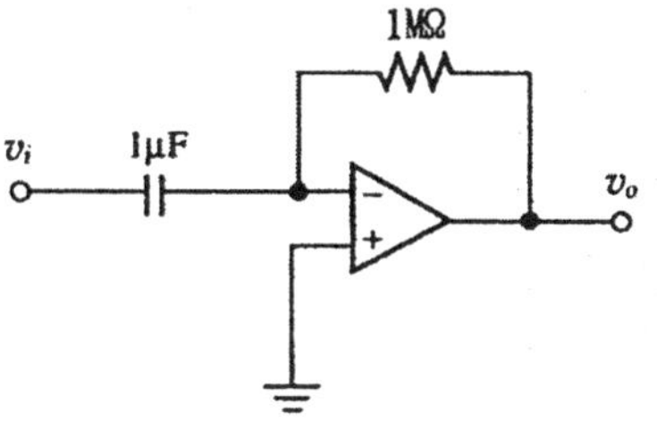


<그림 8-35>

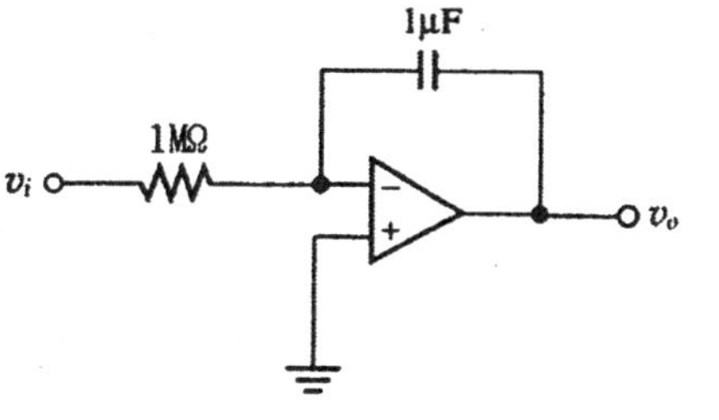


<그림 8-36>

**12.** <그림 8-36>에 표시된 Op-Amp의 포화전압이 ±10V이다. (a) $v_i=1V$일 때 $v_o$를 구하시오. (b) $v_i=5V$일 때 $v_o$를 구하시오.

**13.** <그림 8-37>에 표시된 회로에서 (a) 제너 무부하 전류를 구하시오. (b) $R_1$과 $R_2$가 직렬로 연결된 회로의 전류를 구하시오. 이 전류를 제너 무부하 전류와 비교하시오. (c) $v_+$를 구하시오. (d) $v_o$를 구하시오.

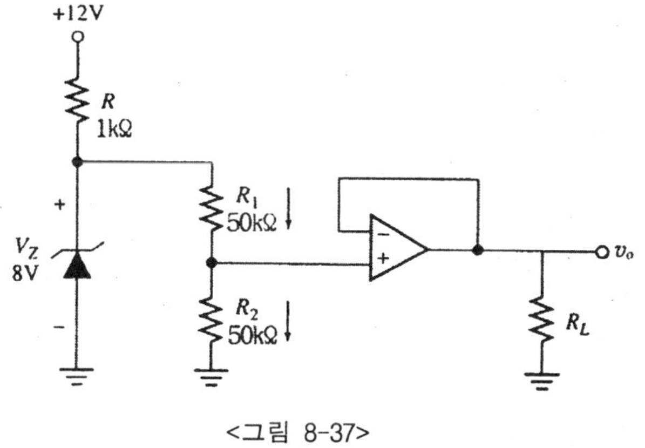


<그림 8-37>

**14.** <그림 8-38(a)>에 표시된 반전증폭기의 출력전압을 계산하시오.

**15.** <그림 8-38(b)>에 표시된 비반전증폭기로부터 출력을 구하시오.

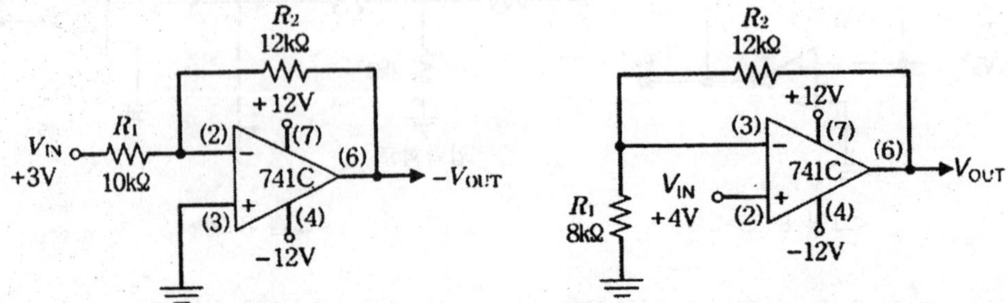


(a) (b)

<그림 8-38>

**16.** <그림 8-39>에 표시된 가산기 증폭기 회로의 출력전압을 계산하시오.

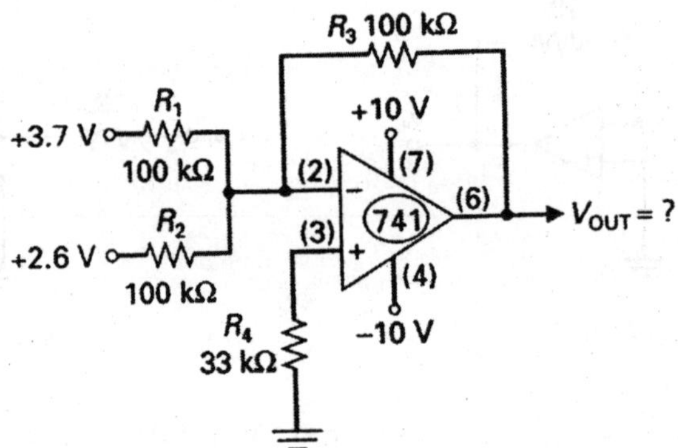


<그림 8-39>

**17.** <그림 8-40>에 표시된 차동증폭기 회로의 출력전압을 계산하시오.

**18.** <그림 8-41>에 표시된 미분기 회로의 피크 출력을 계산하시오.

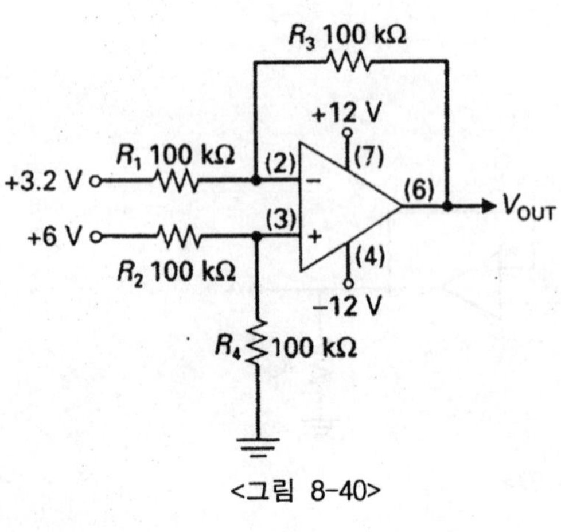


<그림 8-40>

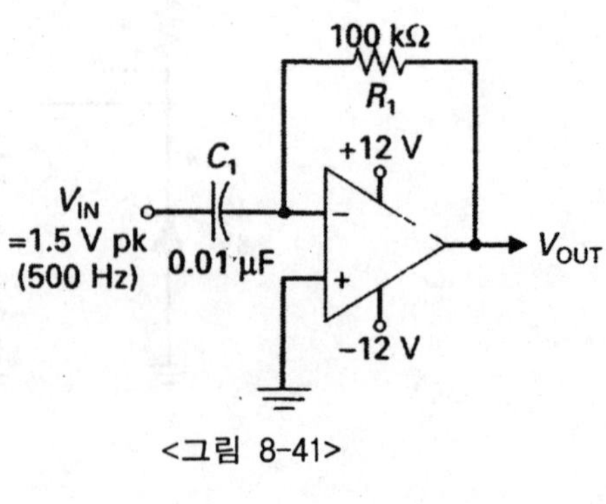


<그림 8-41>

**19.** <그림 8-42(a)>에 표시된 입출력 파형을 참조하고 <그림 8-42(b)>에 표시된 적분기 회로의 피크 출력전압을 구하시오.

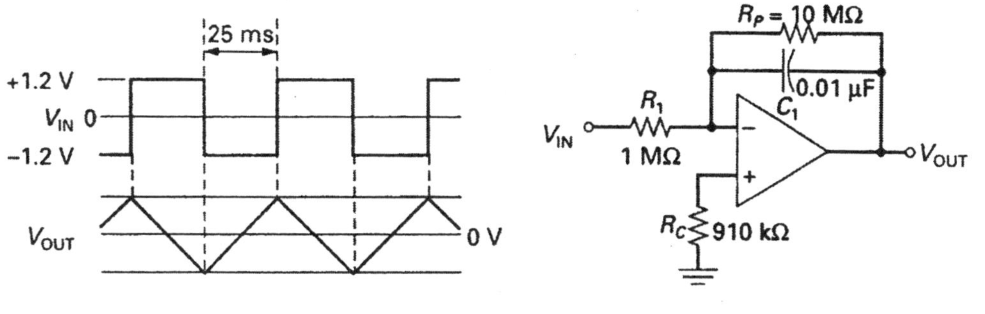


(a) (b)

<그림 8-42>

{해답} **1.** $V_+ = 0V$(접지), $V_- = V_+ = 0V$, $\frac{V_- - V_i}{5k\Omega} + \frac{V_- - V_o}{20k\Omega} = 0$, $V_- = 0V$를 대입하고 식을 간략화하면 $V_o = \frac{-20k\Omega}{5k\Omega} \times V_i = -4V_i$, $i_i = \frac{V_i}{5k\Omega}$, $i_f = i_i = \frac{V_i}{5k\Omega}$, $R_i = \frac{V_i}{i_i} = \frac{V_i}{V_i/5k\Omega} = 5k\Omega$

**2.** (a) $V_o = \frac{-20k\Omega}{10k\Omega} \times V_i = -2V_i$ (b) 5kΩ 저항과 전원 사이에 단위이득을 갖는 버퍼를 삽입시킨다.

**3.** $V_+ = V_i$, $V_- = V_i$, $V_o = 5V_i$, $i_i = 0A$, $i_f = \frac{V_o - V_i}{20k\Omega}$, $R_i = \frac{V_i}{i_i} = \infty$

**4.** (a) $V_{o1} = V_i$ (b) $V_{o2} = -\frac{10k\Omega}{1k\Omega} \times V_{o1} = -10V_i$ (c) $V_{o3} = -\frac{10k\Omega}{1k\Omega} \times V_{o2} = 100V_i$

**5.** (a) $V_o = -(10V_i + 2V_2)$, $10 = \frac{R_F}{R_1} = \frac{50k\Omega}{R_1} \Rightarrow R_1 = 5k\Omega$, $1 = \frac{R_F}{R_2} \Rightarrow R_2 = R_F = 50k\Omega$

(b) $R = R_1 \| R_2 \| R_F = 5k\Omega \| 50k\Omega \| 150k\Omega = 5k\Omega \| 125k\Omega = 4.17k\Omega$

**6.** $R = 10k\Omega$, $V_+ = \frac{10k\Omega}{30k\Omega} \times V_i = \frac{V_i}{3} = V_i$,

$$\frac{V_- - V_o}{20k\Omega} + \frac{V_-}{5k\Omega} = 0 \Rightarrow V_-\left(\frac{1}{20k\Omega} + \frac{1}{5k\Omega}\right) = \frac{V_o}{20k\Omega} \Rightarrow \frac{5}{20k\Omega} \times V_- = \frac{V_o}{20k\Omega} \Rightarrow V_o = 5V_- = 5\left(\frac{V_i}{3}\right) = \frac{5}{3}V_i$$

**7.** (a) $10k\Omega \| 40k\Omega = 8k\Omega$, $16k\Omega \| 16k\Omega = 8k\Omega$, $R \| R_F = R_1 \| R_2$

(b) $V_+ = V_1 + V_2 = V_-$,

$$\frac{V_-}{10k\Omega} + \frac{V_- - V_o}{40k\Omega} \Rightarrow \left(\frac{1}{10k\Omega} + \frac{1}{40k\Omega}\right) \times V_- = \frac{V_o}{40k\Omega} \Rightarrow 5V_- = V_o \Rightarrow V_o = 5(V_1 + V_2)$$

**8.** (a) $V_+ = V_- = 0V$, $V_o = -\frac{10k\Omega}{2k\Omega} \times V_1 = -5V_1$

(b) $V_+ = \frac{2k\Omega}{4k\Omega} \times V_2 = 0.5V_2$, $V_+ = V_- = 0.5V_2$,

$\frac{V_-}{2k\Omega} + \frac{V_- - V_o}{10k\Omega} \Rightarrow V_- \times \frac{6}{10k\Omega} = \frac{V_o}{10k\Omega} \Rightarrow V_o = 6V_- = 6(0.5V_2) = 3V_2$ (c) $V_o = -5V_1 + 3V_2$

**9.** (a) $I_{R1} = V_i/R_1 = 1V/1k\Omega = 1mA$ (b) 전류는 $R_L$을 통해서 $V_o$로 흘러간다.
(c) $I_{RL} = V_O/R_L = I_{R1} = 1mA$ (d) $R_L$에 의존하지 않는다. (e) 전류원
(f) $R_1$에 의해서 입력전압이 분배된다.

**10.** (a) $V_{O1} = (1+1/9) \times V_1 = 1.11V_1$, $V_O = -9/1$, $V_{O1} = -9 \times 1.11V_1 = -10V_1$
(b) $V_O = (1+9/1) \times V_2 = 10V_2$ (c) $V_O = 10V_2 - 10V_1 = -10(V_1 - V_2)$
(d) $V_i = V_1 - V_2$이므로 $V_O = -10V_i$이다.

**11.** (a) $V_o = -R_F C \frac{dV_i}{dt} = -\frac{dV_i}{dt}$ (b) $V_i = \cos 10t$, $V_o = \frac{-d}{dt}\cos 10t = 10 \sin 10t$

(c) $V_i = \sin 10t$, $V_o = \frac{-d}{dt}\sin 10t = -10\cos 10t$ (d) $V_i = e^{-2t}$, $V_o = \frac{-d}{dt}e^{-2t} = 2e^{-2t}$

**12.** (a) $V_o = -\int_0^T d\tau = -t$, $|t| \le 10$ (b) $V_o = -\int_0^T 5d\tau = -5t$, $|t| \le 2$

**13.** (a) $I_{Z무부하} = \frac{12V - 8V}{1k\Omega} = 4mA$

(b) $I_{R_1+R_2} = \frac{8V}{100k\Omega} = 0.08mA$ 무부하 제너 전류에 비해서 대단히 작다.

(c) $V_+ = \frac{R_1}{R_1 + R_2} \times V_Z = \frac{8V}{2} = 4V$ (d) $V_o = V_- = V_+ = 4V$

**14.** $V_{out} = -V_{in} \times \left(\frac{R_F}{R_{IN}}\right) = -3V \times \frac{12k\Omega}{10k\Omega} = -3V \times 1.2 = -3.6V$

**15.** $V_{out} = V_{in}\left(1 + \frac{R_F}{R_1}\right) = 4V\left(1 + \frac{12k\Omega}{8k\Omega}\right) = 4V \times (1 + 1.5) = 4V \times 2.5 = +10V$

**16.** $V_{out} = -(V_{in1} + V_{in2}) = -(3.7V + 2.6V) = -6.3V$

**17.** $V_{out} = V_{in2} - V_{in1} = 6V - 3.2V = 2.8V$

**18.** $V_{out(pk)} = 2\pi f \times R_1 \times C_1 \times V_{in(pk)} = (2 \times \pi \times 500Hz) \times 100k\Omega \times 0.01\mu F \times (1.5V_{PK}) = 4.7V$

**19.** $V_{out(pk)} = \frac{1}{R_1 C_1} \times (\Delta V_{in(pk)} \times \Delta t) = \frac{1}{1M\Omega \times 0.01\mu F} \times$ (0V에서 $1.2V_{(PK)} \times 25ms$)
$= 100 \times (1.2V_{(PK)} \times 25ms) = 100 \times 0.03 = 3V_{PK}$

제 9 장

# 비선형 연산증폭기 회로

앞장에서 가산기, 감산기, 적분기, 미분기를 구성하기 위해서 Op-Amp를 어떻게 사용하는지를 알아보았다. 이런 회로의 공통점은 Op-Amp를 선형적으로 응용한다는 것이다.

선형회로에서 정현파 입력은 <그림 9-1(a)>에 표시된 것처럼 정현파 출력을 발생시킨다. <그림 9-2>는 9장에서 논의하게 되는 특별한 비선형회로의 입출력 응답을 표시하고 있다.

이 장에서 Op-Amp가 어떻게 다이오드 정류기와 리미터 회로의 개선된 회로 구성을 위해서 사용될 수 있는지를 설명하도록 하겠다.

또 zero 교차검출기, 비교기(단계 검출기), 쉬미터 트리거를 구성하기 위해서 Op-Amp의 높은 개방이득의 이점을 어떻게 이용하는지도 설명하도록 하겠다.

<그림 9-1>

## 9-1 정 류 기

실제적인 다이오드 정류기의 동작은 신호원과 부하저항에 달려 있다. Op-Amp는 신호와 부하가 분리에 의해서 이런 회로를 개선하는 데 사용할 수 있다. 또한 Op-Amp 정류기는 다이오드의 턴on 전압에 의해서 기인되는 전압의 손실을 제거하기 위해서 사용된다.

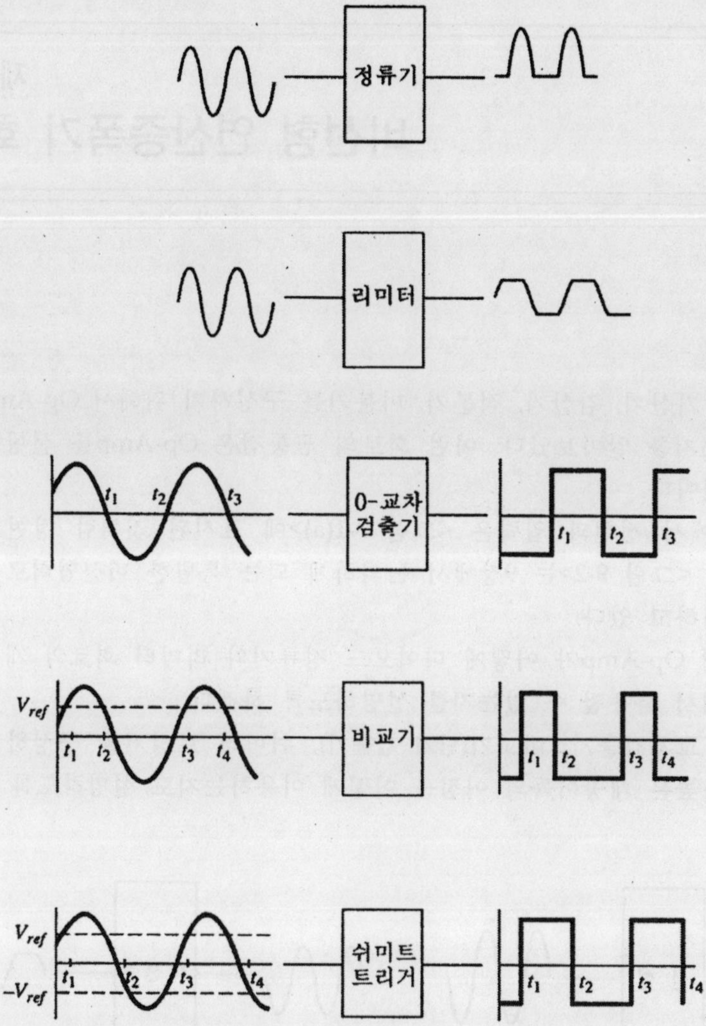


<그림 9-2>

## ▮단순한 반전정류기

<그림 9-3>은 정류기를 구성하기 위해서 기본적인 반전증폭기의 귀환 루프에서 다이오드가 어떻게 사용되는가를 보여준다.

입력이 positive로 되면 <그림 9-3(b)>에 표시된 것처럼 전류는 전원을 출발해서 다이오드를 턴on시킨다. 앞에서처럼 귀환 루프가 닫힐 때 $R_F$ 또는 다이오드를 통해서

$$v_- = v_+$$

로 된다. 그리고 +단자는 접지이므로

$$v_- = v_+ = 0\text{V}$$

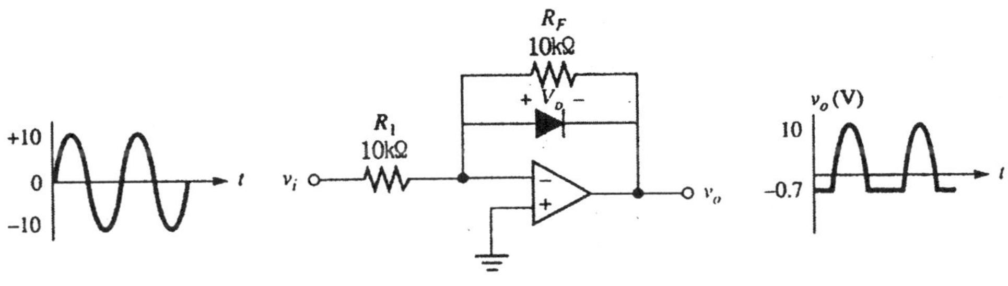


(a)

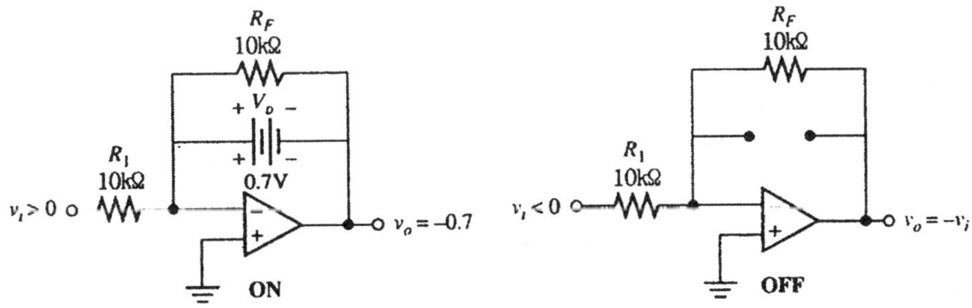


(b)

<그림 9-3> 반전정류기

이다. 다이오드가 on 상태일 때 0.7V 전지처럼 동작한다. 출력전압은

$$v_0 = 0 - V_D = -0.7\text{V}$$

에서 고정된다. 입력전압이 −로 되면 전류는 전원으로 되돌아간다.

다이오드가 역방향으로 바이어스되므로 입력이 negative로 되면 다이오드는 <그림 9-3(c)>에 표시된 것처럼 off된다. 다이오드가 off될 때 회로는 기본적인 반전증폭기처럼 동작하고 출력은

$$v_o = -\frac{R_F}{R_1}v_i = -\frac{10\text{k}\Omega}{10\text{k}\Omega}v_i = -v_i$$

로 주어진다.

입력이 negative이기 때문에 출력은 positive이다. 이러한 결과를 조합하면 <그림 9-3(a)>에 표시된 출력을 얻게 된다.

**예제 9-1** <그림 9-4>에 표시된 반전정류기의 출력전압을 구하시오. 0.7V의 다이오드 턴on 전압까지 고려하시오.

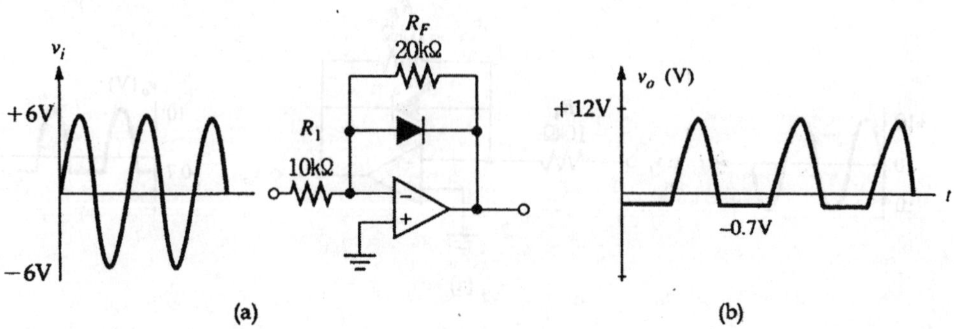


<그림 9-4>

**• 풀이 •** 입력이 positive로 될 때 전류가 전원에서 다이오드로 흐르기 때문에 다이오드는 on되고 출력은

$$v_o = -0.7\text{V}$$

로 유지된다. 입력이 negative로 될 때 다이오드는 off되고 반전증폭기의 공식을 이용하면

$$v_o = \frac{R_F}{R_1}v_i = -\frac{20\text{k}\Omega}{10\text{k}\Omega}v_i = -2v_i$$

가 구해진다. Op-Amp는 신호를 증폭하기 위해서 사용된다는 점에 유의해야 한다. 응답은 <그림 9-4(b)>에 표시되어 있다.

## ▮ 정밀정류기

<그림 9-4>에 표시된 단순 반전정류기는 전원으로부터 부하를 격리시킨다. 만약 원하기만 한다면 동일한 이득을 제공한다.

그렇지만 간단한 다이오드 정류기와 마찬가지로 다이오드 턴on 전압에 의해서 출력이 영향을 받는 단점도 갖는다. 다이오드의 턴on 전압을 제거하면 정밀정류기라고 부르는 회로를 구성할 수 있다.

## ▮ 비반전 정밀정류기

비반전 정밀정류기는 <그림 9-5(a)>에 표시된 것과 같다. 이런 회로에서는 Op-Amp 출력에서 바로 부하전압을 구할 수 없다는 점을 주의해야 한다. 부하전압은 실제로 negative 단자전압이다.

<그림 9-5(b)>에 표시된 것처럼 입력전압이 positive일 때 Op-Amp 출력전압은 positive로 되고 다이오드는 턴on된다. 이것이 루프를 닫고 루프가 닫혔을 때

$$v_- = v_+$$

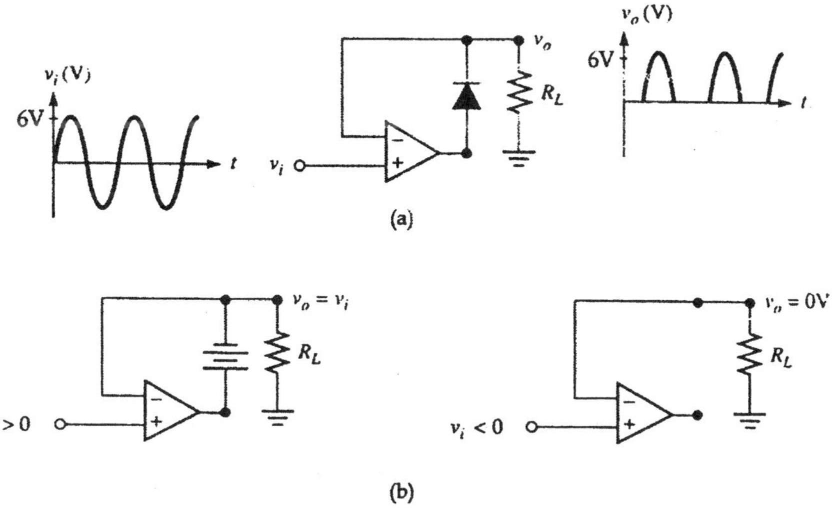


<그림 9-5> 비반전정류기

이다. 따라서 입력이 positive로 될 때

$$v_o = v_- = v_+ = v_i$$

이고 출력전압은 입력전압이 된다.

<그림 9-5(c)>에 표시된 것처럼 입력전압이 negative일 때 Op-Amp 출력전압은 negative로 되고 다이오드는 턴off된다. 다이오드가 off되면 귀환경로는 효과적으로 제거된다. Op-Amp에 흘러가는 전류가 거의 0A에 가까워지기 때문에 부하전류는 없고 출력전압도 0V로 된다.

전체 출력전압은 <그림 9-5(a)>에 표시되어 있다. 중요한 것은 다이오드 턴on 전압이 출력에 표시되지 않는다는 점이다. 이 회로에서는 두 가지 단점을 갖는다.

① 귀환경로가 제거되면 미분입력전압은 더이상 0V가 아니다. 사실상 $v_x$는 내부 보호회로를 갖지 않는 Op-Amp를 손상시키기에 충분한 크기를 갖는다.

② 귀환경로가 제거되면 출력전압은 포화전압을 만족한다. 실제 Op-Amp에서 포화상태를 극복하는 데는 한정된 시간이 걸린다. 이 회로는 고주파 입력신호를 따르지 않을 수 있다.

**예제 9-2** (a) <그림 9-6(a)>에 표시되어 있는 비반전정류기의 출력을 구하시오.

(b) Op-Amp의 포화전압이 ±15V이면 다이오드에 의해서 알 수 있는 최대 역전압은 얼마인가?

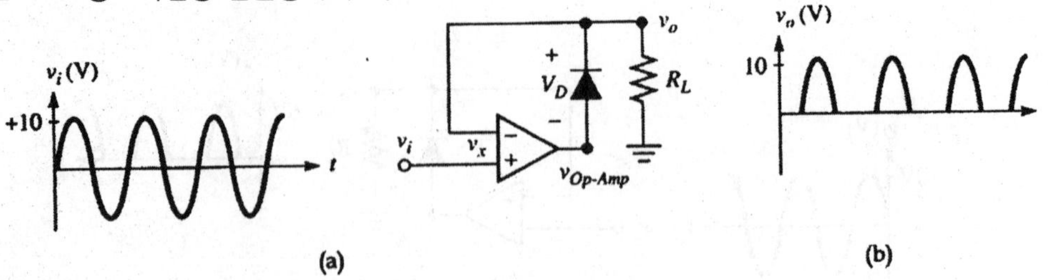


<그림 9-6>

• **풀이** • (a) 정밀정류기 때문에 <그림 9-6(b)>에 표시된 반파정류 신호를 얻을 수 있다.

(b) 다이오드 전압은

$$v_D = v_o - v_{\text{Op-Amp}}$$

로 주어진다. 다이오드가 off일 때 $v_o = 0\text{V}$임을 알 수 있다. 또한 <그림 9-6(c)>에 표시된 것처럼 negative 전압이 입력에 인가될 때 루프가 개방되고 Op-Amp 출력은 negative 포화전압으로 안정시킬 수 있다. 따라서 최대 역전압은 다음과 같다.

$$\text{PIV} = v_{\text{Op-Amp}} - v_o = -15\text{V} - 0 = -15\text{V}$$

## ▮ 반전 정밀정류기

<그림 9-7(a)>는 반전 Op-Amp 정밀정류기를 표시하고 있다. 이런 회로에서는 두 개의 귀환경로를 갖는다. 두 다이오드 중 하나는 항상 on 상태이기 때문에 항상 완전 귀환경로를 갖는다. 이것이 Op-Amp가 포화되는 것을 방지하고 비반전정류기의 단점을 보완해 준다.

입력전압이 positive로 스윙할 때 Op-Amp 출력전압은 negative에서 스윙한다. 이것이 $D_1$의 캐소드와 $D_2$의 애노드에 negative 전압을 공급한다. 이것은 <그림 9-7(b)>에 표시된 것처럼 $D_1$이 on, $D_2$가 off 상태임을 의미한다. $D_2$ off 상태의 출력은 $R_2$를 통해서 가상접지인 −단자에 연결된다.

따라서 출력전압은 0V에서 고정된다. 입력전압이 negative에서 스윙할 때 Op-Amp 출력전압은 positive에서 스윙하게 된다. 이것이 $D_1$의 캐소드와 $D_2$의 애노드에 positive 전압을 공급한다. 이것은 <그림 9-7(c)>에 표시된 것처럼 $D_1$이 off, $D_2$가 on 상태임을 의미한다.

출력전압은 반전이득 공식에 의해서

$$v_o = -\frac{R_2}{R}v_i = -\frac{10\text{k}\Omega}{10\text{k}\Omega}v_i = -v_i$$

로 된다.

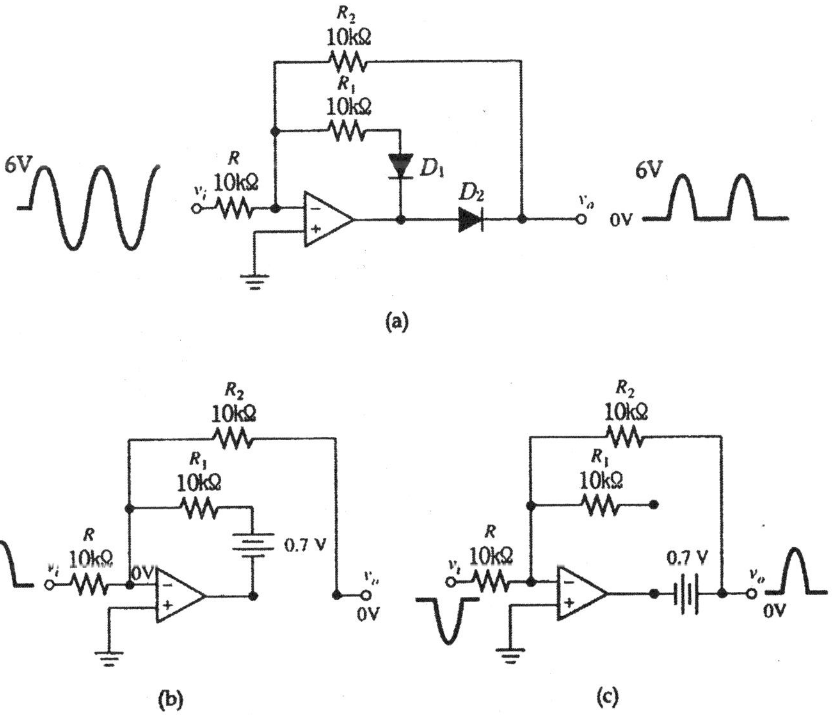


<그림 9-7> 정밀정류기

입력이 자신의 negative 반주기이기 때문에 출력은 <그림 9-7(a)>에 표시된 것처럼 positive 반파정류기 신호가 나타난다. 사실 이득이 1로 설정된다고 하더라도 이런 회로를 사용하면 입력전압을 증폭하는 회로로 사용 가능하다.

**예제 9-3** <그림 9-8>에 표시된 반전 정밀정류기 회로에서 $R_1$과 $D_1$ 사이의 출력을 구할 수 있다. (a) 입력전압이 positive에서 스윙할 때 Op-Amp 출력전압은 어떻게 되는가? (b) 입력의 positive 반주기 동안 다이오드 on인가? 다이오드 off인가? (c) 입력의 positive 반주기 동안 $v_o$는 얼마인가? (d) 입력전압이 negative에서 스윙할 때 출력전압은 어떻게 되는가? (e) 입력 negative 반주기 동안 다이오드는 on 상태인가, off 상태인가? (f) 입력의 negative 반주기 동안 $v_o$는 어떻게 구해지는가? (g) 입출력 전압파형을 같은 그래프에 그려보시오.

**• 풀이 •** (a) 반전증폭기이기 때문에 입력전압이 positive에서 스윙하면 Op-Amp 출력전압은 negative에서 스윙한다.

(b) 따라서 negative 전압이 $D_1$의 캐소드와 $D_2$의 애노드에 공급된다. 이것은 $D_1$은 on, $D_2$는 off를 의미한다.

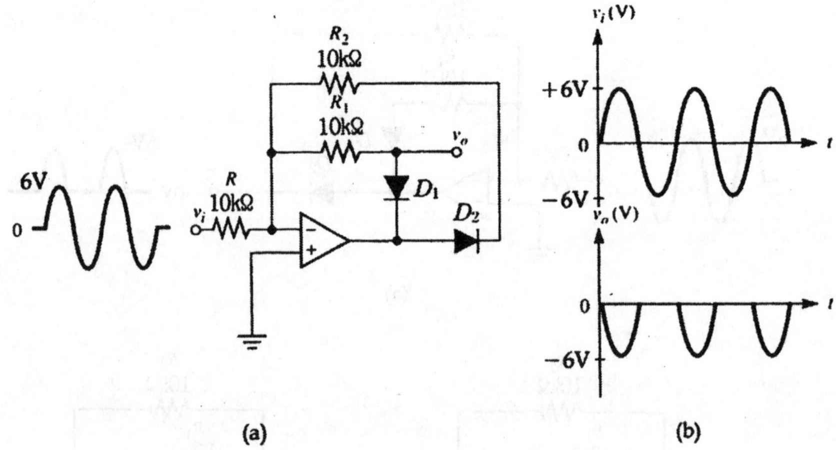


<그림 9-8>

(c) $D_1$은 on에서 출력전압은 반전이득 공식에 의해서

$$v_o = -\frac{10\text{k}\Omega}{10\text{k}\Omega}v_1 = -v_1$$

로 얻어진다. $v_1$은 positive이기 때문에 출력전압은 negative에서 스윙하게 된다.

(d) 입력전압이 negative에서 진동할 때 Op-Amp 출력전압은 positive에서 스윙한다.

(e) positive 전압은 $D_1$의 캐소드, $D_2$의 애노드에 공급된다.

(f) 출력은 사실상 $R_1$을 통해 접지로 연결된다. 따라서 $V_0$=0V이다. 귀환경로는 아직 완전하다는걸 유의하시오($R_2$와 $D_2$).

(g) 입출력전압은 <그림 9-8(b)>에 표시된 것과 같다.

## ▮ 고장진단

가능한 한 소자의 결함과 Op-Amp의 출력의 결과는 아래와 같다. 저항의 결함은 거의 나타나지 않기 때문에 이런 가능성들은 배제한다.

## ▮ 반전정류기

- ▶ **$R_1$ 개방고장** : Op-Amp에 입력이 없으므로 출력은 0V이다.
- ▶ **$R_F$ 개방고장**(<그림 9-9>(a)) : 다이오드가 off될 때, 귀환경로가 제거되기 때문에 Op-Amp 출력은 포화된다.
- ▶ **다이오드 단락고장** : Op-Amp의 출력은 직접 negative 단자에 연결된다. 따라서 출력은 입력에 무관하게 0V이다.
- ▶ **다이오드 개방고장**(<그림 9-9>(b)) : 회로는 간단한 반전증폭기로 동작한다. 따라서 $v_o = -v_i$이다.

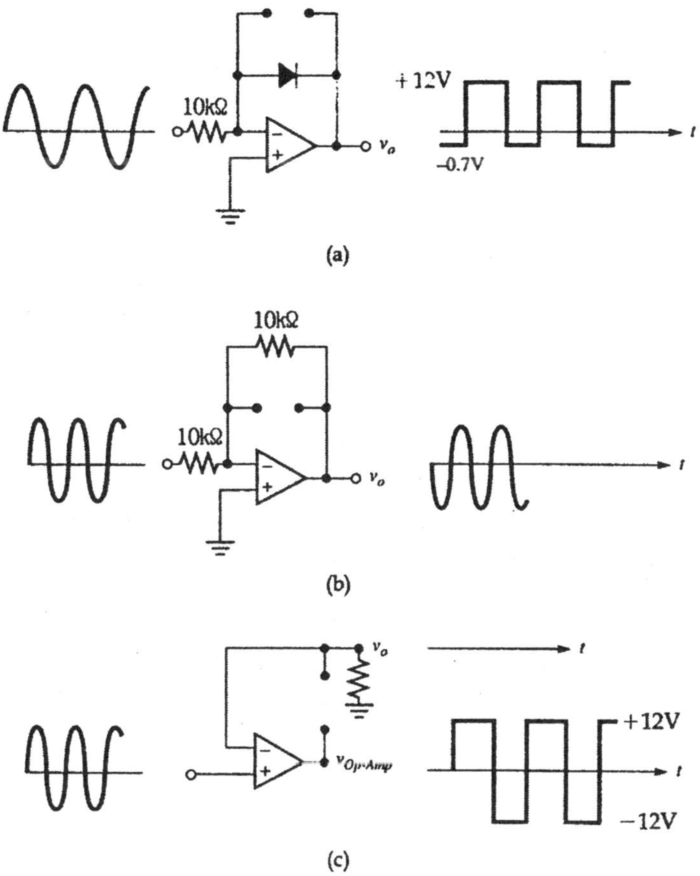


<그림 9-9>

## ▮ 비반전정류기

▸ **다이오드 단락고장** : 출력은 negative 단자에 직접 연결된다. 따라서 회로는 단위이득 버퍼로 동작한다. $v_o = v_i$이다.

▸ **다이오드 개방고장**(<그림 9-9>(c)) : 귀환경로는 동작되지 않는다. 따라서 $v_{\text{Op-Amp}}$는 +, −공급전원 사이에서 나타나고, $v_o$는 대략 0V 부근에 고정된다.

# 9-2 리 미 터

## ▮ Op-Amp 리미터 회로

<그림 9-10>은 Op-Amp 리미터 회로를 나타낸다. 입력이 positive로 될 때 어떤 일이 일어나는가를 알아보도록 하자. 유의할 것은 제너 다이오드는 세 개

의 상태 중 하나에 작동하는 것이다{off(개방회로), on(0.7V 전지), 제너 동작($V_Z$에 해당하는 전지)}.

입력이 positive로 될 때 전류는 전원에서 출발한다. 이것은 $Z_1$에는 순방향이고 $Z_2$에는 역방향이다. 입력이 0V부터 증가하기 시작하면 $Z_2$ 양단에 걸리는 역방향 전압을 항복시키기에 충분할 만큼 크지 않다.

따라서 역방향으로 바이어스된 일반적인 다이오드처럼 동작하고 개방된다. $Z_2$가 개방되기 때문에 다이오드는 <그림 9-10(b)>에 표시된 것처럼 귀환경로는 제거된다.

$$v_o = -\frac{R_F}{R_1}v_i = -\frac{10\text{k}\Omega}{10\text{k}\Omega}v_i = -v_i$$

입력이 계속해서 증가하면 $Z_2$의 역방향 바이어스 전압은 항복전압에 도달되고 다이오드는 전지처럼 동작한다. $Z_2$의 전류 방향은 전원으로부터 시작되고 $Z_1$은 순방향으로 바이어스되고 턴on된다.

귀환경로는 <그림 9-10(c)>에 표시된 것처럼 귀환경로는 사실상 직렬로 연결된 두 전지를 포함하게 된다. $v_- = 0\text{V}$이므로 출력전압은

$$v_o = v_- - 0.7\text{V} - V_z = 0.0 - 0.7\text{V} - 10.0\text{V} = -10.7\text{V}$$

로 된다.

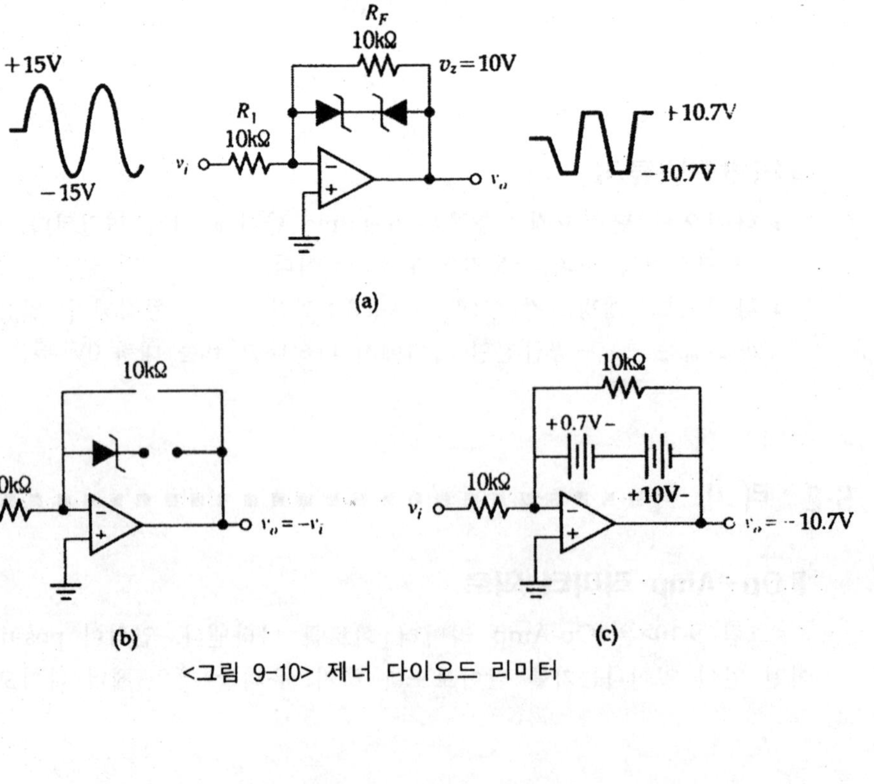


<그림 9-10> 제너 다이오드 리미터

입력전압이 계속 증가하면 출력은 $-10.7$V에서 고정된다. 입력이 negative로 되어도 회로는 이와 유사하게 동작된다.

첫째 출력전압은 입력전압의 반전된 형태로 배치된다. 입력전압이 $-10.7$V 이하로 떨어지면 출력전압은 $-10.7$V에 고정된다. 대칭적인 리미터를 만들 수 있다. 그것은 출력전압이 ±10.7V로 리미트된다. 대체적으로 출력전압은

$$v_{o_{\lim}} = \pm(0.7 + V_z)$$

로 제한된다.

**예제 9-4** <그림 9-11(a)>에서 보여지는 리미터에서 출력전압을 구하시오.

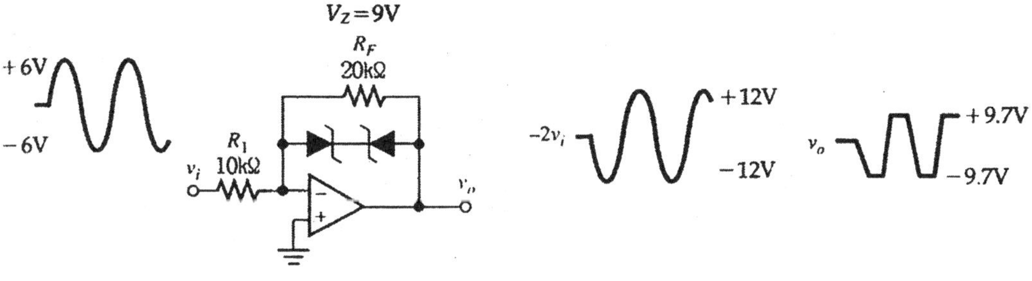


(a) (b) (c)

<그림 9-11>

• **풀이** • 이득이 1보다 높은 값이기 때문에 여기서는 포함되지 않지만 제너 다이오드를 통한 출력을 먼저 그린다.

$$v_o = -\frac{R_F}{R_1}v_i = -\frac{20\text{k}\Omega}{10\text{k}\Omega}v_i = -2v_i$$

<그림 9-11(b)>에 표시된 것처럼 12V 사인파를 얻는다. 출력이 $0.7 + V_Z$ 리미트 전압 이상으로 증가하면 제너 다이오드는 항복 리미트 전압으로 된다.

$$v_{o_{\lim}} = \pm(0.7 + V_z) = \pm 9.7\text{V}$$

실제 출력은 <그림 9-11(c)>에 표시된다.

## ▮ 고장진단

▸ **$R_1$이 개방고장** : Op-Amp에 도달하는 신호가 없으므로 출력은 0V에 고정되어 있다.

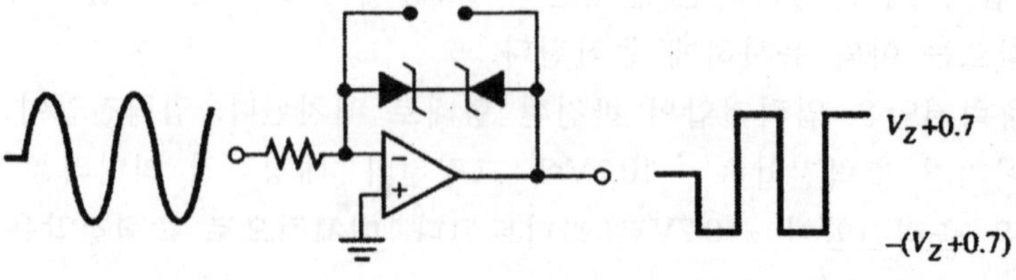


(a)

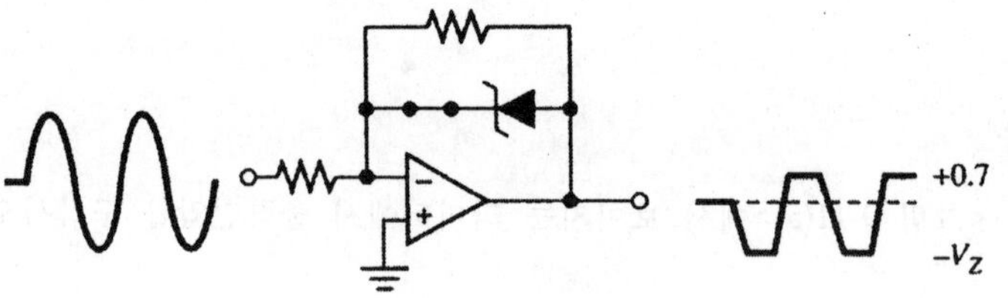


(b)

<그림 9-12>

▶ ***$R_F$*가 개방고장**(<그림 9-12>(a)) : 이득이 무한대로 된다. Op-Amp 출력은 공급전압에 도달된다. 제너 다이오드는 아직도 출력을 제한한다. 출력은 (±0.7 + $V_Z$) 사이에서 사각파로 급히 튀는 걸로 보인다.

▶ **제너 다이오드가 개방고장** : 제너 다이오드는 귀환경로가 제거되고 제한되지 않는 간단한 반전증폭기로 동작하게 된다.

▶ **제너 다이오드가 단락고장** : 리미트가 한 방향으로만 동작하게 된다.

## 9-3 0점 교차검출기

Op-Amp 회로의 모든 점에서 우리는 적절한 동작을 위해서 negative 귀환을 사용하는 것을 볼 수 있다. 그러나 매우 높은 개방 루프 이득을 얻을 수 있는 Op-Amp 회로를 만들 수 있다.

이런 회로들은 negative 귀환없이 동작되고 Op-Amp 출력전압의 포화에 의존해서 동작한다. 이런 회로들 중 가장 간단한 회로가 <그림 9-13>에 표시되어 있다. <그림 9-13>에 표시된 회로에서 −단자는 접지되고 +단자에 신호원이 직접 연결된다. 이것이 우리가 만들 수 있는 간단한 Op-Amp 회로이다.

주의할 점은 여기에 귀환경로가 없다는 것이다. 귀환은 없고 +와 −단자 사이의 차동전압은 0V에서 구동되지 않는다. 귀환이 없기 때문에

$$v_+ \neq v_-$$

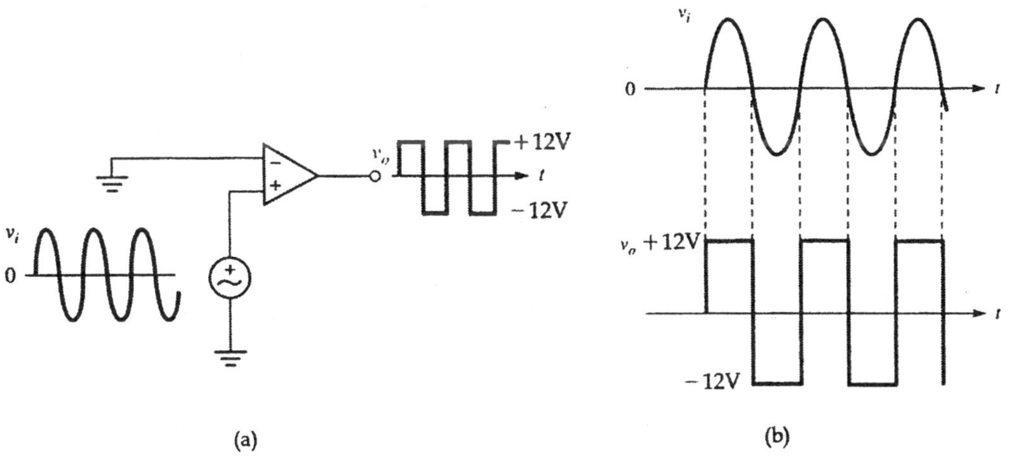


<그림 9-13> 0V 교차검출기

이다. 또한 귀환을 갖지 않는 출력전압은

$$v_o = A(v_+ - v_-)$$

로 주어진다. 이득 $A$가 너무 크기 때문에 $v_+$가 $v_-$보다 수 μV 크기 때문에 출력은 거의 positive 공급전압에 접근하게 된다. $v_+$가 $v_-$보다 수 μV 작게 되면 출력은 negative 공급전압에 접근하게 된다.

$$v_+ > v_- \rightarrow v_o \approx +V_{\text{supply}}, \quad v_+ < v_- \rightarrow v_o \approx -V_{\text{supply}}$$

<그림 9-13>에 표시된 회로에서

$$v_- = 0\text{V}$$

이다. 따라서 입력신호가 positive로 되면 출력은 +12V까지 접근하게 된다. 입력이 negative로 되면 출력은 −12V에 접근하게 된다.

Op-Amp의 슬류율은 출력전압이 실제로 얼마나 빨리 점프할 수 있는지를 제한한다. 이런 단순회로에서는 두 가지 방법을 사용할 수 있다.

첫째, <그림 9-13>에서 표시된 것처럼 회로는 정현파 입력에서 구형파를 출력시킨다. 이것은 회로가 구형파 발생기로 사용되는 경우이다. <그림 9-13>(b)는 두번째 사용법을 설명해준다.

우리는 동일한 그래프 위에 입력과 출력전압을 표시할 수 있다. 매시간 입력이 0V와 교차할 때 출력이 +12V로 점프하는 것을 볼 수 있다. 따라서 우리는 매시간 출력에서 +12V 점프를 볼 수 있고, 이때 입력신호가 0V와 교차한다는 걸 알 수 있다. 이 회로가 0V 교차검출기이다.

0V 교차검출기의 사용의 예는 <그림 9-14(a)>에 표시되어 있다.

RC 조합은 매시간 Op-Amp 출력전압 변화를 +에서 − 또는 −에서 +로 변화시키는 직렬로 연결된 전압 스파이크를 발생시킨다. 다이오드는 도통을 위해

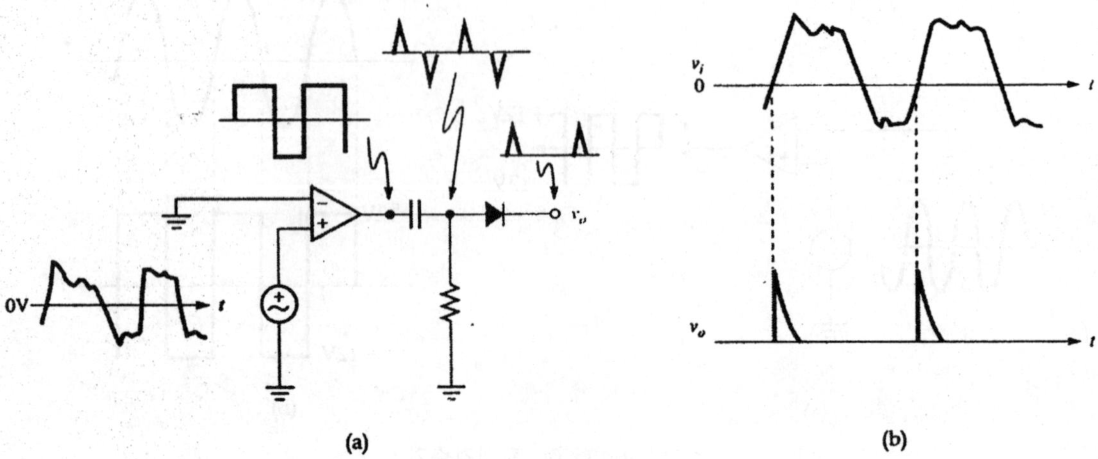


<그림 9-14>

서 오직 positive로 되는 스파이크만을 허용한다.

입력신호와 결과적인 고정열은 <그림 9-14(b)>에 표시된다. 매시간 우리는 스파이크 전압을 확인할 때마다 입력이 positive 방향으로 0V를 교차하고 있다는 사실을 알 수 있다.

이런 전압 스파이크는 오실로스코프의 트리거링, 기록장치, 컴퓨터 입력을 인에이블시키는 데 사용된다. 0V 교차검출기의 공통적 변화는 출력전압의 제한에 있다.

<그림 9-15>에서는 back to back 제너 다이오드가 이런 동작을 어떻게 수행하는지를 보여준다. 출력은 $\pm(0.7+V_Z)$ 사이에서 점프가 이루어진다.

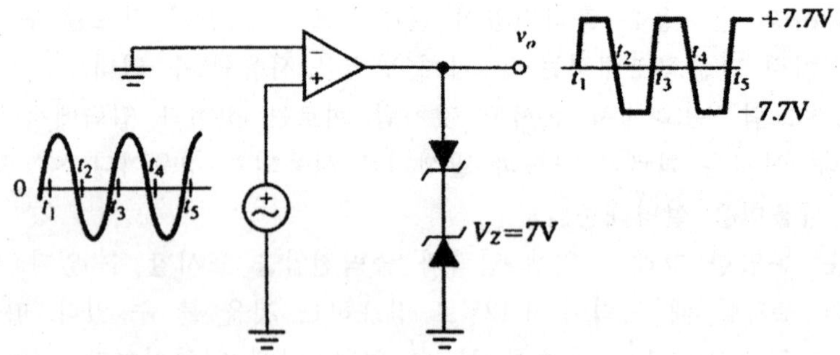


<그림 9-15>

**예제 9-5** <그림 9-16>에 표시된 0V 교차검출기의 입력신호와 출력전압을 동일한 그래프에 그리시오.

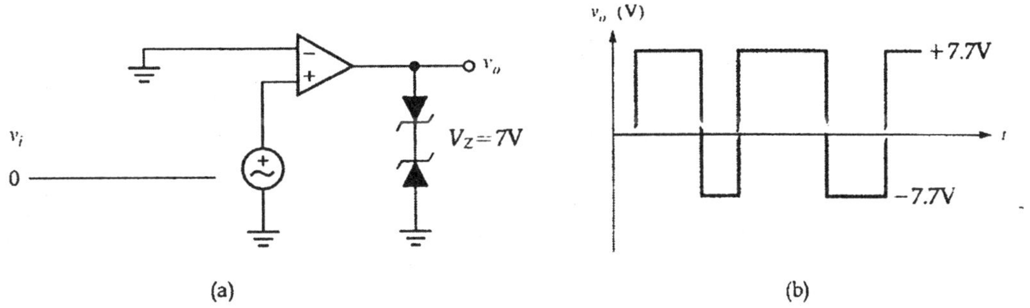


<그림 9-16>

**• 풀이 •** 제너 다이오드의 출력 제한은 <그림 9-16(b)>에서 표시된 것처럼 ±5.7V로 나타난다. 0V 교차검출기는 비교기의 특별한 유형이다.

## 9-4 비교기(레벨 검출기)

0V 교차검출기는 비교기의 특별한 유형이다. 비교기는 또한 레벨 검출기로도 알려져 있다. 0V 교차검출기에서 Op-Amp 출력전압은 매시간 입력전압이 0V를 통과할 때 변화된다.

비교기에서 Op-Amp 출력전압은 매시간 입력전압이 미리 설정된 기준전압을 통해서 변화된다. 비교기는 반전 또는 비반전 모드로 구성된다.

### ▮ 비반전비교기

<그림 9-17>에 표시된 기준 전지는 −단자에서 전압을 설정한다.

$$v_- = V_{ref} = 6\text{V}$$

이때 우리는

$$v_+ > v_- \rightarrow v_o \approx +15\text{V}$$

$$v_+ < v_- \rightarrow v_o \approx -15\text{V}$$

라는 사실을 알고 있다.

다시 설명하자면 입력전압이 고정전압보다 높으면 출력은 negative 전압공급이 되고 입력전압이 고정전압보다 낮으면 출력은 positive 공급전압이 된다는 것이다. 이런 비반전비교기의 입력과 출력신호는 <그림 9-17(b)>에서 동일한 그래프 안에 표시되어 있다.

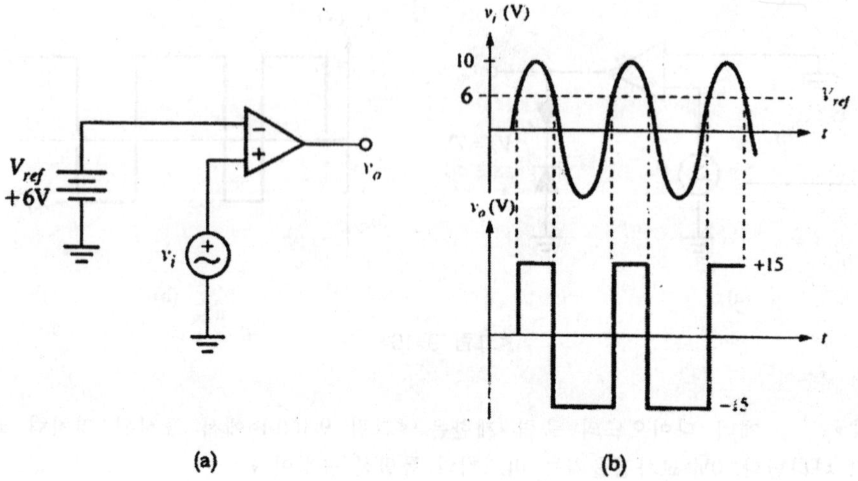


<그림 9-17> 비반전비교기

**예제 9-6** <그림 9-18(a)>는 우리가 기록하려는 신호가 잡음에 의해 훼손된 것을 나타낸다. 우리는 잡음 이상에서 나타나는 신호 스파이크만을 기록하는 데 관심이 있다. 이런 작업을 수행하기 위한 회로를 구성하시오.

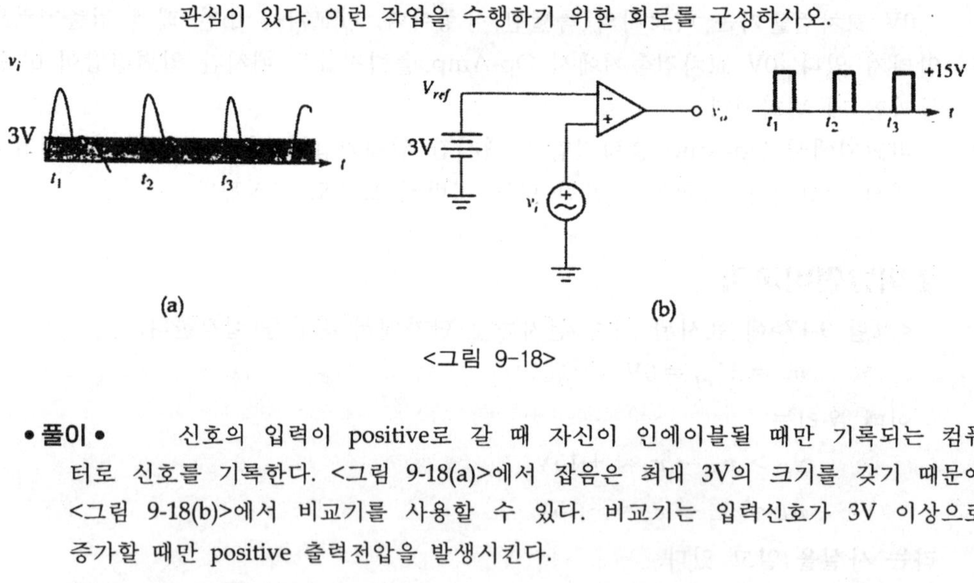


<그림 9-18>

• 풀이 • 신호의 입력이 positive로 갈 때 자신이 인에이블될 때만 기록되는 컴퓨터로 신호를 기록한다. <그림 9-18(a)>에서 잡음은 최대 3V의 크기를 갖기 때문에 <그림 9-18(b)>에서 비교기를 사용할 수 있다. 비교기는 입력신호가 3V 이상으로 증가할 때만 positive 출력전압을 발생시킨다.

## ▮비교기의 전압분배기 기준전압

<그림 9-19>에서 표시된 것처럼 기준전압을 발생시키기 위해서는 전지가 필요하다. 우리는 positive 공급전원이나 negative 공급전원과 연결되는 전압분배기를 사용할 수 있다. 기준전압은

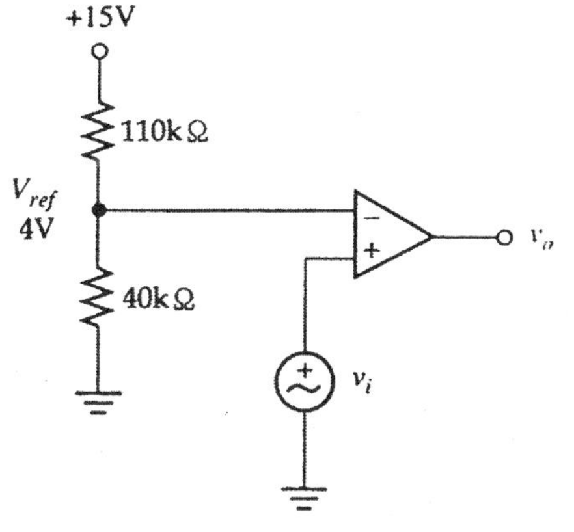


<그림 9-19>

$$V_{ref} = \frac{R_2}{R_1 + R_2} V_{\text{supply}} = \frac{40\text{k}\Omega}{40\text{k}\Omega + 110\text{k}\Omega} 15\text{V} = 4\text{V}$$

로 주어진다.

## ▮ 반전비교기

기준전압을 초과할 때 비교기 출력전압이 negative로 되기를 원하면 기준전압을 +단자에 연결한다. 신호는 −단자에서 얻어진다.

<그림 9-20>은 기준전압이 전압분배기에 의해서 결정되는 반전비교기를 표시하고 있다. 유의할 점은 비반전 혹은 반전비교기는 기준전압이 0V로 설정되면 0V 교차검출기가 된다는 점이다.

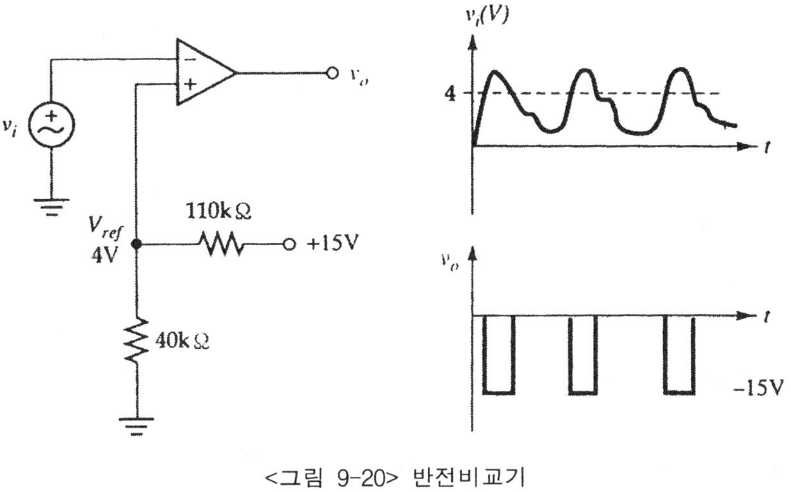


<그림 9-20> 반전비교기

**예제 9-7** 앞에서 전압 레벨 검출기를 구성하기 위해서 레벨 검출기와 LED를 어떻게 사용하는지를 알아본 바 있다. <그림 9-21(a)>에서 이 회로를 다시 생각해보자. 우선 레벨 검출기를 구성하자(레벨 검출기는 입력전압이 2V를 통과할 때 +5V 출력을 발생시킨다).

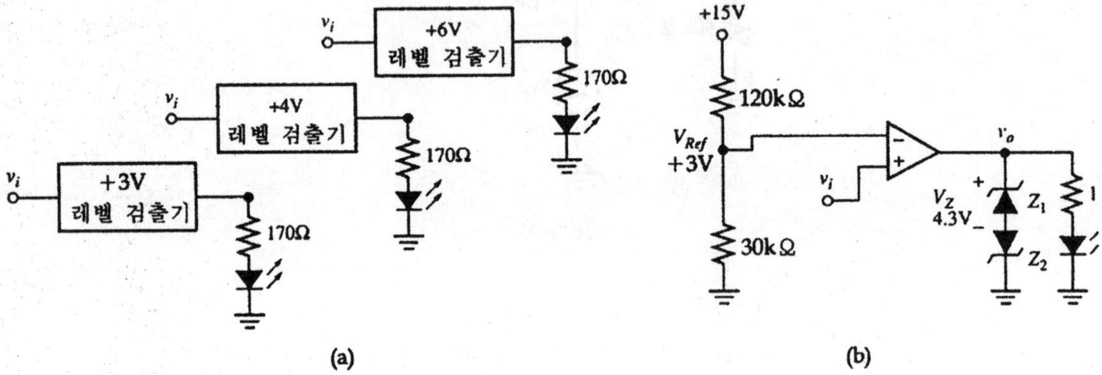


<그림 9-21>

• **풀이** • <그림 9-21(b)>는 레벨 검출기 회로를 표시하고 있다. 제너 다이오드 리미트 회로를 비반전비교기와 연결하고 LED를 구동시킨다. 공급전원을 ±15V를 사용한다고 가정하면 기준전압은

$$V_{ref} = \frac{30k\Omega}{30k\Omega + 120k\Omega} 15V = +3V$$

이다. 입력전압이 +3V를 지나갈 때 Op-Amp는 +15V 근처에서 포화된다. 제너 다이오드 $Z_1$이 항복되고 $Z_2$는 on된다. 리미트 출력전압은

$$v_o = V_z + 0.7 = 4.3V + 0.7 = 5V$$

이다. +5V는 LED를 순방향으로 바이어스시키고 LED는 발광된다. 입력이 +3V보다 낮으면 Op-Amp는 −15V 근처에서 포화가 되고 리미터는 −5V의 출력을 내게 된다. negative 출력전압은 LED를 역방향으로 바이어스시키고 LED는 불이 켜지지 않는다.

## ▮ 고장진단

Op-Amp가 정상이고 모든 소자가 정확히 연결되어 있다면 오직 문제는 전압 분배기의 저항에서 발생된다.

- **$R_1$개방($R_2$단락)고장**(<그림 9-22>(a)) : $v_- = 0V$이고 회로는 0V 교차검출기로 동작한다.
- **$R_1$단락($R_2$개방)고장**(<그림 9-22>(b)) : $v_- = +12V$이고 출력은 −12V에서 포화된다.

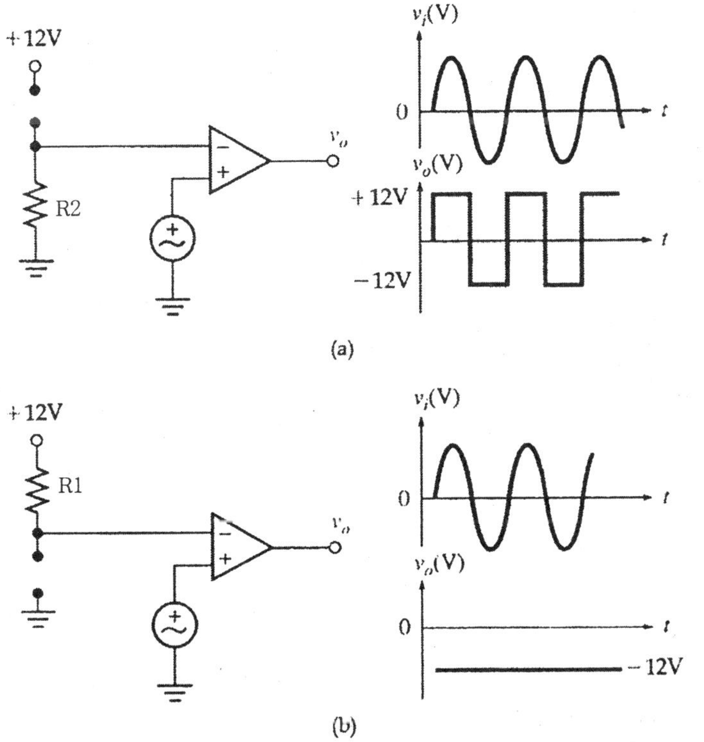


<그림 9-22>

## 9-6 쉬미트 트리거(Schmitt-trigger)

비교기는 <그림 9-23(a)>에 표시된 것처럼 매우 빠른 신호를 사용할 때 몇 가지 문제가 발생된다. 그 중 하나는 공급전압에서 포화되는 Op-Amp의 출력을 위해 한정된 시간을 갖는다는 것이다.

만약 <그림 9-23(b)>에 표시된 것처럼 신호가 아주 짧은 시간 동안에만 기준전압을 넘는다면 Op-Amp는 응답할 수 있는 시간이 없게 된다.

또다른 것은 Op-Amp가 응답할 수 있다고 해도 <그림 9-23(c)>에 표시된 것처럼 출력 펄스는 사용할 수 없을 만큼 협대역의 펄스를 발생시키게 된다. 비교기가 갖는 문제는 쉬미트 트리거라고 알려진 약간 더 복잡한 회로를 사용하면 극복할 수 있다.

이런 회로는 몇 가지 구조를 갖는데 여기서는 <그림 9-24>에 표시된 간단한 반전 쉬미트 트리거에 대해서만 설명한다.

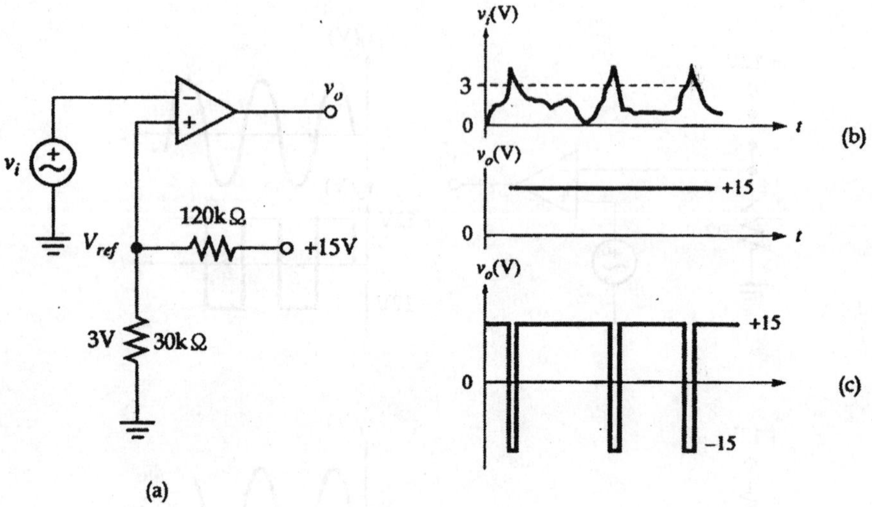


<그림 9-23> 반전비교기

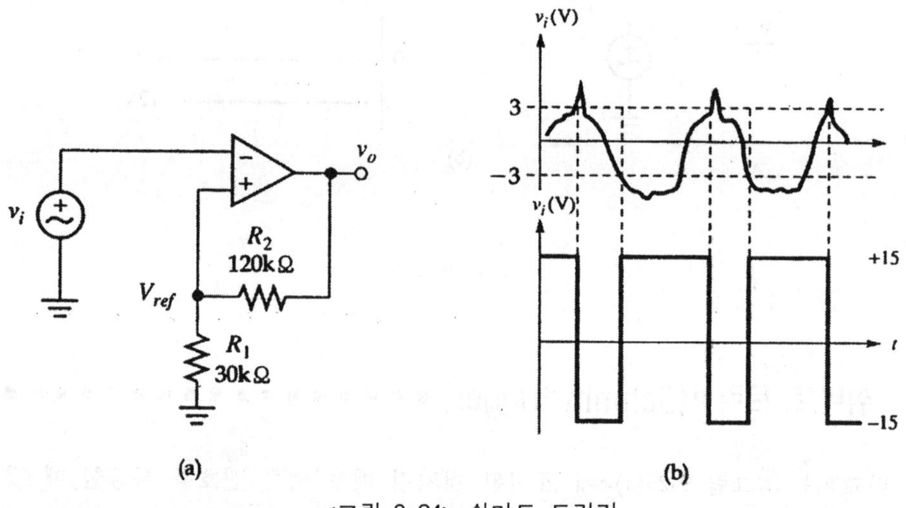


<그림 9-24> 쉬미트 트리거

## ▌positive 귀환

쉬미트 트리거는<그림 9-23>에 표시된 회로와 아주 유사하다. 그러나 매우 중요한 차이점을 갖는다. 전압분배기의 구동은 공급전압이 아니라 Op-Amp 출력전압이다.

유의할 점은 이 회로가 +단자에 출력전압을 역으로 연결시킨다는 점이다. Op-Amp 회로가 사용하는 negative 귀환회로의 동작을 기술하기 위해서 다음과 같이 루프 주위를 다시 한번 기억하는 것이 필요하다.

▸ positive 전압이 −단자에 인가되고 negative 출력전압을 발생시킨다.

▸ negative 출력전압을 −단자로 귀환시킨다.

▸ −단자에서의 이런 negative 귀환전압은 positive 출력전압을 발생시킨다.

negative 귀환 시스템의 특성은 평형상태가 될 때까지 출력전압을 감소시킨다. Op-Amp negative 귀환 시스템은 $v_+ = v_-$일 때 평형에 도달한다.

다시 설명하자면 쉬미트 트리거 단자에서의 루프에 대한 설명은 다음과 같다.

▸ positive 전압이 −단자에 인가된다고 가정하자. 이것은 negative 출력전압을 발생시킨다.

▸ negative 출력전압은 $R_1$과 $R_2$를 통해서 +단자로 공급된다.

▸ 이런 negative 귀환전압이 +단자에 인가되면 negative 출력전압이 발생된다.

negative 귀환 시스템과는 달리 한번 출력이 negative 귀환으로 가면 출력이 공급전원에 가깝게 포화될 때까지 더욱더 negative로 된다. 이것이 positive 귀환 시스템이다.

positive 귀환회로의 문제점은 <그림 9-23(b)>에 표시되어 있다. 쉬미트 트리거의 positive 귀환은 출력전압을 입력신호가 비교기가 제공하는 기준전압보다 약간 크기만 하면 비교기보다 훨씬 더 빠른 응답을 제공하도록 포화된다.

쉬미트 트리거는 비교기보다 훨씬 긴 출력 펄스를 제공한다. 이것은 매우 미묘한 부분으로 보이지만 바이트 사이즈의 큰 부분에서의 과정 실행을 깨뜨리게 된다. <그림 9-25(a)>에서 출력전압이 +15V에 포화되는 것으로 가정한다. 따라서 트리거 기준전압은

$$V_{ref} = \frac{R_2}{R_1 + R_2} V_o = \frac{30\text{k}\Omega}{30\text{k}\Omega + 120\text{k}\Omega}(+15\text{V}) = +3\text{V}$$

이다. 입력이 3V를 넘자마자 출력은 −15V로 떨어질 것이다(이것은 반전회로이다).

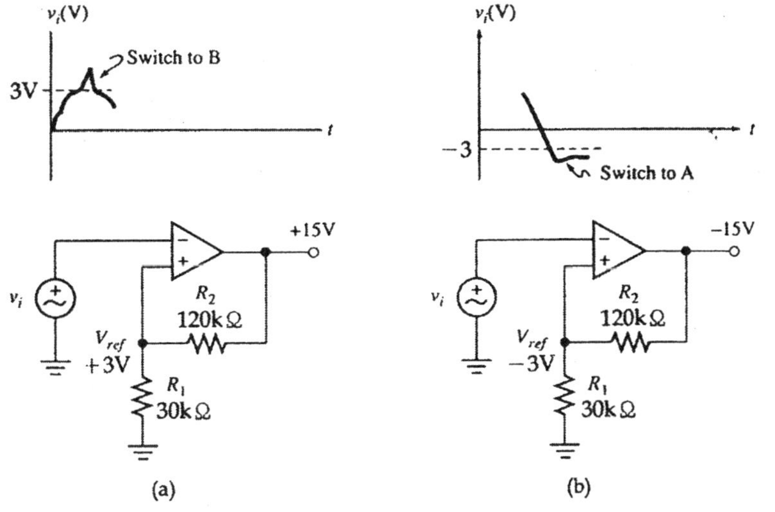


<그림 9-25>

입력전압이 +15V에서 −15V로 갈 때 기준전압 역시 바뀐다. 이것은 쉬미트 트리거의 동작을 해결하는 열쇠이다. 기준전압은 이제

$$V_{ref} = \frac{R_2}{R_1 + R_2} V_o = \frac{30\text{k}\Omega}{30\text{k}\Omega + 120\text{k}\Omega}(-15\text{V}) = -3\text{V}$$

이다. 이제 여기서 무슨 일이 일어나는지 주목하자. 기준전압은 −3V로 감소했다. 입력이 −3V 위에 머무는 만큼 길고, −단자전압이 +단자전압과 출력보다 크다. 따라서 −15V에 고정된다. 출력 펄스는 길어진다.

<그림 9-25(b)>에 표시된 것처럼 입력전압이 감소한다. 입력이 −3V로 떨어질 때 +단자는 −단자보다 큰 전압을 갖는다. 이때 Op-Amp 출력은 +15V로 되돌아가고, 기준전압은 +3V로 간다.

입력이 +3V 밑으로 유지될 때 출력은 +15V에 머물게 된다. 입력신호가 다시 +3V를 넘을 때 출력전압은 negative에서 스윙한다. 쉬미트 트리거의 입력과 출력 신호는 <그림 9-24(b)>에 표시된다.

**예제 9-8** <그림 9-26(a)>에 표시된 쉬미트 트리거에서, 입력과 출력전압을 동일한 그래프에 표시하시오.

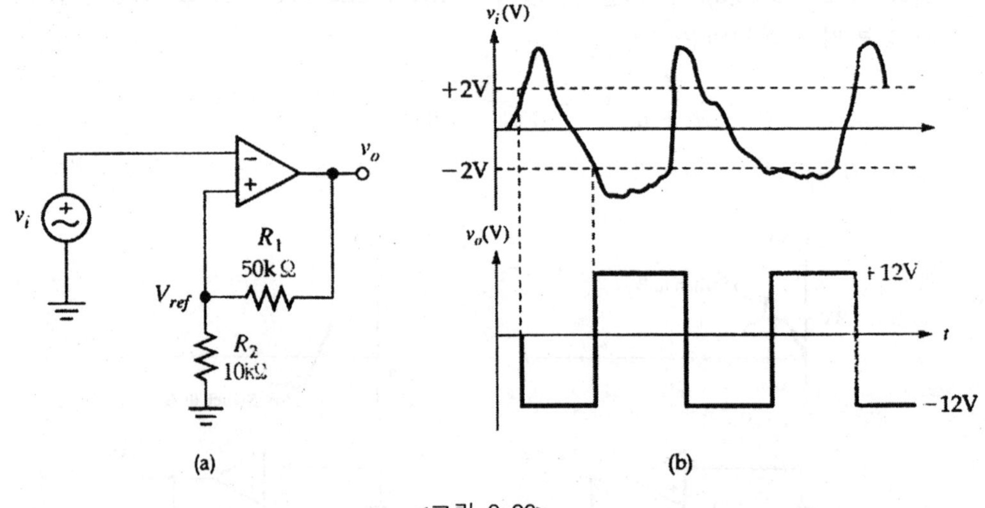


<그림 9-26>

**• 풀이 •** 출력전압이 12V라고 가정하면 기준전압은

$$V_{ref} = \frac{R_2}{R_1 + R_2} V_o = \frac{10\text{k}\Omega}{10\text{k}\Omega + 50\text{k}\Omega}(+12\text{V}) = +2\text{V}$$

이다. 따라서 입력이 +2V 이상이거나 −2V 이하로 떨어지면 트리거가 된다. <그림 9-26(b)>는 입출력 신호이다.

비교기와 쉬미트 트리거는 자유입력이 기준전압을 통과할 때 출력을 positive 전압에서 negative 전압으로 변화시키거나 그 역으로 변화시킨다. 두 회로 사이에는 유사하기는 하지만 아주 큰 차이점이 존재한다.

기준 레벨은 비교기의 출력을 negative에서 positive로 가도록 트리거하고 동일한 레벨이 비교기의 출력을 positive에서 negative로 가도록 트리거시킨다. 예를 들면 비반전비교기의 기준 레벨이 +2V라고 가정하자. 입력이 +2V를 초과할 때 출력은 positive로 된다. 입력이 +2V 아래로 떨어지면 출력은 negative가 된다.

쉬미트 트리거는 다시 설명하자면 negative에서 positive로 출력을 변화시키는 한 기준 레벨을 갖는다. 분리된 기준 레벨은 positive에서 negative로 출력을 변화시킨다.

예를 들면 쉬미트 트리거는 입력이 +2V를 넘으면 positive로 가도록 하지만 +1V 이하로 떨어질 때까지는 negative로 가지 않도록 고안되어 있다. 소자가 positive 출력변화의 트리거 레벨과 negative 출력변화의 다른 트리거 레벨을 가질 때 특성은 히스테리시스(hysteresis)라고 알려져 있다.

마지막으로 쉬미트 트리거의 기본 모델은 귀환 전압분배기의 기준전압에서 Op-Amp를 포화시키는 전압으로 사용된다. 정확하게 사용되는지 알려지지는 않았지만 특별한 Op-Amp에서 포화전압이 발생되는 것을 확인할 수도 있을 것이다.

따라서 트리거 레벨을 정밀하게 설정할 수 없다. Op-Amp 출력에 리미터 회로를 연결하면 이런 문제를 고정시킬 수 있다.

<그림 9-27>은 귀환회로에서 기준전압을 제공하기 위해서 제너 다이오드를 어떻게 사용하는지를 보여준다. Op-Amp 출력이 positive 포화전압에서 스윙하면 $Z_1$은 역방향으로 바이어스되고 $Z_2$는 순방향으로 바이어스된다. 다이오드가 0.7V의 턴on 전압을 갖는다고 가정하면 기준전압은

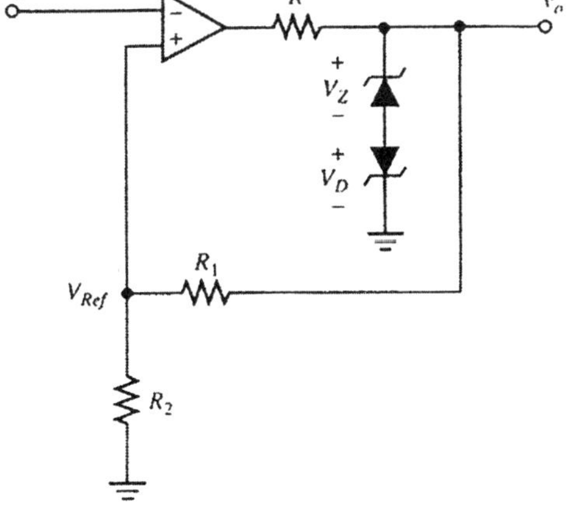


<그림 9-27>

$$V_{ref} = V_Z + 0.7\text{V} = +5.7\text{V}$$

이다. Op-Amp 출력이 negative 포화전압에서 스윙할 때 기준전압은 $V_{ref} = -5.7\text{V}$가 된다.

저항($R$)은 Op-Amp에 흐르는 전류를 제한하기 위해서 Op-Amp 출력과 제너 다이오드 사이에 연결된다. 이것이 제너 다이오드가 항복영역에서 적정하게 유지되도록 하는 데 충분한 유효전류가 있다는 것을 확신시켜준다.

## ▌고장진단

▸ **신호원이 연결되지 않았다**(<그림 9-28>(a)) : 출력전압은 positive 공급전압 또는 negative 공급전압에 고정된다.

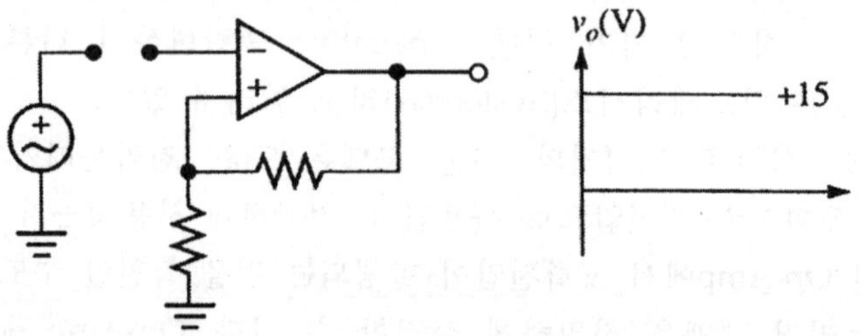


(a)

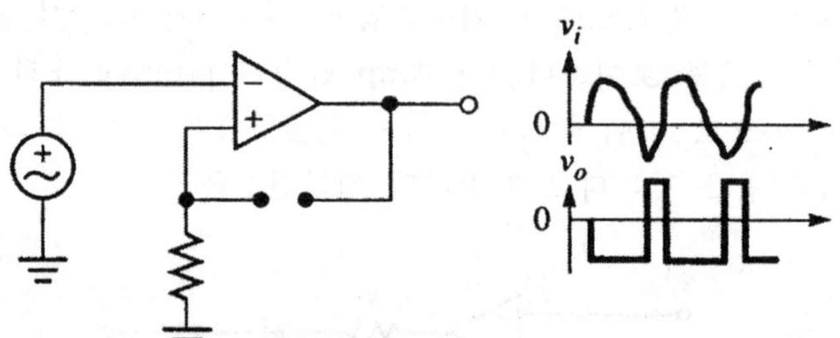


(b)

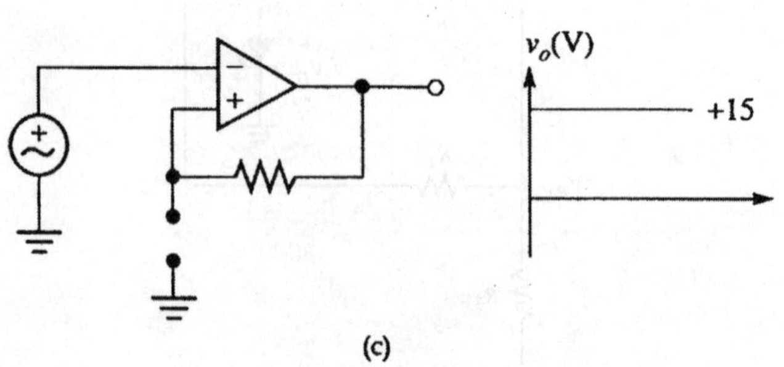


(c)

<그림 9-28>

▸ $R_1$ **개방고장**(<그림 9-28>(b)) : 회로는 0V 교차검출기처럼 동작한다.

▸ $R_2$ **개방고장**(<그림 9-28>(c)) : 출력전압은 positive 공급전압 또는 negative 공급전압으로 고정된다.

## 기초문제

1. 반전정류기 회로의 단점은 무엇인가?
2. 비반전정류기 회로의 단점은 무엇인가?
3. 만약 저항이 개방되었을 때 반전정류기의 출력전압은 어떻게 되는지 설명하시오.
4. 만약 다이오드가 개방되었을 때 비반전정류기의 출력전압은 어떻게 되는지 설명하시오.
5. Op-Amp 회로에서 negative 귀환이 발생되지 않을 때 $v_+$와 $v_-$을 말하시오.
6. $v_+ > v_-$일 때와 $v_+ < v_-$일 때의 Op-Amp 출력전압은 무엇인가?
7. 비교기가 0V 교차검출기와 같이 작동할 때는 언제인가?
8. Op-Amp 출력전압이 점프를 빨리 할 수 있는 제한 요인은?
9. $R_1$이 개방되는 경우와 $R_2$가 단락되는 경우의 반전비교기의 출력을 구하시오.

〔해답〕 1. 다이오드의 턴on 전압에 영향을 받는다.

2. (1) 귀환경로가 제거되면 미분 입력전압은 더이상 0V가 아니다. 사실상 $v_x$는 내부 보호회로를 갖지 않는 Op-Amp를 손상시키기에 충분한 크기를 갖는다. (2) 귀환경로가 제거되면 출력전압은 포화전압을 만족한다. 실제 Op-Amp에서 포화상태를 극복하는 데는 한정된 시간이 걸린다. 이 회로는 고주파 입력신호를 따르지 않을 수 있다.

3. $R_1$ 개방고장시 Op-Amp에 입력이 없으므로 출력은 0V이다. $R_F$ 개방고장시 다이오드가 off될 때, 귀환경로가 제거되기 때문에 Op-Amp 출력은 포화된다.

4. 귀환경로는 동작되지 않는다. 따라서 $v_{Op\text{-}Amp}$는 +, −공급전원 사이에서 나타나고, $v_o$는 대략 0V 부근에 고정된다.

5. $v_+ \neq v_-$ 6. $v_+ > v_- \rightarrow v_o \approx +V_{supply}$, $v_+ < v_- \rightarrow v_o \approx -V_{supply}$

7. 기준전압을 0V로 설정할 때 8. 슬류율

9. $R_1$ 개방고장시 $v_- = 0V$이고 회로는 0V 교차검출기로 동작한다.
$R_2$ 단락고장시 $v_- = +15V$이고 출력은 −15V에서 포화된다.

## 응용문제

1. 비교기의 두 단점은 무엇인가?
2. 기본 반전 쉬미트 트리거 회로를 그리시오.
3. 이 회로에서 사용되는 귀환 형태는 무엇인가? 이런 귀환 효과를 설명하시오.
4. 쉬미트 트리거의 기준전압을 설명하시오.
5. 비교기의 기준전압과 쉬미트 트리거에서의 기준전압은 어떻게 다르게 동작하는가?
6. 쉬미트 트리거의 입출력 신호의 형태를 그리시오.
7. 기준전압을 제공하기 위해서 사용되는 Op-Amp 포화전압이 갖는 문제점은 무엇인가? 어떻게 이 문제를 해결하는가?
8. 원래 신호원이 연결되지 않았다면, $R_1$이 개방되었다면, $R_2$가 개방되었다면 쉬미트 트리거의 출력전압은 어떻게 되는지 설명하시오.
9. 제너 다이오드 Op-Amp 리미터를 그리시오.
10. 최대 출력전압에 도달하는 것은 무엇인가?
11. $R_1$이 개방될 때 출력전압을 말하시오.
12. $R_F$가 개방될 때 출력전압을 말하시오.
13. 제너 다이오드가 개방될 때와 단락될 때 출력전압을 말하시오.

## 연습문제

1. <그림 9-29>에 표시된 Op-Amp의 반전입력에 +5V의 기준전위가 연결되어 있다. $+V$, $-V$, $A_{OL}$ 값을 이용해서 비반전입력에 +4.9V 및 +5.1V가 인가될 경우의 출력전압을 구하시오.

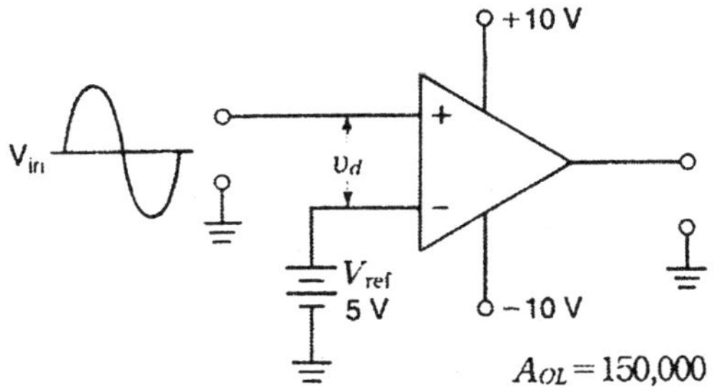


<그림 9-29>

2. <그림 9-30>에 표시된 회로에서 디지털 시스템은 변화하는 신호원 전압이 어떤 출력 레벨에 도달한 경우 미리 설정된 기능을 수행하는 데 사용된다. 이런 경우 출력 레벨값은 얼마인가?

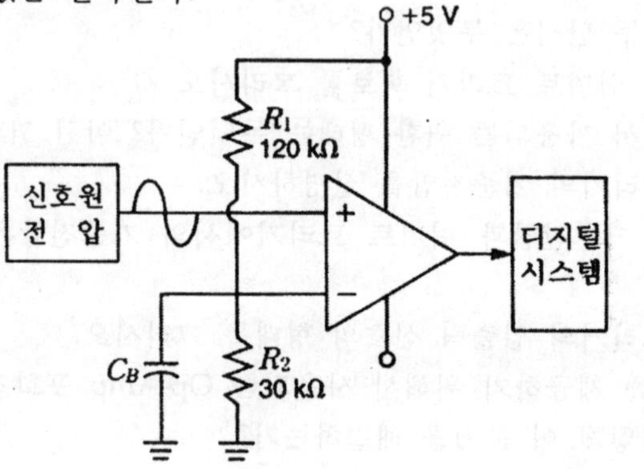


<그림 9-30>

3. <그림 9-31>에 표시된 회로에서 고장의 원인은 무엇인지 설명하시오.

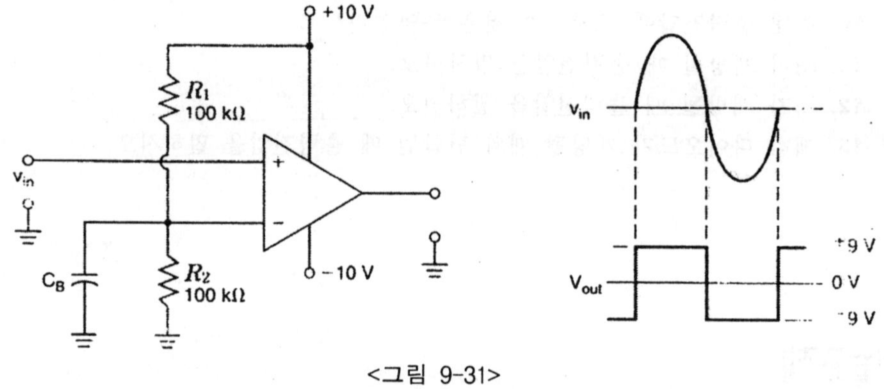


<그림 9-31>

4. <그림 9-32>에 표시된 회로에서 차단주파수를 결정하시오. 또한 출력이 선형적인 특성을 잃어버리기 시작하는 주파수를 구하시오.

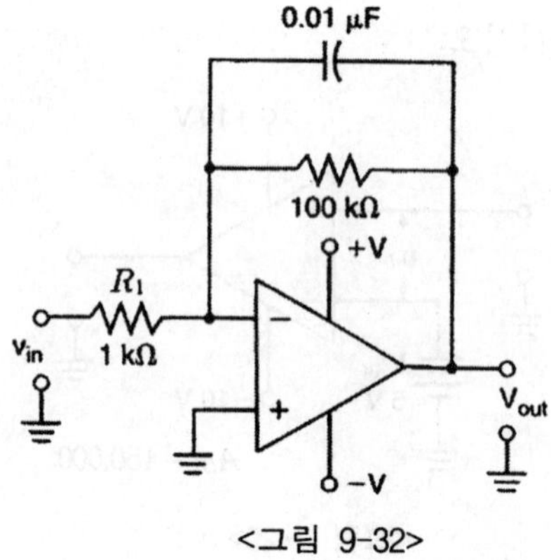


<그림 9-32>

**5.** <그림 9-33>에 표시된 가산기의 출력을 구하시오.

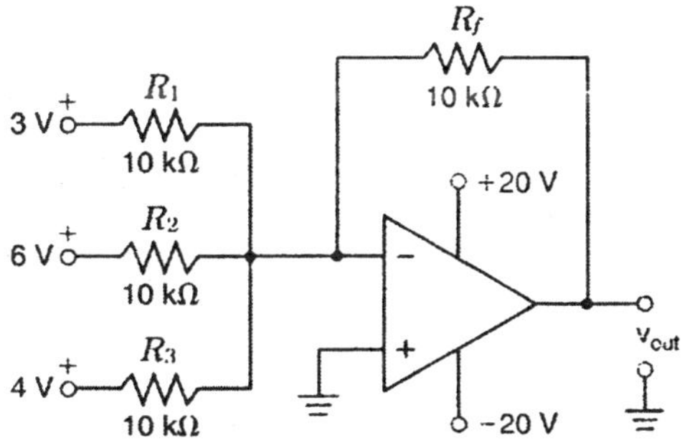


<그림 9-33>

**6.** <그림 9-34>에 표시된 가산기의 출력을 구하시오.

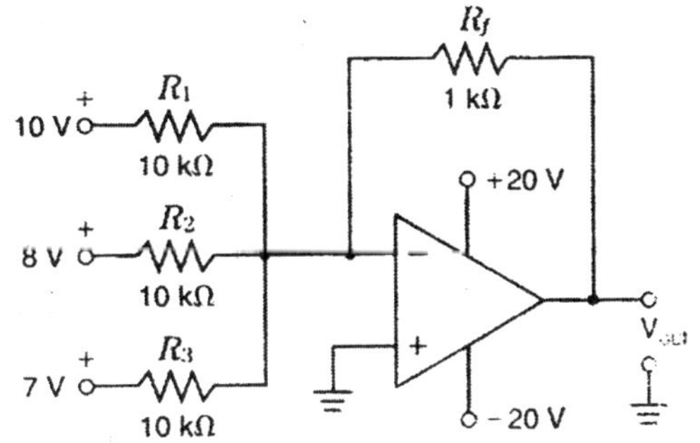


<그림 9-34>

**7.** <그림 9-35>에 표시된 회로를 피크값이 2V인 정현파로 구동시킨다. 만약 연산증폭기의 이득이 100,000이라면 다이오드를 도통시키기 직전의 입력전압은 얼마인가? 부하저항을 통해서 흐르는 피크 전류는 얼마인가? 사이클의 평균 전류는 얼마인가?

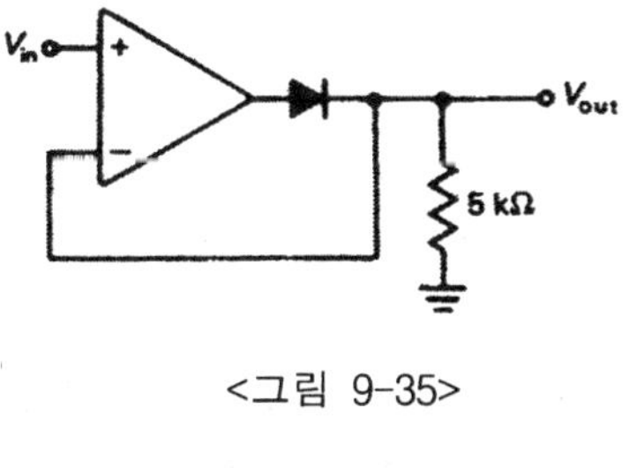


<그림 9-35>

**8.** <그림 9-36>에 표시된 회로에서 입력신호가 300mV의 피크값을 갖는 정현파라고 가정하면 출력전압의 최대값과 최소값은 얼마인가? 만약 $R_LC$ 시정수가

적어도 입력 주기의 100배 이상 크다면 허용되는 최저 주파수는 얼마인가?

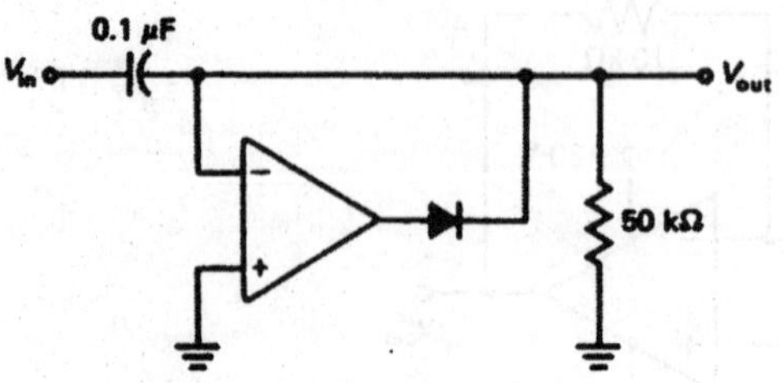


<그림 9-36>

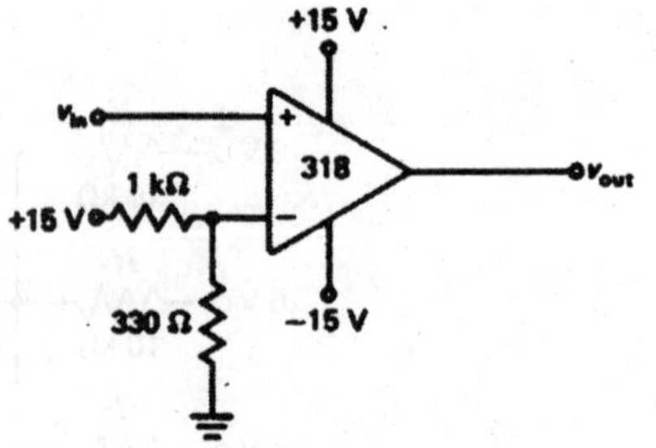


<그림 9-37>

**9.** <그림 9-37>에서 기준전압은 얼마인가? $v_{in}$=1V일 때 대략적인 출력은 얼마인가? $v_{in}$=10V일 때 대략적인 출력은 얼마인가?

**10.** <그림 9-38>에 표시된 슈미트 트리거의 트립점은 얼마인가?

**11.** <그림 9-38>에서 1kΩ 저항 양단에 걸리는 표유 커패시턴스는 30pF이다. 가속 커패시턴스가 갖는 최소값은 얼마인가?

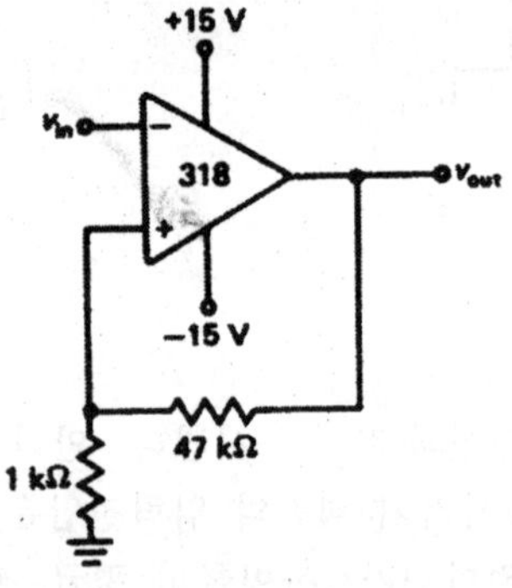


<그림 9-38>

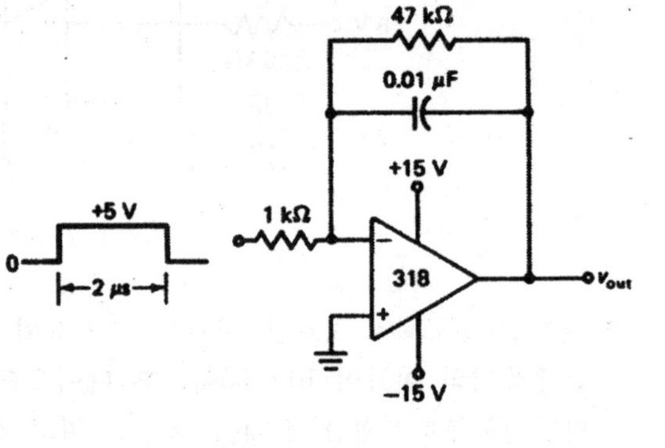


<그림 9-39>

**12.** <그림 9-39>에 표시된 회로에서 출력전압이 0이다. 입력 펄스의 끝에서 대략적인 출력은 얼마인가?

**13.** <그림 9-40>에 표시된 적분기 회로에서 2.75kHz의 주파수를 갖는 구형파가 구동한다고 가정하면 입력이 10V의 피크 피크값을 가질 때 출력의 피크 피크값은 얼마인지 구하시오.

**14.** <그림 9-41>에서 공급전압이 +15V와 −15V이다. $R_1$=1kΩ, $R_2$=10kΩ, $R$=4.7 kΩ, $C$=0.022μF을 갖는다고 가정하고 출력 구형파의 주파수를 구하시오.

**15.** <그림 9-38>에 표시된 슈미트 트리거는 히스테리가 없다. 트립점이 0에 있다면 두 가지 가능한 고장은 무엇인가?

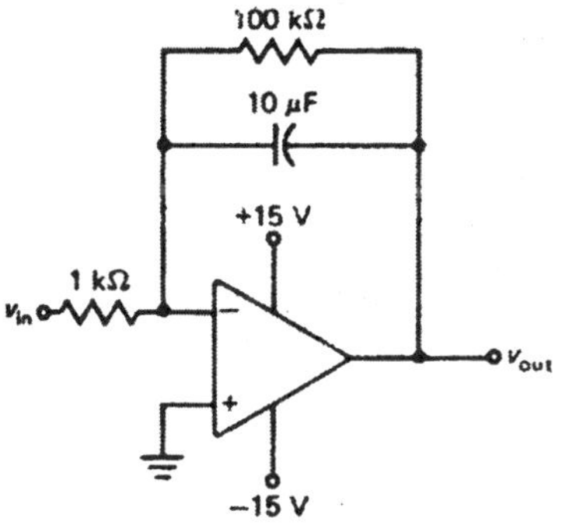


<그림 9-40>

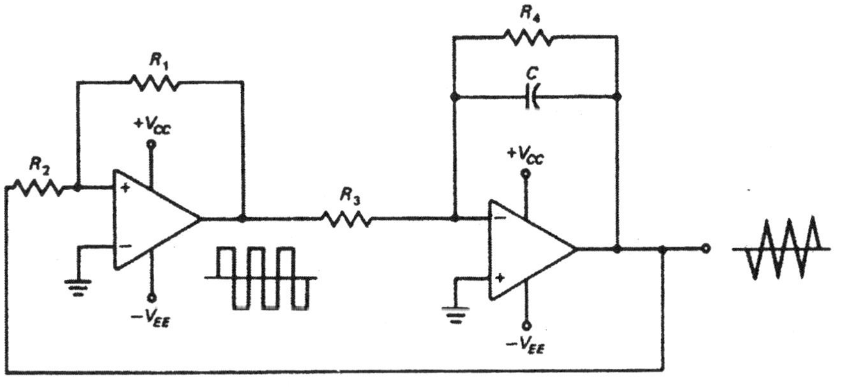


<그림 9-41>

**16.** <그림 9-42>에 표시된 회로의 출력은 삼각파 대신에 구형파가 나타난다. 발생될 수 있는 고장을 세 가지만 말하시오.

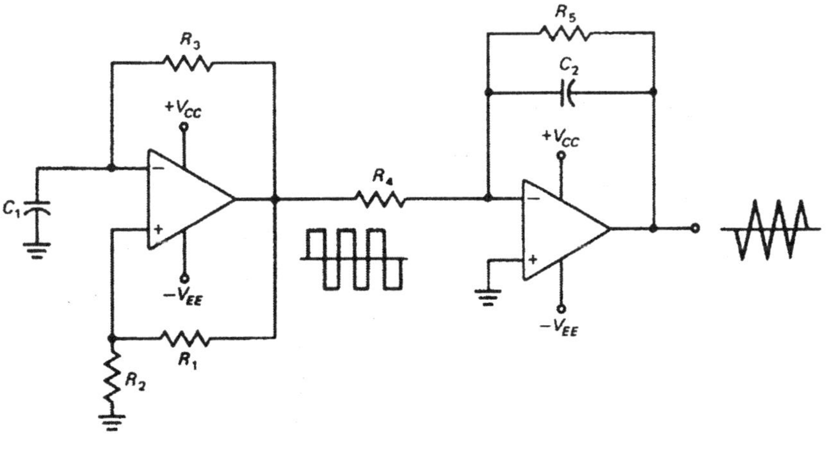


<그림 9-42>

**17.** 15V 전원이 공급되는 <그림 9-43> 윈도우 비교기 출력파형 $V_1$, $V_2$의 입력전압($V_{in}$)을 가로축에 표시하시오.

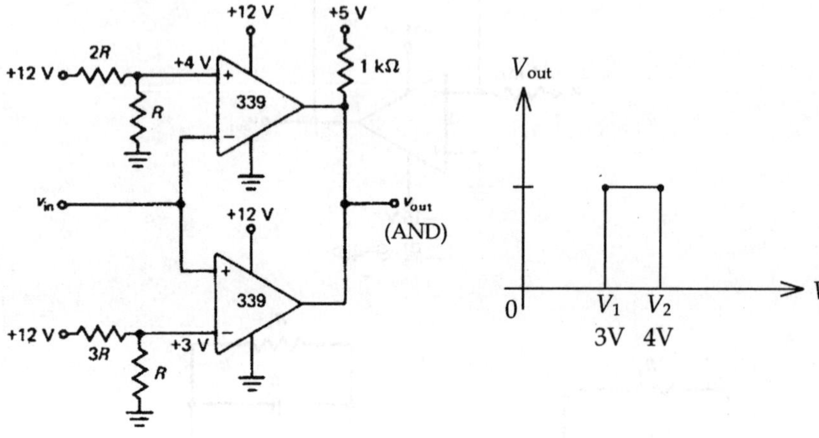


<그림 9-43> 2개의 339로 구성되는 윈도우 비교기

**18.** <그림 9-44>에 표시된 시스템에서 1μA의 전류가 구동시킨다면 출력전압은 얼마인가?

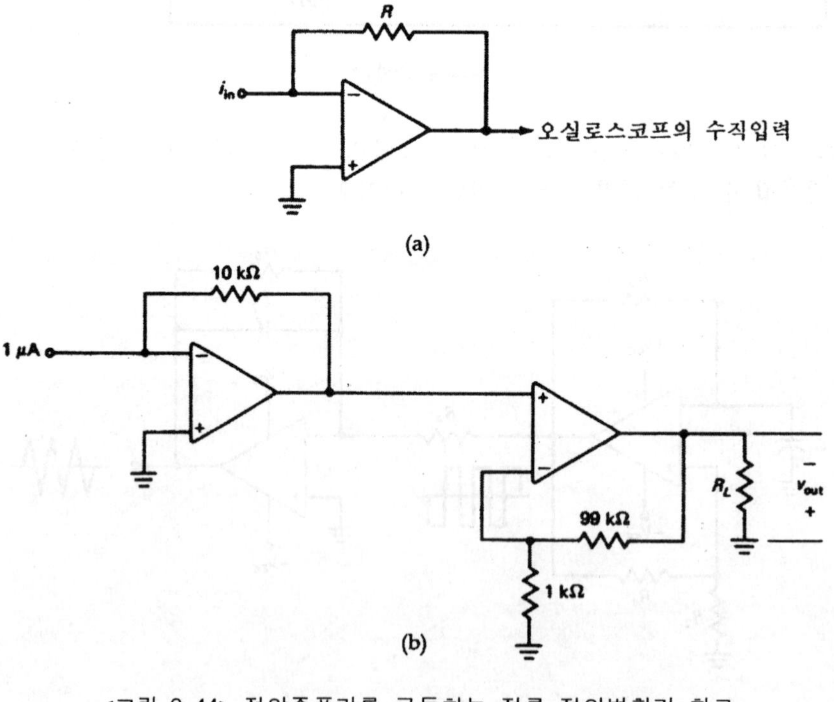


<그림 9-44> 전압증폭기를 구동하는 전류-전압변환기 회로

**19.** <그림 9-45>는 반전전류 귀환을 사용하는 감도 좋은 직류전류계를 표시하고 있다. 출력 미터의 전체 스케일 편향을 얻으려면 입력전류는 얼마이어야 하는가?

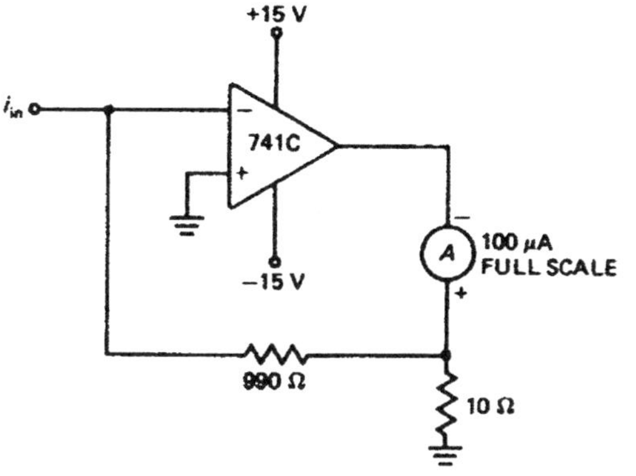


<그림 9-45>

**{해답}** **1.** 입력전압이 +5.1V인 경우 차동전압은 $v_d = V_{in} - V_{ref} = 5.1V - 5V = +0.1V$이다. $V_{(out)} = A_{OL} V_d = 150{,}000 \times 0.1V = 15{,}000V$이다. 이 값은 회로의 출력 한계치를 넘어서기 때문에 출력전압은 $V_{out} \cong (V_+) - 1V = +9V$와 같다. 입력전압이 +4.9V인 경우 차동전압은 $v_d = V_{in} - V_{ref} = 4.9V - 5V = -0.1V$이다. 이 값을 사용하면 $V_{out} \cong A_{OL} V_d = 150{,}000 \times (-0.1V) = -15{,}000V$이다. 이 출력값은 회로에서의 공급전압을 고려할 때 불가능하므로, 출력전압은 다음과 같다. $V_{out} \cong (V_-) + 1V = -9V$

**2.** 기준전위는 전압 분배회로에 의해서 결정된다. 디지털 시스템은 +1V 이하인지, +1V 이상인지를 감지한다. $V_{ref} = V\dfrac{R_2}{R_1 + R_2} = +5V \times 0.2 = +1V$ 이다.

**3.** 전압분배기 회로를 살펴보면 $R_1 = R_2$임을 알 수 있다. 따라서 기준전위값은 +10V의 절반인 +5V가 되어야 하지만 접지점에서 변하기 때문에 이곳에 고장원인이 있다. $R_1$이 개방, $R_2$가 단락, $C_B$가 단락된 경우일 수 있지만 $R_1$이 개방일 경우가 가장 흔하다.

**4.** 회로의 차단주파수는 $f_1 = \dfrac{1}{2\pi R_f C_f} = \dfrac{1}{2\pi(1000k\Omega)(0.01\mu F)} = 159Hz$ 이다.

차단주파수의 10배가 될 때 선형성을 가짐을 알 수 있다. 따라서 $f_{min} = 10f_1 = 1.59kHz$이다.

**5.** $V_{out} = -R_F\left(\dfrac{V_1}{R_1} + \dfrac{V_2}{R_2} + \dfrac{V_3}{R_3}\right) = -10k\Omega\left(\dfrac{+3V}{10k\Omega} + \dfrac{+6V}{10k\Omega} + \dfrac{+4V}{10k\Omega}\right) = -13V$

**6.** $V_{out} = -R_f\left(\dfrac{V_1}{R_1} + \dfrac{V_2}{R_2} + \dfrac{V_3}{R_3}\right) = -1k\Omega\left(\dfrac{+10V}{10k\Omega} + \dfrac{+8V}{10k\Omega} + \dfrac{+7V}{10k\Omega}\right) = -2.5V$

**7.** $V_{in} = \dfrac{0.7V}{10{,}000} = 7\mu V$, $I_{L(max)} = \dfrac{V_{max}}{R_L} = \dfrac{2V}{5k\Omega} = 0.4mA$

$I_{(av)} = \dfrac{I_{Lmax}}{\pi} = \dfrac{0.4mA}{3.14} = 0.127mA$, $A_{CL} = 10{,}000$

**8.** $V_{out} = 0V$, $V_{out(max)} = V_P \times 2 = 300mV \times 2 = 600mV$

$\tau = R_L C = 50k\Omega \times 0.1\mu F = 5ms$, $f = \dfrac{100}{T} = \dfrac{100}{5ms} = 20kHz$

**9.** $V_{ref} = \frac{R_2}{R_1 + R_2} \times V_{CC} = \frac{330\,\Omega}{1\text{k}\Omega + 330\,\Omega} \times 15\text{V} = 3.72\text{V}$

$V_{in}$=1V이면 −13∼−14V, $V_{in}$=10V이면 13V∼14V

**10.** $\text{UTP} = BV_{SAT} = \frac{1\text{k}\Omega}{47\text{k}\Omega + 1\text{k}\Omega} \times 13\text{V} = 0.271\text{V}$, $\text{LTP} = -BV_{SAT} = -0.271\text{V}$

**11.** $C_1 = \frac{R_2}{R_1} C_2 = \frac{1\text{k}\Omega}{47\text{k}\Omega} \times 30\text{pF} = 0.638\text{pF}$

**12.** $I = \frac{V_{in}}{R} = \frac{5\text{V}}{1\text{k}\Omega} = 5\text{mA}$, $V = \frac{Q}{C}$에서 주기 $T$로 양변을 나누면 $\frac{V}{T} = \frac{Q/T}{C} = \frac{I}{C}$가 되고

$V = \frac{I_T}{C}$가 된다. 따라서 $V_{out} = \frac{5\text{mA} \times 2\mu\text{S}}{0.01\mu\text{F}} = 1\text{V}$이다. 위상이 반전되므로 −1V이다.

**13.** $V_{out(p-p)} = \frac{V_{in(p-p)}}{4fRC} = \frac{10\text{V}}{4 \times 2.75 \times 10^3\text{Hz} \times 10^3\Omega \times 10 \times 10^{-6}\text{F}} = 90.9\text{mV}$

**14.** $V_{out(p-p)} = \frac{V_{in(p-p)}}{4fRC} = \frac{30\text{V}}{4 \times 15 \times 10^3\text{Hz} \times 3.9 \times 10^3\Omega \times 0.01 \times 10^{-6}\text{F}} = 13\text{V}$

$f = \frac{V_{in(p-p)}}{4V_{out(p-p)}RC} = \frac{30\text{V}}{4 \times 13\text{V} \times 2.25 \times 2 \times 10^3\Omega \times 0.01 \times 10^{-6}\text{F}} = 12.8\text{kHz}$

**15.** 1kΩ 단락, 47kΩ 개방 **16.** $C_2$ 개방, $R_5$ 단락, 반전과 비반전이 반대로 연결됨.

**17.** 가로축 $V_1$=3V, $V_2$=4V

**18.** 첫번째 증폭단의 전류전압 변환기는 10mV의 출력전압을 갖는다.

$V_{out(1)} = (10\text{k}\Omega)(1\mu\text{A}) = 10\text{mV}$

두번째 증폭단의 전압증폭기 이득은 100이다. 따라서 최종 출력전압은 1V이다.

$V_{out} = 100(10\text{mV}) = 1\text{V}$

**19.** 전류이득을 구하면 100이 된다. $\frac{I_{out}}{I_{in}} = \frac{990\,\Omega}{10\,\Omega} + 1 = 100$. 따라서 전류계가 100μA의 전체 스케일 편향을 갖기 때문에 입력전류는 1μA이면 충분하다.

# 제10장
# 능동 필터

필터(fillter)는 널리 사용되는 소자이기 때문에 기본적인 동작을 이해하는 것이 중요하다. 과거에는 필터를 구성하기 위해서 저항, 콘덴서, 인덕터가 사용되었다. 이런 필터들은 수동소자를 사용하기 때문에, 수동 필터라고 알려져 있다.

수동 필터들은 오늘날 고전력, 고주파 응용분야에서 아직도 사용되고 있다. <그림 10-1(a)>는 전원의 잡음제거에 사용되는 상업적인 수동 필터의 예를 표시하고 있다.

수동 필터의 단점 중 하나는 필터의 이득이 항상 1보다 작다는 것이다. 이것은 출력전압이 입력전압보다 항상 작다는 의미이다. 그 원인은 필터의 수동소자에서 발생되는 전압손실 때문이다. 여기서는 필터링에 사용되는 디지털 기술의 다양한 응용분야에 대해서 언급한다.

이 장에서 언급하는 필터의 디지털 기술이 전자적인 기술과는 약간 차이를 갖

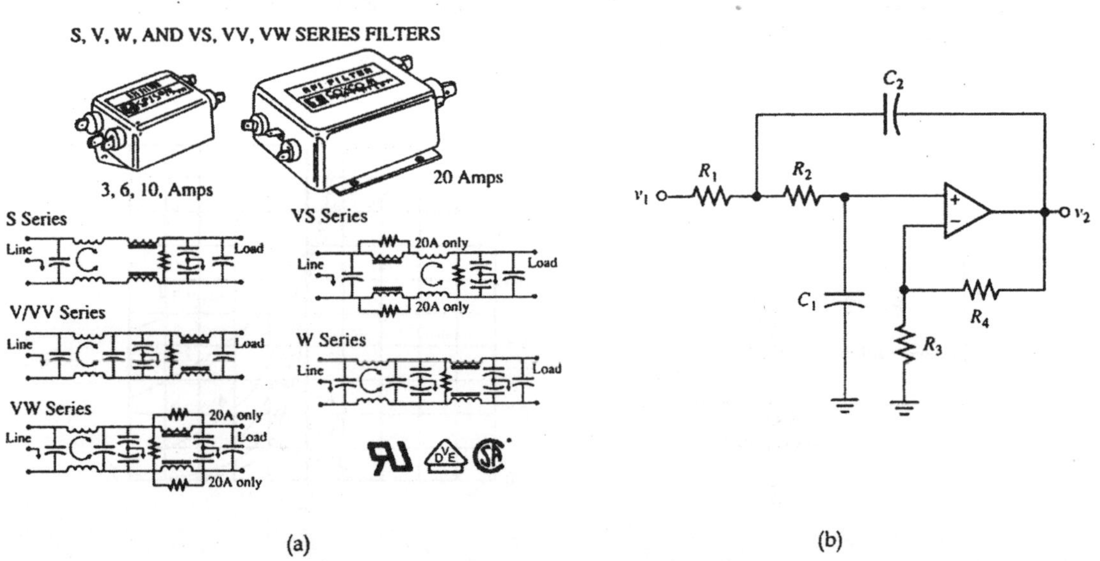


<그림 10-1> (a) 수동 필터 (b) 능동 필터

는다고 하더라도 디지털 필터와 아날로그 필터의 기본적인 원리는 같다.

수동 필터의 손실의 보상을 위해서 항상 증폭기와 필터는 캐스케이드 형태로 사용된다. 그러나 Op-Amp의 사용으로 필터와 증폭기를 결합시켜서 구성할 수 있다. 사실상 필터 회로를 구성하는 데 Op-Amp가 가장 널리 사용된다.

Op-Amp가 능동소자이기 때문에 <그림 10-1(b)>에 표시된 회로는 능동 필터로 알려져 있다.

능동 필터는 수동 필터들보다 여러 주요한 장점을 가지고 있다.

① 능동 필터들은 여과작용뿐 아니라 신호의 증폭까지 한다.

② 능동 필터는 부하에 의해 영향받지 않는다.

③ 능동 필터는 단지 저항과 콘덴서들로 구성되어 있다. 능동 필터에서 인덕터는 사용되지 않는다.

## 10-1 저역통과 필터(LPF)

### 이상적인 저역 필터

이미 주파수 응답의 일반적 개념에 대해서 고찰한 바 있다. 이런 개념을 필터에 적용함으로써 이상적인 필터를 정의할 수 있다. <그림 10-2(a)>는 이상적인 저역통과 필터의 선형주파수 응답을 표시하고 있다.

필터는 1kHz의 차단주파수보다 작은 주파수는 모두 통과시킨다. 다시 말하자면 1kHz보다 큰 주파수 영역은 모두 제거시키고 이상적인 저역통과 필터의 출력에서는 1kHz보다 낮은 주파수만 나타난다.

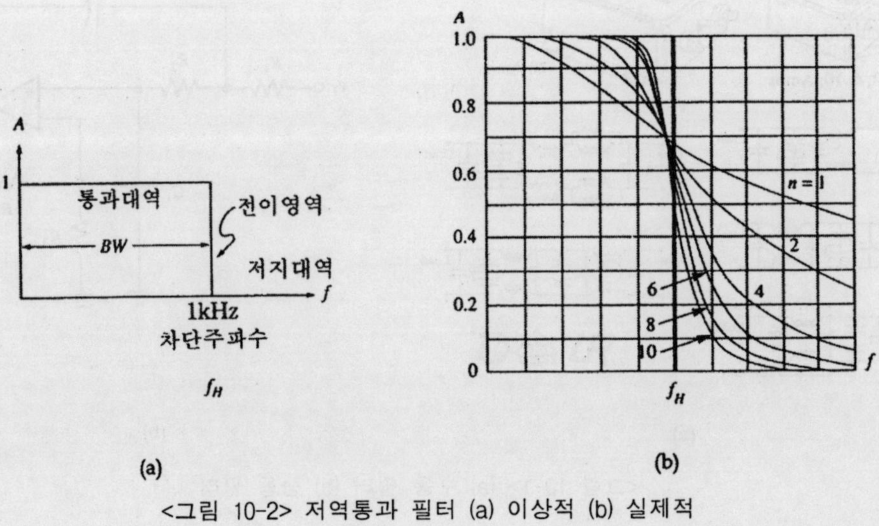


<그림 10-2> 저역통과 필터 (a) 이상적 (b) 실제적

필터에 대해서 논할 때, 밴드 대역을 정의하는 것이 필터 동작을 이해하는 데 도움을 준다.

- **통과대역** : 필터 출력에서 나타나는 주파수 범위. 이상적인 필터에서 통과대역은 0에서 1kHz이다. 통과대역은 필터의 대역폭(BW)과 같은 의미를 가지고 있다.
- **저지대역** : 필터에 의해서 제거되는 주파수 범위. 이런 주파수는 필터의 출력에 나타나지 않는다. 필터 저지대역은 1kHz보다 큰 모든 주파수이다.
- **차단주파수** : 통과대역(필터 내에서 1kHz)을 결정하는 주파수. 실제 필터의 차단주파수는 그 필터의 3dB 주파수이다. 저역 필터의 차단주파수는 $f_H$로 표시된다.
- **변환영역** : 통과대역과 저지대역 사이의 주파수 범위를 말한다. 이상적인 저역필터에서, 통과대역의 차단주파수는 즉시 정지대역으로 전이된다. 즉 차단주파수 내에서의 주파수 응답의 기울기는 무한대이다. 실제 필터에서 필터의 응답은 통과대역으로부터 정지대역으로 가는 동안 이루어진다. 또한 기울기로부터 roll-off라고 불리는 차단주파수에서의 주파수 응답을 볼 수 있다. 동작 필터의 roll-off를 가파르게 하면 더욱 이상적인 필터처럼 동작하게 할 수 있다.

이상적인 저역통과 필터에서 볼 수 있는 두 가지 중요한 변수는 통과대역 내의 필터 이득은 일정하고(평탄함) 통과대역에서 정지대역으로 즉시 변환된다. <그림 10-2(b)>는 몇 종류의 실제 저역통과 필터 응답의 선형주파수 선도를 표시하고 있다.

숫자 $n$은 필터의 차수와 회로 내의 콘덴서와 인덕터들의 수에 의해서 결정된다. 통과대역과 저지대역 사이의 변환 순간에 통과대역에서의 절대적 안정화 이득을 갖지 못하는 것을 실제 필터에서 볼 수 있다.

## 수동 1차 저역통과 필터

<그림 10-3(a)>는 간단한 수동 *RC* 회로를 표시하고 있다. 회로에는 한 개의 콘덴서가 포함되어 있기 때문에 1차 회로이다. 이런 회로는 <그림 10-3(b)>에 표시된 것과 같은 저역통과 필터 응답을 갖는다. 비교를 위해서 이상적인 저역통과 필터 응답은 짙은색으로 표시했다.

여러분들도 보다시피 실제적인 필터는 통과대역에서 완전히 평탄한 응답을 갖지 않는다는 사실을 확인할 수 있다. 무엇보다 중요한 것은 통과대역과 저지대역 사이의 변환영역이 아주 크다는 것이다.

실제 필터의 응답에서는 갑작스런 변화가 없기에 분명한 차단주파수는 없다. 이런 습관에 의해 우리는 반전력(3dB) 주파수로 $f_H$, $f_L$과 같은 필터의 차단주파수를 정의할 수 있다.

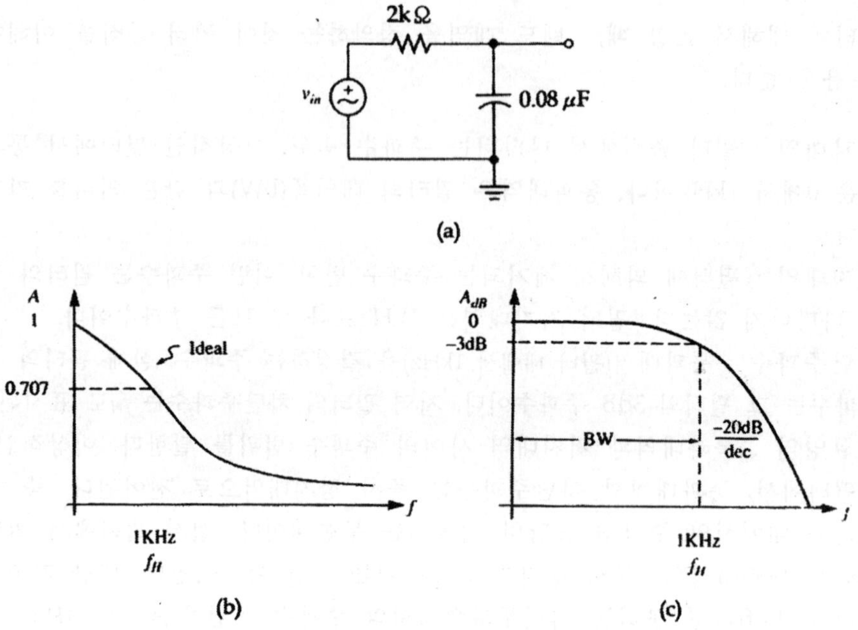


<그림 10-3> 수동 저역통과 필터

이런 필터에서는 콘덴서가 개방되는 저주파에서 최대 이득을 얻게 된다. 콘덴서 개방시

$$v_o = v_{\text{signal}}$$

이기 때문에

$$A_{\max} = 1$$

이고, 필터의 차단주파수는 다음과 같다.

$$f_H = \frac{1}{2\pi RC} = \frac{1}{2\pi \times 2\text{k}\Omega \times 0.08\mu\text{F}} \approx 1\text{kHz}$$

저역통과 필터의 대역폭(통과대역)은 $f_H$와 같다. 따라서 BW$=f_H$이다. 이런 필터의 대역폭은 BW$=f_H \approx$1kHz이다. <그림 10-3(c)>는 *RC* 필터의 보드 이득선도를 표시하고 있다. 통과대역에서 이런 필터의 보드 선도이득이 거의 평평함을 볼 수 있다. 1차 필터의 기울기 혹은 roll-off는 20dB/dec이다.

**예제 10-1** (a) <그림 10-4(a)>에 표시된 *RC* 필터의 최대 이득과 대역폭을 구하시오. (b) <그림 10-4(b)>에서 필터에 접속된 부하를 갖는 것을 볼 수 있다. 이득과 대역폭을 구하시오. (c) 결과를 비교하시오.

**• 풀이 •** (a) <그림 10-4(a)>에 표시된 간단한 *RC* 회로에서

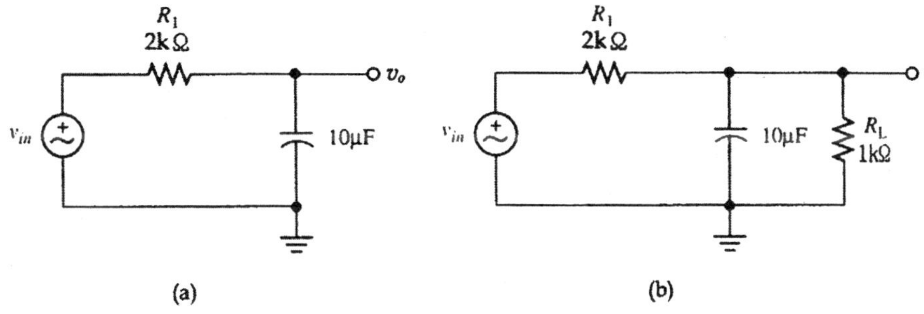


<그림 10-4>

$$A_{\max} = 1$$

$$\mathrm{BW} = f_H = \frac{1}{2\pi R_1 C} = \frac{1}{2\pi \times 2\mathrm{k\Omega} \times 10\mu\mathrm{F}} \approx 8\mathrm{Hz}$$

임을 알 수 있다.

(b) 저주파에서의 최대 이득을 찾기 위해서 콘덴서를 개방한다. 이 회로의 결과는 전압분배기이므로

$$A_{\max} = \frac{R_L}{R_L + R_1} = \frac{1\mathrm{k\Omega}}{1\mathrm{k\Omega} + 2\mathrm{k\Omega}} = 0.33$$

이다. $f_H$가

$$\mathrm{BW} = f_H = \frac{1}{2\pi (R_1 \parallel R_L) \times C} = \frac{1}{2\pi \times 0.67\mathrm{k\Omega} \times 10\mu\mathrm{F}} \approx 24\mathrm{Hz}$$

로 주어진다.

(c) 필터에 부하가 추가되면 필터 응답에는 격렬한 변화를 가져온다. 이것이 수동 필터의 문제 중 하나이다. 따라서 특별한 부하가 설계되어야 한다.

## 10-2 저역통과 능동 필터

### 1차 필터

<그림 10-5(a)>는 비반전 모드 Op-Amp로 구성되는 1차 능동 필터의 구조를 표시하고 있다. 물론 반전능동 필터 구성도 가능하지만, 여기서는 단지 비반전 필터만을 고찰하도록 한다.

Op-Amp에 전류가 흐르지 않기 때문에, 이 회로의 $RC$ 부분은 우리가 방금 알아본 수동 저역통과 필터이다. Op-Amp는 $RC$ 필터의 출력을 증폭한다. 저주파에서 콘덴서는 개방이고, 회로는 기본적인 비반전증폭기로 동작한다. $R$은 이득에 영향을 미치지 않는다는 것을 기억해야 한다.

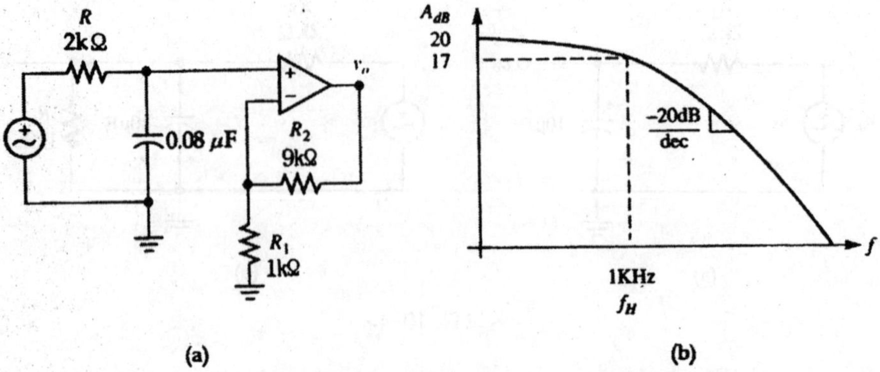


<그림 10-5> 능동 저역통과 필터

$$A_{\max} = 1 + \frac{R_2}{R_1} = 1 + \frac{9\text{k}\Omega}{1\text{k}\Omega} = 10$$

이다. 따라서

$$A_{\text{dBmax}} = 20\text{dB}$$

이다. 이런 회로에서 대역폭과 차단주파수는 $R$과 $C$에 의해서

$$\text{BW} = f_H = \frac{1}{2\pi RC}$$

로 결정된다. 이 회로에서

$$\text{BW} = f_H = \frac{1}{2\pi RC} = \frac{1}{2\pi \times 2\text{k}\Omega \times 0.08\mu\text{F}} \approx 1\text{kHz}$$

이다. 이런 필터의 보드 선도는 <그림 10-5(b)>에 표시되어 있다.

우리는 입력신호의 필터링뿐 아니라 증폭까지 할 수 있는 능동 필터의 장점을 알 수 있다. 1차 필터는 20dB/dec의 roll-off를 갖는 점에 유의하라.

**예제 10-2** (a) <그림 10-6(a)>에 표시된 필터의 최대 이득과 대역폭을 구하고, 보드 선도를 그리시오. (b) (예제 10-1)과 비교하시오.

**• 풀이 •** (a) 이 회로에서 Op-Amp는 단위이득 버퍼에 접속되어 있다. 따라서 Op-Amp의 출력은 콘덴서 양단에 걸리는 $v_+$와 동일하다. 따라서

$$A_{\max} = 1, \quad A_{\text{dBmax}} = 0\text{dB}$$

이고,

$$\text{BW} = f_H = \frac{1}{2\pi RC} = \frac{1}{2\pi \times 2\text{k}\Omega \times 10\mu\text{F}} \approx 8\text{Hz}$$

이다. 이런 필터의 보드 선도는 <그림 10-6(b)>에 표시된다.

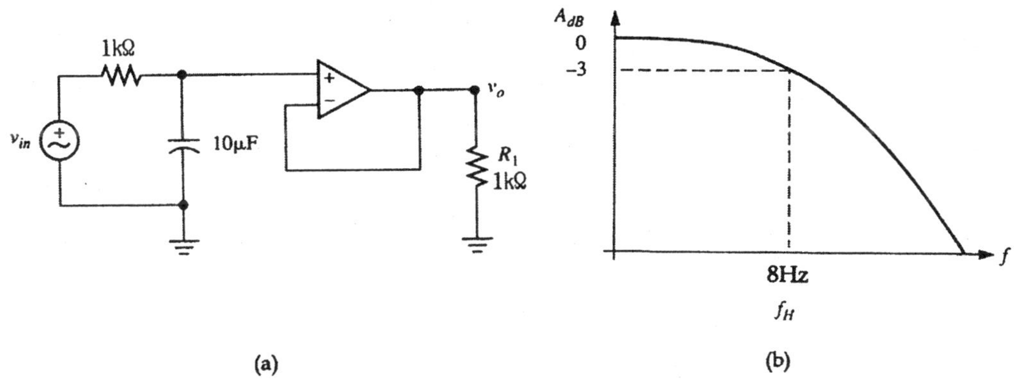


<그림 10-6>

(b) 이런 필터는 (예제 10-1)에 표시된 무부하 *RC* 필터와 정확하게 같은 값의 응답을 갖는다. 여기서 차이점은 능동 필터의 동작에 부하저항이 영향을 주지 못한다는 점이다. 이득과 대역폭을 구할 때 부하저항은 깊게 고려되지 않는다. 이미 신호증폭을 할 수 있는 능동 필터의 장점을 고찰한 바 있다.

이 예제에서 확인했겠지만 이런 장점을 항상 사용할 수는 없다. 능동 필터의 또다른 장점은 필터 동작이 필터 부하에 의존하지 않는다는 것이다.

## ▌2차 필터

1차 필터 내에서 20dB/dec의 roll-off의 기울기는 매우 급한 경사를 갖지 않는다. 필터가 이상적으로 될수록 roll-off가 커진다는 것을 기억해야 한다. 필터의 차수가 증가하면 roll-off도 증가시킬 수 있다.

능동 필터에서 필터의 차수는 필터를 구성하는 콘덴서의 수에 의해서 결정된다. 저역통과 능동 필터의 마지막 roll-off는

$$\text{final roll-off} = 20n\text{dB/dec}$$

로 주어진다. 따라서 모든 2차 필터는 40dB/dec의 최종 roll-off를 갖는다.

우리가 2차 필터와 고차 필터를 사용할 때 몇 가지 흥미있는 주파수 응답을 발생시킬 수 있다. <그림 10-7>은 2가지의 선형주파수 응답을 고려한 것이다. 능동 필터의 적당한 저항과 콘덴서를 선택함으로써 두 가지 응답을 발생시킬 수 있다.

주파수 응답은 통과대역에서 적절한 평탄이득은 짙은 파랑색으로 표시된다. 이것이 버터워스(Butterworth) 필터 응답이다. 약간 이상하게 보이는 흐린 파랑색이 주파수 응답이다.

통과대역에서의 평탄이득보다는 이득응답이 증가 또는 감소하게 된다. 왜 우리가 사용하는 이런 종류의 필터를 체비셰프(Chebychev) 필터라고 부르는가?

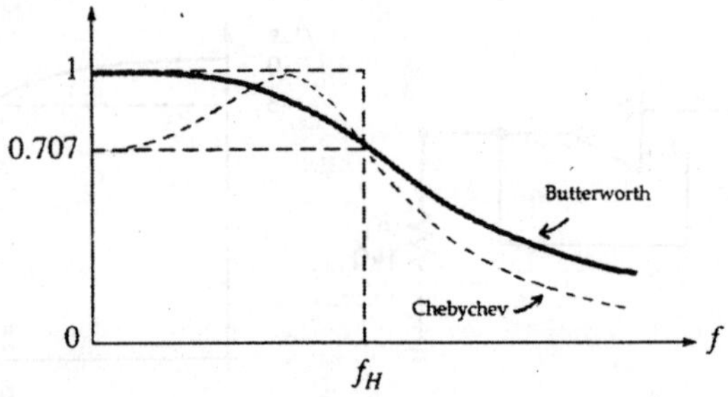


<그림 10-7>

그 해답은 차단주파수에서의 roll-off에 있다.

실제로 두 필터 모두 동일한 roll-off를 제공하더라도 여러분들은 차단주파수에서의 버터워스의 응답이 체비셰프 응답보다 약간 빠른 강하를 갖는다는 것을 확인할 수 있다. 여기서 절충점은 평탄이득인가, 빠른 roll-off인가이다.

이런 고찰에서 통과대역에서의 최대 안정이득을 제공하는 필터로 제한하기 때문에 우리는 오직 버터워스 필터에 대해서만 고찰하도록 하겠다. 가장 널리 사용되는 2차 저역통과 필터가 <그림 10-8(a)>에 표시되어 있다.

이 필터는 설계자의 이름을 따서 Sallen-Key 필터로 부른다. 필터의 이런 형태는 간혹 VCVS(전압제어-전압원) 필터라고 부르기도 한다. 회로를 간략하게 그리기 위해서 −단자가 제거되는 점에 주의하라.

이런 필터의 이득은 $R_3$와 $R_4$에 의해서 제공된다. 필터의 대역폭은 $R_1$, $R_2$, $C_1$, $C_2$에 의해서 결정된다. 따라서 회로방정식에 완전히 포함된다. 이 필터 혹은 다른 필터 동작의 일반적 이해를 위해서 여러분은 약간의 변화된 공식만을 사용하게 된다.

여러분이 회로를 고찰할 때 주파수는 아주 낮은 경우와 주파수가 아주 높은 경우이다. 주파수가 낮을 때에는 모든 콘덴서가 <그림 10-8(b)>처럼 개방된다. 콘덴서가 개방되면 회로는 기본적인 비반전증폭기($R_1$과 $R_2$은 이득에 영향을 주지 못한다)로 된다. 따라서

$$A_{\max} = 1 + \frac{R_4}{R_3}$$

이다. 고주파에서 콘덴서는 <그림 10-8(c)>와 같이 단락된다. 콘덴서 $C_1$이 단락될 때 입력 +단자는 접지에 연결되고 출력은 없다. 이런 필터에서 우리는 저주파일 때 최대 이득을 얻고 고주파에서는 이득을 얻지 못한다. 이런 회로는 당연히 저역통과 필터가 되어야만 한다.

우리는 이미 Sallen-Key 필터의 최대 이득을 구했다. Sallen-Key 필터의 대역폭을 구하는 정확한 공식은 아주 복잡하지만 우리는 다행히도 대역폭을 근사값으로 간편하게 구할 수 있다.

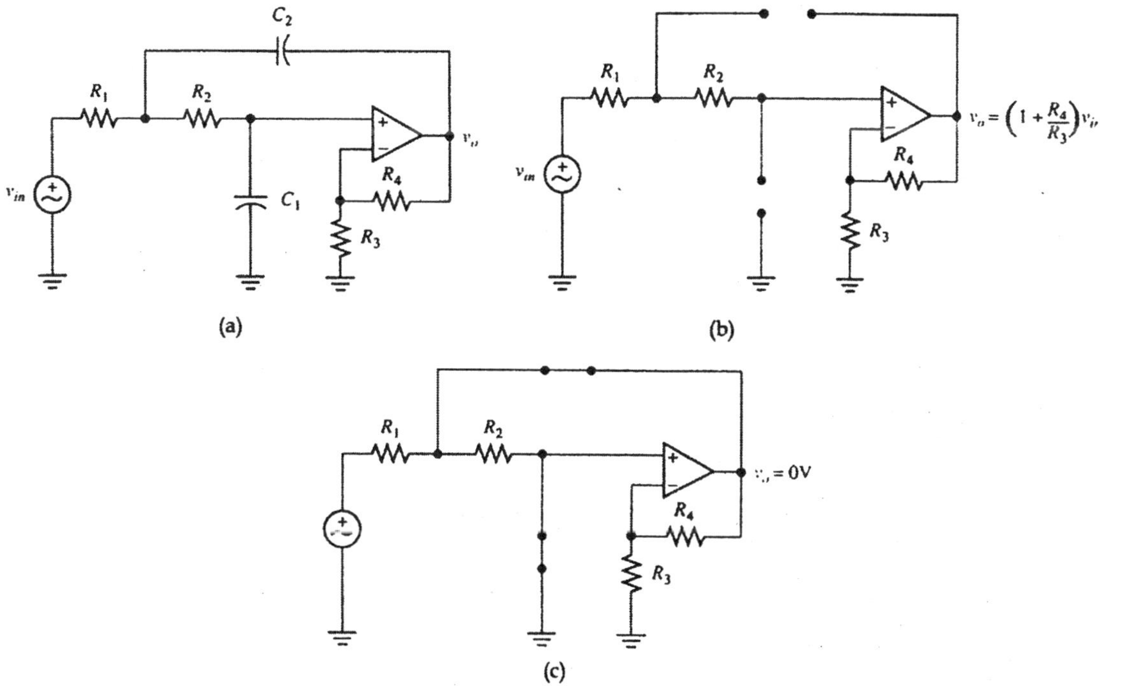


<그림 10-8> Sallen-Key 저역통과 필터

$$\text{BW} = f_H \approx \frac{1}{2\pi\sqrt{R_1 R_2 C_1 C_2}}$$

**예제 10-3** <그림 10-9>에는 버터워스 능동 필터가 표시되어 있다. 필터의 보드 이득을 그리시오.

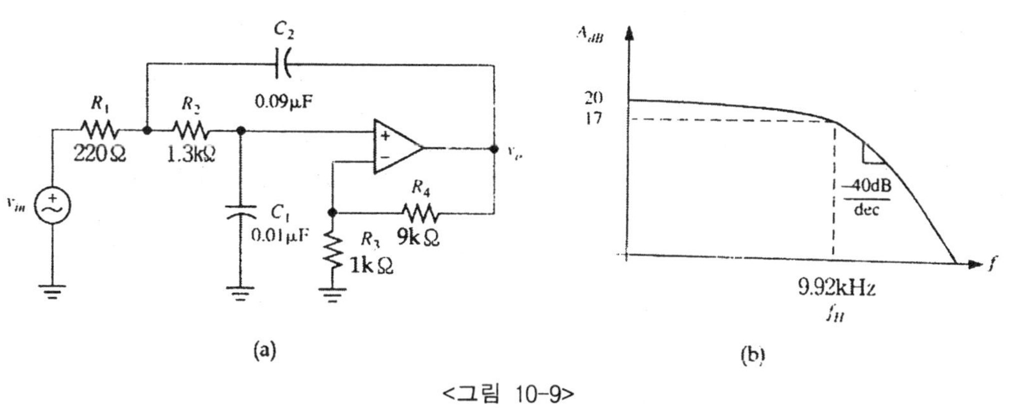


<그림 10-9>

• **풀이** • 콘덴서 개방시 저주파에서 동작하는 필터의 최대 이득은 10이다.

$$A_{max} = 1 + \frac{R_4}{R_3} = 1 + \frac{9k\Omega}{1k\Omega} = 10$$

데시벨 단위 이득은

$$A_{dBmax} = 20dB$$

이다. 대역폭의 근사값은 9.92kHz이다.

$$BW = f_H \approx \frac{1}{2\pi\sqrt{R_1R_2C_1C_2}} = \frac{1}{2\pi\sqrt{220\times1.3k\Omega\times0.09\mu F\times0.01\mu F}} = 9.92kHz$$

통과대역의 이득이 결과적으로 안정하다는 것을 알 수 있다. 이런 필터의 보드 선도는 <그림 10-9(c)>에 표시되어 있다. 이런 2차 필터의 roll-off는 40dB/dec이다.

## 10-3 고역통과 능동 필터

<그림 10-10(a)>에는 이상적인 고역통과 응답을 보여준다. 여기서 우리는 1kHz의 차단주파수를 볼 수 있다. 그러나 출력에서는 오직 1kHz 이상의 주파수만 표시된다. 여기서 차단주파수는 $f_L$이다. 고역통과 필터(HPF)의 통과대역(대역폭)은 저역차단주파수보다 큰 주파수 범위를 갖는다. 고역통과필터의 통과대역은 무한대이다.

고역통과 필터의 대역폭은 고역차단 필터 대역폭과 같지 않다. 이상적인 고역통과 필터의 저지대역과 통과대역 사이의 변환은 순간적이나 실제의 필터응답은 전이하는 변환영역이 있다. <그림 10-10(b)>는 몇 개의 실제 고역통과 필터의 응답에 대한 보드 선도를 표시하고 있다.

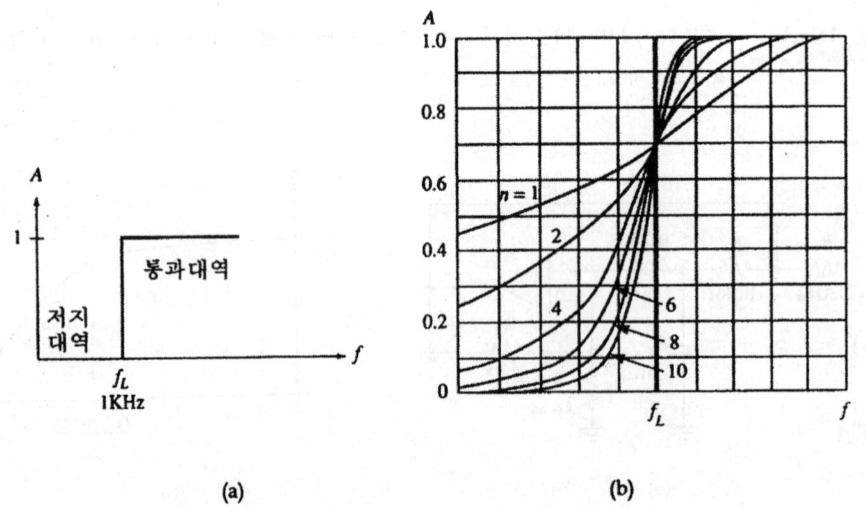


<그림 10-10> 고역통과 필터 (a) 이상적 (b) 실제적

다시 주의할 것은 실제 응답이 이상적인 응답과 정확히 같을 수 없다는 점이다. 통과대역이 완전하게 평탄하지 못하며 변환영역은 유한하다. 필터 차수가 높아지면 변환영역은 작아진다.

## ▮ 1차 필터

<그림 10-11(a)>는 능동 고역통과 필터를 구성하기 위해서 *RC* 회로를 Op-Amp에 어떻게 연결하는지를 보여준다. 사용되는 콘덴서가 1개이기 때문에 1차 필터이다. 저주파에서 콘덴서는 개방된다. 따라서 입력신호는 출력을 얻을 수 없다.

다시 말하자면 출력은 0이다. 고주파에서 콘덴서는 단락되고 회로동작은 기본적인 비반전증폭기로 동작한다. *R*은 이득에 영향을 미치지 않는다. 따라서

$$A_{\max} = 1 - \frac{R_2}{R_1} = 1 + \frac{3\text{k}\Omega}{1\text{k}\Omega} = 4$$

이다.

$$A_{\text{dBmax}} = 12\text{dB}$$

이다. *R*과 *C*에 의해서 결정되는 차단주파수 $f_L$은

$$f_L = \frac{1}{2\pi RC}$$

이다. 이런 회로에서

$$f = \frac{1}{2\pi RC} = \frac{1}{2\pi(2\text{k}\Omega \times 10\mu\text{F})} \approx 8\text{Hz}$$

이다.

<그림 10-11(b)>에는 이런 회로의 보드 선도가 표시되어 있다. 1차 필터는 20dB/dec의 positive의 기울기를 갖는다. 비록 기울기가 positive일지라도 기울기의 묘사에 roll-off의 간격을 사용할 수 있다.

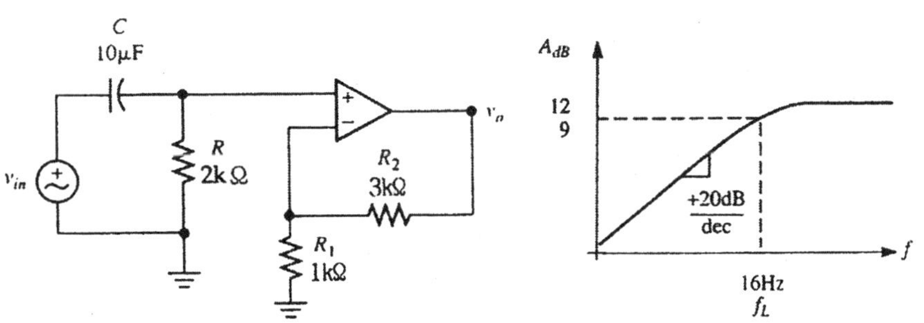


(a) (b)

<그림 10-11> 고역통과 필터

**· 주의 ·** 고역통과 능동 필터의 대역폭은 명확하지 않다. Op-Amp가 스스로 주파수 범위를 제한하는 것을 살펴본 적이 있다. 다시 말하자면 Op-Amp가 스스로 주파수 범위를 제한한다는 의미이다. Op-Amp는 필터로부터 분리되고

$$f_{\text{HOp-Amp}} = \frac{\text{unitygainbandwidth}}{1+\dfrac{R_2}{R_1}}$$

로 주어지는 차단주파수보다 높은 값을 갖는다. 만약 741 Op-Amp로 필터를 구성한다면

$$f_{\text{HOp-Amp}} = \frac{\text{unitygainbandwidth}}{1+\dfrac{R_2}{R_1}} = \frac{1\times10^6}{1+\dfrac{3\text{k}\Omega}{1\text{k}\Omega}} = 250\text{kHz}$$

가 구해진다. 이런 필터는 실제로 8Hz에서 250kHz의 신호를 통과시킨다. 사실상 실제 고역통과 능동 필터와 같은 것은 없다.

**예제 10-4** (a) <그림 10-12(a)>에 표시된 필터의 최대 이득과 차단주파수를 구하시오.
(b) 보드 선도를 그리시오.

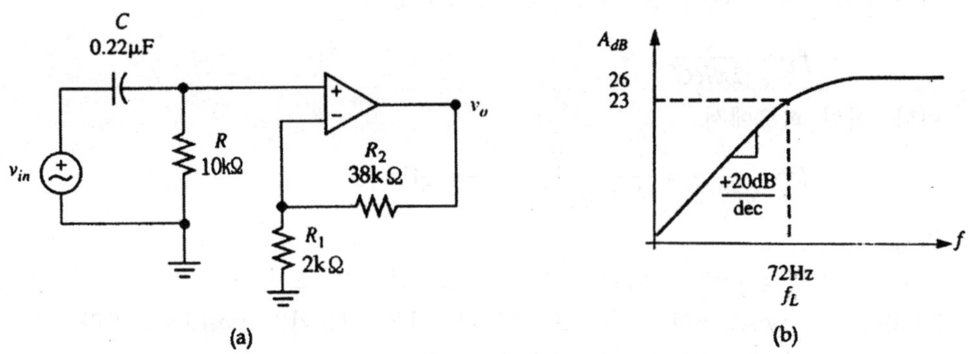


<그림 10-12>

**• 풀이 •** (a) 고주파에서 발생되는 최대 이득은

$$A_{\max} = 1+\frac{R_2}{R_1} = 1+\frac{38\text{k}\Omega}{2\text{k}\Omega} = 20$$

혹은

$$A_{\text{dBmax}} = 26\text{dB}$$

이다. 차단주파수는

$$f_L = \frac{1}{2\pi RC} = \frac{1}{2\pi\times 10\text{k}\Omega\times 0.22\mu\text{F}} \approx 72\text{kHz}$$

이다.

(b) 이런 필터의 보드 선도는 <그림 10-12(b)>에 표시되어 있다. 능동 필터의 주파수 응답은 필터 부하에 의존하지 않는다는 사실을 주의해야 한다.

## ■ 2차 필터

저역 필터에서처럼 필터의 차수를 증가시키면 고역통과 필터의 roll-off를 증가시킬 수 있다. 예를 들면 2차 필터는 40dB/dec의 최종 roll-off를 갖는다. <그림 10-13(a)>에는 Sallen-Key 고역통과 필터를 보여주고 있다.

만약 <그림 10-8(a)>에 표시된 저역통과 필터와 비교하면, 단지 저항과 콘덴서($f_L$과 이득에 영향을 주지 않는 $R_4$, $R_3$ 설정)들이 교체된 것들을 알 수 있다. 고역통과 회로의 기본적 이해를 위해 저주파와 고주파에서 회로를 실험한다.

저주파에서 모든 콘덴서는 <그림 10-13(b)>와 같이 개방된다. 콘덴서가 개방일 때 입력신호는 Op-Amp에 도달할 수 없다. 따라서 출력은 없다.

고주파에서 콘덴서는 <그림 10-13>에 표시된 것처럼 단락된다. 회로는 지금 기본적인 비반전증폭기(이득은 $R_1$와 $R_2$에 영향을 주지 못한다)이다. 따라서

$$A_{max} = 1 + \frac{R_4}{R_3}$$

이다. 이 회로에서의 이득은 저주파에서는 낮고, 고주파에서는 높다. 따라서 이것은 고역통과 필터이다.

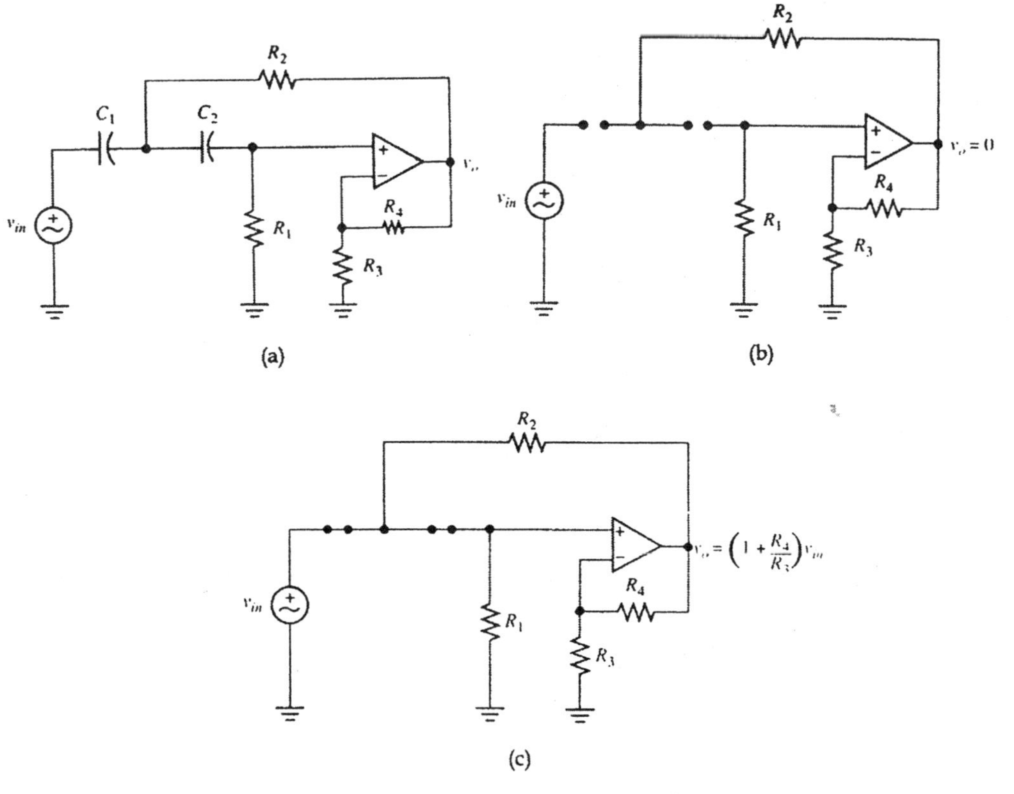


<그림 10-13> Sallen-Key 고역통과 필터

다시 Sallen-Key 필터의 차단주파수의 정확한 공식은 아주 복잡하다. 따라서

$$f_L \approx \frac{1}{2\pi\sqrt{R_1 R_2 C_1 C_2}}$$

로 표시되는 $f_L$의 근사화 공식을 사용할 수 있다.

**예제 10-5** <그림 10-14(a)>에 표시된 버터워스 능동 필터의 이득과 차단주파수를 구하시오.

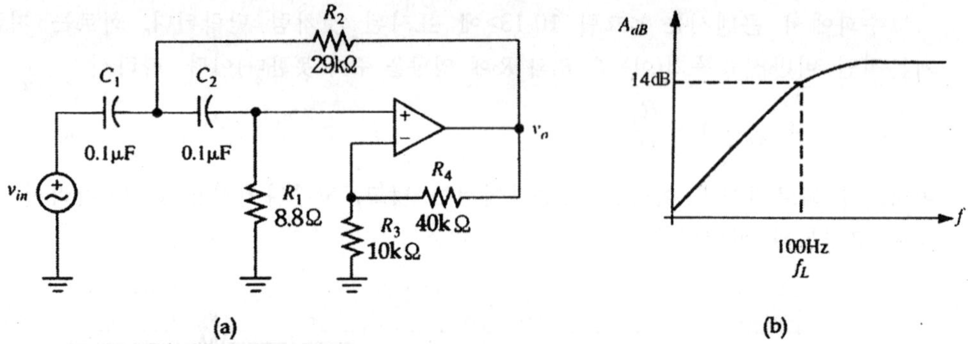


<그림 10-14>

**• 풀이 •** 필터의 최대 이득은 콘덴서가 단락되는 고주파에서 발생된다.

$$A_{\max} = 1 + \frac{R_4}{R_3} = 1 + \frac{40\text{k}\Omega}{10\text{k}\Omega} = 5$$

데시벨 단위의 이득은 $A_{dBmax}=14$dB이다. 차단주파수의 근사값은

$$f_L \approx \frac{1}{2\pi\sqrt{R_1 R_2 C_1 C_2}} = \frac{1}{2\pi\sqrt{8.8\text{k}\Omega \times 29\text{k}\Omega \times 0.1\mu F \times 0.1\mu F}} \approx 100\text{Hz}$$

이다. 필터의 버터워스 설계 때문에 통과대역 내에서의 이득은 결과적으로 안정됨을 알 수 있다. 이런 필터의 보드 선도는 <그림 10-14(b)>에 표시된다.

## 10-4 대역통과 능동 필터

<그림 10-15(a)>는 10kHz와 20kHz 사이의 대역통과 주파수를 갖는 이상적인 대역통과 필터(BPF)를 표시하고 있다. 대역통과 필터는 앞에서 고찰한 바 있는 $f_L$, $f_H$와 등가인 두 개의 차단주파수를 갖는다.

<그림 10-15(b)>는 몇 가지 실제 대역통과 필터의 보드 선도를 표시하고 있다.

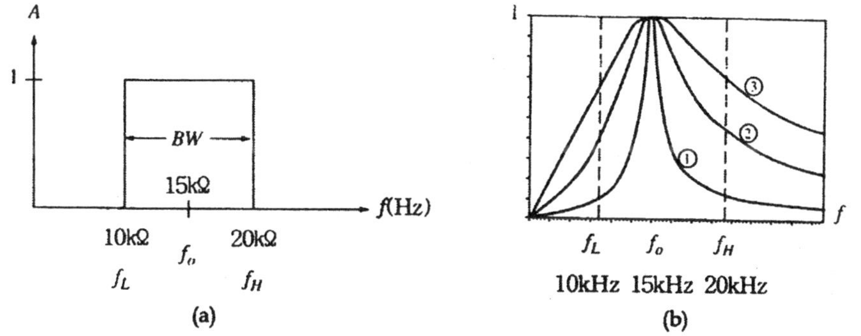


<그림 10-15> 대역통과 필터 (a) 이상적 (b) 실제적

필터 이득과 대역폭은 이미 설명한 바 있는데 대역통과 필터에서도 이런 특성을 이해해야 한다.

- **중간주파수**($f_o$) : 공진주파수로 알려져 있는 $f_o$는 대역통과 응답의 중간주파수이다. <그림 10-15(b)>에서 필터 응답의 중간주파수는 15kHz이다. <그림 10-15(b)>의 이퀄라이저에 표시된 주파수는 소자에서 사용되는 각 대역통과 필터의 중간 주파수를 표시하고 있다.
- **Q** : $Q$는 대역통과 필터의 선택도를 측정한 것이다. 고선택 필터(높은 $Q$필터)는 중간주파의 아주 작은 대역만 통과시킨다. <그림 10-15(b)>에는 3가지의 필터 응답이 표시된다. 여러분들은 숫자 1로 표시되는 좁은 대역폭을 갖는 필터를 볼 수 있다. 이런 필터는 다른 두 개의 필터보다 더 작은 주파수만 통과시킨다. 숫자 1로 표시된 필터는 높은 $Q$를 가진다. 숫자 3으로 표시된 필터는 낮은 $Q$값을 갖는다.

<그림 10-16>은 3가지 다른 필터의 응답을 표시하고 있다. 각각의 필터는 0.5kHz의 대역폭을 갖지만 다른 중간주파수를 갖는다. 주의할 것은 읽기는 쉽지만 이 그림은 축척으로 그리지 못한다는 점이다.

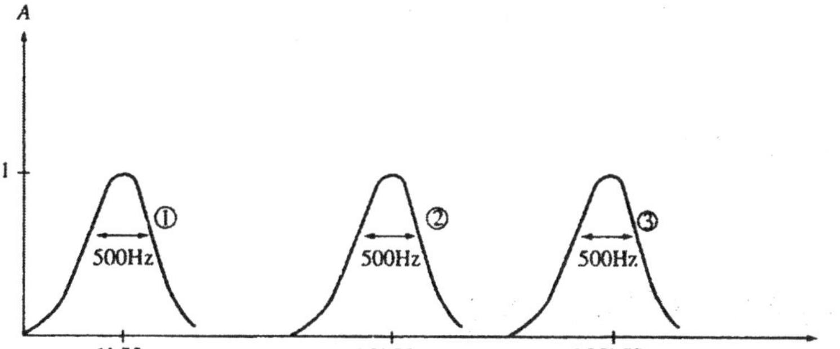


<그림 10-16>

여기에서 대역폭은 필터들 사이의 장점 비교를 제공하지는 않는다. 1번 필터는 중간주파수의 절반이 0.5kHz의 대역폭을 갖는다. 통과되는 주파수 영역은 중간주파수의 50%이다.

2번 필터는 중간주파수의 5%인 0.5kHz의 대역폭만 통과시킨다. 3번 필터는 중간주파수의 0.5%인 0.5kHz의 대역폭만 통과시킨다. 여기서 3번 필터가 가장 선택도가 높기 때문에 가장 높은 $Q$값을 갖게 된다.

대역통과 필터의 선택도는 대역폭의 감소와 중간주파 증가의 증가에 따라서 증가된다. $Q$의 공식은 다음과 같다.

$$Q = \frac{f_o}{\mathrm{BW}}$$

## $f_L$, $f_H$와 BW, $f_o$의 관계

만약 우리가 $f_L$과 $f_H$를 알고 있다면 대역폭을 어떻게 구하는지 알 수 있다.

$$\mathrm{BW} = f_H - f_L$$

또한 다음과 같은 공식으로부터 중간주파수를 구할 수 있다.

$$f_o = \sqrt{f_H f_L}$$

흥미로운 것은 중간주파수는 차단주파수 사이의 중간점이 아니라는 것이다. 그렇지만 대역통과 보드 선도는 $f_o$에 관해서 대칭이다. 그래서 보드 선도는 log $f$ 대 이득으로 표시된다. 보드 선도에서

$$\log f_o = \frac{\log f_H + \log f_L}{2}$$

로 표시되는 점에 주의하라.

다시 말하자면 log $f_o$는 log $f_L$과 log $f_H$의 중간점이다. 만약 우리가 대역폭과 중간주파수를 알고 있다면 차단주파수를 구할 수 있다. 정확한 공식은

$$f_H = \sqrt{\frac{\mathrm{BW}^2}{4} + \int_0^2 + \frac{\mathrm{BW}}{2}} \text{ 와 } \quad f_L = \sqrt{\frac{\mathrm{BW}^2}{4} + \int_0^2 - \frac{\mathrm{BW}}{2}}$$

로 표시된다. 다행히 필터가 높은 $Q$를 갖는다면(작은 BW와 $f_o$의 비교) 우리는 차단주파수를

$$f_H \approx f_o + \frac{\mathrm{BW}}{2}, \quad f_H \approx f_o - \frac{\mathrm{BW}}{2}$$

로 근사화시킬 수 있다.

## 고역통과-저역통과 결합

<그림 10-17>에 표시된 것처럼 고역통과 필터와 저역통과 필터의 결합에 의해서 대역통과 필터를 구성할 수 있다. 고역통과 필터는 $f_L$ 이하의 주파수는 제거

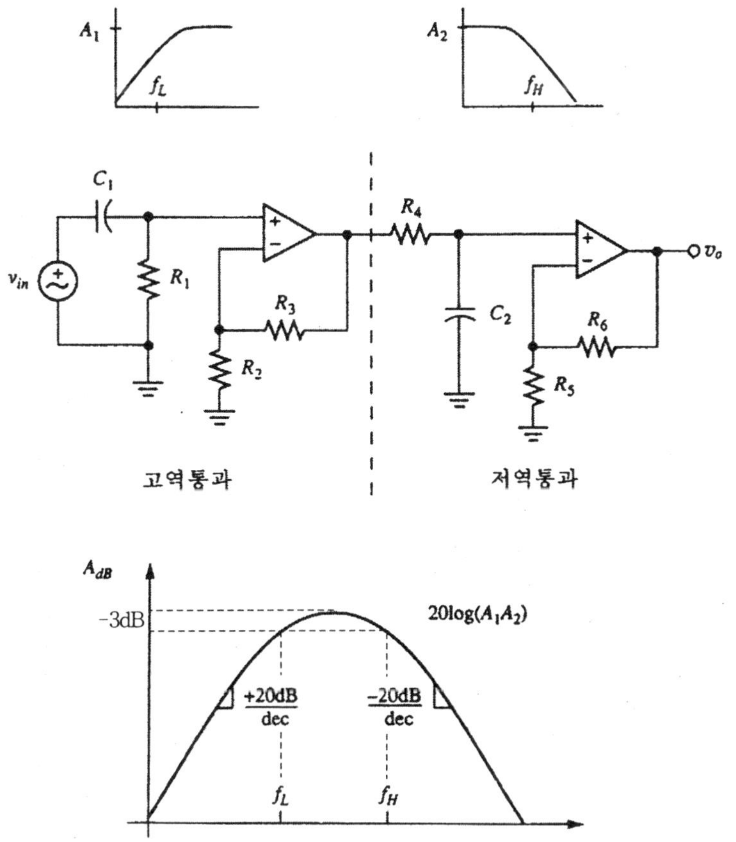


<그림 10-17>

시킨다. 저역통과 필터는 $f_H$ 이상의 주파수는 제거시킨다.

각 Op-Amp 필터는 자신의 이득과 차단주파수를 구하기 위해서 분리해서 해석할 수 있다. 필터의 전체 이득은 개별적 이득의 곱으로 나타난다. 그리고 완전한 필터의 차단주파수는 개별적인 $f_L$과 $f_H$에 의해서 주어진다.

두 개의 개별적 필터들을 조합할 때 우리는 완전한 대역통과 응답을 얻을 수 있다. 대역통과 필터($n=2$)가 두 개의 콘덴서를 갖는다고 하더라도 저주파와 고주파의 roll-off는 오직 20dB/dec이다. 이런 현상은 한 개의 콘덴서는 저주파 roll-off에 관계된 나머지 콘덴서가 고주파 roll-off에 기여하기 때문이다.

따라서 이런 대역통과 필터는 1차 대역통과 필터로 간주된다. 대역통과 필터의 차수는 $\frac{n}{2}$이고 고주파와 저주파의 roll-off는 $10n$의 기울기를 갖는다.

**예제 10-6** <그림 10-18(a)>에서 (a) 고역통과 필터의 이득과 $f_L$을 구하시오. (b) 저역통과 필터의 이득과 $f_H$를 구하시오. (c) 이런 대역통과 필터의 전체 이득과 대역폭을 구하시오. (d) 필터의 $Q$와 중간주파수 $f_o$를 구하시오. (e) 완전한 필터의 보드 선도를 그리시오.

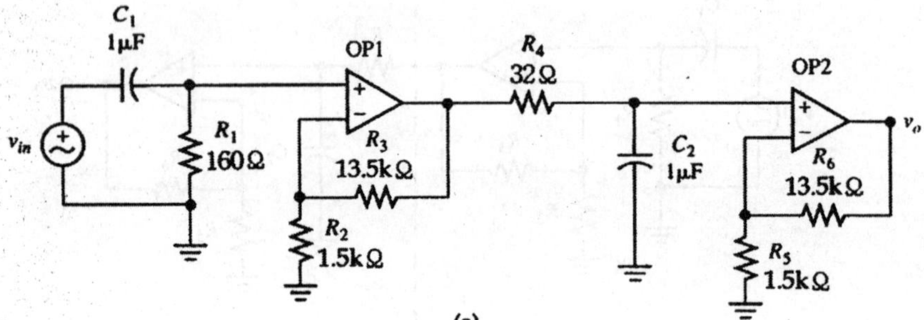


(a)

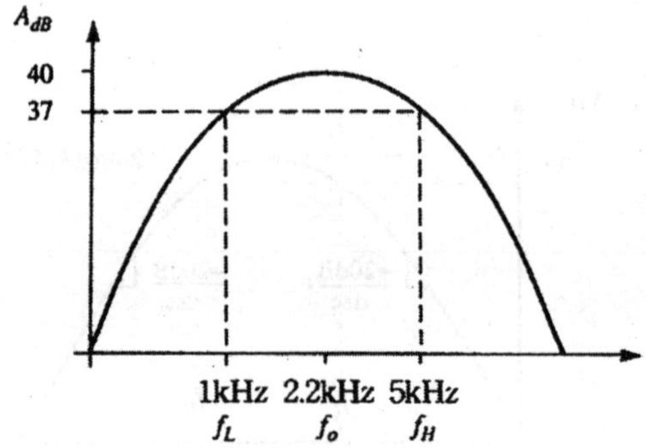


(b)

<그림 10-18>

**• 풀이 •** (a) Op-Amp1은 1차 고역통과 필터에 접속되어 있다. 이득은 10, $f_L$은 1kHz이다.

$$A_1 = 1 + \frac{R_3}{R_2} = 1 + \frac{13.5\text{k}\Omega}{1.5\text{k}\Omega} = 10$$

$$f_L = \frac{1}{2\pi R_1 C_1} = \frac{1}{2\pi \times 160 \times 1\mu F} \approx 1\text{kHz}$$

(b) Op-Amp는 1차 저역통과 필터에 접속되어 있다. 이득은 10, $f_H$는 5kHz이다.

$$A_1 = 1 + \frac{R_6}{R_5} = 1 + \frac{13.5\text{k}\Omega}{1.5\text{k}\Omega} = 10$$

$$f_H = \frac{1}{2\pi R_4 C_2} = \frac{1}{2\pi \times 32 \times 1\mu F} \approx 5\text{kHz}$$

(c) 전체 이득은

$$A_{\text{total}} = A_1 A_2 = 100, \quad A_{\text{dBtotal}} = 40\text{dB}$$

이고, 대역폭은 다음과 같다.

$$BW = f_H - f_L = 5\text{kHz} - 1\text{kHz} = 4\text{kHz}$$

(d) 중간주파수는

$$f_o = \sqrt{f_H f_L} = \sqrt{5\text{kHz} \times 1\text{kHz}} \approx 2.24\text{kHz}$$

이고, $Q$는

$$Q = \frac{f_o}{BW} = \frac{2.24\text{kHz}}{4\text{kHz}} = 0.56$$

이다. 대역폭이 중간주파수보다 크기 때문에 $Q$는 매우 작다는 점에 유의하라. 실용적 필터는 높게 선택되지 않는다.

(e) 완전한 필터를 위한 보드 선도는 <그림 10-18(b)>에 표시된다.

## Sallen-Key 대역통과 필터

<그림 10-19(a)>는 Sallen-Key 대역통과 필터를 표시하고 있다. 이런 동작을 이해하기 위해서 고주파와 저주파에서 회로를 시험해보자. 저주파에서 모든 콘덴서들은 <그림 10-19(b)>에 표시된 것처럼 개방된다.

$C_2$가 개방될 때 신호는 Op-Amp에 도달되지 못하기 때문에 0 출력을 얻게 된다. 고주파에서 콘덴서들은 <그림 10-19(c)>에 표시된 것처럼 단락된다. $C_1$이 단락된 때 입력은 접지에 단락되고, 다시 출력은 0이다.

우리는 저주파와 고주파에서 출력이 0임을 알 수 있다. 따라서 이런 회로는 주파수의 중간범위에서 증폭되어야만 한다. 이것이 대역통과 필터이다. 대역통과 필터의 파라미터를 구하는 공식은 아주 복잡하게 된다. 실제로 간략화하기 위해서는 $C_1 = C_2 = C$로 가정한다.

부귀환 루프에서 같은 저항을 사용한다는 점을 유의해야 한다. 간략화에도 불구하고 공식은 여전히 복잡하다. 필터 파라미터는 중간주파수, 대역폭, 이득이다.

$$f_o = \frac{1}{2\pi C\sqrt{R_3(R_1 \parallel R_2)}}$$

$$BW = \frac{\frac{1}{R_1} - \frac{1}{R_2} + \frac{2}{R_3}}{2\pi C}$$

$$A_{max} = \frac{1}{\pi C R_1 BW}$$

이런 필터의 형태는 일반적으로 높은 $Q$(지나치지 않는 연습값 $Q=10$)를 갖기 때문에

$$f_H \approx f_o + \frac{BW}{2}, \quad f_L \approx f_o - \frac{BW}{2}$$

로부터 차단주파수를 구할 수 있다.

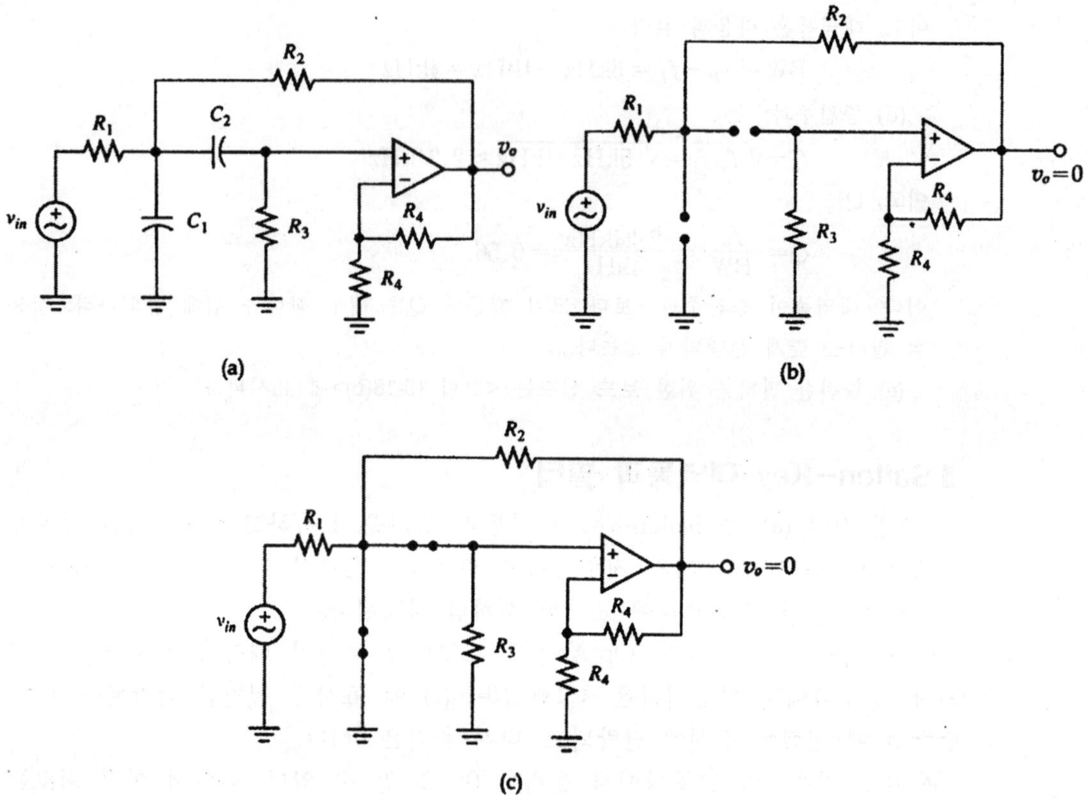


<그림 10-19>

**예제 10-7** <그림 10-20(a)>에 표시된 대역통과 필터에서 $f_H$, $f_o$, BW, $f_L$, $A$를 구하시오. 필터의 보드 선도를 그리시오.

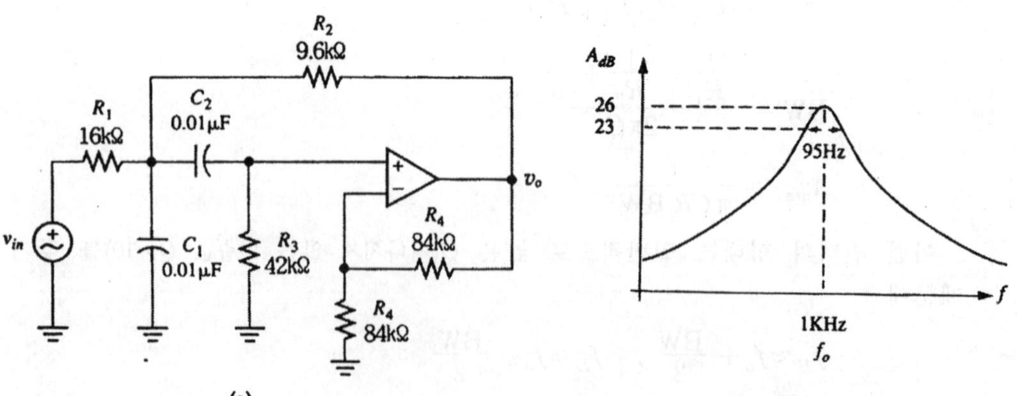


<그림 10-20>

**• 풀이 •**

$$f_o = \frac{1}{2\pi C\sqrt{R_3(R_1 \parallel R_2)}} = \frac{1}{2\pi \times 0.01\mu\text{F} \times \sqrt{42\text{k}\Omega(16\text{k}\Omega \parallel 9.6\text{k}\Omega)}} = 1\text{kHz}$$

$$\text{BW} = \frac{\frac{1}{R_1} - \frac{1}{R_2} + \frac{2}{R_3}}{2\pi C} = \frac{\frac{1}{16\text{k}\Omega} - \frac{1}{9.6\text{k}\Omega} + \frac{2}{42\text{k}\Omega}}{2\pi \times 0.01\mu\text{F}} = 95\text{Hz}$$

$$A_{\max} = \frac{1}{\pi C R_1 \text{BW}} = \frac{1}{\pi \times 0.01\mu\text{F} \times 16\text{k}\Omega \times 95\text{Hz}} = 21$$

$$A_{\text{dB}\max} = 26\text{dB}$$

차단주파수는

$$f_H \approx f_o + \frac{\text{BW}}{2} = 1000\text{Hz} + \frac{95}{2}\text{Hz} = 1048\text{Hz}$$

$$f_L \approx f_o - \frac{\text{BW}}{2} = 1000\text{Hz} - \frac{95}{2}\text{Hz} = 953\text{Hz}$$

<그림 10-20(b)>는 필터의 보드 선도를 보여주고 있다.

## 10-5 고차 필터

1차 필터의 roll-off는 20dB/dec이고 2차 필터는 roll-off는 40dB/dec로 표시된다. 우리는 간혹 더 가파른 roll-off를 갖는 필터를 필요로 한다. 고차 필터를

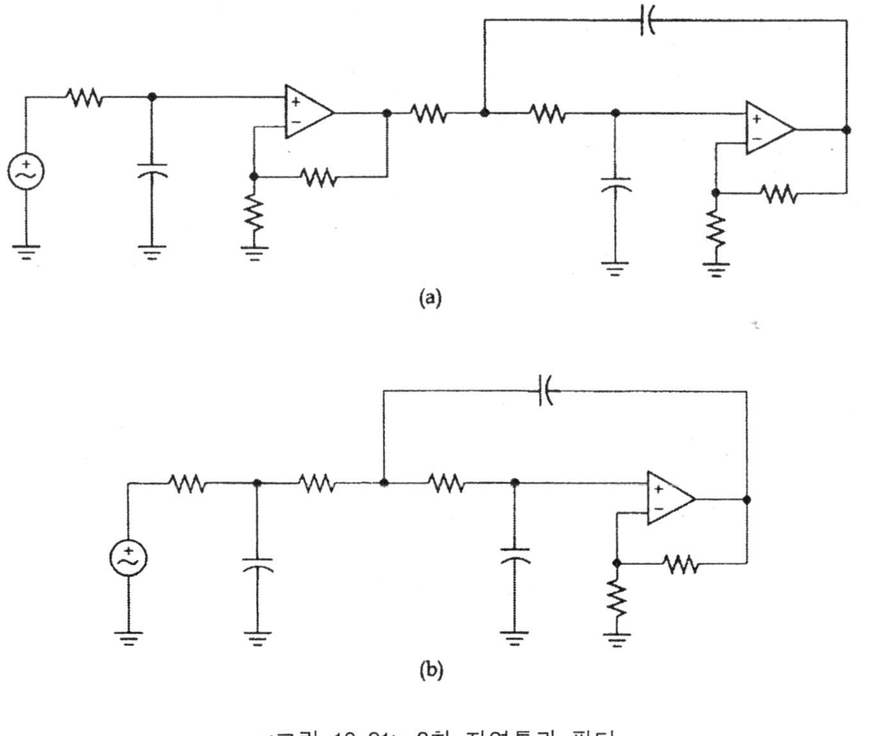

<그림 10-21> 3차 저역통과 필터

구성하는 데는 저차 필터를 몇 개 조합하거나, 고차 필터를 갖는 단일증폭기로 구성하는 2가지 기본적 방법이 있다.

<그림 10-21(a)>는 1차 필터와 2차 필터의 연결에 의해서 구성되는 3차 저역통과 필터를 표시하고 있다. 만일 우리가 4차 필터를 원한다면 우리는 2차 필터 두 개를 연결하게 된다.

<그림 10-21(b)>는 3개의 콘덴서와 1개의 Op-Amp로 3차 필터를 구성할 수 있는지를 보여준다. 4차 필터는 4개의 콘덴서가 요구된다. Op-Amp 혹은 능동 필터 핸드북을 참고하면 고차 필터의 공식을 이해하는 데 도움이 된다.

## 10-6 능동 필터의 고장진단

능동 필터의 고장진단에는 약간의 잔기술이 필요하다. 여러분들은 회로에서 교류전압의 트레이싱에 의해서 능동 필터에서처럼 대부분의 고장원인인 저항 혹은 Op-Amp의 고장여부를 결정해야 한다. 콘덴서의 고장은 발견하기가 더욱 어렵다.

능동 필터에서 Op-Amp와 저항을 시험하기 위해서는 필터의 통과대역에 잘 맞는 주파수의 입력신호를 인가하는 것이다. 통과대역에서 콘덴서는 개방 혹은 단락으로 동작하고, 결과적으로 Op-Amp 회로 내에서는 오직 저항만이 효과적으로 포함한다.

### 저역통과 능동 필터

예를 들자면 <그림 10-22(a)>에 $f_H$=1kHz인 저역통과 필터가 표시되어 있다. 만일 우리가 입력에 100Hz의 신호를 인가하면 필터의 통과대역 내에 있게 된다. 저역통과 필터에서 콘덴서는 통과대역 내에서 <그림 10-22(b)>처럼 개방된다.

<그림 10-22(b)>는 저항과 Op-Amp가 양호할 때 기대되는 교류신호를 표시하고 있다. 소자들의 고장원인은 다음과 같다.

- $R_1$ 개방 : 1점에서의 신호 없음
- $R_2$ 개방 : 2점에서의 신호와 잡음 없음
- $R_3$ 개방 : 출력신호와 입력신호가 같음
- $R_4$ 개방 : 출력이 공급전압에서 포화된다.
- Op-Amp 고장 : 출력 없음

우리는 지금 저항과 Op-Amp가 양호하다고 가정하고 콘덴서를 확인한다.

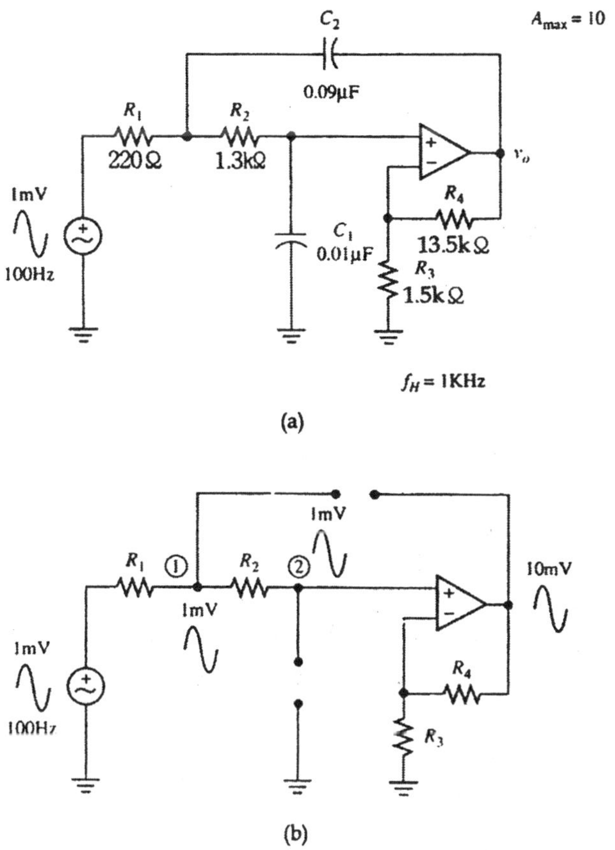

<그림 10-22>

▸ **$C_1$ 혹은 $C_2$ 단락** : 고주파 입력에서(콘덴서들은 정상적으로 단락) 필터 동작을 보여준다. 이것은 저역통과 필터이기 때문에 여기서 출력을 평가할 수 없을 것이다.

▸ **$C_1$ 혹은 $C_2$ 개방** : 이것은 까다로운 상황이다. 콘덴서의 하나를 제거하면 여러분은 능동 필터를 떠나게 된다.

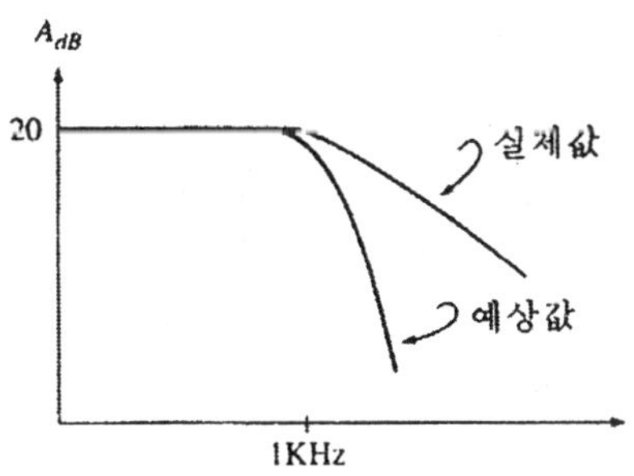

<그림 10-23>

여하튼 필터의 차수는 1로 감소되고 결과적으로 1차 능동 필터가 된다. 오직 콘덴서의 고장을 이해하는 길은 <그림 10-23>에 표시된 것처럼 예상되는 roll-off와 측정된 roll-off를 비교함으로써 필터의 전체 주파수로 동작시키는 것이다.

만약 여러분들이 콘덴서가 고장이라는 사실을 안다고 하더라도 특별한 문제점을 알 수는 없을 것이다. 여러분은 각각의 콘덴서를 실험함으로써 문제의 콘덴서를 찾을 수 있을 것이다.

## ▮고역통과 능동 필터

만약 <그림 10-24(a)>에 표시된 고역통과 필터의 입력에 1kHz를 인가한다면 필터의 통과대역 속에 포함될 수 있을 것이다. 고역통과 필터에서 콘덴서는 통과대역 주파수에서 단락으로 동작한다.

그림 역시 저항과 Op-Amp가 양호한 경우에 예상되는 교류신호를 보여준다. 소자의 불량원인은 다음과 같다.

- ▸ **$R_1$ 개방 :** 차이를 알 수는 없다. $C_2$는 회로로부터 효과적으로 제거되고 필터의 차수는 감소하고 roll-off도 감소된다.
- ▸ **$R_2$ 개방 :** 차이를 알 수 없다. $C_1$과 $C_2$는 직렬로 결합되고 필터의 차수는 감소한다.
- ▸ **$R_3$ 개방 :** 입력신호가 출력신호와 같다(단위이득).
- ▸ **$R_4$ 개방 :** 출력은 공급전압원에서 포화된다.
- ▸ **Op-Amp 고장 :** 출력 없음

저항과 Op-Amp가 양호하다고 가정하고 콘덴서를 확인한다.

- ▸ **$C_1$ 혹은 $C_2$ 단락 :** 필터의 차수는 감소
- ▸ **$C_1$ 혹은 $C_2$ 개방 :** Op-Amp로 전달되는 신호는 없다. 따라서 출력은 없다.

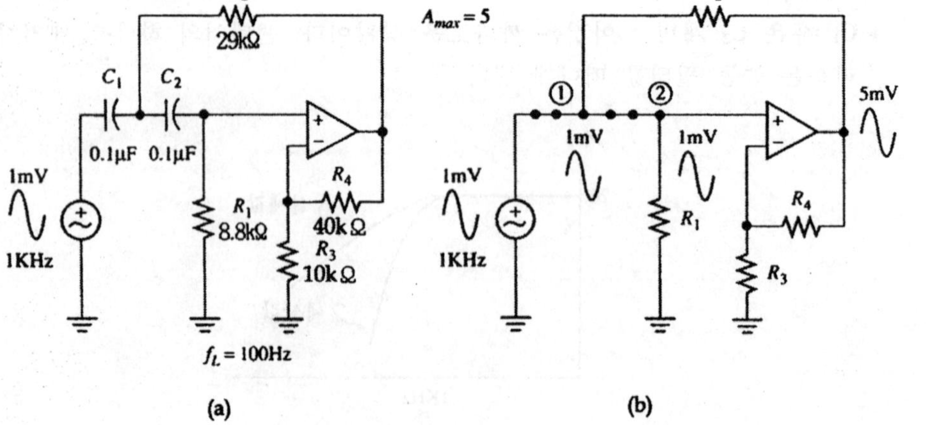


<그림 10-24>

## 대역통과 능동 필터

<그림 10-25(a)>는 $f_o$=1kHz, BW=95Hz를 갖는 대역통과 필터를 표시하고 있다. 입력에 1kHz의 중간주파수를 적용한다. 중간주파수에서 $C_1$은 개방된 것처럼 동작하고, $C_2$는 단락된 것처럼 동작하는 것이 <그림 10-25(b)>에 표시된다.

또한 Op-Amp와 저항이 양호하다면 예상되는 정확한 교류신호를 볼 수 있다. 소자의 불량원인은 다음과 같다.

- ▶ **$R_1$ 개방시 :** 1점에서 신호 없음
- ▶ **$R_2$ 개방시 :** 이득이 변화된다.
- ▶ **$R_3$ 개방시 :** 이득이 급격히 떨어진다.
- ▶ **귀환경로에서 $R_4$ 개방 :** 출력은 공급전압으로 포화된다.
- ▶ **Op-Amp 고장 :** 출력 없음

Op-Amp와 저항이 양호하다고 가정하고 콘덴서를 확인한다. 대역통과 필터에서 다른 효과를 갖는 콘덴서 때문에 콘덴서들을 개별적으로 살펴보아야 한다.

- ▶ **$C_1$ 단락 :** 입력신호는 접지에 단락된다. 따라서 출력은 없다.
- ▶ **$C_2$ 단락 :** 필터는 저역통과 필터가 된다.
- ▶ **$C_1$ 개방 :** 필터는 고역통과 필터가 된다.
- ▶ **$C_2$ 개방 :** Op-Amp의 입력에 입력신호가 없다. 따라서 출력은 없다.

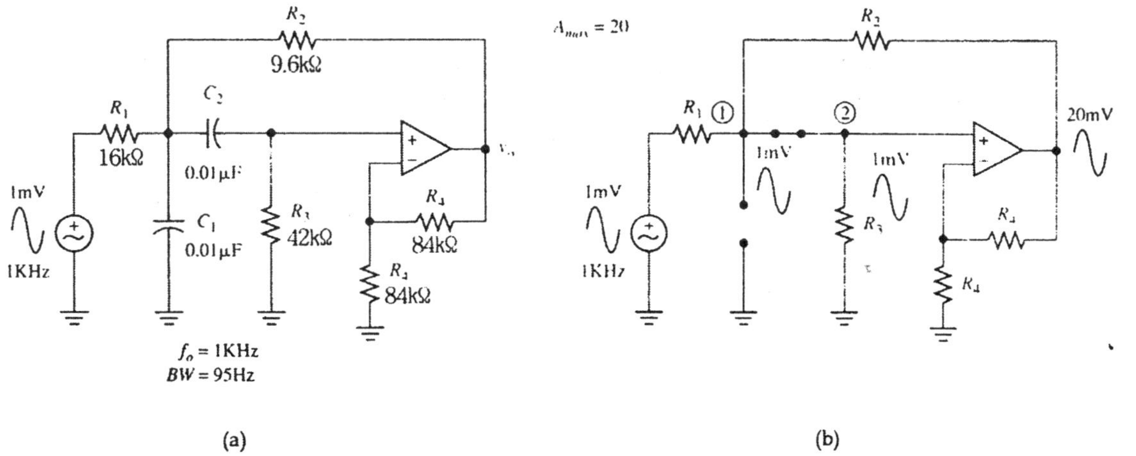


<그림 10-25>

**예제 10-8** 저역통과 2차 필터는 <그림 10-26(a)>에 표시된다. 아래 왼쪽은 고장진단 결과의 목록이다. 문제와 비슷한 원인을 오른쪽 목록에서 찾아 일치시키시오.

(a) 1점에서의 입력신호 없음 ① $R_4$ 개방

(b) 2점에서 신호, 출력에서 신호 없음 ② $R_1$ 개방

(c) $v_o = +15V$ ③ $C_2$ 개방

(d) <그림 10-26(b)>에서 이득선도를 볼 수 있다. ④ $C_1$ 단락

(e) 2점에서 0V ⑤ Op-Amp 불량

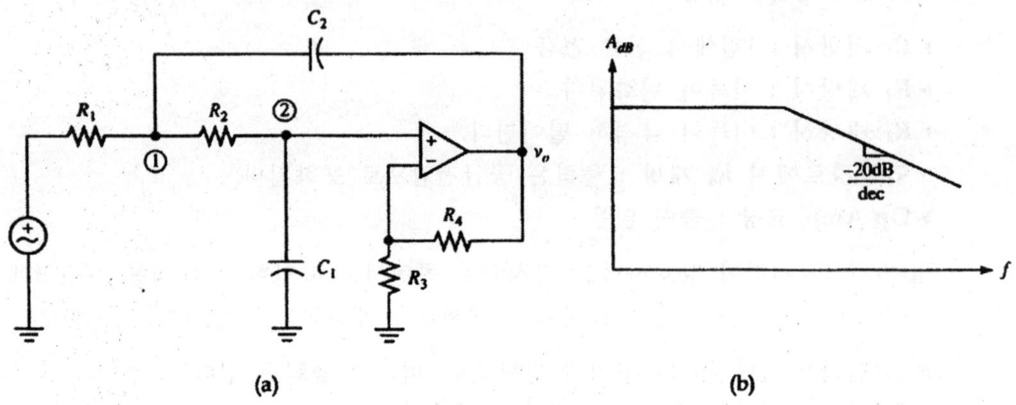


<그림 10-26>

**• 풀이 •** (a)-② : 1점 지점에서 신호가 없을 때, $R_1$은 개방불량이다.

(b)-⑤ : Op-Amp는 신호를 얻지만 출력은 없다. Op-Amp가 고장이다.

(c)-① : 공급전압 지점에 Op-Amp 전압은 포화되고, 부귀환은 고장이다. $R_4$는 개방되어 있다.

(d)-③ : 실질적 roll-off는 1차 필터 응답을 표시한다. 콘덴서는 개방고장이다.

(e)-④ : 2점에서 0V는 $C_1$이 접지에 단락된 결과이다.

## 기초문제

**1.** 1차 필터에서 콘덴서는 몇 개가 사용되는가?

**2.** 최대 이득은 어디에서 발생하는가? 이득은 얼마인가?

**3.** 실제 필터의 차단주파수는 어떻게 정의되는가? 이것은 무엇인가?

**4.** 수동 필터에 부하를 연결할 때 어떤 일이 발생하는가?

**5.** 능동 필터의 이점은 무엇인가?

**6.** 저역통과 필터의 최대 이득은 어디에서 발생되는가? 1차 필터의 이득은 얼마인가?

**7.** 1차 필터의 대역폭은 무엇인가?

**8.** 1차 필터의 roll-off는 무엇인가?

**9.** 부하는 능동 저역통과 필터의 동작에 어떤 영향을 미치는가?

**10.** 2차 필터의 최종 roll-off는 무엇인가?

**11.** 버터워스 필터의 특징은 무엇인가?

**12.** 1차 고역통과 필터의 차단주파수는 얼마인가?

**13.** 1차 고역통과 필터의 roll off는 무엇인가?

**14.** 실제 고역통과 필터와 같지 않은 것은 무엇인가? Op-Amp의 상위 주파수 제한은 어떻게 구해지는가?

**15.** 2차 필터의 최종 roll-off를 구하시오.

**16.** 2차 Sallen-Key 고역통과 필터의 최대 이득은 무엇인가? 차단주파수는 무엇인가?

**17.** 필터의 중간주파수는 무엇인가? $Q$는 어떻게 측정되는가? $Q$값은 어떻게 구할 수 있는가?

**18.** 대역통과 필터의 차단주파수와 중간주파수의 관계를 설명하시오.

**19.** 중간주파수와 대역폭이 주어진다면 높은 $Q$를 갖는 필터의 차단주파수는 어떻게 근사화시킬 수 있는가?

**20.** $f_o$, BW, $A$의 공식을 구하시오.

**21.** Sallen-Key 필터에서 $f_H$와 $f_L$은 어떻게 구하는가?

**{해답}** **1.** 1개 2. 콘덴서 개방시 $A_{max}=1$ **3.** 반전력점 주파수 **4.** 응답이 갑작스럽게 변화된다. **5.** 필터링뿐만 아니라 증폭도 가능하다. **6.** 콘덴서 양단, $A_{max}=1$, $A_{dBmax}=0dB$ **7.** $f_H$ **8.** 20dB/dec **9.** 영향을 주지 않는다. **10.** 40dB/dec **11.** 안정한 평탄이득을 갖는다. **12.** $f_L$ **13.** 20dB/dec **14.** $f_{HOP\text{-}AMP}$, $f_{Hop-Amp}=\dfrac{\text{unitygainbandwidth}}{1+\dfrac{R_2}{R_1}}$ **15.** 40dB/dec **16.** $A_{max}=1+\dfrac{R_4}{R_3}$, $f_L\approx\dfrac{1}{2\pi\sqrt{R_1R_2C_1C_2}}$ **17.** 공진주파수 **18.** $f_o=\sqrt{f_Hf_L}$

19. $f_H \approx f_o + \frac{BW}{2}$, $f_L \approx f_o - \frac{BW}{2}$

20. $A_1 = 1 + \frac{R_3}{R_2}$, $f_L = \frac{1}{2\pi R_1 C_1}$, $A_{total} = A_1 A_2$,

$A_{dBtotal} = 40dB$, $BW = f_H - f_L$, $f_o = \sqrt{f_H f_L}$, $Q = \frac{f_o}{BW}$

21. $f_o = \frac{1}{2\pi C\sqrt{R_3(R_1 \parallel R_2)}}$, $BW = \frac{\frac{1}{R_1} - \frac{1}{R_2} + \frac{2}{R_3}}{2\pi C}$, $A_{max} = \frac{1}{\pi C R_1 BW}$

## 응용문제

1. 이상적인 저역 필터 응답을 그리시오. 통과대역과 저지대역의 차단주파수를 구하시오.
2. 저역통과 필터에서 통과대역, 대역폭, 차단주파수와 $f_H$ 사이의 관계는 무엇인가?
3. 간단한 *RC* 저역통과 필터를 그리고 주파수 응답을 표시하시오.
4. 1차 능동 필터 회로를 그리시오.
5. 2차 저역통과 Sallen-Key 회로를 그리시오. 최대 이득과 대역폭을 구하시오.
6. 1차 고역통과 필터를 그리시오.
7. 이상적인 대역통과 주파수 응답을 그리시오.
8. 동일한 $f_o$를 갖는 몇 가지 실제의 대역통과 보드 선도를 그리시오. 이런 필터의 *Q*에 대해서 논하시오.
9. $f_o$는 다르지만 동일한 BW를 갖는 몇 가지 실제의 대역통과 보드 선도를 그리시오. 이런 필터의 *Q*에 대해서 논하시오.
10. 고역통과 필터와 저역통과 필터를 갖는 대역통과 필터를 그리시오. 필터의 전체 이득은 무엇인가?
11. 필터는 $f_H$와 $f_L$을 어떻게 설정하는가?

## 연습문제

1. <그림 10-27>에 표시된 단극 저역통과 필터의 대역폭과 $A_{CL}$값을 구하시오.

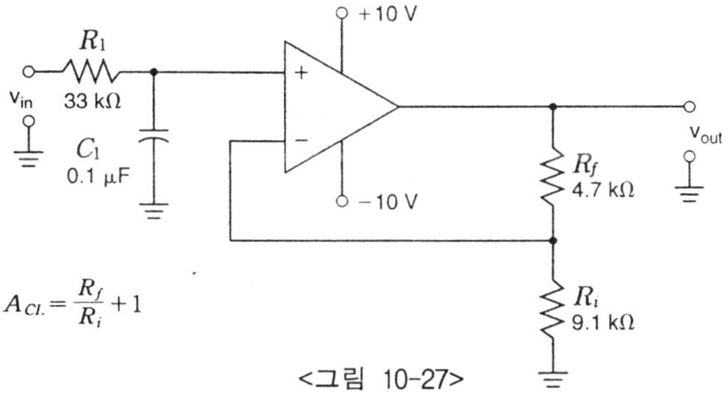


<그림 10-27>

**2.** <그림 10-28>에 표시한 2극 저역통과 회로의 차단주파수를 구하고 응답곡선을 그려보시오.

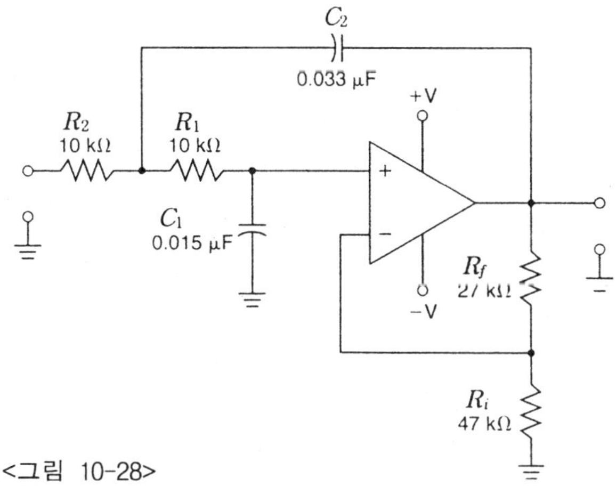


<그림 10-28>

**3.** <그림 10-29>에 표시된 회로의 통과대역 주파수를 해석하시오. BW와 중심주파수, Q값을 구하시오.

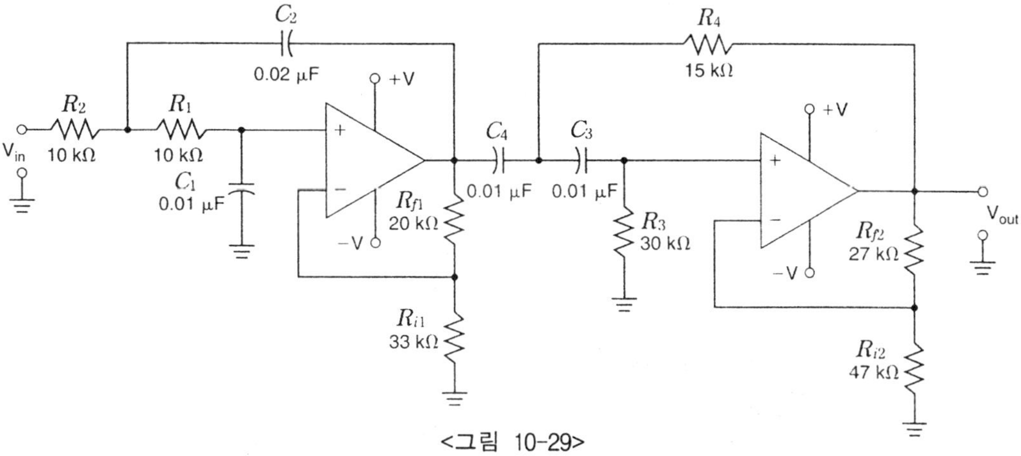


<그림 10-29>

**4.** <그림 10-30>에 표시된 회로의 $f_o$, $Q$, BW, 폐루프 전압이득을 구하시오.

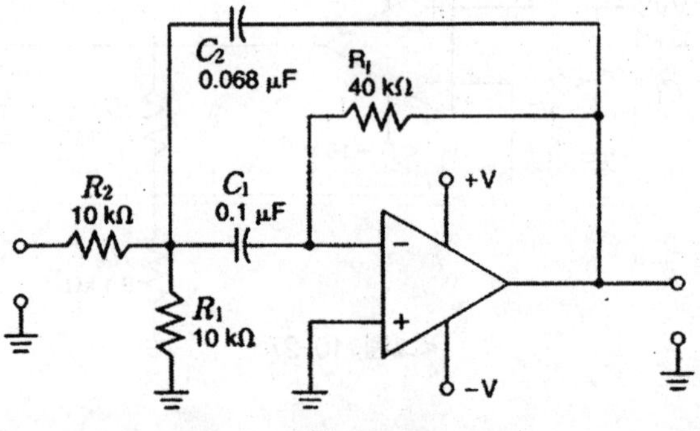


<그림 10-30>

**5.** <그림 10-31>에 표시된 회로의 전압이득은 얼마인가?

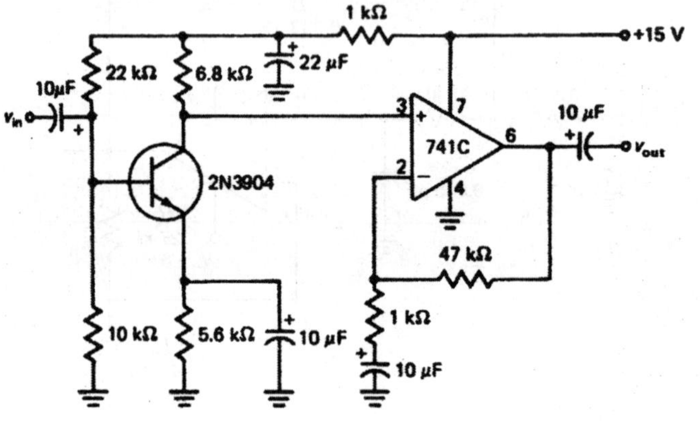


<그림 10-31>

**6.** <그림 10-32>에 표시된 회로에서 $R_1=18\text{k}\Omega$, $R_2=3\text{k}\Omega$, $R_3=6\text{k}\Omega$, $r_{ds(on)}=40\,\Omega$이

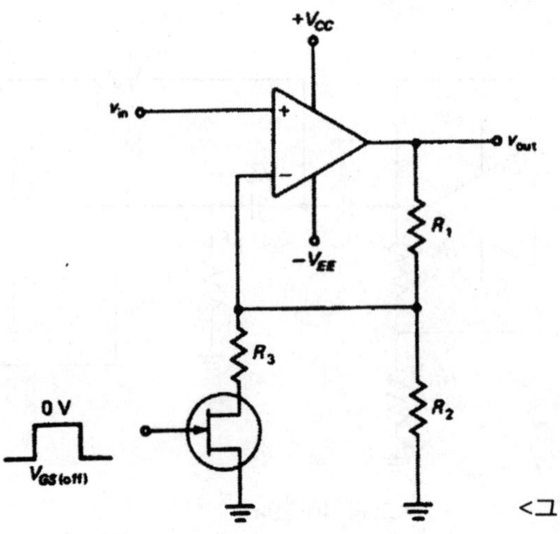


<그림 10-32>

라고 가정한다. 게이트 전압이 $V_{GS(off)}$일 때 전압이득은 얼마인가? 게이트 전압이 0일 때 전압이득은 얼마인가?

**7.** <그림 10-33>에서 전압이득과 대역폭은 얼마인가?

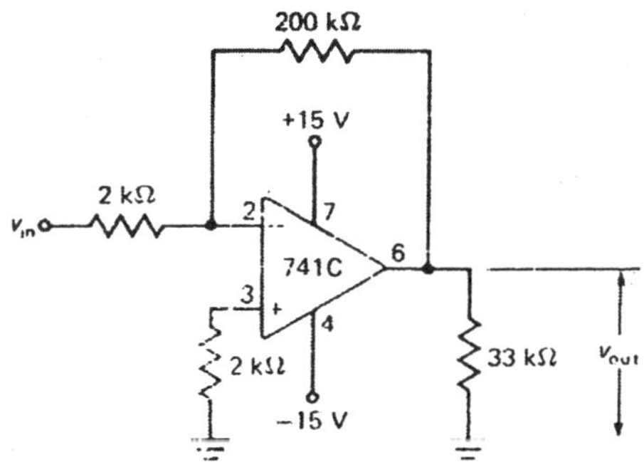


<그림 10-33>

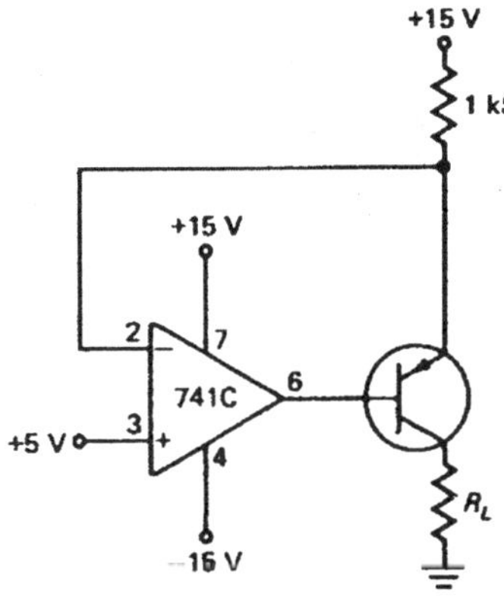


<그림 10-34>

**8.** <그림 10-34>에서 출력전류는 얼마인가? 정상적인 동작에서 사용되는 최대 부하저항은 얼마인가?

**9.** <그림 10-35>에서 $v_{in} = 1V$일 때 출력전류는 얼마인가? $R_L$이 500Ω이라고 가정하면 부하전압은 얼마인가?

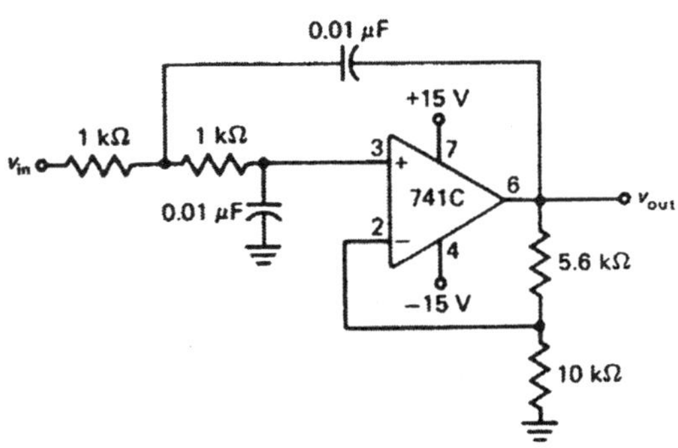


<그림 10-35>

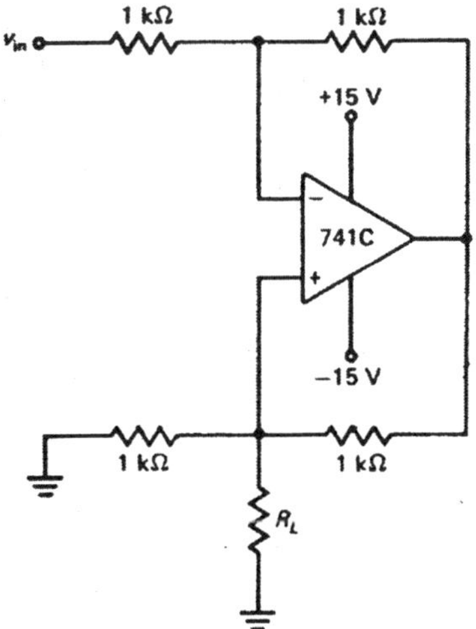


<그림 10-36>

**10.** <그림 10-36>에서 차단주파수는 얼마인가? 차단주파수를 벗어나면 전압이득은 얼마의 비율로 감쇠하는가?

**11.** <그림 10-37>에서 하한 차단주파수는 얼마인가? 상한 차단주파수는 얼마인가? 증폭기의 대역 밖에서는 전압이득이 얼마의 비로 감쇠하는가?

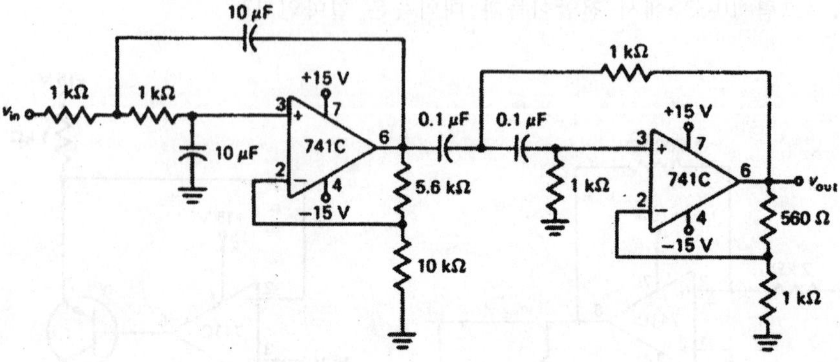


<그림 10-37>

**12.** <그림 10-38>에서 10kΩ 저항이 개방된다면 출력전압에서는 어떤 일이 발생되는가?

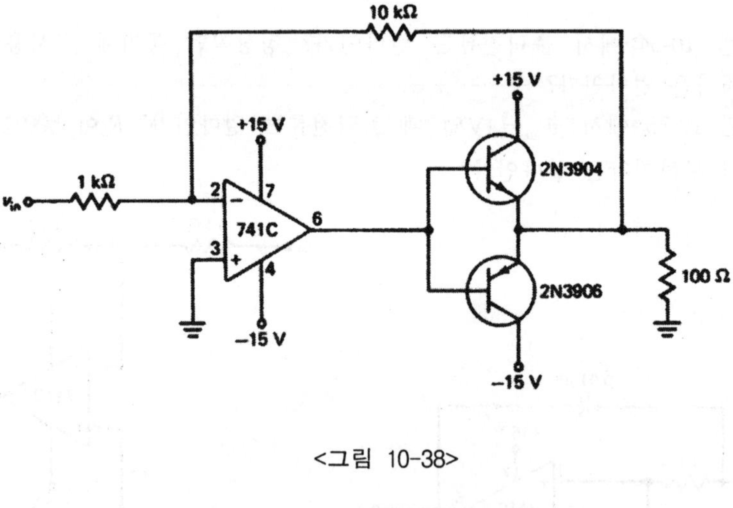


<그림 10-38>

**{해답}** **1.** $R_1$과 $C_1$의 값을 사용하면 상한 차단주파수 48.23Hz를 구할 수 있다.

$$f_2 = \frac{1}{2\pi R_1 C_1} = \frac{1}{2\pi \times 33\text{k}\Omega \times 0.1\mu\text{F}} = 48.23\text{Hz}$$

증폭기는 직류증폭기(0Hz)로 동작하기 때문에 $f_1$값은 없다. 따라서 대역폭은 $f_2$(48.23Hz)이다.

비반전증폭기이므로 $A_{CL} = \frac{R_F}{R_i} + 1 = \frac{4.7\text{k}\Omega}{9.1\text{k}\Omega} + 1 = 1.52$로 구해진다.

**2.** $f_2 = \frac{1}{2\pi\sqrt{R_1 R_2 C_1 C_2}} = \frac{1}{2\pi\sqrt{10\text{k}\Omega \times 10\text{k}\Omega \times 0.015\mu\text{F} \times 0.033\mu\text{F}}} = 715\text{Hz}$

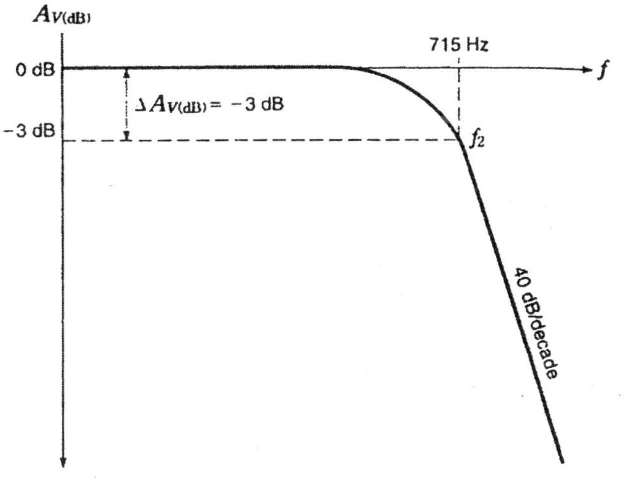


<그림> 응답곡선

**3.** $f_H(f_2)$값은 첫째단의 저역통과 필터에 의해서 1.13kHz로 결정된다.

$$f_2 = \frac{1}{2\pi\sqrt{R_1R_2C_1C_2}} = \frac{1}{2\pi\sqrt{10k\Omega\times10k\Omega\times0.01\mu F\times0.02\mu F}} = 1.13kHz$$

$f_L(f_1)$값은 두번째단의 고역통과 필터에 의해서 750Hz로 결정된다.

$$f_1 = \frac{1}{2\pi\sqrt{R_3R_4C_3C_4}} = \frac{1}{2\pi\sqrt{30k\Omega\times15k\Omega\times0.01\mu F\times0.01\mu F}} = 750Hz$$

따라서 750Hz와 1130Hz 사이의 주파수 대역만 통과되고 나머지 주파수 대역은 제거된다. 대역폭은 $BW=f_2-f_1=1130Hz-750Hz=380Hz$이다.

중앙주파수는 $f_o=\sqrt{f_1f_2}=\sqrt{750Hz\times1130Hz}=921Hz$, $Q=\frac{f_o}{BW}=\frac{921Hz}{380Hz}=2.42$

**4.** $$f_o = \frac{1}{2\pi\sqrt{(R_1\parallel R_2)R_FC_1C_2}} = \frac{1}{2\pi\sqrt{(10k\Omega\parallel10k\Omega)\times40k\Omega\times0.1\mu F\times0.068\mu F}} = 136.5Hz$$

$C_o=\sqrt{C_1C_2}=\sqrt{0.1\mu F\times0.068\mu F}=0.082\mu F$, $Q=\pi f_oR_FC=\pi\times136.5Hz\times40k\Omega\times0.082\mu F=1.41$

$BW=\frac{f_o}{Q}=\frac{136.5Hz}{1.41}=97Hz$, $A_{CL}=\frac{R_F}{2R_i}=\frac{40k\Omega}{20k\Omega}=2$

**5.** $A_{CL}=\frac{R_1}{R_2}+1=\frac{47k\Omega}{1k\Omega}+1=49$, $A_{TR}=194$, $A=A_{CL}\times A_T=48\times194=9312$

**6.** $A_{CL}=\frac{R_1}{R_2}+1=\frac{18k\Omega}{3k\Omega}+1=7$

게이트 전압이 0V일 때 JFET는 단락된다. 따라서 $A_{CL}=\frac{R_1}{R_2\parallel R_3}+1=\frac{18k\Omega}{2k\Omega}+1=10$

**7.** $A_{CL}=\frac{-R_F}{R_S}=-\frac{200k\Omega}{2k\Omega}=-100$, $B=\frac{r_{in}}{R_F+r_{in}}=\frac{2k\Omega}{200k\Omega+2k\Omega}=9,9\times10^{-3}$

대역폭$=Bf_{unity}=10\times10^{-3}\times1MHz=10kHz$

**8.** $i_{out}=\frac{V_{CC}-V_{in}}{R}=\frac{15V-5V}{1k\Omega}=10mA$, $R_L=\frac{V_{in}}{i_{out}}=\frac{5V}{10mA}=500\Omega$

**9.** $i_{out}=\frac{V_{in}}{R}=\frac{1V}{1k\Omega}=1mA$, $V_L=-R_L\times i_{out}=-500\Omega\times1mA=-0.5V$

**10.** $f_c=\frac{1}{2\pi RC}=\frac{1}{2\pi\times1k\Omega\times0.01\mu F}=15.9kHz$, 쌍극 저역통과 필터이므로 40dB/decade이다.

**11.** $f_{cLOW}=\frac{1}{2\pi RC}=\frac{1}{2\pi\times1k\Omega\times10\mu F}=15.9Hz$, $f_{cUPPER}=\frac{1}{2\pi RC}=\frac{1}{2\pi\times1k\Omega\times0.1\mu F}=1590Hz$

**12.** 출력은 positive 혹은 negative로 된다.

제11장

# 발진기 회로

발진기(oscillator/generator)는 직류전원으로부터 전력을 공급받아 교류 출력 신호를 지속적으로 발생시키는 전자회로인 신호발생기이다. 발진기는 라디오, 텔레비전 수신기와 송신기와 같은 분야에서 다양하게 사용된다.

또다른 응용분야에서는 발진기의 교류신호가 전자 시스템을 통해서 시간 또는 동기를 일치시키는 데 이용된다. 증폭기처럼 어떤 발진기는 고주파 발진기로 몇 백 MHz에서 발진을 하는 반면, 단지 몇 Hz에서 발진하도록 설계되기도 한다.

발진기는 일반적으로 회로 내에 사용되는 소자들이 결정하는 주파수를 기초로 해서 LC발진기, 수정발진기, RC발진기와 같은 3가지 기본적인 그룹으로 분류된다.

이 장에서 우리는 전형적인 쌍극성 트랜지스터 LC, RC, Crystal 발진기 회로의 특성과 동작원리에 대해서 알아보고 모든 종류의 응용분야에서 사용되는 IC 발진기인 NE555에 대해서도 설명한다.

## 11-1 LC발진기 회로

발진기 회로는 입력되는 직류 또는 *Vcc* 전압을 지속적인 교류신호 출력으로 변환시키는 단순한 신호발생기이다. 이 장에서 몇 개의 쌍극성 트랜지스터 LC 발진기 회로에 대하여 고찰한다.

발진주파수를 설정하기 위하여 LC 동조회로를 사용한다. 발진기 명칭은 회로를 설계한 사람의 이름을 따라 명명했다.

### ▮ 기본적인 LC발진기의 동작원리

LC발진기 회로의 기본적인 동작을 설명하기 위해서 <그림 11-1(a)>는 LC 탱크회로가 어떻게 해서 직류전원 스위치가 on되는 순간 서지 전류에 의한 "급작스런 전기적 충격"에 의해서 발진되는지를 보여준다.

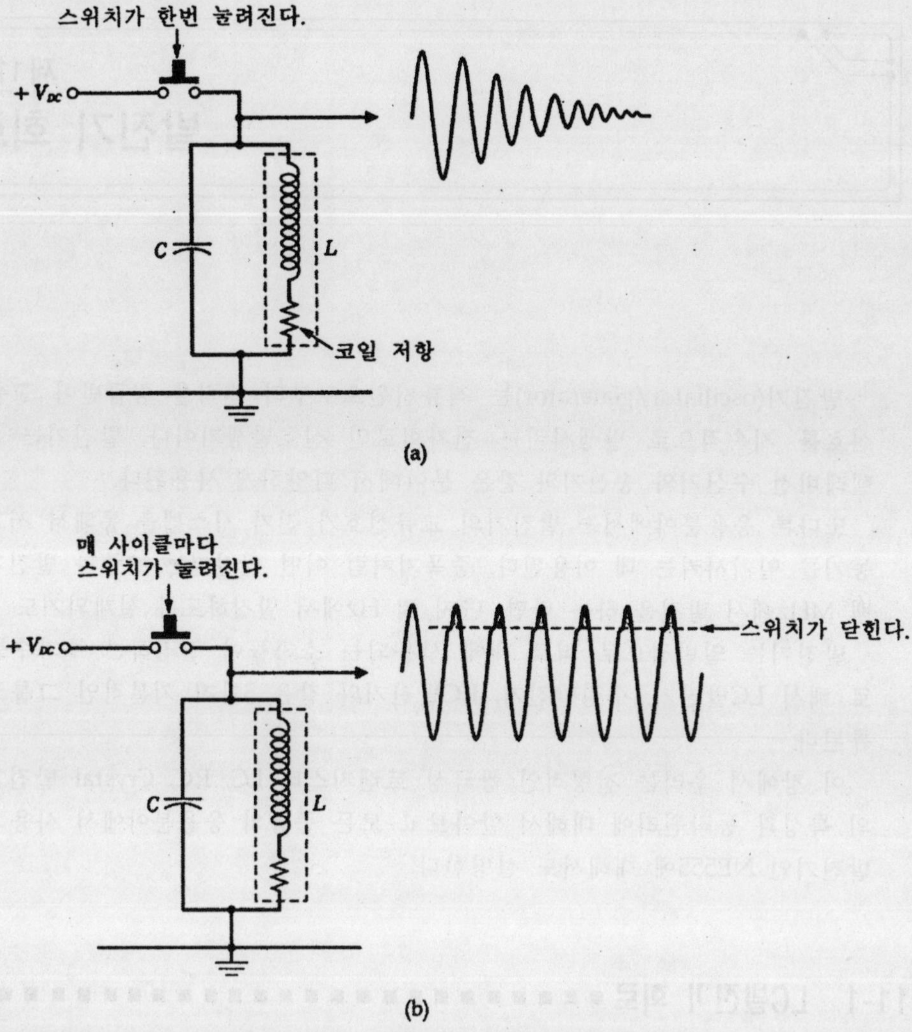


<그림 11-1> 기본적인 LC발진기 동작

이런 회로의 출력을 주시하면 탱크회로 내에서 순환하는 전류의 전 · 후 운동이 출력에서 사인파를 발생시키는 것을 알 수 있다. 그러나 이런 사인파 출력은 코일 저항에서의 에너지 손실로 인해서 진폭이 천천히 감소하게 된다.

이런 이유 때문에 탱크회로로부터 발진이 감소되는 것을 막기 위해서는 어떻게 해서든지 손실된 에너지를 대체할 필요가 있다.

<그림 11-1(b)>는 매주기마다 직류전원 스위치를 on시킴으로써 어떤 효과를 얻을 수 있는지 보여준다. 이 스위치가 on되는 시기는 직류전류의 파동이 탱크회로의 순환전류를 강화시켜야 하기 때문에 중요하다.

따라서 <그림 11-1(b)>의 파형으로 표시된 것처럼 탱크회로의 출력 사인파와

같은 위상이 되어야 한다. 이러한 방식으로 사인파 발진에 더해지거나 발생시키는 보강 에너지를 정귀환(positive feedback)이라고 부른다.

대부분의 발진기 회로는 동상의 신호가 손실된 에너지를 대체하고 발진을 유지하기 위해서 일정하게 주입되어야 한다는 정귀환 원리에 따라서 동작된다. 비록 발진기 회로가 <그림 11-1(b)>에 표시된 회로처럼 동작한다고 하더라도 자동전자 주입이 가능한 정귀환 시스템의 일부는 매우 불필요한 수동 기계적인 정귀환 시스템 대신 필요하다는 것이 명확하다.

동조된 LC 탱크회로를 사용하고 자동전자 정귀환 경로만 갖는 가장 단순한 발진기 회로 중 하나가 암스트롱 발진기이다.

## ▮ 암스트롱(Armstrong) 발진기

<그림 11-2(a)>는 암스트롱 발진기 회로를 표시하고 있다. 트랜지스터 $Q_1$은 보통의 전압분배기 베이스 바이어스 $R_1$, $R_2$, 이미터 저항 $R_3$, 콘덴서 $C_3$, 입력결합 콘덴서 $C_2$를 포함하고 있다. 이 회로가 발진할 주파수는 트랜지스터 $Q_1$의 컬렉터에 연결되는 병렬 공진회로 $C_1$과 $L_1$에 의해서 결정된다.

변압기 $T_1$의 1차 코일 $L_1$과 2차 코일 $L_2$는 감겨 있기 때문에 $L_2$의 상단부에 유도되는 전위는 $L_1$(또는 $Q_1$의 컬렉터)의 아래에 있는 전위와 180° 위상차를 갖는다. 또한 이런 회로는 회로의 출력과 트랜지스터의 입력 사이에 발진을 유지하는 정귀환 피드백 경로를 포함하고 있다.

<그림 11-2(b), (c), (d), (e)>에서 바이어스 요소와 결합용 콘덴서들은 제거된다. 따라서 우리는 이런 회로의 발진주기를 포함하는 단계들을 더욱 자세히 볼 수 있다.

- ▸ **1단계<그림 11-2(b)>** 회로전원 $+V_{CC}$가 첫번째로 인가될 때 전압분배기 바이어스 저항 $R_1$과 $R_2$는 트랜지스터 $Q_1$을 턴on시키므로 컬렉터 전류가 트랜지스터 $Q_1$을 통해서 흐르게 되고 탱크회로의 전압을 $+V_{CC}$로 되게 한다. 트랜지스터 $Q_1$이 on으로 되면 트랜지스터 $Q_1$의 컬렉터 전압은 Low가 되고 $L_1$의 하단에 Low가 인가된다. $T_1$의 위상 반전 때문에 $L_2$의 상단은 High가 된다. $L_2$의 상단에서 이런 높은 +전압은 귀환 경로를 경유해서 트랜지스터 $Q_1$의 베이스로 귀환된다. 트랜지스터 $Q_1$의 전도는 포화상태까지 증가되고 컬렉터 전류가 증가하게 되므로 그림에 표시된 극성처럼 콘덴서 $C_1$이 충전된다.
- ▸ **2단계<그림 11-2(c)>** 콘덴서 $C_1$이 완전히 충전되면 탱크회로를 통해 흐르는 전류는 0으로 떨어지고 감소되는 전류는 $L_2$의 상단에서 변압기에 유도된 +전압을 0으로 강하시킨다. 귀환 경로로부터 이런 추가적인 베이스-

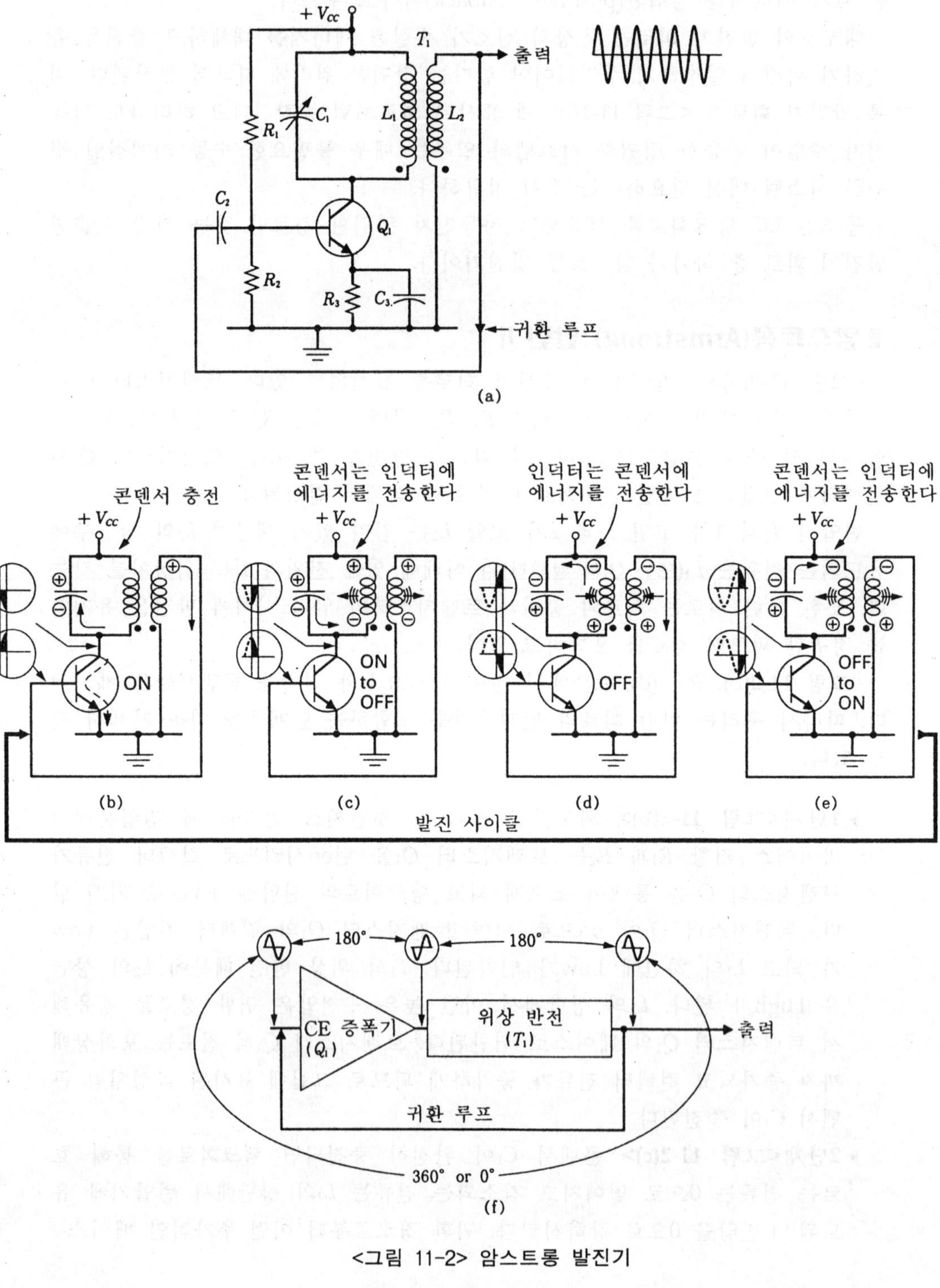


<그림 11-2> 암스트롱 발진기

이미터 순방향 바이어스가 없다면 트랜지스터 $Q_1$은 턴off된다. 트랜지스터 $Q_1$이 off되면 콘덴서 $C_1$은 방전하기 시작한다. 그것이 인덕터 $L_1$으로부터 모든 에너지를 이동시키고 탱크회로의 발진이 시작된다. 콘덴서 $C_1$이 완전히 방전될 때, 인덕터 $L_1$을 흐르는 전류는 멈추게 되고 인덕터 $L_1$의 자기장은 소멸되기 시작한다.

▸ **3단계<그림 11-2(d)>** 인덕터 $L_1$의 자기장이 소멸됨에 따라 역기전력이 코일로 유도된다. 에너지가 탱크회로의 코일로부터 콘덴서로 이동함에 따라 콘덴서 $C_1$이 충전되기 시작한다. 콘덴서 $C_1$의 하단에서 +극성이 인덕터 $L_1$에 작용되고 인덕터 $L_2$의 상단부에 −극성이 유도되어 트랜지스터 $Q_1$은 차단상태가 된다.

▸ **4단계<그림 11-2(e)>** 발진활동이 계속되면서 현재 완전히 충전된 상태의 콘덴서 $C_1$은 인덕터 $L_1$을 통해서 반대방향으로 방전하기 시작한다. 일단코일에 자기장이 다시 생성되기 시작한다. 콘덴서 $C_1$이 완전히 방전될 때 회로 전류는 다시 0으로 떨어지고, 인덕터 $L_1$ 주위의 자기장은 소진되기 시작하고 콘덴서 $C_1$은 충전하기 시작한다.

▸ **5단계<그림 11-2(b)>** 인덕터 $L_1$의 소진된 자기장은 콘덴서 $C_1$을 그림에 표시된 것과 같은 극성으로 충전시킨다. 동시에 인덕터 $L_1$의 하단부에 −전위를 $L_2$의 상단부에 +전위를 유도시킨다. 이런 전압은 트랜지스터 $Q_1$을 on 상태가 되게 한다. 트랜지스터 전류는 콘덴서 $C_1$의 충전을 도와주고 탱크회로 내에 손실된 에너지를 대체한다. 트랜지스터 $Q_1$은 자동 스위치처럼 동작하고 <그림 11-2(b)>에서는 수동 스위치와 유사하고 정귀환 경로를 가진 탱크회로에서 손실된 에너지를 대체할 수 있게 한다.

여러분들이 발진 사이클을 통해서 각 단계별로 살펴본 것처럼 콘덴서 $C_1$과 인덕터 $L_1$은 에너지가 탱크 내에서 전·후로 이동하는 속도를 통제하기 때문에 이 회로가 발진하는 주파수를 설정한다.

많은 경우에 동조된 회로에 사용되는 콘덴서는 다양하게 제작되어 있어서 발진주파수를 변화시킬 수 있다. 이런 회로가 발진시키는 주파수(사인파 출력의 주파수)는 식 (11-1)에 의해서 구해진다.

$$f_r = \frac{1}{2\pi\sqrt{L_1 \times C_1}} \tag{11-1}$$

**예제 11-1** <그림 11-2(a)>에 표시된 회로에서 $L_1 = 47\text{mH}$, $C_1 = 0.03\mu F$라고 가정하고 발진주파수를 계산하시오.

**• 풀이 •** $$f_r = \frac{1}{2\pi\sqrt{L_1 \times C_1}} = \frac{1}{2\pi\sqrt{47\mathrm{mH} \times 0.033\mu\mathrm{F}}} = 4\mathrm{kHz}$$

강조해야 할 또다른 중요한 점은 트랜지스터 $Q_1$이 스위치처럼 동작하고 출력 신호가 +일 때만 도통상태가 되고 트랜지스터의 컬렉터 전류가 탱크회로의 순환 전류에 의한 콘덴서의 충전을 도와줄 수 있다. 이러한 "topping off"는 적절한 시기에 playground swing을 하는 사람에게 주는 약간의 반발과 유사하다.

더 상세히 설명하자면 정귀환의 영향을 강조하기 위하여 <그림 11-2(f)>에 암스트롱 발진기의 블록 다이어그램을 표시했다.

일반적인 이미터 공통증폭기가 입력과 컬렉터 출력 사이에서 180° 위상차를 갖기 때문에 positive 귀환을 위해서 추가적인 180° 위상 변환장치가 출력과 입력단 사이에 필요하다.

그 결과 귀환신호는 +로 되거나 증강될 것이고 회로는 발진하게 된다. 추가적인 위상변환은 변압기 $T_1$에 의해서 제공된다. 트랜지스터 $Q_1$의 베이스가 +로 스윙할 때 트랜지스터 $Q_1$의 컬렉터는 −로 스윙하고 인덕터 $L_1$의 하단은 −로 상단은 +로 스윙한다.

출력에서 +스윙은 처음의 +스윙을 보강하고 발진을 유지하기 위하여 입력으로 귀환된다. 결과적으로 신호는 입력에서 출력으로 귀환될 때 그리고 반대의 경우에도 360° 위상이 변화한다. 360°의 위상변화는 신호의 위상이 변하지 않는 것과 같으므로 귀환신호는 입력과 동위상이다.

변압기 $T_1$의 변환된 위상이 포함되지 않고 컬렉터 출력이 직접 입력으로 귀환된다면 귀환신호는 입력신호를 방해하게 할 것이다. 이렇게 위상이 반전된 귀환 종류는 부귀환으로 알려져 있고 입력을 약화시키는 결과를 초래하므로 발진 출력도 없다.

## ▮ 하틀리(Hartley) 발진기

<그림 11-3(a)>는 암스트롱 발진기와는 달리 변압기가 필요없는 하틀리 발진기의 회로도를 표시하고 있다. 정귀환에 필요한 180° 위상반전은 이 회로의 특징인 분기된 인덕터 $L_1$을 알아봄으로써 구할 수 있다.

트랜지스터 $Q_1$은 보통의 바이어스와 안정성 요소를 갖는다. 그러나 RF 초크 코일(RFC)은 $+Vcc$ 라인과 역으로부터 전원공급 기로의 통과를 출력에서 고주파 발진이 방지되는 동안 직류전원을 트랜지스터에 연결하기 위해 컬렉터에 연결된다.

결합용 콘덴서 $C_3$을 연결하는 것은 출력으로부터 직류 컬렉터 전압을 차단시키는 기능 외에도 탱크회로와 교류 컬렉터의 출력을 연결한다. 결합용 콘덴서 $C_2$를 연결하는 것은 공진하는 탱크회로 변화를 트랜지스터 $Q_1$의 베이스에 연결하는 반면에 직류 베이스 전압을 탱크회로와 차단시킨다.

이런 회로의 동작을 설명하기 위해서 우리는 일단 발진 단계를 <그림 11-3(b), (c), (d), (e)>에 표시한 것처럼 4단계로 분류할 수 있다.

- **1단계<그림 11-3(b)>** 회로전원($+Vcc$)이 첫번째로 인가될 때, 전압분배기 바이어스 저항 $R_1$과 $R_2$는 트랜지스터 $Q_1$을 턴on시킨다. 그리고 컬렉터 전류는 트랜지스터 $Q_1$을 통해서 탱크회로에 인가된다. 이런 전류는 인덕터 $L_1$ 주위에 자기장을 확장시키는 원인이 된다. 인덕터 $L_1$의 중간 탭이 접지되어 있기 때문에 인덕터 $L_1$의 양단은 서로 반대의 전압을 갖게 된다. 인덕터 $L_1$의 상단부를 Low로 만들게 되면 인덕터 $L_1$의 하단부는 High로 된다. 이런 High 상태는 트랜지스터 $Q_1$의 베이스에 인가되고 트랜지스터를 빠르게 포화시킨다.
- **2단계<그림 11-3(c)>** 트랜지스터 $Q_1$이 포화될 때 전류는 더이상 증가하지 않게 되고 인덕터 $L_1$에 의해서 생성된 자기장은 소멸된다. 인덕터에서 생성된 에너지는 콘덴서로 전송된다. 콘덴서 $C_1$의 아래쪽이 현재 negative 전위로 충전되기 때문에 $-$이런 점은 트랜지스터 $Q_1$의 베이스에 연결된다. 트랜지스터는 역방향 바이어스 전압을 느끼게 되고 차단되기 시작한다.
- **3단계<그림 11-3(d)>** 트랜지스터 $Q_1$이 off되면 탱크의 플라이휠 동작 은 인계되고 콘덴서 $C_1$은 방전되고 콘덴서로부터 인덕터로 에너지가 전송된다.
- **4단계<그림 11-3(e)>** 콘덴서 $C_1$이 완전히 방전될 때 인덕터 $L_1$ 주위의 자기장은 소멸되기 시작하고 콘덴서 $C_1$은 재충전되기 시작한다. 콘덴서 $C_1$의 아래쪽이 $+$전위로 충전되기 때문에(그리고 이것은 트랜지스터 $Q_1$의 베이스에 연결된다) 트랜지스터는 순방향 바이어스를 받기 시작하므로 트랜지스터 $Q_1$은 턴on되기 시작한다. 트랜지스터 전류는 콘덴서 $C_1$의 충전을 지원하고 탱크회로의 손실된 에너지를 보완한다. 일단 콘덴서 $C_1$이 완전히 충전되면 플라이휠 동작은 인계되고 발진동작도 주기적으로 반복된다. 이런 회로가 발진하는 동안 탱크회로를 구성하는 소자 $C_1$, $L_1$에 의해서 발생되는 사인파 출력의 주파수는 식 (11-2)에 의해서 계산된다.

$$f_r = \frac{1}{2\pi\sqrt{L_T \times C_1}} \qquad (11\text{-}2)$$

$$L_T = L_{1A} + L_{1B} \qquad (11\text{-}3)$$

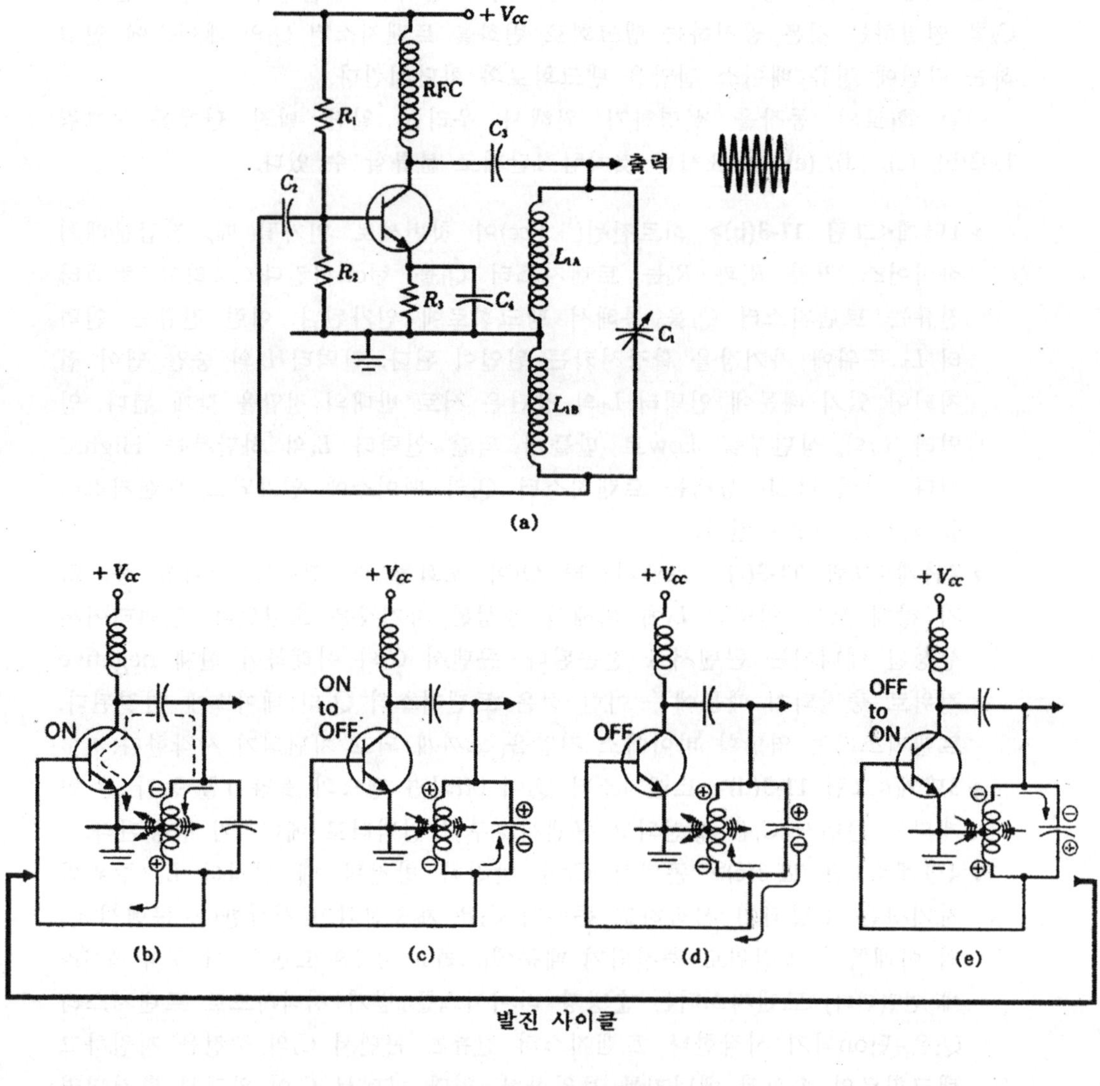


<그림 11-3> 하틀리 발진기

**예제 11-2** <그림 11-3(a)>에 표시된 회로에서 $L_{1A}=47\mu H$, $L_{1B}=22\mu H$, $C_1=22nF$라고 하면 발진주파수는 몇 Hz인지 구하시오.

**• 풀이 •**

$$L_T = L_{1A} + L_{1B} = 47\mu H + 22\mu H = 69\mu H$$

$$f_r = \frac{1}{2\pi\sqrt{L_1 \times C_1}} = \frac{1}{2\pi\sqrt{69\mu H \times 22nF}} = 129.2kHz$$

## ▮ 콜피츠(Colpitts) 발진기

<그림 11-4(a)>에 표시된 콜피츠 발진기 회로는 하틀리 발진기와 구조가 유사하다. 그러나 이런 회로에서는 두 개의 콘덴서가 중간 탭을 갖는 인덕터 대신 사용된다. 이런 두 개의 콘덴서들은 중심에 접지되어 있는 점이 이 발진기를 구분해주는 특징이다.

그리고 이런 두 개의 콘덴서들은 정귀환에서 180°의 위상변화를 제공하기 위해서 필요하다. 이런 회로의 동작을 설명하기 위해서 우리는 일단 발진주기를 <그림 11-4(b), (c), (d), (e)>에 표시된 것처럼 4단계로 분류하자.

- ▸**1단계<그림 11-4(b)>** 직류전원이 첫번째로 이 회로에 인가될 때 트랜지스터 $Q_1$을 도통시키는 전압분배기 바이어스가 저항 $R_1$과 $R_2$에 의해서 제공된다. 트랜지스터 $Q_1$이 on되면 트랜지스터 $Q_1$의 이미터에서 컬렉터로, 무선주파수를 통해서 $+V_{CC}$까지 지류 컬렉터 전류가 통과하게 된다. 트랜지스터 $Q_1$의 컬렉터에서 전압강하는 콘덴서 $C_1$의 상단부에 인가되고 콘덴서 $C_1$을 충전시킨다. 콘덴서 $C_1$과 $C_2$의 중간 탭이 접지되기 때문에 콘덴서 $C_2$의 아래쪽 전극은 인덕터 $L_1$을 통해서 +전위로 충전된다. 이런 +전위는 귀환경로를 통해서 트랜지스터 $Q_1$으로 귀환되고 트랜지스터를 포화시키게 된다.
- ▸**2단계<그림 11-4(c)>** 트랜지스터 $Q_1$이 포화되면 트랜지스터 $Q_1$의 컬렉터에서 더이상의 전압변화는 없다. 따라서 콘덴서 $C_1$과 $C_2$는 더이상 충전을 하지 않게 되고, 탱크회로의 플라이 동작이 인계된다. 콘덴서 $C_1$과 $C_2$가 함께 동작하므로 인덕터 $L_1$을 통하여 방전되며 인덕터 $L_1$의 자기장을 형성시키게 된다.
- ▸**3단계<그림 11-4(d)>** 콘덴서 $C_1$과 $C_2$가 완전히 방전될 때 전류는 0으로 감소하고 인덕터 $L_1$ 주위의 기장은 소멸되기 시작하고, 인덕터 $L_1$에 역전압을 유도시키고 콘덴서 $C_1$과 $C_2$가 충전된다. 콘덴서 $C_2$의 아래쪽 전극이 음전위로 충전되기 때문에 트랜지스터 $Q_1$의 베이스로 이런 전위가 인가되고 트랜지스터는 차단된다. 인덕터 $L_1$은 자신의 에너지를 콘덴서 $C_1$과 $C_2$로 전송하기 때문에 콘덴서는 충전된다.
- ▸**4단계<그림 11-4(e)>** 콘덴서 $C_1$과 $C_2$가 인덕터 $L_1$으로부터 에너지 진부를 받을 때 플라이휠 동작은 다시 콘덴서 $C_1$과 $C_2$가 인덕터 $L_1$을 통해서 방전하는 역 원인이 된다. 모든 에너지가 인덕터 $L_1$으로 전송될 때 전류는 다시 0으로 감소하고 인덕터의 자기장은 소멸된다. 이런 인덕터 $L_1$의 유도전압은 <그림 11-4(b)>에 표시된 극성처럼 콘덴서 $C_1$과 $C_2$를 충전시키게 되고 사이클이 반복된다.

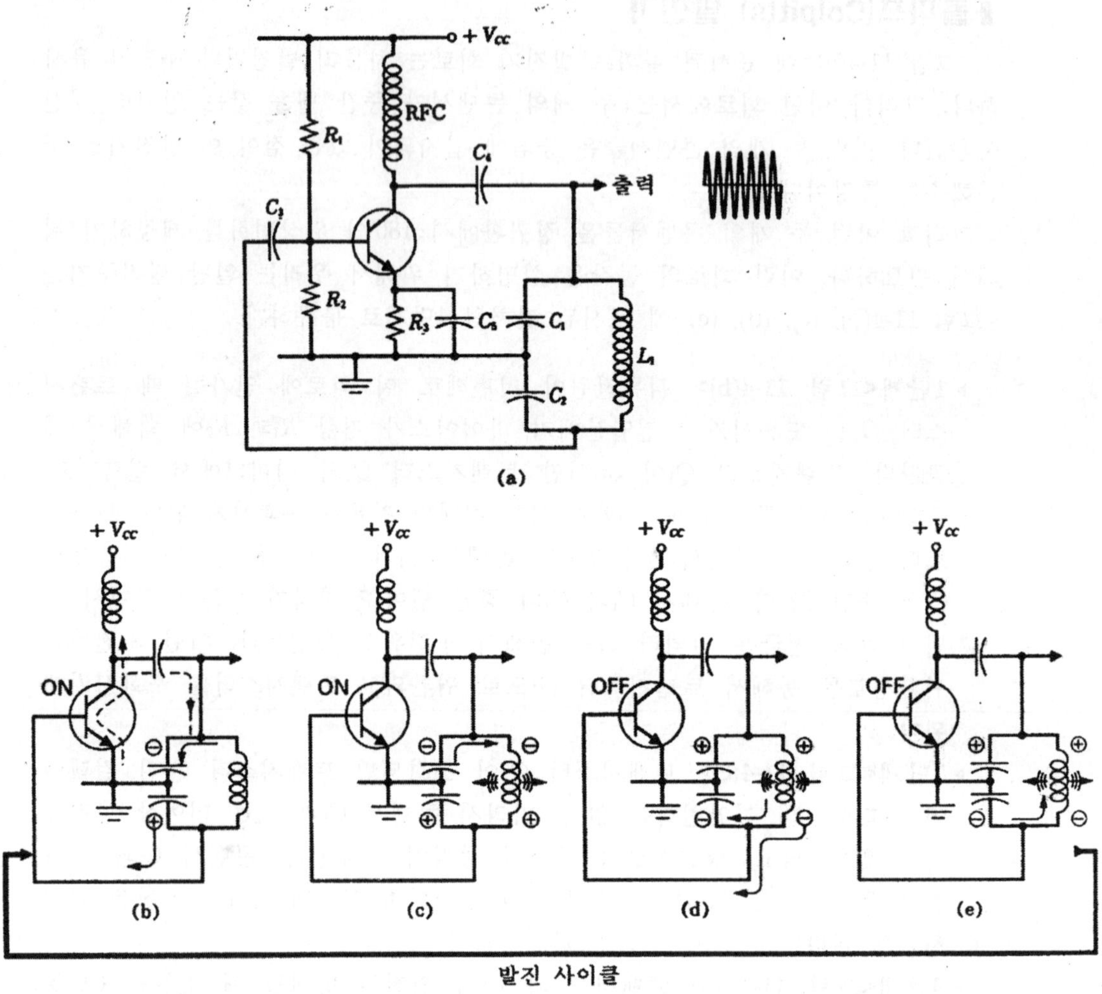


<그림 11-4> 콜피츠 발진기

이것은 앞에서 살펴본 LC발진기의 모든 경우처럼 발진주파수가 탱크의 인덕턴스와 커패시턴스에 의해서 결정된다. 이런 경우 그 값은 $L_1$과 $C_1$, $C_2$의 직렬 조합과 같다.

$$f_r = \frac{1}{2\pi\sqrt{L_1 \times C_T}} \tag{11-4}$$

$$C_T = \frac{C_1 \times C_2}{C_1 + C_2} \tag{11-5}$$

**예제 11-3** <그림 11-4(a)>에 표시된 콜피츠 발진기 회로에서 $C_1 = 0.27\mu F$, $C_2 = 0.47\mu F$, $L_1 = 0.6mH$일 때 발진주파수를 계산하시오.

**• 풀이 •**

$$C_T = \frac{C_1 \times C_2}{C_1 + C_2} = \frac{0.27\mu F \times 0.47\mu F}{0.27\mu F + 0.47\mu F} = 0.17\mu F$$

$$f_r = \frac{1}{2\pi\sqrt{L_1 \times C_T}} = \frac{1}{2\pi\sqrt{0.6mH \times 0.17\mu F}} = 15.76kHz$$

**▣ 확인문제 11-1 ▣**

1. 세 가지의 기본적인 발진기는 어떻게 분류되는가?
2. 지속적인 발진을 위해서 필요한 귀환의 종류는 무엇인가?
3. 다음의 발진기에서 180° 위상변환을 제공하는 소자는 무엇인가?
   (a) 암스트롱 (b) 하틀리 (c) 콜피츠

**{해답}** 1. 암스트롱 발진기, 하틀리 발진기, 콜피츠 발진기 2. 정귀환, 부귀환
3. 암스트롱 발진기=변압기, 하틀리 발진기=인덕터, 콜피츠 발진기=콘덴서

## 11-2 수정발진기 회로

앞 절에서 설명하였던 LC발진기 회로들은 보통 0.8% 정도의 주파수 편차를 갖는다. 이런 주파수 편차는 회로의 온도변화, 구성소자들의 경년변화(aging), 발진기에 연결된 부하의 저항변화에 기인한다.

LC발진기가 손목시계용 타이밍 신호를 발생시키는 데 사용된다면 0.8%의 주파수 편차는 그 시계가 하루에 약 11분 30초 정도 빨라지거나 지연된다는 것을 의미한다.

60분×24시간 = 1440분/일

0.8%×1440 = 11분5초/일

만일 발진기의 안정성이 고도로 요구된다면 타이밍 신호를 발생시키는 데 수정(crystal)발진기가 사용된다. 발진기를 제어하는 수정은 일반적으로 0.0001%($10^{-4}$~$10^{-5}$)의 주파수 편차를 갖는다. (온도보상 $10^{-6}$~$10^{-7}$, 항온도 $10^{-7}$~$10^{-11}$)

수정발진기가 만약 손목시계에 사용된다면 1년에 최고 30초가 빨라지거나 늦게 된다.

60분×24시간×365일 = 525,600분/년

0.0001%×525,600 = 0.5분/년

따라서 통신이나 컴퓨터 시스템 같은 고도의 주파수 안정성이 요구되는 경우에는 수정-제어발진기가 사용된다. 수정-제어발진기는 동작시 회로의 주파수를 안정시키기 위해서 석영 수정(quartz/crystal)을 사용한다.

수정의 동작조건에 따른 주파수편차는 다음과 같다.

package $10^{-4}$~$10^{-5}$, 온도보상 $10^{-6}$~$10^{-7}$, 항온조 $10^{-7}$~$10^{-11}$

## ▮ 수정(quartz)의 특성

석영 수정은 $SiO_2$로 생성되고 자연적인 상태에서는 <그림 11-5(a)>에 표시된 것과 같이 양끝이 피라미드 형태를 갖는 6면체로 되어 있다. 전기적인 화합물을 구성하기 위해서 수정의 얇은 조각(thin slice) 혹은 슬랩(slab)은 <그림 11-5(b)>에 표시된 것처럼 전기적인 접촉을 만드는 두 금속판 사이에 놓여진 것처럼 절단하고 보호용 홀더를 덮는다.

소자 기호에서 수정은 일반적으로 “X-tal” 또는 “Y”로 명명되고 <그림 11-5(c)>와 같은 기호로 표시된다. 수정은 기본적으로 <그림 11-5(d), (e), (f)>와 같이 기계적인 에너지를 전기적인 에너지로 변환시키거나 또는 <그림 11-5(g)>에 표시된 것처럼 전기적인 에너지를 기계적인 에너지로 변환시키는 변환기(transducer)나 에너지 컨버터로 동작하게 된다.

## ▮ 기계적인 에너지에서 전기적인 에너지로의 변환

<그림 11-5(d)>에서 여러분들은 수정이 항상 자신의 내부전하는 고르게 방출하고, 두 전극 사이의 전위차는 0이라는 것을 확인할 수 있다. 만약 수정에 <그림 11-5(e)>에 표시된 것처럼 양끝에 인가되는 압력에 의해서 압축된다면 다른 전하들이 수정의 다른 면에 축적되고 전위차가 발생하게 된다.

이와 유사하게 수정에 <그림 11-5(f)>에 표시된 것처럼 상하로 압력을 인가해서 신장된다면 반대극의 전위차가 발생된다. 수정에 신장하고 압축하는 압력을 지속적으로 인가하면 교류전압이 발생된다.

수정 마이크로폰은 이런 원리를 이용한다. 음파가 마이크로폰에 인가되면, 이런 역학적인 파동은 지속적으로 수정을 압축, 신장시키고 원래의 음과 동일한 전기신호를 발생시킨다.

## ▮ 전기적인 에너지에서 기계적인 에너지로의 변환

이와 같은 구성 때문에 수정은 “자연 진동주파수”를 갖는다. <그림 11-5(g)>에 표시된 것과 같이 교류전압이 수정의 양 단자를 통해서 자연적인 진동주파수에 인가된다면 수정은 상대적으로 물리적인 큰 양에 의해서 압축되거나 신장된다.

만약 인가된 교류전압의 주파수가 수정의 자연 진동주파수보다 낮거나 높으면, 진동은 아주 작게 된다. 따라서 수정은 우리가 필터 회로와 발진기 회로에서 이용하는 특성인 주파수 선택성이 좋다.

이와 같은 동작이 바로 “피에조 효과”라고 부르며 수정에 인가된 교류전압에 의해서 생성된 변화하는 전기장에 속해 있을 때 일정하게 진동하는 이유가 된다.

수정의 자연적인 진동주파수 <그림 11-5(b)>에 표시된 것과 같이 두 전극 사이의 수정 두께에 따라서 달라진다. 적합한 크기로 절단함으로써 우리는 정확한 주파수로 발진할 수 있는 수정을 제작할 수 있다. 이런 비율은 항상 수정의 패키지에 인쇄되어 있다.

교류전압의 주파수가 수정의 양 단자에 인가되어 수정의 자연 진동주파수를 발진시킬 때 <그림 11-5(h)>에 표시된 것처럼 수정의 임피던스(또는 전류의 흐름을 방해하는)를 최소로 감소시킨다.

이것은 결정 웨이퍼 또는 슬랩을 등가의 직렬 공진회로로 만들고 여러분들은 수정이 어떤 특정한 주파수에서만 선택된다는 것을 의미하는, 수정의 직렬 공진주파수($f_{rs}$)에서 아주 급격하게 변화되는 응답인 <그림 11-5(h)>에 표시된 것과 같은 주파수 응답곡선을 확인할 수 있다.

수정은 2개의 연결된 극판 사이에 탑재될 때 소자는 원래의 직렬 공진회로가 <그림 11-5(i)>에 표시된 것처럼 연결되는 극판에 의해서 기인되는 작은 정전용량 $C_P$와 병렬회로로 되는 등가회로를 구성하게 된다.

<그림 11-5(i)>에 표시된 주파수 응답곡선을 참조하면 여러분들은 인가된 교류전압의 주파수가 수정의 자연 진동주파수와 같을 때에도 정확히 동일한 반응을 하는 것을 확인할 수 있다.

주파수가 수정의 직렬 공진주파수를 넘어서서 증가한다면 여하튼 $C$의 리액턴스는 감소된다. 그리고 수정은 유도성을 갖게 된다. 고주파에서 수정의 유도성 리액턴스는 연결 극판의 정전용량의 용량성 리액턴스와 동일한 지점을 갖게 된다($X_L = X_0$).

수정의 인덕턴스가 연결 극판의 정전용량 사이에 병렬로 연결되기 때문에 결국은 병렬 공진회로를 구성하게 된다. 따라서 소자의 임피던스는 <그림 11-5(i)>에 표시된 것처럼 병렬 공진주파수 $f_{Rp}$에서 최대가 된다.

발진기 회로에의 적용은 수정의 직렬 공진선택도나 병렬 공진선택도 중에서 하나를 사용하게 된다. 대부분의 수정발진기 회로는 원하는 주파수를 입력으로 피드백하기 위해서, 또한 발진기의 주파수 안정성을 유지하기 위해서 직렬 공진주파수 응답을 이용하고 있다.

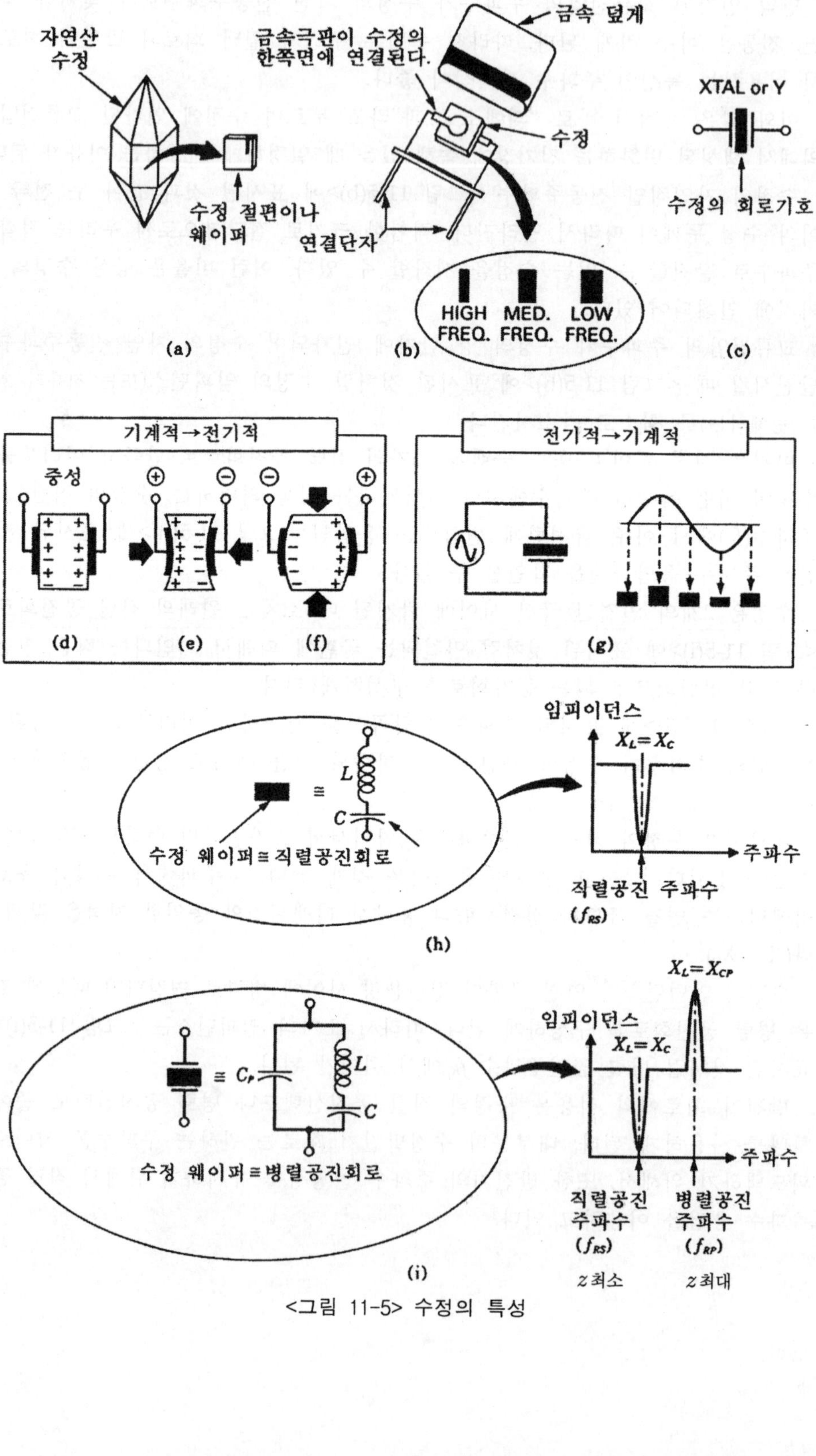
자연산
수정
수정 절편이나
웨이퍼
금속극판이 수정의
한쪽면에 연결된다.
금속 덮게
수정
연결단자
HIGH FREQ.
MED. FREQ.
LOW FREQ.
XTAL or Y
수정의 회로기호
(a)
(b)
(c)
기계적→전기적
중성
(d)
(e)
(f)
전기적→기계적
(g)
수정 웨이퍼≡직렬공진회로
임피이던스
$X_L = X_C$
주파수
직렬공진 주파수
($f_{RS}$)
(h)
수정 웨이퍼≡병렬공진회로
$X_L = X_{CP}$
직렬공진
주파수
($f_{RS}$)
병렬공진
주파수
($f_{RP}$)
z 최소
z 최대
(i)

<그림 11-5> 수정의 특성

보통 수정의 직렬공진 동조회로는 40,000 정도의 높은 $Q$값을 갖는다. 만약 여러분들이 이런 회로를 보통 200 정도의 $Q$값을 갖는 LC 동조회로와 비교한다면 수정이 발진기의 주파수를 제어하는 것이 왜 더 안정적인지 쉽게 알 수 있다.

## ▮ 하틀리 수정발진기

<그림 11-6>에 표시된 것처럼 하틀리 수정발진기는 귀환경로에 직렬로 연결된 수정을 제외하면 앞에서 고찰한 바 있는 LC 하틀리 발진기와 동일하다.

발진기가 수정의 직렬 공진주파수와 동일한 주파수를 발진시킬 때 수정은 방해하지 않고 귀환신호는 최대가 된다. 만약 발진기의 주파수가 수정의 자연 직렬 공진주파수 상하로 편차가 발생되기 시작하면 수정의 임피던스는 증가하게 되고 귀환신호는 감소하게 된다.

귀환신호의 주파수가 회로의 발진주파수를 통제하기 때문에 발진기 회로는 수정의 자연주파수로 회귀하도록 동작한다. 귀환에서 높은 선택도를 갖는 수정을 포함하는 것은 이런 하틀리 발진기의 수정이 하틀리 발진기의 LC보다 거의 1,000배 큰 개선된 주파수 편차비율을 갖는다는 것을 의미한다.

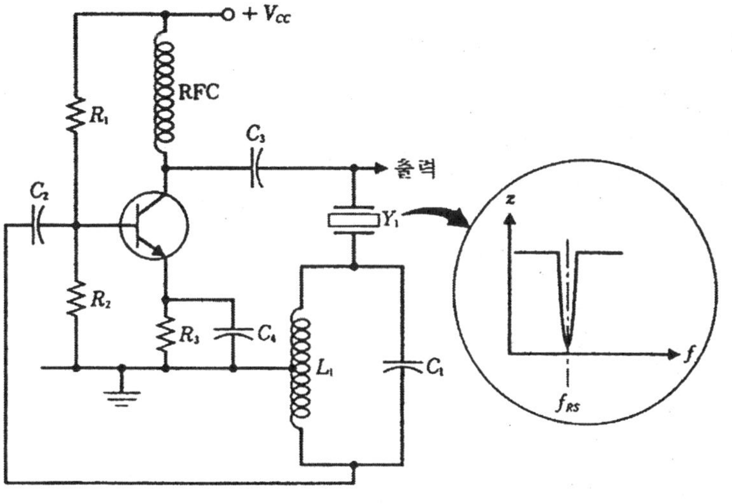


<그림 11-6> 하틀리 수정발진기

## ▮ 콜피츠 수정발진기

<그림 11-7>을 참조하면 여러분들은 콜피츠 수정발진기가 귀환경로상에 직렬로 삽입된 수정만 제거한다면 앞에서 고찰한 LC 콜피츠 발진기와 동일하다는 사실을 확인할 수 있다.

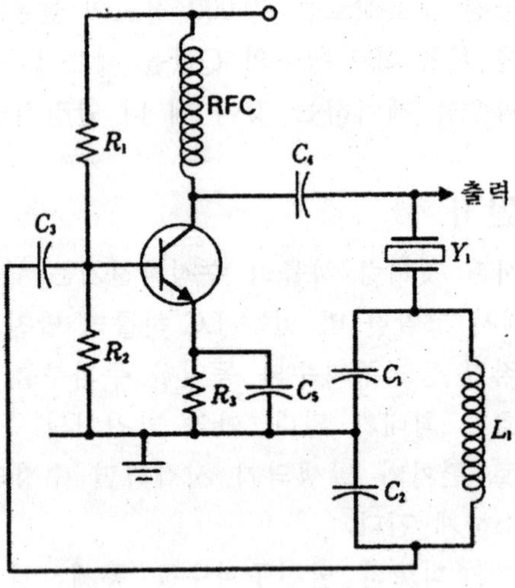


<그림 11-7> 콜피츠 수정발진기

이런 회로는 앞에서 고찰한 바 있는 LC 콜피츠 발진기와 동일하게 동작한다. 그러나 이 회로에는 수정이 포함되었기 때문에 더 낮은 주파수 편차를 갖게 된다.

## ▮ 피어스(Pierce) 수정발진기

<그림 11-8>에는 피어스 수정발진기 회로가 표시되어 있다. 여러분들도 그림에서 볼 수 있듯이 이런 회로는 탱크회로의 코일을 대체하는 수정 $Y_1$을 제외하면 콜피츠 발진기 회로와 동일하다.

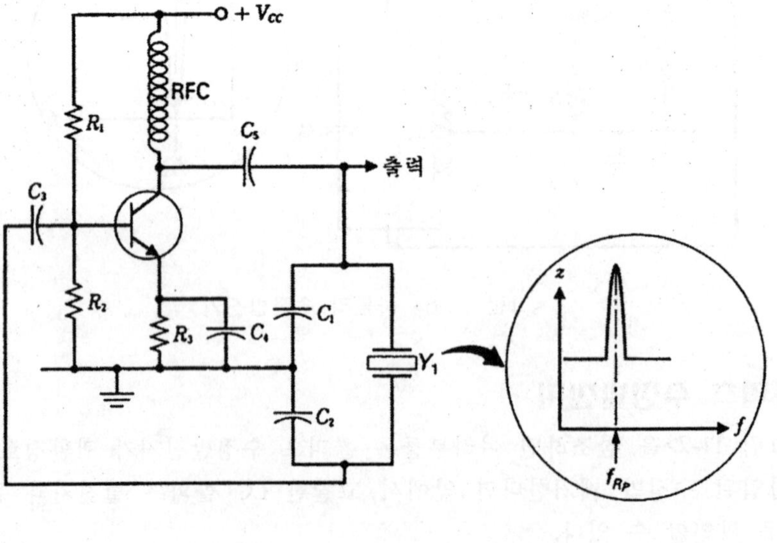


<그림 11-8> 피어스 수정발진기

수정 $Y_1$은 발진기에서 발생되는 주파수가 매우 높은 임피던스를 제공한다는 것을 의미하는 자신의 병렬 공진주파수에서 동작한다. 이런 동작은 공진에서 높은 임피던스를 갖는 이전의 LC 병렬공진 탱크와 차이가 없다.

그러나 수정이 탱크회로의 임피던스를 제어하는 경우에 이런 동조회로는 훨씬 선택도가 높아지고 발진기의 출력주파수는 더 안정적으로 된다. 공진에서 탱크회로는 매우 큰 임피던스를 갖게 된다.

따라서 큰 귀환전압은 콘덴서 $C_2$를 통해서 방전되고 트랜지스터 $Q_1$의 베이스에 인가된다. 만약 발진기의 주파수가 공진주파수 상하로 편차가 발생된다면 수정의 임피던스는 신속하게 감소하고, 귀환신호의 진폭과 탱크 양단에 걸리는 전압을 감소시킨다.

**▣ 확인문제 11-2 ▣**

**1.** 수정발진기 회로가 LC발진기 회로를 능가하는 이점은 무엇인가?

**2.** 수정의 물리적 크기는 진동 또는 공진주파수의 자연적 주파수를 결정한다. 얇게 절단한 수정은 (　　　　) 주파수에서 공진하는 반면 두껍게 절단한 수정은 (　　　　) 주파수에서 공진한다.

**3.** 수정의 직렬 공진주파수에서 임피던스는 (　　　　)로 되고, 반면에 병렬 공진주파수에서 임피던스는 (　　　　)로 된다.

**4.** 하틀리와 콜피츠 수정발진기 회로들은 수정의 (　　　) 공진주파수를 이용하고 피어스 수정발진기는 수정의 (　　　) 공진주파수를 이용한다.

**〈해답〉** **1.** 안정도가 우수하다. **2.** thin=고주파, thick=저주파 **3.** 직렬공진=최소, 병렬공진=최대 **4.** 하틀리, 콜피츠=직렬 공진주파수, 피어스=병렬 공진주파수

## 11-3 RC발진기 회로

이 절에서는 RC회로망들이 사인파 출력을 발생시키는 발진기 회로 내에서 어떻게 사용되는지 알아보기로 하자. 그러나 시작하기 전에 왜 RC발진기가 필요한지에 대해 설명하기로 한다.

전자 시스템 내에서 여러분들은 수정발진기와 LC발진기가 중간주파수와 고주파의 사인파를 발진시키는 데 사용되는 것을 확인하게 된다. 앞에서 설명했듯이 이런 두 종류 발진기 사이의 선택은 두 가지 인자인 주파수의 안정도와 가격에 의해서 결정된다.

만약 주파수의 안정도가 가장 중요하다면 수정발진기가 사용되고, 주파수의 안정도가 무시된다면 값싼 RC발진기가 사용될 것이다.

다음은 질문에 대한 답변이다. 낮은 음성주파수를 발진시키기 위해서 이런 발진기 회로들을 사용하는 것이 실용적인가? 대답은 "노(no)"이다. 저주파에서 음성동조 탱크회로용으로 필요한 인덕터는 대단히 크다. 따라서 저주파용 LC발진기는 크기가 크고 가격은 비싸다.

수정발진기에서 수정의 물리적 크기는 단지 발진주파수를 50kHz나 그 이상을 요구하는 경우에 사용되는 것만이 실용적으로 제작되어진다. RC발진기가 LC 또는 수정발진기보다 더 안정적이지 못할지라도 가격이 싸고 우리가 10kHz 이하의 저주파 발진을 필요로 하는 경우에는 이상적이다.

이 절에서 우리는 두 가지의 기본적인 RC발진기 회로인 위상변환 발진기와 윈-브리지 발진기의 특성과 동작에 대해서 고찰하게 된다.

## ▮ 위상변환(이상형) 발진기

위상변환(phase shift/移相形) 발진기를 설명하기 전에 RC 위상변환 회로망의 기본적인 이론을 복습하자. 이전의 직류/교류 전자공학 과정에서 전압이 순수하게 정전용량의 회로에 인가될 때 전류는 전압보다 90° 위상이 앞선다.

충전되어 있지 않은 콘덴서 양단에 전압원이 인가될 때 회로전류는 처음에 콘덴서를 충전시키기 때문에 최대가 되지만 콘덴서에 다이오드에 걸리는 전압은 초기에는 0이다.

콘덴서 양단에 걸리는 전압이 서서히 증가함에 따라 회로전류는 콘덴서에 양단에 걸린 전압이 전압원의 반대 극성으로 같아질 때까지 서서히 감소한다. 따라서 회로전류는 0이 된다.

순수한 용량성 회로에서 회로전류는 콘덴서 전압을 90° 앞선다. 반면에 순수한 저항성 회로에서는 회로전류와 전압은 항상 동위상이다. 이것은 전압원이 저항 양단에 인가될 때 저항양단에 걸리는 전압과 저항을 통과하는 전류가 즉시 옴의 법칙에 의한 값으로 증가한다는 것을 의미한다.

다음 질문이다. 콘덴서와 저항으로 구성된 회로나 회로망에서의 전압과 전류는 어떻게 되는가? 대답은 <그림 11-9(a)>에 표시되어 있다. 저항-용량성 회로인 RC회로에서 회로전류는 저항과 콘덴서의 크기에 따라서 전압을 0°와 90° 사이의 어떤 값으로 위상이 앞선다.

<그림 11-9(a)>에 표시된 회로에서 입력전압은 *R-C*를 연결한 직렬회로에 인가되고 출력전압은 저항양단에서 구해진다.

공식을 복습하면 출력전압(저항에 인가되어 증가된 전압 $V_R$ 또는 $V_{out}$)과 입력전압($V_{in}$) 사이의 위상차는 RC회로의 용량성 리액턴스 $X_C$와 저항 $R$에 따라서 달

라진다. <그림 11-9(a)>에 주어진 값에 대하여 콘덴서의 용량성 리액턴스 $X_C$를 구하면 2.65kΩ이 구해진다.

$$X_C = \frac{1}{2\pi fc} = \frac{1}{2\pi \times 100\text{Hz} \times 0.6\mu\text{F}} = 2.65\text{k}\Omega$$

그리고 위상각 변화는 다음과 같이 계산된다.

$$\vartheta = \tan^{-1}\frac{X_C}{R} = \tan^{-1}\frac{2.65\text{k}\Omega}{1.53\text{k}\Omega} = 60°$$

<그림 11-9(a)>에서 $V_{in}$ 파형과 $V_{out}$ 파형을 비교하고, 벡터 다이어그램을 살펴보면 출력전압이 입력전압보다 위상이 60° 앞선다.

여러분들도 앞의 공식에서 살펴본 것처럼 이런 위상변화는 $R$과 $C$의 값과 인가된 교류 입력전압의 주파수에 의해서 결정된다. 입력전압의 주파수가 변한다면 위상변화 또한 변화된다.

<그림 11-9(b)>를 살펴보면 3개의 60° 위상변환 회로가 직렬로 결합된 회로망에서의 위상변화는 180°가 될 것이라는 사실을 알 수 있다. 이런 180° 위상변화는 정확히 발진기에 정귀환으로 작용하게 된다.

따라서 이런 회로가 컬렉터 출력과 공통 이미터 증폭기의 베이스 입력 사이에 있다면, 그 결과는 <그림 11-9(c)>에 표시된 것과 같은 위상변환(이상형) 발진기가 구성된다.

트랜지스터 $Q_1$은 보통 40에서 50 사이의 전압이득을 갖기 때문에 RC 위상변환(이상형) 회로에서의 전력손실을 보상할 수 있다. 이런 회로는 이전에 고찰했던 모든 발진기 회로처럼 여러 면에서 동일한 방법으로 동작한다.

예를 들면 전압이 처음으로 회로에 인가될 때 바이어스 저항 $R_4$와 $R_5$는 트랜지스터 $Q_1$을 도통시키는데, 결과적으로 트랜지스터 $Q_1$의 컬렉터에서 전압강하가 발생된다.

트랜지스터 $Q_1$의 컬렉터에서 전압강하는 180°RC 위상변환 회로에 의해서 트랜지스터 $Q_1$의 이미터 전압의 증가로 변환되고 트랜지스터 $Q_1$을 포화상태로 만드는 트랜지스터 $Q_1$에 인가된 순방향 바이어스를 증가시킨다. 트랜지스터 $Q_1$이 포화될 때 트랜지스터 $Q_1$의 컬렉터에서의 전압은 어떠한 변화도 없다.

그리고 트랜지스터 $Q_1$의 베이스는 차단되기 시작하고, 그 결과 컬렉터 전압이 증가한다. 트랜지스터 $Q_1$의 컬렉터에서의 전압증가는 180°RC 위상변환(이상형) 회로에 의해서 트랜지스터 $Q_1$의 베이스 전압감소로 반전되고, 트랜지스터 $Q_1$을 차단되도록 하는 트랜지스터 $Q_1$의 순방향 바이어스를 감소시킨다.

트랜지스터 $Q_1$의 컬렉터 전압이 $+V_{CC}$가 될 때, 트랜지스터 $Q_1$의 베이스 전압은 반대가 되거나 0V로 되고, 바이어스 저항 $R_4$와 $R_5$는 트랜지스터 $Q_1$을 도통시키기에 충분한 베이스 전압을 제공한다.

트랜지스터 $Q_1$이 도통되면 트랜지스터 $Q_1$의 컬렉터 전압은 감소하고 180° RC

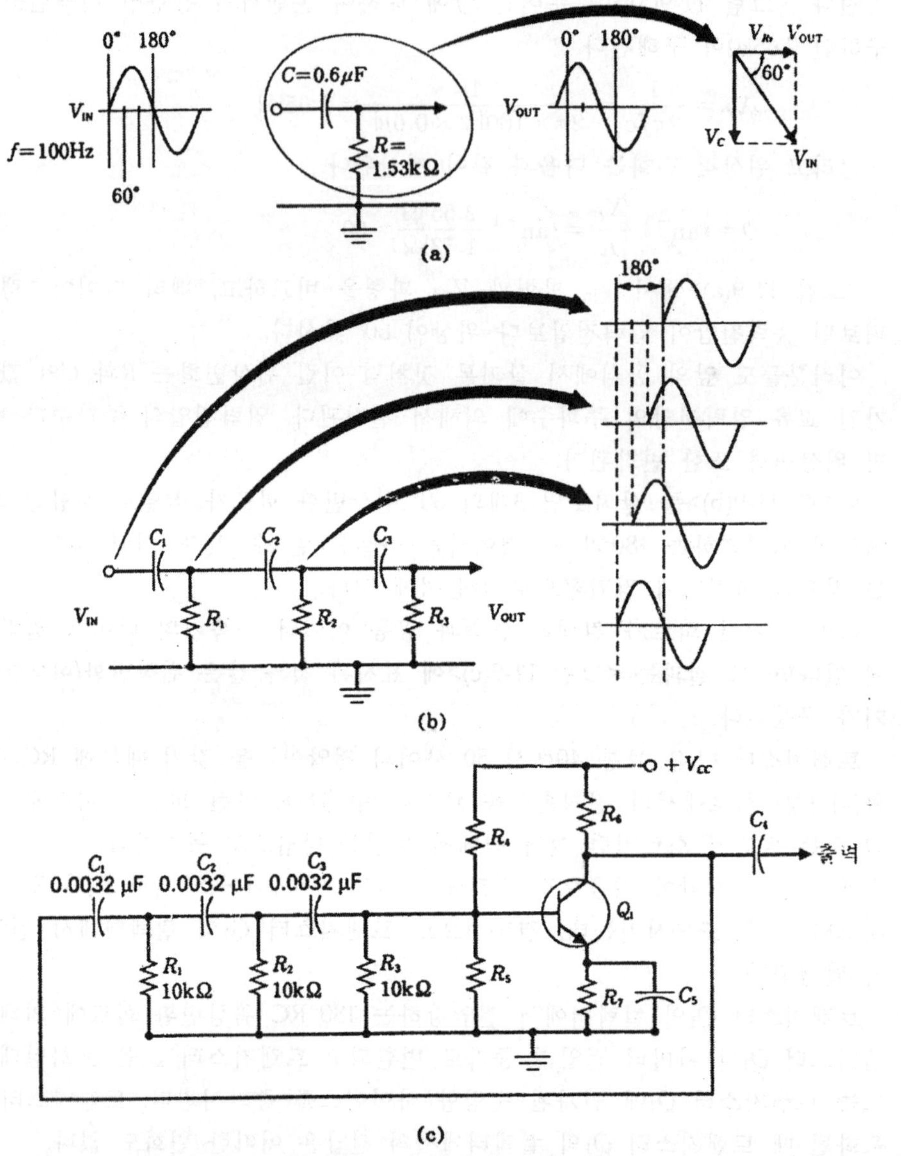


<그림 11-9> RC 위상변환(이상형) 발진기

위상변환(이상형) 회로에 의해서 트랜지스터 $Q_1$의 베이스 전압이 증가된다. 이것은 트랜지스터 $Q_1$에 인가되는 순방향 전류를 증가시키고 결국 트랜지스터 $Q_1$을 포화시키게 된다.

그때 발진기 동작은 출력에서 사인파를 발진시키고 트랜지스터 $Q_1$의 컬렉터 전압의 상승과 하강을 지속적으로 반복하게 된다. 발진주파수는 다음에 표시된 공식을 이용해서 구할 수 있다.

$$f_R = \frac{1}{2\pi \times \sqrt{6} \times R \times C} \qquad (A_v \geq 29) \tag{11-6}$$

$R$ : 위상변환(이상형) 회로의 저항들 중 하나의 값

$C$ : 위상변환(이상형) 회로의 콘덴서 중 하나의 값

**예제 11-4** <그림 11-9(c)>에 표시된 회로에서 위상변환(이상형) 발진기가 동작할 때 주파수를 계산하시오.

**• 풀이 •**

$$f_R = \frac{1}{2\pi \times \sqrt{6} \times R \times C} = \frac{1}{2\pi \times 2.45 \times 10\text{k}\Omega \times 0.0032\mu\text{F}} = 2\text{kHz}$$

저항 또는 콘덴서 용량의 변화는 귀환회로의 동작을 방해하기 때문에 RC 위상변환(이상형) 발진기는 보통 고정된 주파수 발진기로 사용된다. 발진주파수의 안정성을 증가시키기 위해서 많은 RC 위상변환(이상형) 발진기들은 4개의 45° RC 회로 또는 6개의 30° RC 회로를 채용하고 이들을 결합하여 180° 위상변화를 제공한다.

RC 위상변환(이상형) 회로의 수를 증가시키는 것은 각 회로들이 더 작은 위상변화의 동작을 하게 하는 것을 의미한다. 따라서 구성소자의 노화와 온도변화로 발생하는 주파수 편차를 감소시킬 수 있다.

**▣ 확인문제 11-3 ▣**

1. RC 발진기는 일반적으로 (　　　) 보다 낮은 주파수의 사인파를 필요하는 곳에 사용된다.
2. positive 피드백에 대해 몇몇 RC 위상변환 회로들은 (　)°만큼 피드백 신호를 변환하기 위하여 필요하다.

{해답} 1. 저주파 2. 180°

## 11-4 555 타이머(Timer)

555 타이머는 이상발진기, 2개의 비교기, RS 플립플롭, 방전 트랜지스터로 구성된다. 이런 다양한 IC는 많은 응용에 사용되며 산업용으로 표준화가 되어 있다. 동작상태만 이해한다면 이런 놀라운 IC를 사용해서 새로운 것을 설계하려는 사람들에게는 좋은 일이 될 것이다.

## ▮RS 플립플롭(F/F)

<그림 11-10(a)>는 교차 결합된 한 쌍의 트랜지스터를 표시한 것이다. 각 컬렉터는 저항 $R_B$를 통해서 반대편 베이스를 구동한다. 이런 회로에서 하나의 트랜지스터가 포화되면 나머지가 차단된다.

예를 들어서 오른쪽 트랜지스터가 포화되면 컬렉터 전압이 거의 0이 된다. 이것은 왼편의 트랜지스터의 베이스 구동을 할 수 없기 때문에 차단상태로 되어 컬렉터 전압이 $+V_{CC}$가 된다는 것은 의미한다. 이런 높은 전압은 오른쪽 트랜지스터를 포화상태로 유지시키는 데 충분한 베이스 전류를 제공한다.

반면 오른쪽 트랜지스터가 차단되면 컬렉터 전압이 왼쪽 트랜지스터를 구동시켜서 포화상태로 만든다. 왼쪽 트랜지스터의 낮은 컬렉터 전압은 오른쪽 트랜지스터를 계속 차단상태로 유지시킨다. 어떤 트랜지스터가 포화상태인가에 따라서 $Q$출력은 낮을 수도 있고 높을 수도 있다.

회로에 다른 요소를 첨가함으로 해서 RS 플립플롭을 얻을 수 있고, 회로는 $Q$값이 높을 때 세트되고, $Q$값이 낮을 때는 리셋된다. 반대의 출력 $\overline{Q}$는 다른 트랜지스터의 컬렉터에서 구해진다.

<그림 11-10(b)>는 RS 플립플롭의 도면기호를 표시하고 있다. 이런 기호를 보면서 다음 동작을 기억하라. 회로는 2가지 상태의 대치가 된다. 큰 $S$입력 $Q$를 high로 세트시키고, 큰 저항 $R$입력은 $Q$를 낮은 값으로 리세트시킨다. 출력 $Q$는 반대상태로 트리거될 때까지 주어진 상태로 유지한다.

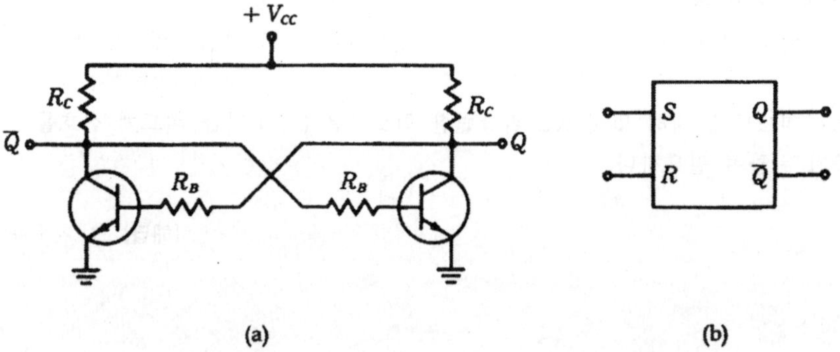


<그림 11-10> (a) RS 플립플롭의 일부 (b) RS 플립플롭의 기호

## ▮기본 타이밍 개념

<그림 11-11(a)>는 555 타이머에 필요한 기본개념 중 일부를 표시한 것이다. 출력 $Q$는 high라고 가정한다. 이것이 트랜지스터를 포화시키고 접지에서의 콘덴서 전압을 클램프시킨다.

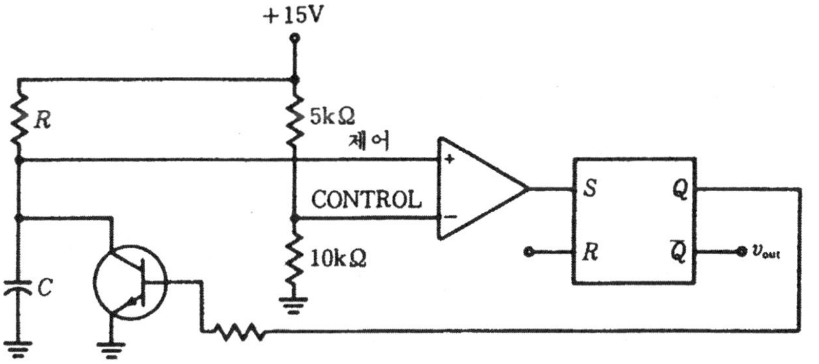


(a)

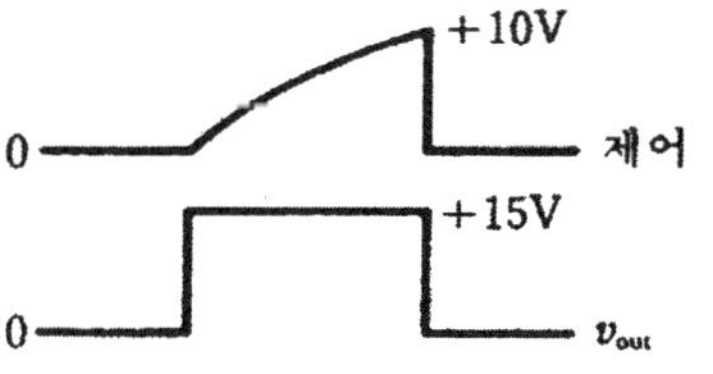


(b)

<그림 11-11> (a) 기본 타이밍 회로 (b) 콘덴서 전압은 지수함수이고 출력전압은 구형파이다.

다시 말하면 콘덴서는 단락되고 충전되지 않는다. 비교기의 비반전 입력전압은 문턱전압(임계전압)이라고 불리고 반전 입력전압은 제어전압으로 사용된다. RS 플립플롭을 세트시켜서 포화된 트랜지스터가 0에서 문턱전압을 유지시킨다.

제어전압은 전압분배기에 의해서 +10V에 고정되어 있다. 높은 전압이 $R$입력에 가해진다고 가정하자. 이것이 RS 플립플롭을 리세트시켜서, 출력 $Q$를 low로 만들고 트랜지스터르 차단시킨다.

콘덴서 $C$는 이제 자유롭게 충전된다. 콘덴서가 충전되면 문턱전압이 증가한다. 결국 문턱전압은 제어전압(+10V) 보다 약간 크게 되고, 비교기의 출력은 high로 되어 RS 플립플롭을 세트시킨다.

높은 출력 $Q$는 트랜지스터를 포화시키고 재빨리 콘덴서를 방전시킨다. <그림 11-11(b)>의 두 가지 파형을 중시하라. 콘덴서 양단에서 지수함수적으로 증가하고 $\overline{Q}$ 출력에서 +펄스로 나타난다.

## ▮555의 블록 다이어그램

<그림 11-12>는 시그네틱스사에 의해서 판매된 8핀용 IC 타이머인 NE555 타이머의 간략화된 블록 다이어그램을 표시하고 있다. 위쪽의 비교기는 문턱입력(6번 핀)

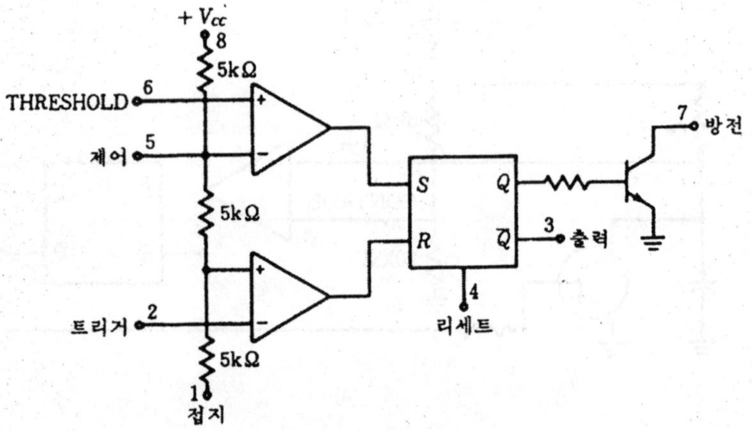


<그림 11-12> 555 타이머의 간략화된 그림

과 제어입력(5번 핀)을 갖는다. 대부분의 응용에서는 제어입력은 사용되지 않는다. 그래서 제어전압은 $+\frac{2}{3}V_{CC}$가 된다.

앞에서와 같이 문턱전압이 제어전압을 초과하면 비교기로부터의 높은 출력이 플립플롭을 세트시킨다. 방전 트랜지스터의 컬렉터가 7번 핀과 연결된다. 이런 핀이 외부의 타이밍 콘덴서와 연결될 때 플립플롭으로부터 높은 출력 $Q$가 낮으면 트랜지스터는 개방되고 콘덴서는 앞에서 기술한 것처럼 충전된다.

플립플롭으로부터의 complementary 신호가 3번 핀으로 가서 출력을 표시한다. 외부 리셋(4번 핀)이 접지되면 동작을 방해하는 장치를 표시하게 된다. 이런 on/off 상태가 경우에 따라서는 유용하게 된다.

대부분의 응용에서는 여하튼 외부의 리셋이 사용되지 않는다. 그래서 4번 핀은 전원에 직접 연결된다. 아래쪽 비교기를 주의하라. 이것의 반전입력은 트리거라 부른다(2번 핀).

전압분배기 때문에 비반전 입력은 $+\frac{V_{CC}}{3}$ 전압으로 고정된다. 트리거 입력전압이 $+\frac{3}{3}V_{CC}$ 보다 약간 적을 때 연산증폭기는 high로 가고 플립플롭을 리셋시킨다. 결국 1번 핀은 칩 속의 접지이고, 8번 핀은 전원 핀이 된다. 555 타이머는 4.5V에서 16V 사이의 공급전원에서 동작하게 된다.

## ▮ 단안정(Monostable) 동작

<그림 11-13(a)>는 단안정 동작으로 연결된 555 타이머를 표시한 것이다. 이 회로의 동작은 다음과 같다. 트리거 입력이 $+\frac{1}{3}V_{CC}$보다 약간 적으면 아래쪽 비

교기는 high 출력을 갖고 플립플롭은 리셋된다. 이것이 트랜지스터를 차단시키고 콘덴서의 충전을 허용한다.

콘덴서 전압이 $+\frac{2}{3}V_{CC}$보다 약간 크면 위쪽의 비교기가 high 출력을 갖고 플립플롭을 세트시킨다. $Q$가 high를 유지하면 트랜지스터는 도통하고, 이것이 콘덴서를 재빠르게 방전시킨다.

<그림 11-13(b)>는 일반적인 파형을 표시하고 있다. 트리거 입력은 $+V_{CC}$의 정지값을 갖는 폭이 좁은 펄스이다. 이런 펄스는 플립플롭을 리셋시키기 위해서 $+\frac{1}{3}V_{CC}$까지 떨어진다.

문턱전압이 $+\frac{2}{3}V_{CC}$를 약간 초과하면 플립플롭은 세트된다. 이것이 트랜지스터를 포화시키고 콘덴서를 방전시킨다. 이 결과로 구형파의 출력 펄스를 얻을 수 있다. 콘덴서 $C$는 저항 $R$을 통해서 충전된다.

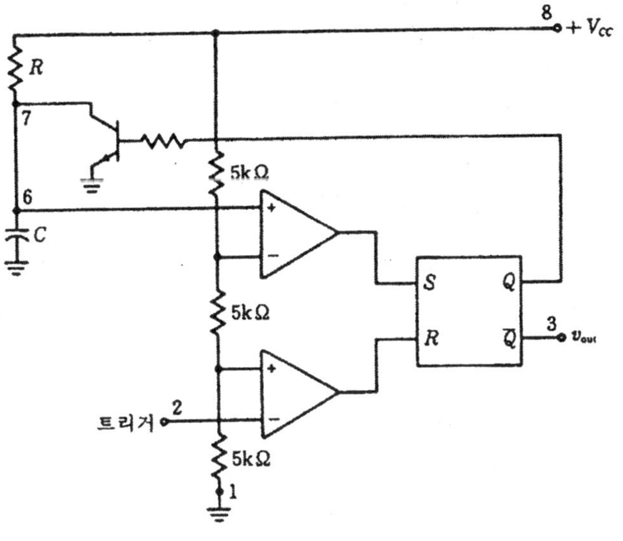


(a)

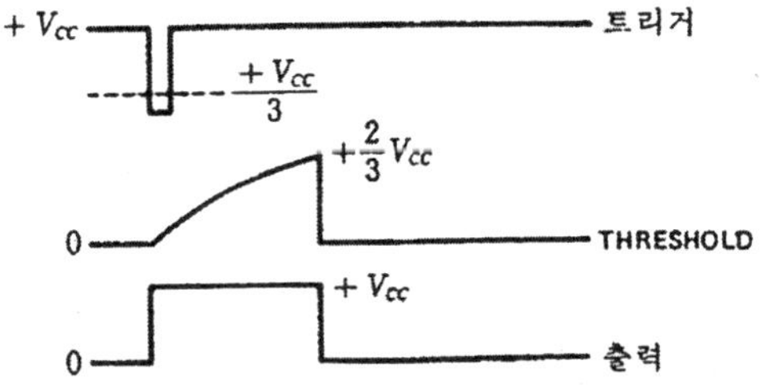


(b)

<그림 11-13> (a) 단안정 멀티바이브레이터로 연결된 555 타이머
(b) 트리거 출력, 문턱전압

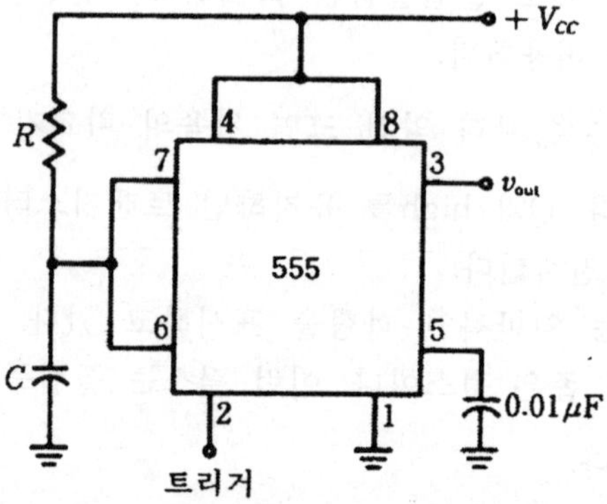


<그림 11-14> 555 단안정 타이머 회로

큰 RC 시정수는 콘덴서가 $+\frac{2}{3}V_{CC}$까지 충전되는 데 걸리는 시간을 길게 한다. 다시 말하면 RC 시정수가 출력 펄스의 폭을 제어한다. 펄스 폭은 식 (11-7)처럼 구해진다.

$$W = 1.1RC \tag{11-7}$$

예를 들어서 $R$=22kΩ이고, $C$=0.068μF이라면 폭은 1.65ms가 된다.

$$W = 1.1(22\text{k}\Omega)(0.068\mu\text{F}) = 1.65\text{ms}$$

정상적으로 도면은 비교기, 플립플롭, 기타 555 타이머 내부의 성분은 표시하지 않는다. 그러나 <그림 11-14>와 같은 블록도는 단안정 555 회로를 표시한 것으로 핀과 외부성분만 표시하고 있다.

5번 핀(제어 핀)은 0.01μF의 작은 콘덴서에 의해서 접지로 바이패스된다. 이것이 제어전압을 필터링해준다. 555 타이머에서 갑작스런 리셋을 피하기 위해서 4번 핀은 <그림 11-14>에 표시한 것처럼 공급전원에 직접 연결된다.

요약하면 단안정 555 타이머는 <그림 11-14>에서 사용되는 외부의 $R$과 $C$에 의해서 폭이 결정되는 단일 펄스를 발생시킨다. 펄스는 −트리거 입력의 선단부에서 시작한다. one short 동작은 여러 가지의 응용에 사용된다.

## ▮ 비안정(Astable) 동작

<그림 11-15(a)>는 비안정 동작으로 연결된 555 타이머를 표시하고 있다. $Q$가 low이면 트랜지스터가 차단되고 콘덴서는 $R_A+R_B$의 합성저항을 통해서 충전된다. 이런 이유 때문에 충전시정수($R_A+R_B$)는 $C$로 된다.

콘덴서가 충전하면 문턱전압이 증가한다. 결국 문턱전압은 $+\frac{2}{3}V_{CC}$까지 된다. 그러면 위쪽의 비교기가 high 출력을 갖고, 이것이 플립플롭을 세트시킨다. $Q$

가 high로 되면 트랜지스터가 포화되고 7번 핀이 접지된다.

콘덴서는 $R_B$를 통해서 방전한다. 따라서 방전시정수는 $R_BC$가 된다. 콘덴서 전압이 $+\frac{1}{3}V_{CC}$ 약간 아래로 떨어지면 아래쪽 비교기는 high 출력을 갖고 이것이 플립 플롭을 리셋시킨다.

<그림 11-15(b)>는 파형을 표시한 것이다. 그림에서 보다시피 타이밍 콘덴서는 지수함수적으로 증가하고 떨어지는 전압을 갖는다. 출력은 구형파이다. 충전시정수가 방전시정수보다 길기 때문에 출력은 대칭이 아니다.

따라서 high 출력상태가 low 출력상태보다 길어지게 된다. 출력의 비대칭성을 확인하기 위해서 식 (11-8)처럼 정의되는 듀티 사이클을 이용한다.

$$D=\frac{W}{T}\times 100\% \tag{11-8}$$

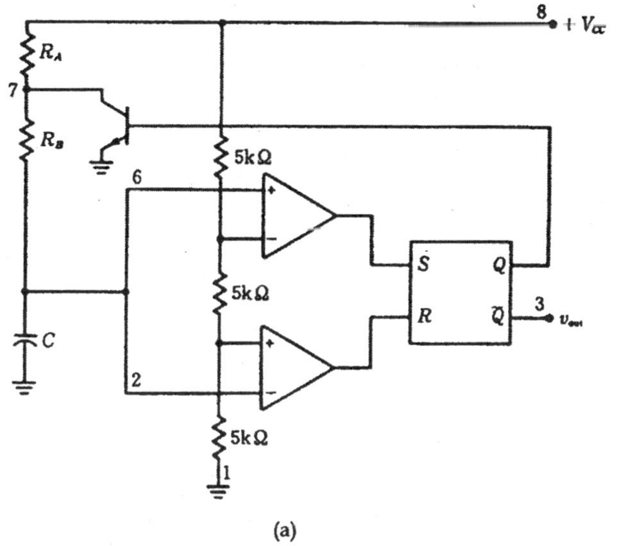


(a)

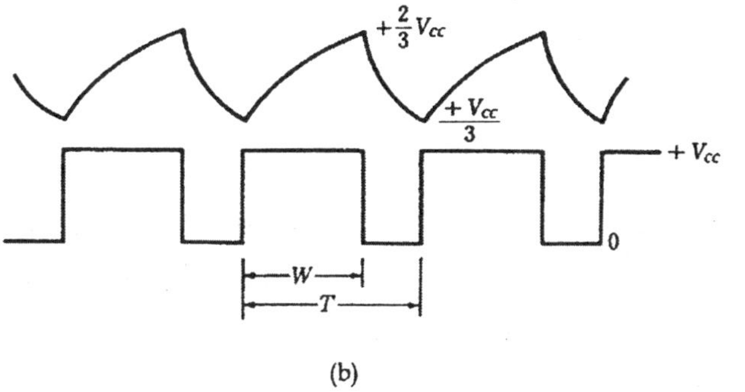


(b)

<그림 11-15> (a) 비안정 멀티바이브레이터로 연결된 555 타이머
(b) 콘덴서 파형과 출력파형

예를 들어, $W=2\text{ms}$이고, $T=2.5\text{ms}$라면 듀티 사이클은 80%가 된다.

$$D=\frac{2\,\text{ms}}{2.5\,\text{ms}}\times 100\%=80\%$$

저항 $R_A$와 $R_B$에 의존하는 듀티 사이클은 50%와 100% 사이의 값을 갖는다.

충전과 방전방정식에 대한 수학적인 해답은 식 (11-9)와 식 (11-10)으로 주어진다. 출력주파수는

$$f=\frac{1.44}{(R_A+2R_B)C} \tag{11-9}$$

듀티 사이클은

$$D=\frac{R_A+R_B}{R_A+2R_B}\times 100\% \tag{11-10}$$

이다. 만약 $R_A$가 $R_B$보다 약간 크다면 듀티 사이클은 50%로 나타낸다.

<그림 11-16>은 간략한 블록도로 비안정 555 타이머를 표시하고 있다. 4번 핀이 공급전원에 연결되었고, 5번 핀이 0.01μF의 콘덴서를 통해서 접지로 바이패스되어 있다.

비안정 555 타이머는 구형파 펄스를 연속적으로 발생하기 때문에 간혹 자주 발진 멀티바이브레이터(multivibrators)라고도 부른다.

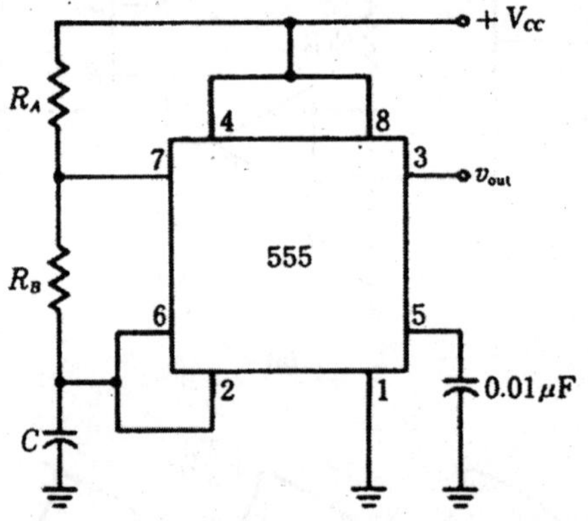


<그림 11-16> 555 비안정 타이머 회로

## 전압제어 발진기(Voltage Controlled Oscillator)

<그림 11-17(a)>는 555 타이머 응용의 한 가지 예인 전압제어 발진기를 표시하고 있다. 이 회로는 입력전압을 출력주파수로 변화시키기 때문에 간혹 전압주파수 변환기라고도 부른다. 여기서는 이 회로의 동작을 알아본다.

5번 핀(제어 핀)은 위쪽 비교기의 반전입력에 연결되어 있다. 내부의 전압배분

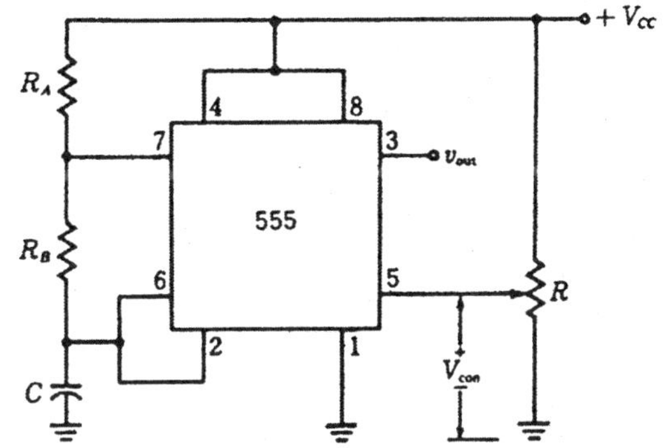


(a)

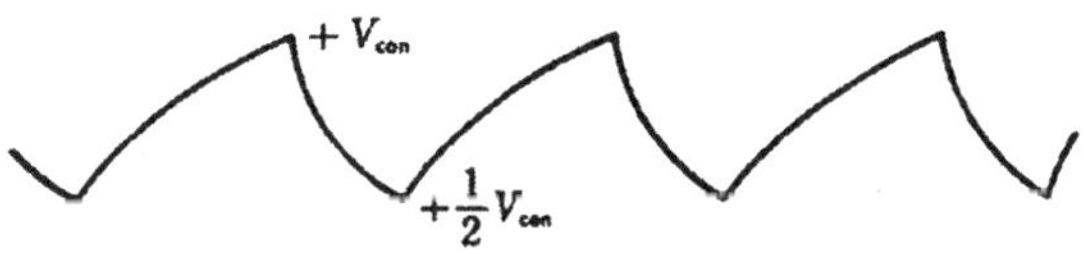


(b)

<그림 11-17> (a) 전압제어 발진기 (b) 콘덴서의 타이밍 파형

기 때문에 제어전압은 $+\frac{2}{3}V_{CC}$가 된다. <그림 11-17(a)>에서 외부 포텐쇼미터(전위차계)에 의한 전압이 내부전압을 무시하게 된다. 다시 말하면 포텐쇼미터를 조정함으로 해서 제어전압을 변화시킬 수 있다.

<그림 11-17(b)>는 타이밍 콘덴서 양단에 걸리는 전압을 설명하고 있다. 이것이 $+\frac{1}{2}V_{control}$과 $+V_{control}$ 사이에서 변한다는 점에 유의하라. 만약 $V_{control}$이 증가하면 콘덴서는 오랫동안 충전과 방전을 하게 된다. 따라서 주파수가 감소한다.

결과적으로 제어전압을 변화시킴으로 해서 회로의 주파수를 변화시킬 수 있다. 제어전압은 포텐쇼미터로부터 얻어지거나 트랜지스터 회로 연산증폭기 혹은 다른 소자의 출력에 의하는 수도 있다. VCO의 가장 흥미있는 응용분야는 PLL(위상고정 루프)이다.

## ▮ 램프 발생기(Ramp Generator)

555 타이머의 또다른 응용은 콘덴서의 충전이 저항을 통해서 지수함수적 파형을 발생시키는 데 있다. 만약 콘덴서를 충전시키는 데 일정한 전류원을 사용한다면 램프를 얻을 수 있다. 이것은 <그림 11-18(a)>의 회로에 표시된 기본개념이다.

pnp 전류원을 갖는 앞의 회로에서 저항을 대치시키면 식 (11-11)과 같은 일정한 충전전류를 구할 수 있다.

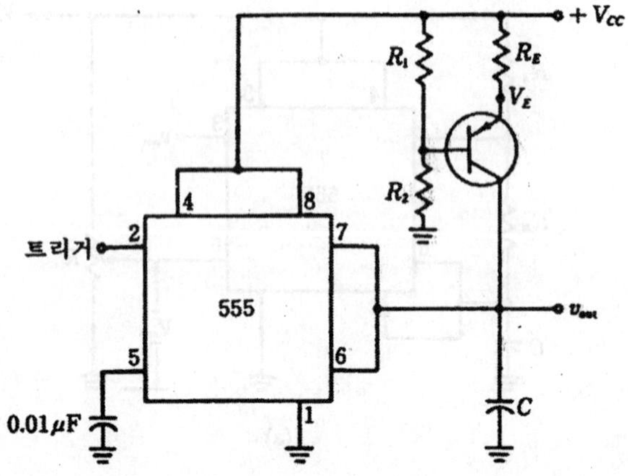


(a)

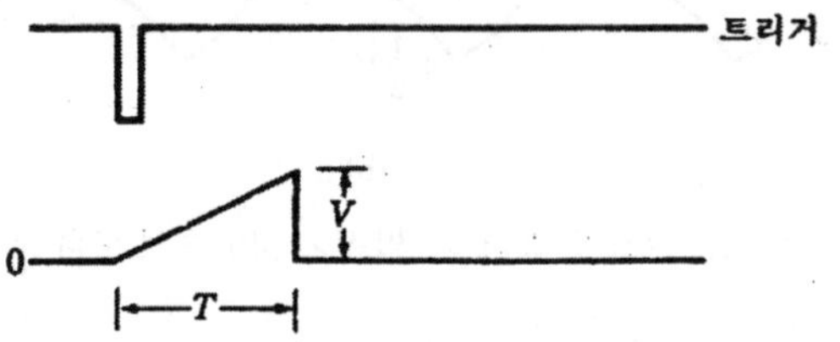


(b)

<그림 11-18> (a) 램프 출력을 발생시키기 위해서 사용되는 쌍극성 트랜지스터 전류원과 555 타이머 (b) 트리거와 램프 파형

$$I_C = \frac{V_{CC} - V_E}{R_E} \tag{11-11}$$

여기서

$$V_E = \frac{R_2}{R_1 + R_2} V_{CC} + V_{BE} \tag{11-12}$$

이다. 예를 들어서 $V_{CC}$=15V, $R_E$=20kΩ, $R_1$=5kΩ, $R_2$=10kΩ, $V_{BE}$=0.7V라면 $V_E$= 10.7V, $I_C$=0.215mA가 된다.

$$V_E = 10\text{V} + 0.7\text{V} = 10.7\text{V}$$

$$I_C = \frac{15\text{V} - 10.7\text{V}}{20\text{k}\Omega} = 0.215\text{mA}$$

트리거가 <그림 11-18(a)>의 단안정 타이머를 시동시키면 pnp 전류원은 콘덴서로 일정한 충전전류를 흐르게 된다. 따라서 콘덴서 양단에 걸리는 전압은 <그림 11-18(b)>에 표시한 것같은 램프가 된다. 이미 앞장에서 유도한 것처럼 램프의 기울기 $S$는 식 (11-13)과 같다.

$$S = \frac{I}{C} \tag{11-13}$$

만약 충전전류가 0.215mA이고 커패시턴스가 0.022μF이라면 램프는 9.77V/ms의 기울기를 갖는다.

$$S = \frac{0.215\text{mA}}{0.022\text{uF}} = 9.77\text{V/ms}$$

## 기초문제

**1.** 발진기 회로는 기본적으로 ( )에서 ( )로 변환한다.

(a) AC에서 DC로 (b) DC에서 AC로
(c) AC에서 AC로 (d) DC에서 DC로

**2.** 발진시키기 위하여 동조회로는 ( )을 갖춘 증폭기가 필요하다.

(a) Regrnerative 피드백 (b) Degrnerative 피드백
(c) Negative 피드백 (d) Positive 피드백

**3.** LC발진기 중 어떤 것이 변압기를 사용하는가?

(a) 하틀리 발진기 (b) 콜피츠 발진기
(c) 암스트롱 발진기 (d) 클랩 발진기

**4.** LC발진기 중 어떤 것이 중간 탭이 있는 인덕터를 사용하는가?

(a) 하틀리 발진기 (b) 콜피츠 발진기
(c) 암스트롱 발진기 (d) 클랩 발진기

**5.** ( )는 두 개의 직렬연결된 콘덴서를 병렬로 연결하여 추가적인 공진 회로를 갖는다.

(a) 하틀리 발진기 (b) 콜피츠 발진기
(c) 암스트롱 발진기 (d) 클랩 발진기

**6.** 발진기 회로는 트랜지스터가 ( )하는 동안 저항 때문에 회로의 손실된 에너지를 대체할 것이다.

(a) off (b) on

**7.** 고주파 안정된 출력이 회로 적용에 필요하다면 이상적인 선택은 ( ) 발진기이다.

(a) LC (b) 수정 (c) RC

**8.** 120Hz의 저주파 발진이 필요하다면 이상적인 선택은 ( ) 발진기이다.

(a) LC (b) 수정 (c) RC

**9.** 고주파의 사인파 발진이 필요하고 또 주파수 안정성이 중요하지 않은 경우에는 ( ) 발진기가 사용된다.

(a) LC (b) 수정 (c) RC

**10.** AC 신호주파수가 수정의 직렬 공진회로에 공진주파수가 가해지면 수정의 임피던스는 ( )가 된다.

(a) 최대 (b) 최소
(c) 변하지 않음 (d) 0

{해답} **1.** (b) **2.** (d) **3.** (c) **4.** (a) **5.** (b) **6.** (b) **7.** (b) **8.** (c) **9.** (c) **10.** (b)

## 응용문제

1. RC발진기 회로를 설명하시오.
2. LC발진기 회로를 설명하시오.
3. 암스트롱 발진기의 동작특성을 설명하시오.
4. 하틀리 발진기의 동작특성을 설명하시오.
5. 콜피츠 발진기의 동작특성을 설명하시오.
6. 수정발진기 회로를 설명하시오.
7. 하틀리, 수정발진기, 콜피츠 수정발진기, 피어스 수정발진기의 동작특성을 비교 설명하시오.
8. 이상형 발진기의 특성을 설명하시오.
9. 555 타이머의 동작특성을 설명하시오.

## 연습문제

1. <그림 11-19>에 표시된 회로의 종류를 말하고 발진주파수를 계산하시오.

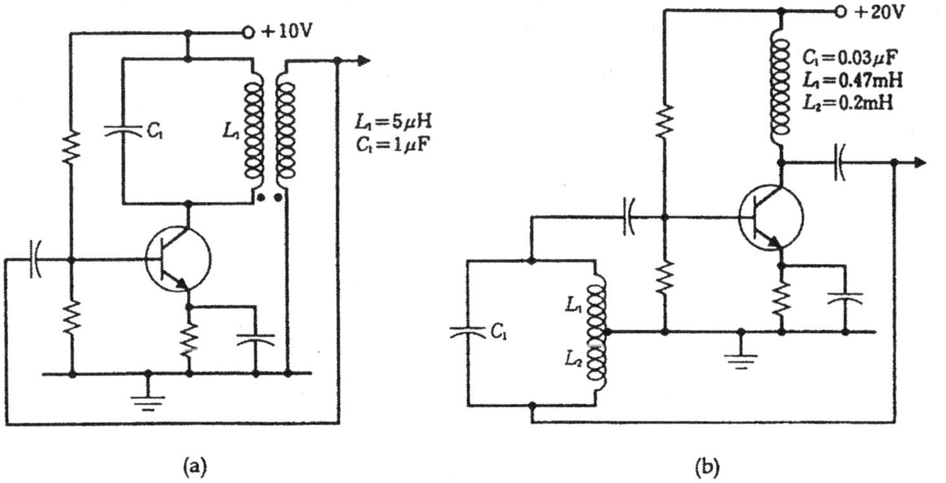


<그림 11-19> LC발진기

2. <그림 11-20>에 표시된 회로의 종류를 말하고 발진주파수를 계산하시오.

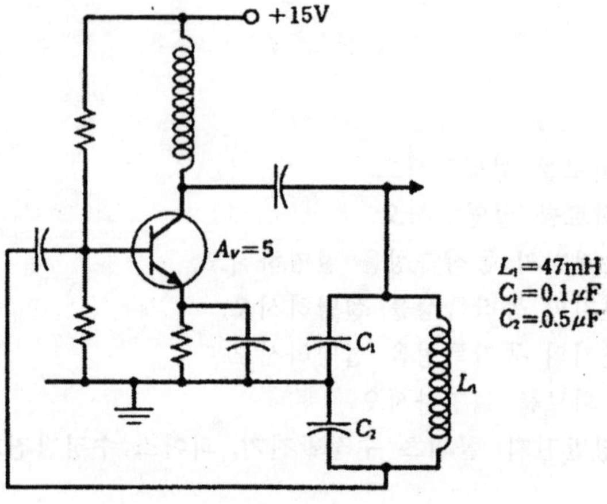


<그림 11-20> LC발진기

3. <그림 11-21>에 표시된 회로의 명칭은 무엇인가?

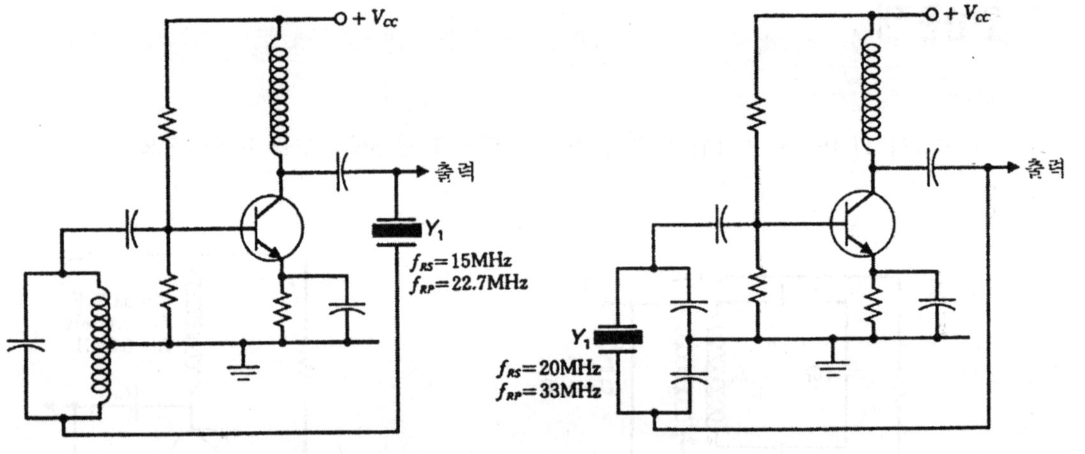


<그림 11-21> 수정발진기

4. <그림 11-22>에 표시된 회로의 종류를 말하고 발진주파수를 계산하시오.
5. 비안정 555 타이머가 $R_A$=10kΩ, $R_B$=2kΩ, $C$=0.0047μF를 갖는다면 출력주파수와 듀티 사이클은 얼마인가?
6. <그림 11-23>에서 $R_E$=10kΩ, 22kΩ, 33kΩ일 때 각각의 크기에 대해서 기울기를 계산하시오.

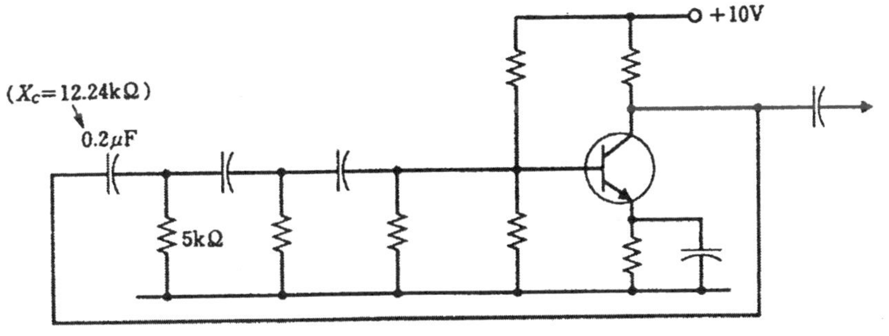


<그림 11-22> RC발진기 회로

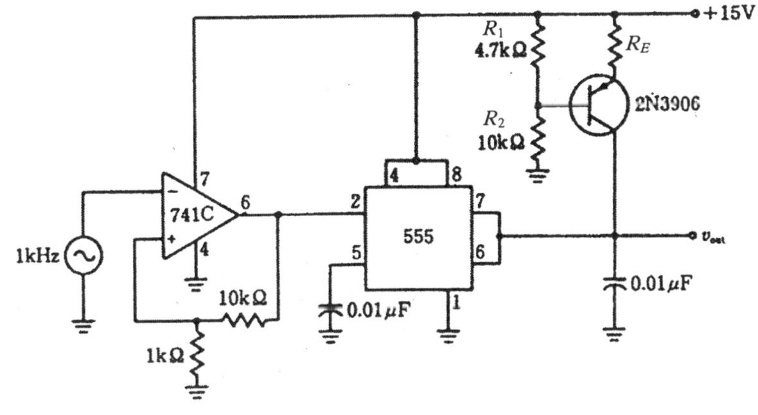


<그림 11-23>

**7.** <그림 11-24(a)>의 윈-브리지 발진기에서 최대 주파수와 최소 주파수를 계산하시오.

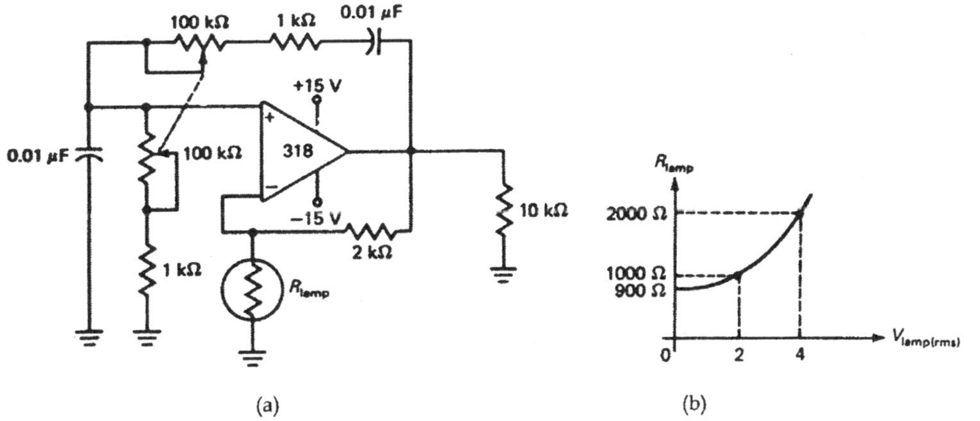


(a) (b)

<그림 11-24>

8. <그림 11-24(b)>는 <그림 11-24(a)>의 전구저항을 표시한 것이다. 출력전압을 계산하시오.

9. <그림 11-25>에서 발진주파수는 얼마인가? 귀환율은 얼마인가? 발진이 시작될 때 회로에서 필요한 전압이득은 얼마인가?

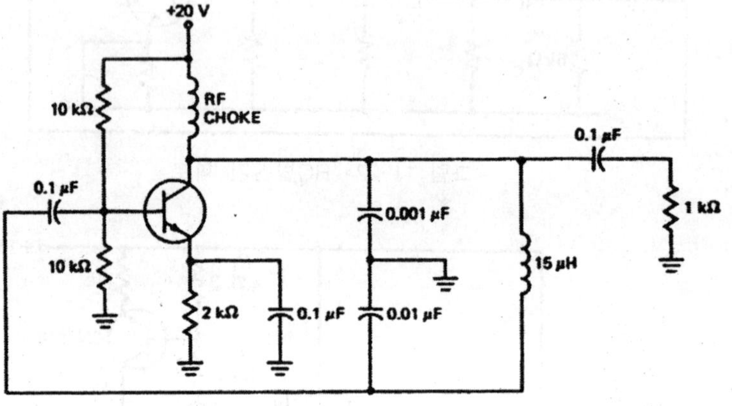


<그림 11-25>

10. 만약 50pF의 콘덴서가 <그림 11-25>의 15μH 인덕터와 직렬로 연결된다면 회로는 클랩 발진기가 된다. 발진주파수는 얼마인가?

11. <그림 11-26(a)>의 윈-브리지 발진기는 <그림 11-26(b)>의 특성을 갖는 램프를 사용한다. 출력전압은 얼마인가?

12. <그림 11-26(a)>에서 각 스위치의 위치에서의 최대 발진주파수와 최소 발진주파수를 계산하시오.

13. <그림 11-26(a)>에서 negative 귀환을 갖는 증폭기의 차단주파수는 얼마인가? 최대 발진주파수의 적어도 10배 위에 있다면 차단주파수는 얼마인가?

14. <그림 11-27>에서 직류 이미터 전류의 대략적인 값은 얼마인가? 컬렉터와 이미터 사이의 직류전압은 얼마인가?

15. <그림 11-27>의 발진기가 공통 베이스를 구하기 위해서 다시 설계되었다면 귀환율은 얼마인가?

16. 수정의 기본주파수가 5MHz이다. 첫번째 배음주파수의 대략적인 크기는 얼마인가? 두 번째 배음주파수와 세번째 배음주파수는 얼마인가?

17. $L=1\text{H}$, $C_s=0.01\text{pF}$, $R=1000\,\Omega$, $C_m=20\text{pF}$를 갖는 수정의 교류 등가회로가 있다. (a) 직렬 공진주파수는 얼마인가? (b) 이런 주파수에서의 $Q$는 얼마인가?

18. <그림 11-27>의 콜피츠 발진기가 구동된다면 발생할 수 있는 고장을 적어도 3가지 이상 설명하시오.

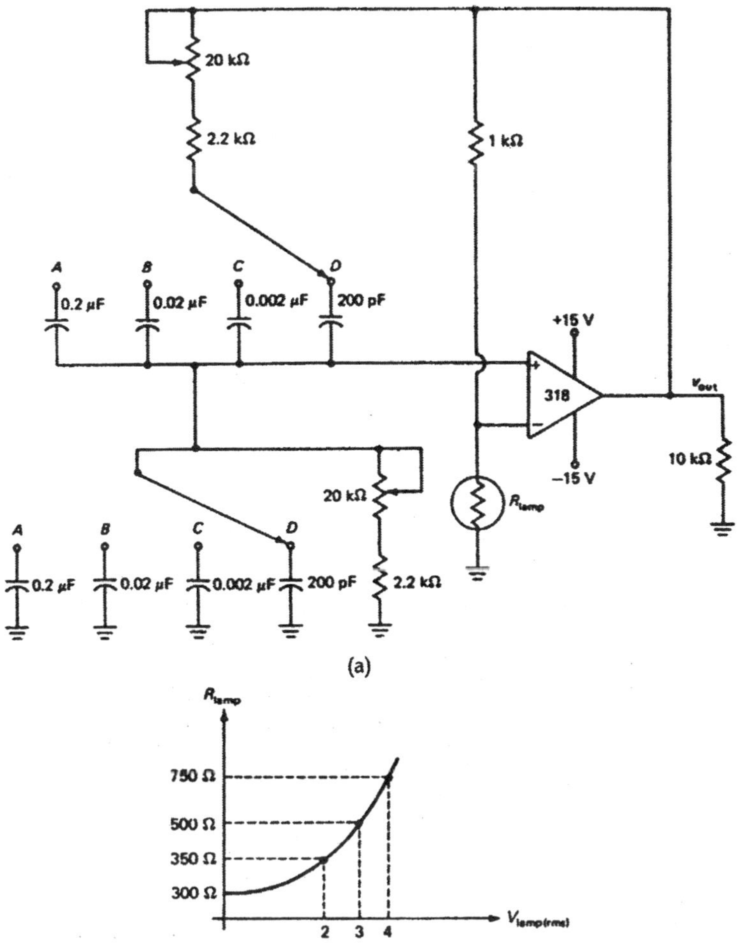

(a)

(b)

<그림 11-26>

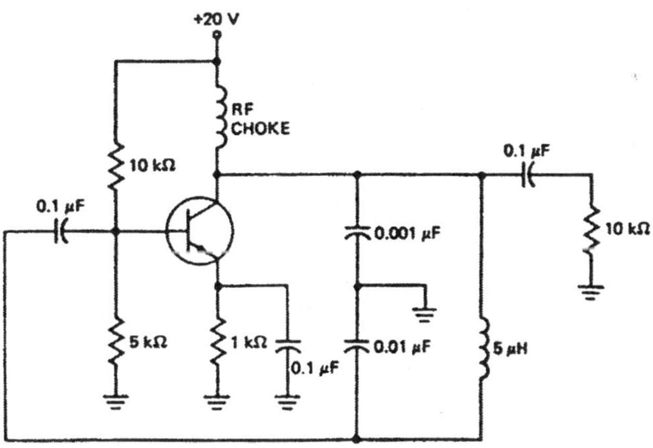


<그림 11-27>

{해답} **1.** (a) 암스트롱 발진기 $f_r = \frac{1}{2\pi\sqrt{L_1 \times C_1}} = \frac{1}{6.28\sqrt{5\times10^{-6}\text{H}\times1\times10^{-6}\text{F}}} = 71212\text{Hz} = 71.2\text{kHz}$

(b) 하틀리 발진기

$$f_r = \frac{1}{2\pi\sqrt{(L_{1A}+L_{1B})\times C_1}} = \frac{1}{6.28\sqrt{(0.47\times10^{-3}\text{H}+0.2\times10^{-3}\text{H})\times0.03\times10^{-6}\text{F}}}$$
$$= 35517\text{Hz} = 35.517\text{kHz}$$

**2.** 콜피츠 발진기

$$f_r = \frac{1}{2\pi\sqrt{L_1\times(\frac{C_1\times C_2}{C_1+C_2})}} = \frac{1}{6.28\sqrt{47\times10^{-3}\text{H}\times(\frac{0.1\times10^{-6}\text{F}\times0.5\times10^{-6}\text{F}}{0.1\times10^{-6}\text{F}+0.5\times10^{-6}\text{F}})}}$$
$$= 1285652\text{Hz} = 1.2856\text{MHz}$$

**3.** (a) 하틀리 수정발진기 (b) 피어스 수정발진기

**4.** 위상 변환발진기 $f_R = \frac{1}{2\pi\times\sqrt{6}\times R\times C} = \frac{1}{6.28\times\sqrt{6}\times5\times10^3\Omega\times0.2\times10^{-6}\text{F}} = 65\text{Hz}$

**5.** $f = \frac{1.44}{(R_A+2R_B)C} = 21.9\text{kHz}$, $D = \frac{R_A+R_B}{R_A+2R_B}\times100\% = 85.7\%$

**6.** 10kΩ일 때 $S$=41V/ms

$R_1$=4.7kΩ, $R_2$=10kΩ, $V_{cc}$=15V, $V_{BE}$=0.7V, $R_E$=10kΩ, C=0.01μF,

$$V_E = \frac{R_2}{R_1+R_2}\times V_{cc}+V_{BE} = 10.9\text{V},\quad I_C = \frac{V_{CC}-V_E}{R_E} = 0.41\text{mA},\quad S = \frac{I_C}{C} = 41\text{V/ms}$$

(22kΩ일 때 $S$=18.6V/ms, 33kΩ일 때 $S$=12.4V/ms)

**7.** 가변저항기는 0Ω에서 100kΩ까지 범위를 가지므로 $R$값은 1kΩ에서 101kΩ이 된다. 따라서 발진기의 최소 주파수는 158Hz, 최대 주파수는 15.9kHz가 된다.

$f_r = \frac{1}{2\pi(101\text{k}\Omega)(0.01\mu\text{F})} = 158\text{Hz}$, $f_r = \frac{1}{2\pi(1\text{k}\Omega)(0.01\mu\text{F})} = 15.9\text{kHz}$

**8.** <그림 11-24(a)>에서 전구저항이 1kΩ일 때 출력진폭은 일정하게 된다. <그림 11-24(b)>에서 이것은 전구전압이 $2V_{rms}$임을 의미한다. 전구를 통해서 흐르는 전류는 역시 2kΩ 저항을 통과하게 되므로 이 저항양단에 $4V_{rms}$의 신호가 존재하게 된다. 따라서 출력전압은 4V와 2V의 합인 6V가 된다($V_{out}=6V_{rms}$).

**9.** 탱크회로의 등가 커패시턴스는 909pF이다. $C = \frac{(0.001\mu\text{F})(0.01\mu\text{F})}{0.001\mu\text{F}+0.01\mu\text{F}} = 909\text{pF}$

인덕턴스는 15μH이고, 발진주파수는 1.36MHz이다. $f_r = \frac{1}{2\pi\sqrt{(15\mu\text{F})(909\mu\text{F})}} = 1.36\text{MHz}$

따라서 귀환율은 0.1이다. $B = \frac{0.001\mu\text{F}}{0.01\mu\text{F}} = 0.1$

발진이 시작되면 1.36MHz에서 전압이득은 10보다 커야 한다. 만약 가능하다면 차단주파수는 루프 주위에서 부가적인 위상 shift를 피하기 위해서 1.36MHz보다 높은 차단주파수가 필요하다. 다시 말하면 회로는 차단주파수 아래에서 0°인 루프 위상 shift를 가지며, 만약 증폭기의 전압이득의 감쇠를 시작하면 여분의 위상 shift는 차단주파수 위에서 발진을 방지시키게 된다.

**10.** 첨가된 콘덴서의 커패시턴스가 50pF이므로 등가 커패시턴스 $C$는 작은 크기를 갖는 $C_3$ 값인 50pF이 된다. $C = \frac{1}{1/0.001\mu\text{F}+1/0.01\mu\text{F}+1/50\text{pF}} \cong 50\text{pF}$

따라서 근사적인 차단주파수는 5.81MHz가 된다. $f_r \cong \frac{1}{2\pi\sqrt{(15\mu\text{H})(50\text{pF})}} = 5.81\text{MHz}$

**11.** $V_{out} = 2V_{rms}+3V_{rms}+4V_{rms} = 9V_{rms}$

**12.** A점에서 최소 주파수 $f_r = \frac{1}{2\pi R_C} = \frac{1}{2\pi\times22\text{k}\Omega\times0.2\mu\text{F}} = 36.2\text{Hz}$

최대 주파수 $f_r = \frac{1}{2\pi R_C} = \frac{1}{2\pi\times2.2\text{k}\Omega\times0.2\mu\text{F}} = 362\text{Hz}$

B점에서 최소 주파수 $f_r = \dfrac{1}{2\pi R_C} = \dfrac{1}{2\pi \times 22\text{k}\Omega \times 0.02\mu\text{F}} = 362\text{Hz}$

최대 주파수 $f_r = \dfrac{1}{2\pi R_C} = \dfrac{1}{2\pi \times 2.2\text{k}\Omega \times 0.02\mu\text{F}} = 3.62\text{kHz}$

C점에서 최소 주파수 $f_r = \dfrac{1}{2\pi R_C} = \dfrac{1}{2\pi \times 22\text{k}\Omega \times 0.002\mu\text{F}} = 3.62\text{kHz}$

최대 주파수 $f_r = \dfrac{1}{2\pi R_C} = \dfrac{1}{2\pi \times 2.2\text{k}\Omega \times 0.002\mu\text{F}} = 36.2\text{kHz}$

D점에서 최소 주파수 $f_r = \dfrac{1}{2\pi R_C} = \dfrac{1}{2\pi \times 22\text{k}\Omega \times 0.0002\mu\text{F}} = 36.2\text{kHz}$

최대 주파수 $f_r = \dfrac{1}{2\pi R_C} = \dfrac{1}{2\pi \times 2.2\text{k}\Omega \times 0.0002\mu\text{F}} = 362\text{kHz}$

**13.** 차단주파수 $f = 363\text{kHz} \times 10 = 3.62\text{MHz}$

**14.** $I_E = \dfrac{V_{EE} - V_{BE}}{R_E} = \dfrac{6.67\text{V} - 0.7\text{V}}{1\text{k}\Omega} = 5.97\text{mA}$, $V_{EE} = 6.67\text{V}$, $V_{BE} = 0.7\text{V}$,

$V_{CE} = V_{CC} - 5.97\text{mA} \times 1\text{k}\Omega = 20\text{V} - 5.97\text{V} = 14\text{V}$

**15.** $B = \dfrac{1\text{k}\Omega}{5\text{k}\Omega} = 0.2$

**16.** 1차 배음주파수=5MHz+5MHz=10MHz

2차 배음주파수=10MHz+5MHz=15MHz

3차 배음주파수=15MHz+5MHz=20MHz

**17.** $f_s = \dfrac{1}{2\pi\sqrt{LC_S}} = 1.59\text{MHz}$, $Q = \dfrac{2\pi f L}{R} = 10{,}000$

**18.** 바이어스 저항 10kΩ 개방, 5kΩ 단락, 1kΩ 개방, 초크 개방, 5μH 개방, 0.01μF 개방

제 12장

# 다이리스터

다이리스터(thyristor)는 4층을 갖는 반도체 소자로 래치(latch) 동작을 발생시키는 내부귀환에 사용된다. 쌍극성 트랜지스터와 FET가 선형증폭기와 스위치로 사용되는 반면 다이리스터는 오직 스위치로만 사용된다.

다이리스터의 중요한 응용분야는 모터, 히터, 전등 시스템, 기타의 소자에 대한 큰 부하전류를 제어하는 것에 사용된다. 다이리스터의 단어가 갖는 의미는 그리스어로 문을 뜻한다.

## 12-1 이상적인 래치

모든 다이리스터는 <그림 12-1(a)>에 표시된 것같은 이상적인 래치의 형태로 설명된다. 위쪽 트랜지스터 $Q_1$은 pnp 소자이고, 아래쪽 트랜지스터 $Q_2$는 npn 소자이다. 그림에서 보다시피 $Q_1$의 컬렉터가 $Q_2$의 베이스를 구동시키고 $Q_2$의 컬렉터가 $Q_2$의 베이스를 구동시킨다.

### 재 생

<그림 12-1(a)>는 보통 사용되지 않는 연결방법으로 재생이라고 불리는 정귀환을 갖는다. 루프의 임의점에서 전류변화가 증폭되어 같은 위상을 갖고 시작된 점으로 귀환된다.

예를 들어서 $Q_2$의 베이스 전류가 증가하면 $Q_2$의 컬렉터 전류가 증가한다. 이것이 더많은 베이스 전류가 $Q_1$을 통과하도록 하고, 이것은 다시 $Q_1$의 컬렉터 전류를 크게 발생시켜서 $Q_2$의 베이스를 더욱 크게 구동시킨다.

이런 동작은 2개의 트랜지스터 $Q_1$, $Q_2$가 포화될 때까지 계속된다. 이런 경우에는 래치가 <그림 12-1(b)>에 표시된 단락 스위치로 동작하게 된다. 그러나 무슨 이유 때문에 $Q_2$의 베이스 전류가 감소하면 $Q_2$의 컬렉터 전류도 감소된다.

이것이 $Q_1$의 베이스 전류를 감소시키고 $Q_1$의 컬렉터 전류가 적어지게 되면, $Q_2$의 베이스 전류를 감소시키고, 이런 재생은 $Q_1$, $Q_2$가 차단될 때까지 계속된다.

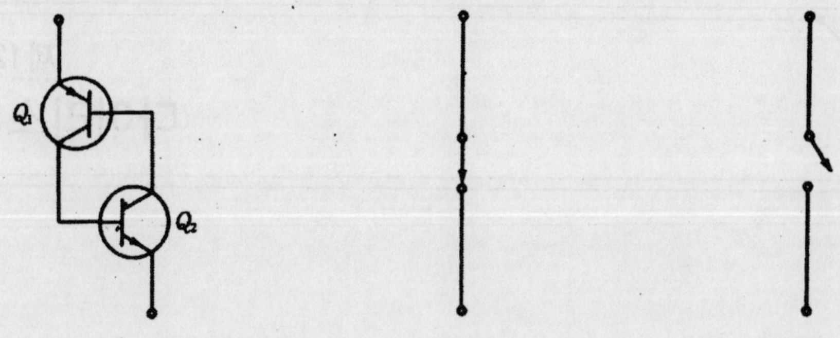



<그림 12-1> (a) 트랜지스터 래치 (b) 단락된 래치 (c) 개방된 래치

이때가 되면 래치는 <그림 12-1(c)>에 표시된 것처럼 개방 스위치로 동작하게 된다. 래치는 단락상태와 개방상태 2가지를 갖는다. 또한 각 상태가 언제까지나 유지된다.

만약 단락되면 전류를 감소시키는 원인이 발생될 때까지 계속 단락상태가 되고, 개방된다면 전류가 증가하는 힘이 발생할 때까지 계속 개방상태를 유지한다.

## ▮ 트리거링

래치를 단락시키는 한 가지 방법은 어떤 베이스든지간에 순방향 바이어스를 적용하는 트리거링이다. 예를 들면 <그림 12-2(a)>는 $Q_2$의 베이스에 폭이 좁고 날카로운 펄스가 가해지는 트리거(trigger)를 표시하고 있다.

래치가 A점 이전에 시간에 개방상태라고 가정하면 공급된 전압은 <그림 12-2(d)>에 표시된 부하선의 하한에 있게 된다. A점에 있는 순간 트리거는 순간적으로 $Q_2$의 베이스를 순방향 바이어스로 만든다. $Q_2$의 컬렉터 전류는 갑자기 흐르게 되서 $Q_1$을 통해서 베이스 전류가 흐르도록 한다.

이번에는 $Q_1$의 컬렉터 전류가 흐르게 되서 $Q_1$을 통해서 베이스 전류가 흐르도록 한다. 이번에는 $Q_1$의 컬렉터 전류가 흐르게 되서 $Q_2$의 베이스를 강하게 구동시킨다. $Q_1$의 컬렉터 전류가 $Q_2$의 베이스 전류를 공급하기 때문에 트리거 펄스는 더 이상 필요하지 않게 된다.

재생이 시작되면 자기 자신을 유지하고 양쪽 트랜지스터를 포화로 구동시킨다. 재생 스위칭 동작을 시작하는 데 필요한 최소의 입력전류를 트리거 전류라고 한다. 포화되면 양쪽의 트랜지스터는 이상적인 단락회로처럼 보인다.

따라서 래치는 <그림 12-2(c)>처럼 단락된다. 이상적으로 래치가 단락되면 양단에 걸리는 전압은 0이 되어 동작점은 <그림 12-2(d)>의 부하선에서 상한에 나타난다.

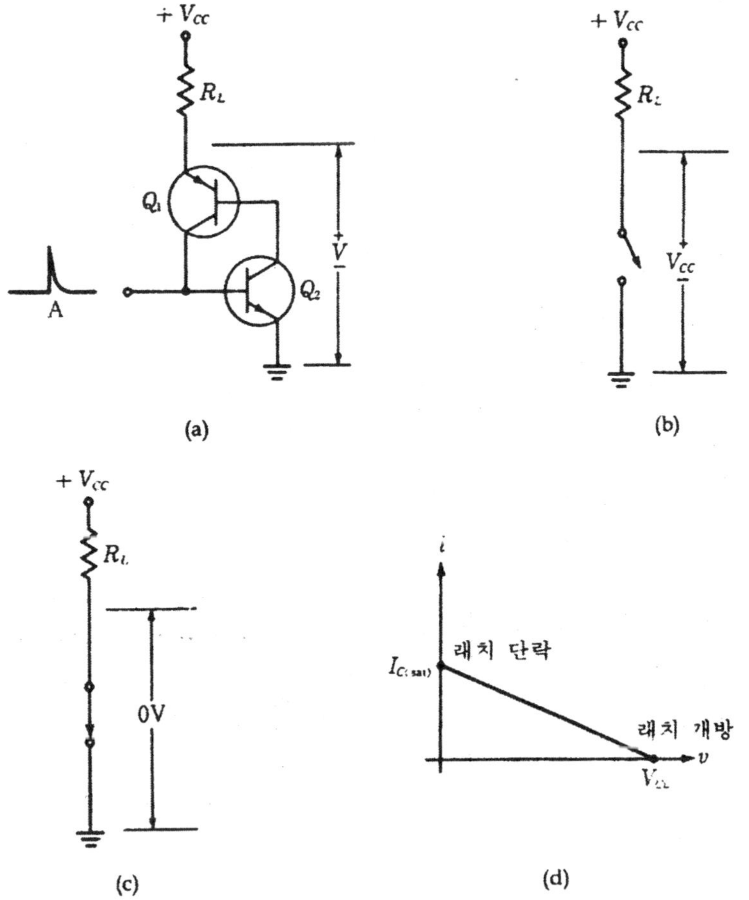


<그림 12-2> (a) 순방향으로 바이어스되는 트리거와 단락 래치 (b) 개방 래치 양단에 나타나는 공급전압 (c) 단락 래치 양단에 나타나는 0전압 (d) 부하선

## ▮항 복

래치를 단락시키는 또다른 방법은 항복에 의한 것이다. 이것은 컬렉터 다이오드를 항복시키기에 충분히 큰 $V_{CC}$를 사용하는 것을 의미한다. 한번 항복이 시작되면 한 개의 컬렉터로부터 전류가 흘러서 다른쪽 베이스를 구동한다. 이것은 마치 베이스가 트리거를 수신한 것과 같은 효과를 갖는다.

비록 항복이 한쪽 컬렉터 다이오드의 항복으로부터 시작한다 해도 양쪽 트랜지스터가 포화상태일 때 끝나게 된다. 이것이 바로 래치를 단락시키는 이런 방법을 표시할 때 break down이라 쓰지 않고 break over라고 사용하는 이유이다.

## ▮저전류 중단

이상적인 래치를 어떻게 개방시키는가? 한 가지 방법은 부하전류를 0으로 감소시키는 것이다. 이것은 트랜지스터를 포화상태에서 벗어나게 해서 개방상태로 귀환시킨다.

예를 들어서 <그림 12-2(a)>에서 부하저항을 개방시킬 수 있다. 또 하나는 $V_{CC}$의 공급을 0까지 감소시키는 것이다. 어떤 방법이든지간에 단락 래치는 개방된다. 래치 전류를 낮은 크기로 감소시키는 것에 의존하는 이런 형태의 개방을 저전류 중단이라 부른다.

### 역바이어스 트리거링

래치를 개방시키는 또 다른 방법은 <그림 12-2(a)>에서의 역바이어스 트리거를 사용하는 것이다. +트리거 대신 −트리거가 사용될 때 $Q_2$의 베이스 전류가 감소한다. 이것은 $Q_1$의 베이스 전류를 감소시키고, 따라서 $Q_1$의 컬렉터 전류가 감소해서 재생은 급속도로 양쪽 트랜지스터를 차단상태로 만들고 래치가 개방된다.

## 12-2 4층 다이오드

<그림 12-3(a)>는 4층 다이오드(쇼클리 다이오드로 알려져 있다)라고 부른다. 오직 2개의 외부단자를 가지고 있기 때문에 다이오드로 분류된다. 또한 내부가 4층으로 도핑되어 있기 때문에 간혹 pnp 다이오드라고도 부른다.

이런 다이오드가 어떻게 동작하는지 쉽게 이해하기 위한 방법은 <그림 12-3(b)>에 표시한 것처럼 두 부분으로 분리해서 형상화시키는 것이다. 왼쪽 반은 pnp 트랜지스터이고, 오른쪽 반은 npn 트랜지스터이다.

따라서 4층 다이오드는 <그림 12-3(c)>에 표시된 래치와 등가이다. 트리거 입력이 없기 때문에 4층 다이오드를 단락시키는 오직 한 가지의 방법은 항복에 의한 것이다. 또한 개방시키는 오직 한 가지의 방법은 저전류 중단이다.

4층 다이오드에서 래치를 개방시키기 위해서 모든 전류를 0으로 감소시킬 필요는 없다. 4층 다이오드의 내부 트랜지스터는 전류가 홀딩 전류라고 부르는 낮은 값으로 감소될 때 포화상태를 벗어난다.

<그림 12-3(d)>는 4층 다이오드의 기호도를 표시한 것이다. 4층 다이오드가 항복되면 다이오드 양단에 걸리는 전압이 존재하는 전류의 크기에 따라서 낮은 크기로 떨어진다. 예를 들면 <그림 12-3(e)>는 IN5158의 전류-전압 특성곡선을 표시한 것이다. 소자에서의 전류가 전압을 증가시키는 것을 볼 수 있다(0.2A에서 1V, 0.95A에서 1.5V, 1.8A에서 2V......).

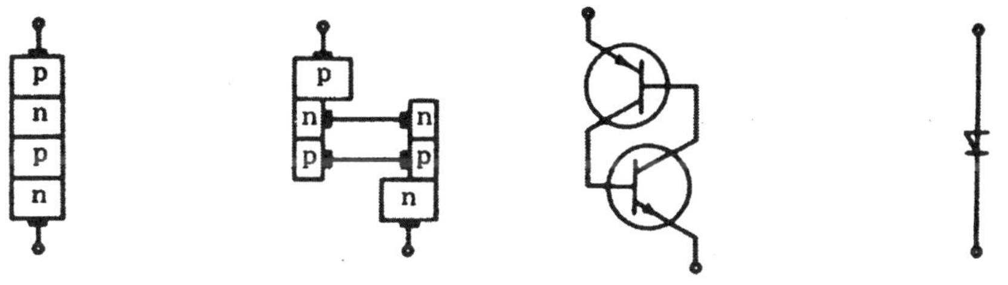

(a) (b) (c) (d)

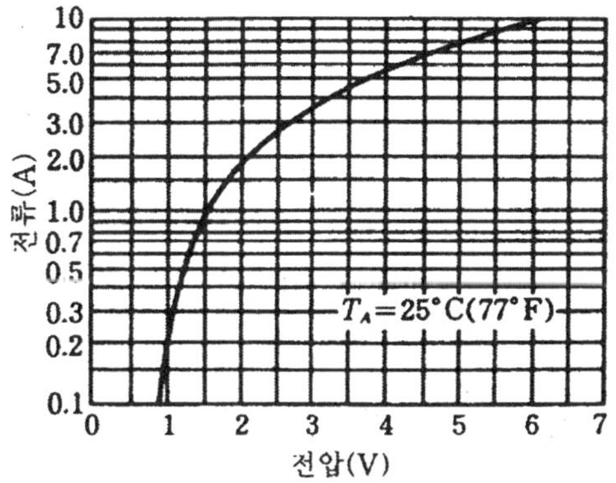


(e)

<그림 12-3> (a) 4층 다이오드의 구조 (b) 등가구조 (c) 등가회로 (d) 회로도 기호
(e) 4층 다이오드의 도통시 전압전류 특성곡선

**예제 12-1** <그림 12-4(a)>에 표시된 IN5158은 10V의 항복전압을 갖는다. 만약 다이오드가 도통하지 않고 입력전압이 +5V로 증가할 때 다이오드 전류는 얼마인가? 만약 입력전압이 +15V로 증가한다면 다이오드 전류는 얼마인가?(단, 다이오드 전압강하는 약 1V로 한다)

**• 풀이 •** 다이오드가 초기에 off되어 있으므로 도통시키기 위해서는 항복전압을 초과시키는 방법밖에 없다. 입력이 +5V까지 증가해도 다이오드에는 영향을 미치지 않는다. 따라서 개방상태를 유지한다. 그러나 입력이 +15V로 증가하면 4층 다이오드는 항복되고 단락된다. 따라서 전압강하를 1V로 가정하면 다이오드 전류는 140mA가 된다.

$$I = \frac{15\text{V} - 1\text{V}}{100\Omega} = 140\text{mA}$$

**예제 12-2** <그림 12-4(a)>에서 다이오드의 홀딩 전류가 4mA이다. 만약 중단점에서 전압강하가 0.5V라면 저전류 중단을 발생시키기 직전의 입력전압은 얼마인가?

**• 풀이 •** 4층 다이오드를 개방시키기 위해서는 홀딩 전류 4mA를 낮은 크기로 감소시켜야 한다. 이것은 감소된 입력전압이 적어도 0.9V보다 낮아야 한다는 의미이다.

$$V = 0.5\text{V} + (4\text{mA})(100\Omega) = 0.9\text{V}$$

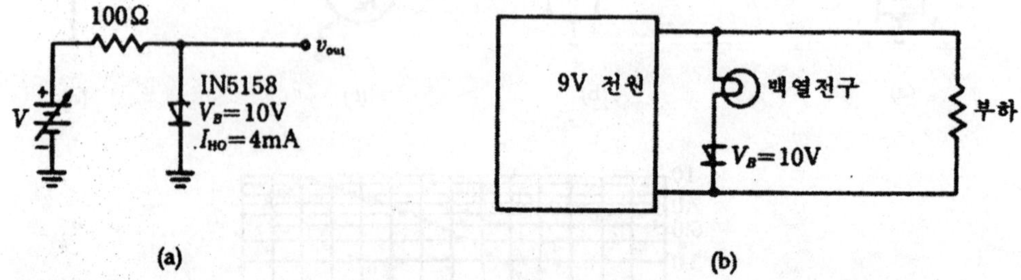


<그림 12-4> (a) 1N5158을 사용한 회로 (b) 초과 전압검출기로 사용되는 4층 다이오드

**예제 12-3** <그림 12-4(b)>의 동작을 기술하시오.

**• 풀이 •** 4층 다이오드는 10V의 항복전압을 갖는다. 전력공급이 9V이기 때문에 4층 다이오드는 개방상태이고 전구는 꺼져 있다. 만약 무엇인가 잘못되어서 전압이 상승되어 10V가 되면 4층 다이오드가 도통하고 전구에 불이 들어온다.

비록 전압이 9V로 되돌아가도 다이오드는 발생된 과전압을 기억하는 것처럼 래치된 상태를 유지하게 된다. 램프가 꺼지는 한 가지 방법은 전원을 차단하는 것이다. 이런 회로를 초과 전압검출기라고 부르며, 전력공급이 제한영역에 있으면 잘못은 발생하지 않으나 만약 초과전압이 발생하면 비록 그것이 순간일지라도 램프가 점등되고 지속된다.

**예제 12-4** <그림 12-5(a)>는 톱니파 발생기를 표시하고 있다. 회로동작을 기술하시오.

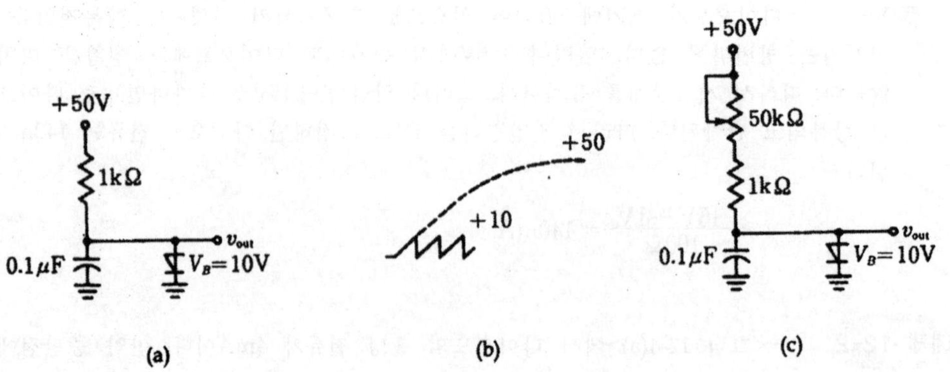


<그림 12-5> (a) 톱니파 발생기 (b) 출력파형 (c) 조정가능한 톱니파 발생기

• **풀이** •　　만약 4층 다이오드가 회로에 존재하지 않는다면 콘덴서는 지수함수적으로 충전되고, 전압은 <그림 12-5(b)>에 표시한 점선을 따라서 나타난다. 그러나 4층 다이오드가 회로 내에 있다면 콘덴서 전압이 10V에 도착하자마자 다이오드가 항복되고 래치가 단락된다.

콘덴서의 이런 방전은 flyback(갑자기 감소됨) 콘덴서 전압을 발생시킨다. flyback에서의 전류강하는 holding 전류 아래로 되고 4층 다이오드는 개방되고 다음 주기에서 다시 시작한다.

<그림 12-5(a)>는 이상발진기의 또다른 예로서 출력이 콘덴서(인덕터)의 충전과 방전에 의존하게 된다. 만약 *RC* 시정수가 증가하면 콘덴서는 10V를 충전하는 시간이 길어지고 톱니파의 주파수가 낮아진다. 예를 들어 <그림 12-5(c)>의 포텐쇼미터를 사용하면 주파수에서 50 : 1의 범위를 얻을 수 있다.

## 12-3 실리콘 제어정류기(SCR)

SCR은 <그림 12-6(a)>에 표시한 것처럼 npn 부분의 베이스에 외부단자가 연결되기 때문에 4층 다이오드보다 더 유용하게 사용된다. 4층으로 도핑된 영역을 2개의 트랜지스터로 분리해서 <그림 12-6(b)>처럼 형상화시켜 보자.

따라서 SCR은 <그림 12-6(c)>에 표시된 것처럼 트리거 입력을 갖는 래치와 등가이다. <그림 12-6(d)>는 회로도에 사용되는 기호를 표시했다. 이 기호를 보면 트리거 입력을 갖는 래치와 등가인 것을 기억하도록 하라.

### ▮ 게이트 트리거링

SCR의 게이트는 <그림 12-6(c)>에 표시된 것처럼 다이오드와 등가이다. 이런 이유 때문에 SCR의 트리거에는 최소한 0.7V의 전압이 필요하다. 게다가 재생이 시작되기 위해서는 최소의 입력전류가 필요한데, 데이터 시트에는 SCR의 트리거 전류와 트리거 전압이 표시되어 있다.

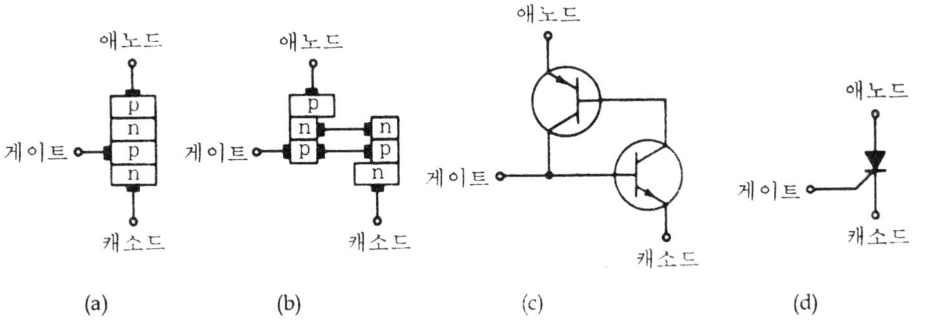


<그림 12-6> SCR (a) 구조 (b) 등가구조 (c) 등가회로 (d) 도면기호

예를 들어 2N4441의 데이터 시트를 보면 일반적인 트리거 전압은 0.7V이고, 트리거 전류는 10mA이다. 2N4441을 구동하는 전원은 0.7V에서 적어도 10mA의 전류를 공급해야 한다. 그렇지 않으면 SCR은 래치를 단락시킬 수 없다.

## ▮ 차단전압

SCR은 항복동작을 위해서 고안된 것은 아니다. 항복전압 범위는 약 50V에서부터 2500V 이상인 것도 있으며, SCR의 형식번호에 따라서 달라진다. 대부분의 SCR은 트리거 단락과 저전류 개방형으로 설계되었다.

다시 말하면 SCR은 <그림 12-6(b)>에 표시된 것처럼 구성되어, 트리거가 게이트를 구동할 때까지 개방상태를 유지한다. 트리거가 되면 SCR 래치가 단락을 유지한다(비록 트리거가 사라진다 해도). SCR을 개방시키는 한 가지 방법은 전전류 중단이다.

대부분의 사람들은 SCR은 트리거나 SCR을 단락시킬 때까지 전압을 차단하는 소자로 생각한다. 이런 이유 때문에 항복전압이 데이터 시트에는 순방향 차단전압이라고 불린다.

예를 들면 2N4441은 약 50V의 순방향 차단전압을 갖는다. 공급전원이 50V 미만이면 SCR은 항복하지 않고, 이것은 단락시키는 방법은 게이트 트리거를 공급하는 것이다.

## ▮ 대전류

대부분의 SCR은 산업용 소자로서 형식번호에 따라서 1A 미만에서부터 2500A 이상의 큰 전류범위를 취급할 수 있다. SCR은 대전류 소자이기 때문에 상대적으로 큰 트리거와 홀딩 전류를 갖는다.

2N4441은 8A로서 도통되고 트리거 전류는 10mA이고 이것은 홀딩 전류이다. 이것은 게이트에 적어도 10mA가 공급되어야 하며 8A의 애노드 전류를 제어할 수 있다는 것을 의미한다(애노드와 캐소드는 <그림 12-6(d)>에 표시되어 있다).

예를 들면 C701은 SCR을 1250A까지 도통시키고 500mA의 트리거 전류와 500mA의 홀딩 전류를 갖는다.

## ▮ 상승의 임계율

많은 응용에서 교류전원이 SCR에서도 사용된다. 주기의 어떤 점에서 게이트 트리거링을 시키면 모터, 히터 혹은 기타 부하와 같은 부하에 교류전력의 커다란 양을 제어할 수 있다.

SCR 내부의 접합 커패시턴스 때문에 SCR을 트리거하기 위한 공급전압을 갑자기 변화시키는 것이 가능하다. 만약 순방향 전압의 상승률이 충분히 크면 용량성 충전전류는 재생을 시작한다.

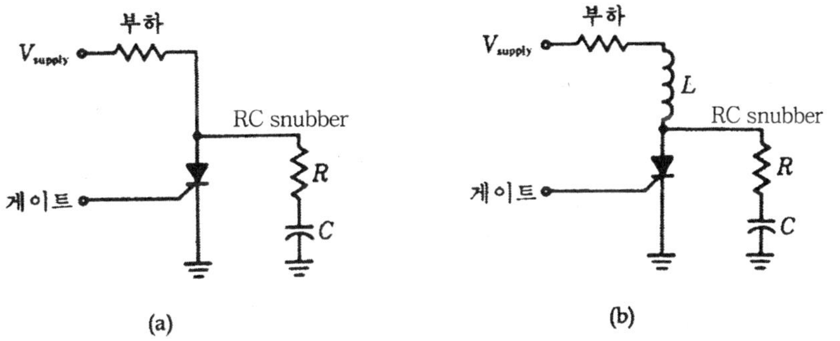


<그림 12-7> (a) 공급전원에서 공급천이시 SCR을 보호하기 위한 RC 스너버
(b) 갑자기 변하는 전류에서 SCR을 보호하는 인덕터

SCR의 잘못된 트리거링을 피하기 위해서 애노드 전압의 변화율은 데이터 시트에 기록되어 있는 전압의 임계 상승률을 초과할 수 없다. 예를 들어서 2N4441는 50V/μs의 임계전압 상승률을 갖는다. 잘못된 트리거링을 피하기 위해서 애노드 전압은 50V/μs 이상으로 빨리 상승하면 안된다.

또다른 예를 보면 C701은 200V/μs의 임계전압 상승률을 갖는다. 잘못된 동작을 피하기 위해서 애노드 전압은 200V/μs 이상으로 빨리 증가할 수는 없다. 스위칭 전이는 임계전압 상승률을 초과하는 가장 중요한 요인이다.

오동작의 스위칭 천이 효과를 감소시키는 한 가지 방법은 <그림 12-7(a)>에 표시한 RC 스너버(snubber)를 사용하면 된다. 만약 공급전원에서 고속 스위칭 천이가 발생한다면 RC회로 때문에 애노드에서 상승률이 감소된다.

애노드 전압의 상승률은 *R*과 *C*값과 마찬가지인 부하저항에 의존한다. 큰 SCR은 임계전류 상승률을 갖는다. 예를 들면 C701은 150A/μs의 임계전류 상승률을 갖는다. 만약 애노드 전류가 이것보다 빨리 증가하면 SCR은 파괴된다.

<그림 12-7(b)>에 표시된 것처럼 인덕턴스가 직류로 연결되면 마치 RC 스너버가 전압 상승률을 감소시키는 것처럼 전류 상승률을 감소시킨다.

## ▮부하 보호회로

SCR의 응용 중 한 가지는 전력공급의 초과전압으로부터 부하를 보호하는 것이다. 예를 들어 <그림 12-8(a)>는 저항과 직렬로 연결된 제너 디이오드에 공급되는 20V 전원을 표시하고 있다. 저항양단에 걸리는 전압이 부하와 병렬로 연결된 SCR의 게이트를 구동한다.

제너 전압은 21V이다. 20V 전력이 공급되면 제너 다이오드는 SCR 게이트 전압은 0이다. SCR이 개방되면 부하저항 양단에 20V가 나타난다. 만약 전원공급이 잘못되어서 전압이 21V 이상으로 증가하려면 제너 다이오드는 항복되고 SCR의 게이트에서 전압이 나타난다.

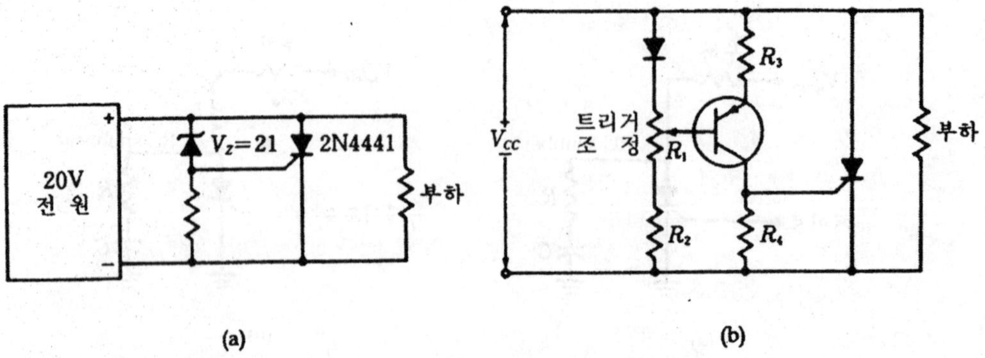


<그림 12-8> SCR 부하 보호회로 (a) soft 구동회로 (b) 실제적인 회로

이런 전압이 약 0.7V를 초과하면 SCR 래치는 부하전압을 단락시킨다. 동작 부하단자 양단에 crowbar를 던지는 것과 유사하다. SCR의 turn on이 아주 빠르기 때문에(2N4441은 us) 큰 과전압에 손상 영향에 대해서 부하가 보호된다.

crow barring은 강력한 보호 수단이다. 디지털 IC가 사용되는 곳에는 아주 큰 초과전압을 막지 못하면 값비싼 IC를 파괴시킨다. 따라서 초과전압의 기미가 보일 때 부하단자를 단락시키기 위해서 SCR crowbar를 사용한다.

SCR crowbar를 사용하는 공급전원은 SCR이 단락될 때 초과전류를 방지하기 위해서 전류제한이 필요하다. <그림 12-8(a)>의 crowbar는 제너 다이오드 때문에 안전 동작을 한다.

<그림 12-8(b)>는 SCR crowbar의 좀더 실제적인 예를 표시하고 있다. 트랜지스터가 트리거 신호를 증폭하여 강력하게 turn on시킨다. 저항 $R_4$ 양단에 약 0.7V를 초과하는 전압이 걸리면 SCR이 도통된다.

원래의 다이오드는 트랜지스터의 베이스-이미터 다이오드 온도 보상을 포함하고 있다. 트리거 회로는 트립점을 정상전압의 10%에서 15% 이상으로 조정할 수 있다.

**예제 12-5** <그림 12-9>는 SCR를 사용한 부하 보호회로를 표시하고 있다. 이 회로는 어떻게 동작하는가?

**• 풀이 •** 공급전압이 오직 20V이기 때문에 SCR은 정상적으로 개방상태이다. 제너 다이오드 때문에 10V가 비교기의 반전입력으로 들어간다. 트리거 조정은 비반전입력에 걸리는 10V보다 작은 전압을 발생시킨다.

결과적으로 오차전압은 −이므로 비교기는 −출력을 갖는다. 이런 출력은 SCR과는 무관하다. 만약 공급전압이 20V 이상으로 증가하면 비반전입력은 10V보다 커지고 오차전압은 +가 되어 비교기의 출력이 SCR을 도통되도록 구동시킨다. 이것이 부하 단자를 보호하기 위해서 전원을 갑자기 차단시킨다.

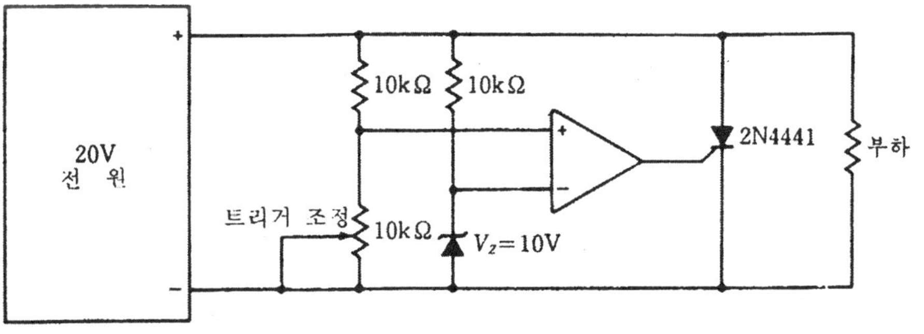


<그림 12-9> 빠른 스위칭에 대해서 비교기를 사용한 SCR 부하 보호회로

## 12-4 SCR의 변형

SCR과 유사하게 사용된 pnp 소자가 있다. 이런 SCR의 변형에 대해서 간단히 설명한다. 여기서 설명되는 소자는 저전력 회로에 응용된다.

### ▮ 포토SCR (LASCR)

<그림 12-10(a)>는 광-활성 SCR이라고 불리는 포토 SCR을 표시하고 있다. 화살표는 창을 통해서 공핍층을 때리는 입사광을 표시하고 있다. 빛이 충분히 강하면 가전자가 그들의 궤도에서 벗어나서 자유전자가 된다.

이런 자유전자들이 트랜지스터의 컬렉터를 흘러서 다른 트랜지스터의 베이스

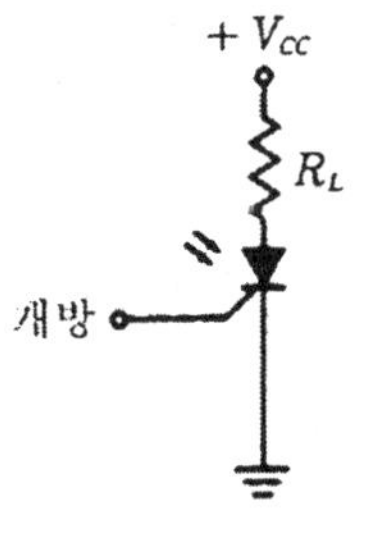


(a)

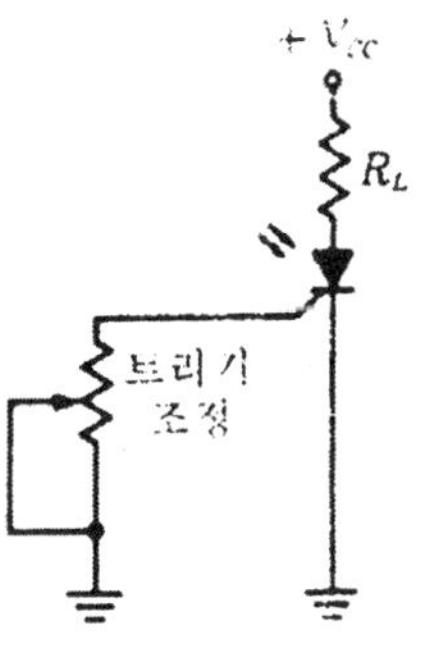


(b)

<그림 12-10> (a) 포토SCR (b) 감도를 빛으로 조절한다.

로 가고 재생이 시작되면 포토 SCR은 단락된다. 광트리거가 포토 SCR을 단락시키면 비록 빛이 없어져도 단락상태를 유지한다. 빛의 최대 감도는 게이트를 <그림 12-10(a)>에 표시한 것처럼 개방시킨다.

만약 트립점이 조정된다면 <그림 12-10(b)>에 표시된 트리거 조정이 포함된다. 게이트 저항은 전자를 발생시키는 빛을 제어하고 회로의 감도를 입사광으로 변화시킨다.

## ▮ 게이트제어스위치 (Gate Controlled Switch)

앞에서 언급했지만 SCR을 개방시키는 정상적인 방법은 저전류 중단이다. 그러나 게이트 제어 스위치인 GCS는 역바이어스된 트리거에 의해서 쉽게 개방되도록 설계되었다. GCS는 +트리거로 단락되고 −트리거로 개방된다(혹은 저전류 중단).

<그림 12-11>은 GCS 회로를 표시하고 있다. 각 +트리거는 GCS를 단락시키고 각 −트리거는 GCS를 개방시킨다. 이런 이유 때문에 출력에서 구형파를 얻을 수 있다. GCS는 카운터, 디지털 회로, −트리거가 off시키는 것이 가능한 기타 응용에서 유용하다.

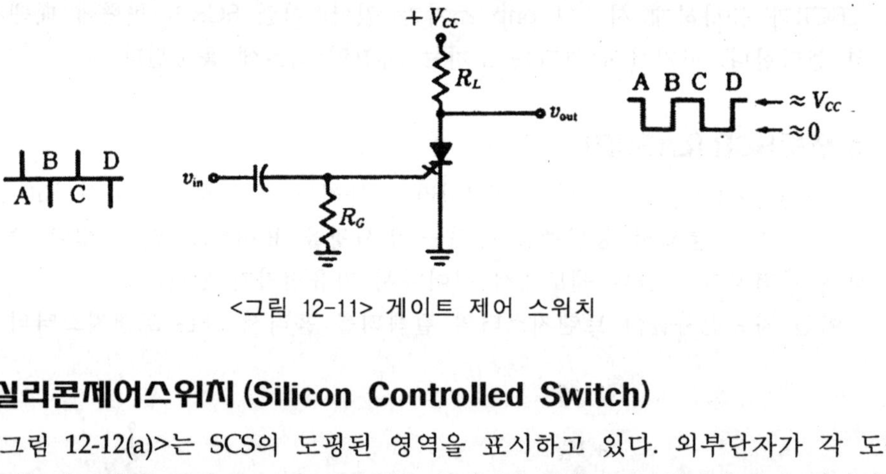


<그림 12-11> 게이트 제어 스위치

## ▮ 실리콘제어스위치 (Silicon Controlled Switch)

<그림 12-12(a)>는 SCS의 도핑된 영역을 표시하고 있다. 외부단자가 각 도핑 영역에 연결되어 있다. <그림 12-12(b)>처럼 두 부분으로 분리시켜서 형상화시켜 보자.

따라서 <그림 12-12(c)>와 같은 래치와 등가인 것을 알 수 있다. 순방향 바이어스 트리거가 베이스에 가해지든간에 SCS가 단락된다. 이와 유사하게 역방향으로 바이어스된 트리거가 베이스에 가해지면 SCS는 단락된다.

<그림 12-12(d)>는 SCS의 도면기호를 표시하고 있다. 아래쪽 게이트는 캐소드 게이트, 위쪽 게이트는 애노드 게이트이다. SCS는 SCR과 비교하면 저전력 소자이다. SCS는 암페어보다는 밀리암페어의 전류를 다룬다.

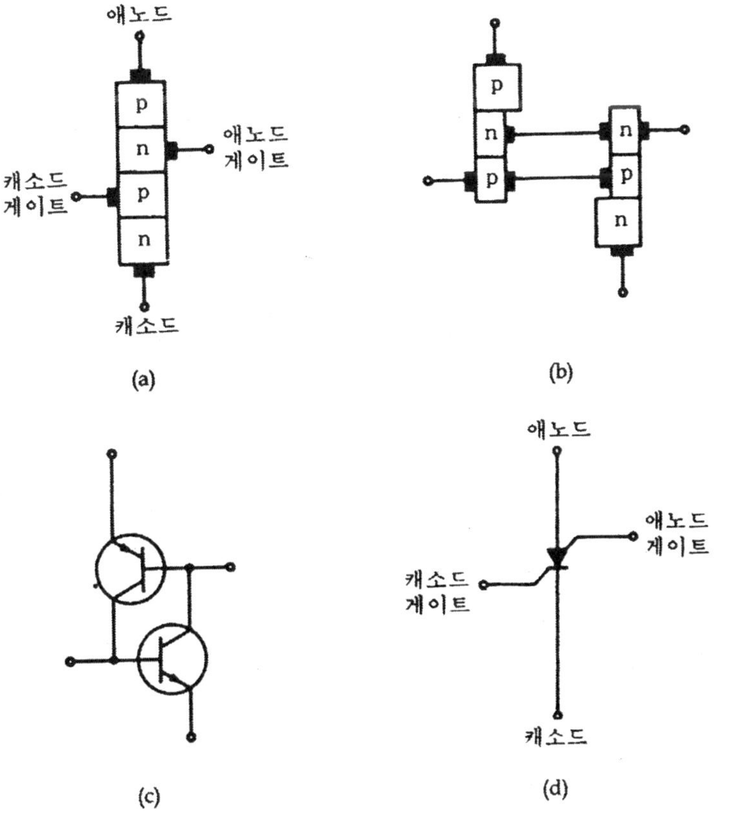


<그림 12-12> 실리콘 제어 스위치 (a) 구조 (b) 등가구조 (c) 등가회로 (d) 도면기호

## 12-5 쌍방향 다이리스터

지금까지는 한 방향으로만 흐르는 단일방향 소자만을 설명했었다. 이 절에서는 전류가 쌍방향으로 흐를 수 있는 쌍방향 다이리스터를 설명한다.

### 다이악(DIAC)

다이악은 쌍방향의 래치 전류를 갖는다. 다이악의 등가회로는 <그림 12-13>에 표시한 것처럼 4층 다이오드의 쌍이 병렬로 연결된 것이다. 이상적인 래치는 <그림 12-13(b)>와 같다. 다이악은 쌍방향에서 항복전압 이상으로 소자 양단의 전압이 증가할 때까지 도통되지 않는다.

예를 들어서 $V$가 <그림 12-13(a)>에 표시된 극성을 갖는다면 $V$가 항복전압 이상으로 되면 왼쪽 다이악이 도통된다. 이런 경우에는 <그림 12-13(c)>에 표시한 것처럼 왼쪽 래치는 단락된다.

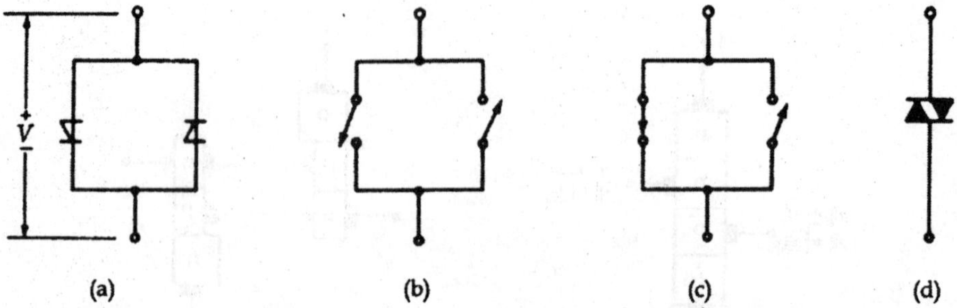


<그림 12-13> (a) 4층 다이오드가 병렬로 back to back으로 연결된 등가회로
(b) 등가회로 (c) 왼쪽 래치 단락 (d) 도면기호

그러나 *V*의 극성이 <그림 12-13(a)>에 표시된 것과 반대라면 *V*가 항복전압 이상이 될 때 오른쪽 래치가 단락된다. 다이악이 한번 도통하면 이것을 개방시키는 방법은 저전류 중단밖에 없다. 이것은 소자의 홀딩 전류 이하로 전류를 감소시켜야 한다는 것을 의미한다. <그림 12-13(d)>는 다이악의 도면 기호를 표시한다.

## 트라이악(TRIAC)

트라이악은 <그림 12-14(a)>에 표시된 것처럼 2개의 SCR이 병렬로 연결된 것처럼 동작하며, <그림 12-14(b)>와 같은 2개의 래치와 등가이다. 이런 이유 때문에 트라이악은 어떤 방향에서도 전류를 제어할 수 있다.

항복전압은 항상 크기 때문에 트라이악을 정상적으로 도통시키는 방법은 순방향 바이어스 트리거를 발생시키는 것이다. 데이터 시트에는 트라이악을 도통시키는 데 필요한 트리거 전류와 트리거 전압이 표시되어 있다.

만약 *V*가 <그림 12-14(a)>와 같이 표시된 극성을 갖는다면 +트리거를 가해질때 왼쪽의 래치가 단락되고 *V*가 반대의 극성을 가질 때는 −트리거가 필요하다. 이때는 오른쪽 래치가 단락된다. <그림 12-14(c)>는 트라이악의 도면기호를 표시한다.

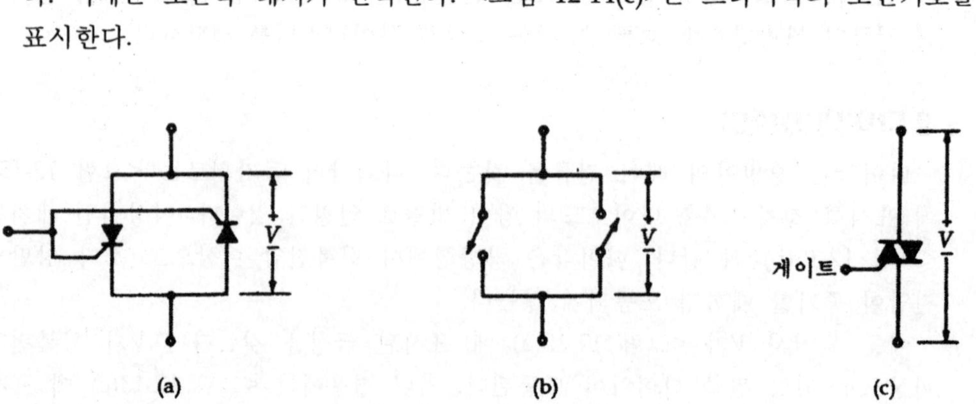


<그림 12-14> 트라이악 (a) SCR이 병렬로 연결된 등가회로 (b) 등가회로 (c) 도면기호

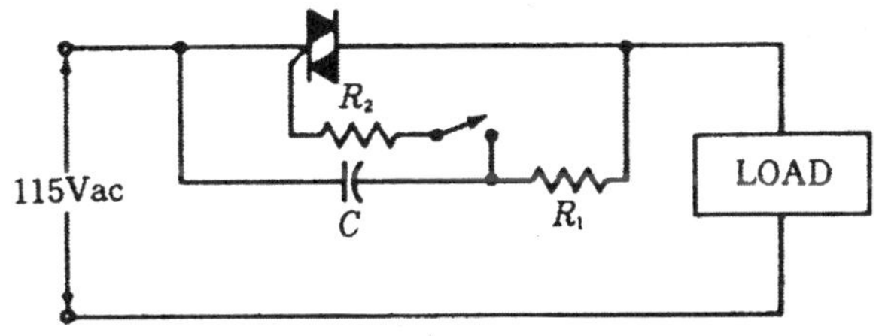


<그림 12-15> 고전력 스위치처럼 동작하는 저전력 스위치 제어 트라이악

<그림 12-15>는 트라이악이 사용된 회로를 표시하고 있다. 저전력 스위치가 개방되면 트라이악은 도통되지 못하고 부하에는 교류전력이 도달되지 않는다.

그러나 스위치가 단락되면 전류가 $R_2$를 통해서 흐르고 트라이악을 각 반주기 동안 도통시킨다. 저항 $R_1$과 콘덴서 $C$는 트라이악의 손상으로부터 스위칭 천이를 방지하는 RC 스너버처럼 동작한다.

## 12-6 단접합 트랜지스터(Uni-Junction Transistor)

UJT는 2층 도핑 영역과 3개의 외부단자를 갖는 소자로 <그림 12-16(a)>에 표시된 것과 같이 한 개의 이미터와 두 개의 베이스를 갖는다. 이미터는 많은 정공을 갖는 강하게 도핑된 영역이고 n영역은 가볍게 도핑되어 있다.

이런 이유 때문에 베이스 사이의 저항은 상대적으로 높아서 이미터가 개방되었을 때 5kΩ~10kΩ 정도이다. 이런 저항을 베이스 사이의 저항이라 하고 $R_{EE}$로 표시한다.

### 진성분리율

<그림 12-16(b)>는 UJT의 등가회로를 표시하고 있다. 이미터 다이오드는 두 개의 내부저항 $R_1$과 $R_2$의 접합을 구동한다. 이미터 다이오드가 off 상태일 때 $R_{BB}$는 $R_1$과 $R_2$의 합으로 구해지고 두 베이스 사이에<그림 12-16(c)>처럼 전압이 가해지면 $R_1$ 양단에 걸리는 전압은 식 (12-1)처럼 구해진다.

$$V_1 = \frac{R_1}{R_1 + R_2} V = \frac{R_1}{R_{BB}} V \tag{12-1}$$

혹은

$$V_1 = \eta V \tag{12-2}$$

이다. η의 크기는 진성 스탠드오프(standoff)율로서 전압분배 계수이다. 일반적인 η의 범위는 0.5에서부터 0.8까지이다.

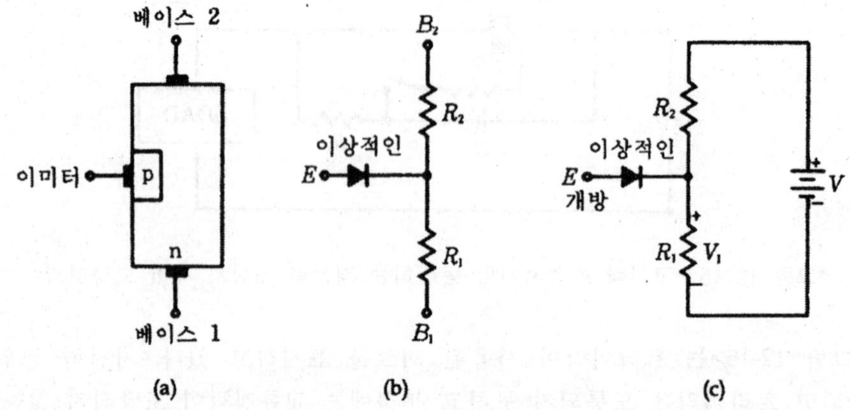


<그림 12-16> UJT (a) 구조 (b) 등가회로 (c) 스탠드오프 전압

예를 들면 2N2646은 0.65의 η를 갖는다. 만약 <그림 12-16(c)>에서 10V의 전압이 공급되고 UJT가 사용된다면, $V_1 = 6.5\text{V}$이다.

$$V_1 = \eta V = 0.65(10\text{V}) = 6.5\text{V}$$

<그림 12-16(c)>에서 모든 이미터 전압은 $V_1$보다 적어서 이미터 다이오드가 역바이어스를 유지하기 때문에 $V_1$은 진성 스탠드오프 전압이라 부른다. 만일 $V_1$이 6.5V라면 이상적으로 이미터 다이오드를 구동하기 위해서 이미터에 6.5V 이상을 가해주어야 한다.

## UJT의 동작

<그림 12-17(a)>는 이미터 공급전압이 0까지 강하된 것을 가상해서 그린 그림이다. 진성 스탠드오프 전압이 이미터 다이오드를 역바이어스시킨다. 이미터 공급전압 $v_E$가 $V_1$보다 약간 커질 때까지 증가하면 이미터 다이오드가 도통된다.

p영역이 n영역보다 강하게 도핑되어 있으므로 정공 UJT의 하단부로 주입된

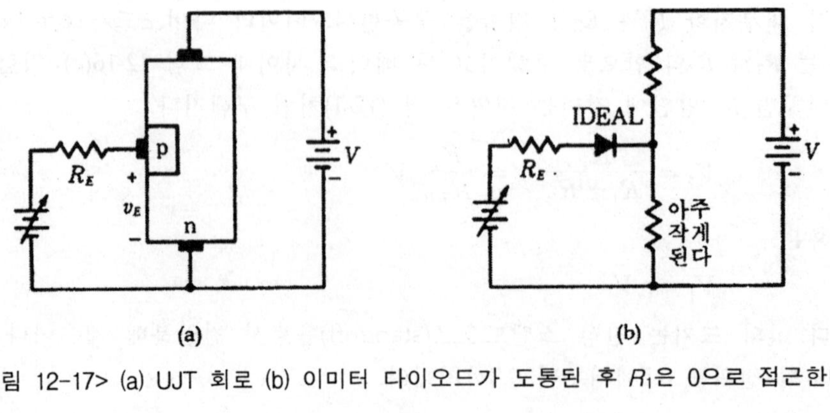


<그림 12-17> (a) UJT 회로 (b) 이미터 다이오드가 도통된 후 $R_1$은 0으로 접근한다.

다. 얇게 도핑된 n영역에 긴 수명을 갖는 정공이 주어진다. 이런 정공은 이미터와 아래쪽 베이스 사이에 전도통로를 만든다.

정공을 갖는 UJT의 하단부의 흐름은 극적으로 낮은 저항 $R_1$을 갖는다(<그림 12-17(b)> 참조). $R_1$이 갑자기 낮아지므로 $v_E$는 낮은 값으로 갑자기 떨어지고 이미터 전류가 증가한다.

## ▌래치 등가회로

<그림 12-18(a)>의 UJT가 어떻게 동작하는가를 이해하기 위해서는 <그림 12-18(b)>의 래치 관계를 알아보면 된다. $B_2$에서 $B_1$까지는 +전압을 갖고 스탠드오프 전압 $V_1$ 저항은 $R_1$ 양단에 나타난다.

이미터 입력전압이 스탠드오프 전압보다 낮으면 역바이어스된 $Q_2$의 이미터 다이오드가 off 상태를 유지한다. 이미터 입력전압이 스탠드오프 전압보다 약간이라도 크면 $Q_2$는 도통되고 재생이 발생된다. 이것이 양쪽 트랜지스터를 포화상태로 만들고 이미터와 아래쪽 베이스를 단락시킨다.

<그림 12-18(c)>는 UJF의 도면기호를 표시한 것이다. 이미터의 화살표는 래치에서의 위쪽 이미터를 나타낸다. 이미터 전압이 스탠드오프 전압을 넘어서면 이미터와 아래쪽 베이스 사이의 래치는 단락된다.

이상적으로 $E$와 $B_1$ 사이가 단락된 것을 형상화시킬 수 있다. 두번째의 근사법은 이미터 포화전압으로 불리는 낮은 전압으로 $E$와 $B_1$ 사이에 $V_{E(SAT)}$가 나타난다. 래치는 래치 전류(이미터 전류)가 홀딩 전류보다 크면 단락상태를 유지한다.

데이터 시트에는 홀딩 전류와 등가인 밸리(valley) 전류 $I_V$가 명기되어 있다. 예를 들어 2N2646은 6mA의 $I_V$를 가지면 래치가 단락상태를 유지한다. 따라서 이미터 전류는 당연히 6mA 이상이어야 한다.

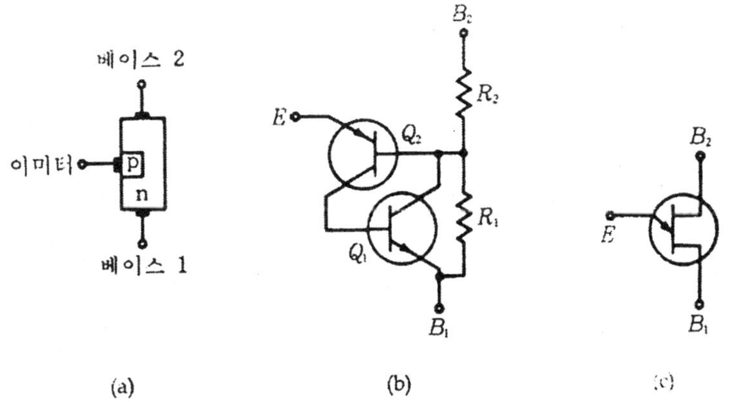


<그림 12-18> UJT의 구조 (a) 구조 (b) 래치 등가회로 (c) 도면기호

**예제 12-6** <그림 12-19>의 2N4871은 η가 0.85이다. 이상적인 이미터 전류는 얼마인가?

**• 풀이 •** 스탠드오프 전압은 8.5V이다.

$V_1 = 0.85(10V) = 8.5V$

이상적으로 $v_E$는 8.5V보다 커야만 이미터 다이오드가 도통되고 래치가 단락된다. 입력 스위치가 단락되면 20V가 400Ω 저항을 구동한다. 이것은 스탠드오프 전압을 극복하기에 충분히 큰 전압이다. 따라서 래치는 단락되고 이미터 전류는 50mA가 흐른다.

$$I_E = \frac{20V}{400\Omega} = 50mA$$

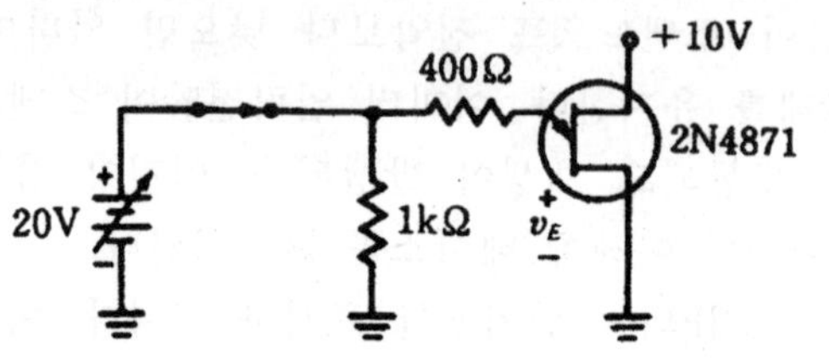


<그림 12-19>

**예제 12-7** 2N4871의 밸리(valley) 전류는 7mA이다. 이 점에서 이미터 전압이 1V일 때, <그림 12-19>에서 UJT를 개방시키는 이미터 공급전압은 얼마인가?

**• 풀이 •** 이미터 공급전압이 감소되면 이미터 전류가 감소한다. 7mA에서 $v_E$는 1V이므로 래치가 개방된다. 이때의 이미터 공급전압은 3.8V가 된다.

$V = 1V + (7mA)(400\Omega) = 3.8V$

$V$가 3.8보다 적으면 UJT는 개방된다. UJT를 단락시키기 위해서 $V$는 8.5V 이상으로 증가시킬 필요가 있다(η가 0.85이기 때문에).

## 12-7 다이리스터의 응용분야

다이리스터는 모터, 솔레노이드(solenoide), 히터와 같은 유도성 부하와 저항성 부하에 대한 교류전력을 제어하는 데 많이 사용된다. 릴레이와 같은 비교소자와 특성을 비교해보면 다이리스터는 낮은 가격과 높은 신뢰도를 갖는다.

이 절에서는 다이리스터가 어떻게 이상적으로 사용되고 어떤 응용분야에서 동작되는지를 알아보도록 하자.

## UJT 이상발진기

<그림 12-20(a)>는 UJT 이상발진기를 표시하고 있다. 동작은 (예제 12-4)의 이상발진기와 유사하다. 콘덴서는 $V_{CC}$까지 충전되나 충전된 전압이 스탠드오프 전압을 초과하면 UJT가 단락된다.

방전은 콘덴서가 저전류 중단이 발생될 때까지 계속되며, 이 순간에 UJT가 개방되고 다음 주기가 시작된다. 이런 결과 때문에 톱니파를 얻을 수 있다.

만약 각 베이스 회로에 적은 저항이 부가된다면 <그림 12-20(b)>에 표시된 톱니파, +트리거, −트리거와 같은 3가지 유용한 출력을 구할 수 있다. 톱니파의 플라이백(flyback) 동안에 UJT가 강하게 도통되기 때문에 트리거가 나타난다. <그림 12-20(b)>의 값을 갖는 주파수는 50Hz에서 1kHz 사이에서 조정된다.

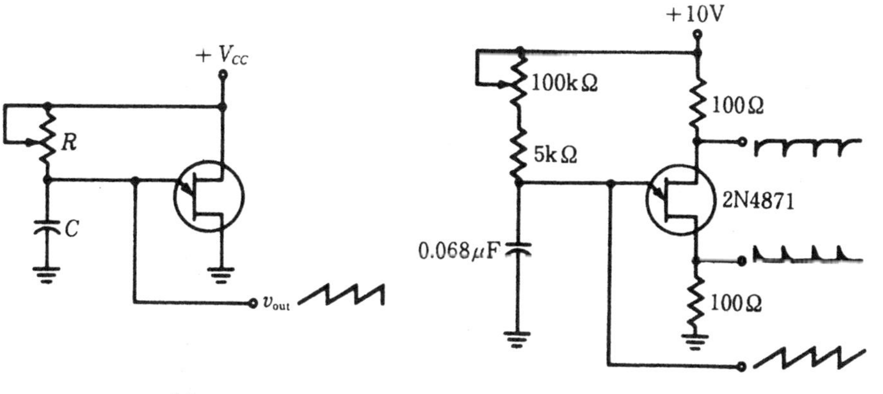


<그림 12-20> UJT 회로 (a) 톱니파 발생기 (b) 톱니파와 트리거 출력

## 자동차 점화장치

UJT 이상발진기 출력의 날카로운 트리거 펄스는 SCR의 트리거에 사용된다. 예를 들어서 <그림 12-21>은 자동차 점화장치 시스템을 표시한 것이다. 배전기 접점이 개방되어 있고, 콘덴서는 지수함수적으로 +12V까지 충전된다.

콘덴서 전압이 진성 스탠드오프 전압을 초과하게 되면 UJT는 1차 권선을 통해서 강하게 도통된다. 2차측 진압이 SCR을 트리거한다. SCR 래치가 단락되면 출력 콘덴서의 positive end는 갑자기 접지된다.

출력 콘덴서가 점화 코일을 통해서 방전하면 높은 전압의 펄스가 스파크 플러그를 구동한다. 접점이 단락되면 회로는 자신이 다음 주기를 준비하도록 리셋시킨다.

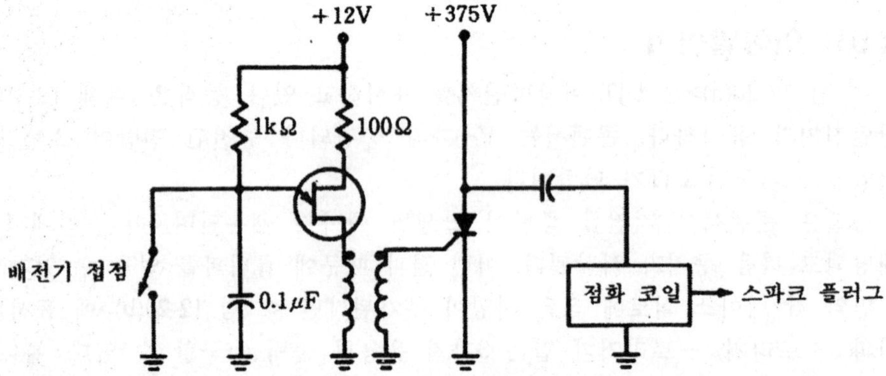


<그림 12-21> 자동차 점화장치에서 스파크를 발생시키기 위한 UJT의 SCR 트리거

## ▮광결합 제어

<그림 12-22>는 광결합 제어의 한 예를 표시한 것이다. 입력 펄스가 LED($D_4$)를 도통시키면 자신의 빛이 포토(photo) SCR($D_3$)을 활성화시킨다. 이번에는 이것이 메인 SCR($D_2$)의 트리거 전압을 발생시킨다.

이런 방법으로 선전압의 +반주기의 분리된 제어를 얻을 수 있다. 일반적인 다이오드 $D_1$은 유도성 kickback과 역의 반주기 동안 발생할 수도 있는 천이로부터 SCR을 보호하기 위해서 필요하다.

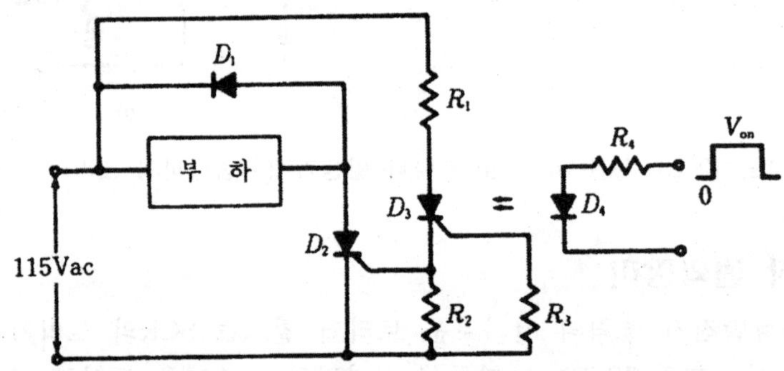


<그림 12-22> SCR을 제어하는 광결합기

## ▮다이악 트리거 SCR

<그림 12-23>에서 브리지 정류기에서 나온 전파출력이 다이악과 RC 충전회로에 의해서 제어되는 SCR을 구동한다. $R_1$을 조정함으로 해서 시정수를 변화시킬 수 있고 다이악이 점화되는 점을 제어할 수 있다.

이것은 램프와 히터, 기타 부하에 대해서 수백 W의 전력을 쉽게 제어할 수 있고 다이악 대신에 4층 다이오드를 사용할 수도 있다.

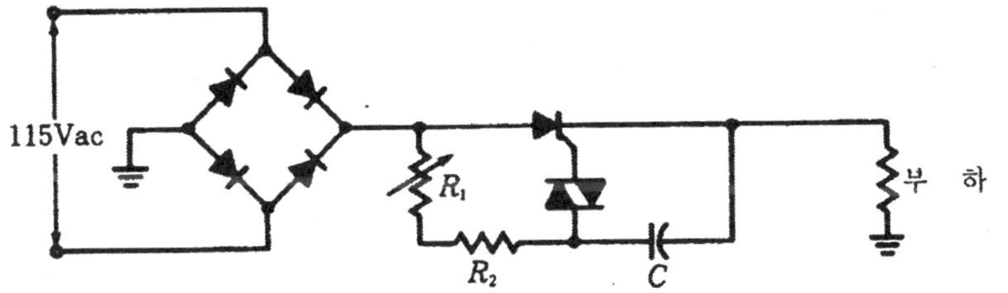


<그림 12-23> SCR의 전도각 제어

## ▮ UJT 트리거 SCR

<그림 12-24>는 SCR을 제어하는 또다른 방법을 표시한 것으로 UJT 이상발진기가 사용된다. 부하는 모터, 램프, 히터 등 기타 소자일 수 있다. $R_1$을 변화시킴으로 해서 RC 시정수와 UJT에서의 점화 순간을 변화시킬 수 있다.

SCR의 도통각을 제어할 수 있는데, 이것은 부하전류의 제어를 의미한다. 회로는 SCR이 negative 반주기 동안만 도통하기 때문에 반파제어를 표시한다.

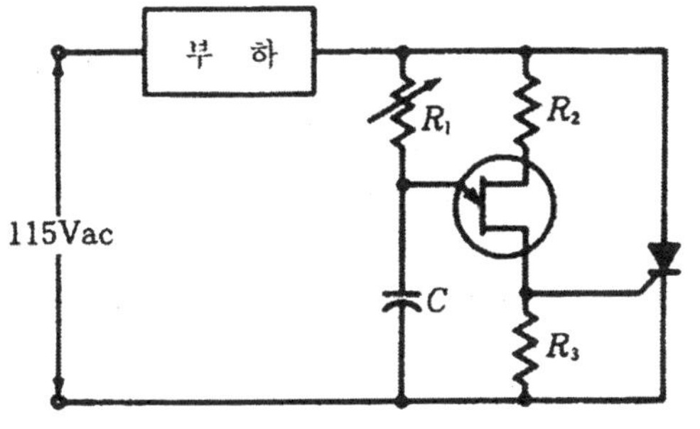


<그림 12-24> SCR의 도통각을 제어하는 UJT 이상발진기

## ▮ 전파제어

<그림 12-25>의 다이악은 선전압의 어느 반파주기이든간에 다이악을 트리거시킬 수 있다. 가변저항 $R_1$은 다이악 제어회로는 RC 시정수를 제어할 수 있다.

다이악이 점화될 때 주기 내의 점을 변화시키므로 다이악의 상태각을 조절할 수 있다. 이런 방법으로 큰 부하전류를 변화시킬 수 있다.

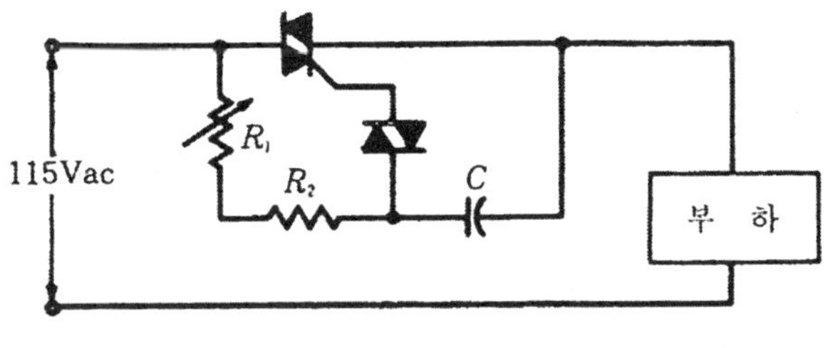


<그림 12-25> 트라이악의 전도각 제어

## 기초문제

**1.** 다음의 다이리스터 중 어느 것이 항상 직류전력을 제어하기 위해서 사용되는가?
(a) TRIAC (b) SCR (c) UJT (d) DIAC (e) SCR과 UJT

**2.** 다음의 다이리스터 중 쌍방향성 소자는 어느 것인가?
(a) TRIAC (b) SCR (c) UJT (d) ENIAC

**3.** SCR의 게이트 전류가 ( )하면 순방향 breakover 전압은 ( )한다.
(a) 증가, 감소 (b) 증가, 증가 (c) 감소, 증가 (d) 감소, 감소

**4.** 다음의 다이리스터 중 대칭성 스위칭 특성을 갖는 것은 어느 것인가?
(a) TRIAC (b) SCR (c) UJT (d) DIAC (e) SCR과 UJT

**5.** 빛이 인가될 때 전압을 발생시키는 감광소자는 다음 중 어느 것인가?
(a) 광도전 셀 (b) 포토 다이오드 (c) 광전지 (d) 포토 트랜지스터

**6.** 다음 중 단색광원은 무엇인가?
(a) LED (b) 전구 (c) IRD (d) LCD (e) (b)와 (c)

**7.** 다음 소자 중 어느 것이 동전이 슬롯에 삽입될 때 검출하기 가장 적합한가?
(a) 피에조 저항성 센서 (b) 홀효과 센서 (c) PTC 더미스터
(d) 인터럽터 광분리기 (e) (a)와 (c)

**8.** LED 표시기를 능가하는 액정 표시기의 장점은 무엇인가?
(a) 저전력 소비 (b) 판독 용이
(c) 이동용 응용에 이상적이다.
(d) (a)와 (c) (e) (a)와 (b)

**9.** 전류제한기로 직렬 연결되어 사용되는 소자는 무엇인가?
(a) 홀효과 센서 (b) 피에조 저항성 센서
(c) PTC 더미스터 (d) NTC 더미스터

**10.** 다이리스터 중 3단자 다이리스터가 아닌 것은 어느 것인가?
(a) SCR (b) GTO (c) LASCR (d) SCS

**11.** 2방향성 3단자 다이리스터의 대표적인 것은 어느 것인가?
(a) SCR (b) SSS (c) SCS (d) TRIAC

**12.** 다이리스터에서의 래칭 전류에 관한 설명으로 옳은 것은 어느 것인가?
(a) 게이트를 개방한 상태에서 다이리스터 도통상태를 유지하기 위한 최소의 순전류이다.
(b) 게이트 전압을 인가한 후 급히 제거한 상태에서 도통상태가 유지되는 최소의 순전류이다.
(c) 다이리스터의 게이트를 개방한 상태에서 전압이 상승하면 급격하게 증가되는 순전류이다.
(d) 다이리스터가 턴on되기 시작하는 순전류이다.

**13.** SCR을 구동시키기 위한 보통의 게이트 펄스는 몇 mA가 가장 적당한가?
(a) 10mA (b) 20mA (c) 50mA (d) 80mA

**14.** SCR의 애노드 전류가 20A로 흐르고 있을 때 게이트 전류를 절반으로 줄이면 애노드 전류의 크기는 어떻게 되는가?
(a) 10A (b) 20A (c) 50A (d) 80A

**15.** SCR의 특징이 아닌 것은 어느 것인가?
(a) 아크가 발생되지 않기 때문에 열의 발생이 적다.
(b) 과전압에 약하다.
(c) 게이트에 신호를 인가할 때부터 도통할 때까지의 시간이 짧다.
(d) 전류가 흐르고 있을 때 양극의 전압강하가 크다.

**16.** SCR과 관계가 있는 것은 어느 것인가?
(a) 유지전류 이상이 되면 순방향 저지상태가 된다.
(b) 래칭 전류는 항상 유지전류보다 작다.
(c) 브레이크 오버 전압이 되면 애노드 전류가 갑자기 커진다.
(d) 항복전압 이상이 되면 역방향으로 턴on 하게 된다.

**17.** 다이오드를 사용한 정류회로에서 과도한 부하전류로 인해서 다이오드가 파손될 우려가 있을 때의 조치로 가장 적당한 것은 무엇인가?
(a) 다이오드를 병렬로 추가한다. (b) 다이오드를 직렬로 추가한다.
(c) 다이오드 양단에 적당한 크기의 저항을 추가한다.
(d) 다이오드 양단에 적당한 크기의 콘덴서를 추가한다.

**18.** <그림 12-26>에서 SCR의 기호로 옳은 것은 어느 것인가?

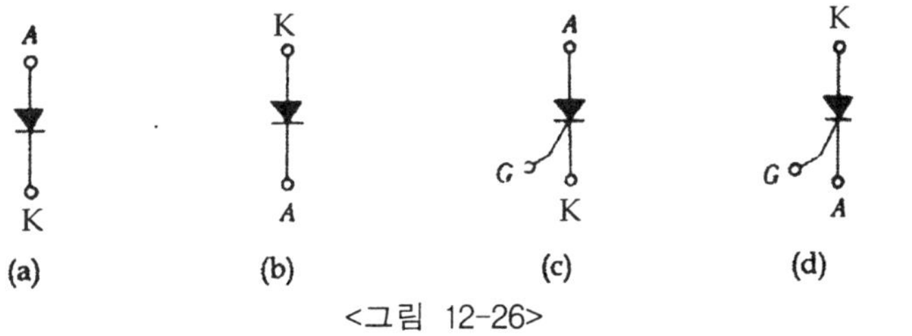


<그림 12-26>

**19.** <그림 12-27>에서 SBS(silicon bilateral switch) 트리거 소자와 관계가 없는 것은 어느 것인가?

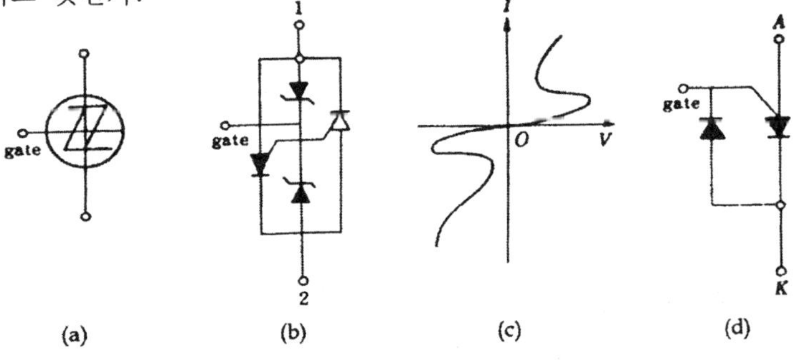


<그림 12-27>

**20.** <그림 12-28>에서 PUT(Programmable unijuction transistor) 소자와 관계가 없는 것은 어느 것인가?

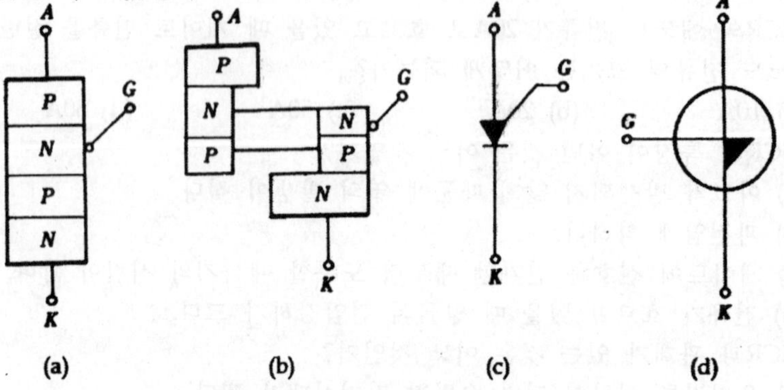


<그림 12-28>

**21.** <그림 12-29>에서 TRIAC의 기호는 어느 것인가?

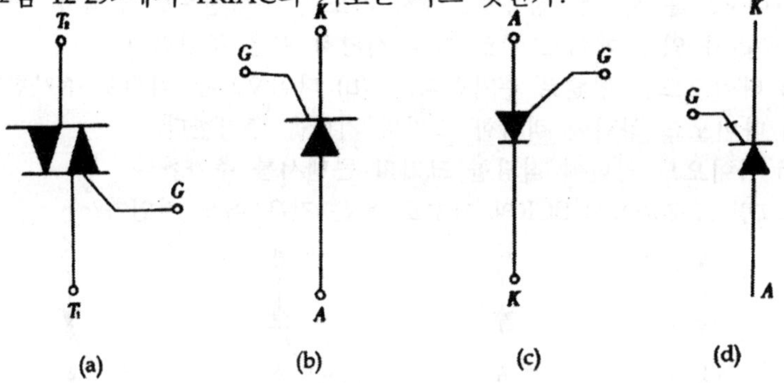


<그림 12-29>

{해답} **1.** (e) **2.** (a) **3.** (c) **4.** (d) **5.** (c) **6.** (c) **7.** (a) **8.** (d) **9.** (c) **10.** (d) **11.** (d) **12.** (d) **13.** (d) **14.** (b) **15.** (d) **16.** (c) **17.** (a) **18.** (c) **19.** (d) **20.** (d) **21.** (a)

## 응용문제

**1.** 이상적인 래치를 설명하시오.
**2.** 4층 다이오드에 대해서 설명하시오.
**3.** SCR의 특성에 대해서 설명하시오.

4. 포토 SCR에 대해서 설명하시오.
5. 게이트 제어 스위치에 대해서 설명하시오.
6. 다이악의 특성을 설명하시오.
7. UJT의 특성과 응용분야에 대해서 설명하시오.
8. LASCR을 설명하시오.

## 연습문제

1. <그림 12-30(a)>의 1N5160이 도통되고 있다. 만약 중단(dropout)점에서 다이오드 양단에 0.7V가 걸린다고 가정하면 저전력 중단(dropout)이 발생하는 $V$값은 얼마인가?

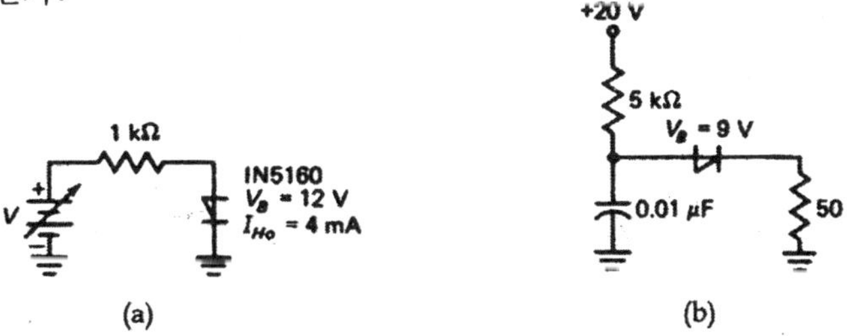


<그림 12-30>

2. <그림 12-30(b)>의 50Ω 저항을 통해서 흐르는 전류는 다이오드가 래치된 직후에 최대값을 갖는다. 만약 래치된 다이오드 양단에 1V가 걸린다면 최대 전류는 얼마인가?
3. <그림 12-31>의 4층 다이오드가 10V의 항복전압을 갖는다. SCR의 트리거 전류는 1mA이고 트리거 전압은 0.8V이다. 만약 4층 다이오드가 약 0.7V의 순방향 전압강하를 갖는다면 다이오드가 항복하기 직전의 전류는 얼마인가? SCR이 도통한 후의 500Ω 저항을 통해서 흐르는 전류는 얼마인가?

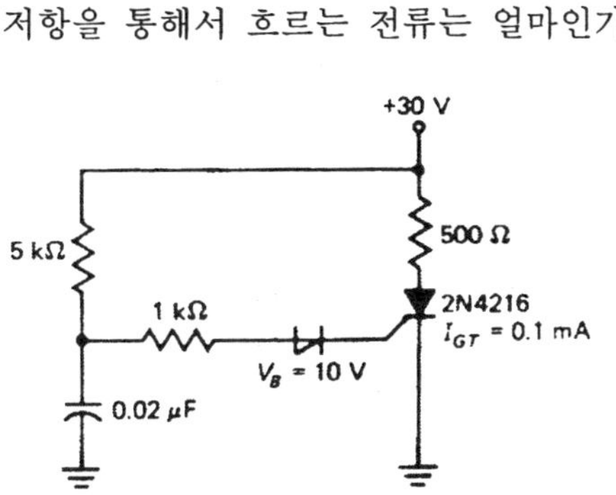


<그림 12-31>

4. <그림 12-32>의 구형파 주파수는 10kHz이다. 콘덴서가 다이악의 항복전압에 도달되는 시정수가 정확하다. 만약 MPT 32의 항복전압이 32V라면 다이악이 항복되는 순간 이상적인 게이트 전류는 얼마인가?

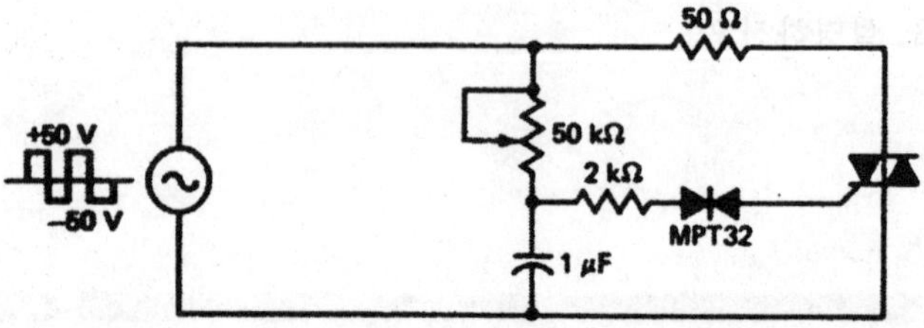


<그림 12-32>

5. <그림 12-33>의 UJT의 밸리 전류가 2mA이다. 만약 UJT가 래치되었다면 저전류 중단을 구하기 위해서 $V$를 감소시킬 수 있다. 이미터 다이오드 양단에 0.7V가 허용된다면 UJT가 개방되는 순간의 $V$는 얼마인가?

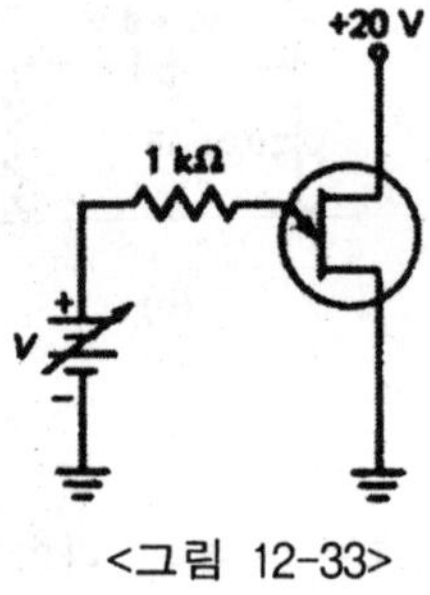


<그림 12-33>

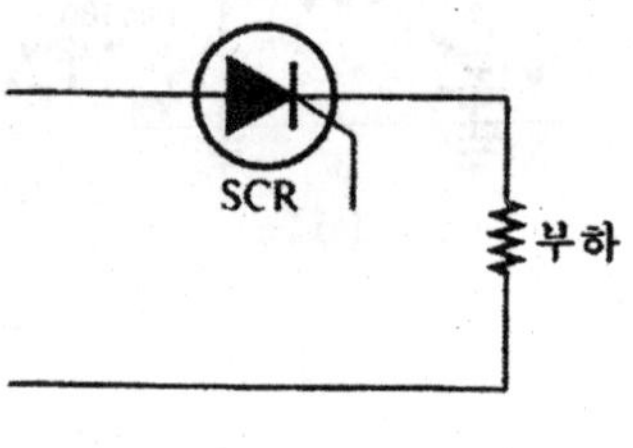


<그림 12-34>

6. <그림 12-34>에서 동작지연각이 30°와 40°일 때 어느 것이 평균 부하전류가 큰가?

7. SCR의 전도각이 90°일 때보다 평균 부하전류를 배로 증가시킬 경우 필요한 전도각은 얼마인가? 단, 공급전원은 정현파이다.

8. <그림 12-35>에 표시된 회로에서 SCR을 동작시키려면 X점의 전압을 얼마로 하면 되는가? 2N3669를 동작시키는 데 필요한 게이트 전류는 정상상태에서는 20mA이다.

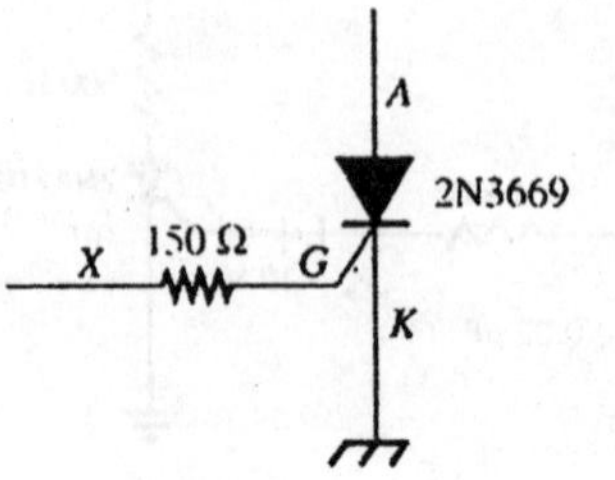


<그림 12-35> 게이트 단자에 150Ω의 저항이 연결된 SCR

**9.** <그림 12-36>에 표시된 회로에서 다이악의 브레이크 오버 전압이 32V이고 동작지연각이 75°가 되도록 저항과 콘덴서 값이 결정되어 있다. 만약 32V 다이악을 28V 다이악으로 대체한다면 동작지연각은 어떻게 되겠는가?

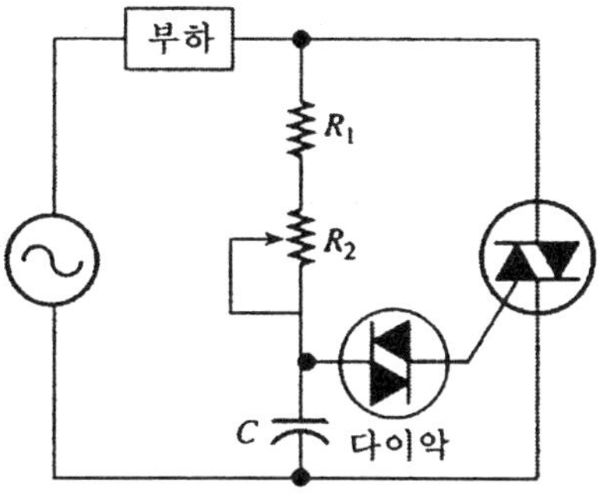


<그림 12-36>

**{해답}** **1.** $V = V_B + I_{HO}R = 0.7\text{V} + 4\times10^{-3}\text{A}\times10^3\Omega = 4.7\text{V}$

**2.** $I_{\max} = \dfrac{V_B - V_{BE}}{R} = \dfrac{9\text{V} - 1\text{V}}{50\Omega} = 0.16\text{A}$

**3.** $I_{\max} = \dfrac{V_B - V_{BE}}{R} = \dfrac{10\text{V} - 0.7\text{V}}{1000\Omega} = 9.3\text{mA}$, 500Ω 저항에 흐르는 전류는 60mA이다.

**4.** $I_g = \dfrac{V_B}{R} = 16\text{mA}$, $I_L = \dfrac{V}{R_L} = 1\text{A}$ **5.** $V = V + I_1R_E = 2.7\text{V}$

**6.** 동작지연각이 작을수록 SCR의 on 상태 시간이 크기 때문에 평균 부하전류가 큰 것은 30°일 때이다.

**7.** 정현파의 각이 180°이기 때문에 이 경우에는 180°의 1/2인 90°이므로 전도각을 2배로 하면 부하전류도 2배가 된다. 그렇지만 일반적인 경우에는 전도각을 2배로 증가시킨다고 해서 평균전류도 2배가 되는 것은 아니다.

**8.** X점과 캐소드 사이의 전압은 $G$와 $K$ 사이의 순방향 전압과 150Ω 저항에서의 전압강하를 고려해야 한다. 순방향 전압은 약 0.7V이고 $V_{XG} = 20\text{mA}\times150\Omega = 3\text{V}$이므로 전체 전압은 3.7V이다.

**9.** 32V 다이악을 28V 다이악으로 대체시키면 트라이악을 동작시키기 위해서는 콘덴서에 걸리는 전압은 32V 대신 28V가 되기만 하면 된다. 따라서 충전시간이 짧아지기 때문에 브레이크 오버 전압에 빨리 도달하게 되므로 동작지연각이 감소된다.

# 제13장
# 조정된 전력공급

1963년 페어차일드(Fairchild) 반도체사에서 최초의 상업용 IC 연산증폭기인 μA702를 개발했다. 연산증폭기의 능력을 다양한 응용 분야에 적용시키는 것이 실현되었다. National반도체가 이어서 1965년에 LM101 연산증폭기를 소개했다.

1967년 페어차일드사는 다시 한번 오늘날까지도 가장 널리 사용되는 유명한 연산증폭기인 μA741을 개발함으로써 역사를 다시 쓰게 되었다. 이때부터 기술적인 개선이 연산증폭기를 개량시켰고 몇 개의 연산증폭기가 다른 회로와 내부적으로 포함되는 다양한 형태의 집적회로를 개발하게 되었다.

이런 IC 속에는 전압 레귤레이터(voltage regulators), 타이머(timer), 함수발생기(function generator), PLL(Phase-Locked Loops), A/D(Analog/Digital) 컨버터, D/A 컨버터, 샘플 홀드 증폭기(sample hold amplifier) 외에도 다양한 형태의 특수형 IC가 포함된다.

연산증폭기가 사용되는 이런 IC는 정확하게는 선형 집적회로라고 부르는데 그 이유는 그들이 선형 신호증폭을 제공하기 때문이다. 이에 비해 디지털 집적회로는 펄스 신호 프로세싱에서만 사용된다.

여러분들이 전자공학을 계속적으로 연구한다면 이런 회로들이 어떻게 다양한 회로응용에 사용될 수 있는지를 확인하게 될 것이다. 앞장에서 이미 가장 널리 사용되는 선형 IC인 연산증폭기에 대해서 알아본 바 있다.

그리고 연산증폭기가 비교기, 반전증폭기, 비반전증폭기, 신호 프로세서, 신호발생기, 능동필터에 어떻게 응용되는지를 설명했다. 이 장에서는 가장 널리 사용되는 IC의 형태인 전압 레귤레이터 IC, 함수발생기 IC(function generator IC), PLL IC의 응용과 동작에 대해서 고찰함으로써 선형회로의 적용범위를 계속 알아보도록 하자.

연산증폭기 IC를 사용하면 이런 선형 IC의 입출력 관계와 응용에 대해서 집중적으로 알아보도록 하자. 만약 선형 IC의 내부회로나 외부회로의 오동작을 분리시키기를 원한다면 이런 동작 특성은 중요하다. 여하튼 선형 IC의 내부적인 고장은 수리가 불가능하기 때문에 소자의 내부구조에 대한 상세한 설명은 피하도록 하자.

## 13-1 전압 레귤레이터 회로

이미 앞에서 직류전원 공급장치 회로의 동작에 대해서 고찰한 바 있다. 오늘날 대부분의 직류전원 공급장치 회로는 <그림 13-1>에 표시된 것처럼 선형 집적회로 전압 레귤레이터(voltage regulators)를 사용해서 만들어진다.

이런 IC 레귤레이터에는 약 50개의 개별소자 혹은 이산소자들이 한 개의 실리콘 반도체 칩 속에 집적되어 있고, 3핀 패키지 속에 포장된다. <그림 13-1>에는 IC 전압 레귤레이터 내부회로의 기본적인 블록 다이어그램이 표시되어 있다.

조정기의 단락회로 보호와 열차단 내부회로는 부하전류가 정격전류를 초과하면(방열판이 너무 적거나, IC 전압 레귤레이터가 소비할 수 있는 것보다 빠르게 열을 발생시키면) turn off시킴으로써 IC조정기를 보호하게 된다.

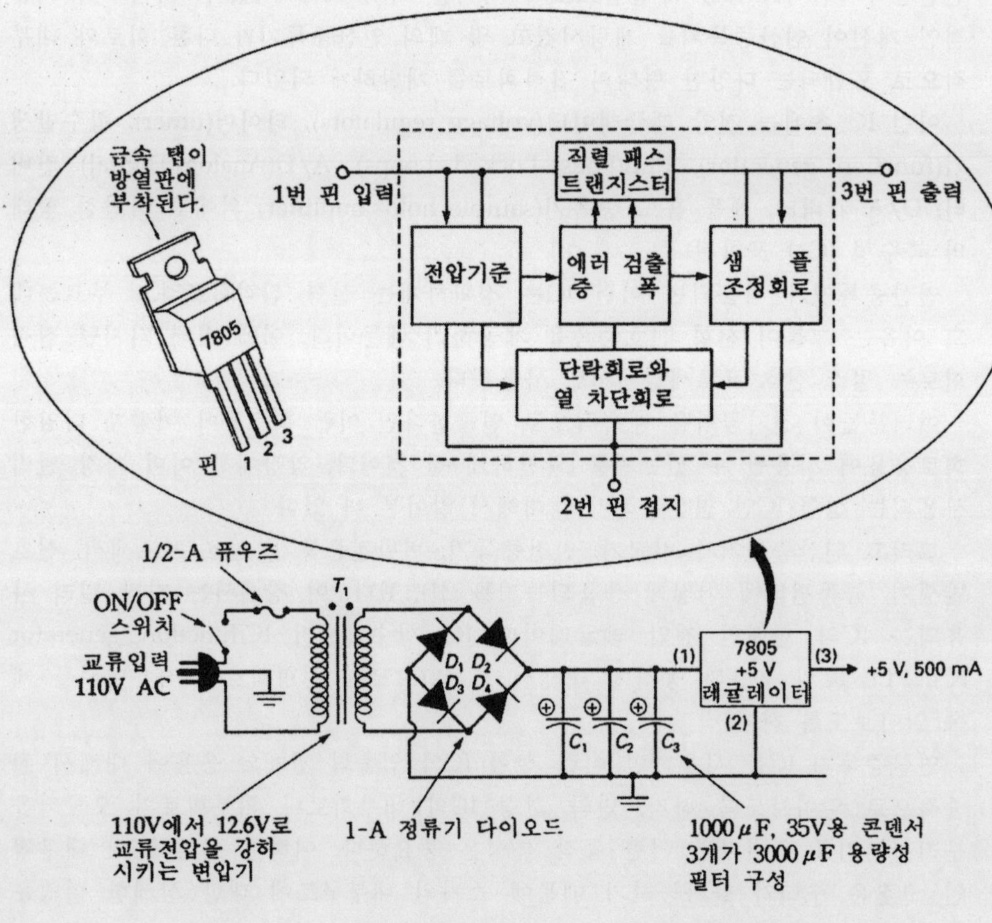


<그림 13-1> 직류 전원장치 회로 내에 사용되는 집적회로

전압 레귤레이터가 연산증폭기와 다른 이산소자를 사용해서 구성될 수 있기 때문에 완전한 IC 전압 레귤레이터는 비교적 저렴하고, 적고, 더욱 효과적으로 된다. 선형전압 레귤레이터 IC는 다음과 같은 3가지의 기본 그룹으로 분류할 수 있다.

- ▸고정 출력전압 레귤레이터
- ▸가변 출력전압 레귤레이터
- ▸스위칭 전압 레귤레이터

이제 3가지 형태의 전압 레귤레이터에 대해서 알아보도록 하자.

## ▮고정 출력전압 레귤레이터

이름이 의미하는 것처럼 고정 출력전압 레귤레이터는 변화하지 않는 조정된 출력전압을 발생시킨다. 이런 고정된 출력전압 레귤레이터는 positive 전압과 negative 전압을 발생시키는 두 가지의 기본적인 그룹으로 분류된다.

이런 레귤레이터들은 입력전압이 레귤레이터의 정격 출력전압보다 큰 것처럼 일정한 크기의 조정된 출력전압을 공급하게 된다. 만약 적절하게 열이 방열된다면 레귤레이터는 1.5A 크기의 최대 출력전류를 전달할 수 있다.

IC 조정기의 3단자에는 입력, 출력, 접지가 표시된다. 패키지는 일반적으로 78XX 혹은 79XX로 인식 코드를 표시하게 되는데 78XX 시리즈의 레귤레이터는 positive 출력전압을 공급하고 뒤의 두 디지트는 출력전압의 크기를 나타낸다(예를 들면 7805는 +5V를 의미한다).

이와는 반대로 79XX 시리즈는 negative 출력전압을 공급하기 위해서 사용된다. 마지막 두 디지트는 역시 출력전압의 크기를 표시한다(예를 들면 7912는 −12V를 의미한다).

## ▮가변 출력전압 레귤레이터

이름이 의미하는 것처럼 가변 출력전압 레귤레이터는 조정이 가능한 조정된 출력전압을 발생시킨다. 고정 출력전압 레귤레이터처럼 positive 가변 출력전압 레귤레이터와 negative 가변 출력전압 레귤레이터로 분류된다.

<그림 13-2>는 가장 널리 사용되는 positive 가변 출력전압 레귤레이터인 LM317을 표시하고 있다. <그림 13-2>에는 회로에 정상적으로 연결되는 LM317의 3단자인 $V_{in}$, $V_{out}$, ADJ가 표시되어 있다.

저항 $R_1$과 $R_2$는 출력양단에 걸리는 전압분배기를 구성한다. 이때 $R_2$는 뢰스테트처럼 연결된다. LM317의 출력전압은 $R_2$의 저항 변화에 의해서 조정된다. 따라서 전압이 레귤레이터의 ADJ 입력에 인가된다.

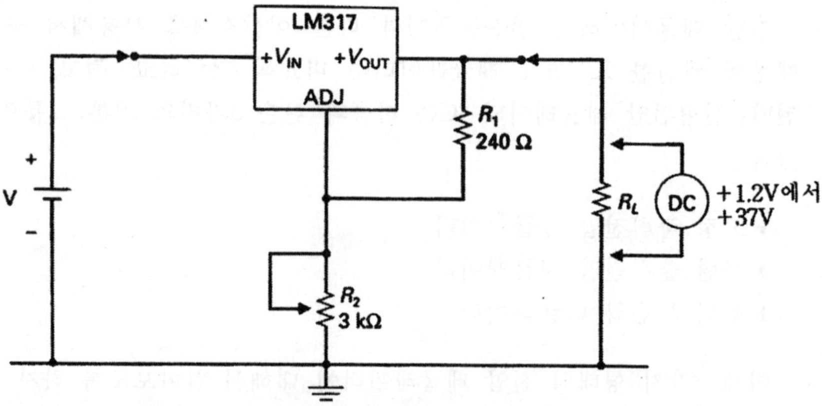


<그림 13-2> positive 가변전압 레귤레이터

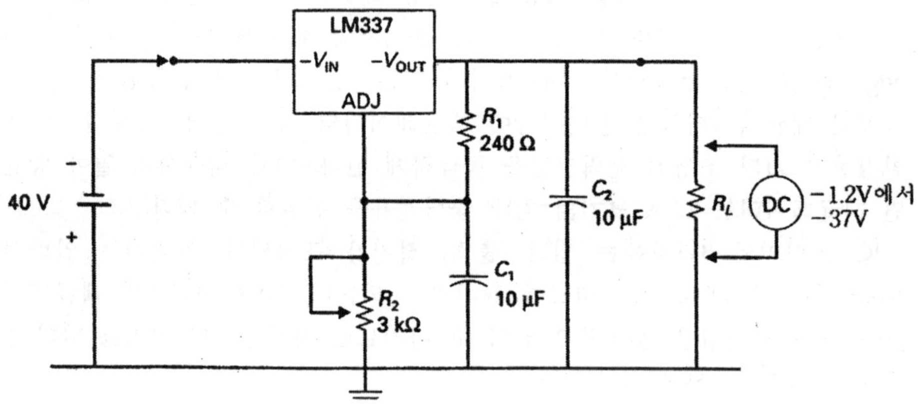


<그림 13-3> negative 가변전압 레귤레이터

<그림 13-3>은 LM317과 반대극성의 전압을 제공하는 가장 널리 사용되는 negative 가변전압 레귤레이터인 LM337 시리즈가 표시되어 있다. 이런 레귤레이터는 LM317 소자처럼 동일한 전압과 전류 옵션을 갖는다.

## ▮ 스위칭 전압 레귤레이터

고정 출력전압 레귤레이터와 가변 출력전압 레귤레이터는 입력전압과 부하 사이에 직렬로 연결된 내부 트랜지스터의 저항을 제어하기 때문에 직렬 소비 레귤레이터(series dissipative regulators)라고 부른다.

이런 레귤레이터의 종류는 직렬로 연결된 내부 트랜지스터의 저항이 일정하게 변화되기 때문에 열로 소비되는 입력전압이나 부하전류가 변하게 되므로 일정한 출력전압을 유지하게 된다. 직렬 소비 레귤레이터는 일반적으로 약 60%에서 70%의 낮은 변환효율을 갖는다. 그리고 오직 낮은(low) 혹은 중간(medium)

크기의 부하전류 응용분야에만 사용된다.

이와 반대로 직렬 스위칭 레귤레이터(switching regulator)는 약 90%의 높은 효율을 갖는다. 이런 형태의 레귤레이터 동작을 설명하기 위해서는 <그림 13-4(a)>에 표시된 것과 같은 간단한 회로를 참조해야 한다.

효율을 증가시키기 위해서 직렬로 연결된 패스 트랜지스터(pass transistor) $Q_1$은 가변저항이라기보다는 스위치처럼 동작한다. 이것은 트랜지스터 $Q_1$이 on, off로 스위칭 된다는 것을 의미한다.

따라서 자신의 이미터를 통해서 컬렉터로 +12V의 입력을 스위칭시키거나 이미터를 통해서 통과되는 +12V를 차단시키게 된다. $Q_1$의 이미터에서 이런 +12V의 펄스는 콘덴서 $C_1$을 평균전압(이 예제에서는 +5V)으로 충전시킨다. 그리고 이런 전압이 부하저항 $R_L$에 인가된다.

이것을 좀더 상세하게 설명하자면 트랜지스터 $Q_1$이 스위칭 레귤레이터 IC로부터의 high 베이스 전압에 의해서 턴on되면 트랜지스터 $Q_1$의 이미터를 통해서 스위칭되는 $Q_1$의 컬렉터에서 조정 안 된 +12V는 베이스 다이오드 $D_1$을 역방향으로 바이어스시키고 직렬로 연결된 인덕터 $L_1$과 병렬로 연결된 콘덴서 $C_1$에 인가된다.

직렬로 연결된 $L_1$은 전류에서 on/off 변화를 방해하고 비교적 일정한 전류가 전압에서의 on/off 변화를 방해하는 $C_1$과 병렬 연결된 부하로 통과시키기 때문에 출력이 비교적 일정한 전압인 +5V로 고정되는 저역통과 필터로 동작한다.

$Q_1$이 스위칭 레귤레이터(조정기) IC의 low 베이스 전압에 의해서 턴off될 때 비조정된 +12V의 입력이 LC필터로부터 차단된다. 코일의 자기장은 소멸되고, 콘덴서 $C_1$에 의해서 충전되어 있던 +5V의 전하는 부하 양단에 걸려 있기 때문에 부하를 통해서 전류가 발생된다.

따라서 코일 $L_1$은 트랜지스터 $Q_1$의 on/off에 의해서 기인하는 출력전류 변화를 매끄럽게 하는 반면 콘덴서는 출력전압의 변화를 매끄럽게 한다.

다음으로 가장 중요한 것은 이런 회로가 어떻게 레귤레이터 기능을 갖고, 출력 전압을 일정하게 유지하는가 하는 질문이다. 그 해답은 스위칭 레귤레이터 IC에 의해서 제어되는 폐루프를 통한 감지(sence)와 조정(adjust) 시스템이다.

<그림 13-4(a)>에 표시된 것처럼 +5V의 출력으로부터 취해지는 감지입력을 내부의 고정 기준전압과 비교에 의해서 동작한다.

<그림 13-4(b)>에 표시된 파형을 참조하면 출력전압이 +5V 아래로 떨어질 때(time $t_1$에서 $t_2$) 스위칭 레귤레이터는 트랜지스터 $Q_1$의 베이스에 인가되는 positive 출력 펄스의 폭을 증가시킴으로써 응답한다.

이런 트랜지스터 $Q_1$의 on 타임 증가는 평균 출력전압을 상승시키고 출력을 +5V로 백업(back up)시키도록 배양시킨다.

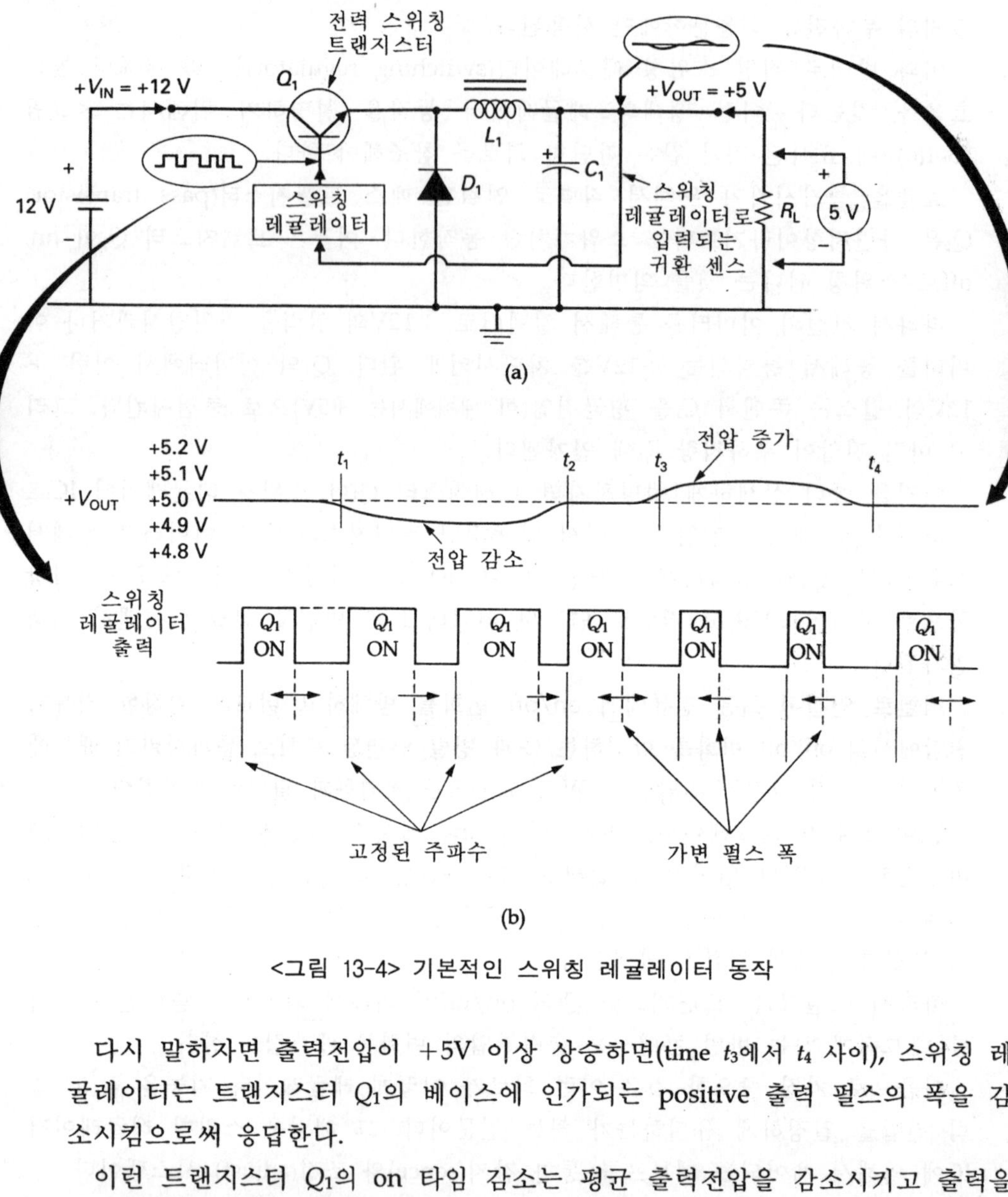


<그림 13-4> 기본적인 스위칭 레귤레이터 동작

다시 말하자면 출력전압이 +5V 이상 상승하면(time $t_3$에서 $t_4$ 사이), 스위칭 레귤레이터는 트랜지스터 $Q_1$의 베이스에 인가되는 positive 출력 펄스의 폭을 감소시킴으로써 응답한다.

이런 트랜지스터 $Q_1$의 on 타임 감소는 평균 출력전압을 감소시키고 출력을 +5V로 백 다운(back down)시키도록 배양시킨다. 이런 결과는 입력과 부하에서 변화가 발생한다고 해도 출력전압을 +5V로 고정시키게 된다. 따라서 스위칭 레귤레이터는 직류 입력전압을 효율적으로 조정된 직류 출력전압으로 제공하는 전압 레귤레이터로 약 20kHz 비율로 on/off 스위칭을 갖는다.

스위칭 전원 공급장치는 스위칭 레귤레이터를 사용하는데 크기가 작고 아주 효율적이다. 이런 소자의 단점은 회로가 일반적으로 조금 복잡하다는 데 있다. 따라서 가격이 약간 비싸진다.

## 13-2 3단자 IC조정기

1960년대 말 IC제조업자는 한 개의 칩 위에서 전압조정기를 만들기 시작했다. 1세대 소자는 μA723과 LM300으로 제너 다이오드, 높은 이득을 갖는 증폭기, 전류제한 등 기타 유용한 특성을 가지고 있었다.

그러나 옛날에 사용되었던 이런 IC 조정기의 단점은 최적의 동작을 위해서 많은 외부 소자가 필요했고 연결을 위해서 8개 이상의 핀이 포함된다는 것이다. 최근에 만들어진 IC 전압조정기는 오직 3개의 핀만을 갖는 소자로 하나는 조정되지 않은 입력전압을, 또다른 하나는 조정된 출력전압을, 나머지 하나는 접지에 연결된다.

새로운 소자는 100mA로부터 3A 이상의 부하전류를 공급할 수 있다. 플라스틱이나 금속 패키지로 싸여 있으며 이런 3단자 조정기는 값이 싸고 사용이 쉬워서 아주 인기가 있다. 바이패스 콘덴서의 결합을 제외하고는 새로운 3단자 IC 조정기는 외부성분이 필요치 않다.

### LM340 시리즈

LM340 시리즈는 새로운 3단자 전압조정기의 형태이다. <그림 13-5>는 블록 다이어그램을 표시하고 있다. 증폭기의 비반전 입력은 기준전압으로 구동하도록 되어 있다.

귀환전압은 내부 전압분배기로부터 오는데 5, 6, 7, 10, 12, 15, 18, 24V 중 원하는 출력전압을 자유롭게 제공할 수 있다. 예를 들어서 LM340-5는 5V의 조정된

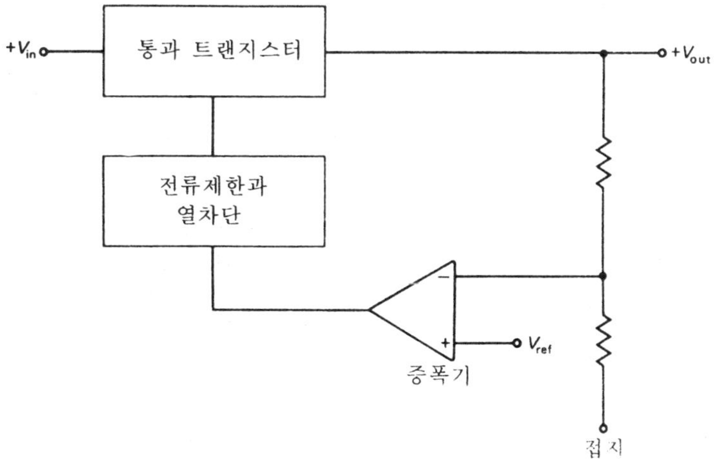


<그림 13-5> 3단자 IC 전압조정기의 기능 블록 다이어그램

출력전압을 발생시킨다. LM340-18은 출력 18V가 발생된다.

칩 내부에 1.5A 이상의 부하전류를 다룰 수 있는 통과 트랜지스터가 포함되면 적당한 방열판이 제공된다. 또한 열 차단장치와 전류제한을 갖고 있다. 열차단은 내부온도가 175℃ 이상으로 위험하게 되면 자동으로 동작되는 것을 의미한다.

이런 것은 주위의 온도, 방열판 등 다른 변수에 따라서 변화하는 과대 전력소비에 대한 방지회로로써 LM340 시리즈의 소자는 열차단 회로와 전류제한을 갖기 때문에 파괴될 위험이 없다.

## ▮고정된 정류기

<그림 13-6(a)>는 고정된 전압조정기처럼 사용되는 LM340-5를 표시한 것이다. 1번은 입력, 2번 핀은 출력, 3번 핀은 접지이다. LM340-5는 +5V ±2%의 출력전압과 1.5A의 최대 부하전류, 10mV의 부하조정, 3mV의 전원조정, 80dB의 리플 제거를 갖는다.

약 0.01Ω의 출력 임피이던스를 갖는 LM340-5은 최대 전류정격 이내의 모든 부하에 대해서 아주 안정한 전압원이다. IC가 조정되지 않은 전원의 필터 콘덴서로부터 수인치 떨어졌다면 유도성 인덕턴스가 IC 내에서 발진을 발생시키므로 <그림 13-6(b)>에 표시한 것처럼 1번 핀에 바이패스 콘덴서 $C_1$을 연결한다.

조정된 출력전압의 천이응답을 개선하기 위해서 바이패스 콘덴서 $C_2$가 가끔 사용된다. 어떤 바이패스 콘덴서이든간에 0.1μF에서 1μF 사이의 크기를 갖는다 (LM340의 데이터 시트에는 입력 콘덴서는 0.22μF이고, 출력 콘덴서는 0.1μF이다).

LM 시리즈에서 어떤 소자들은 조정된 출력전압보다 적어도 2V에서 3V 입력전압이 필요하다. 그렇지 않으면 조정을 멈춘다(때때로 Brownout이라 부른다). 게다가 과도한 소비전력 때문에 입력전압은 제한된다.

예를 들어서 LM340-5는 약 7V에서 20V의 입력범위에서 동작한다. 극단적인 경우 LM340-23 조정기는 27V에서 38V의 입력범위에서 동작한다는 것이다.

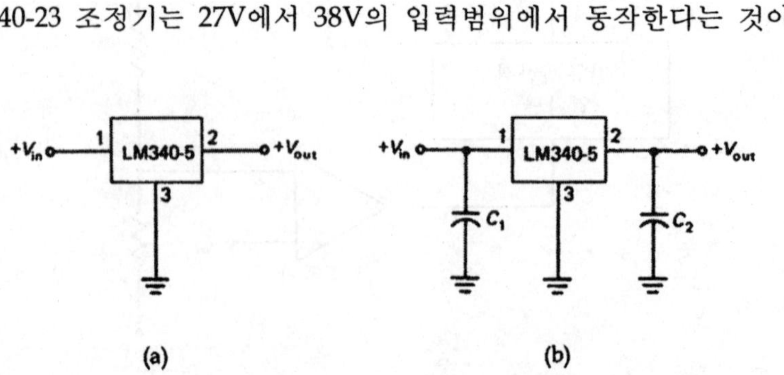


<그림 13-6> (a) 전압조정기처럼 연결된 LM340 (b) 발진을 방지하는 입력 바이패스 콘덴서와 천이응답을 개선하는 출력 바이패스 콘덴서

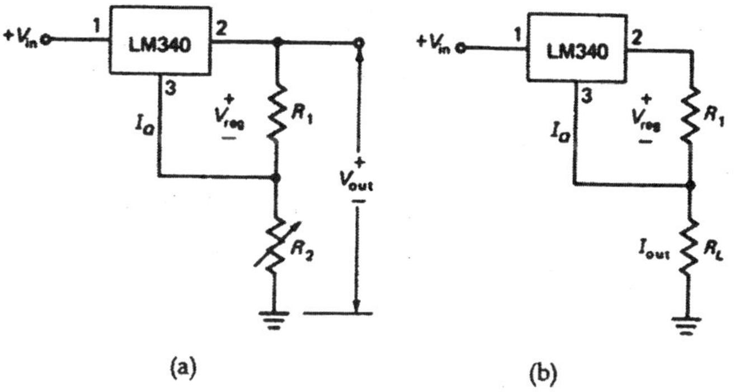


<그림 13-7> LM340 시리즈 (a) 조절 가능한 출력전압 (b) 부하전류가 조절됨

## ▮두 가지 이상의 응용

<그림 13-7(a)>는 출력전압을 조정할 수 있도록 LM340에 외부성분을 부가하는 것을 나타내고 있다. LM340의 공통단자는 접지되지 않는다. 그러나 $R_2$의 상단에 연결되어 있으므로 조정된 출력 $V_{reg}$가 $R_1$ 양단에 걸리게 된다.

정지전류 $I_Q$는 저항 $R_2$와 3번 핀을 통해서 흐르게 된다. 따라서 2번 핀으로부터 접지까지의 출력전압은 식 (13-1)처럼 표시된다.

$$V_{out} = V_{reg} + \left(I_Q + \frac{V_{reg}}{R_1}\right)R_2 \qquad (13\text{-}1)$$

$I_Q$는 부하와 선전압의 변화에 의해서 약간 변화를 하기 때문에 식 (13-1)은 $V_{out}$이 조정되고 조절이 가능하다는 것을 나타낸다(LM340 시리즈에서 $I_Q$는 8mA의 최대값을 가지며 모든 선전압과 부하의 변화에서 오직 1mA만 변한다).

<그림 13-7(b)>는 또다른 응용으로 이것은 전류원(전류조정기)을 나타낸다. 부하저항 $R_L$은 저항 $R_2$를 대신해서 사용되고, 앞에서와 같은 정지전류 $I_Q$와 $R_1$ 전류는 저항 $R_L$을 통해서 흐르게 되므로 부하전류는 식 (13-2)처럼 표시할 수 있다.

$$I_{out} = I_Q + \frac{V_{reg}}{R_1} \qquad (13\text{-}2)$$

예를 들어서 $V_{reg}$=5V, $R_1$=10Ω이라고 가정하면 $I_{out}$은 약 500mA로 $I_Q$에서의 작은 변화를 스왐핑시킬 만큼 큰 전류이다. 다시 말하면 $I_{out}$은 $R_L$에 무관하며 항상 일정하다는 것으로 고정된 출력전류를 갖도록 $R_L$을 변화시킬 수 있음을 의미한다.

## ▮LM320 시리즈

LM320 시리즈는 −5, −6, −8, −12, −15, −18, −24V의 자유전압을 갖는 negative 전압조정기의 일종이다. 예를 들면 LM320-5는 조정된 −5V의 출력을 발생시키고 극단적인 예로 LM320-24는 −24V의 출력전압을 발생시킨다.

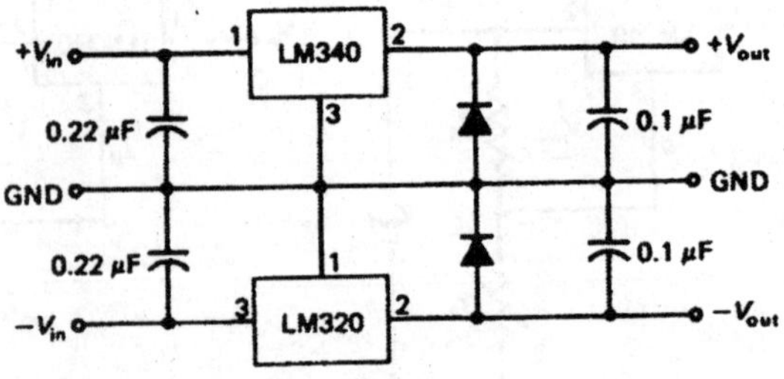


<그림 13-8> LM340과 LM320을 사용해서 분리된 공급전압을 발생시킨다.

LM320 시리즈는 적당한 방열판을 갖는 약 1.5A의 부하전류 능력을 갖는다. LM320 시리즈는 LM340 시리즈와 유사한 전류제한과 열차단, 우수한 리플 제거를 포함하고 있다. LM320과 LM340을 조합해서 <그림 13-8>에 표시된 분리된 출력을 조정할 수도 있다.

LM340은 positive 출력을 조정하고 LM320은 negative 출력을 조정한다. 입력측 콘덴서는 발진을 방지시키고 출력 콘덴서는 천이응답을 개선시킨다. 제조업자의 데이터 시트에는 부가된 2개의 다이오드가 설명된다. 그것은 그림에 표시한 것처럼 이런 다이오드 양쪽의 조정기가 모든 동작조건 아래서 도통될 수 있다는 것을 의미한다.

## ▮ 조절가능한 정류기

IC조정기의 일종인 LM317, LM338, LM350은 조절이 가능하다. 이런 것들은 1.5A로부터 5A의 최대 부하전류를 갖는다. 예를 들어서 LM317은 1.25V에서 37V의 조절 가능한 출력범위에서의 부하전류인 1.5A를 공급할 수 있는 3단자를 갖는 positive 전압조정기이다. 부하조정은 0.1%이다.

선전압 조정은 1V당 0.01%이므로 입력전압이 1V 변화할 때 출력전압은 오직 0.01%만 변한다는 것을 의미하며, 이 회로의 리플 제거는 80dB이므로 출력은

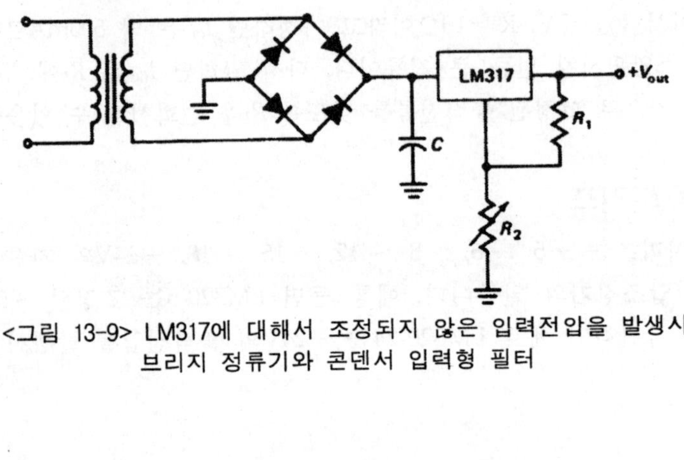


<그림 13-9> LM317에 대해서 조정되지 않은 입력전압을 발생시키는 브리지 정류기와 콘덴서 입력형 필터

1/10,000로 감소된다.

<그림 13-9>는 일반적인 LM317 회로를 구동하는 조정되지 않은 전원을 표시하고 있다. LM317의 데이터 시트에는 식 (13-3)과 같은 출력전압의 공식이 제공된다.

$$V_{\text{out}} = 1.25\left(\frac{R_2}{R_1}+1\right) \tag{13-3}$$

식 (13-3)은 1.25V에서 37V까지 유효하다. 일반적으로 필터 콘덴서는 약 10%의 피크-피크 리플을 갖도록 선택된다. 전압조정기의 리플 제거가 약 80dB이므로 최종 피크-피크 리플은 약 0.001%가 된다.

다시 말하자면 전압조정기는 입력 리플을 여과한다. 이것은 대부분의 전원 공급장치에서 RC필터와 LC필터가 제거될 수 있다는 것을 의미한다.

## ▮이중통로 조정기

분리전원이 필요할 때 RC4194와 RC4195와 같은 이중 통로 조정기가 편리하다. 이런 전압조정기는 동일한 positive 전압과 negative 전압을 제공한다.

RC4194는 ±0.05에서 ±32V까지 조절가능하고, RC4195는 ±15V의 고정된 출력전압을 제공한다. 예를 들면 <그림 13-10>은 RC4195를 표시하고 있다.

조정되지 않은 2개의 입력전압이 필요한데 positive 입력은 +18V에서 +30V, negative 입력은 −18V에서 −30V이다. 그림에 표시된 대로 2개의 출력은 ±15V이다.

RC4195의 데이터 시트에는 각 공급에서 150mA의 최대 출력전류가 표시되어 있다. 선전압 조정은 2mV, 부하조정은 3mV, 리플 제거는 75dB이다.

## ▮조정기 특성표

〔표 13-1〕은 IC 조정기의 데이터를 기록한 것이다. 예를 들면 LM309는 출력이 +5V인 고정된 positive 조정기로 최대 부하전류는 1A, 부하조정은 15mA, 전원조정은 4mA, 리플 제거는 75dB를 갖는다.

조절 가능한 조정기는 LR과 SR이 mV보다는 %로 표시된다. 표에는 dropout 전압과 입력전압과 출력전압 사이의 최소 허용오차가 표시되어 있다.

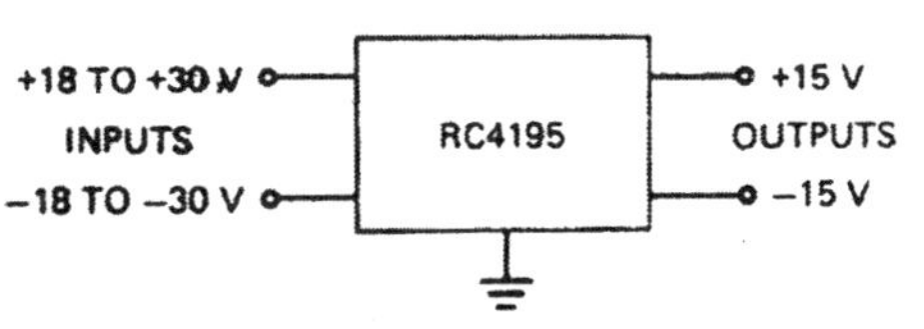


<그림 13-10> 분리된 전원을 공급하는 이중통로 전압조정기

예를 들면 LM3405는 2.3V의 dropout 전압을 갖는다. 이것은 입력전압이 출력전압보다 적어도 2.3V 커야 한다는 의미이다. 출력이 5V이면 입력은 적어도 7.3V이어야 한다.

[표 13-1] IC 전압조정기

| Number | $V_{out}$ [V] | $I_{max}$ [A] | LR[mV] | SR[mV] | RR[dB] | Dropout[V] | 비고 |
|---|---|---|---|---|---|---|---|
| LM309 | +5 | 1 | 15 | 4 | 75 | 2 | +로 고정 |
| LM317 | – | 1.5 | 0.1% | 0.2% | 65 | 2.5 | 조절가능 1.2~32V |
| LM320-5 | −5 | 1.5 | 50 | 10 | 65 | 2 | −로 고정 |
| LM320-15 | −15 | 1.5 | 30 | 5 | 80 | 2 | −로 고정 |
| LM338 | – | 5 | 0.1% | 0.1% | 60 | 2.7 | 조절가능 1.2~32V |
| LM340-5 | +5 | 1.5 | 10 | 3 | 80 | 2.3 | +로 고정 |
| LM340-15 | +15 | 1.5 | 10 | 3 | 80 | 2.5 | +로 고정 |
| LM350 | – | 3 | 0.1% | 0.1% | 65 | 2.5 | 조절가능 1.2~33V |
| RC4194 | – | 0.15 | 0.2% | 0.2% | 70 | 3 | 이중통로 0V~32V |
| RC4195 | ±15 | 0.15 | 3 | 2 | 70 | 3 | 이중통로 |

## 13-3 함수발생기 회로

함수발생기는 주파수가 변화하는 다양한 출력파형을 전달하는 신호발생기 회로로 정의된다. 이 절에서는 함수발생기로 사용이 가능한 몇 종류의 선형 IC에 대해서 알아보도록 하자.

### ■ 전압제어 발진기(VCO)

17장에서 이미 고찰한 바 있는 발진기 회로에서 반복되는 출력신호는 LC, RC, 수정회로망에 의해서 결정되었다. 다양한 통신회로 응용에서는 여하튼 입력 제어전압에 의해서 제어되는 주파수를 갖는 발진기가 필요하다.

이런 기능을 갖는 회로를 전압제어 발진기, VCO(Voltage Controlled Oscillator) 혹은 전압주파수 변환기라고 부른다. <그림 13-11>에 표시된 NE/SE566은 선형 IC VCO의 좋은 예이다. <그림 13-11>은 566이 구형파와 삼각파를 어떻게 발생시킬 수 있는지를 표시하고 있다.

발진주파수는 외부저항 $R_1$과 $R_2$, 5번 핀에 제어전압을 인가하는 콘덴서 $C_1$에 의해서 결정된다. 삼각파는 566의 내부전류원을 사용하는 외부 콘덴서 $C_1$의 선형적인 충전과 방전에 의해서 발생된다.

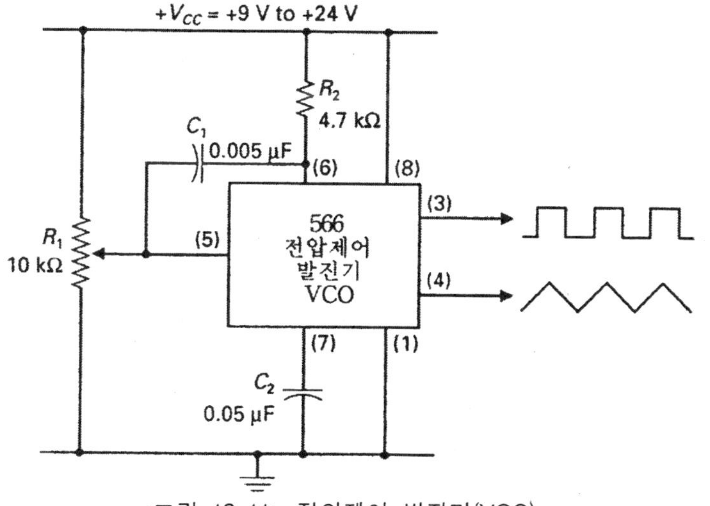


<그림 13-11> 전압제어 발진기(VCO)

충전과 방전 레벨은 구형파 출력을 발생시키기 위해서 사용되는 566의 내부 쉬미트 트리거에 의해서 결정된다. 삼각파는 일반적으로 $2.4V_{PK\text{-}PK}$의 진폭을 갖고 구형파는 일반적으로 $5.4V_{PK\text{-}PK}$의 진폭을 갖는다.

## ▮ 함수발생기(Function Generator) 회로

함수발생기는 입력을 회로에 주입하고 입력에 대한 자신의 응답을 관측하는 측정회로에 사용되는 계측장비이다. 예를 들면 구형파가 논리 게이트와 같은 디지털 측정회로에 간혹 사용되는 것처럼 사인파 신호는 항상 증폭기, 필터와 같은 선형회로 측정에 사용된다.

과거에는 함수발생기 회로가 이산소자에 의해서 구성되었지만 오늘날은 완전한 함수발생기 회로는 한 개의 선형 IC 속에 집적된다. <그림 13-12>는 이런 IC가 함수발생기를 구성하기 위해서 어떻게 사용되는지를 보여준다.

<그림 13-12>에서 8038 함수발생기 회로는 20Hz에서 100kHz의 사인파, 구형파, 삼각파 출력을 발생시킨다. 주파수 선택 스위치 $SW_1$은 원하는 주파수 범위를 선택하기 위해서 사용된다.

그리고 저항 $R_4$는 주파수 출력을 측정범위 내의 원하는 주파수로 조정하는데 사용된다. 스위치 $SW_2$는 구형파, 삼각파, 사인파 중 하나를 선택하기 위해서 사용된다.

이런 출력 선택 스위치의 위치는 연산증폭기와 출력증폭기로 구성되는 출력증폭단에 인가되는 파형을 결정하게 된다. 구형파의 출력진폭은 저항 $R_{11}$에 의해서 가변된다. 그리고 구형파의 듀티비는 저항 $R_3$에 의해서 결정된다.

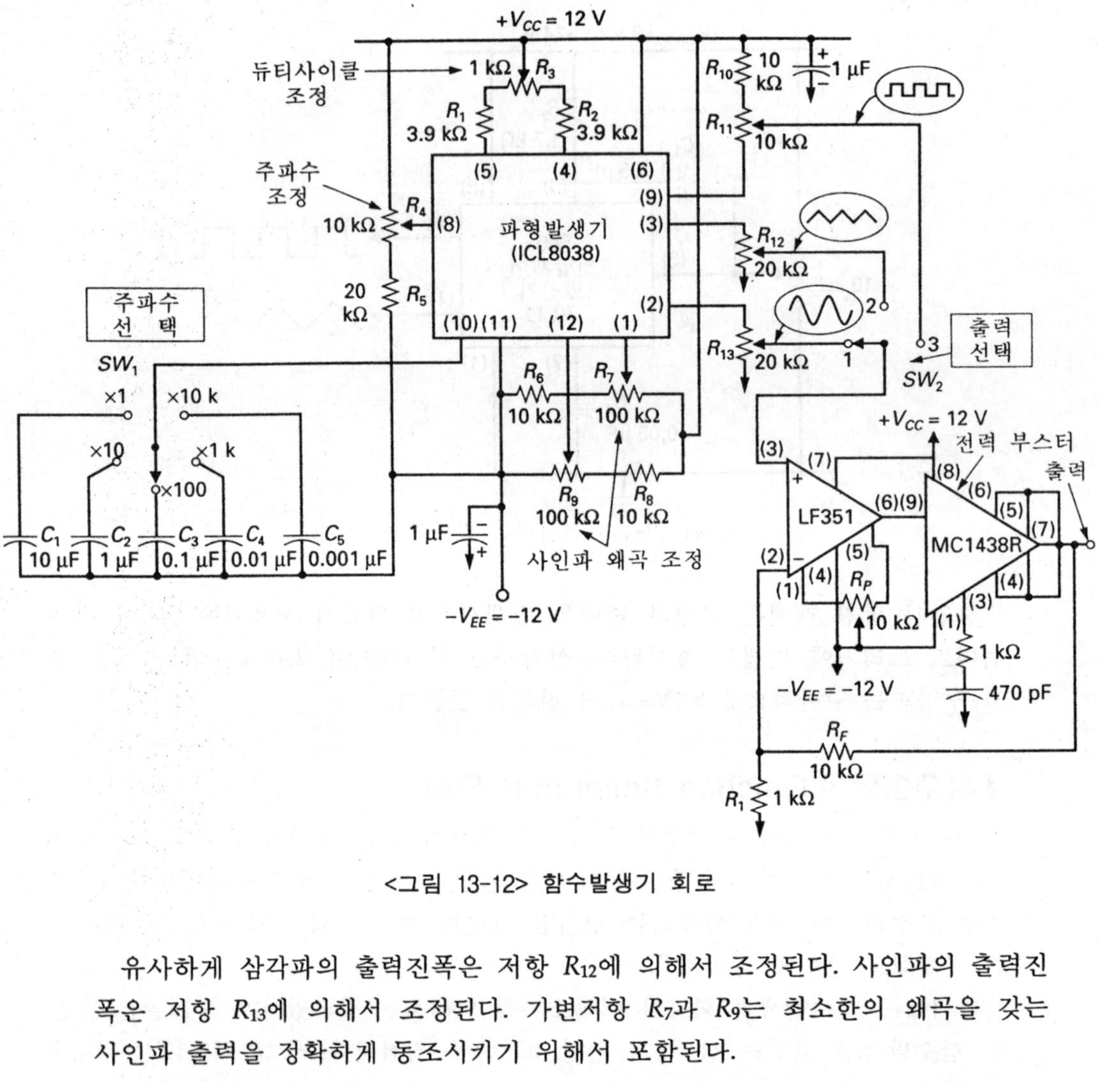


<그림 13-12> 함수발생기 회로

유사하게 삼각파의 출력진폭은 저항 $R_{12}$에 의해서 조정된다. 사인파의 출력진폭은 저항 $R_{13}$에 의해서 조정된다. 가변저항 $R_7$과 $R_9$는 최소한의 왜곡을 갖는 사인파 출력을 정확하게 동조시키기 위해서 포함된다.

## 13-4 PLL 회로

집적회로 기술이 PLL(Phase-Locked Loop) 회로를 적절한 가격에 제조하게 되었고 결국 가장 널리 사용된다.

### PLL 동작

PLL의 동작은 <그림 13-13>에 표시된 LM565 PLL 선형 IC의 블록도를 참조하면 쉽게 설명할 수 있다. 다이어그램에 표시된 것처럼 PLL 속에는 위상비교기

(phase comparator), 증폭기(AMP)와 저역통화필터(LPF), 전압제어 발진기(VCO)가 포함되어 있다.

입력주파수 $f_{in}$이 위상비교기의 한 입력에 인가되면 VCO의 출력주파수 $f_{out}$과 비교된다. 만약 두 비교 입력 사이에 주파수차가 존재한다면 비교기는 위상차를 검출하고 VCO의 입력전압으로 제어되도록 인가되기 전에 여파되고 증폭되는 오차(에러)전압을 발생시킨다.

만약 입력주파수 $f_{in}$과 VCO 출력주파수 $f_{out}$이 다르다면 오차전압은 입력주파수와 출력주파수를 정합시킬 때까지 VCO 주파수를 쉬프트시키는 위상비교기에 의해서 발생된다. 따라서 $f_{in}=f_{out}$이 된다.

$f_{in}$이 VCO 주파수 $f_{out}$과 정합될 때 PLL은 고정상태에 있다고 말한다. 만약 입력주파수가 변한다면 VCO 출력주파수는 $f_{in}$을 따르게 되고 PLL의 포획 범위에 있는 입력주파수를 제공한다.

<그림 13-13>에 삽입된 그림을 참조하면 여러분들은 PLL이 입력주파수를 포획하기 위해서 노력하는 동안 위상비교기의 오차전압이 어떻게 동작하는지 확인

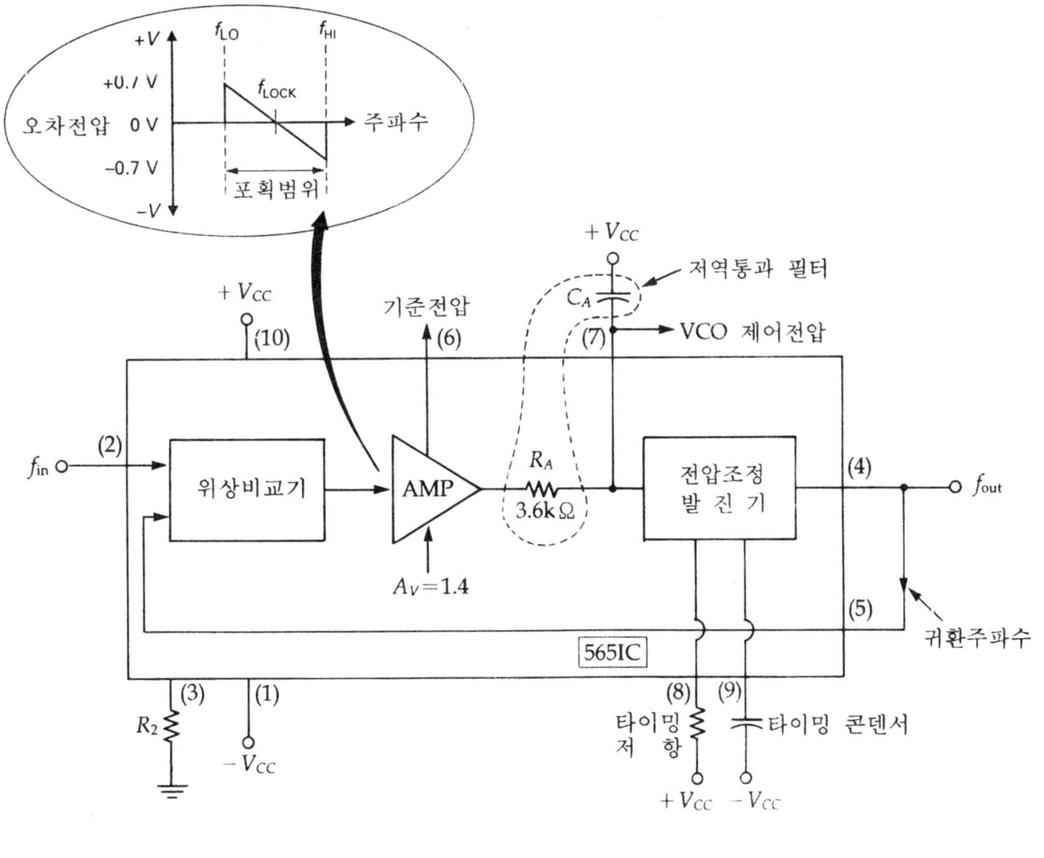


<그림 13-13> PLL 회로

할 수 있다. 입력주파수가 PLL의 포획범위 밖에 있으면 VCO는 자유발진(free running/idle) 주파수를 발생시킨다.

요약하면 PLL 회로는 입력주파수와 VCO의 출력주파수를 비교하는 위상비교기로 구성된다. 위상비교기의 오차전압 출력은 증폭기를 경유해서 결합되고 저역통과 필터는 VCO의 입력을 동위상이 되도록 제어한다.

따라서 입력주파수와 정확하게 일치된다. 이런 PLL 회로는 free running 상태, capture 상태, locked 상태로 동작된다.

## ▮PLL 회로 응용

PLL 회로는 FM 라디오 신호의 복조, 주파수 증폭, 분할, 신호 재발생과 같은 다양한 응용회로에 사용된다. 이런 회로 중의 대부분은 전자통신 과목에서 고찰하게 된다.

여하튼 지금은 PLL이 주파수 증배기 회로인 수정제어 발진기처럼 어떻게 사용될 수 있는가를 알아보도록 하자.

## ▮PLL 주파수 배율기 회로

몇 가지 안정한 출력주파수를 발생시키기 위해서는 <그림 13-14(a)>에 표시된 것같은 수정제어 발진기를 가지고 있거나 <그림 13-14(b)>에 표시된 것처럼 입력주파수를 설정하기 위해서 주파수 배율기 회로를 가지고 있어야 한다.

<그림 13-14(a)>에 표시된 회로의 단점은 몇 개의 완전한 수정발진기 회로가 필요하다는 것이고, <그림 13-14(b)>에 표시된 회로의 단점은 주파수의 특성이 자주 조정이 필요한 LC 동조회로에 의존한다는 것이다.

<그림 13-14(c)>에 표시된 PLL 회로의 블록도에 관계되는 <그림 13-14(d)>에 표시된 회로도는 자주 LC 동조를 할 필요도 없고 몇 개의 수정발진기를 필요로 하지도 않으면서 수정발진기와 동일한 주파수 안정도를 갖는 몇 개의 출력주파수를 발생시킨다.

<그림 13-14(c)>에서 확인한 것처럼 수정발진기는 565PLL의 입력에 안정한 1kHz의 구형파를 인가한다. 스위치 1이 아래쪽 위치에 있으면 VCO의 출력은 직접 위상비교기로 귀환되고 회로는 <그림 13-14>와 동일한 방법으로 정확하게 동작하게 된다.

입력주파수의 트랙을 따라서 출력주파수를 발생시킨다. PLL이 고정 동작에 의해서 아주 안전한 1kHz의 주파수를 발생시킨다. 스위치 1이 중간 위치에 놓이게 되면 VCO의 출력과 위상비교기의 입력 사이에는 5로 분주하는 회로로 스위칭된다.

<그림 13-14(c)>에 표시된 파형을 참조하면 5로 분주하는 회로의 한 출력 사이

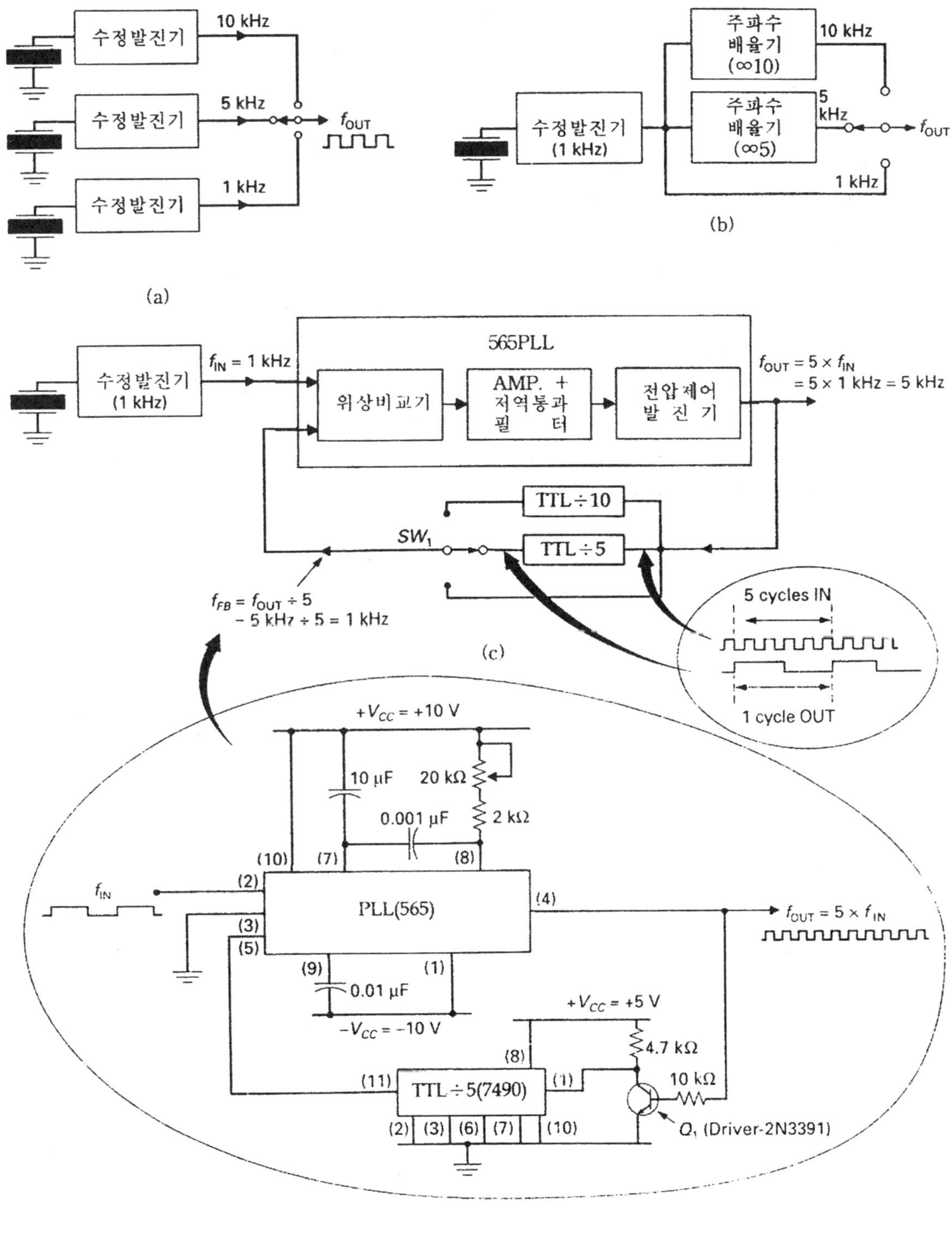


<그림 13-14> PLL을 사용한 주파수 배율기 회로

클은 입력주파수의 5사이클마다 발생된다. 이것은 VCO의 귀환신호가 출력신호의 1/5만이 위상비교기에 인가된다는 것을 의미한다. 이런 신호는 수정발진기로부터 발생되는 1kHz의 신호와 동위상이 아니다. 따라서 위상비교기는 에러전압을 발생시키고 VCO는 자신의 출력주파수를 5배만큼 증가시키게 된다.

VCO가 출력주파수를 5kHz로 발생시킬 때 5로 분주하는 회로는 수정발진기로부터 1kHz의 입력을 위상비교기에 정합시키는 위상비교기로 1kHz의 출력을 발생시킨다(5kHz÷5=1kHz).

그 결과 위상비교기로부터 발생되는 에러 전압은 0으로 되고 따라서 VCO 출력은 5kHz로 고정된다. <그림 13-14(d)>에 표시된 회로도는 이런 스위치의 위치가 표시되어 있다.

만약 <그림 13-14(c)>에 표시된 회로의 $SW_1$이 위쪽(upper)에 놓여 있다면 VCO의 출력과 위상비교기 입력 사이에는 10으로 분주되는 회로가 포함된다. 그 결과 PLL은 입력주파수의 10배에 해당되는 출력주파수를 발생시키게 된다 ($f_{out} = 10 \times f_{in} = 10 \times 1\text{kHz} = 10\text{kHz}$).

# 기초문제

**1.** 선형 집적회로를 4가지만 열거해 보시오.

**2.** 전압 레귤레이터는 (　　　　)과 (　　　　)의 변화에도 불구하고 일정한 출력 전압을 발생시킨다.

**3.** 7800, 790, 317, 377 시리즈와 같은 직렬소비 레귤레이터는 입력전압과 부하 사이에 연결되는 직렬저항을 갖는다. 이런 내부저항이 (　　　　　)로 동작한다.

**4.** 직렬 스위칭 레귤레이터는 입력전압과 부하 사이에 직렬로 연결되는 내부 트랜지스터를 갖는다. 여하튼 이런 트랜지스터는 (　　　　　　)로 동작한다.

**5.** VCO IC는 자신의 입력에서 (　　　　　　)에 의존하는 반복적인 출력파형을 발생시킨다.

**6.** 연산증폭기 IC에서 최초로 개발한 반도체 회사 이름은 무엇인가?

(a) National Semiconductor　(b) Motorola
(c) Fairchild　(d) Signetics

**7.** 다음 중 선형 IC가 아닌 것은 어느 것인가?

(a) 전압 레귤레이터　(b) 연산증폭기
(c) VCO　(d) NAND 게이트

**8.** 7818 전압 레귤레이터는 어떤 전압을 제공하는가?

(a) −8V　(b) +18V　(c) +12V에서 +37V　(d) −18V

**9.** 78XX와 79XX 전압 레귤레이터의 차이점은 무엇인가?

(a) 78XX는 가변출력을 갖는다.　(b) 79XX는 +출력을 갖는다.
(c) 78XX는 +출력을 갖는다.　(d) 79XX는 가변출력을 갖는다.

**10.** 고정출력전압 레귤레이터는 다음 중 어느 것인가?

(a) 제너 레귤레이터　(b) 317 레귤레이터
(c) 7912 레귤레이터　(d) (a), (b), (c) 전체

**11.** 직렬 스위칭 전압 레귤레이터의 이점은 무엇인가?

(a) 회로의 간략화　(b) 변환효율

**12.** VCO의 주파수 출력은 (　　　　)에 의해서 결정된다.

(a) LC 회로망　(b) RC 회로망　(c) 제어전압　(d) 수정

**13.** PLL 회로 속에는 (a) 수정발진기 (b) 바이패스 필터 (c) VCO (d) VCR가 필요하다.

**14.** PLL 회로와 스위칭 전압 레귤러 사이의 유사성은 무엇인가?

(a) 둘다 일정한 출력전압을 발생시킨다.
(b) 둘다 제어동작에 의해서 귀환 메커니즘을 갖는다.
(c) 둘다 고주파출력을 발생시킨다.
(d) 둘다 고주파 통과 필터이다.

**15.** 가장 널리 사용되는 IC는 무엇인가?

(a) 전압 레귤레이터 (b) 함수발생기 (c) 비교기 (d) 연산증폭기

**16.** 여러분의 회로를 인식하고 동작 능력을 개선하기 위해서 <그림 13-15>를 참조하고 다음의 질문에 답하시오.

(a) *A*, *B*, *C*, *D*점에서의 출력전압과 극성을 결정하시오.

(b) 고정 positive, 고정 negative, 가변 positive, 가변 negative 스위칭 형태로 사용되는 레귤레이터는 무엇인가?

(c) NE555는 사용목적이 무엇인가?

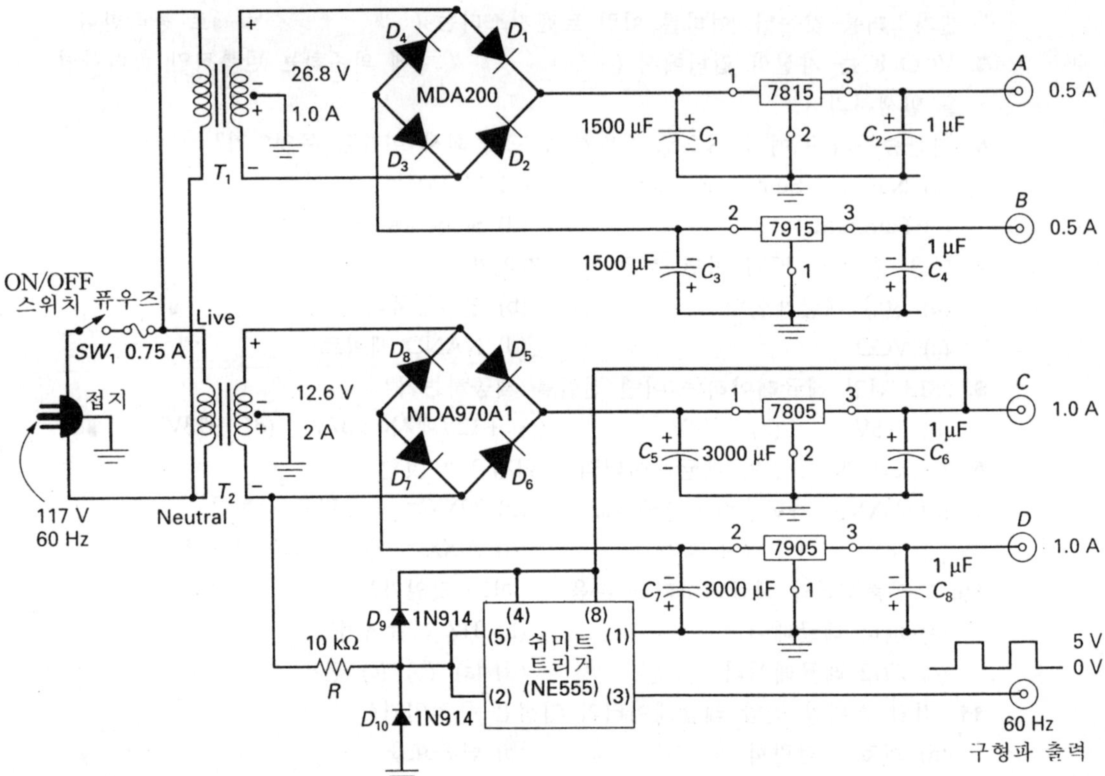


<그림 13-15>

**{해답}** **1.** 전압 레귤레이터, 함수발생기, PLL IC, 연산증폭기 **2.** 입력전압, 부하전압
**3.** 귀환감지 입력 **4.** 패스 트랜지스터 **5.** 2.20Hz에서 100kHz 사이의 주파수 **6.** (c)
**7.** (d) **8.** (b) **9.** (c) **10.** (c) **11.** (b) **12.** (c) **13.** (c) **14.** (b) **15.** (d)
16. (a) ($A=+15$V, $B=-15$V, $C=+5$V, $D=-5$V) (b) (고정 positive=78XX, 고정 negative=79XX, 가변 positive=LM317, 가변 negative=LM337) (c) (+5V의 구형파 발생)

## 응용문제

1. VCO의 원명을 표시하시오.
2. 8038 함수발생기 IC에 의해서 발생되는 세 가지 파형을 표시하시오.
3. <그림 13-12>를 참조하고 어떤 소자가 주파수를 조정하는지, 어떤 소자가 정밀주파수 조정에 사용되는지 설명하시오.
4. PLL 회로에 포함된 3가지의 기본 블록은 무엇인가?
5. PLL의 동작을 간단히 설명하시오.
6. PLL이 주파수 배율기에 사용될 때 PLL의 위상비교기와 VCO 사이의 귀환 경로에는 무엇이 포함되는가?

## 연습문제

1. <그림 13-16>에 표시된 전압 귀환조정기에서 $R_1$=1kΩ, $R_2$=250Ω이 사용된다. $V_Z$=6.2V라고 가정하고 조정된 출력전압을 구하시오.

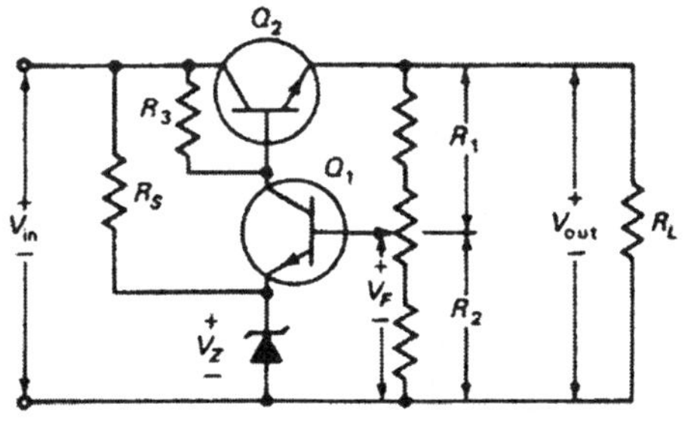


<그림 13-16>

2. 간혹 달링톤 쌍이 조정기에 직렬로 연결되는 통과 트랜지스터로 사용된다. 이것은 조정기가 작은 부하저항을 구동시키도록 허용한다. <그림 13-17>에서 최소 출력전압과 최대 출력전압은 얼마인가?
3. <그림 13-17>에서 $V_{out}$=10V, $R_L$=5Ω이다. 만약 2N3055의 $\beta_{dc}$=50이고 2N3904의 $\beta_{dc}$=100이라고 가정하면 제너 다이오드를 통해서 흐르는 전류는 얼마인가?

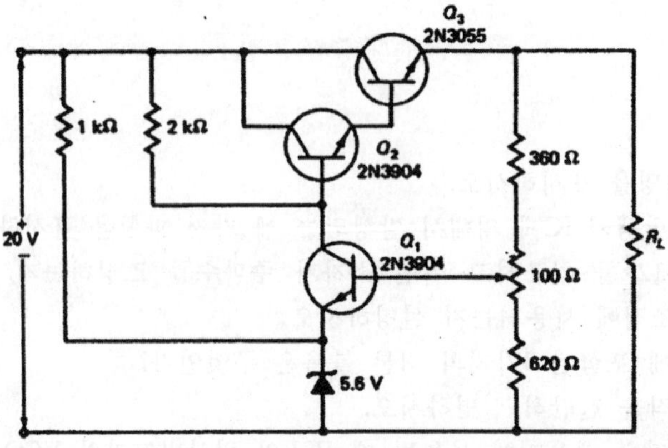


<그림 13-17>

**4.** <그림 13-18>에서 $V_{BE}$=0.63V라고 가정하면 $Q_3$가 도통된다. 최대 부하전류는 얼마인가?

**5.** <그림 13-18>에 표시된 조정기에서 귀환저항은 다음 값을 갖는다(위에서 아래로). 4.7kΩ, 5kΩ, 전위차계, 6.8kΩ. 만약 $V_Z$=5.6V라면 출력전압의 조정범위는 얼마인가?

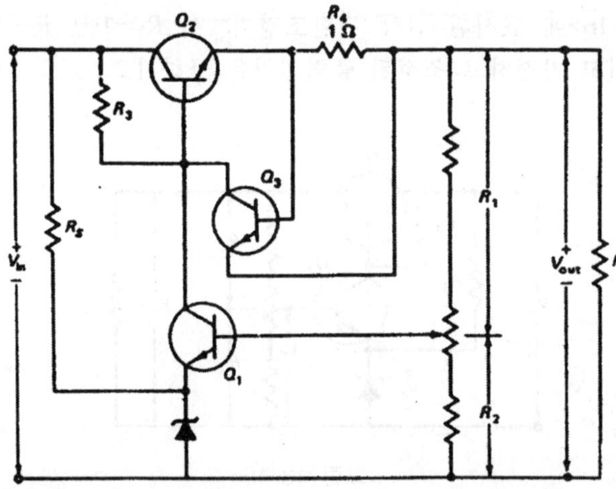


<그림 13-18>

**6.** <그림 13-19>에 표시된 회로에서 출력전압이 10V로 조정되었다. 만약 전류제한 트랜지스터의 $V_{BE}$가 0.7V라고 가정하면 단락된 전류와 최대 부하전류는 얼마인가?

**7.** <그림 13-19>에서 $R_4$가 0.3Ω으로 변하고 가변저항이 가장 아래에 있다고 가정하면 최대 부하전류는 얼마인가? 단락 부하전류는 얼마인가? 최대 부하전류와 단락 부하전류에서 통과 트랜지스터의 전력소비는 얼마인가?

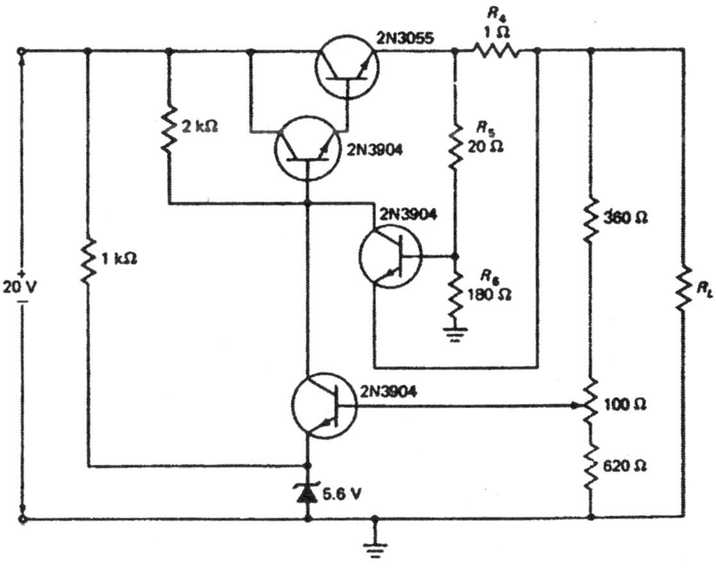


<그림 13-19>

8. <그림 13-20>에서 LM340K-18은 18V의 출력을 갖는다. 만약 무부하로부터 부하까지 조정된 출력변화가 38mV라면 백분율 부하조정은 얼마인가?

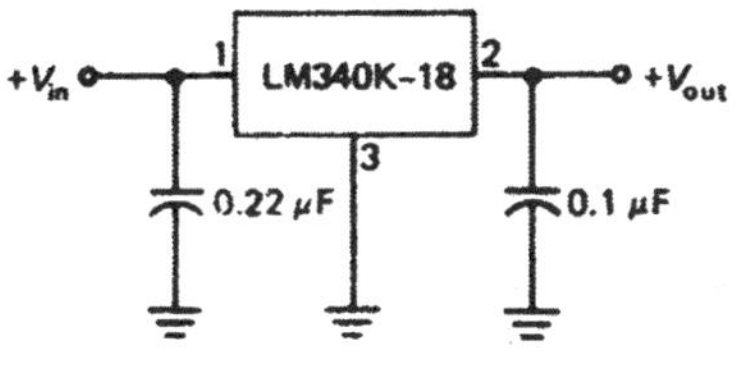


<그림 13-20>

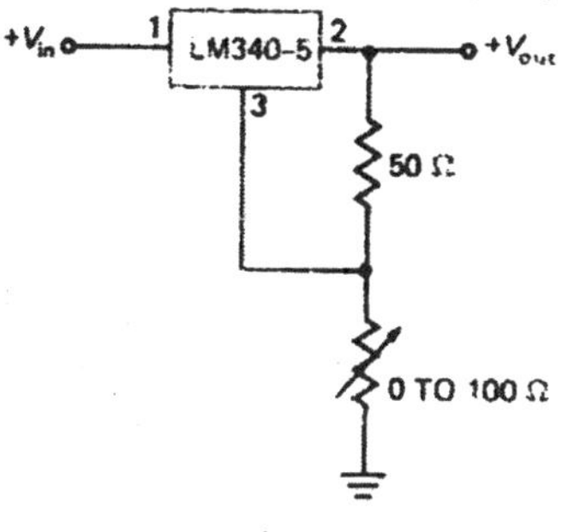


<그림 13-21>

9. <그림 13-21>에서 $I_Q$가 8mA라면 출력전압의 조정가능한 범위는 얼마인가?

10. <그림 13-22>에서 $I_Q$가 8mA이다. $R_L$을 통해서 흐르는 전류는 얼마인가?

11. <그림 13-23>은 전자 shutdown을 갖는 LM317 조정기를 표시하고 있다. shutdown 전압이 0이면 트랜지스터는 차단되고 동작에 영향을 미치지 못한다. 그러나 shutdown 전압이 근사적으로 5V이면 트랜지스터는 포화된다. shutdown 전압이 0일 때 출력전압의 조정 범위는 얼마인가? shutdown 전압이 5V일 때 출력전압의 조정범위는 얼마인가?

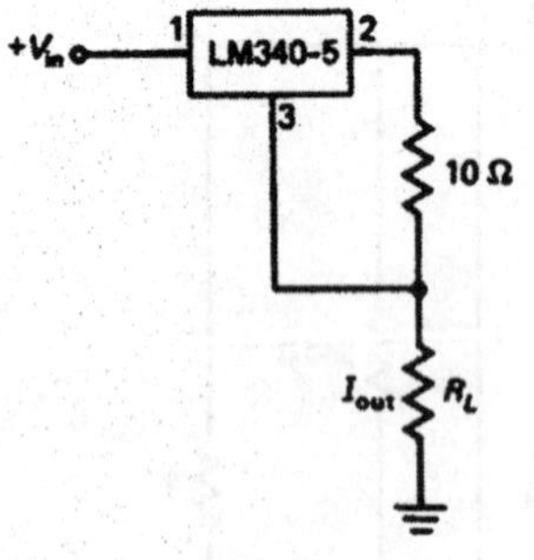


<그림 13-22>

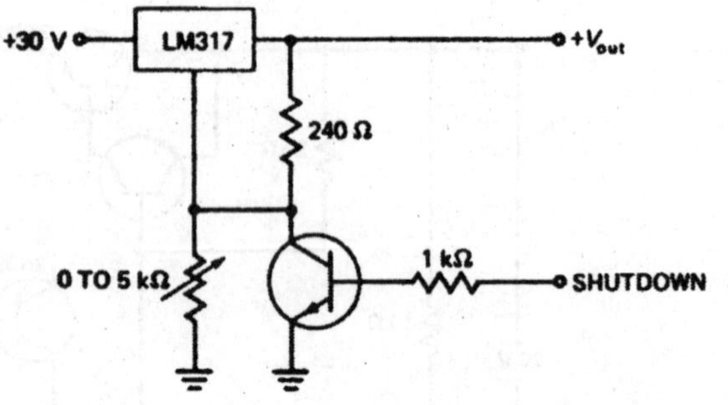


<그림 13-23>

**12.** <그림 13-24>에서 $V_{in}=20V$이다. 스위칭 주파수가 20kHz라면 동작시간이 20μs일 때 직류 출력전압은 어떻게 되는가?

**13.** <그림 13-17>에서 다음이 고장일 때 출력전압이 증가하는가? 감소하는가? 변하지 않는가?

(a) 2N3055 단락상태 (b) 2N3055 개방상태
(c) 제너 다이오드 단락상태 (d) 제너 다이오드 개방상태

**14.** <그림 13-9>의 회로에서 출력전압은 다음의 각 고장에서 증가하는가? 감소하는가? 변하지 않는가?

(a) 한 개 다이오드 개방상태 (b) 필터 콘덴서 단락상태
(c) LM317 결함 (d) $R_1$ 개방상태

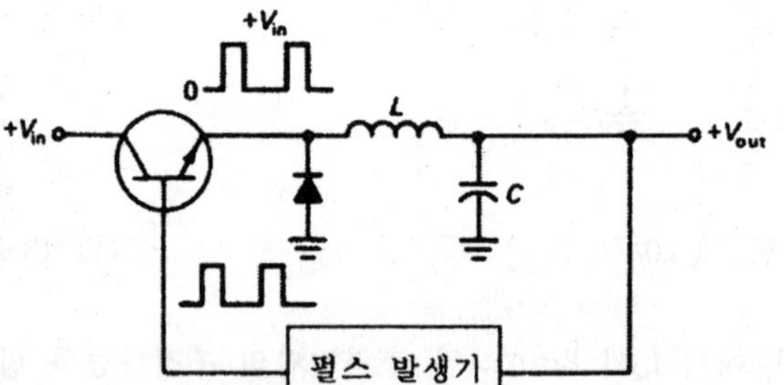


<그림 13-24>

**{해답}** **1.** $B = \frac{R_2}{R_1 + R_2} = \frac{250\Omega}{1k\Omega + 250\Omega} = 0.2$, $V_{out} = \frac{V_Z + V_{BE}}{B} = \frac{6.2V + 0.7V}{0.2} = 34.5V$

**2.** 폐루프 전압이득이 $A_{CL} = \frac{R_1}{R_2} + 1$로 주어진다고 가정하고 시작한다. 만약 가변저항이 항상 높은쪽으로 조정되어 있고 $R_1$=360Ω, $R_2$=720Ω이라면 폐루프의 전압이득은 1.5이다.

$A_{CL} = \frac{R_1}{R_2} + 1 = \frac{360\Omega}{720+1} = 1.5$ 조정된 출력전압은 9.45V이다. $V_{out} = 1.5 \times (5.6V + 0.7V) = 9.45V$

반대로 가변저항이 항상 아주 낮은쪽으로 조정되어 있고 $R_1$=460Ω, $R_2$=620Ω이라면 폐루프의 전압이득은 1.74가 된다. $A_{CL} = \frac{R_1}{R_2} + 1 = \frac{460\Omega}{620} + 1 = 1.74$

따라서 출력전압은 11V가 된다. $V_{out} = 1.74 \times (5.6V + 0.7V) = 11V$

조정된 출력전압은 9.45V와 11V 사이에 있게 된다.

**3.** 부하전류는 2A이다. $I_L = \frac{10V}{5\Omega} = 2A$. 그리고 전압분배기를 통해서 흐르는 전류는 9.26mA이다. $I \cong \frac{10V}{1080\Omega} = 9.26mA$. 이런 전류는 2A에 비하면 무시할 정도로 작다. 따라서 2N3055를 통해서 흐르는 전체적인 이미터 전류는 40mA이다. $I_B - \frac{2A}{50} - 40mA$. 따라서 2N3904의 베이스 전류가 0.4mA이다. $I_B = \frac{40mA}{100} = 0.4mA$. 이런 두 개의 $V_{BE}$ 전압강하 때문에 2kΩ 저항의 바닥에서의 전압은 11.4V가 된다. 2kΩ 저항을 통해서 흐르는 전류는 4.3mA이다. 이런 전류는 위쪽 2N3904의 베이스 전류와 아래쪽 2N3904의 컬렉터 전류로 분할된다. 따라서 2N3904의 컬렉터 전류는 3.9mA가 된다. $I_C = 4.3mA - 0.4mA = 3.9mA$. 1kΩ 저항을 통해서 흐르는 전류는 14.4mA가 된다. $I = \frac{20V - 5.6V}{1k\Omega} = 14.4mA$ 제너 다이오드를 통해서 흐르는 전체 전류는 $Q_1$의 이미터 전류와 1kΩ 저항을 통해서 흐르는 전류의 합이다.

$I_Z = 14.4mA + 3.9mA = 18.3mA$

**4.** $I_{max} = \frac{V_{BE}}{R_4} = \frac{0.63V}{1\Omega} = 0.63A$ **5.** $V_{out} = \frac{V_Z + V_{BE}}{B} = A_{CL} = (V_Z + V_{BE})$, $A_{CL} = \frac{R_1}{R_2} + 1$

$V_{out1} = \left(1 + \frac{4.7k\Omega}{6.8k\Omega + 5k\Omega}\right) \times (5.6V + 0.7V) = 8.81V$

$V_{out1} = \left(1 + \frac{4.7k\Omega + 5k\Omega}{6.8k\Omega}\right) \times (5.6V + 0.7V) = 15.3V$

**6.** 전류제한 전압분배기의 귀환율은 0.9가 구해진다. $K \cong \frac{R_6}{R_5 + R_6} = \frac{180\Omega}{20\Omega + 180\Omega} = 0.9$

$I_{SL}$은 0.788A, $I_{LMAX}$=1.89A로 구해진다. $I_{SL} = \frac{V_{BE}}{KR_4} = \frac{0.7V}{0.9 \times 1\Omega} = 0.788A$

$I_{max} = I_{SL} + \frac{(1-K) \times V_{out}}{KR_4} = 0.788A + \frac{(1-0.9) \times 10V}{0.9 \times 1\Omega} = 1.89A$

조정기는 1.189A의 최대 전류를 공급할 수 있다. 최소 부하저항은 5.29Ω이다. 만약 부하저항이 5.29Ω보다 작다면 부하전류는 1.89A보다 작아진다. 부하단자가 단락되면 부하전류는 0.778A까지 감소된다.

**7.** $I_{SL} = \frac{V_{BE}}{KR_4} = \frac{0.7V}{0.9 \times 0.3\Omega} = 2.59A$

$I_{max} = I_{SL} + \frac{(1-K) \times V_{out}}{KR_4} = 2.59A + \frac{(1-0.9) \times 11V}{0.9 \times 0.3\Omega} = 6.66A$

$P_L = I_{SL}^2 R_L = 6.66A^2 \times 1.35\Omega = 59.9W$, $P_{Lmin} = I_{SL}^2 R_L = (6.66A)^2 \times 0.53\Omega = 23.5W$

**8.** $\%LR = \frac{38mV}{18V} \times 100\% = 0.211\%$

**9.** $R_2$=0Ω인 경우 $V_{out} = V_{reg} + \left(I_Q + \frac{V_{reg}}{R_1}\right) \times R_2 = 5V + \left(8mA + \frac{5V}{50\Omega}\right) \times 0 = 5V$

$R_2$=100Ω인 경우 $V_{out} = V_{reg} + \left(I_Q + \frac{V_{reg}}{R_1}\right) \times R_2 = 5V + \left(8mA + \frac{5V}{50\Omega}\right) \times 100\Omega = 15.8V$

따라서 5V에서 15.8V 사이에서 변화한다.

**10.** $I_{out} = I_Q + \frac{V_{reg}}{R_1} = 8mA + \frac{5V}{10\Omega} = 0.508A$

**11.** $V_{out} = 1.25\left(\frac{R_2}{R_1} + 1\right)$, $R_2$=0Ω에서 5kΩ까지 변화되기 때문에 $V_{out}$=1.25V에서 27.3V까지 변한다.

**12.** $V_{out} = DV_{in} = \frac{W}{T} V_{in} = f\,W\,V_{in} = 20kHz \times 20\mu s \times 20V = 8V$

**13.** (a) 증가 (b) 감소 (c) 감소 (d) 증가 **14.** (a) 변화없음 (b) 감소 (c) 감소 (d)감소

# 찾아보기

【ㅅ】



【ㅇ】



【ㅈ】

**【ㅊ】**



**【ㅋ】**



**【ㅌ】**



**【ㅍ】**



**【ㅎ】**



**■ ALPHABET ■**

**전자회로의 이해**

2판 3쇄 발행 2016년 8월 20일

저 자 김평호 · 나승권 · 이동원 · 최성재
발행인 남 승 우

발행처 **남두도서**

서울특별시 동작구 사당로9가길 6(사당동)
TEL : (02)595-1692~4
FAX : (02)595-1394
E-mail : namdoo6@unitel.co.kr
신고 : 5-76호 (1998. 11. 4)

**정가 27,000 원**

ISBN 978-89-5780-110-9 93560